四川省产教融合示范项目系列教材

制造工程基础

主　编◎梁红琴　彭新宇　张亚丽

主　审◎阎开印

西南交通大学出版社

·成　都·

图书在版编目（CIP）数据

制造工程基础 / 梁红琴，彭新宇，张亚丽主编. —成都：西南交通大学出版社，2023.3
ISBN 978-7-5643-9145-4

Ⅰ. ①制… Ⅱ. ①梁… ②彭… ③张… Ⅲ. ①机械制造工艺 Ⅳ. ①TH16

中国版本图书馆 CIP 数据核字（2022）第 255368 号

Zhizao Gongcheng Jichu
制造工程基础

主　编 / 梁红琴　彭新宇　张亚丽
责任编辑 / 李华宇
封面设计 / 吴　兵

西南交通大学出版社出版发行
（四川省成都市金牛区二环路北一段 111 号西南交通大学创新大厦 21 楼　610031）
发行部电话：028-87600564　028-87600533
网址：http://www.xnjdcbs.com
印刷：四川森林印务有限责任公司

成品尺寸　185 mm×260 mm
印张　24.75　　字数　615 千
版次　2023 年 3 月第 1 版　　印次　2023 年 3 月第 1 次

书号　ISBN 978-7-5643-9145-4
定价　65.00 元

课件咨询电话：028-81435775
图书如有印装质量问题　本社负责退换

PREFACE 序

“制造工程基础”是机械设计制造及其自动化专业的一门专业基础课程。为适应科技、经济与社会的快速发展和高等教育改革的形势，实现创新型、应用型机械专业人才培养，编者依据高等学校机械学科本科专业规范要求，融合相关教学改革和课程改革成果编写了本书。

本书以制造工艺为主线，在传统《机械制造技术基础》教材的基础上进行了内容增删与结构调整，有机整合了原有机械制造专业部分课程（材料成型技术、机械制造工艺学、金属切削原理与刀具、机床夹具、机床概论等）的基本内容，同时融入了当前快速发展的先进制造工艺、机床、切削刀具和材料成形技术等内容，并在各个章节引入了真实的列车转向架工程案例，是一本特色明显的“产教融合”教材。

本书具有以下特色：文字精练，突出概念和知识点，强调知识点间的关联性，通过示例、思考与讨论等，使知识点及其典型例子、相关知识及其综合应用案例具有整体性和连贯性；特别是以高速列车转向架为案例贯穿相应章节，增加了企业工程实践案例分析；增强了本课程（知识点、案例、作业）与机械制图、材料成形、工艺装备设计等课程之间的联系，关注相关工艺准则在不同环境下的灵活应用，掌握通过相互协调获取实际工程问题最优解决方案的方法与技术，提升学生综合应用知识的能力，为培养创新型、应用型卓越工程师人才奠定理论和工程实践基础。

中国机械工程学会高级会员
教育部高等学校机械专业教学指导委员会委员
阎开印
2023 年 3 月

FOREWORD

前 言

“制造工程基础”是机械设计制造及其自动化专业的基础课程之一。随着教学改革的逐步深入和教学模式的不断探索，编者组织编写了具有创新性的《制造工程基础》教材。本书通过引入真实的列车转向架工程案例，加强对专业知识点的导引作用，引导学生对它们进行深度分析，通过设计解决方案，激发学生强烈的兴趣和求知欲望，提高学生解决复杂工程问题的能力。

本书以各种材料的成形工艺和机械制造工艺过程为主线，引入“高铁转向架”这一工程实际案例，着重阐明了零件制造领域相关的铸造成形、塑性成形和焊接成形等材料成形工艺方法，以及如何根据零件的生产实际情况选用合理的成形方法；同时系统介绍了机械加工工艺的基础知识。全书共分为 8 章，介绍了金属的液态成形、金属的塑性成形、金属的焊接成形、金属切削基本知识、金属切削过程及控制、金属切削机床与刀具、机床夹具设计基础、机械加工工艺过程等内容。

本书由西南交通大学梁红琴、张亚丽和彭新宇担任主编，阎开印教授担任主审。具体编写分工如下：第 1 章由黄兴民编写，第 2 章由徐磊编写，第 3 章由陈静青编写，第 4 章由卢纯编写，第 5 章由张亚丽编写，第 6 章由梁红琴编写，第 7 章由彭新宇编写，第 8 章由彭新宇和卢纯编写。

本书在编写过程中得到了许多专家、同仁的大力支持，感谢西南交通大学丁国富教授和张剑教授对本书出版的大力支持，也特别感谢西南交通大学罗大兵、阎开印教授对本书编写提出的宝贵意见和建议。另外，书籍在编写过程中也参考了同类教材和有关文献，在此谨向他们表示衷心的感谢。

本书的出版得到了四川省产教融合示范项目“交大-九州电子信息装备产教融合示范”的资助。

由于本书改革力度较大、编者经验不足及水平有限，书中难免存在不足之处，恳请使用本书的广大师生、读者提出宝贵意见，以便及时修订。

扫码访问在线课程

编 者

2023 年 3 月

数字资源索引

续表

序号	资源名称	资源类型	页码
25	滚挤模膛	动画	74
26	弯曲模膛	动画	74
27	分模面的选择	动画	75
28	机械矫正法	动画	89
29	火焰矫正法	动画	91
30	自动埋弧焊	动画	92
31	车削	动画	115
32	钻削	动画	116
33	车刀结构及其几何参数	动画	119
34	车成形面	动画	204
35	铣削	动画	219
36	磨削	动画	226
37	镗削	动画	247
38	刨削	动画	249
39	铣齿	动画	253

CONTENTS 目 录

绪 言

铁路运输是以轮轨接触关系为基础，通过动车或机车所提供牵引力实现旅客及货物的有轨编组运输，具有安全高效、运输可靠、节能环保、经济性强的特点，是我国目前主要的交通运输方式之一。

自改革开放以来，随着我国经济的快速发展及轨道交通相关领域科学技术的不断进步，在“引进先进技术、联合设计生产、打造中国品牌”的方针引导下，走引进、消化吸收、再创新的技术路线，我国铁路实现了跨越式快速发展，已实现了完全自主创新。在铁路车辆研发方面，2017 年“复兴号”中国标准动车组的正式亮相，标志着我国自行设计研制的、拥有全面自主知识产权的中国标准动车组正式上线运营。2022 年“复兴号”CR400 动车组在研制先期试验时，在郑州至重庆高速铁路巴东至万州段成功实现隧道内单列运行速度 403 km/h、相对交会速度达 806 km/h；在济南至郑州高速铁路濮阳至郑州段成功实现明线上单列运行速度 435 km/h、相对交会速度达 870 km/h，创造了高铁动车组列车明线和隧道交会速度世界纪录。同时新型“复兴号”高速综合检测列车采用我国自主研发的涡流制动、碳陶制动盘、永磁牵引系统、主动控制受电弓等 9 项新技术，在整体技术性能上达到了世界领先水平。在铁路线路运营方面，目前全国铁路运营里程超过 15 万 km，其中高铁运营里程超过了 4 万 km。2021 年全国铁路旅客发送量完成 26.12 亿人，仅位列公路客运之后，同时全国铁路货运总发送量完成 47.74 亿 t，是保障我国经济水平不断提高的重要引擎。

现代铁路运输车辆依据使用功能和运输条件的异同有着不同的类型及结构，但总体来说主要由车体、走行部（转向架）、连接与缓冲装置、制动装置、车辆电气系统及车辆内部设备（辅助系统）6 个部分组成。车体的主要功能为容纳旅客、特定货物等运输对象，在结构上其为安装与连接其他 4 个组成部分的基础。现代车辆以钢结构及轻金属结构为主，同时为减少车体重量，节省运行能耗以提升车辆整体性能，碳纤维复合材料也逐渐被应用于车体的研发当中。连接与缓冲装置是铁路车辆实现成列运行的基础，现代车辆广泛应用各种形式的自动车钩。制动装置是保证列车刹车停车功能的关键装置，是列车运行安全的重要保障。车辆电气系统包括车辆上的各种电气设备及控制电路，按其作用和功能可分为主电路系统、辅助电路系统和控制电路系统三部分。此外，尤为重要的部分莫过于车辆转向架，现代铁路运输车辆的转向架可依据是否配备驱动系统而分为动力转向架及非动力转向架。图 0-1-1 为动力转向架示例，转向架总体上主要由构架、轮对、轴箱、一系悬挂装置、二系悬挂装置、驱动装置（动力转向架）、基础制动装置以及辅助转向架正常完成主要功能的各类附件构成。转向架介于轨道与车体之间，在列车运行过程中承受着来自车体及铁道线路的各种载荷，而通过转向架上的一系悬挂与二系悬挂减振系统可以有效地缓和来自轨道和车体的载荷作用，保障列车运行安全性和平稳性。因此，转向架部分对轨道车辆的正常运行起着至关重要的作用。

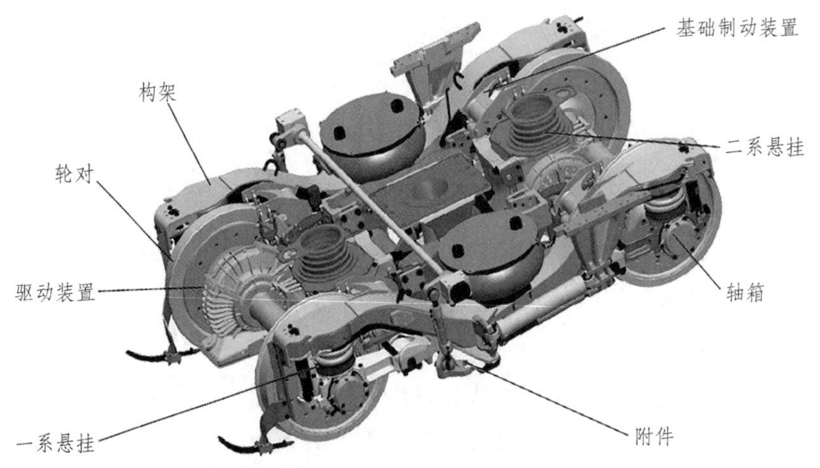

图 0-1-1 转向架示意图

随着铁路运输车辆运行速度及载重能力的不断提升，作为保证车辆运行品质的关键组成部分，转向架结构各部件的设计生产制造精度要求也逐步提高。转向架作为车辆的一个独立部件，其整体制造过程涉及冲压、加工、焊接、装配、涂装共五种工艺，同时还涉及精密检测和各类试验，具有专业涉及全面、纷繁复杂的特点。同时，转向架是车辆运行安全的核心部件，具有极高的制造精度要求和质量等级要求，质量控制程序严格，整体制造过程中运用的工艺资源和工艺方法多种多样。因此，本教材以高速列车转向架为案例贯穿相应章节，增加了企业工程实践案例分析。

首先，构架作为转向架的骨架部分，由全焊接方式制造而成，其主体主要由侧梁、横梁或端梁构成。生产制造过程中，侧梁与横梁通过板材压型工艺后进行组焊并检测调修，端梁则一般通过煨型后进行组焊及检测调修，待侧梁、横梁以及端梁分组组焊完成后进行构架的整体组焊并进行检测调修，随后进行热处理等后续环节完成车辆构架的生产制造，焊接质量主要通过工艺评定、过程控制及后续的检查。

轴箱通过一系悬挂系统弹簧承受全车重量，在车辆运行过程中承受着各向的冲击载荷，因此轴箱与悬挂系统弹簧的质量直接影响着高铁运行的安全性。高速列车轴箱两侧为对称分布的两个弹簧承台面，一般采用铸造工艺制造而成。而悬挂系统的弹簧则采用热成型加工技术，通过对毛坯端部加热制扁、加热、卷制及后续的热处理、喷丸处理、立定处理、磨削断面等工艺制造而成。

轮对作为直接与轨道接触并传递质量与载荷的部分，在工作过程中承受着来自铁路车辆的全部静、动载荷，同时在运行过程中需要频繁地进行加减速及制动等操作，因此对轮对制造加工工艺的要求十分严苛。目前高速列车轮对主要采用模锻-轧制的方法进行加工制造，其中车轮成型的第一步为锻造成型，过程中预锻是将毛坯进行镦粗及分配金属，随后在预锻坯的基础上进行约束墩挤以完成终锻。第二步为轧制，对成形车轮的轮辋部位及辐板部位进行整形。最后通过压弯冲孔将辐板压制成具有设计形状的辐板并进行修整与轮毂孔内径定径。高速列车车轴同样通过锻造-热处理方法制造而成，在完成车轮车轴的制造后，车轮车轴最终通过过盈配合方式压装成型。

第1章 金属的液态成形

【导 学】

金属液态成形（铸造）具有适应性强、适用材料范围广、成本低等优势，是现代装备制造工业的基础工艺。铸造是获得机械产品毛坯和零部件的主要方法，广泛用于航空、航天、汽车、石化、电力、冶金、造船、纺织、矿山等支柱产业。本章主要围绕铸造生产的特点、铸造合金、铸造方法以及铸件结构与工艺进行介绍。通过本章学习，要求理解并掌握铸造工艺类型及其特点，了解铸件结构对铸造成型缺陷的影响，进而掌握铸件结构设计。

1.1 液态合金的铸造性能

液态合金的铸造性能是指在铸造过程中，获得外部形状完整、内部质量良好的优质铸件的能力。衡量铸造性能的主要指标有流动性、收缩性和吸气性。铸件的结构如果不合理，或不能满足合金铸造性能的要求，则可能产生浇不足、冷隔、缩松、气孔、裂纹和变形等缺陷。

1.1.1 合金的流动性

合金的流动性

合金的流动性是指液态合金充填铸型的能力。流动性好的材料容易充填型腔，从而得到轮廓清晰、形状完整、尺寸准确的铸件。合金的流动性可以用螺旋线长度（见图1-1-1）来测量。螺旋线越长，液态金属的流动性越好。

流动性的大小决定合金能否铸造复杂的铸件，其影响因素包括合金种类、化学成分、杂质含量和浇注工艺条件等。

1. 合金类型及化学成分

不同种类的合金有不同的流动性。根据流动性试验测得的螺旋线长度，灰铸铁的流动性优于硅黄铜和铝硅合金，而铸钢的流动性较差。

同一种合金，其化学成分不同，结晶特性不同，流动性也不同。一般来说，合金结晶是在一个温度区内完成的，先形成的初晶，会阻碍液态金属的流动；而共晶合金是在恒温下结晶的，不形成初晶，对液态金属的阻力较小。

共晶合金熔点较低，在相同的浇注温度下，有足够的时间在结晶前填满型腔，因而具有优异的铸造性能。成分偏离共晶点，结晶温度范围越宽，流动性越差。因此，在满足使用性能的前提下，应尽量选用共晶合金或接近共晶成分的合金。

2. 浇注工艺条件

1）浇注温度

提高浇注温度可以改善金属的流动性。浇注温度越高，金属保持液态的时间越长，其黏度越小，流动性越好。但是，浇注温度过高，铸件容易产生缩孔、缩松、黏砂、气孔等缺陷。

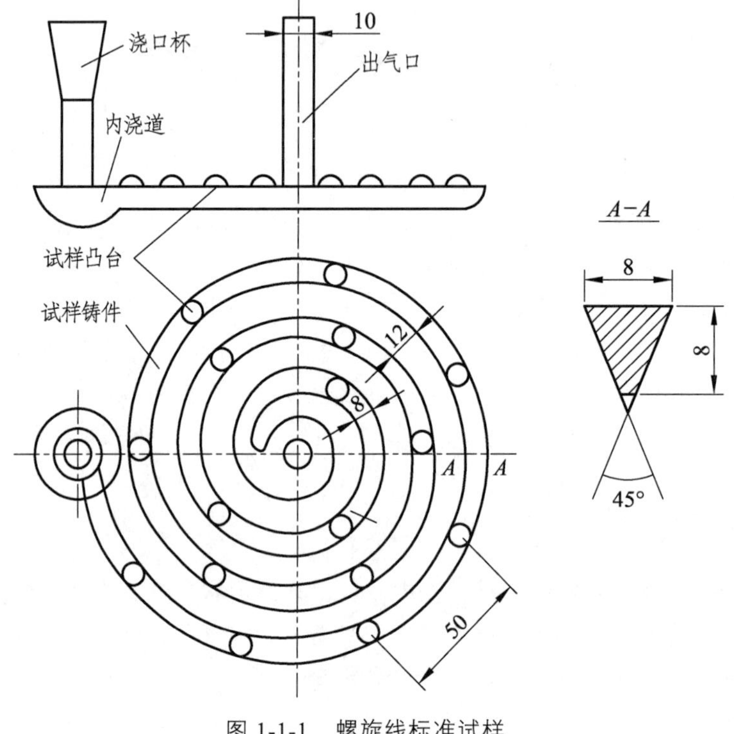

图 1-1-1　螺旋线标准试样

2）充型压力

液态合金在流动方向上所受的压力越大，充型能力越好。砂型铸造时，充型压力主要来自直浇道静压力。压力铸造和离心铸造时的充型压力大幅提升，合金流动性相对更好。

3）铸型冷却能力

铸型蓄热能力是指铸型从熔融合金中吸收并导出热量的能力。铸型材料的比热容和导热系数越大，对合金熔体的冷却能力越强，合金的流动性越差。一般而言，浇注前将铸型预热到一定温度，降低温差，减缓合金熔体的冷却速度，合金的流动性提高。

1.1.2　合金的收缩性

铸造合金从浇注、凝固、冷却直至室温过程中，其体积和尺寸减小的现象称为收缩，具体可分为液态收缩、凝固收缩和固态收缩等三个阶段。液态收缩是合金熔体因温度下降而发生的体积缩减。凝固收缩是合金熔体凝固（液-固相变）阶段的体积缩减。液态收缩和凝固收缩表现为合金体积的缩减，通常称为“体收缩”。固态收缩是金属在固态下由于温度的降低而发生的体积缩减，固态收缩虽然也导致体积的缩减，但通常用铸件的尺寸缩减量来表示，故称为“线收缩”。

合金的收缩不仅影响尺寸，还会使铸件产生缩孔、疏松、内应力、变形和开裂等缺陷。液态收缩和凝固收缩若得不到补足，会使铸件产生缩孔和缩松缺陷，固态收缩若受到阻碍会产生铸造内应力，导致铸件变形开裂。

1. 合金收缩的影响因素

由于收缩直接影响铸件的质量，应尽可能降低合金的收缩程度。影响合金收缩的因素如下：

1）合金的种类和成分

铁碳合金中灰铸铁的收缩率小，铸钢的收缩率大。碳素钢的碳含量增加，液态收缩增加，固态收缩略减。对铸铁而言，碳、硅含量增多，其石墨化能力越强。由于石墨的比体积较大，故能弥补收缩，整体收缩率减小。硫阻碍石墨析出，增大收缩率。锰可与硫形成 MnS，抵消硫对石墨化的阻碍作用，降低铸铁收缩率。

2）浇注温度

浇注温度越高，过热度提高，导致液态收缩率和总收缩率加大，缩孔形成倾向增加。以钢液为例，通常浇注温度提高 100 ℃，体收缩率增加约 1.6%。

3）铸件结构和铸型条件

铸件在铸型中的冷却凝固过程不可能自由收缩，而是受阻收缩。如前所述，铸件各部分冷却速度不同，收缩也并不一致，互相约束而对收缩产生阻碍。此外铸型和型芯对收缩也产生机械阻力。铸件结构越复杂，铸型硬度越大，型芯越粗大，则收缩阻力越大。通常，铸件实际收缩率略小于自由收缩率。

2. 铸件的缩孔与缩松及其防止措施

缩孔缩松的形成

缩孔是由于合金的液态收缩和凝固收缩部分得不到补足，在铸件的最后凝固处出现的较大的集中孔洞。其形成过程如图 1-1-2 所示，液态金属充型后，由于外界和铸型吸热，最外层金属液先凝固而形成铸件外壳；内部金属液的收缩不能得到补充，故其液面开始下降；铸件继续冷却，凝固层加厚，内部剩余液体由于液态收缩和补充凝固层的收缩，体积缩减，液面继续下降；最终导致在铸件最后凝固的部位形成了缩孔。缩孔形状呈倒锥形，内表面粗糙。依凝固条件不同，缩孔可能隐藏在铸件表皮下（此时铸件上表皮可能呈凹陷状），也可能露在铸件表面。纯金属和共晶成分的合金易形成集中缩孔。

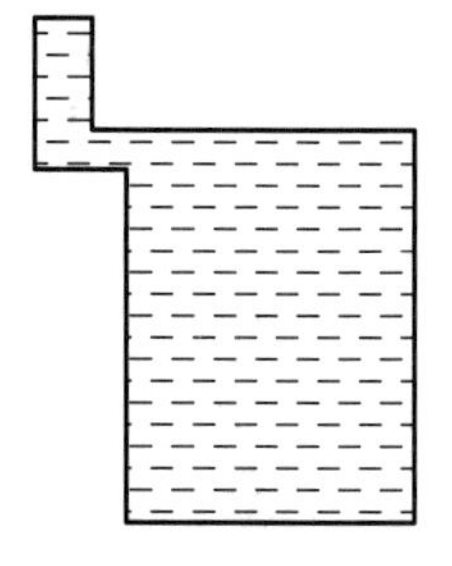

（a）充满铸型

（b）形成外壳

（c）液面下降

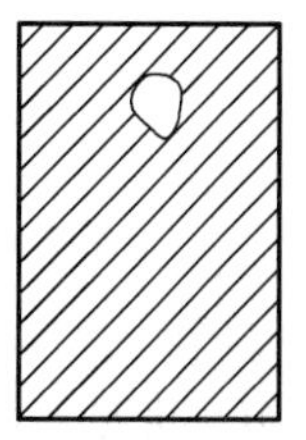

（d）继续下降

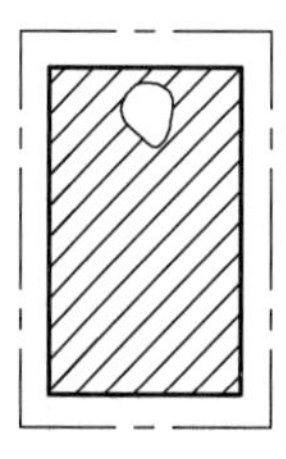

（e）形成缩孔　（f）外形收缩

图 1-1-2　缩孔的形成

缩松是分散在铸件内的细小的缩孔。缩松的形成过程如图 1-1-3 所示。铸件从外层开始凝固，凝固前沿凹凸不平，当两侧的凝固前沿向中心汇聚时，会形成同时凝固区。在此区域内，剩余金属液被凸凹不平的凝固前沿分隔成许多小液体区。最后，这些数量众多的小液体区因得不到补缩而形成了缩松。凝固温度范围大的合金，其缩松倾向大。

缩孔和缩松都能使铸件的力学性能下降；缩孔削减了铸件有效截面积，大大降低了铸件的承载能力；缩松对铸件承载能力的影响比集中缩孔小，但易影响铸件的气密性，导致渗漏出现。因此，必须根据技术要求，采用适当工艺措施予以防止。

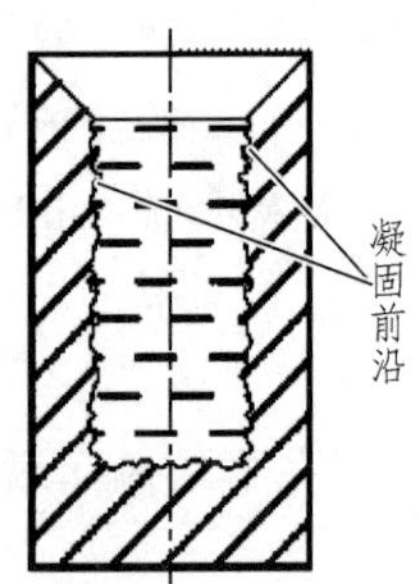

（a）外层凝固，中心同时形成凝固区

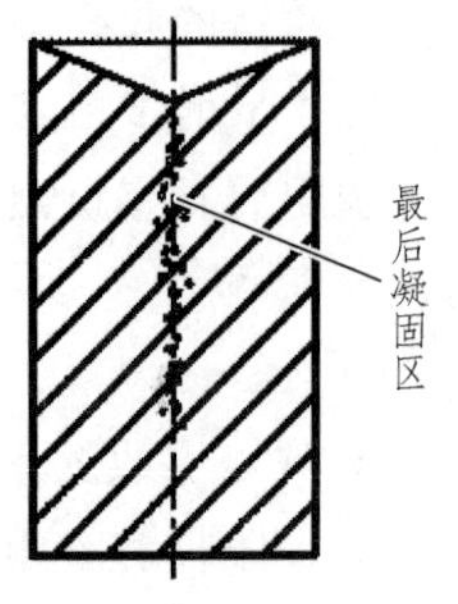

（b）剩余金属液被分隔成小液体区

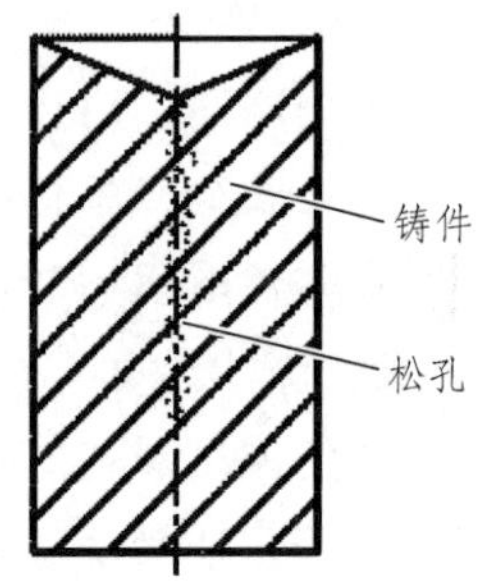

（c）缩松形成

图 1-1-3　缩松的形成

防止铸件内部出现缩孔，应合理地设计铸件结构，尽可能地实现顺序凝固。在铸件上可能出现缩孔的厚壁处设置冒口，在远离冒口的部位安放冷铁，使缩孔转移至最后凝固的冒口处，从而获得完整的铸件。冒口是多余部分，切除后便获得完整、致密的铸件。冷铁的作用是加快铸件局部冷却速度，如图 1-1-4 所示。

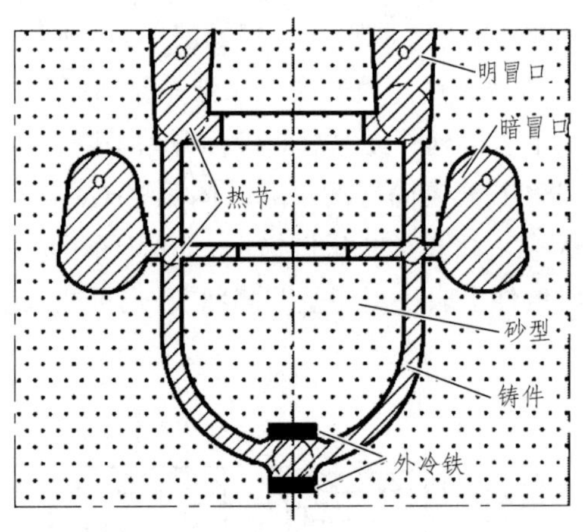

图 1-1-4　阀体铸件防止缩孔的措施

防止缩松的难度更高，主要是因为缩松通常出现在凝固温度范围大的合金铸件中，发达的树枝状晶粒堵塞补缩通道，使冒口难以发挥补缩作用。对气密性要求高的油缸、阀体等承压铸件，多在热节处安放冷铁或在局部砂型表面涂敷激冷涂料，加大冷却速度；或增加充型后静压力或电磁搅拌，以破碎树枝状晶粒，减少其对合金熔体的流动阻力。

冒口补缩

3. 铸件的内应力、变形和裂纹及其防止措施

1）铸件的内应力

铸件在凝固后继续冷却过程中，若固态收缩受阻，就会导致内应力的产生；当内应力达到一定数值时，铸件发生变形甚至开裂。铸造内应力主要包括热应力、相变应力和机械应力。

（1）热应力。

热应力的形成

铸件在冷却和凝固过程中，不同部位的不均衡收缩导致热应力。如图 1-1-5 所示应力框，由一根粗杆和两根细杆构成，图的上部表示粗杆和细杆的冷却曲线，$T_{再}$ 表示金属再结晶温度。当铸件高于该温度时（$t_0 \sim t_1$），两杆均处于塑性状态。尽管粗杆和细杆收缩不一致，但两杆都是塑性变形，不产生内应力。继续冷却到 $t_1 \sim t_2$，此时细杆温度较低，已进入弹性状态，但粗杆仍处于塑性状态。细杆由于冷却快，收缩大于粗杆，在横杆的作用下将对粗杆产生压应力，并受到反作用的拉应力，如图 1-1-5（b）所示。处于塑性状态的粗杆受压应力作用产生压缩塑性变形，使粗杆和细杆的收缩趋于一致，也不产生应力，如图 1-1-5（c）所示。当进一步冷却至 $t_2 \sim t_3$，粗杆和细杆均进入弹性状态，此时粗杆温度较高，冷却时还将产生较大收缩，细杆温度较低，收缩已趋停止，在最后阶段冷却时，粗杆的收缩将受到细杆强烈阻碍，因此粗杆受拉，细杆受压，形成残余应力，如图 1-1-5（d）所示。

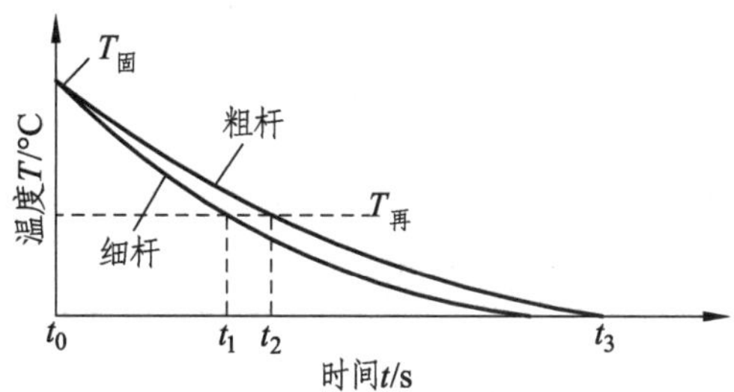

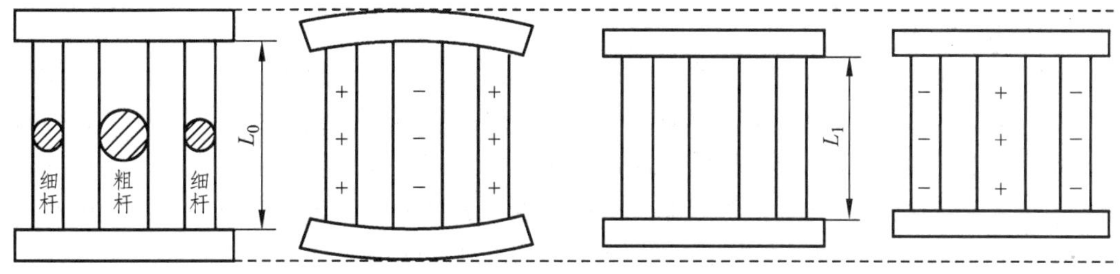

（a）应力框铸件（b）第二阶段的暂时应力（c）细杆与粗杆同时缩短（d）第三阶段的残余应力

图 1-1-5　热应力的形成

（2）相变应力。

固态下发生相变的合金，由于各部分冷却速度不同，达到相变温度的时刻不同，发生相变的程度不同，由此产生相变应力。如铁碳合金铸件快速冷却时发生马氏体相变，产生较大的相变应力，可能使铸件开裂。

（3）机械应力。

铸型、型芯等外力阻碍收缩会导致机械应力。当铸件落砂后，这种应力可局部甚至全部消失。然而，若机械应力在铸型中与热应力共同起作用，则将增大铸件某部位的拉伸应力，促使铸件产生裂纹倾向。

2）铸造应力的防止措施

铸件形状越复杂，各部分壁厚相差越大，冷却时温度越不均匀，则铸造内应力越大。为减小生产过程中的铸造内应力，需改进铸件结构，优化铸造工艺。

（1）铸件的壁厚应均匀，或合理地设置冷铁等工艺措施，使铸件各部位冷却均匀、同时凝固，从而减小热应力。

（2）铸件结构尽量简单、对称，减小合金的收缩受阻，从而降低机械应力。

（3）尽可能选择线收缩率小、弹性模量低的铸造合金；在型芯砂中加入焦炭粒、锯末等，控制舂砂的紧实度，提高铸型、型芯的退让性，减少收缩应力。

（4）对铸件进行时效处理。时效处理分为自然时效、人工时效和共振时效等。自然时效是指将铸件置于露天场地半年以上，使其缓慢发生变形，内应力得以消除；人工时效又称去应力退火，是将铸件加热至 500 ~ 650 ℃，保温 2 ~ 4 h，随炉缓冷至 150 ~ 200 ℃，而后出炉；共振时效是将铸件在其共振频率下振动 10 ~ 60 min，以消除铸件中的残余应力。机床床身、内燃机缸体、缸盖等铸件须进行人工时效处理。

3）铸件的变形及其防止措施

当铸件厚薄不均时，因冷却速率不同，各处温度不均匀，导致热应力产生。铸件的应力状态并不稳定，将自发变形以减小内应力而趋于稳定。铸件的变形导致铸件精度降低，严重时导致铸件报废，需要采取防止措施。

铸造内应力引发铸件变形，除了采用前述的同时凝固和时效处理外，还可采用反变形工艺，在模型上预先设置铸件变形量的反变形量，待铸件冷却后收缩变形正好被抵消。

4）铸件裂纹及其防止措施

当铸造内应力超过该温度下材料的抗拉强度时，铸件产生裂纹，按形成温度范围分为热裂和冷裂。

（1）热裂。

热裂一般形成于凝固末期，铸件温度接近固相线。一方面，固体骨架已经形成，树枝晶间仍残留少量液体，此时合金如果收缩，可能将液膜拉裂而形成裂纹；另一方面，合金材料在固相线温度附近的强度、塑性较低，铸造内应力较易超过该温度下强度极限，同样导致铸件开裂。热裂的特征是裂纹短，缝隙宽，形状曲折，裂口表面氧化较严重。通常发生在铸件的拐角处、截面厚度突变处、铸件最后凝固区的缩孔附近或尾部。

严格控制合金成分（硫和磷降低铸钢和铸铁的韧性，提高了热裂倾向）、合理设计铸件结构、实现同时凝固、改善铸型和型芯退让性等，是防止热裂的有效措施。

（2）冷裂。

当铸件冷却到低温处于弹性状态时，铸造应力超过了合金强度极限，产生冷裂。裂纹细小，呈连续直线状，具有金属光泽或微氧化色。冷裂通常出现在铸件的内尖角、缩孔、非金属夹杂物等内应力集中处（一般为拉应力状态）。某些铸件内部存在较高的残余应力，在铸件落砂前并未形成冷裂纹，而在铸件清理、搬运受到振动或出砂后受激冷而产生。

铸件的冷裂倾向与铸造内应力和合金的力学性能密切关联。为了防止铸件的冷裂，应设法减小铸造内应力（如避免冷却较快），控制钢和铁化学成分。磷降低钢的冲击韧性，增加其冷脆性；当磷含量超过 0.5%（质量分数）时，出现大量网状磷共晶，导致钢的强度、韧性降低，冷裂倾向增大。钢中锰、铬、镍等元素虽然能够提高钢的强度，但降低了导热系数，提高了铸造内应力，也使钢的冷裂倾向增加。塑性好的合金因内应力可以通过塑性变形自行缓解，通常具有较低的冷裂倾向。

1.1.3　合金的吸气性

液态金属在高温下吸收了大量气体，如果在冷却凝固过程中不能充分顺利逸出，则将在铸件内部形成气体缺陷。气孔形状一般为球形、椭球形或梨形，内表面较为光滑、明亮或呈轻微氧化色。气孔破坏了铸件的连续性，降低了有效截面积，减小了承载能力，引起应力集中，显著降低冲击韧性和疲劳强度。

按照气体的来源，气孔可分为侵入气孔、析出气孔和反应气孔等三类。

1. 侵入气孔

在浇注过程中，砂型及型芯受热，水分蒸发，有机物及附加物挥发，产生大量气体侵入液态金属而形成的气孔，统称为侵入气孔。侵入气孔一般位于砂型及型芯表面附近，尺寸较大，呈椭球形或梨形。防止侵入气孔的主要途径是降低型砂及芯砂的发起量，增强铸型的排气能力。

2. 析出气孔

在铸件冷却凝固过程，液态金属中气体因溶解度随温度下降而析出形成气孔，称为析出气孔。析出气孔的特征是尺寸较小，分布较广，甚至遍布整个铸件截面。铝合金中的析出气孔最为多见，其直径多小于 1 mm，常称为“针孔”。针孔不仅降低铸件力学性能，而且严重影响气密性，导致承压时渗漏。

防止析出气孔的基本途径为烘干和洁净炉料，去除水、油锈等污物；减少液态金属与空气接触，控制中性气氛炉气。

3. 反应气孔

液态金属与铸型材料、型芯撑、冷铁或熔渣之间发生化学反应，产生气体而形成的气孔称为反应气孔。反应气孔多分布在铸件表层下 1~2 mm 处，也称皮下气孔。

防止反应气孔的主要措施有清除冷铁、型芯撑表面锈蚀和油污，并保持干燥。

1.2　砂型铸造工艺

砂型铸造

砂型铸造是利用型砂制造铸型的铸造方法，它适用于各种形状、大小及各种合金铸件的生产。掌握砂型铸造是合理选择铸造方法和正确设计铸件的基础。

型（芯）砂由原砂、黏结剂、水及其他附加物（如木屑、煤粉等）按一定比例混制而成。根据黏结剂的种类不同，可分为黏土砂、水玻璃砂、树脂砂等。据统计，铸件废品率很大程度上与造型材料有关，因此必须严格控制型（芯）砂的质量。对型砂的基本性能要求有强度、透气性、流动性、退让性等。芯砂处于金属液体的包围之中，其工作条件更加恶劣，所以对芯砂的基本性能要求更高。

确定某一铸件的铸造工艺时，应抓住主要矛盾，综合考虑，在确定了浇注位置及分型面后，还应确定铸件的机械切削余量、拔模斜度、铸件收缩率、浇注系统、冒口的位置及尺寸、型芯头尺寸等。砂型铸造的工艺过程如图 1-2-1 所示。

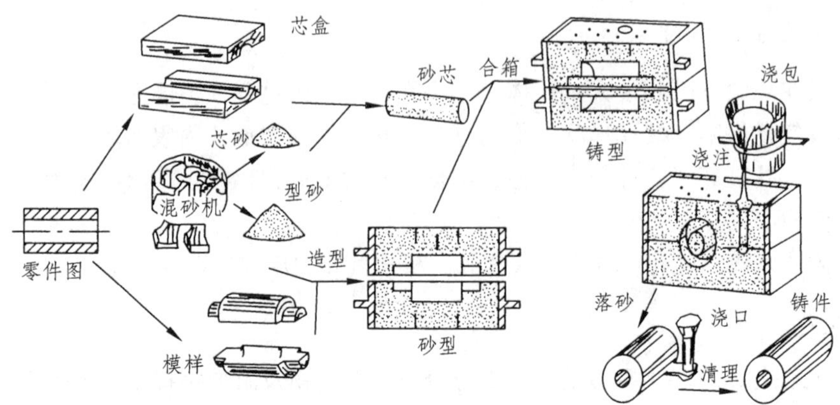

图 1-2-1　砂型铸造的工艺过程

造型方法按使用设备的不同，分为手工造型和机器造型两大类。

1.2.1　手工造型

全部用手工或手动工具完成的造型方法称手工造型。手工造型操作灵活、适应性强、设备简单、生产准备时间短、成本低、应用广泛。其缺点在于铸件质量较差，生产率低下，劳动强度大，工人技术水平要求高。手工造型主要用于单件、小批量生产，特别是形状复杂或重型铸件的生产。

常用的手工造型方法按砂箱特征分类有两箱造型、三箱造型、脱箱造型、地坑造型等，如图 1-2-2 所示，按照模样特征分类则有整模造型、挖砂造型、假箱造型、分模造型、活块造型及刮板造型，如图 1-2-3 所示。在实际生产中，应依据铸件的尺寸、形状、生产批量使用要求及生产条件合理地选用造型方法。以下为各手工造型方法的特点及适用范围。

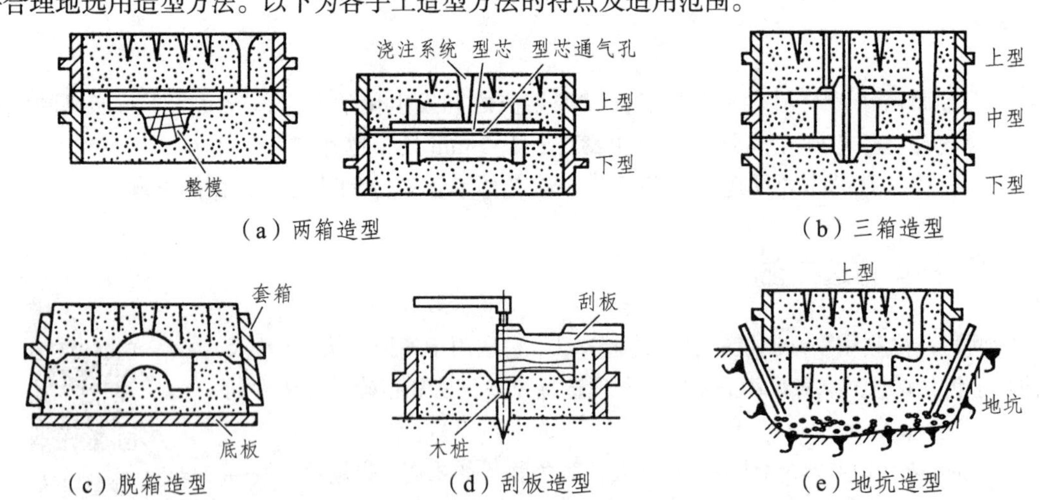

图 1-2-2　常用的手工造型方法（按砂箱特征分类）

按砂箱特征分类：

（1）两箱造型。铸型由上、下两个砂箱构成，是造型的最基本方法，其适用于各种铸型及各种批量。

三箱造型

（2）三箱造型。铸型主要由上、中、下三个砂箱构成，为后续方便起模，必须有上、下两个分型面，其中中箱的高度应与铸件两个分型面的间距相适应。该方法操作复杂且需要有适合的成套砂箱，主要适用于单件、小批量生产具有两个分型面的铸件。

（3）脱箱造型。主要特征为应用可拆或带有锥度的可脱砂箱来完成造型，在铸型合型后浇注前将砂箱脱出重新用于造型，其主要用于成批生产的小铸件。

（4）地坑造型。主要利用车间地面砂床作为下砂箱，只有一个上砂箱，极大地减少了砂箱的投资，但造型操作复杂且要求操作人员技术水平较高，常用于砂箱不足的生产条件下制造批量适中的中小型铸件。

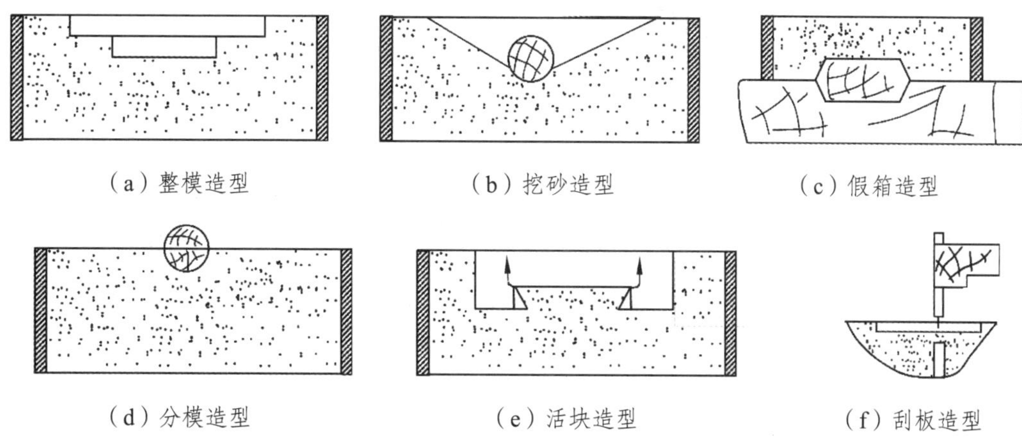

（a）整模造型　（b）挖砂造型　（c）假箱造型

（d）分模造型　（e）活块造型　（f）刮板造型

图 1-2-3　常用的手工造型方法（按模样特征分类）

按模样特征分类：

（1）整模造型。主要特征为模样是整体的，分型面为平面，铸型型腔全部在半个铸型内，其造型较为简单，上腔无型、下腔有型的结构使得铸件不会产生错箱缺陷，同时铸件精度与表面质量较好。该方法适用于铸件最大截面靠一端且为平面的简单铸件的单件、小批量生产，其造型过程如图 1-2-4 所示。

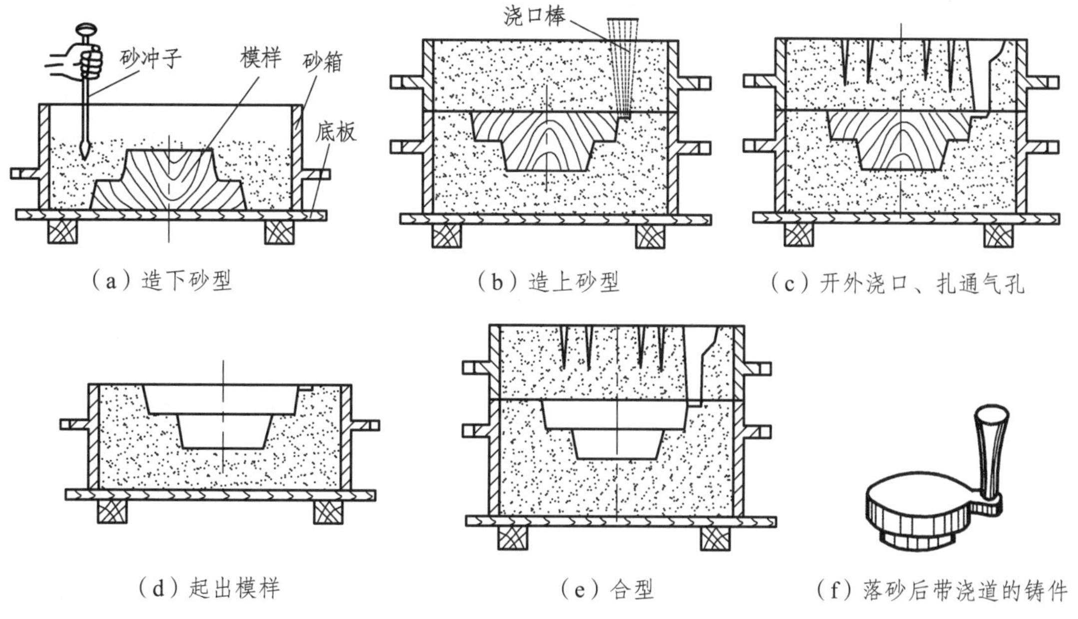

（a）造下砂型　（b）造上砂型　（c）开外浇口、扎通气孔

（d）起出模样　（e）合型　（f）落砂后带浇道的铸件

图 1-2-4　整模造型过程

（2）挖砂造型。挖砂造型模样同样是整体的，与整模造型的主要区别在于其分型面不是平

面。在造型过程中，需要手工挖除阻碍起模的型砂，操作麻烦，生产率低，要求操作人员技术水平较高。为防止分型面产生毛刺，保证铸件的外形尺寸精度，需要在挖砂时注意要挖到模型的最大截面。该方法适用于分型面不是平面的铸件的单件、小批量生产，其造型过程如图 1-2-5 所示。

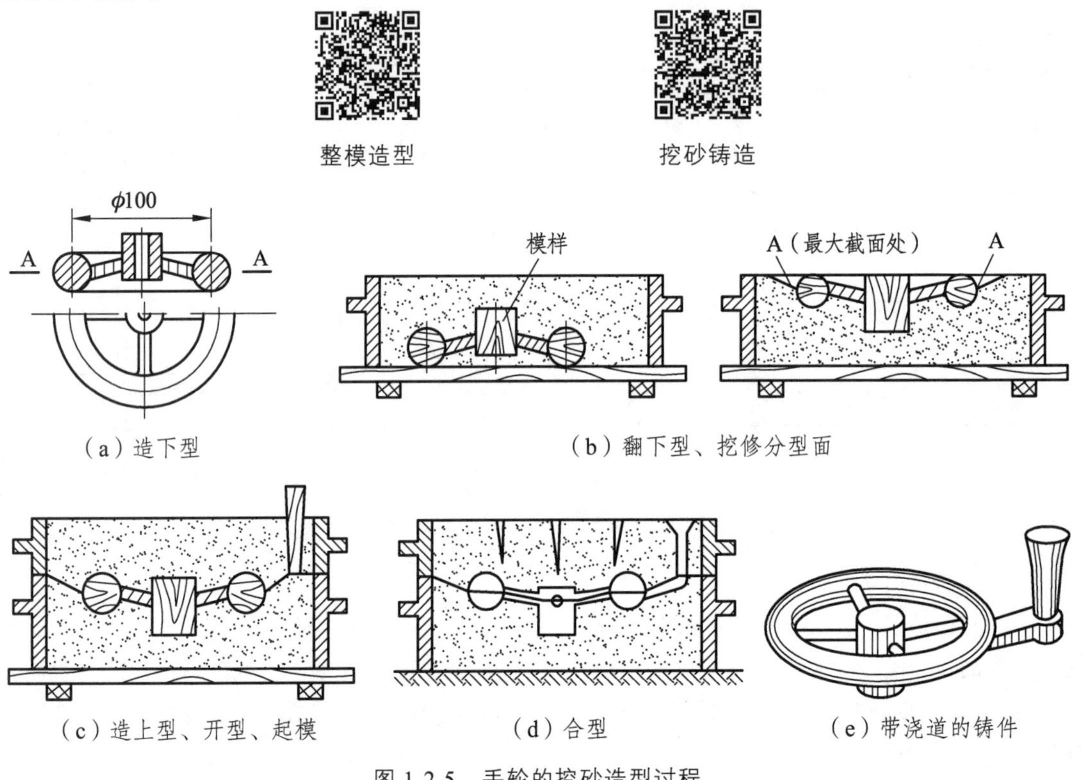

图 1-2-5　手轮的挖砂造型过程

（3）假箱造型。为避免挖砂造型的操作复杂的缺点，首先应用强度较高的型砂预制好底胎，在底胎上造下型，随后再在该下型上造上型，由于先前预制好的底胎并不参与浇注，故而称其为假箱。假箱造型相较于挖砂造型简便、高效，且分型面整齐，一般用于成批生产需要挖砂的铸件，其造型过程如图 1-2-6 所示。

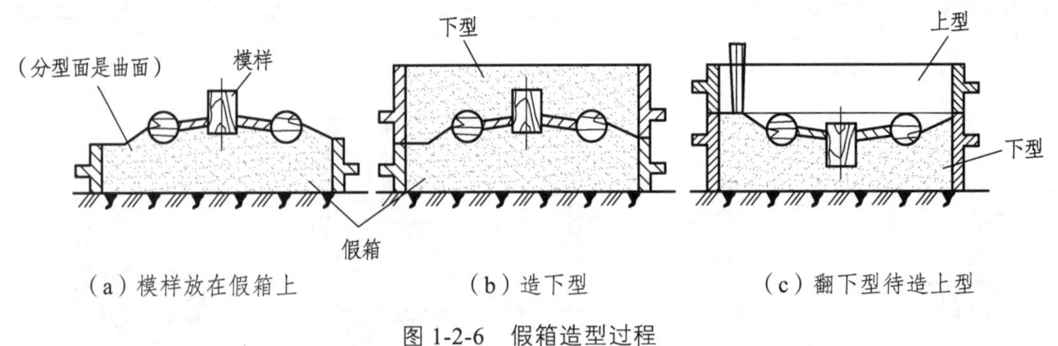

图 1-2-6　假箱造型过程

（4）分模造型。将模样沿着最大截面处分为两半，型腔分别位于上、下两个半型内。其造型简单，且便于下芯与安放浇注系统，适用于最大截面在中部的铸件，其造型过程如图 1-2-7 所示。

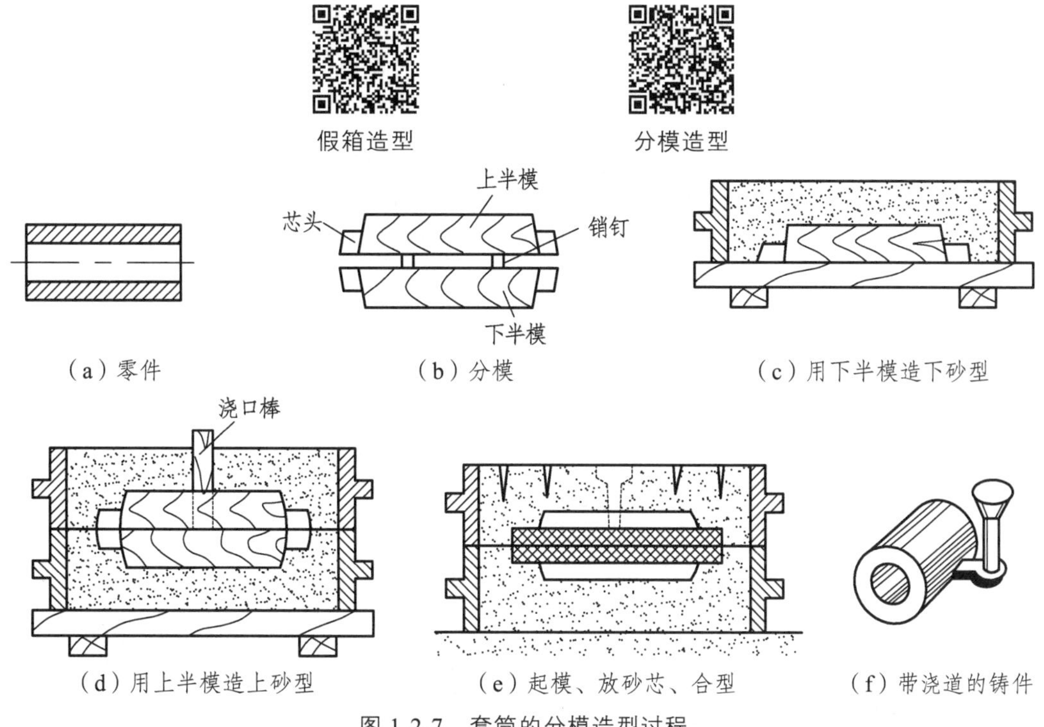

图 1-2-7　套筒的分模造型过程

（5）活块造型。在铸件上存在妨碍起模的小凸台、筋板时，将其制为可拆卸或移动的活块，活块与模样间用销子或燕尾连接。造型起模过程中，首先起出主体模样，再从侧面取出活块。活块造型生产率低，要求操作人员技术水平较高，因此仅适用于带有凸出部分难以起模的铸件的单件、小批量生产，其造型过程如图 1-2-8 所示。

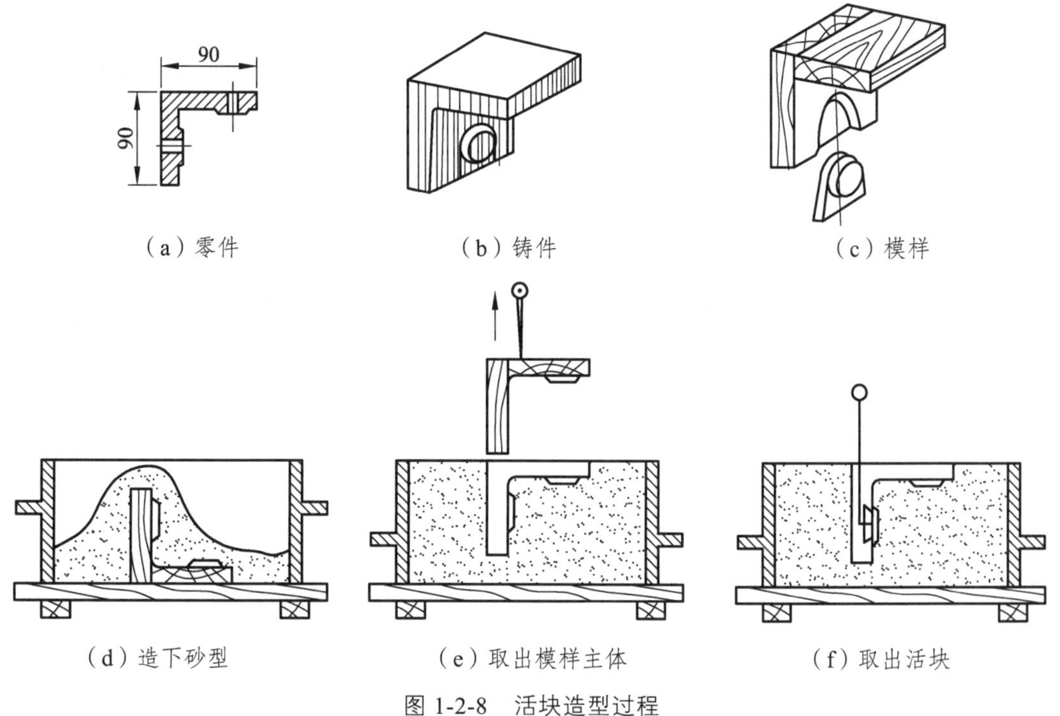

图 1-2-8　活块造型过程

（6）刮板造型。主要特征为用与铸型截面形状相应的刮板代替模样造型，大大节省木材的应用，缩短生产周期。其缺点为造型生产率低，要求操作人员技术水平较高，铸件尺寸精度差等，因此仅适用于单件、尺寸较大的旋转体或等截面铸件，其造型过程如图 1-2-9 所示。

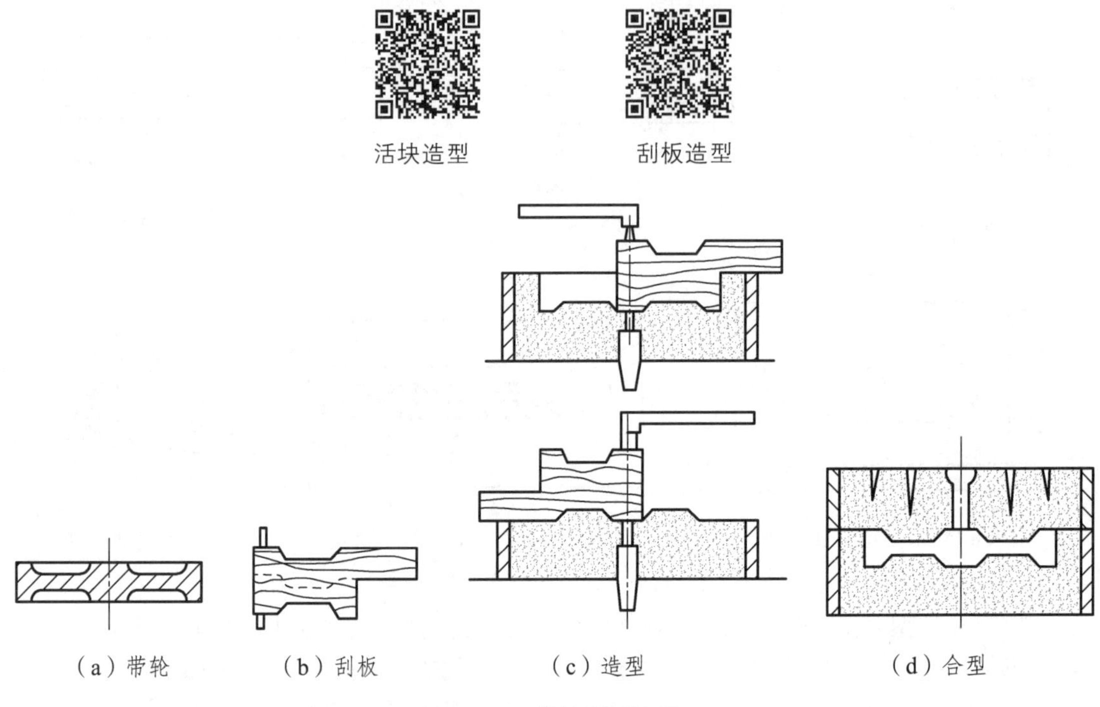

图 1-2-9　带轮刮板造型

1.2.2　机器造型

用机器全部完成或至少完成紧砂操作的造型工序称为机器造型。机器造型可大大地提高劳动生产率，改善劳动条件，对环境污染小。铸件的尺寸精度和表面质量高，加工余量小，生产批量大时铸件成本较低。因此，机器造型是现代化铸造生产的基本形式。

机器造型一般都需要专用设备、工艺装备及厂房等，投资大，生产准备时间长，并且还需要其他工序（配砂、运输、浇注、落砂等），全面实现机械化的配套才能发挥其作用。机器造型只适于成批和大批量生产，只能采用两箱造型，或者类似于两箱造型的其他方法，如射砂无箱造型等。机器造型时应尽量避免活块、挖砂造型等。机器造型按照型砂紧实方式分为振压式造型、高压造型、空气造型等，图 1-2-10 为水管接头机器造型的示意图。在设计大批量生产铸件和制定铸造工艺方案时，必须注意机器造型的工艺要求。

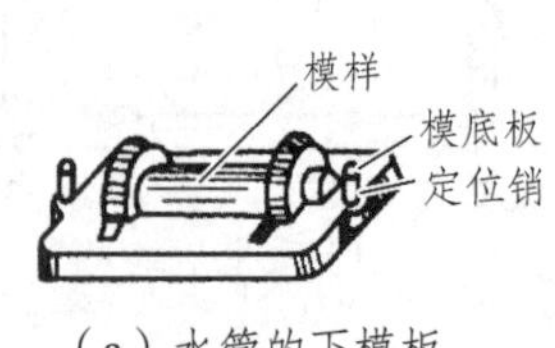

（a）水管的下模板

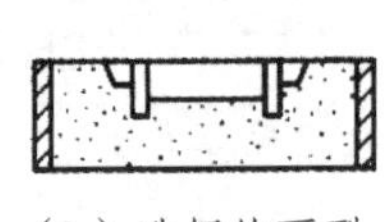

（b）造好的下型

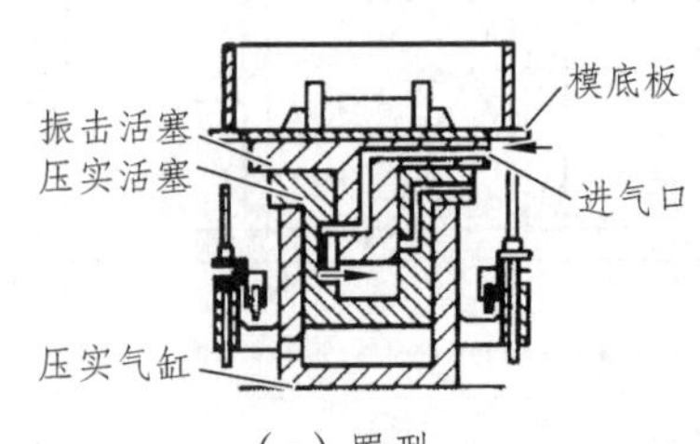

（c）置型

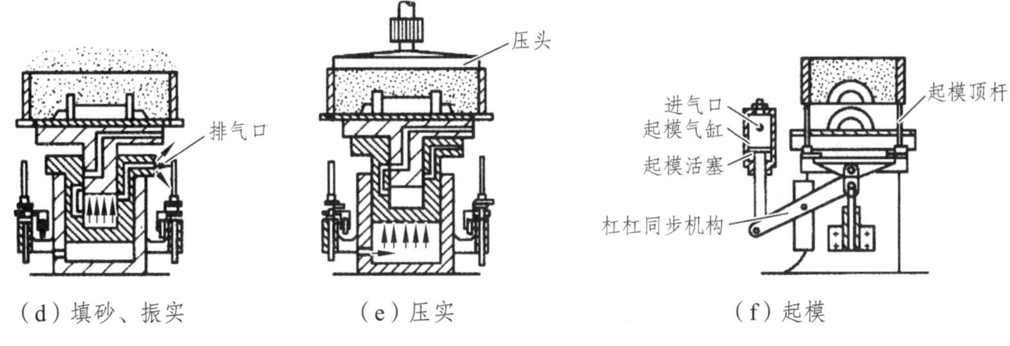

（d）填砂、振实　　（e）压实　　（f）起模

图 1-2-10　水管接头机器造型过程

1.3　特种铸造工艺

特种铸造是指与普通砂型铸造有显著区别的一些铸造方法，如金属型铸造、熔模铸造、压力铸造、低压铸造、离心铸造、陶瓷型铸造、壳型铸造、磁型铸造等。这些特种铸造方法应用较早，在提高铸件精度和表面质量、改善合金性能、提高劳动生产率、改善劳动条件和降低铸造成本等方面，各有其优越之处。

1.3.1　金属型铸造

液态金属在重力作用下浇入金属铸型获得铸件的铸造方法，称为金属型铸造。与砂型不同的是，金属型可以反复使用，故又称为“永久型铸造”。

1. 金属型的结构

金属型的结构有整体式、水平分型式、垂直分型式和复合分型式等几种，其中垂直分型式便于开设内浇道和取出铸件，容易实现机械化，所以应用较多。

金属型一般用铸铁或铸钢制造，型腔采用机械加工方法获得，形状简单，不妨碍抽芯的铸件内腔可用金属芯获得，复杂的内腔多采用砂芯。为了使金属芯能在铸件凝固后迅速取出，金属型结构中常设有抽芯机构。对于有侧凹的内腔，为便于抽芯，金属芯可由几块组合而成。

图 1-3-1 为铸造铝合金活塞垂直分型式金属型简图。其左、右半型用铰链连接，以便迅速开合铸型，组合金属芯便于形成有侧凹的内腔。当铸件冷却后，首先抽出中间的楔形中心芯 2，再取出两侧的侧芯 1 和 3。

金属型排气困难，除可利用铸型上的排气孔外，还必须在金属型的分型面上开设排气槽，槽深 0.2~0.4 mm，一般由型腔沿分型面一直挖到金属型边缘。在型腔内气体容易聚集的地方还应设置通气塞。

2. 金属型的铸造工艺

由于金属型没有退让性和透气性，铸型导热快，其生产工艺与砂型铸造有较大差异。

（1）金属型应保持合理的工作温度。

在生产铸铁件时，金属型的工作温度应保持在 250~300 ℃，有色金属铸件应保持在 100~250 ℃。合理的工作温度可减缓铸型冷却速度；减少熔融金属对铸型的“热冲击”作用，延长金属型的使用寿命；提高熔融金属的充型能力，防止产生浇不到、冷隔、气孔、夹杂等缺陷。合理的工作温度还有利于促进铸铁件的石墨化，防止产生“白口”。为保持合理工作温度，在浇注前，金属型应进行预热。当铸型温度过高时，必须利用铸型上的散热装置（气冷或水冷）散热。

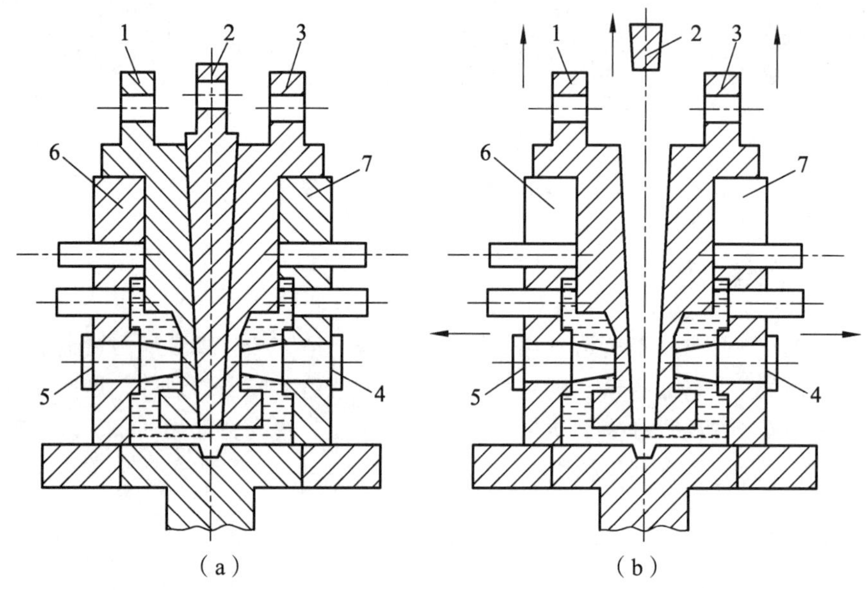

1—左侧芯；2—楔形中心芯；3—右侧芯；4—右活塞孔芯；
5—左活塞孔芯；6—左半型；7—右半型。

图 1-3-1　铸造铝活塞简图

（2）喷刷涂料。

浇注前必须向金属型腔和金属芯表面喷刷涂料。其目的是可以防止高温的熔融金属对型壁直接进行冲击，保护型腔。利用涂层的厚薄，可调整和减缓铸件各部分的冷却速度。同时还可利用涂料吸收和排除金属液中的气体，防止气孔产生。不同合金采用的涂料也不同，铝合金铸件常用氧化锌粉、滑石粉和水玻璃组成的涂料；灰铸铁件常用石墨、滑石粉、耐火黏土、桃胶和水组成的涂料，并在涂料外面喷刷一层重油或乙炔烟，浇注时可产生还原性隔热气膜，以降低铸件表面粗糙度。

（3）控制开型时间。

由于金属型没有退让性，铸件应尽早从铸型中取出。通常铸铁件出型温度为 780~950 ℃，有色金属只要冒口基本凝固即可开型。开型温度过低，合金收缩量大，除可能产生较大内应力使铸件开裂外，还可能引起“卡型”使铸件取不出。而且由于金属型温度升高，延长了冷却金属型的时间，使生产率下降。但是开型过早，也会因铸件强度低而产生变形。开型时间常常要通过实验来确定。

（4）提高浇注温度和防止铸铁件产生“白口”。

由于金属型导热能力强，合金的浇注温度比砂型铸造适当提高 20~30 ℃。铝合金为 680~740 ℃，锡青铜为 1 100~1 150 ℃，灰铸铁为 1 300~1 380 ℃。

为防止灰铸铁件产生白口组织，其壁厚一般应大于 15 mm；铁水中碳、硅的总含量应高于 6%；

同时还应采用孕育处理。对于已经产生白口的铸铁件，要利用自身余热及时进行退火处理。

3. 金属型铸造的特点及应用

（1）实现了一型多铸，省去了配砂、造型、落砂等工序，节约了大量的造型材料、造型工时、场地，改善了劳动条件，提高了生产效率，而且便于实现机械化、自动化生产。

（2）金属型铸件的尺寸精度高，表面质量好，铸件的切削余量小，节约了机械加工的工时，节省了金属。

（3）金属型冷却速度快，铸件组织细密，力学性能好。

（4）铸件质量较稳定，废品率低。

金属型铸造的主要缺点是：金属型制造成本高、周期长，铸造工艺要求严格，不适于单件、小批量生产。由于金属型冷却速度快，不宜铸造形状复杂和大型薄壁件。

金属型铸造主要用于大批量生产形状简单的有色金属铸件和灰铸铁件，如内燃机车上的铝合金活塞、气缸体、油泵壳体、铜合金轴瓦、轴套等。

1.3.2 熔模铸造

熔融金属在重力作用下浇入由蜡模熔失后形成的中空型壳中成型，从而获得精密铸件的方法称为熔模铸造或失蜡铸造。熔模铸造能够生产形状复杂、尺寸精度高、表面质量好的各种铸造合金的精密铸件，在航空、航天、军工、汽车、化工、电子、医疗、体育等各行各业均有应用。特别是航空发动机和重型燃气轮机的涡轮叶片的核心制造工艺，是推进“两机”工程的关键技术之一。随着装备轻量化发展，零件结构更趋复杂，性能要求更趋严格，加之柔性化生产的需求为熔模铸造提供了广阔的应用空间。典型产品或装备为：航空发动机及燃气轮机涡轮叶片；航空发动机机匣；汽车涡轮增压器涡轮；人工关节；泵、阀、五金工具、一般机器零件；高尔夫球头、金属雕塑和首饰。

1. 熔模铸造的工艺过程

熔模铸造的工艺过程包括制造蜡模、制壳、脱蜡、焙烧、浇注等，其基本工艺过程如图1-3-2所示。

1）制造蜡模

制造蜡模是熔模铸造的重要过程，它不仅直接影响铸件的精度，且因每生产一个铸件就要消耗一个蜡模，所以对铸件成本也有相当的影响。蜡模制造步骤如下：

（1）压型制造。

压型是用于压制蜡模的专用模具。压型应尺寸精确、表面光洁，型腔尺寸必须包括蜡料和铸造合金的双重收缩率，以压出尺寸精确、表面光洁的蜡模。

压型的制造方法随铸件的生产批量不同，常用的有机械加工压型和易熔合金压型两种。

机械加工压型是用钢或铝，经机械加工后组装而成，这种压型使用寿命长，成本高，仅用于批量生产。易熔合金压型是用易熔合金（如锡铋合金）直接浇注到考虑了双重收缩量（有时还考虑双重加工余量）的母模上，取出母模而获得压型的型腔。这种压型使用寿命可达数千次，制造周期短、成本低，适于中、小批量生产。单件小批生产中，还可采用石膏压型、塑料（环氧树脂）或硅橡胶压型。

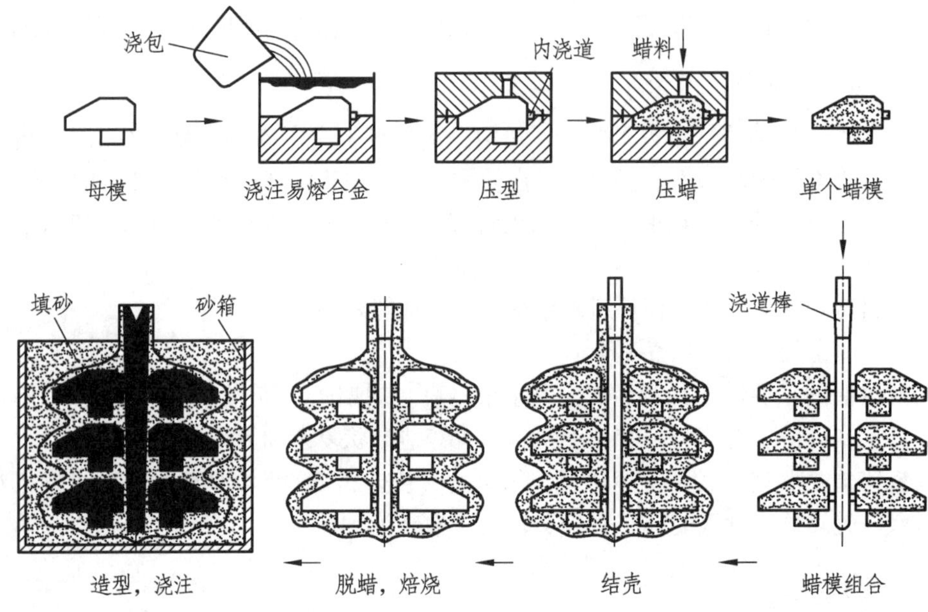

图 1-3-2　熔模铸造工艺过程

（2）蜡模压制。

蜡模材料可用蜡料、硬脂酸等配制而成。高熔点蜡料也可加入可熔塑料。常用的蜡料是50%石蜡和 50%硬脂酸，其熔点为 50~60 ℃。制蜡模时，先将蜡料熔为糊状，然后以 0.2~0.4 MPa 的压力，将蜡料压入压型内，待蜡凝固后取出，修去毛刺，即获得附有内浇口的单个蜡模。

（3）蜡模组装配。

蜡模铸件一般较小，为提高生产率，减少直浇道损耗，降低成本，通常将多个蜡模组焊在一个涂有蜡料的直浇道模上，构成蜡模组，以便一次浇出许多铸件。

2）制壳

制壳是在蜡模组上涂挂耐火材料层，以制成较坚固的耐火型壳。制壳要经几次浸挂涂料、撒砂、硬化、干燥等工序。

（1）浸涂料。

将蜡模组浸入由细耐火粉料（一般为石英粉，重要件用刚玉粉或锆英粉）和黏结剂（水玻璃或硅溶胶等）配成的涂料中（粉液比约为 1∶1），使蜡模表面均匀覆盖涂料层。

（2）撒砂。

对浸涂后的蜡模组撒干砂，使其均匀黏附一层砂粒。

（3）硬化与风干。

将浸涂后并撒有干砂的模组浸入硬化剂（20%~50%NH_4Cl 水溶液中）浸泡数分钟，使硬化剂与黏砂剂产生化学作用，分解出硅酸溶胶，将砂粒牢固黏结，使砂壳迅速硬化。在蜡模组上便形成 1~2 mm 厚的薄壳。硬化后的模壳应在空气中风干，使其湿度适宜，然后再进行第二次浸涂料等结壳过程，一般需要重复 4~6 次（或更多次），制成 5~10 mm 厚的耐火型壳。

3）脱蜡

将涂挂完毕粘有型壳的膜组浸泡于 85~90 ℃的热水中，使蜡料熔化，上浮而脱除（也可用蒸汽脱蜡），便可得到中空型壳。蜡料可经回收处理后再用。

4）焙烧与浇注

将型壳送入 800~950 ℃的加热炉中进行焙烧 0.5~2 h，以彻底取出型壳中的水分、残余蜡料和硬化剂等，熔模铸件型壳一般从焙烧炉中出炉后，宜趁热浇注，以便浇注薄而复杂、表面清晰的精密铸件。

2. 熔模铸造的特点及应用

（1）铸件精度高，表面光洁，一般尺寸公差可达 CT4~CT7，表面粗糙度可达 Ra1.6~12.5 μm。

（2）可铸出形状复杂的薄壁铸件，铸件上的凹槽（>3 mm 宽）、小孔（$\phi \geqslant 2.5$ mm）均可直接铸出。

（3）铸造合金种类不受限制，钢铁及有色合金均可适用。

（4）生产批量不受限制，单件小批、成批、大量生产均可适用。

但是熔模铸造工序复杂，生产周期长，原材料价格贵，铸件成本高。铸件不能太大、太长，否则蜡模易变形，丧失原有精度。

1.3.3　压力铸造

压力铸造是近代金属加工工艺中发展较快的一种少、无切削的特种铸造方法，具有生产效率高、经济指标优良、铸件尺寸精度高和互换性好等特点，在制造业（尤其是规模化产业）得到了广泛应用和迅速发展。压力铸造是铝、镁和锌等轻合金的主要成形方法，适用于生产大型复杂薄壁壳体零件。压铸件已成为汽车、运动器材、电子和航空航天等领域产品的重要组成部分。汽车行业是压铸技术应用的主要领域，占到 70%以上。

在压铸过程中，熔融金属在冲头的作用下以高速充填型腔（一般可达 10~100 m/s），并在高压（常见压力为 15~100 MPa）下结晶凝固形成铸件。按压力的大小和加压工艺不同又分为压力铸造、低压铸造和挤压铸造等。

1. 压力铸造

压力铸造（简称压铸）是一种将液态或半固态金属或合金，或含有增强物相的液态金属或合金，在高压下以较高的速度填充入压铸型的型腔内，并使金属或合金在压力下凝固形成铸件的铸造方法。高压和高速是压铸的主要特征。

1）压力铸造的工艺过程

压铸件的生产工艺流程为：压铸型的预热→喷涂料→合芯、插芯→熔炼浇注→压射→持压→冷却→开型、抽芯→顶出铸件→清理→切割浇、冒口。

冷压室卧式铸机结构简单，生产率高，液态金属进入型腔流程短，压力损失小，故使用较广。其压铸工艺过程如图 1-3-3 所示。

根据不同阶段冲头速度以及压力的变化，以冷室压铸为例，压铸一般分为给汤、压射（分慢压射和快压射两个阶段）、保压凝固、开模和取样等过程。在给汤过程中，高温金属液与空气接触，发生氧化，所产生的氧化物会随着压射过程进入型腔，造成氧化夹杂。在低速压射过程中，当低速速度过高时，位于冲头前端的金属液易向前翻转而卷入空气，形成气孔。在高速充填过程中，金属液以湍流形式进入型腔，型腔中的空气来不及排出而被金属液卷入，最终导致铸件中出现气孔。由于压铸件多为复杂薄壁件，为了满足其充型完整性，通常将浇口设计得非常小，以保证可以达到高速充填的效果。但在凝固过程中，较小的内浇口相比于铸件易于较早凝固，从而阻断了压室与型腔之间的液相补缩通道，使后续的高压补缩阶段作用时间较短，效果不甚理想。另一方面，压室预结晶组织（ESCs）作为压铸件中一个典型组织，是金属液在压室中凝固形成的预结晶颗粒随着熔体充填型腔而形成的粗大枝晶状晶粒，在 ESCs 聚集的区域，由于补缩效果不理想，极易出现缩孔缺陷。因此，气孔和缩孔构成了压铸制品的主要缺陷——孔洞缺陷。孔洞缺陷造成压铸件力学性能的下降和不稳定，降低压铸件的气密性，并限制了压铸件的焊接和热处理应用。靠近表面的孔洞缺陷还会造成压铸件在机加工后报废，极大限制了压铸件的应用范围。

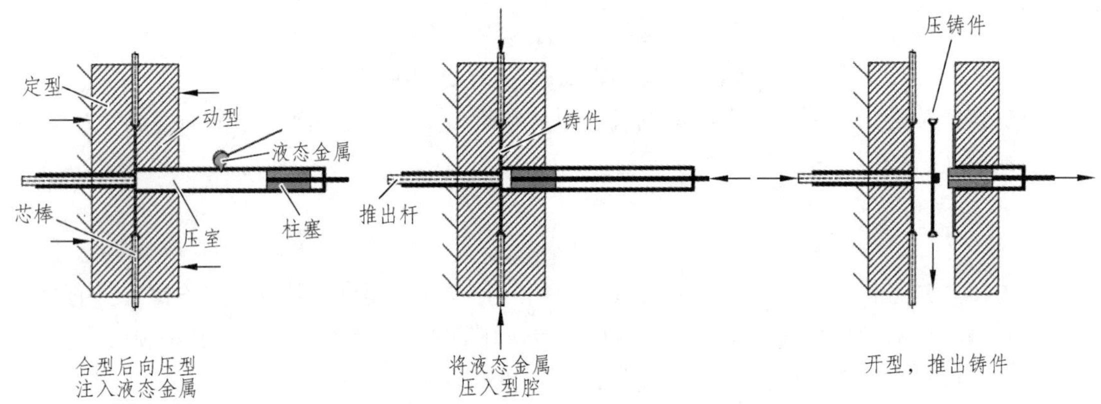

图 1-3-3　压铸工艺过程示意图

2）压力铸造的工艺特点及应用

与其他铸造方法相比，压力铸造有以下优点：

（1）压铸件尺寸精度高，表面粗糙度值小。尺寸公差等级可达 CT3 ~ CT6（公差等级一般为 IT11~IT13 级，有时可达 IT8~IT9 级），表面粗糙度（Ra）为 0.8 ~ 3.2 μm，甚至可达 0.4 μm，可不经机械加工而直接使用。

（2）压铸件中可嵌铸零件，既节省贵重材料和机加工工时，也替代了部件的装配过程，可以省去装配工序，简化制造工艺。

（3）铸件强度和表面硬度都较高。压铸件表面层晶粒细小、组织致密；其抗拉强度可比砂型铸件提高 25%~30%，但延伸率有所降低。

（4）生产效率高，易于实现机械化和自动化，可生产形状复杂的薄壁铸件。一般冷压室压铸机平均 8 h 可压铸 600~700 次。

压铸的主要缺点是：

（1）压铸时液体金属充填速度高，型腔内气体难以完全排出，凝固后在铸件表皮下易形成气孔、裂纹及氧化夹杂物等缺陷；压铸件不能进行较多余量的切削加工，以免气孔暴露出来；压铸件通常不能进行热处理，因高温加热时，气孔内气体膨胀会使铸件表面鼓泡或变形。

（2）合金种类受限，主要为锌、镁、铜等有色合金；压铸黑色金属时，压铸型寿命很低，困难较大。

（3）设备投资大，生产准备周期长，只有在大批量生产条件下，经济上才合算。

在压铸成形的过程中，金属浇注和冷却速度很快，厚壁处不易得到补缩而形成缩孔、缩松，故压铸件应尽可能采用薄壁并保证壁厚均匀。适宜的壁厚：锌合金为 1~4 mm，铝合金为 1.5~5 mm，铜合金为 2~5 mm。压力铸造可铸出细小的螺纹、孔、齿、槽、凸纹及文字，但都有一定的尺寸限制，可参阅《特种铸造手册》。对于复杂而无法取芯的铸件或局部有特殊性能（如耐磨、导电、导磁和绝缘等）要求的铸件，可采用镶铸法，把金属或非金属镶嵌件先放在压型内，然后和压铸件铸合在一起。镶铸法扩大了压铸件的应用范围，可以将许多小铸件合铸在一起，也可铸出十分复杂的铸件。

由于压铸的优点，使其获得广泛的应用，目前主要用于有色合金铸件。在压铸件产量中占最大比重的是铝合金压铸件；其次为锌合金压铸件。应用压铸件最多的是汽车、拖拉机制造业，其次为仪表制造和电子仪器工业，再次为农业机械、国防工业、计算机、医疗器械等制造业。用压铸法生产的零件有：车用铝合金结构件（发动机缸体、悬挂、门板、变速箱等）；仪器仪表铝合金零配件；电子通信设备外壳（笔记本外框、手机壳）；五金工具、一般机器零配件。

2. 低压铸造

低压铸造是用较低压力将金属液由铸型底部注入型腔，并在压力下凝固以获得铸件的方法。由于所用压力较低（一般为 0.02~0.06 MPa），故称低压铸造。

1）低压铸造的工艺过程

图 1-3-4 为低压铸造的工作原理示意图，其工艺过程如下：

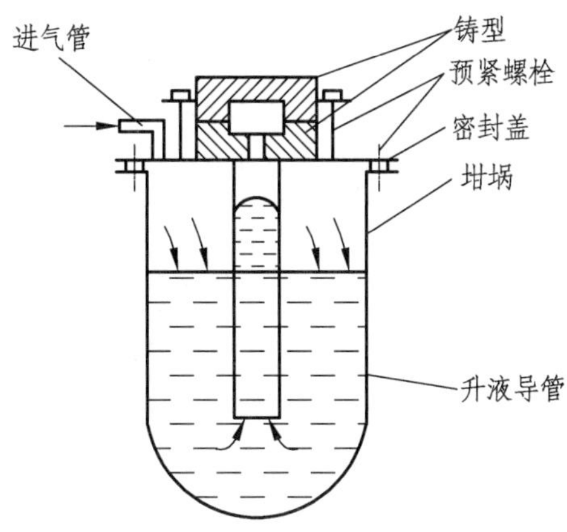

图 1-3-4　低压铸造的工作原理示意图

（1）准备合金液和铸型。将熔炼好的合金液倒入电阻保温炉的坩埚中，装上密封盖、升液管及铸型。

（2）升液、浇注。通入干燥压缩空气，合金液在较低压力下从升液管平衡上升，注入型腔。

（3）增压、凝固。型内合金液在较高压力下结晶，直至全部凝固。

（4）减压、降液。坩埚上部与大气连通，升液管内合金液流回坩埚。

（5）开型，取出铸件。

2）低压铸造的特点及应用

由上述过程可以看出，低压铸造的充型过程与重力铸造和压力铸造均有区别，具有独特的优点：

（1）低压底注充型，平稳且易控制，减少了金属液注入型腔时的冲击、飞溅现象，提高了产品的合格率。

（2）金属液上升速度和结晶压力可调整，低压铸造可适用于砂型、金属型、熔模型壳等各种铸型、各种合金及各种尺寸的铸件。

（3）浇注系统简单，金属利用率很高，通常可达 90%以上，见表 1-3-1。

表 1-3-1　不同铸造方法金属利用率比较

铸造方法	金属利用率/%
低压铸造	90~95
砂型铸造	70
金属型铸造	50~60
压力铸造	75~80

（4）与重力铸造（砂型和金属型）相比，铸件的轮廓清晰，机械性能较高（约提升 10%），劳动强度改善，易于机械化和自动化。

但目前顶铸式低压铸造机生产效率低，保温炉不能充分发挥作用，密封、保养不方便。

从 20 世纪 60 年代起，国内外相继重视低压铸造技术，并用于生产质量要求高的铝合金、镁合金铸件，如气缸体、气缸盖、高速内燃机的铝活塞等形状较复杂的薄壁铸件。

1.3.4　离心铸造

将液态金属浇入高速旋转（通常为 250~1 500 r/min）的铸型中，使其在离心力作用下充填铸型并凝固而获得铸件的方法称为离心铸造。离心铸造的铸型可用金属型，也可用砂型、壳型、熔模样壳，甚至可用耐温橡胶（低熔点合金离心铸造时）等。

1. 离心铸造的分类

1）卧式离心铸造

在卧式离心铸造机[图 1-3-5（a）]上铸型绕水平轴回转时，由于铸件各部分的冷却、成型条件基本相同，所得铸件的壁厚在轴向和径向都是均匀的。因此，卧式离心铸造适用于铸件长度较大的套筒及管类铸件，如铜衬套、铸铁缸套、水管等。

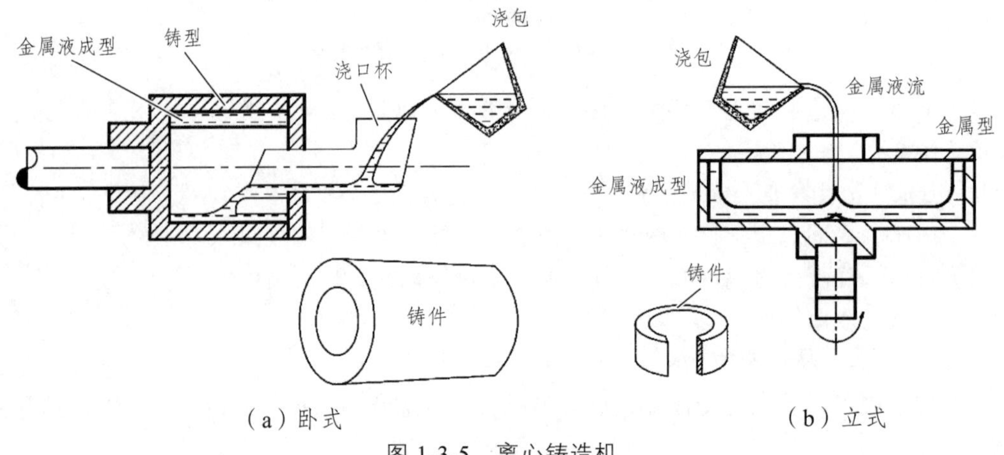

图 1-3-5　离心铸造机

2）立式离心铸造

在立式离心铸造机[见图 1-3-5（b）]上铸型是绕垂直轴回转的，在离心力和重力共同作用下，金属液自由表面（内表面）呈抛物面，使铸件沿高度方向的壁厚不均匀（上薄、下厚）。铸件高度越大、直径越小、转速越低时，其上、下壁厚差越大。因此，立式离心铸造适用于高度不大的盘、环类铸件。

3）成型件的离心铸造

成型件的离心铸造（见图 1-3-6）是将铸型安装在立式离心铸造机上，金属液在离心力作用下充满型腔，提高了合金的流动性，利于薄壁铸件的成形。同时，由于金属是在离心力下逐层凝固，浇口取代冒口对铸件进行补缩，使铸件组织致密。

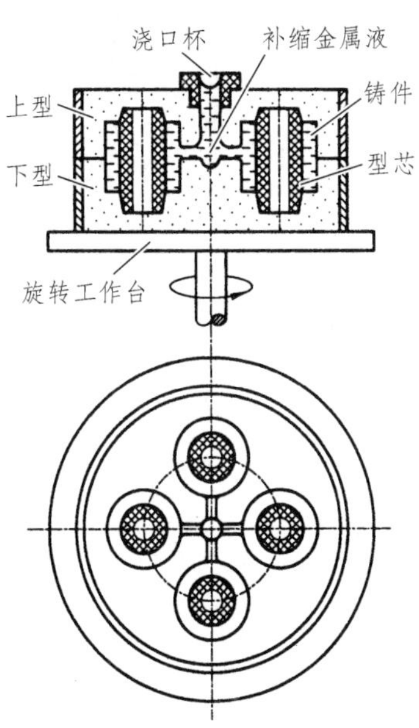

图 1-3-6　成型件的离心铸造

2. 离心铸造的特点及应用

（1）用离心铸造生产空心旋转体铸件时，可省去型芯及浇注系统和冒口。

（2）在离心力作用下密度大的金属被推往外壁，而密度小的气体、熔渣向自由表面移动，形成自外向内的顺序凝固。补缩条件好，使铸件致密，机械性能好。

（3）便于浇注“双金属”轴套和轴瓦。如在钢套内镶铸一薄层铜衬套，可节省价格昂贵的铜料。

但是离心铸造铸件的内孔自由表面粗糙、尺寸误差大、质量大，不适于密度偏析大的合金（如铅青铜等）及铝、镁等轻合金。

离心铸造主要用于大批生产管、筒类铸件，如铁管、铜套、缸套、双金属钢背铜套、耐热钢辊道、无缝钢管毛坯、造纸机干燥滚筒等；还可用于轮盘类铸件，如泵轮、电机转子等。

1.4　铸造工艺设计

铸造工艺设计是根据铸件结构特点、技术要求、生产批量、生产条件等确定铸造方案，编制工艺规程。其中的重点是绘制铸造工艺图。铸造工艺图是在零件图上用各种工艺符号表示出铸造工艺方案的图形，其中包括铸件的浇注位置、铸型分型面、型芯的数量、形状及其固定方法、加工余量、拔模斜度、收缩率、浇注系统、冒口、冷铁的尺寸和布置等。

铸造工艺图是指导模型（芯盒）设计、生产准备、铸型制造和铸件检验的基本工艺文件。依据铸造工艺图，结合所选定的造型方法，便可绘制出模型图及合箱图，如图 1-4-1 所示。

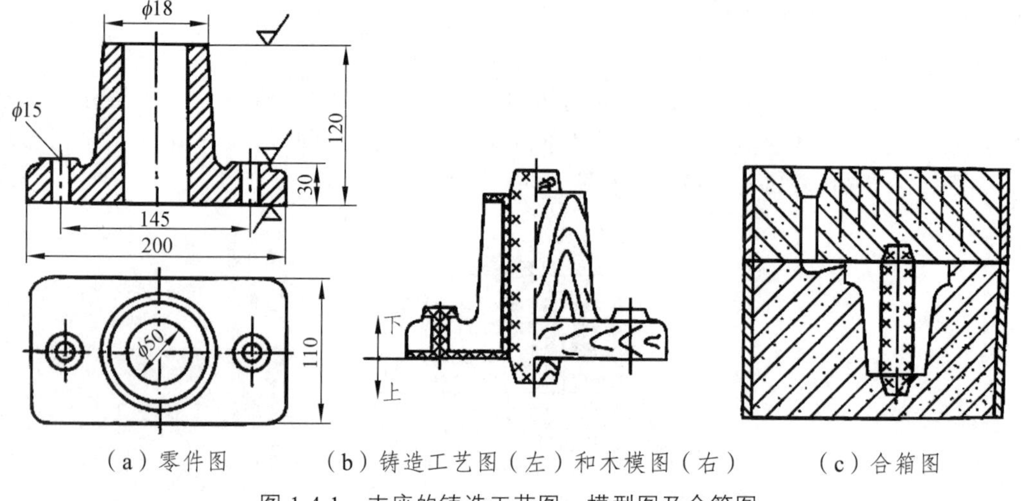

（a）零件图　（b）铸造工艺图（左）和木模图（右）　（c）合箱图

图 1-4-1　支座的铸造工艺图、模型图及合箱图

1.4.1　铸件浇注位置的选择

浇注位置是指浇注时铸件在铸型中所处的空间位置。浇注位置选择是否得当，对铸件质量影响很大，具体应考虑以下原则。

1. 铸件的重要加工面应朝下或处于侧面

因为铸件上部凝固速度慢，晶粒较粗大，易形成缩孔、缩松，而且气体、非金属夹杂物密度小，易在铸件上部形成砂眼、气孔、渣气孔等缺陷。铸件下部的晶粒细小，组织致密，缺陷少，质量优于上部。当铸件有几个重要加工面或重要面时，应将主要的和较大的加工面朝下或侧立。无法避免在铸件上部出现的加工面，应适当地加大加工余量，以保证加工后的铸件质量。图 1-4-2 中机床床身导轨是主要工作面，浇注时应朝下。图 1-4-3 所示为吊车卷筒，主要加工面为外圆柱面，采用立式浇注，卷筒的全部圆周表面位于侧位，保证质量均匀一致。

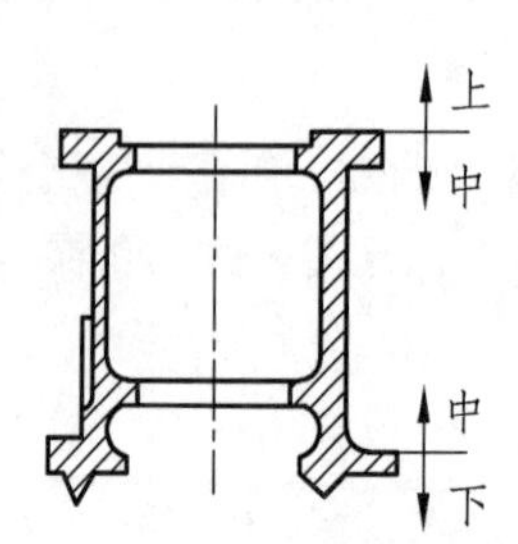

图 1-4-2　床身的浇注位置

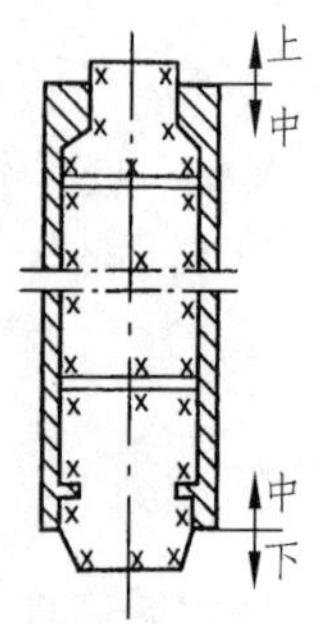

图 1-4-3　吊车卷筒的浇注位置

2. 铸件的宽大平面应朝下

因为在浇注过程中，熔融金属对型腔上表面的强烈热辐射，容易使上表面型砂急剧地膨胀而拱起或开裂，在铸件表面造成夹砂结疤缺陷，如图 1-4-4 所示。

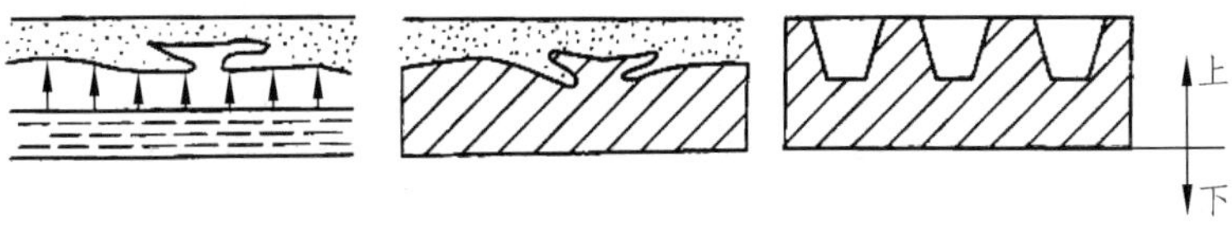

（a）铸型拱起开裂　（b）铸件夹砂结疤　（c）平板的浇注位置

图 1-4-4　大平面在浇注时的产生缺陷位置

3. 面积较大的薄壁部分应置于铸型下部或垂直、倾斜位置

图 1-4-5（a）所示的油盘铸件，将薄壁部分置于铸型上部，易产生浇不到、冷隔等缺陷，改置于图 1-4-5（b）所示位置后，薄壁部分置于铸型下部，可避免出现上述缺陷。

4. 易形成缩孔的铸件应将截面较厚的部分放在分型面附近的上部或侧面

铸件截面较厚的部分放在分型面附近的上部或侧面，便于安放冒口，使铸件自下而上顺序凝固。

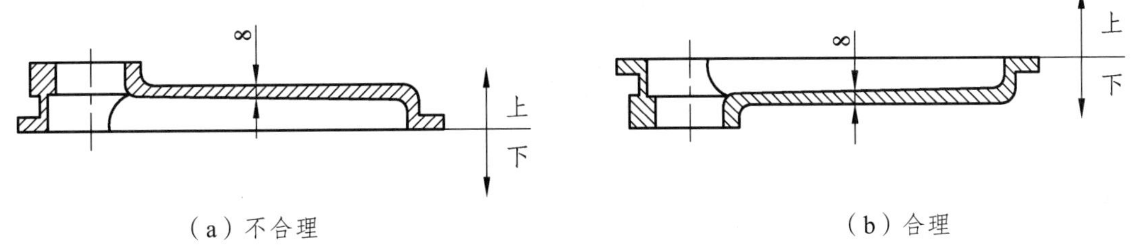

（a）不合理　（b）合理

图 1-4-5　油盘的浇注位置

5. 应尽量减少型芯的数量，便于型芯安放、固定和排气

图 1-4-6 所示为床腿铸件，采用图 1-4-6（a）中方案，中间空腔需一个很大的芯子，增加了制芯的工作量；采用图 1-4-6（b）方案，中间空腔由自带砂芯形成，简化了造型工艺。

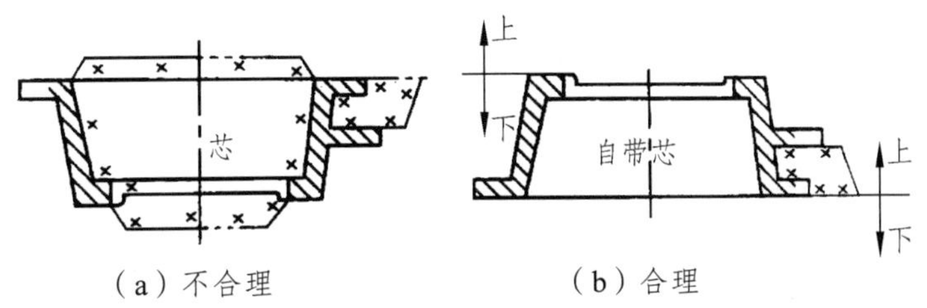

（a）不合理　（b）合理

图 1-4-6　床腿铸件的浇注位置

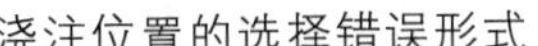
浇注位置的选择错误形式

浇注位置的选择正确形式

1.4.2　铸型分型面的选择

分型面为铸型组之间的结合面。若铸型是由上型和下型组成，分型面则是上、下型的结合面。分型面选择是否合理，对铸件的质量影响很大。选择不当还将使制模、造型、合型、甚至切削加工等工艺复杂化。分型面的选择应在保证铸件质量的前提下，使造型工艺尽量简化，节省人力、物力。

分型面的选择与浇注位置的选择密切相关。一般是先确定浇注位置，再选择分型面，在比较各种分型面的利弊之后，再调整浇注位置。分型面的选择应该考虑以下原则。

1. 便于起模，简化造型工艺

1）分型面尽量选在最大截面处

为了便于起模，分型面应选在铸件的最大截面处。

2）尽量减少型芯和活块数量

分型面的选择应尽量减少型芯和活块的数量，以简化制模、造型、合型等工序，如图 1-4-7 所示。

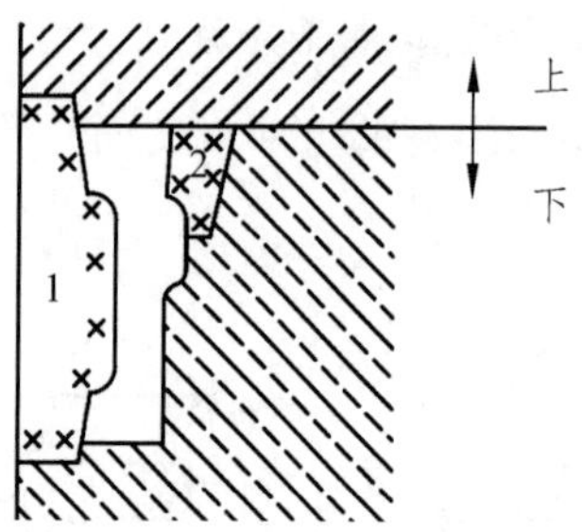

图 1-4-7　以砂芯代替活块

图 1-4-8 所示支架分型方案是避免活块的例子。按图中方案Ⅰ，凸台必须采用四个活块制出，而下部两个活块的部位甚深，取出困难。当改用方案Ⅱ时，可省去活块，仅在 *A* 处稍加挖砂即可。

3）分型面应尽量平直

图 1-4-9 为起重臂分型面的选择，按图 1-4-9（a）分型，必须采用挖砂或假箱造型；采用图 1-4-9（b）方案分型，可采用分模造型，使造型工艺简化。

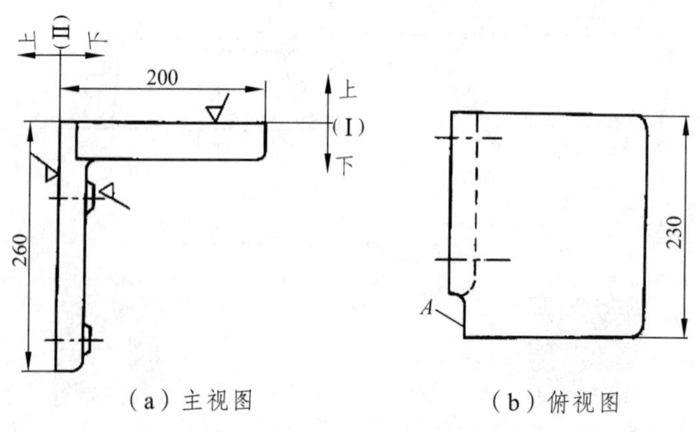

（a）主视图　　（b）俯视图

图 1-4-8　支架的分型方案

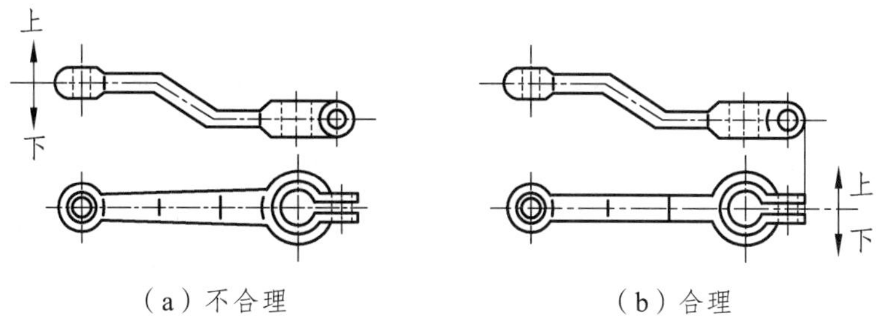

（a）不合理 （b）合理

图 1-4-9 起重臂分型面的选择

4）尽量减少分型面

特别是在机器造型时，只能有一个分型面。图 1-4-10（a）所示的三通铸件，其内腔必须采用一个 T 字形芯来形成，但不同的分型方案，其分型面数量不同。当中心线 *ab* 垂直时，铸型必须有三个分型面才能取出模型，即用四箱造型，如图 1-4-10（b）所示。当中心线 *cd* 呈垂直时，铸型有两个分型面，必须采用三箱造型，如图 1-4-10（c）所示。当中心线 *ab* 与 *cd* 都呈水平位置时，因铸型只有一个分型面，采用两箱造型即可，如图 1-4-10（d）所示。显然，后者是合理的分型方案。如果铸件不得不采用两个或两个以上的分型面时，可如图 1-4-11 中一样，利用外芯等措施将分型面减少。

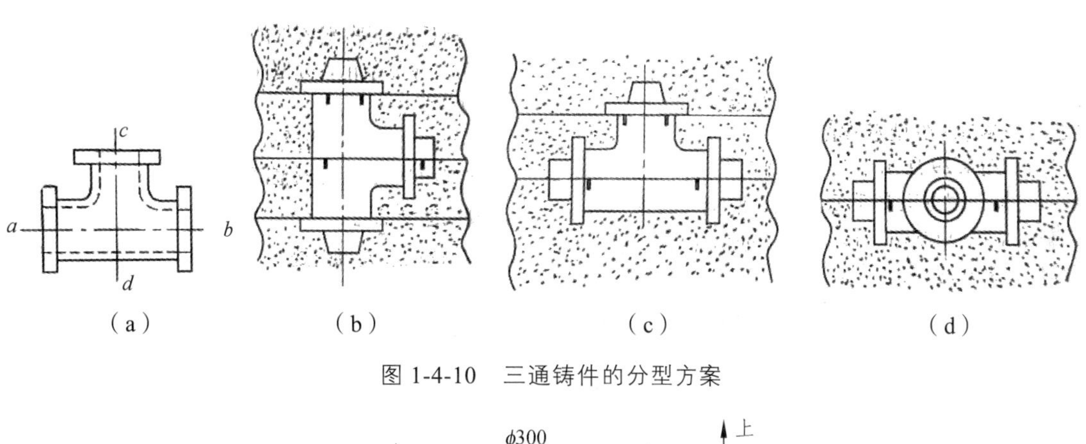

（a） （b） （c） （d）

图 1-4-10 三通铸件的分型方案

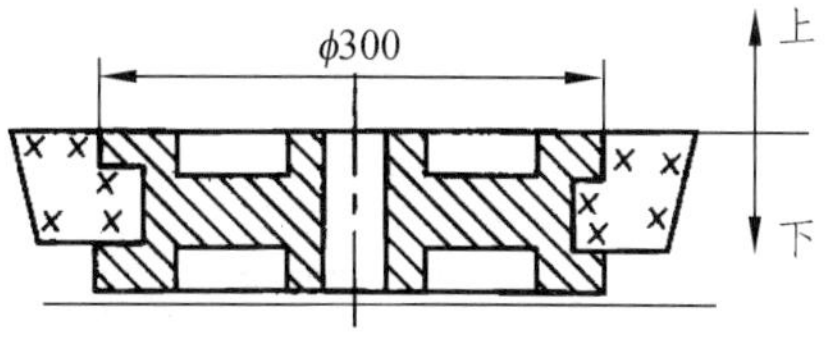

图 1-4-11 用型芯减少分型面

2. 铸件的重要部分放在同一砂箱中

尽量将铸件重要加工面或大部分加工面、加工基准面放在同一个砂箱中。

铸件放在同一个砂箱中，可以避免产生错箱和毛刺，保证铸件精度和减少清理工作量。图 1-4-12 为床身铸件，其顶部平面为加工基准面。图 1-4-12（a）所示，在妨碍起模的凸台处增加了外部型芯，采用整模造型使加工面和基准面在同一砂箱内，故能保证铸件精度，是大批量生产中的合理方案。如果在单件、小批生产条件下，铸件的尺寸偏差在一定范围内可用划线来纠正，可采用图 1-4-12（b）所示方案。

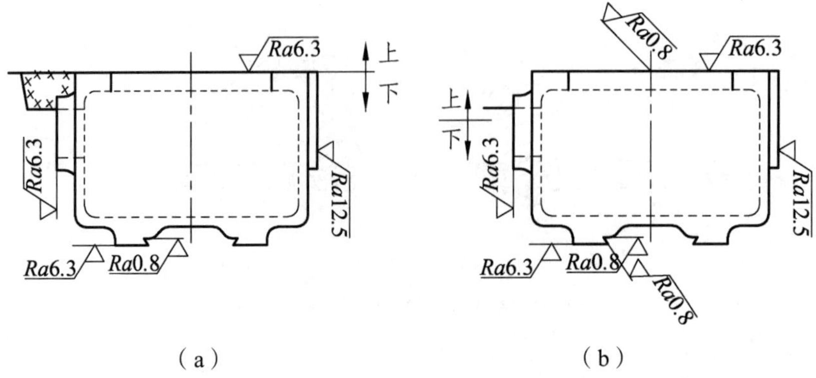

（a）　　　　（b）

图 1-4-12　床身铸件

3. 铸件相互间的位置

应使型腔和主要型芯位于下箱，便于下芯、合型和检查型腔尺寸。

1.4.3　工艺参数的选择

为了绘制铸造工艺图，在铸造工艺方案初步确定之后，还必须选定铸件的加工余量、拔模斜度、收缩率、型芯头尺寸等具体参数。

1. 机械加工余量

在铸件上为了切削加工而加大的尺寸称为机械加工余量。加工余量必须认真选取，加工余量过大，切削加工费时，且浪费金属材料；加工余量过小，零件会因残留黑皮而报废，或者因铸件表层过硬而加速刀具磨损。

机械加工余量的具体数值取决于铸件生产批量、合金的种类、铸件的大小、加工面与基准面的距离及加工面在浇注时的位置等。大量生产时，因采用机器造型，铸件精度高，故加工余量可减少；反之，手工造型误差大，加工余量应加大。铸钢件表面粗糙，加工余量应加大；有色合金铸件价格昂贵，且表面光洁，加工余量应低于铸铁件。铸件的尺寸越大或加工面与基准面的距离越大，铸件的尺寸误差也越大，故加工余量也应随之加大。此外，浇注时朝上的表面因产生缺陷的概率较大，其加工余量应比底面和侧面大。灰铸铁件机械加工余量见表 1-4-1。

表 1-4-1　灰铸铁件的机械加工余量

铸件最大尺寸/mm	浇注时位置	加工面与基准面的距离/mm					
		<50	50~120	120~260	260~500	500~800	800~1 250
<120	顶面 底、侧面	3.5~4.5 2.5~3.5	4.0~4.5 3.0~3.5				
120~260	顶面 底、侧面	4.0~5.0 3.0~4.0	4.5~5.0 3.5~4.0	5.0~5.5 4.0~4.5			
260~500	顶面 底、侧面	4.5~6.0 3.5~4.5	5.0~6.0 4.0~4.5	6.0~7.0 4.5~5.0	6.5~7.0 5.0~6.0		

续表

铸件最大尺寸/mm	浇注时位置	加工面与基准面的距离/mm					
		<50	50~120	120~260	260~500	500~800	800~1 250
500~800	顶面 底、侧面	5.0~7.0 4.0~5.0	6.0~7.0 4.5~5.0	6.5~7.0 4.5~5.0	7.0~8.0 5.0~6.0	7.5~9.0 6.5~7.0	
800~1 250	顶面 底、侧面	6.0~7.0 4.0~5.5	6.5~7.5 5.0~5.5	7.0~8.0 5.0~6.0	7.5~8.0 5.5~6.0	8.0~9.0 5.5~7.0	8.5~10 6.5~7.5

注：加工余量数值中下限用于大批量生产，上限用于单件小批生产。

2. 最小铸出孔与槽

铸件的孔、槽是否铸出，不仅取决于工艺可能性，还必须考虑其必要性。一般而言，较大的孔、槽应当铸出，以减少切削加工工时，节约金属材料，同时也可减小铸件上的热节（较小的则不必铸出，留待机械加工反而更经济）。灰铸铁件的最小铸孔（毛坯孔径）推荐如下：单件生产时，30~50 mm；成批生产时，15~30 mm；大量生产时，12~15 mm。对于零件图上不要求加工的孔、槽，无论大小，均要铸出。

3. 拔模斜度

为了使模型（或型芯）易于从砂型（或芯盒）中取出，凡垂直于分型面的立壁，制造模型时必须留出一定的倾斜度（见图 1-4-13），此倾斜度称为拔模斜度或铸造斜度。

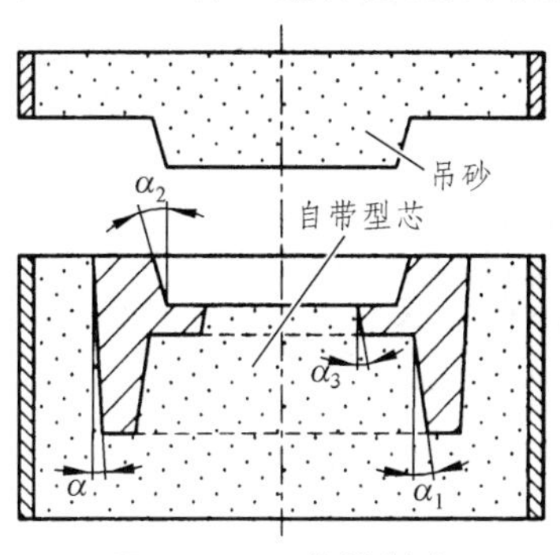

图 1-4-13　拔模斜度

拔模斜度的大小取决于立壁的高度、造型方法、模型材料等因素，立壁越高，拔模斜度越大，机器造型应比手工造型拔模斜度小；而木模应比金属型拔模斜度大。

为使型砂便于从模型内腔中脱出，以形成自带型芯，铸孔内壁的拔模斜度应比外壁大，通常外壁为 15°~3°，内壁为 3°~10°。

在铸造工艺图中加工表面上的拔模斜度应结合加工余量直接标出，而不加工表面上的斜度仅需用文字注明即可。

4. 收缩率

由于合金的线收缩，铸件冷却后的尺寸将比型腔尺寸略微缩小。为保证铸件的应有尺寸，模型尺寸必须比铸件大一个该合金的收缩量。

收缩余量的大小与铸件尺寸大小、结构的复杂程度和铸造合金的线收缩率有关，常常以铸件线收缩率 ε 表示，即

$$\varepsilon = (L_{模} - L_{铸件}) / L_{模} \times 100\% \tag{1-4-1}$$

式中 $L_{模}$、$L_{铸件}$——分别表示同一尺寸在模样与铸件上的长度。

在铸件冷却过程中，其线收缩不仅受到铸型和型芯的机械阻碍，还存在铸件各部分之间的相互制约。铸件的线收缩率除因合金种类存在差异外，还随着铸件的形状、尺寸而定。通常，灰口铸铁为 0.7%~1.0%，铸造碳钢为 1.3%~2.0%，铝硅合金为 0.8%~1.2%，锡青铜为 1.2%~1.4%。

5. 型芯头

型芯头是指伸出铸件以外不与金属接触的型芯部分。它主要用于定位、支承和固定型芯，使得型芯在铸型中有准确的位置。型芯头的形状和尺寸影响型芯的装配工艺性和稳定性。型芯头可分为垂直芯头和水平芯头两大类。

垂直型芯如图 1-4-14（a）所示，一般由上、下芯头组成，但短而粗的型芯也可省去上芯头。垂直芯头的高度主要取决于型芯头直径。芯头必须留有一定的斜度 α。下芯头的斜度为 5°~10°，高度应大些，以便增强型芯在铸型中的稳定性；上芯头的斜度为 6°~15°，高度应小些，以便于合箱。

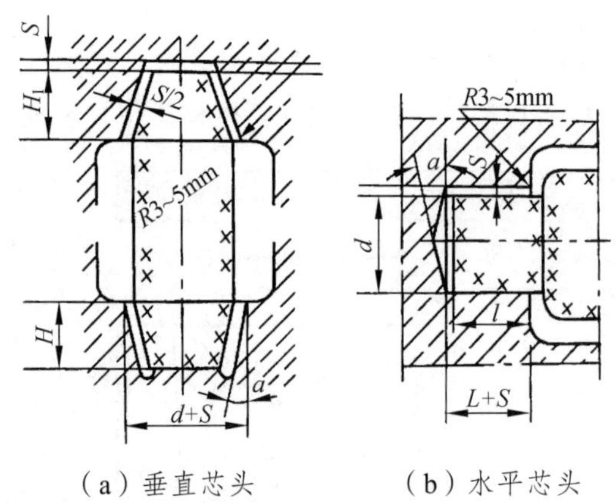

（a）垂直芯头　　（b）水平芯头

图 1-4-14　芯头的结构

水平芯头如图 1-4-14（b）所示，水平芯头的长度取决于型芯头直径及型芯的长度。为便于下芯及合箱，铸型上型芯座的端部也应留出一定斜度 α。悬臂型芯头必须长而大，以平衡支持型芯，防止合箱时型芯下垂或被金属液抬起。

型芯头与铸型型芯座之间应留有 1~4 mm 的间隙 S，以便于铸型的装配。

1.4.4　转向架轴箱铸造工艺设计及生产过程简介

随着国内高速铁路、风电、石油化工等行业的快速发展，要求关键零部件除了具有良好的力学性能、加工性能、减振性能与较低的成本优势，还要具有一定的低温冲击性能，以适应越来越苛刻的服役环境条件。例如：高速列车上的转向架轴箱、抱轴箱、齿轮箱、变速箱、机车牵引电机端盖等，都是低温铁素体球墨铸铁件，其性能直接关系到动车的运行安全。

1. 应用背景

轨道交通行业的低温球墨铸铁件主要应用在转向架系统和牵引驱动系统，主要零件有轴箱、机座、端盖、齿轮箱、抱轴箱、轴承座等，铸件质量为 30~200 kg，材料主要为欧洲 EN-DIN1563 标准规定的 EN-GJS-350-22LT 和 EN-GJS-400-18LT（-20 ℃或-40 ℃），或者是现行国家标准 GB/T 1348 标准规定的 QT350-22L（-40 ℃）与 QT400-18L（-20 ℃）。而风电行业低温球墨铸铁件主要执行欧洲标准或 GB/T 25390—2010。除了上述标准规定的牌号外，根据客户企业标准生产-40 ℃、-50 ℃冲击值为 12~14 J 的非标牌号 QT400-18L，该种铸件大量应用于我国高寒地区高速铁路、出口俄罗斯及北欧地区的重载铁路机车上。图 1-4-15 所示为轨道交通用低温球墨铸铁件。

CR400系列高速列车转向架轴箱（-50°C QT400-18AL）

法国Alstom PKP齿轮箱（-40°C QT400-18AL，140 kg/件）

CRH5高铁列车变速箱（-40°C QT400-18AL，140 kg/件）

图 1-4-15　轨道交通用低温球墨铸铁件

2. 材质和成分控制

在-20 ~ -60 ℃的环境下，低温铁素体球墨铸铁的技术要求不仅要保证抗拉强度在 400 MPa 以上，而且还要全部达到 12 J 以上的冲击吸收能量（见表 1-4-2）。

表 1-4-2　低温铁素体球墨铸铁的性能要求

材料牌号	力学性能				
QT400-18AL	$\sigma_{0.2}$/MPa	σ_b/MPa	δ/%	HBW	A_{kv}/J
-20 ℃	≥400	≥240	≥18	130~175	≥12
-40 ℃	≥400	≥240	≥18	120~175	≥12
-50 ℃	≥400	≥240	≥18	120~175	≥12
-60 ℃	≥400	≥240	≥18	115~175	≥12

要达到以上技术要求，低温铁素体球墨铸铁的基体组织就要满足以下基本条件：① 球化率>90%；② 基体为 100%铁素体；③ 石墨大小 5~6 级；④ 石墨球数 90~200 个/mm^2；⑤ 磷共晶+碳化物在 100 倍下含量约等于零。

低温铁素体球墨铸铁存在两个技术攻关难点：① 抗拉强度与低温冲击值是一对相互制约的矛盾，即在-20 ~ -60 ℃冲击值达 12 J 的同时，要达到 400 MPa 的抗拉强度；② 低温冲击值随温度降低而降低，要求在-20 ~ -60 ℃冲击吸收能量皆达到 12 J，技术难度很大。

为解决上述难点，在实际生产中对球墨铸铁原铁液化学成分有严格的要求，需要对微量元素进行控制，尤其是生铁中的 S、Ti、Mn、P 等元素含量要求极低，普通的球墨铸造用生铁已无法满足性能要求。

3. 铸造工艺设计和生产现场

图 1-4-16 为某厂采用的轴箱铸件工艺设计开发流程。图 1-4-17 为树脂砂生产铸件工艺流程。表 1-4-3 为树脂砂工艺特点。

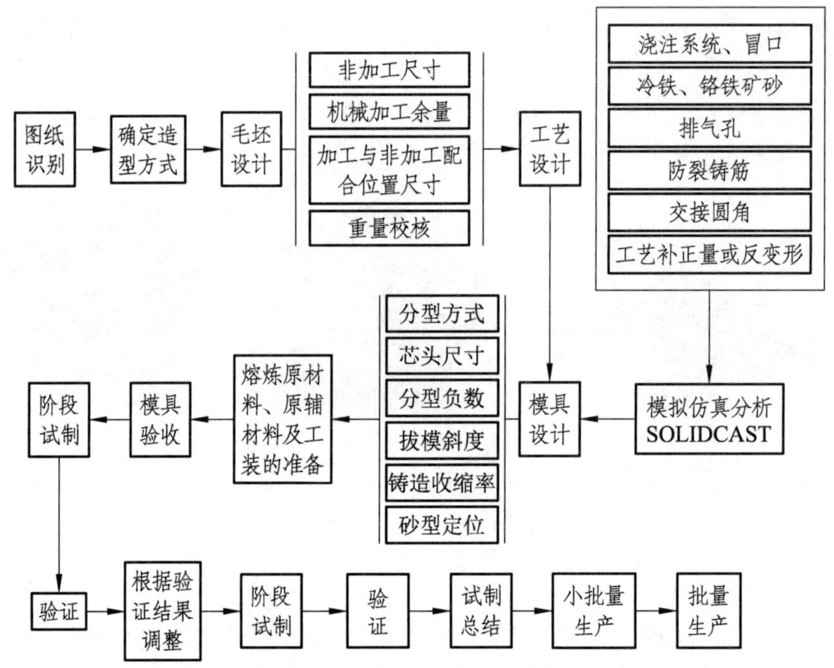

图 1-4-16 铸件工艺设计开发流程

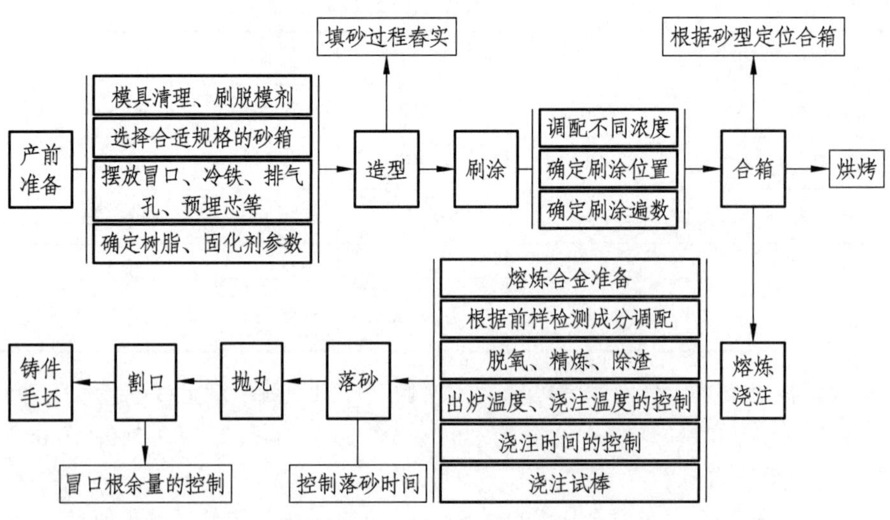

图 1-4-17 树脂砂生产轴箱铸件工艺流程

树脂砂工艺关键点和流程如下：

1）型砂

组成自硬树脂砂的主要原材料包括原砂（型砂骨料）、树脂（黏结剂）和酸性固化剂（催化剂）。原砂一般选用天然石英砂，选用 SiO_2 含量大于 97%的高硅砂。选用邦尼环保树脂 1#、树脂 3#和固化剂，旧砂树脂膜较脆，通过机械再生旧砂回收率可达 95%。

2）造型

采用双混砂机面背砂工艺造型，造型过程使用两种型砂，即与产品表面接触的面砂和面砂层背侧的背砂。面砂采用全新高硅砂，面砂层厚度为 20~30 mm，背砂采用回收利用的旧砂。面砂的灼减量低、发气量小、硅砂的粒度分布均匀，所生产的产品外观缺陷少，表面粗糙度可达 *Ra*25 μm。

3）刷涂

起模后的砂型表面需要采用铸造涂料刷涂，铸造涂料主要作用为：① 防止黏砂；② 提升表面质量；③ 隔离、屏蔽。采用福士科锆英粉醇基涂料，工艺要求铸件砂型表面刷涂两遍，且两遍涂料的波美度（溶液浓度）有所不同，以保证涂料的最佳渗透效果，获得高质量铸件。

4）合箱

合箱前需对砂型、砂芯进行烘烤，消除表层潮气，避免放置铸件成形后形成侵入性气孔。模具型板上带有砂型定位，合箱前放置定位销，根据定位销对合上、下箱，避免错箱问题导致毛坯报废。

5）熔炼浇注

熔炼原材选用低 P、S 废钢，合金加入前烘烤去除表面潮气、油污，成分检测合格后方可出炉，出炉后进行脱氧、精炼、扒渣，根据工艺要求的浇注温度及浇注时间进行浇注，当金属液面上升到明冒口根部位置，在明冒口顶面立即撒覆盖剂保温。

6）落砂

浇注结束后，根据铸件不同的壁厚要求的落砂时间有所不同，避免落砂过早，铸件冷却速度过快而导致热裂纹。一般对于轴箱盖、转臂类等薄壁件，浇注结束后至少 5 h 落砂；对于牵引梁、中心销类等中型壁厚，浇注结束后至少 8 h 落砂；对于电机吊座、弹簧座类等厚壁件，浇注结束后至少 10 h 落砂。

7）割口

割口工序要求浇、冒口根部留量 3~10 mm。

表 1-4-3　树脂砂工艺特点

尺寸精度	达到 CT9~CT11 级
尺寸一致性	铸铝金属模具或木模，机混加手工的造型（制芯）方式，尺寸一致性较好
表面粗糙度	表面粗糙度可达到 *Ra*25 μm。
铸钢件裂纹倾向	砂型（芯）退让性好，钢水充型后一段时间会溃散，铸件凝固过程中不易产生裂纹
铸件黏砂倾向	使用 40~70 目铸钢用硅砂，造型过程未捣实部分易产生机械黏砂，需要刷涂铸钢涂料
气孔缺陷倾向	浇注过程中树脂发气，造型时需扎排气孔，易产生气孔缺陷
铸件组织致密性	流动性一般，致密性较差，造型时需捣实，振实台振实
砂型溃散性	很好，清砂容易

续表

砂回收率	机械再生 95%可回收
适合生产铸件（铸钢）大小	一般在 3 kg 以上
生产效率	机混加手工造型，每型 40~60 min，效率一般
对环境的影响	绿色环保

图 1-4-18 为轴箱体造型模具实物照片，图 1-4-19 为轴箱体砂型实物照片，图 1-4-20 为浇注生产现场照片。

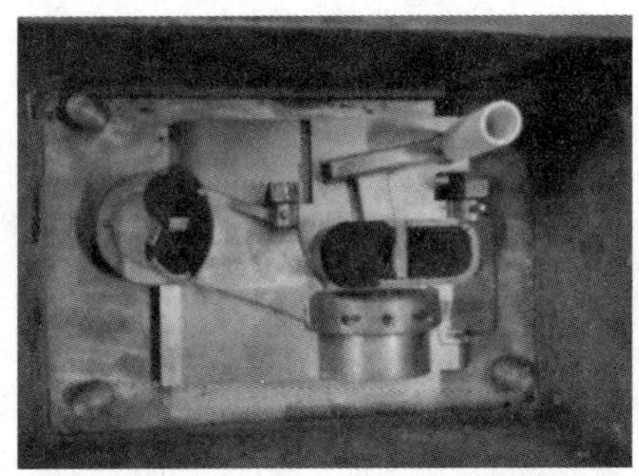

图 1-4-18　轴箱体造型模具实物照片

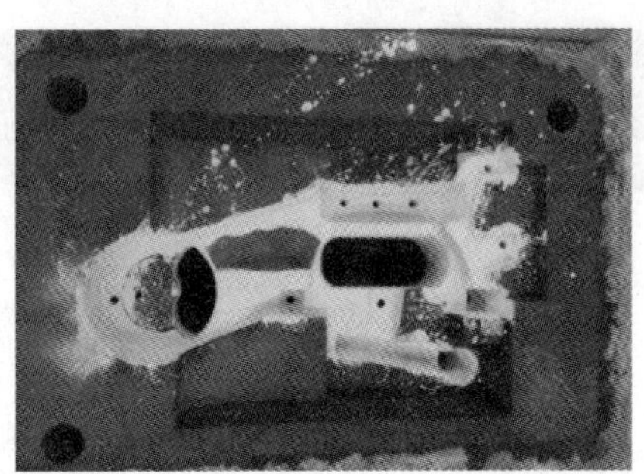

图 1-4-19　轴箱体砂型实物照片

图 1-4-20　浇注生产现场照片

1.5　铸件结构设计

铸件结构设计应充分考虑铸造性能和铸造工艺的要求，合理的铸件结构不仅能保证铸件质量，满足服役要求，还应工艺简单，生产率高，成本低。

下面以砂型铸造为例，重点讲述了铸件结构设计的要求和铸造工艺设计规程。

1.5.1　铸造工艺对铸件结构的要求

1. 铸件的外形应便于取出模型

铸件的外形在满足使用要求的前提下，应从简化铸造工艺的要求出发，使其便于起模，尽量避免操作费时的三箱造型、挖砂造型、活块造型及不必要的外部型芯。

1）避免外部侧凹

铸件在起模方向若侧凹，必将增加分型面的数量，这不仅使造型费工，而且增加了错箱的可能性，使铸件的尺寸误差增大。如图 1-5-1（a）所示的端盖，由于存在法兰凸缘，铸件产生了侧凹，使铸件具有两个分型面，所以常需要采用三箱造型，或者增加环状外型芯，使铸造工艺复杂。图 1-5-1（b）所示为改进设计后，取消了上部法兰凸缘，使铸件仅有一个分型面，因而便于造型。

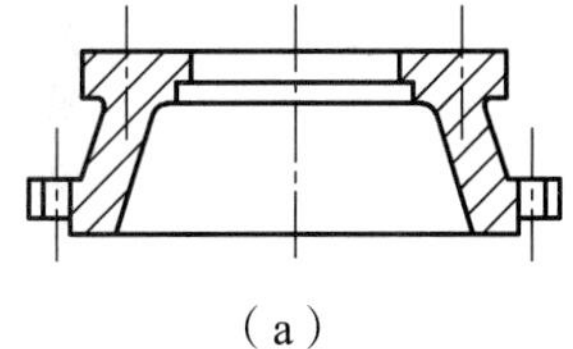
（a）

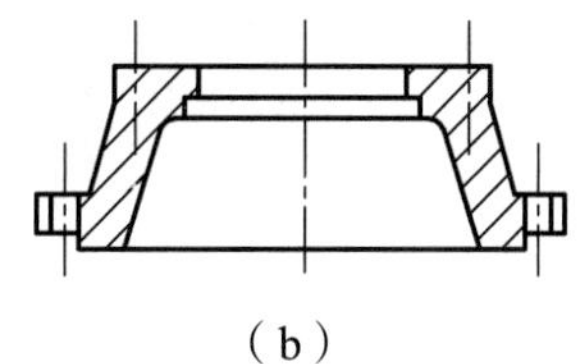
（b）

图 1-5-1　端盖铸件

2）分型面尽量平直

平直的分型面可避免操作费时的挖砂造型或假箱造型，同时，铸件的毛边少，便于清理，因此，尽力避免弯曲的分型面。如图 1-5-2（a）所示的托架，原设计时忽略了分型面尽量平直的要求，在分型面上增加了外圆角，结果只得采用挖砂（或假箱）造型；图 1-5-2（b）为改进后的结构，便可采用简易的整模造型。

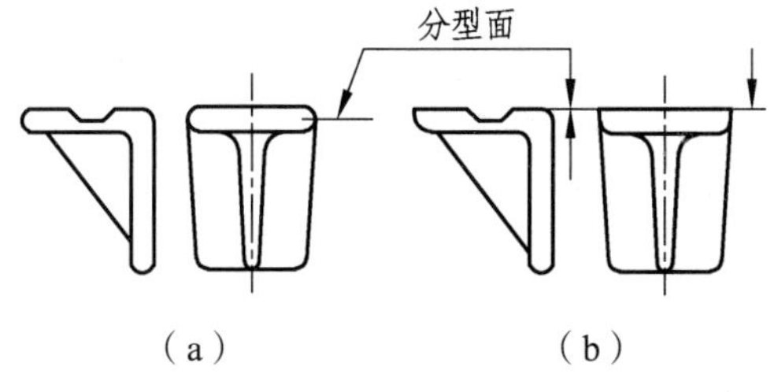

（a）　（b）

图 1-5-2　托架

3）凸台、筋条的设计

设计铸件上凸台、筋条时，应考虑便于造型。如图 1-5-3（a）和图 1-5-3（b）所示凸台均妨碍起模，必须采用活块或增加型芯来克服。改成图 1-5-3（c）、（d）的结构后避免了活块和砂芯，起模方便，简化造型。

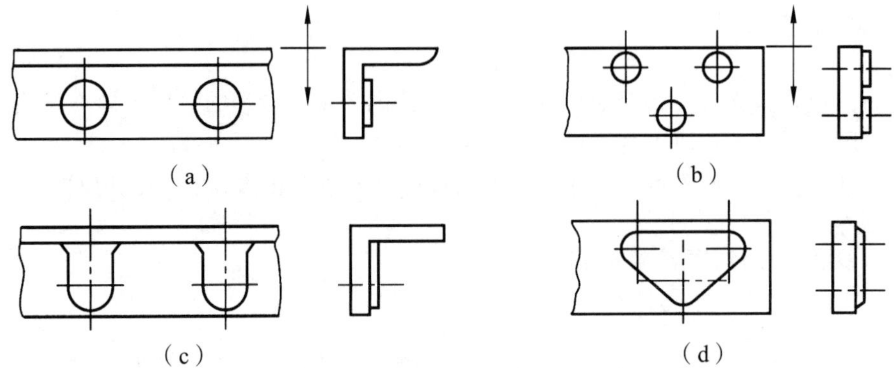

图 1-5-3　凸台的设计

图 1-5-4（a）所示四条筋的布置，妨碍了填砂、舂砂和起模，改成图 1-5-4（b）所示方案布置后，克服了上述缺点，布置合理。

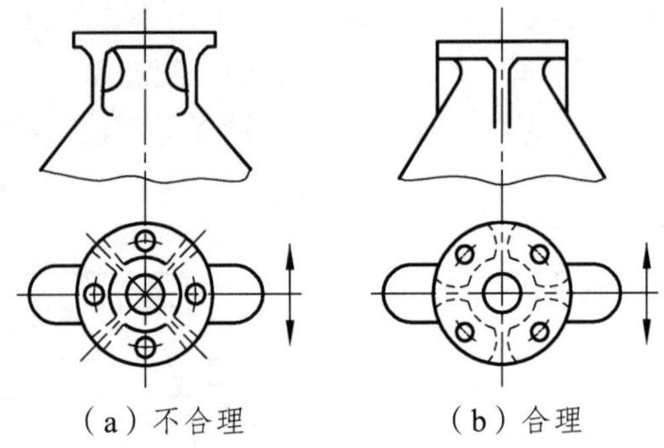

图 1-5-4　筋的布置

2. 合理设计铸件内腔

良好的内腔设计，既要减少型芯的数量，又要有利于型芯的固定、排气和清理，防止偏心、气孔等铸件缺陷的产生，降低铸件成本。

1）节省型芯的设计

在铸件设计中，尤其是设计批量很小的产品时，应尽量避免或减少型芯。图 1-5-5（a）为一悬臂支架，它采用中空结构，必须以悬臂型芯来形成，这种型芯须用型芯撑加固，下芯费工。当改为图 1-5-5（b）所示的开式结构后，省去了型芯，降低了成本。图 1-5-6（a）的内腔设计因出口处直径小，需采用型芯，而图 1-5-6（b）的结构，因内腔直径 D 大于其高度 H，故可利用模样上挖孔，在起模后直接形成自带型芯，又称砂垛，上箱的砂垛称为吊砂。

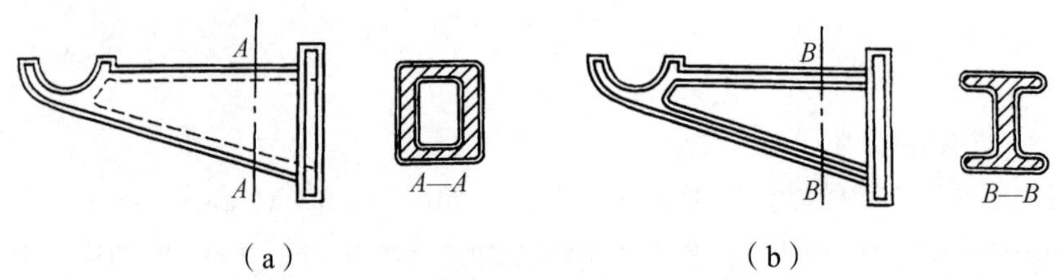

图 1-5-5　悬臂支架

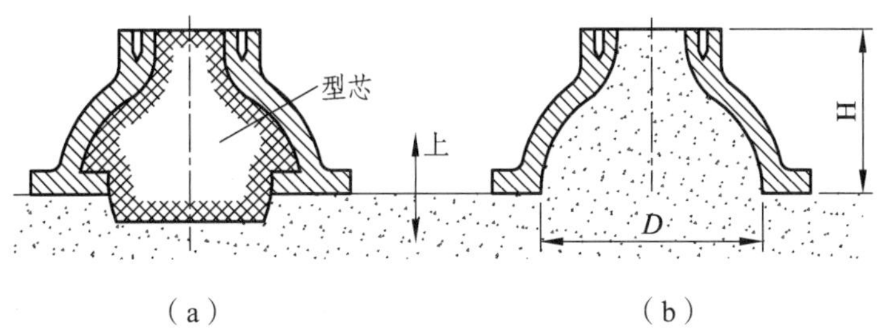

图 1-5-6　内腔的两种设计

2）便于型芯的固定、排气和铸件清理

图 1-5-7（a）为一轴承架，其内腔采用了两个型芯，其中较大的呈悬臂状，须用型芯撑来加固。若改成图 1-5-7（b）的结构，使型芯成为一个整体，则其稳定性大为提高，且下芯简单，便于排气。

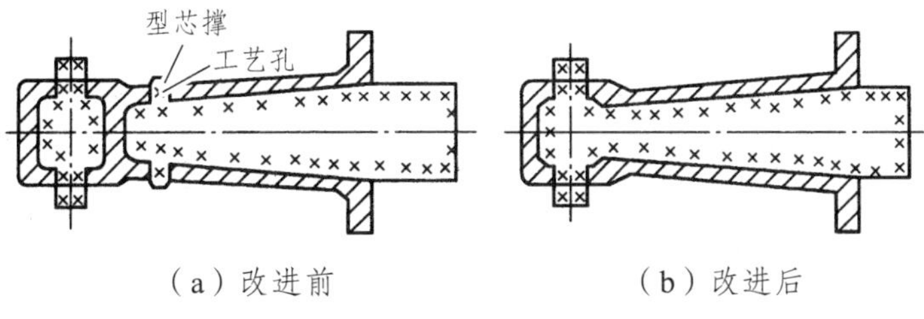

图 1-5-7　轴承架

当型芯头不足而难以固定型芯时，在不影响使用功能的前提下，为增加型芯头的数量，可设计出适量大小和数量的工艺孔。图 1-5-8（a）所示铸件，因地面没有芯头，只好在图示位置加型芯撑；改为图 1-5-8（b）后的结构，在铸件底面上增设了两个工艺孔，这样不仅省去了型芯撑，也便于排气和清理。如果零件上不允许有此孔，以后则可用螺钉或柱塞堵住。

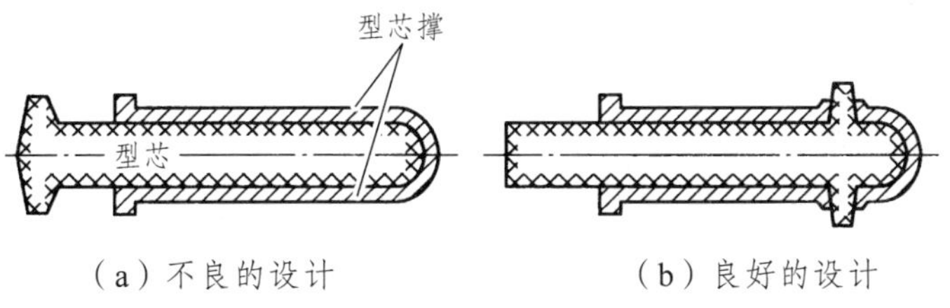

图 1-5-8　增设工艺孔的结构

3. 铸件要有结构斜度

在铸件上垂直于分型面的不加工表面，最好具有结构斜度，这样起模省力，铸件精度高。

铸件的结构斜度与拔模斜度不容混淆。结构斜度直接在零件图上标出，且斜度值较大；拔模斜度是在绘制铸造工艺或模型图时用，对零件图上没有结构斜度的立壁应给予很小的拔模斜度（0.5°~3.0°）。

1.5.2　合金铸造性能对铸件结构的要求

铸件的结构如果不能满足合金铸造性能的要求，将可能产生浇不到、冷隔、缩孔、缩松、气孔、裂纹和变形等缺陷。

1. 铸件壁的设计

1）铸件的壁厚应合理

流动性好的合金，充型能力强，铸造时就不易产生浇不到、冷隔等缺陷，而且能铸出铸件的最小壁厚也小。不同的合金，在一定的铸造条件下能铸出的最小壁厚也不同。设计铸件的壁厚时，一定要大于该合金的“最小允许壁厚”，以保证铸件质量。铸件的“最小允许壁厚”主要取决于合金种类、铸造方法和铸件的大小等。铸件最小允许壁厚值见表 1-5-1。

表 1-5-1　铸件最小允许壁厚　　单位：mm

铸型种类	铸件尺寸	铸钢	灰铸铁	球墨铸铁	可锻铸铁	铝合金	铜合金
砂型	<200×200	6~8	5~6	6	4~5	3	3~5
	200×200~500×500	10~12	6~10	12	5~8	4	6~8
	>500×500	15~20	15~25	—	—	5~7	—
金属型	<70×70	5	4	—	2.5~3.5	2~3	3
	70×70~150×150	—	5	—	3.5~4.5	4	4~5
	>150×150	10	6	—	—	5	6~8

但是，铸件壁也不宜太厚。厚壁铸件晶粒粗大，组织疏松，易产生缩孔和缩松，力学性能降低。铸件承载能力并不是随截面积增大而成比例增加。设计过厚的铸件壁，将会造成金属浪费。为了提高铸件承载能力而不增加壁厚，铸件的结构设计应选用合理的截面形状，如图 1-5-9 所示。

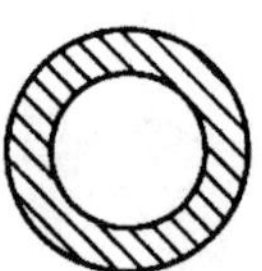
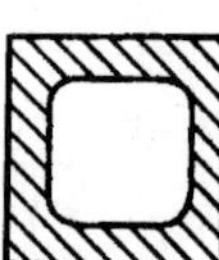

图 1-5-9　铸件常用的截面形状

此外，铸件内部的筋或壁，散热条件比外壁差，冷却速度慢。为防止内壁的晶粒变粗和产生内应力，一般内壁的厚度应小于外壁。铸铁件外壁、内壁和加强筋的最大临界壁厚见表 1-5-2。

表 1-5-2　铸铁外壁、内壁和加强筋的最大临界壁厚

铸铁件		最大临界壁厚/mm			零件举例
质量/kg	最大尺寸/mm	外壁	内壁	加强筋	
<5	300	7	6	5	盖、拨叉、轴套、端盖
6~10	500	8	7	5	挡板、支架、箱体、门、盖
11~60	750	10	8	6	箱体、电机支架、溜板箱体、托架
61~100	1 250	12	10	8	箱体、油缸体、溜板箱体
101~500	1 700	14	12	8	油盘、带轮、镗模架
501~800	2 500	16	14	10	箱体、床身、盖、滑座
801~1 200	3 000	18	16	12	小立柱、床身、箱体、油盘、床鞍

2）铸件壁厚应均匀

铸件各部分壁厚若相差过大，壁厚处会产生热量局部积聚形成热节，凝固收缩时在热节处易形成缩孔、缩松等缺陷，如图 1-5-10（a）所示。此外，各部分冷却速度不同，易形成热应力，致使铸件薄壁与厚壁连接处产生裂纹。因此，在设计铸件时，应尽可能使壁厚均匀，以防止上述缺陷产生，如图 1-5-10（b）所示。

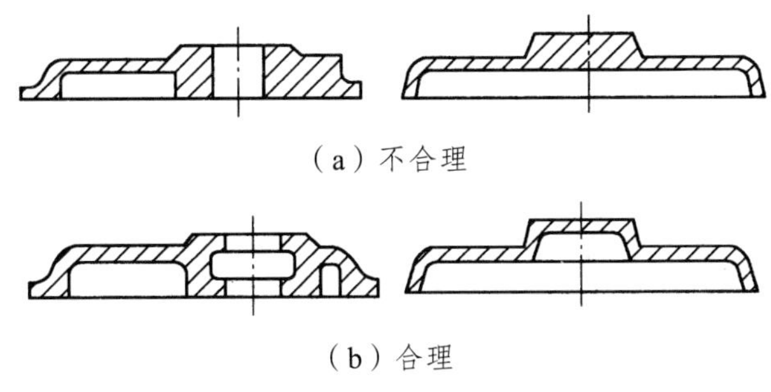

（a）不合理

（b）合理

图 1-5-10　铸件壁厚应均匀分布

3）按顺序凝固原则设计铸件结构

对于收缩大的合金材料壁厚分布，应符合顺序凝固原则，便于合金的补缩，防止产生缩孔与缩松等缺陷。

4）铸件壁的连接

铸件壁的连接须考虑以下几方面：

（1）铸件壁间的转角处一般应设计出结构圆角。

铸件两壁的直角连接，会在直角处形成金属的局部积聚，内侧散热条件差，容易形成缩孔和缩松。而且在载荷的作用下，直角处内侧往往产生应力集中，内侧实际承受应力比平均应力大得多，如图 1-5-11 所示。另一方面，在某些合金的结晶过程中，将形成垂直于铸件表面的柱状晶。若采用直角连接，因结晶的方向性，在转角的对角线上形成了整齐的分界面，分界面上杂质、缺陷较多，使转角处成了铸件的薄弱环节，在集中应力作用下，很容易产生裂纹，如图 1-5-12（a）所示。当采用圆角结构时，消除了转角的热节和应力集中，破坏了柱状晶的分界面，明显地提高了转角处的力学性能，防止了缩孔、裂纹等缺陷的产生，如图 1-5-12（b）所示。

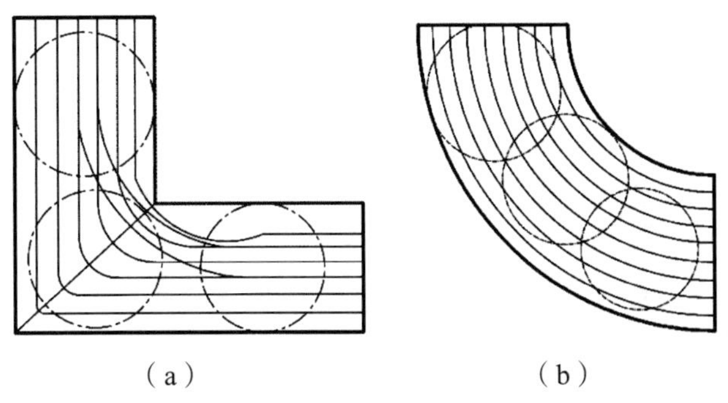

（a）　（b）

图 1-5-11　不同转角的热节和应力分布

此外，结构圆角还有利于造型，浇注时避免了熔融金属对铸型的冲刷，减少了砂眼和黏砂等缺陷。铸件的外圆角还可美化铸件外形，防止尖角对人体的划伤。

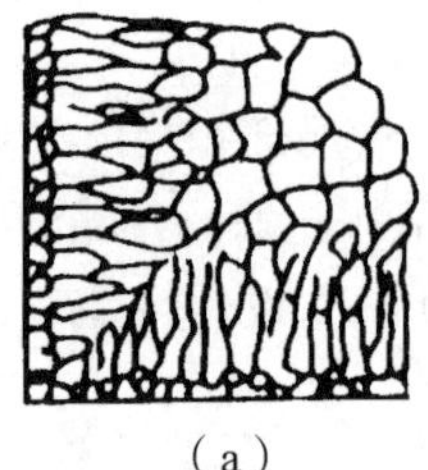
(a)

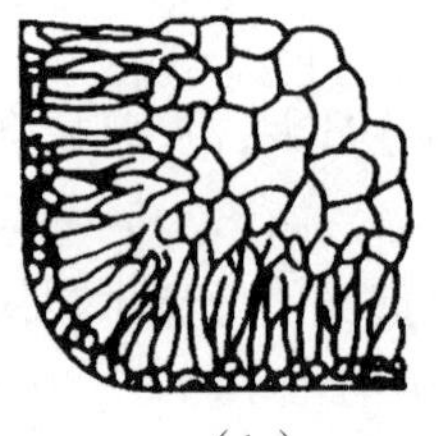
(b)

图 1-5-12　金属结晶的方向性

铸件内圆角的大小应与铸件的壁厚相适应，过大则增加了缩孔倾向，一般应使转角处的内接圆直径小于相邻壁厚的 1.5 倍。铸件内圆角半径 R 值见表 1-5-3。

表 1-5-3　铸件的内圆角半径 R 值　　单位：mm

图例（a、b、R）		$(a+b)/2$	≤8	8~12	12~16	16~20	20~27	27~35	35~45	45~60
	R 值	铸铁	4	6	6	8	10	12	16	20
		铸钢	6	6	8	10	12	16	20	25

（2）避免十字交叉和锐角连接。

为了减少和防止铸件产生缩孔与缩松，铸件壁应避免交叉连接和锐角连接。中、小铸件可采用交错接头，大铸件宜用环形结头，如图 1-5-13 所示。锐角连接宜采用图 1-5-13（c）中的过渡形式。

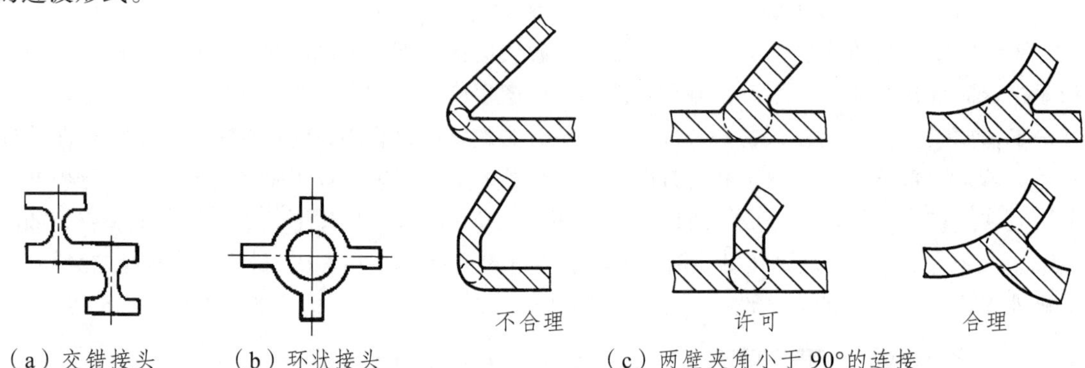

（a）交错接头　（b）环状接头　（c）两壁夹角小于 90°的连接

图 1-5-13　铸件接头结构

（3）厚壁与薄壁间连接要逐步过渡。

为了减少铸件中的应力集中现象，防止产生裂纹，铸件的厚壁和薄壁连接时，应采取逐步过渡的方法，防止壁厚的突变。其过渡的形式和尺寸见表 1-5-4。

表 1-5-4　几种不同铸件壁厚的过渡形式及尺寸　　单位：mm

图　例	尺　寸		
（L、a、b）	$b \leqslant 2a$	铸铁	$R \geqslant (1/6 \sim 1/3)(a+b)/2$
		铸钢	$R \approx (a+b)/4$

续表

图例		尺寸	
	$b>2a$	铸铁	$L\geqslant 4(b-a)$
		铸钢	$L\geqslant 5(b-a)$
	$b\leqslant 2a$	$R\geqslant(1/6\sim 1/3)(a+b)/2$；$R_1\geqslant R+(a+b)/2$	
	$b>2a$	$R\geqslant(1/6\sim 1/3)(a+b)/2$；$R_1\geqslant R+(a+b)/2$	
		$C\approx 3(b-a)^{1/2}$；对于铸铁：$h>4C$；对于铸钢：$h>5C$	

2. 铸件筋的设计

1）筋的作用

（1）增加铸件的刚度和强度，防止铸件变形。

图 1-5-14（a）所示薄而大的平板，收缩时易发生翘曲变形，加上几条筋之后便可避免翘曲变形，如图 1-5-14（b）所示。

（2）消除铸件厚大截面，防止铸件产生缩孔、裂纹

图 1-5-15（a）所示铸件壁较厚，容易出现缩孔；铸件厚薄不均，易产生裂纹。采用加强筋，可防止以上缺陷，如图 1-5-15（b）所示。

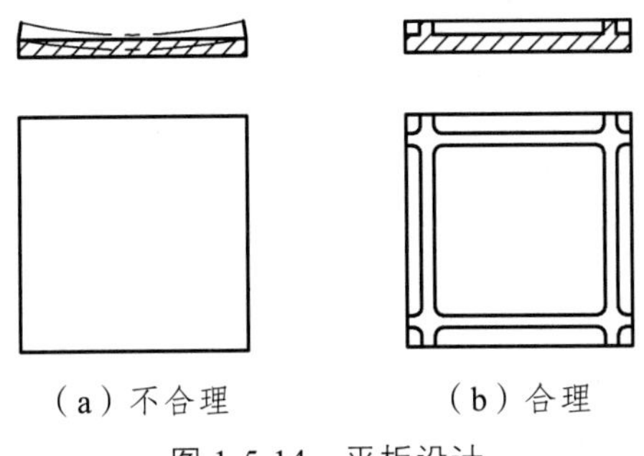

（a）不合理　　（b）合理

图 1-5-14　平板设计

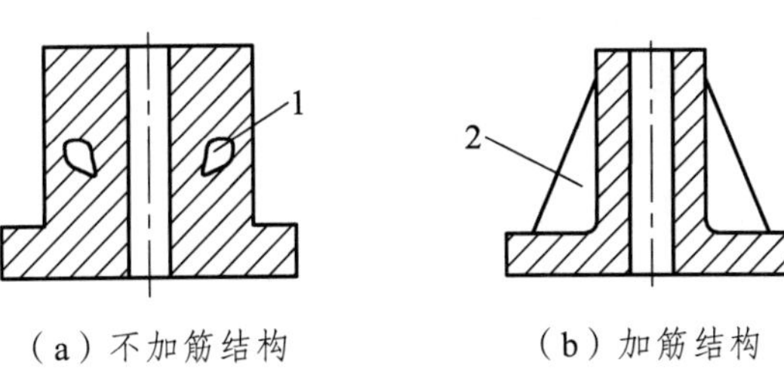

（a）不加筋结构　　（b）加筋结构

1—缩孔；2—加强筋。

图 1-5-15　利用加强筋减小铸件壁厚

（3）消除铸件的热裂，防止铸件产生裂纹。

为了防止热裂，可在铸件易裂处设计防裂筋（见图 1-5-16）。防裂筋的方向与收缩应力方向一致，而且筋的厚度应为连接壁厚的 1/4~1/3。由于防裂筋很薄，在冷却过程中迅速凝固，冷却至弹性状态，具有防裂效果。防裂筋通常用于铸钢、铸铝等易发生热裂的合金。

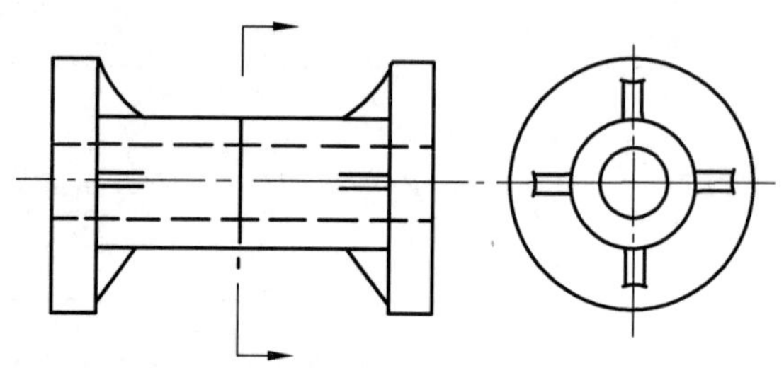

图 1-5-16　防裂筋的应用

（4）改善合金充型，防止夹砂缺陷。

在具有大平面的铸件上设筋，可以改善合金充型和防止夹砂缺陷。图 1-5-17（a）所示壳体浇注时，平面 *A* 处铸型表面在熔融金属烘烤下，易“起皮”引起夹砂缺陷。若在该处增设一些矮筋，如图 1-5-17（b）所示，铸型表面呈波浪形，浇注时不易“起皮”，防止夹砂产生，这种筋也有利于合金充型。

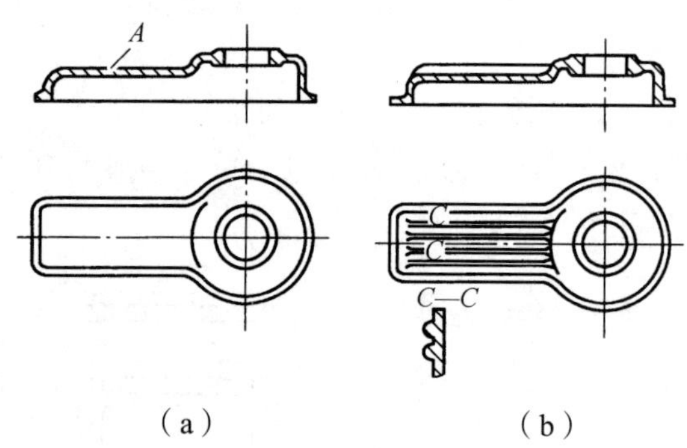

图 1-5-17　防止夹砂以有利于充型

2）筋的设计

（1）筋的设计应尽量分散和减少热节。

筋的设计与设计铸件壁一样，设计铸造筋时要尽量分散和减少热节数量；避免多条筋互相交叉；筋与壁的连接处要有圆角；垂直于分型面的筋应有斜度。受力加强筋设计成曲线形（见图 1-5-18），必要时还可以在筋与壁的交接处开孔，减少热节，防止缩孔的产生。筋的两端与壁的交接处由于消除了应力集中，避免了裂纹的产生。

（2）设计铸铁件的加强筋时，应使筋处于受压状态下使用。

铸铁的抗压强度比抗拉强度高得多，接近于铸钢。因此，在设计铸铁的加强筋时，应尽量使筋在工作时承受压应力，如图 1-5-19 所示。

（3）筋的尺寸应适当。

筋的设计不能过高或过薄，否则在筋与铸件本体的连接处易产生裂纹，铸铁件还易形成白口。处于铸件内腔的筋，散热条件较差，应比表面筋设计得薄些。一般外表面上加强筋的厚度为本体厚度的 0.8 倍，内腔加强筋的厚度为本体厚度的 0.6~0.7 倍。

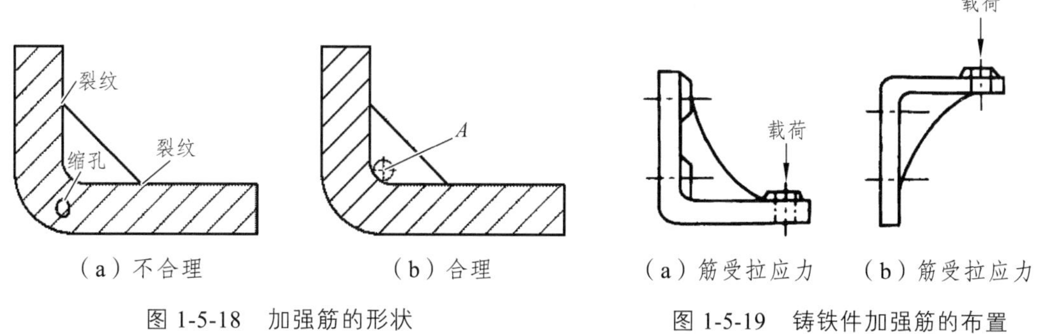

图 1-5-18　加强筋的形状　　图 1-5-19　铸铁件加强筋的布置

3. 铸件结构应尽量减少铸件收缩受阻，防止变形和裂纹

1）尽量使铸件能自由收缩

尽量减少在凝固过程中产生的铸造应力。图 1-5-20 为轮辐的设计。图 1-5-20（a）为偶数轮辐，由于收缩应力过大，易产生裂纹。改成图 1-5-20（b）所示的弯曲轮辐或图 1-5-20（c）所示的奇数轮辐，利用弯曲轮辐或轮缘冷却过程中的微量变形，可明显减少铸造应力，避免产生裂纹。

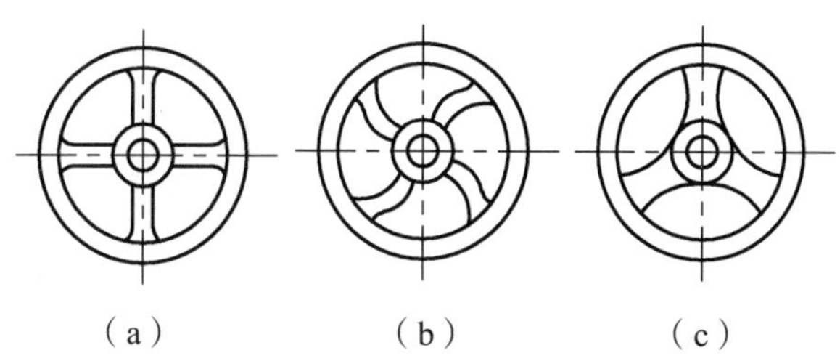

图 1-5-20　轮辐的设计

2）采用对称结构防止铸件变形

如图 1-5-21（a）所示的铸钢梁，由于承受较大热应力，产生了变形。改成工字截面后，虽然壁厚仍不均匀，但热应力相互抵消，变形大大减小。

图 1-5-21　铸钢梁

4. 铸件结构应尽量避免过大的水平壁

铸件出现较大水平壁时，熔融金属上升较慢，不利于合金的充型，易产生浇不到、冷隔缺陷；同时，水平壁型腔的上表面长时间受灼热的熔融金属烘烤，极易造成夹砂缺陷；而且大的水平壁也不利于气体、非金属杂物的排除，使铸件产生气孔、夹渣等。将水平壁改成倾斜壁，就可防止上述缺陷产生，如图 1-5-22 所示。

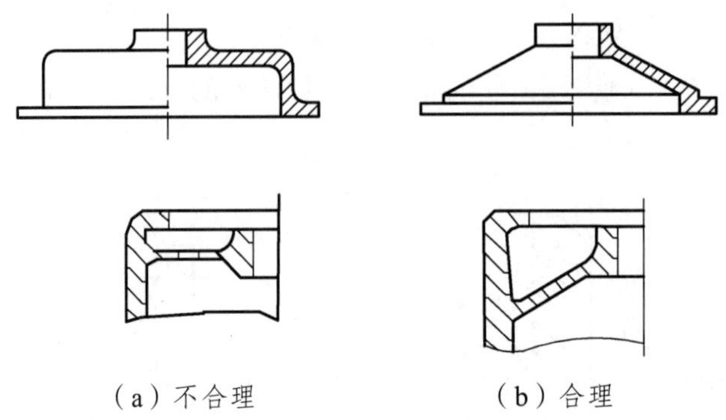

（a）不合理　　（b）合理

图 1-5-22　避免较大水平壁的铸件结构

1.6　常用铸造合金

液态成形用的金属材料通常被称为铸造合金，除了少数几种特别难熔的合金外，几乎所有的合金都能用于铸造生产。常用的铸造合金有铸铁、铸钢、铸造铝合金和铸造铜合金等。

1.6.1　铸铁

铸铁是机械制造中应用最广的金属材料，铸铁件的产量占铸件总产量的 80%以上。在一般机器的总质量中，铸铁件通常占 50 %以上。工业铸铁的含碳量（质量分数，wt%）高于 2.11%，此外还含有少量 Si、Mn、S、P 等元素。

铸铁是重要的工程材料，2018 年我国铸件总产量是 4 935 万 t，占全球产量的 44%左右，其中铸铁件产量达 3 540 万 t，占铸件总产量的 71.7%左右，其中灰铸铁 2 065 万 t，球墨铸铁 1 415 万 t，可锻铸铁 60 万 t。典型产品或装备如下：百吨级球墨铸铁核废料罐；高档数控机床用高精度及高精度保持性机床铸铁件；核电、轨道交通、高铁用高端球墨铸铁件；高气密性液压铸件；−50℃及以下低温球墨铸铁件；等温淬火球墨铸铁（ADI）齿轮和曲轴；8 MW 以上风电铸件；长 20 m 左右大型机床铸件；蠕墨铸铁发动机缸体、缸盖、制动盘、制动鼓；大型船用发动机、燃气轮机铸铁件。

1. 铸铁的分类

按碳的存在形态差异，铸铁可分为以下几种。

1）白口铸铁

除微量溶于铁素体外，合金中的碳全部以渗碳体（Fe_3C）形式存在。因断口呈银白色，故称白口铸铁。白口铸铁的组织中含有大量的共晶莱氏体，莱氏体非常硬和脆，难以切削加工，在工业中很少用以制作机器零件。

2）灰口铸铁

除微量溶于铁素体外，碳全部或大部分以石墨的形式存在。因断口呈灰色，故称灰口铸铁。灰口铸铁是机械工业中应用最为广泛的铸铁。

根据石墨形态的差异，灰口铸铁又可分为：① 普通灰口铸铁（简称灰铸铁），石墨呈片状；② 可锻铸铁，石墨呈团絮状；③ 球墨铸铁，石墨呈球状；④ 蠕墨铸铁，石墨呈蠕虫状。

3）麻口铸铁

麻口铸铁的显微组织中包含石墨和渗碳体，断口呈黑白相间的麻点，故称麻口铸铁。麻口铸铁含有较多渗碳体，硬且脆，难以切削加工，很少直接用来制造机器零件。

根据化学成分差异，还可分为普通铸铁和合金铸铁。合金铸铁中添加了一定含量的钒、钛、铬、铜等元素，使其具有特殊的耐热、耐腐蚀、耐磨损等性能。

2. 灰铸铁

1）灰铸铁的组织与性能

灰铸铁的显微组织一般由珠光体、珠光体-铁素体、铁素体的基体上分布着片状石墨所组成，如图 1-6-1 所示。灰铸铁的组织结构可视为在钢的基体中嵌入了大量石墨片。

（a）铁素体灰铸铁

（b）铁素体+珠光体灰铸铁

（c）珠光体灰铸铁

图 1-6-1　灰铸铁的显微组织

（1）力学性能。

灰铸铁的抗拉强度（σ_b）和弹性模量均远低于钢，通常 σ_b 仅 120~250 MPa，而塑性和韧性趋近于零。灰铸铁的力学性能与石墨的数量、大小、形状和分布密切相关。石墨越多，越粗大，分布越不均匀且呈方向性，对金属基体的割裂越严重，其力学性能就越差。一般而言，灰铸铁作为抗压件使用。

灰铸铁的减振能力为钢的 5~10 倍，是制造机床床身、机座的良好材料。其原因为石墨对机械振动起缓冲作用，阻止了振动能量传播。此外，灰铸铁摩擦面上形成了大量显微凹坑，能起到储存润滑作用，摩擦副内容易保持油膜的连续性。同时，石墨本身也是良好的润滑剂，当其脱落在摩擦面上时，也可起到润滑作用。因此，灰铸铁的耐磨性比钢好，适于制造导轨、衬套、活塞环等。由于石墨已在灰铸铁基体上形成了大量（内部）缺口，而外来缺口（如键槽、刀痕、锈蚀、夹渣、微裂纹等）对灰铸铁的疲劳强度影响甚微，故其缺口敏感性低，从而增加了零件工作的可靠性。

（2）工艺性能。

灰铸铁属于脆性材料，不能锻造和冲压，同时，焊接时产生裂纹的倾向大，焊接区常出现白口组织，使焊后难以切削加工，故可焊性较差。但灰铸铁的铸造性能优良，铸件产生缺陷的倾向小。此外，由于石墨的存在，切削加工时呈崩碎切屑，通常不需要切削液，故切削加工性能好。

2）灰铸铁的孕育处理

孕育处理是提高灰铸铁性能的有效方法，其过程是先熔炼出相当于白口或麻口组织（$w(\mathrm{C})$ = 2.7%~3.3%，$w(\mathrm{Si})$ = 1.0%~2.0%）的高温铁水（1 400~1 450 ℃），然后向铁水中冲入少量细颗粒或粉末状孕育剂。孕育剂占铁水质量的 0.25%~0.6%，一般为硅铁（$w(\mathrm{Si})$ = 75%）。孕育剂在铁水中形成大量弥散的石墨结晶核心，使石墨化作用骤然提高，从而得到细晶粒珠光体和分布均匀的细片状石墨组织。经过孕育处理的铸铁称为孕育铸铁。

孕育铸铁的强度、硬度显著提高（σ_b = 250~350 MPa，HB = 170~270），但因石墨仍为片状，故其塑性、韧性仍然很低。此外，冷却速度对孕育铸铁组织和性能的影响很小，铸件上厚大截面的性能较均匀。

孕育铸铁适用于静载下要求较高强度、耐磨或气密性的铸件，特别是厚大铸件，如重型机床床身、气缸体、缸套及液压件等。

3）灰铸铁件的生产特点及牌号

（1）灰铸铁件的生产特点。

灰铸铁一般在冲天炉中熔炼，成本低廉。因灰铸铁接近共晶成分，凝固中又有石墨化膨胀补偿收缩，故流动性好，收缩小，铸件的缩孔、缩松、浇不到、热裂、气孔缺陷均较小，灰铸铁件一般不需要冒口补缩，也较少应用冷铁，通常采用同时凝固。

灰铸铁件一般不通过热处理来提高力学性能，这是因为灰铸铁组织中粗大石墨片对基体的破坏作用，不能依靠热处理来消除和改善。仅对精度要求高的铸件进行时效处理，以消除内应力，防止加工后变形，以及进行软化退火，以消除白口，降低硬度，改善切削性能。

（2）灰铸铁件的牌号。

灰铸铁的牌号用“灰铁”的汉语拼音“HT×××”表示，数值表示其最低抗拉强度（MPa）。依照国家标准 GB 9439—2010《灰铸铁件》，共分为 HT100 ~ HT350 八个牌号。其中，HT100、HT150、HT200、HT225 属于普通灰铸铁，广泛用于一般机件。HT 250、HT275、HT300、HT350 是经过孕育处理后的孕育铸铁，用于要求较高的重要部件。

必须指出，灰铸铁的性能不仅取决于化学成分，还与铸件壁厚有关，故选择铸件牌号时，也要考虑铸件壁厚。图 1-6-2 所示为形状简单的灰铸铁件的最小抗拉强度与主要壁厚之间的关系。壁厚分别为 8 mm、25 mm 的两种铸铁件，均要求 σ_b=150 MPa 时，则壁厚 25 mm 的铸件，应选择牌号 HT200 的铸铁，而壁厚 8 mm 的铸件，则应选牌号 HT150 的铸铁。

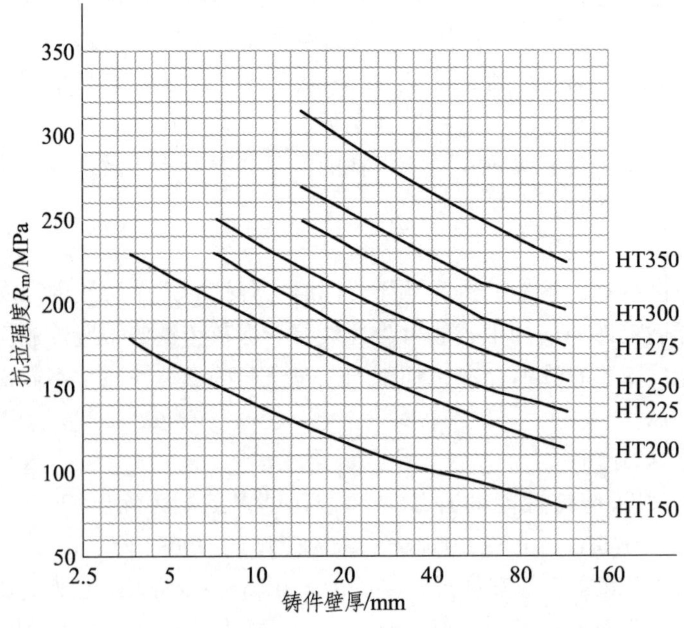

图 1-6-2　形状简单的灰铸铁件的最小抗拉强度与主要壁厚之间的关系

为了满足汽车轻量化的要求，薄壁高强度低应力灰铸铁的应用迅速推进，一些发动机缸体已采用 HT300 甚至 HT350 灰铸铁制作，如采用 HT300 生产 6DL 道依茨发动机缸体，“高废钢配比+增碳”工艺的合成铸铁在灰铸铁中应用也日益增多。

3. 球墨铸铁

通过向灰铸铁的铁水中加入一定量的球化剂（如镁、钙及稀土元素等）进行球化处理，并加入少量孕育剂（硅铁或硅钙合金）以促进石墨化，在浇注后可获得具有球化石墨的球墨铸铁。球墨铸铁具有优良的力学性能、切削加工性能和铸造性能，生产工艺简便，成本低，应用日益广泛。

1）球墨铸铁的化学成分和组织

球墨铸铁原铁水化学成分为：w(C) = 3.6%~4.0%，w(Si) = 1.0%~1.3%，w(Mn)≤0.6%，w(S)≤0.06%，w(P)≤0.08%。其特点是高碳、低硅、低锰、低硫、低磷。高碳是为了提高铁水的流动性，消除白口和减少缩松，使石墨球化效果好。硫与球化剂中的镁、稀土元素化合，促使球化衰退；磷可降低球墨铸铁的塑性和韧性；应尽量减少铁水中硫、磷含量。经过球化和孕育处理，球墨铸铁中 Si 质量分数增加（2.0%~2.8%），此外还有一定量的镁（0.03%~0.05%）、稀土元素（0.02%~0.04%）残留。

球墨铸铁的铸态组织由珠光体、铁素体、球状石墨以及少量自由渗碳体组成。控制化学成分，可以得到珠光体占多数的球墨铸铁（称为铸态珠光体球墨铸铁），或铁素体占多数的球墨铸铁（称为铸态铁素体球墨铸铁）。经过不同热处理，可以分别获得珠光体、铁素体、珠光体加铁素体、贝氏体、马氏体等基体的球墨铸铁，如图 1-6-3 所示。

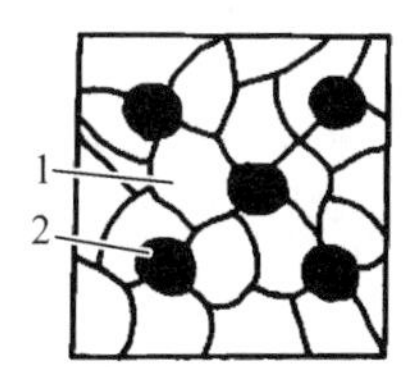

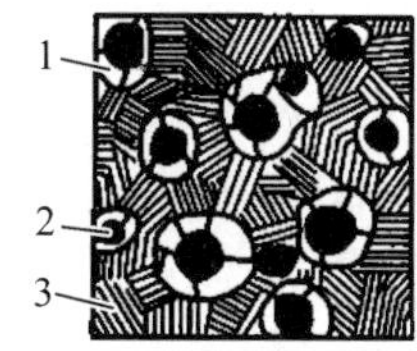

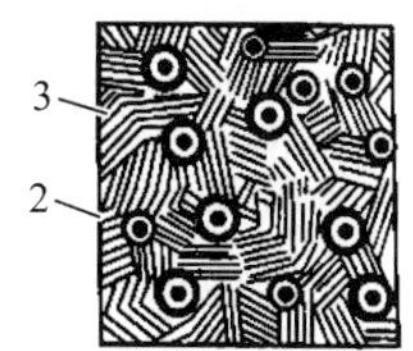

（a）铁素体球墨铸铁　（b）珠光体-铁素体球墨铸铁　（c）珠光体球墨铸铁

1—铁素体；2—球状石墨；3—珠光体。

图 1-6-3　球墨铸铁的显微组织

2）球墨铸铁的球化和孕育

球化和孕育处理是制造球墨铸铁的关键，必须严格控制。球化剂的作用是使石墨呈球状析出。纯镁是主要的球化剂，但其密度小（1.713g/cm^3）、沸点低（1 107 ℃），若直接加入铁水中，将立即沸腾，使镁严重烧损，球化剂的利用效率大大降低。球化处理时铁水包上需要密封，铁水表面加压 0.7~0.8 MPa，操作麻烦。稀土元素包含镧（La）、铈（Ce）、钕（Nd）等 17 种，其球化作用虽比镁弱，但熔点高、沸点高、密度大，并有强烈的脱硫、去气能力，还能细化晶粒，改善铸造性能。球化剂的加入量根据球化剂种类、铁水温度、铁水化学成分和铸件大小而定。

孕育剂的主要作用是促进石墨化，防止球化元素所造成的白口倾向。同时通过孕育还可使石墨球圆整、细化，改善球墨铸铁的力学性能。常用的孕育剂为硅铁（w(Si) = 75%），加入量为铁水质量的 0.4%~1.0%。

应用较普遍的球化处理工艺有冲入法和型内球化法。如图 1-6-4（a）所示，冲入法首先将球化剂放在铁水包底部的“堤坝”内，在其上面铺以硅铁粉和草灰，以防止球化剂上浮，并缓和球化作用。铁水分两次冲入，第一次冲入量为 1/2~1/3，使球化剂与铁水充分反应，扒去熔渣。最后将孕育剂置于冲天炉出铁槽内，再冲入剩余铁水，进行孕育处理。

处理后的铁水应及时浇注，否则球化作用衰退会引起铸件球化不良，从而降低性能。为了克服球化衰退现象，进一步提高球化效果，并降低球化剂用量，近年来采用了型内球化法，如图 1-6-4（b）所示。它是将球化剂和孕育剂置于浇注系统内的反应室中，铁水流过时与之作用而产生球化。型内球化法最适合在大批量生产的机械化流水线上浇注球铁件。

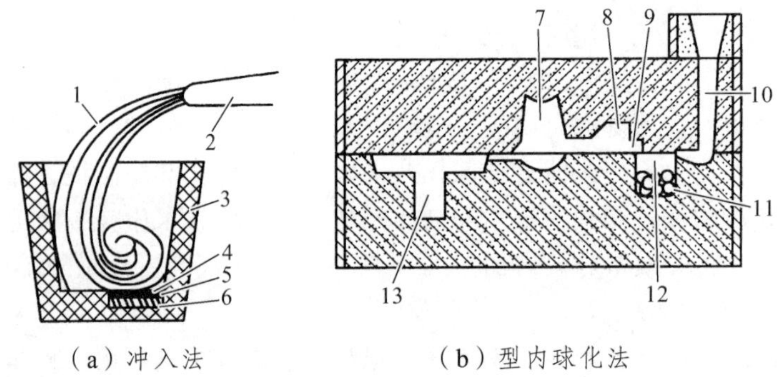

（a）冲入法　　（b）型内球化法

1—铁液；2—出铁槽；3—铁液包；4—草灰；5—硅铁粉；6—合金球化剂；7—冒口；8—集渣口；9—出口；10—直浇道；11—球化剂；12—反应室；13—型腔。

图 1-6-4　球化处理方法示意图

3）球墨铸铁的生产特点

球墨铸铁一般也在冲天炉中熔炼，铁水出炉温度应高于 1 400 ℃，以防止球化及孕育处理操作后铁水温度过低，使铸件产生浇不到等缺陷。球墨铸铁较灰铸铁易产生缩孔、缩松、皮下气孔、夹渣等缺陷，因而在铸造工艺上要求较严格。

球墨铸铁碳当量高，接近共晶成分，且凝固收缩率低，而缩孔、缩松倾向却很大，这是由其凝固特点所决定的。球墨铸铁一般为糊状凝固，在浇注后的一定时间内，其铸件凝固的外壳强度甚低，而球状石墨析出时的膨胀力却很大，致使初始形成的铸件外壳向外胀大，造成铸件内部液态金属的不足，于是在铸件最后凝固部位产生缩孔和缩松。

为了防止球墨铸铁件产生缩孔、缩松等缺陷，应采用如下工艺措施。

（1）增加铸型刚度。

阻止铸件向外膨胀，并可利用石墨化向内膨胀，产生“自补缩”的效果，以达到防止或减少铸件缩孔或缩松的效果。如生产中常采用增加铸型紧实度，中、小型铸件采用干型或水玻璃快干型，并牢固夹紧砂型等措施来防止铸型型壁移动。

（2）在热节处安放冒口或冷铁。

球墨铸铁件易出现气孔，其原因是铁水中残留的镁或硫化镁与型砂中的水分发生下列反应所致，即

$$Mg+H_2O = MgO+H_2\uparrow \tag{1-6-1}$$

$$MgS+H_2O = MgO+H_2S\uparrow \tag{1-6-2}$$

生成的 H_2、H_2S 部分进入金属液表层，成为皮下气孔。为防止皮下气孔，除应降低铁水

含硫量和残余镁量外，还应限制型砂水分和采用干型。

多数情况下，应对铸态球墨铸铁件进行热处理，以保证应有的力学性能。常用的热处理为退火和正火。退火的目的是获得铁素体基体，以提高球铁的塑性和韧性。正火的目的是获得珠光体基体，以提高强度和硬度。

4）球墨铸铁的牌号

球墨铸铁牌号用汉语拼音“QT×××-××”表示，前一组数字表示最低抗拉强度，后一组数字表示最低断后延伸率。球墨铸铁的牌号、性能及应用见表 1-6-1。

由于球状石墨对基体的割裂作用和应力集中现象大为减轻，基体强度利用率高达 70%~90%，因此球墨铸铁的力学性能显著提高，尤为突出的是屈强比（$\sigma_{0.2}/\sigma_b \approx 0.7\sim0.8$）高于碳钢（$\sigma_{0.2}/\sigma_b \approx 0.6$），珠光体球墨铸铁的屈服强度超过了 45 钢，显然，对于承受冲击载荷不大的零件，用球铁代替钢是完全可靠的。

表 1-6-1　球墨铸铁的牌号、性能及用途举例

<table>
<tr><th>牌号</th><th>σ_b/MPa</th><th>$\sigma_{0.2}$/MPa</th><th>δ/%</th><th>主要特性</th><th>用途举例</th></tr>
<tr><td>QT400-18</td><td>400</td><td>250</td><td>18</td><td rowspan="2">焊接性及切削加工性能好，韧性高，脆性转变温度低</td><td rowspan="3">①汽车、拖拉机的轮毂、驱动桥壳体、离合器壳、差速器壳、拨叉等；②通用机械，阀体、阀盖、压缩机上高低压气缸等；③铁路垫板、电机机壳、齿轮箱、飞轮壳等</td></tr>
<tr><td>QT400-15</td><td>400</td><td>250</td><td>15</td></tr>
<tr><td>QT450-10</td><td>450</td><td>270</td><td>10</td><td>同上，但塑性略低而强度与小能量冲击力较高</td></tr>
<tr><td>QT500-7</td><td>500</td><td>350</td><td>7</td><td>中等强度与塑性，切削加工性能尚好</td><td>①内燃机的机油泵齿轮；②汽轮机中温汽缸隔板、铁路机车车辆轴瓦；③机器座架、传动轴、飞轮、电动机机架等</td></tr>
<tr><td>QT600-3</td><td>600</td><td>420</td><td>3</td><td>中高强度、低塑性，耐磨性比较好</td><td rowspan="3">①大型内燃机的曲轴，部分轻型柴油机和汽油机的凸轮轴、气缸套、连杆、进排气门座等；②磨床、铣床、车床的主轴；③空压机、气压机、冷冻机、制氧机、泵的曲轴、缸体、缸套；④球磨机齿轮、矿车轮、桥式起重机大小滚轮、小型水轮机主轴等</td></tr>
<tr><td>QT700-2</td><td>700</td><td>490</td><td>2</td><td rowspan="2">有较高的强度和耐磨性，塑性及韧性较低</td></tr>
<tr><td>QT800-2</td><td>800</td><td>560</td><td>2</td></tr>
<tr><td>QT900-2</td><td>900</td><td>840</td><td>2</td><td>有高的强度和耐磨性，较高的弯曲疲劳强度、接触疲劳强度和一定的韧性</td><td>①汽车上的螺旋伞齿轮、转向节、传动轴；②拖拉机上的减速齿轮；③内燃机曲轴、凸轮轴</td></tr>
</table>

实验证明，球墨铸铁有良好的抗疲劳性能。如弯曲疲劳强度（带缺口试样）与 45 钢相近，且扭转疲劳强度比 45 钢高 20%左右。因此，完全可以代替铸钢或锻钢制造承受交变载荷的零件。

球墨铸铁的塑性、韧性虽低于钢，但其他力学性能可与钢媲美，而且还具有灰铸铁的许多优点，如良好的铸造性能、减振性、切削加工性、耐磨性能及低的缺口敏感性等。

此外，球墨铸铁还可用热处理进一步提高其性能，因多数球墨铸铁的铸态基体为珠光体

加铁素体的混合组织，很少是单一的基体组织，有时还存在自由渗碳体，且形状复杂还有残余应力。因此，与灰铸铁件不同，对铸态球墨铸铁件进行热处理，其主要目的是改善其金属基体，以获得所需的组织和性能。球墨铸铁经不同热处理的性能见表 1-6-2。

表 1-6-2　球墨铸铁不同热处理后的力学性能

基体	处理工艺	σ_b/MPa	δ/%	α_k/J·cm^{-2}	硬度	备　注
铁素体	退火	400~500	12~25	60~120	121~179 HBS	替代碳素钢，如 30 钢、40 钢
珠光体	正火	700~950	2~5	20~30	229~302 HBS	代替碳素钢、合金结构钢，如 45 钢、35CrMo、40CrMnMo
	调质	900~1200	1~5	5~30	32~43 HRC	
贝氏体	等温淬火	1 200~1 500	1~3	20~60	38~50 HRC	代替合金结构钢，如 20CrMnTi

球墨铸铁熔炼及铸造工艺均比铸钢简便，成本低，投产快，在一般铸造车间即可生产。目前铸铁在机械制造中已得到广泛的应用，它已成功地部分取代了可锻铸铁、铸钢及某些有色金属件，甚至用珠光体球墨铸铁件取代了部分载荷较大受力复杂的锻件，如汽车、拖拉机、压缩机上的曲轴等。等温淬火球墨铸铁（ADI）凭借强度高（最高可超过 1 600 MPa）、塑性好（最大延伸率 > 10%）、动载性能高（弯曲疲劳强度达 420~500 MPa，接触疲劳强度达 1 600~2 100 MPa）、耐磨性及吸振性好等优点，应用范围逐步扩大，主要应用在抗磨、耐磨件（特别是磨球）和工程结构件（齿板、衬板、重型卡车悬挂件、支架）。

球墨铸铁含硅量高，其低温冲击韧性较可锻铸铁差，又因球化处理会降低铁水温度，故在薄壁、小件的生产中质量不如可锻铸铁稳定。

4. 可锻铸铁

可锻铸铁又称玛钢或玛铁，它是将白口铸铁在退火炉中经过长时间高温石墨化退火，使白口组织中的渗碳体分解，而获得铁素体或珠光体基体加团絮状石墨的铸铁，改变其金相组织或成分而获得的有较高韧性的铸铁称可锻铸铁。团絮状石墨对基体的割裂作用比灰铸铁小，因而其抗拉强度，尤其塑性和韧性比灰铸铁高，可锻铸铁力学性能低于球墨铸铁。

1）可锻铸铁的分类和应用

按退火方法不同，可锻铸铁可分为黑心可锻铸铁、珠光体可锻铸铁、白心可锻铸铁三种，如图 1-6-5 所示。

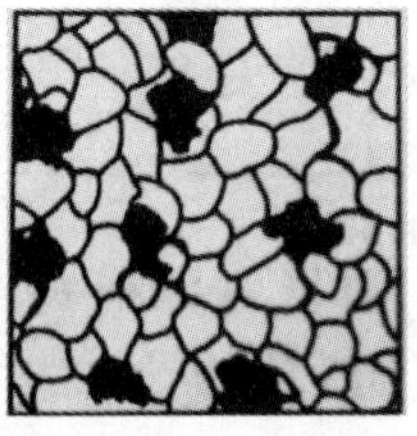

（a）铁素体可锻铸铁

（b）珠光体可锻铸铁

图 1-6-5　铁素体可锻铸铁和珠光体可锻铸铁的显微组织

（1）铁素体可锻铸铁。

将白口铸铁的坯件在中性气氛下经石墨化退火，使白口铸铁中的渗碳体分解成团絮状石墨，然后缓冷，使石墨化第三阶段充分进行，得到铁素体可锻铸铁。该铸铁因断口中部呈黑绒状，俗称黑心可锻铸铁。铁素体可锻铸铁的塑性、韧性高，耐蚀性好，有一定强度，多用于制造受冲击、振动和扭转等负荷的零件。

（2）珠光体可锻铸铁。

白口铸铁在中性气氛下石墨化退火后快速冷却，使石墨化第三阶段被抑制，获珠光体基体。珠光体可锻铸铁强度、硬度高，有一定塑性，可用来制造要求高强度的耐磨件。但是现在逐渐被球墨铸铁所取代，产量较少。

（3）白口可锻铸铁。

将白口铸件的坯件在氧化气氛中长时间脱碳退火，获得白心可锻铸铁（断后呈银白色）。白心可锻铸铁力学性能较差，我国很少应用。

2）可锻铸铁的生产特点

为获得可锻铸铁，首先必须获得 100%的白口铸铁坯件。因此，必须采用含碳、硅量很低的铁水，通常 $w(\mathrm{C}) = 2.4\%\sim2.8\%$，$w(\mathrm{Si}) = 0.4\%\sim1.4\%$。铁水流动性差，收缩大，容易产生缩孔、缩松和裂纹等缺陷。铁水浇注温度应较高（>1 360 ℃），铸型及型芯应有较好的退让性，并设置冒口，以获得完全的白口组织。如果铸出的坯件中已经出现石墨（即呈麻口或灰口），则退火后不能得到团絮状石墨（仍为片状石墨）的铸铁。

可锻铸铁件的石墨化退火工艺如下：先清理白口铸铁坯件，然后将其置于退火箱内，并加盖用泥密封，再送入退火炉中，缓慢加热到 900~980 ℃的高温，保温 10~20 h，再按规范冷却至室温（对于黑心可锻铸铁还要在 700 ℃以上进行第二阶段保温）。石墨化退火的总周期一般为 30~50 h。因此，可锻铸铁的生产过程复杂且周期长、能耗大、成本高。

3）可锻铸铁的牌号

可锻铸铁的牌号分别以“可铁黑”“可铁珠”“可铁白”的汉语拼音“KTH”“KTZ”“KTB”与两组数字表示。两组数字分别表示试样最小抗拉强度和断后伸长率。可锻铸铁的牌号、力学性能及用途见表 1-6-3。

表 1-6-3 常见可锻铸铁的牌号、力学性能及用途

种类	牌号	试样直径/mm	力学性能				用途举例
			σ_b/MPa	$\sigma_{0.2}$/MPa	δ/%	HBS	
			≥				
黑心可锻铸铁	KTH275-05	12 或 15	275	—	5	≤150	弯头、三通管件、中低压阀门
	KTH300-06		300	—	6		
	KTH330-08		330	—	8		扳手、犁刀、犁柱、车轮壳等
	KTH350-10		350	200	10		汽车拖拉机前后轮壳、减速器壳、转向节壳、制动器及铁路零件
	KTH370-12		370	—	12		
珠光体可锻铸铁	KTH450-06	12 或 15	450	270	6	150~200	载荷较高和耐磨损零件，如曲轴、凸轮轴、连杆、齿轮、活塞环、轴套、耙片、万向接头、棘轮、传动链条等
	KTH500-05		500	300	5	165~215	
	KTH550-04		550	340	4	180~230	
	KTH600-03		600	390	3	195~245	
	KTH650-02		650	430	2	210~260	
	KTH700-02		700	530	2	240~290	
	KTH800-1		800	600	1	270~320	

注：摘自国标 GB 9440-2010《可锻铸铁件》。

5. 蠕墨铸铁

蠕墨铸铁是近几十年来发展起来的一种新型铸铁材料。

1）蠕墨铸铁的牌号

蠕墨铸铁的组织为金属基体上均匀分布着蠕虫状石墨。在光学显微镜下，石墨短而粗，端部圆钝，形态介于片状和球状之间，形如蠕虫。在扫描电子显微镜下，石墨呈互相联系的立体分枝状。

蠕墨铸铁的力学性能介于相同基体组织的灰铸铁与球墨铸铁之间。耐磨性比灰铸铁好，减振性比球墨铸铁好，铸造性能接近于灰铸铁，切削性能也不错。蠕墨铸铁突出的优点是导热性和耐热疲劳性好，壁厚敏感性比灰铸铁小得多。当铸铁件的截面由 30 mm 增加到 200 mm 时，σ_b 下降 20%~30%。

2）蠕墨铸铁的生产特点

蠕墨铸铁的生产原理与球墨铸铁相似，铁水成分与温度要求也相似，在炉前处理时，向高温、低硫、低磷铁水中先加入蠕化剂进行蠕化处理，再加入孕育剂进行孕育处理。蠕化剂一般采用稀土镁钛、稀土镁钙合金或镁钛合金，加入量为铁水质量的 1%~2%。

蠕墨铸铁的铸造性能接近灰铸铁，缩孔、缩松倾向比球铁小，故铸造工艺简便。

3）蠕墨铸铁的牌号

蠕墨铸铁的牌号是“蠕铁”两字汉语拼音加一组数字表示，数字表示试样抗拉强度最小值。蠕墨铸铁牌号、力学性能和基体组织见表 1-6-4。蠕墨铸铁性能特点和典型应用见表 1-6-5。GB/T 26655—2011《蠕墨铸铁件》、GB/T 26656—2011《蠕墨铸铁金相检验》标准的发布实施有力地促进了蠕墨铸铁在我国的发展。

表 1-6-4　蠕墨铸铁（附铸试样）的牌号、力学性能和基体组织

牌号	主要壁厚 t/mm	拉伸力学性能（最小值）			典型布氏硬度范围/HBW	主要基体组织
		σ_b/MPa	$\sigma_{0.2}$/MPa	δ/%		
RuT300A	$t\leqslant12.5$	300	210	2.0	140~210	铁素体
	$12.5<t\leqslant30$	300	210	2.0	140~210	
	$30<t\leqslant60$	275	195	2.0	140~210	
	$60<t\leqslant120$	250	175	2.0	140~210	
RuT350A	$t\leqslant12.5$	350	245	1.5	160~220	铁素体+珠光体
	$12.5<t\leqslant30$	350	245	1.5	160~220	
	$30<t\leqslant60$	325	230	1.5	160~220	
	$60<t\leqslant120$	300	210	1.5	160~220	
RuT400A	$t\leqslant12.5$	400	280	1.0	180~240	珠光体+铁素体
	$12.5<t\leqslant30$	400	280	1.0	180~240	
	$30<t\leqslant60$	375	260	1.0	180~240	
	$60<t\leqslant120$	325	230	1.0	180~240	
RuT450A	$t\leqslant12.5$	450	315	1.0	200~250	珠光体
	$12.5<t\leqslant30$	450	315	1.0	200~250	

续表

牌号	主要壁厚 t/mm	拉伸力学性能（最小值）			典型布氏硬度范围/HBW	主要基体组织
		σ_b/MPa	$\sigma_{0.2}$/MPa	δ/%		
RuT450A	30<t≤60	400	280	1.0	200~250	
	60<t≤120	375	260	1.0	200~250	
RuT500A	t≤12.5	500	350	0.5	220~260	珠光体
	12.5<t≤30	500	350	0.5	220~260	
	30<t≤60	450	315	0.5	220~260	
	60<t≤120	400	280	0.5	220~260	

表 1-6-5　蠕墨铸铁性能特点和典型应用

材料牌号	性能特点	应用举例
RuT300	强度低、塑韧性高；高的热导率和低的弹性模量；热应力积聚小；铁素体基体为主，长时间置于高温之中引起的生长小	排气歧管；大功率船用、机车、汽车和固定式内燃机缸盖；增压器壳体；纺织机、农机零件
RuT350	与合金灰铸铁相比，有较高强度并有一定的塑韧性；与球铁比较，有较好的铸造、机加工性能和较高工艺出品率	机床底座；托架和联轴器；大功率船用、机车、汽车和固定式内燃机缸盖；钢锭模；铝锭模；焦化炉炉门、门框、保护板、桥管阀体、装煤孔盖座；变速箱体；液压件
RuT400	有综合的强度、刚性和热导率性能；较好的耐磨性	内燃机的缸体和缸盖；机床底座，托架和联轴器；载重卡车制动鼓、机车车辆制动盘；泵壳和液压件；钢锭模；铝锭模；玻璃模具
RuT450	比 RuT400 有更高的强度、刚性和耐磨性，不过切削性稍差	汽车内燃机缸体和缸盖；气缸套；载重卡车制动盘；泵壳和液压件；玻璃模具；活塞环
RuT500	强度高、塑韧性低；耐磨性最好，切削性差	高负荷内燃机缸体；气缸套

注：1. RuT 代表蠕墨铸铁，后面的数字表示抗拉强度最低值。

2. 摘自 GB/T 26655—2011《蠕墨铸铁件》。

蠕墨铸铁的力学性能高，导热性和耐热性优良，因而适于制造工作温度较高或具有较高温度梯度的零件，如大型柴油机的气缸盖、制动盘、排气管、钢锭模及金属型等。又因其断面敏感性小，铸造性能好，故可用于制造形状复杂的大铸件，如重型机床和大型柴油机的机体等。用蠕墨铸铁代替孕育铸铁即可提高强度，又可节省许多废钢。蠕化率≥80%的蠕墨铸铁具有强度高、导热和耐疲劳综合性能好的特点，在发动机缸体、缸盖等重要铸件上的应用越来越多。

1.6.2　铸钢

铸钢是一种重要的铸造合金，其产量约占铸件总量的 15%，仅次于灰铸铁。我国铁路上铸钢的用量也较大。据统计，内燃机上约 11%的质量为铸钢件，电力机车、客车与货车上铸钢件约占总量的 25%，其原因如下：

（1）铸钢的力学性能高于各类铸铁，铸钢不仅有较好的强度，而且有较好的塑性、韧性，适用于制造形状复杂，强度、塑性、韧性要求较高的零件，如车轮、锻锤机架和座、轧辊等。

（2）某些合金铸钢具有特殊的耐磨性、耐热性和耐蚀性等，适合制造道岔、牙板、履带、刀片等零件。

（3）焊接性能好，便于采用铸-焊联合结构制造形状复杂的大型铸件。

大型铸钢件广泛用于电站、石油化工、冶金、船舶等装备以及装备制造业，如核电设备中的不锈钢主泵泵体、汽轮机缸体、水电机组的转轮、火电机组中的汽缸体件、大型冶金设备中的轧机机架、轧辊、大型轴承座等。这些大型铸钢件的制造直接关系到国家重点工程项目的质量、安全及进度，对于国计民生具有重要的意义。

典型产品或装备有：海洋工程、船舶、核电用双相不锈钢阀体、叶轮等高端耐蚀铸件；核电、火电、冶金等领域大锻件用钢锭；水轮机叶片、大型整体曲轴、火电阀体、复合轧辊等大型电渣熔铸构件；超超临界、二次再热超超临界汽轮机高合金耐热钢铸件、大型船舰动力装备核心铸钢件。

1. 铸钢的种类和牌号

常用铸钢分为碳素铸钢和合金铸钢两大类。

1）碳素铸钢

碳素铸钢的应用最广，其产量约占铸钢总产量的 80%。碳素铸钢具有较高的强度，较好的塑性、冲击韧性、疲劳强度等，适用于制造受力较复杂、交变应力较大和承受冲击的铸件。铸钢的焊接性能优于铸铁，便于采用铸-焊组合工艺制造重型零件，如水压机的横梁、轧钢机机架、齿轮等。

碳素铸钢的牌号以“铸钢”二字的汉语拼音“ZG”加两组数字表示，第一组数字表示厚度为 100 mm 以下铸件室温屈服强度最小值，第二组数字标注同等状态抗拉强度最小值。表 1-6-6 所列为一般工程用铸钢的牌号、力学性能和应用。

表 1-6-6　一般工程用铸钢牌号、力学性能和应用

编号	化学成分 w/% ≤			力学性能最小值						性能特点和用途示例
							根据合同选择其一			
	C	Si	Mn	$\sigma_{0.2}$/MPa	σ_b/MPa	δ/%	Ψ/%	A_{kv}/J	A_{ku}/J	
ZG200-400	0.20	0.60	0.80	200	400	25	40	30	47	良好的塑性、韧性和焊接性。用于受力不大、要求韧性好的各种机器零件，如机座、变速箱等
ZG230-450	0.30	0.60	0.90	230	450	22	32	25	35	有一定强度和较好的塑性、韧性，良好的焊接性和切削加工性。制造受力不大、要求韧性好的各种机器零件，如锤座、轴承盖、外壳、犁柱、底板及阀体等

续表

编号	化学成分 w/%			力学性能最小值						性能特点和用途示例
	≤			$\sigma_{0.2}$/ MPa	σ_b/ MPa	δ/ %	根据合同选择其一			
	C	Si	Mn				Ψ/%	A_{kv}/J	A_{ku}/J	
ZG270-500	0.40	0.60	0.90	270	500	18	25	22	27	较好的塑性和强度，良好的铸造性能和焊接性，应用广，用于制作轧钢机机架、轴承座、连杆、箱体、横梁、曲拐、缸体等
ZG310-570	0.50	0.60	0.90	310	570	15	21	15	24	强度和切削加工性良好，制造负荷较高的耐磨零件，常用于制作轧辊、缸体、制动轮、大齿轮等
ZG340-640	0.60	0.60	0.90	340	640	10	18	10	16	有较高的强度、硬度和耐磨性，切削加工性尚好，焊接性较差，流动性好，裂纹敏感性较高，用来制造齿轮、棘轮、叉头等

注：摘自国家标准 GB 11352—2009《一般工程用铸造碳钢件》。

2）合金铸钢

铸造合金钢牌号为“ZG+数字+合金元素符号+数字”。第一个数字表示碳的平均质量分数（万分数），当碳的质量分数大于 1%时，第一个数字不写；合金元素后的数字，表示该合金元素的平均质量分数（百分数），如果铸钢中 Mn 的质量分数为 0.9%~1.4%时，只写元素符号不标数字。

合金铸钢按合金元素的量分为低合金铸钢和高合金铸钢两类。低合金铸钢中合金元素总质量分数小于或等于 5%，其力学性能优于碳钢，故可减轻铸件质量，提高使用寿命。我国主要采用的是锰系、锰硅系及铬系铸钢系列，如 ZG40Mn、ZG30MnSi、ZG30Cr1MnSi1、ZG40Cr1 等。低合金铸钢主要用来制造齿轮、水压机工作缸、水轮机转子，甚至某些轴类零件等。

高合金铸钢中合金元素总含量大于 10%。由于合金元素含量高，该铸钢一般都具有耐磨、耐热和耐蚀等特殊性能。如 ZGMn13 中 Mn 的质量分数约为 13%，具有特殊耐磨性能，常用来制造铁路道岔、推土机刀片、履带板等耐磨零件。ZG10Cr18Ni9 为铸造不锈钢，常用来制造耐酸泵体等耐蚀零件。

2. 铸钢的铸造工艺

铸钢的熔点高，流动性差，收缩大，钢液容易氧化、吸气，易产生黏砂、冷隔、浇不到、缩孔、气孔、变形、裂纹等缺陷，铸造性能较差。因此，在铸造工艺上应采取相应措施，以确保铸钢件质量。

铸钢所用型（芯）砂必须具有较高的耐火度、高强度、良好的透气性和退让性。原砂一般采用颗粒粗大、均匀的石英砂，大铸件往往采用人工破碎的纯净石英砂。为了提高铸型强度、退让性，多采用干型或水玻璃砂快干型，近年来也有用树脂自硬砂型。为了防止黏砂，铸型表面要涂以耐火度较高的石英粉或锆砂粉涂料。

为了防止铸件产生缩孔、缩松，铸钢大都采用顺序凝固原则，冒口、冷铁应用较多。此外，应尽量采用形状简单、截面积较大的底注式浇注系统，使熔融钢液迅速、平稳地充满铸型。对薄壁或者易产生裂纹的铸钢件，应采用同时凝固原则，即常开设多个内浇道，让钢液均匀、迅速地充满铸型。

铸钢件铸态晶粒粗大、组织不均，常常出现硬而脆的魏氏组织，有较大的铸造应力，使铸钢件的塑性下降，冲击韧性降低。为了细化晶粒，消除魏氏组织，消除铸造应力，必须对铸态铸钢件进行热处理。

3. 铸钢件的热处理

铸钢的热处理通常为退火或正火。退火主要用于碳质量分数大于或等于 0.35%或结构特别复杂的铸钢件。这类铸件塑性差、铸造应力大，铸件易开裂。正火主要用于碳质量分数小于 0.35%的铸钢件，因碳含量低，塑性较好，冷却时不易开裂。

1.6.3 铸造有色金属及合金

有色金属及其合金具有优越的物理性能和化学性能，因而也常用来制造机械零件。

铸造有色合金，是用以浇注铸件的有色合金，主要由铸造铝合金、铸造镁合金、铸造钛合金、铸造铜合金、铸造高温合金等，近年来又发展出铸造金属间化合物和铸造高熵合金。

铸造有色合金适用于多种铸造成形技术，其在基础制造产业中占有重要地位，在航空、航天、船舶、汽车、轨道交通、化工、能源、电子电器和运动休闲等领域有着广泛的应用。

铸造有色合金的性能跨度大，并有耐腐蚀、无磁性、比性能高等特点，在航空、航天、军工、汽车、化工、电子、医疗、体育等各行各业均大量应用。铝、镁合金在航空航天及汽车工业大量采用，钛合金在海洋工程、航空航天领域具有不可替代的作用，铜合金在电子行业、轨道交通及海洋工程中有大量应用，高温合金是地面燃气轮机、航空发动机、火箭发动机的关键结构材料。在上述应用中，对材料本身的纯净度、力学性能及其他特殊物理性能的要求越来越高。

典型产品或装备如下：铝合金汽车发动机缸体、轮毂、飞机机舱门框架、火箭壳体；镁合金发动机机匣、钛合金航空发动机机匣、叶片；高铁接触线铜合金、大型舰船螺旋桨铜合金；高温合金航空发动机机匣、叶片等。

1. 铸造铝合金

1）铸造铝合金的分类、性能及应用

铝合金牌号由“ZAl（铸铝）+主加元素符号+主加元素质量分数（百分数）”组成。铝合金密度小，熔点低，导电性、导热性和耐蚀性优良。铸造铝合金按合金成分可分为铝硅合金、铝铜合金、铝镁合金和铝锌合金等。

铝硅合金中硅质量分数一般为 10%~13%，其成分接近共晶成分（w(Si)为 11.6%）。合金熔点较低，流动性较好，线收缩率低，热裂倾向小，气密性好，具有优良的力学、物理和切削加工性能。它适用于制造形状复杂的薄壁件或气密性要求较高的零件，如内燃机车的调速器壳、机油泵体、鼓风机叶轮、滤清器转子等。

铝铜合金的铸造性能较差，耐蚀性也较低，但具有较高的室温和高温力学性能，应用仅次于铝硅合金，常用来制造活塞和金属型等。

铝镁合金耐蚀性最好，密度最小，强度最高，但铸造工艺较复杂，常用于制造水泵体、航空和车辆上的耐蚀性或装饰性部件。

铝锌合金耐蚀性差，热裂倾向强大，但强度较高，一般用来制造汽车发动机配件、仪表原件等。

2）铸造铝合金的生产特点

铝的化学性质很活泼，熔炼过程中易与水气反应而氧化并吸氢。铝氧化生成 Al_2O_3（熔点 2 060 ℃），密度比铝液稍大，呈固态夹杂物悬浮在铝液中很难清除，容易在铸件中形成夹渣。在冷却过程中，熔融铝液中析出的气体常被表面致密的 Al_2O_3 薄膜阻碍，在铸件中形成许多针孔，影响了铸件的致密性和力学性能。

为了避免氧化和吸气，常用密度小、熔点低的溶剂（NaCl、KCl、Na_3AlF_6 等）将铝液与空气隔绝，并尽量减少搅拌。在熔炼后期应对铝液进行去气精炼。精炼处理是向熔融铝液中通入氯气，或加入六氯乙烷、氯化锌等，以形成 Cl_2、$AlCl_3$ 等气泡，使溶解在铝液中的氢气扩散到气泡内析出。在这些气泡上浮过程中，将铝液中的气体、Al_2O_3 杂物带出液面，使铝液得到净化。

铸造铝合金熔点低，一般用坩埚熔炼。砂型铸造时可用细砂造型，以降低铸件表面粗糙度。为防止铝液在浇注过程中的氧化和吸气，通常采用开放式浇注系统，并多开内浇道。直浇道常用蛇形，使合金液迅速平衡地充满型腔，避免飞溅、涡流和冲击。

各种铸造方法均可用于铝合金铸造。当生产数量较少时，可采用砂型铸造；大量生产或制造重要铸件，常常采用特种铸造。金属型铸造效率高、质量好；低压铸造只用于要求致密度高的耐压铸件生产；压力铸造可用于薄壁复杂小件生产。

3）铸造铝合金的发展趋势

旋转喷头吹气技术成为国外先进的铝液精炼技术的重要发展方向之一，用以替代现有的含氯精炼剂，精炼过程更环保、更安全，能够使铝合金铸件的气孔、针孔缺陷得以控制，有效提升冶金质量。由于稀土元素具有明显的化合脱氢作用，兼有变质作用，近年来受到普遍重视。在初生 Al 细化方面研究主要体现在两方面：①通过细化剂细化初生 Al 相；②通过物理场（如超声波场、磁场、电场等）细化初生相，是今后的主要发展趋势。

通过调整传统铝合金中主要元素含量及各组元的比值，添加微量过渡族元素或稀土元素，从而改变合金中各种化合物的物理性能、尺寸和分布，可开发出对应各种不同需要的不同新合金。目前，已经开展了 Sc、Ce、Y、Yb 等元素用于铝合金的研究，对提高铝合金的强韧性发挥了一定作用。

2. 铸造铜合金

1）铜合金的分类、性能及应用

铸造铜合金牌号由“ZCu（铸铜）+主加元素符号+主加元素质量分数（百分比）”组织，可分为铸造黄铜和铸造青铜两大类。

黄铜以锌为主要合金元素，只有铜、锌两种元素构成的黄铜称为普通黄铜。特殊黄铜除铜与锌外，还有铝、硅、锰、铅等合金元素。普通黄铜的耐磨性和耐蚀性很差，一般工业上多使用特殊黄铜。

黄铜的力学性能主要取决于锌含量，当锌的质量分数小于 47%时，随合金中锌含量增加，合金的强度、塑性显著提高。超过 47%继续增加锌，黄铜性能下降。锌是很好的脱氧剂，能缩小合金的结晶温度范围，提高流动性，避免铸件中产生分散的缩松。

特殊黄铜强度和硬度高，耐蚀性、耐磨性或耐热性好，铸造性能或切削加工性能好，常用于制造耐磨、耐蚀零件，如内燃机车的轴承、轴套、调压阀座等。

铜与锌除外的元素所构成的铜合金统称青铜，以锡为主要元素的青铜称锡青铜，其他称为特殊青铜，如铝青铜、铅青铜等。锡能提高青铜的强度和硬度，锡青铜结晶温度范围宽，以糊状方式凝固，所以合金流动性差，易产生缩松，不适于制造气密性要求较高的零件。但青铜的耐磨性、耐蚀性优于黄铜，常用来制作重要的轴承、轴套和蜗轮、齿轮等。

2）铜合金的生产特点

铜合金在熔炼时突出的问题是易氧化和吸气，氧化生成的氧化亚铜（Cu_2O）溶于铜中使合金塑性变差。熔炼时常加入硼砂或碎玻璃等熔剂隔绝铜液与空气。在熔炼锡青铜时，要先加 0.3%~0.6%的磷铜对铜液进行脱氧，然后加锡。锌是很好的脱氧剂，熔炼黄铜时一般不再另行脱氧。

铜的熔点低，密度大，流动性好，砂型铸造时一般采用细砂造型。用坩埚炉熔炼铸造黄铜结晶温度范围窄，铸件易形成集中缩孔，铸造时应采用顺序凝固的原则，并设置较大冒口进行补缩。锡青铜以糊状凝固，易产生枝晶偏析和缩松，应尽量采用同时凝固。在开设浇口时，为使熔融金属流动平稳，防止飞溅，常采用底注式浇注系统。

3）铸造铜合金的发展趋势

铜合金已经广泛地应用于国家建设的各个环节中，伴随着近年来的经济发展，铜合金形成了两个重要的发展方向：高强高导铜合金及海洋工程用铜合金。

高强高导铜合金的一种重要应用是高速铁路列车用接触网线。目前，国内企业已经能够规模生产满足 300 km/h 运行所需的超高强铜合金接触线，也成功为 350 km/h 高铁制备了高强高导接触导线。运行速度超过 350 km/h 的高铁要求接触导线强度在 600 MPa 以上，导电率在 80%IACS 以上，单根盘质量为 2 500 kg。制备铜铬锆合金接触线的难点在于非真空熔炼时 Cr、Zr 易氧化烧损，而真空熔炼又难以满足大规模生产的需求。

螺旋桨是船舶动力系统的关键部件，世界上最大螺旋桨的成品质量已超过 100 t。大型船舰用螺旋桨制备技术关乎国家核心技术，国外发达国家对这种制备技术相对保密，很难详细获知国外大型船舰用螺旋桨的制备进程。

我国冶金质量精确控制能力不够成熟，一些高品质高性能的铜合金产品仍需要进口。目前，我国缺乏良好耐腐蚀性能的铜合金，国内的产品一般耐蚀性较差，如 C70600，国内产品的腐蚀速率高达国外同类产品的 10 倍。尽管我国已经掌握了超大型螺旋桨的制备技术，但制备产品的成分精度、腐蚀性能等均有很大的进步空间。

3. 其他铸造合金

1）铸造镁合金

铸造镁合金比强度和比刚度高，振动阻尼容量大，在汽油、煤油和润滑油中性能稳定，广泛用于航空航天、汽车和电子产品等领域。

高强耐热镁合金是国内外的重点研究方向，通过稀土合金化提高镁合金耐热性能是当前热点，开发的 WE54 铸造合金的抗拉强度、屈服强度和伸长率分别达到 350 MPa、250 MPa 和 6%。高性能稀土镁合金体系包括 Mg-Gd-Y-Zr 系、Mg-Gd-Y-Zn-Zr 系、Mg-Y-RE-Zr 系、Mg-Nd-Zn-Zr 系等，其中金属型 Mg-Gd-Y-Zr 系铸造镁合金的抗拉强度、屈服强度和伸长率分别达到 400 MPa、300 MPa 和 6%。

在镁合金熔体净化方面，开发了新型非熔剂保护熔炼技术和稀土元素添加工艺，减少了镁合金中的熔剂夹杂物；开发了新型镁合金陶瓷过滤技术及相关装置，以及镁合金吹气净化技术和相关装置，降低了镁合金中的氧化物夹杂和气体含量。

镁锂（Mg-Li）合金具有巨大的应用前景，但铸造镁锂合金的相关研究缺乏。已经研究了 Ag、Cu、Y、Nd 以及富 Ce 稀土等添加对 Mg-5Li-3Al-2Zn 合金组织性能的影响，发现这些元素能够有效提高铸造镁锂合金的强度，抗拉强度、屈服强度和伸长率最大分别达到 220 MPa、170 MPa 和 20%。

镁锂合金化学性质非常活泼，因此在熔炼过程中必须采用特殊的方法和工艺对 Mg-Li 合金施加保护，主要有以下两种方法：一种是采用常规镁合金熔炼设备和工艺，施加覆盖熔剂保护；另一种是采用真空感应熔炼，采用惰性气体保护，是目前制备 Mg-Li 合金最适宜的办法。

2）铸造钛合金

钛合金具有强度高、耐蚀性好、耐热性好等特点，被广泛用于各个领域。高温钛合金铸件主要用于航空发动机压气机盘和叶片等，使用温度可达 600 ℃。与一般钛合金相比，钛铝化合物 $Ti_3Al(\alpha_2)$和 $TiAl(\gamma)$为基的合金，最大优点为高温性能好（最高使用温度分别为 816 ℃和 982 ℃）、抗氧化能力强、抗蠕变性能好和重量轻（密度仅为镍基高温合金的 1/2），上述优点使其成为未来航空发动机及飞机结构件最具竞争力的材料。

已经有以 Ti_3Al 为基的钛合金（Ti-21Nb-14Al 和 Ti-24Al-14Nb-V-0.5Mo）在美国开始批量生产。Ti-48Al-2Cr-2Nb 合金目前已经应用于波音 787 机型。我国自行开发的含 Nb 钛铝合金也开始得到应用。

随着海军现代化建设步伐的开发，新型号的钛材应用越来越多。我国研制出不同强度级别的近 α 型船用耐蚀钛合金。Ti31 合金为 500 MPa 的低强度高韧耐蚀钛合金，Ti75 合金是 630 MPa 级的中强高韧性耐蚀钛合金，Ti-B19 是一种高强耐蚀钛合金，Ti80 是一种高强、可焊的 α 型钛合金。

钛合金具有足够的低温韧性、更高的比强度、更低的热导率与膨胀系数、无磁性等特点，在航空航天、超导等领域作为一种重要的低温工程材料而备受关注。

3）铸造高温合金

高温合金是指能在 600 ℃以上的高温环境下抗氧化或耐腐蚀、并能在一定应力作用下长期工作的一类金属材料。涡轮叶片合金由早期的变形高温合金发展到铸造高温合金，铸造高温合金由等轴晶铸造高温合金发展到定向高温合金及单晶高温合金，使合金的承温能力提高约 400 ℃。

近年来，由于定向凝固柱晶涡轮叶片制造的整个工艺流程较短、成品率较高和检测费用较低，制造成本比定向凝固单晶叶片低，故定向凝固柱晶合金也得到了较大发展，国外定向凝固柱晶合金已由第一代发展到第三代，其性能水平不断提高，其所使用的发动机性能水平（推重比）也在不断提升。

我国已发展了 K 系列的数十个铸造等轴晶高温合金、DZ 系列的 10 多个定向柱晶高温合金、10 余种 DD 系列单晶高温合金。上述铸造高温合金在我国航空发动机上获得广泛应用。我国铸造高温合金的整体成熟度低于国外航空制造技术先进国家。

国内典型的单晶高温合金包括 DD 单晶高温合金，具有国外第一代单晶高温合金的性能水平，且密度较低，价格较便宜；第二代单晶高温合金 DD6，该合金具有高温强度高、综合性能好、组织稳定及铸造工艺性能好等优点。第三代单晶高温合金 DD9，该合金的力学性能与国外第三代单晶高温合金力学性能相当，并开始探索第四代单晶高温合金。

4）铸造金属基复合材料

金属基复合材料（Metal Matrix Composites，MMGs）是以金属及其合金为基体，加入一定体积分数的纤维、晶须或颗粒等增强相经人工复合而成的材料，不仅具有现代科技对材料要求的强韧性、导电性、导热性、耐高温性、耐磨性和不吸潮等优良性能，而且在比强度、比刚度、比模量及高温性能等方面超过其基体金属或合金，同时具有可设计性和一定的二次加工性，是一种在工程技术领域和日常生活中都具有广阔应用前景的高性能材料。到目前为止，已经在汽车、电子、先进武器、机器人、核反应堆、航空、航天等领域得到应用。

金属基复合材料的研制起源于 20 世纪 60 年代，起初重要集中于利用连续纤维增强体，但由于工艺复杂且成本高，所以自 20 世纪 80 年代以来，为了降低制造成本，满足民用需要，研究的重点逐渐转向颗粒、晶须、短纤维增强的非连续增强金属基复合材料。

金属基复合材料的制备方法可分为固态法和液态铸造法两种。固态法生产工艺复杂，产品形状受限制，生产成本高，难以获得广泛的应用。液态铸造法是金属基体处于熔融状态下于固体增强物复合而制备金属基复合材料的工艺过程，成形时温度较高，熔融状态的金属流动性好，在一定的条件下利用传统的铸造工艺可容易地制得性能优良、形状各异的复合材料制件，相对于固态成形具有能量消耗小、易于操作、可以实现大规模工业生产和零件形状不受限制等优点，因而受到人们的青睐。

金属基复合材料的制备必须解决两个基本问题，即外加增强体均匀地分布在合金基体中，同时增强体与基体金属具有良好可靠的界面结合。金属基复合材料的研究与发展历程、应用规模与相应基体材料相同，目前主要集中于铝、镁、钛和铜及其合金。

典型产品或装备如下：卫星天线骨架、波导管和桁架；汽车、摩托车刹车盘、发动机缸套、衬套和活塞和连杆；航空航天框架、支架等结构件；火箭壳、导弹尾翼和飞机发动机零件；化工耐腐蚀泵、阀零件；高速铁路受电弓滑板等高导电性、耐磨损件；大规模集成电路引线框架等热管理器件。

思考与习题

1. 什么是铸造？其性能、工艺设计又是什么？
2. 为什么要设计分型面？怎么选择分型面？
3. 名词解释：明冒口；暗冒口；浇注系统；分型面；砂型的透气性；机械加工余量；铸造收缩率；最小铸出孔；拔模斜度。
4. 浇注系统的基本类型有哪几种？各有什么特点？
5. 优良的浇注系统能起到什么作用？

6. 简述内浇道的基本设计原则。

7. 冷铁有何作用?

8. 型砂的透气性的高低受哪些因素影响?

9. 怎样审查铸造零件图纸? 其意义何在?

10. 什么是液态合金的充型能力? 它对铸件质量有何影响? 与合金的流动性有何关系? 化学成分对合金的流动性有何影响?

11. 既然提高浇注温度能提高合金液的充型能力，为何又要防止浇注温度过高?

12. 液态合金浇入铸型后要经历哪几个收缩阶段? 对铸件质量各有何影响? 铸造模样尺寸与哪个收缩阶段密切相关?

13. 铸件中的缩孔和缩松是如何形成的? 其形成的根本原因何在? 如何防止铸件的缩孔和缩松? 从工艺上看哪种更难防止? 为什么?

14. 生产上经常采用哪些方法来确定缩孔的位置?

15. 何谓顺序凝固原则? 何谓同时凝固原则? 从工艺上如何实现这两种凝固原则? 它们各适用于什么场合?

16. 铸造内应力分为哪几类? 热应力是如何形成的? 在铸件不同部位的应力状态如何?

17. 铸件变形的原因何在? 如何防止铸件的变形?

18. 分析如图 1 所示的槽形铸件的热应力形成过程，标出最终热应力状态，并用虚线画出铸件的变形方向。

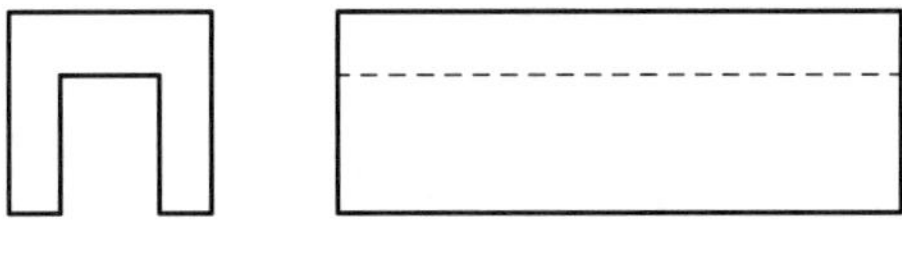

图 1　第 18 题

19. 简述砂型铸造的生产过程，并说明其优缺点。

20. 什么是浇注位置? 浇注位置选择的一般性原则是什么?

21. 什么是分型面? 分型面选择的一般原则是什么?

22. 铸造工艺图包括哪些内容? 试确定如图 2 所示的机床床身铸件的分型面和浇注位置，并说明原因。

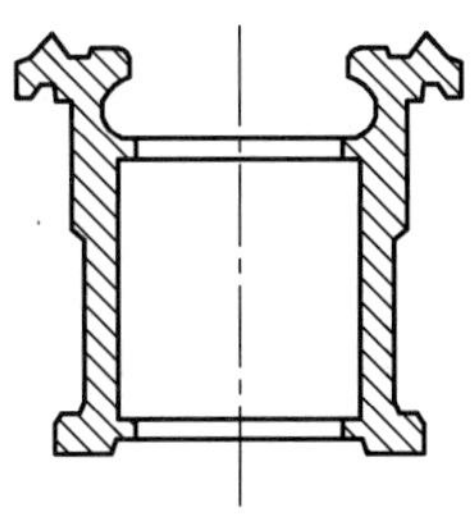

图 2　第 22 题

23. 简要论述铸造技术的发展趋势。

24. 铸件结构应力求简单，以简化铸造工艺，提高铸造质量与生产效率，因此从铸件结构设计考虑，应从哪些方面入手来提高其铸造工艺性?

25. 什么是铸件的最小壁厚？为何要规定铸件的最小壁厚？是否铸件壁厚越大越好？

26. 为什么要设计铸件的结构圆角？图 3 所示铸件结构设计是否合理？如不合理，在不改变分型面和浇注位置的前提下加以修改。

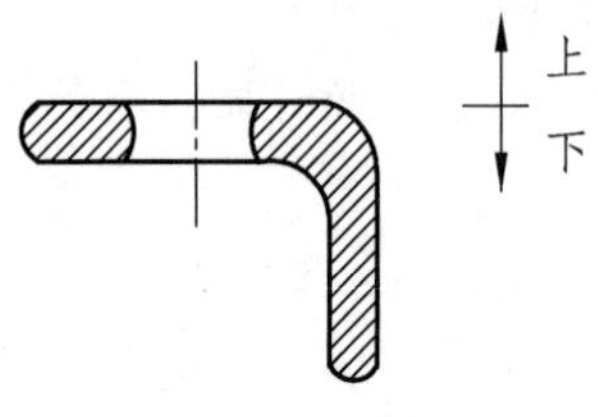

图 3　第 26 题

27. 指出图 4 所示铸件结构设计的不合理之处，并加以改正。

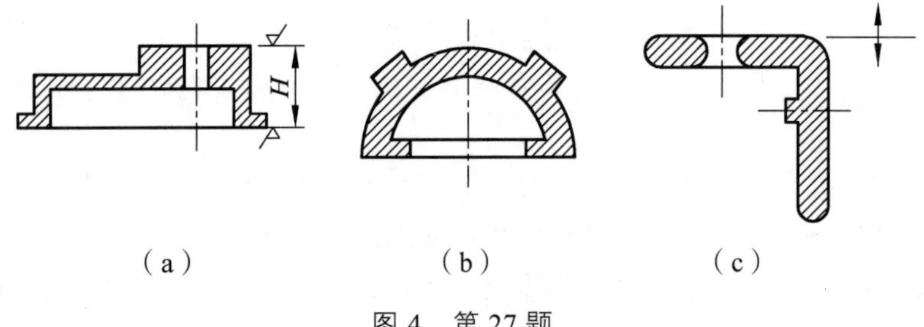

图 4　第 27 题

28. 为什么要设计铸件的结构斜度？铸件的结构斜度与起模斜度有何异同？

第 2 章　金属的塑性成形

【导　学】

金属塑性成形技术具有高产、优质、低耗等显著特点，同时也是先进制造技术的重要发展方向，当今绝大部分的机械工业零件加工均采用塑性成形的方式实现。本章主要讲述金属塑性成形的基本原理及工艺类型，并结合锻造成形为例介绍典型部件塑性成形工艺，最后概括几种列车制造中常用的其他塑性成形工艺——挤压、轧制、冲压等。要求学生掌握塑性成形工艺的特点，以及了解列车哪些常用部件采用塑性成形工艺。

2.1　金属塑性成形工艺的理论基础

塑性成形是在外力作用下利用金属的塑性，使其产生塑性变形获得具有一定的形状、尺寸精度和组织性能的金属产品的一种常用加工方法。多晶体金属和合金塑性变形工艺过程主要取决于金属的变形条件（变形温度、变形速度、应力状态等）与金属的本性（晶格排列、晶粒大小、合金成分等）。金属塑性变形微观上通常由剪切塑性变形机理、扩散塑性变形机理及晶间塑性变形机理同时起作用。常用工艺包括自由锻、模锻、冲压、挤压、拉拔、轧制等，如图 2-1-1 所示。

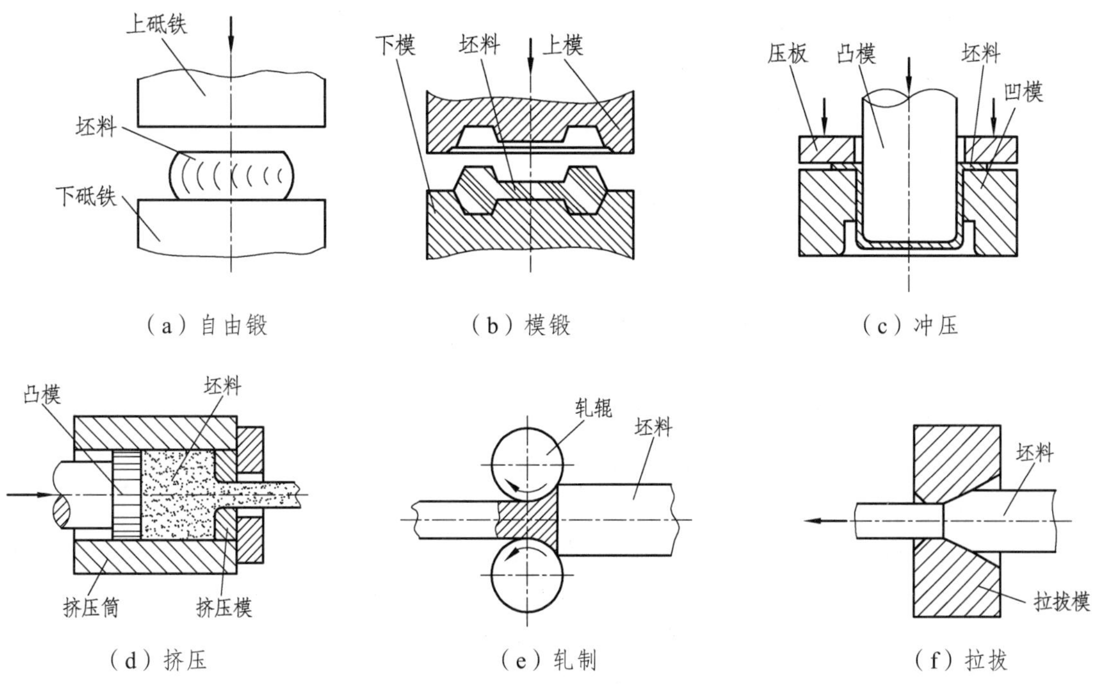

图 2-1-1　常见的塑性变形工艺

2.1.1 金属变形后的组织和性能

按照金属塑性成形的温度与再结晶温度的关系，将金属的塑性成形分为冷变形和热变形两种，它们分别表现出不同的组织和性能变化。

1. 冷变形后的组织和性能变化

变形温度低于再结晶温度，金属在变形过程中只有加工硬化而无再结晶现象，变形后的金属只有加工硬化组织，这种变形称为冷变形。此过程中内部组织将发生变化：晶粒沿变形最大的方向伸长；晶格与晶粒均发生扭曲，产生内应力；晶粒间产生碎晶。这些变化将使金属的力学性能发生明显的变化。滑移面上的碎晶块和晶格的扭曲，增大了滑移阻力，使继续滑移难以进行。因此，随变形程度的增加，金属的强度及硬度提高，而塑性和韧性下降，这种现象称为加工硬化。

利用金属的加工硬化提高金属的强度，是工业生产中强化金属材料的一种手段，尤其适用于用热处理工艺不能强化的金属材料。但由于加工硬化，冷变形需要更大的变形力，而且变形程度也不宜过大，以免缩短模具寿命或使工件破裂。冷变形加工的产品具有表面品质好、尺寸精度高、力学性能好的特点，一般只需要少量切削，或无须切削。金属在冷镦、冷挤、冷轧以及冷冲压中的变形都属于冷变形。

2. 热变形后的组织和性能变化

变形温度在再结晶温度以上时，变形后的金属具有细而均匀的再结晶等轴晶粒组织而无任何加工硬化痕迹，这种变形称为热变形。金属只有在热变形的情况下，才能在较小的变形功的作用下产生较大的变形，加工出尺寸较大和形状较复杂的锻件，同时，获得具有较高力学性能的再结晶组织。但是，由于热变形是在高温下进行的，因而金属在加热过程中，表面容易形成氧化皮，影响产品尺寸精度和表面品质，劳动条件较差，生产率也较低。金属在自由锻、热模锻、热轧、热挤压中的变形都属于热变形。

1）改善铸态组织

铸造组织晶粒粗大，内部存在疏松、缩孔、微裂纹以及偏析等缺陷，通过热变形，粗大的铸造晶粒变形、破碎，同时，缩孔、疏松、微裂纹被焊合，金属致密度提高。其次，由于金属的流动以及热塑性变形过程中原子的扩散能力增强，可以一定程度上改善铸造组织内部的偏析。再者，对于内部存在碳化物或非金属夹杂物的金属，通过合理的热塑性变形，在晶粒变形、流动的同时，金属内部的碳化物或夹杂物被打碎，且分布更加均匀，从而降低了这些脆性相对金属基体的危害。最后，热塑性变形中的回复和再结晶过程可以改善晶粒内部的组织，若变形条件控制合理，可以得到细小均匀的晶粒，大大提高了金属的性能，如图 2-1-2 所示。

2）纤维组织

在铸态金属内部存在粗大的一次结晶晶粒，这些晶粒的边界上分布有非金属夹杂物的薄层。热塑性变形时，晶粒沿着最大变形方向拉长，晶粒间的非金属夹杂物也随之被拉长。变形程度足够大时，这些粗大的晶粒被打碎，其中的非金属夹杂物也被拉成长条状，形成纤维组织。当发生再结晶后，金属内部重新生成无畸变的等轴晶粒，但被拉成长条状的非金属夹杂物却保留下来。这也是冷变形纤维组织和热变形纤维组织的不同。

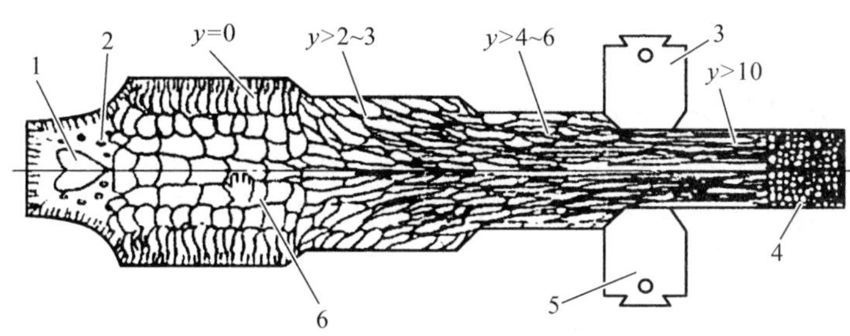

1—缩孔；2—缩松；3—上砧块；4—再结晶的等轴晶；5—下砧块；6—等轴晶。

图 2-1-2　热轧变形时的组织变化

在一般情况下，纤维组织的方向只能通过变形的方式改变，比如，轧制或拉伸时，纤维组织的方向与最大延伸方向平行，而锻造时的纤维组织则与原始的铸锭组织和压缩量有密切关系。由于纤维组织的形成，会使金属呈现出各向异性，沿流线方向比垂直于流线方向有更高的力学性能、塑性和韧性。这一点，与冷塑性变形中形成的纤维组织是相同的。

因此，为了获得具有最佳力学性能的零件，应充分利用纤维组织的方向性。一般应遵循两项原则：一是使纤维分布与零件的轮廓相符合而不被切断；二是使零件所受的最大拉应力与纤维方向一致，最大切应力与纤维方向垂直。

2.1.2　塑性成形理论及假设

金属塑性成形时遵循的基本规律主要有最小阻力定律、体积不变规律和加工硬化。

1. 最小阻力定律

在塑性变形过程中，如果金属质点有向几个方向移动的可能时，则金属各质点将向阻力最小的方向移动。最小阻力定律符合力学的一般原则，它是塑性成形加工中最基本的规律之一。

通过调整某个方向的流动阻力来改变某些方向上金属的流动量，以便合理成形，消除缺陷。例如，在模锻中增大金属流向分型面的阻力，或减小流向型腔某一部分的阻力，可以保证锻件充满型腔。

运用最小阻力定律可以解释为什么用平头镦粗时，金属坯料的截面形状随着坯料的变形都逐渐接近于圆形。图 2-1-3（a）、（b）、（c）分别表示镦粗时图形、方形、矩形坯料截面上各质点的流动方向。图 2-1-4 表示正方形截面坯料镦粗后的截面形状。镦粗时，金属流动的距离越短，摩擦阻力越小。端面上任何一点到边缘的距离最近处是垂直距离，这个金属质点必然沿着与边缘垂直的方向流动，因此，中心部分金属大多流向垂直于方形的四边，而对角线方向很少有金属流动。随着变形程度的增加，截面的周边将趋近于椭圆，而椭圆将进一步变为圆。此后，各质点将沿着半径方向流动，因为相同面积的任何形状，圆形的周长最短。最小阻力定律在镦粗中也称为最小周边法则。

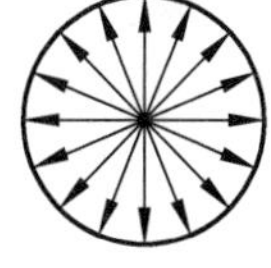

（a）圆形

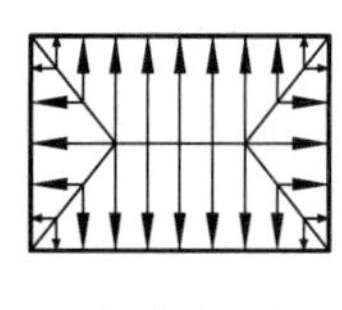

（b）正方形

（c）矩形

图 2-1-3　配料镦粗时不同截面上质点的流动方向

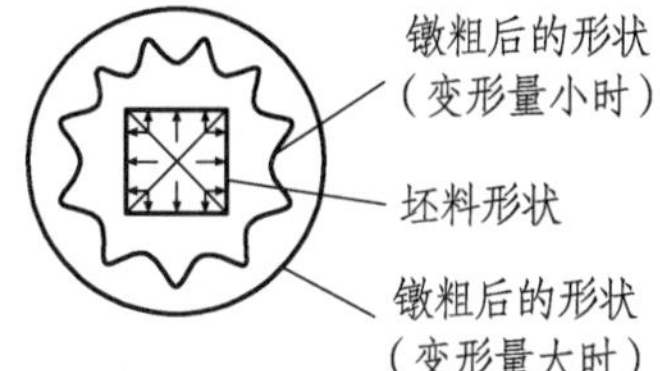

图 2-1-4　正方形截面坯料镦粗后的截面形状

2. 体积不变规律

金属塑性变形过程中，由于金属材料连续而致密，其体积变化很小，与形状变化相比可忽略不计。因此，可以假设金属材料在塑性变形前、后体积保持不变。也就是说，在塑性变形时，可以假设物体变形前的体积等于变形后的体积。

在金属塑性成形过程中，体积不变的假设非常有用。有些问题可根据几何关系直接利用体积不变假设来求解，再结合最小阻力定律，可以通过计算机仿真模拟塑性成形时的金属流动模型。

3. 金属塑性变形程度的表示

在金属塑性变形过程中，常用锻造比（Y）来表示金属坯料的变形程度。锻造比的计算公式与变形方式有关：

拔长时，锻造比为　　$Y_{拔} = S_0 / S$

镦粗时，锻造比为　　$Y_{镦} = H_0 / H$

式中，S_0，H_0 为坯料变形前的横截面积和高度；S，H 为坯料变形后的横截面积和高度。

锻造比的大小会影响金属的力学性能和锻件质量。通常情况下，增加锻造比有利于改善金属的组织与性能，但锻造比不宜过大。一般来说，当锻造比 $Y<2$ 时，随着锻造比的增加，钢的内部组织不断细化，材料力学性能得到明显提高；当 $Y=2 \sim 5$ 时，在变形金属中开始形成纤维组织，锻件的力学性能开始出现各向异性；当 $Y>5$ 时，钢材组织的紧密程度和晶粒细化程度已接近极限，力学性能不再提高，各向异性则进一步增加。

2.1.3　影响塑性变形的因素

金属材料经受压力加工而产生塑性变形的工艺性能，常用金属的锻造性来衡量，金属的锻造性好，说明该金属宜用压力加工方法成形；金属的锻造性差，说明该金属不宜用压力加工方法成形。锻造性的优劣是以金属的塑性和变形抗力来综合评定的。

塑性是指金属材料在外力作用下产生永久变形而不破坏其完整性的能力。金属对变形的抵抗力，称为变形抗力。塑性反映了金属塑性变形的能力，而变形抗力反映了金属塑性变形的难易程度。塑性高，则金属在变形中不易开裂；变形抗力小，则金属变形的能耗小。一种金属材料既有较高的塑性，又有较小的变形抗力，那它就具有良好的锻造性。金属的锻造性取决于材料的性质（内因）和加工条件（外因）。

1. 材料性质的影响

1）化学成分的影响

金属的化学成分不同，其锻造性也不同。一般地说，纯金属的锻造性比合金的锻造性好。钢中合金元素含量越多，合金成分越复杂，其塑性越差，变形抗力越大，锻造性就越差。例如，纯铁、低碳钢和高合金钢，它们的锻造性是依次下降的。

2）金属组织的影响

金属内部的组织结构不同，其锻造性有很大差别。纯金属及固溶体（如奥氏体）的锻造性好，而碳化物（如渗碳体）的锻造性差。铸态柱状组织和粗晶粒组织金属，其锻造性不如晶粒细小而又均匀组织金属的好。

2. 加工条件的影响

1）变形温度的影响

在一定的变形温度范围内，随着温度升高，原子动能增加，从而金属的塑性提高，变形抗力减小，锻造性能得到明显改善。

但是，加热温度要控制在一定范围内。若加热温度过高，晶粒急剧长大，金属力学性能降低，这种现象称为“过热”。若加热温度接近熔点，晶界氧化破坏了晶粒间的结合，金属失去塑性而报废，这种现象称为“过烧”。金属锻造加热时允许的最高温度称为始锻温度。在锻造过程中，金属坯料温度不断降低，降低到一定程度时塑性变差，变形抗力增大，此时应停止锻造，否则会引起加工硬化甚至开裂。停止锻造时的温度称为终锻温度。锻造温度是指始锻温度与终锻温度之间的温度。

2）变形速度的影响

变形速度即单位时间内的变形程度。它对金属锻造性的影响可分为两个阶段（见图 2-1-5）：在变形速度小于 a 的阶段，由于变形速度的增大，回复和再结晶不能及时克服加工硬化现象，金属则表现出塑性下降，变形抗力增大，锻造性变差；在变形速度大于 a 的阶段，金属在变形过程中，消耗于塑性变形的能量有一部分转化为热能，金属温度升高（称为热效应现象），金属的塑性提高，变形抗力下降，锻造性变好。变形速度越大，热效应现象越明显。但热效应现象只有在高速锤上锻造时才能实现，一般设备上的变形速度都不可能超过 a，故塑性较差的材料（如高速钢等）或大型锻件，还是以采用较小的变形速度为宜。

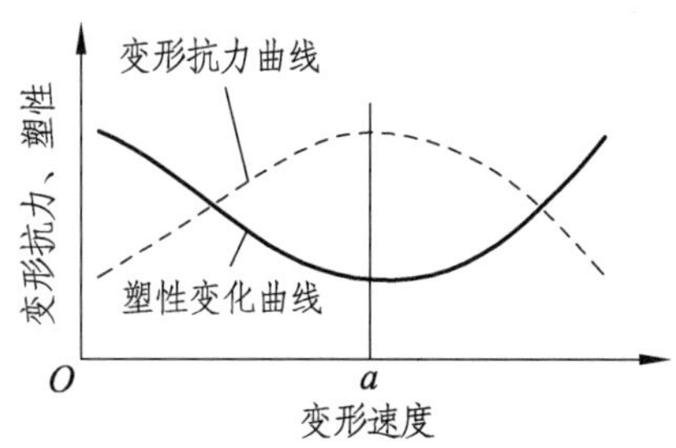

图 2-1-5　变形温度对塑性及变形抗力的影响

3. 应力状态的影响

金属在进行不同方式的变形时，所产生应力的大小和性质（压应力或拉应力）是不同的。例如，挤压变形时坯料为三向受压状态（见图 2-1-6），而拉拔时坯料则为两向受压、一向受拉的状态（见图 2-1-7）。

实践证明，在三向应力状态图中，压应力的数量越多，则金属的塑性越好，拉应力的数量越多，则金属的塑性越差。其理由是，在金属材料的内部或多或少总是存在着微小的气孔或裂纹等缺陷，在拉应力作用下，缺陷处产生的应力集中会使缺陷扩展，甚至破坏基体，从而使金属失去塑性。而压应力使金属内部原子间距减小，又不易使缺陷扩展，故金属的塑性会增高。但压应力同时又使金属内部摩擦增大，变形抗力也随之增大，为实现变形加工，就要相应增加设备吨位来增加变形力。

在选择具体加工方法时，应考虑应力状态对金属锻造性的影响。对于塑性较低的金属，应尽量在三向压应力下变形，以免产生裂纹。对于本身塑性较好的金属，变形时出现拉应力是有利的，可以减少变形能量的消耗。

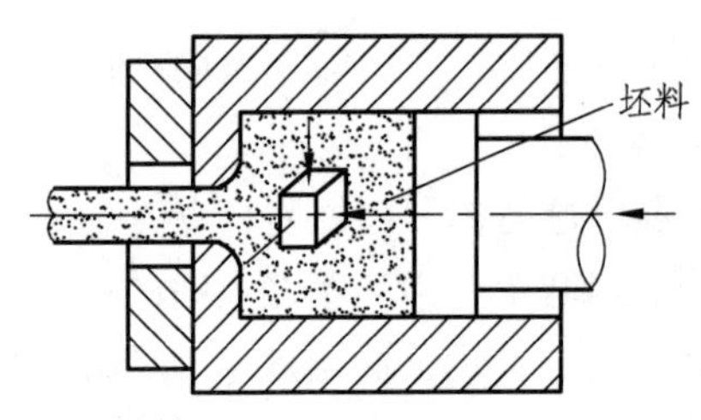

图 2-1-6　挤压时金属应力状态

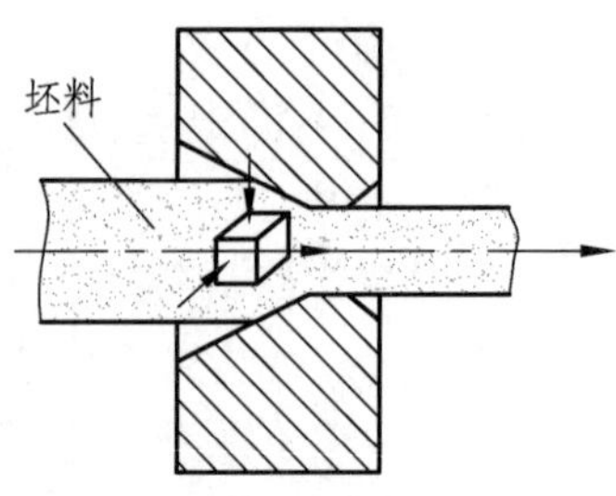

图 2-1-7　拉拔时金属应力状态

综上所述，影响金属塑性变形的因素是很复杂的。在压力加工中，要综合考虑所有的因素，根据具体情况采取相应的有效措施，力求创造最有利的变形条件，充分发挥金属的塑性，降低金属的变形抗力，降低设备吨位，减少能耗，使变形进行充分，达到优质低耗的目的。

2.2　锻压成形工艺

锻压成形工艺中，自由锻和模锻运用最为广泛。本节将重点介绍两种工艺的特点、工序及典型案例。

2.2.1　自由锻

1. 自由锻工艺及其特点

自由锻是利用冲击力或压力，使金属在上、下砧铁之间产生塑性变形而获得所需形状、尺寸以及内部质量锻件的一种加工方法。自由锻造时，除与上、下砧铁接触的金属部分受到约束外，金属坯料朝其他各个方向均能自由变形流动，不受外部的限制，故无法精确控制变形的发展。

自由锻采用工具简单、通用性强，生产准备周期短。自由锻件的质量范围为 1 kg ~ 300 t，对于大型锻件，自由锻是唯一的加工方法，这使得自由锻在重型机械制造中具有特别重要的作用。例如水轮机主轴、多拐曲轴、大型连杆、重要的齿轮等零件在工作时都承受很大的载荷，要求具有较高的力学性能，常采用自由锻方法生产毛坯。由于自由锻件的形状与尺寸主要靠人工操作来控制，锻件的精度较低，加工余量大，劳动强度大，生产率低。自由锻主要应用于单件、小批量生产，以及大型锻件的生产和新产品的试制等。

2. 自由锻基本工序

自由锻中的基本工序如图 2-2-1 所示，其中最常见的是镦粗、拔长和冲孔。

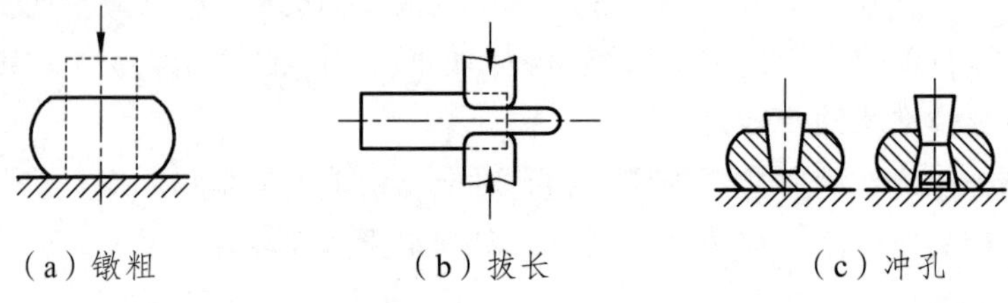

（a）镦粗　　（b）拔长　　（c）冲孔

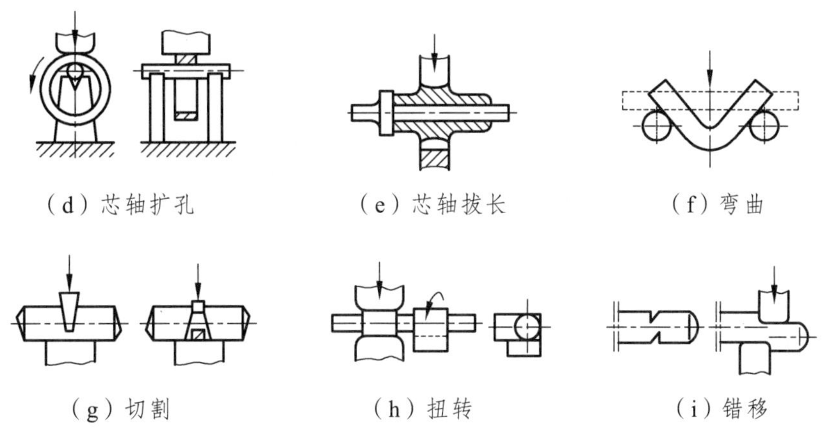

（d）芯轴扩孔　（e）芯轴拔长　（f）弯曲

（g）切割　（h）扭转　（i）错移

图 2-2-1　自由锻的基本工序

1）镦粗

镦粗是沿工件轴向进行锻打，使其长度减小，横截面积增大的操作过程。它常用来锻造齿轮坯、凸缘、圆盘等零件，也可作为锻造环、套筒等空心锻件冲孔前的预备工序。

镦粗可分为全镦粗和局部镦粗两种形式，如图 2-2-2 所示。镦粗时，坯料高度与直径之比应小于 2.5，以免镦弯，或出现细腰、夹层等现象。坯料镦粗的部位必须均匀加热，以防止出现变形不均匀。

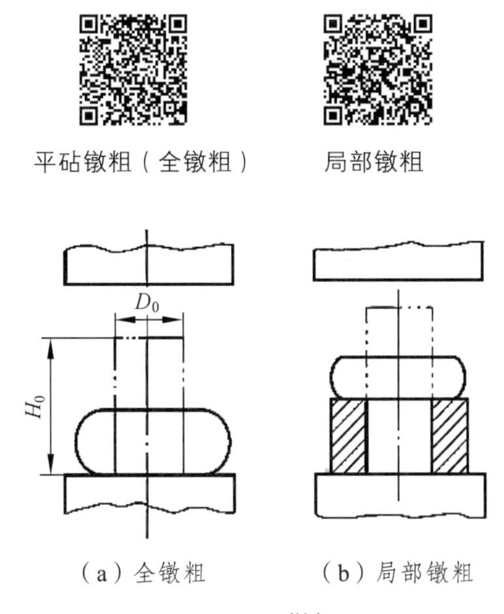

（a）全镦粗　（b）局部镦粗

图 2-2-2　镦粗

2）拔长

拔长是沿垂直于工件的轴向进行锻打，以使其截面积减小，而长度增加的操作过程，如图 2-2-3（a）所示。它常用于锻造轴类和杆类等零件。对于圆形坯料，一般先锻打成方形后再进行拔长，最后锻造成所需形状，或使用 V 形砧铁进行拔长，在锻造过程中要将坯料绕轴线不断翻转。

对于空心长轴类、圆环类锻件，可采用芯轴拔长工艺来减小空心毛坯的外径和壁厚，增加其长度，如图 2-2-3（b）所示。

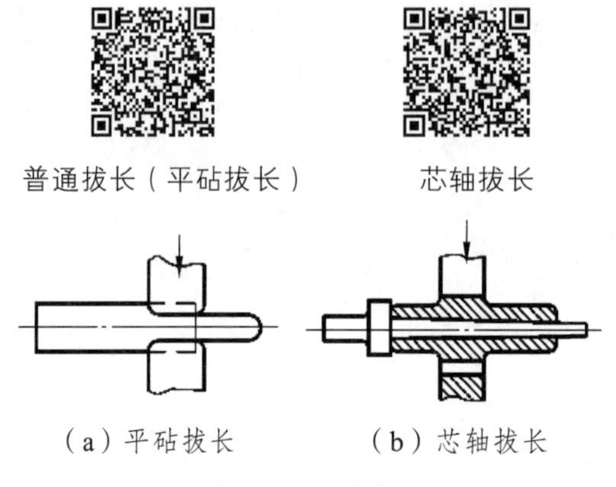

（a）平砧拔长　（b）芯轴拔长

图 2-2-3　拔长

3）冲孔

冲孔是利用冲头在工件上冲出通孔或盲孔的操作过程。它常用于锻造齿轮、套筒和圆环等空心锻件，对于直径小于 25 mm 的孔一般不锻出，而是采用钻削的方法进行加工，如图 2-2-4 所示。

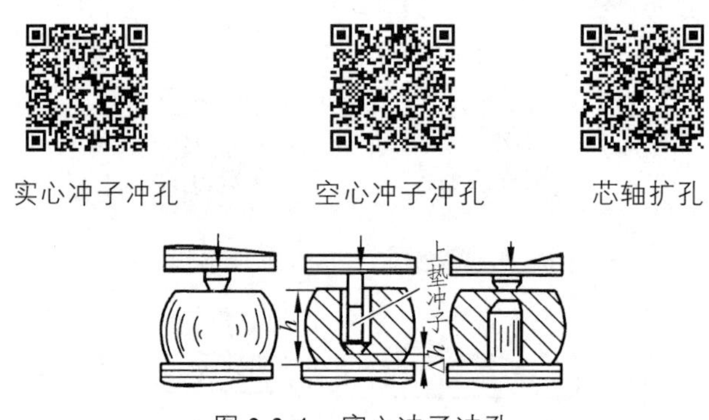

图 2-2-4　实心冲子冲孔

3. 自由锻的工艺过程设计

自由锻的工艺规程是组织自由锻生产、规定操作规范、控制和检查产品质量的依据，主要内容包括根据零件图绘制锻件图、计算坯料的质量与尺寸、确定锻造工序、选择锻造设备，以及确定坯料加热、冷却及热处理规范等。

1）绘制锻件图

在零件图的基础上考虑加工余量、锻造公差、工艺余块（敷料）等之后绘制锻件图，锻件图是计算坯料、设计工具和检验锻件的依据，如图 2-2-5 所示。

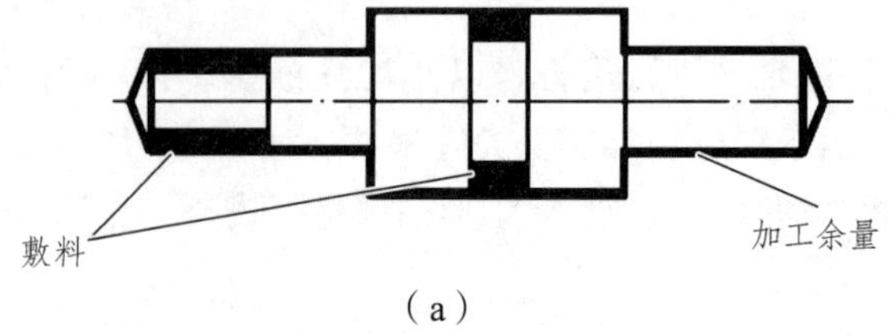

（a）

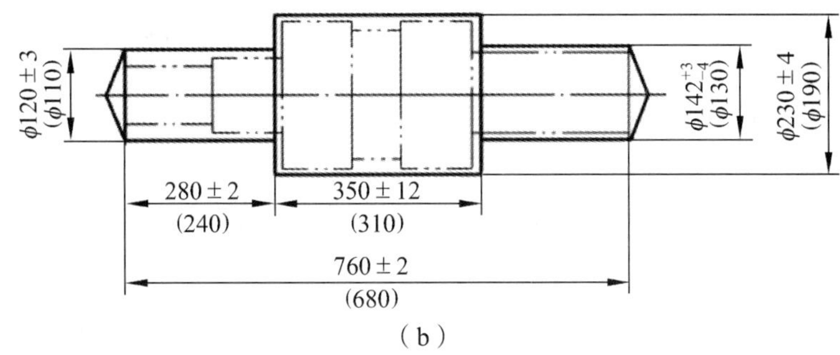

（b）

图 2-2-5　锻件工艺图

（1）敷料。为了简化自由锻工艺而增加的一部分金属称为敷料。当零件上有难以直接锻出的凹槽、台阶、凸肩、小孔时，均需添加敷料。

（2）加工余量。对于需要切削加工的表面，应留有加工余量。锻件越大，形状越复杂，则余量越大。加工余量的具体数值可结合生产的实际条件查表确定。

（3）锻造公差。零件的公称尺寸考虑加工余量后，即为锻件的公称尺寸。锻件公差是指锻件公称尺寸的允许变动量。公差大小可查阅有关手册，通常为加工余量的 1/4 ~ 1/3。

2）确定坯料质量及尺寸

计算坯料质量时，应包含锻件质量、料头切除损失质量、冲孔的芯料质量和坯料表面氧化而烧损的质量。

确定坯料尺寸时，首先根据材料的密度和坯料质量计算坯料的体积，然后再根据基本工序的类型（如拔长、镦粗）及锻造比计算坯料横截面积、直径、边长等尺寸。

镦粗时，坯料的高径比应大于 1.25，且小于 2.5。由于坯料的质量已知，可计算出坯料的体积，再确定坯料的截面尺寸（直径或边长），最后确定坯料的长度。

拔长时，根据坯料拔长后的最大截面需满足锻造比 Y 的要求，坯料截面积应大于等于锻件最大截面积的 1.1 ~ 1.5 倍。

3）确定锻造工序

如表 2-2-1 所示，根据锻件的外形特征及其成形方法，可将自由锻件分为 6 类：盘类、轴类、筒类、曲轴类、弯曲类等。

表 2-2-1　自由锻件分类及其锻造工序

自由锻件分类	典型锻件	锻造基本工序
盘类	齿轮、圆盘、凸轮等	镦粗（局部镦粗，拔长后镦粗）、冲孔
轴类	齿轮轴、传动轴等	拔长（镦粗、拔长）、（压肩）锻台阶
筒类	套筒、齿圈等	镦粗、冲孔、扩孔或拔长（心轴上拔长）
曲轴类	曲轴等	拔长（镦粗、拔长）、错移、扭转
弯曲类	吊钩等弯曲件	拔长（镦粗、拔长）、弯曲

2.2.2　模锻

1. 模锻工艺及其特点

模锻是在自由锻、胎模锻基础上最早发展起来的，是将金属坯料放入具有一定形状的锻模模膛内，使坯料受压变形获得锻件的压力加工方法。它适合成批或大批量锻件锻制。模锻具有以下特点。

（1）模锻件质量好。模锻的三向压应力不仅容易锻合锻件内部缺陷，而且可用较小锻造比获得自由锻大锻造比所达到的效果。一方面，能获得比较理想的金属流线，从而提高零件的使用寿命。另一方面，锻件轮廓清晰、准确，表面质量高。

（2）节约金属。模锻件的余量、公差和余块都比自由锻小，并可在较少的加热次数内获得锻件，因而加热烧损少。

（3）可锻出形状比较复杂的锻件。因为金属在模膛内三向受压，塑性改善，容易变形并充满模膛。

（4）生产率高。形状简单的模锻件只需在终锻模上一次整体成形；复杂锻件也只需经必要的制坯、预锻和终锻等模膛变形后制得。因此，模锻生产率比自由锻高几倍至几十倍。

（5）模锻操作简单，对工人技术水平要求较低，劳动强度也较低。

（6）锻件质量较小。因为整体变形三向受压，变形抗力大，同质量锻件所需模锻锤吨位要比自由锻大得多，受限于模具的承载能力及模锻设备的锻造能力，故模锻件质量不能太大（<150 kg）。

（7）设备投资大。

模锻按所用设备的类型不同，可分为锤上模锻、胎模锻、曲柄压力机上模锻、平锻机上模锻及摩擦压力机上模锻等。下面主要介绍锤上模锻。

2. 锤上模锻

锤上模锻是国内外普遍采用的一种模锻方法。因为它适合于多模膛锻造，工艺适应性广，生产率高，设备造价较低；而且模锻锤的打击能量可在操作中调整；坯料在不同能量的多次锤击下，经过不同的锻造工序可锻成不同形状的锻件。

锤上模锻所用的设备主要是蒸汽-空气模锻锤，如图 2-2-6 所示。由于模锻生产要求精度高，故模锻锤的机架直接与砧座通过螺栓和弹簧相连（弹簧可使锤击时作用在螺栓上的冲击

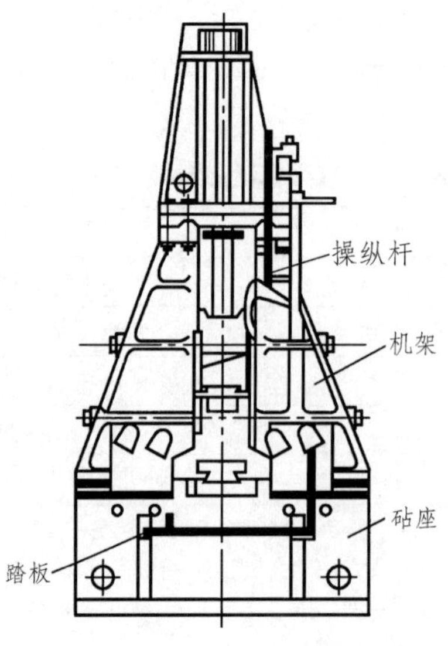

图 2-2-6　蒸汽-空气锻结构示意图

力得到缓冲），引导锤头移动的导轨很长，锤头与导轨间的间隙较小，以保证锤头运动时上下锻模的位置对得较准，减小模锻件在分模面处的错移误差，提高锻件的形状与尺寸精度。

模锻锤的工作能力通常以落下部分的重量来表示，常用的是 10~100 kN。

3. 锻模

如图 2-2-7 所示，锻模由上模和下模两部分组成，下模紧固在模垫上，上模紧固在锤头上，与锤头一起做上下运动。上、下模皆有模膛。模锻时坯料放在下模的模膛上，上模随着锤头的向下运动对坯料施加冲击力，使坯料充满模膛，最后获得与模膛形状一致的锻件。锻模上还有分模面和飞边槽。根据功用不同，可分为模锻模膛、制坯模膛和切断模膛三大类。下面主要介绍模锻模膛和制坯模膛。

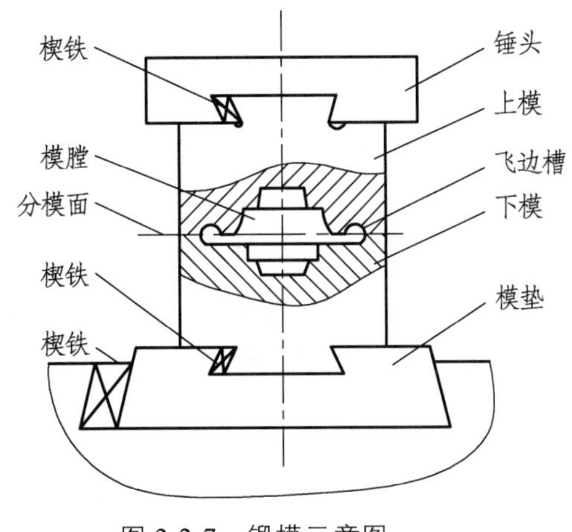

切断模膛

图 2-2-7　锻模示意图

1）模锻模膛

模锻模膛又分为终锻模膛和预锻模膛两种。

（1）终锻模膛。

终锻模膛的作用是使坯料最后变形到锻件所要求的形状和尺寸。因此，它的形状应和锻件的形状相同。但因锻件冷却时要收缩，终锻模膛的尺寸应比锻件的尺寸大一个收缩量。另外，沿模膛四周设有飞边槽，用以增加金属从模膛中流出的阻力，促使金属充满模膛；同时容纳多余的金属；还可缓冲锤击，避免锻模过早被击陷或崩裂。对于具有通孔的锻件，应留有冲孔连皮（见图 2-2-8），因为不可能靠上、下模的凸出部分把金属完全挤压掉。此外，终锻模膛应放在多膛模具的中间。

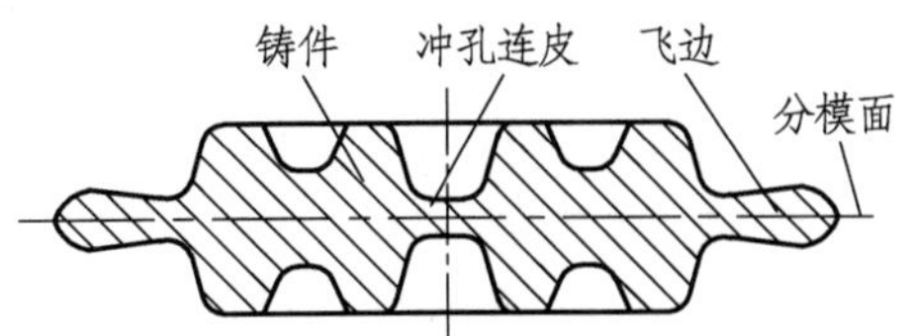

图 2-2-8　带冲孔连皮及飞边的模锻件

（2）预锻模膛。

预锻模膛的作用是使坯料变形到接近于锻件的形状和尺寸，这样在进行终锻时，金属容易充满模膛而获得锻件所要求的尺寸。同时，减少了终锻模膛的磨损，延长锻模的使用寿命。

预锻模膛与终锻模膛的区别是：考虑到终锻过程是以镦粗成形为主，因此预锻模膛的高度应大于终锻模膛；不设毛边槽；圆角、斜度较大；细小的沟槽和花纹不制出。对于形状简单或批量不大的模锻件，可不设置预锻模膛。

2）制坯模膛

对于形状复杂的锻件，为了使坯料形状逐步地接近锻件的形状，以便金属变形均匀，流线合理分布和顺利地充满模锻模膛，因此，必须先在制坯模膛内制坯。

根据锻件的形状和尺寸，需采用不同的制坯模膛。制坯模膛主要有以下 5 种。

（1）拔长模膛。

它的作用是减小坯料某一部分的横截面积以增加其长度。它设置在锻模的一边或一角。拔长是制坯的第一步，需锤击多次，边送进边翻转，它兼有清除氧化皮的功用。

（2）滚挤模膛。

它的作用是减小坯料某一部分的横截面积以增大另一部分的横截面积，使坯料的横截面积与锻件各横截面积相等。毛坯可直接送入滚挤模膛或经拔长后送入。滚挤时，坯料不轴向送进，只反复绕轴线翻转。滚挤模膛用于横截面积相差较大的锻件的制坯。

拔长模膛

滚挤模膛

（3）成形模膛。

它的作用是使坯料获得接近模锻模膛在分模面上的轮廓形状，能局部聚料。通常坯料在成形模膛中仅锤击一次，然后将坯料翻转 90°，放入预锻或终锻模膛中模锻。成形模膛常用于叉状和十字形锻件经滚挤后的进一步制坯。

（4）弯曲模膛。

它的作用是用来弯曲中间坯料，使它获得预锻或终锻模膛在分模面上的轮廓形状。坯料经过弯曲模膛锻打后，也需翻转 90°放入预锻或终锻模膛中模锻。

弯曲模膛

（5）镦粗台和压扁台。

镦粗台用于圆盘类锻件的制坯。它的作用是减小坯料的高度，增大坯料直径，减少终锻时的锤击次数，有利于充满模膛，防止产生折叠，又兼有去除氧化皮的作用。镦粗台一般设置在锻模的左前方。压扁台用于扁平的矩形锻件的制坯。先将圆坯料或方坯料在压扁台上锤扁后放入终锻模膛模锻。压扁台一般设置在锻模的左侧。

模锻件的复杂程度不同，所需变形的模膛数量也不等，锻模可以设计成单膛锻模或多膛锻模。单膛锻模是在一副锻模上只具有一个终锻模膛的锻模，如简单形状的齿轮坯模锻件就可将截下的圆柱形坯料，直接放入单膛锻模中成形。多膛锻模是在一副锻模上具有两个以上模膛的锻模，如图 2-2-9 所示，为弯曲连杆模锻件的锻模。坯料经过拔长、滚压、弯曲等三个工步后基本成形，再经过预锻和终锻，成为带有飞边的锻件。

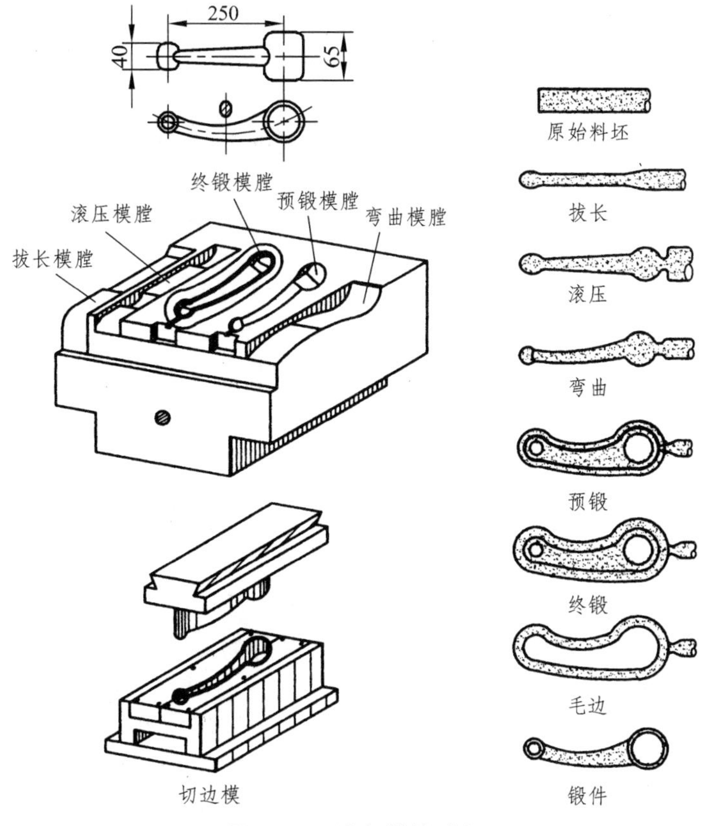

图 2-2-9　连杆模锻过程

2.2.3　锤上模锻工艺设计

锤上模锻工艺设计包括绘制模锻件图、计算坯料尺寸、确定模锻工步（选择模膛）、选择设备及安排修整工序等，其中最主要的是模锻件图的绘制和模锻工步的确定。

1. 绘制锻件图

模锻件图是设计和制造锻模、计算坯料以及检查模锻件的依据，对模锻件的品质有很大关系。绘制模锻件图时应考虑如下几个因素。

分模面的选择

1）分模面的选择

分模面即上、下模在锻件上的分界面。绘制锻件图时，必须首先确定分界面，并应考虑以下 5 个问题。

（1）要保证锻件能从模膛顺利取出图 2-2-10 所示零件，若选 *a*—*a* 为分模面，则锻件无法从模膛取出。一般情况下，分模面应选在锻件最大截面上。

（2）应使上、下两模沿分模面的模膛轮廓一致，以便及时发现错模现象。图 2-2-10 中的 *c*—*c* 分模面就不符合这个要求。

（3）应选在使模膛深度最浅的位置上，以便金属充满模膛，也有利于锻模的制造。图 2-2-10 中的 *b*—*b* 面就不适合作为分模面。

（4）应使零件上所加的敷料最少。图 2-2-10 中的 *b*—*b* 分模面所加的敷料最多，因此不宜作为分模面。

（5）分模面最好为平面，上、下模的深浅应相当，以利于锻模的制造。

综上所述，图 2-2-10 中的 *d*—*d* 面是最合理的分模面。

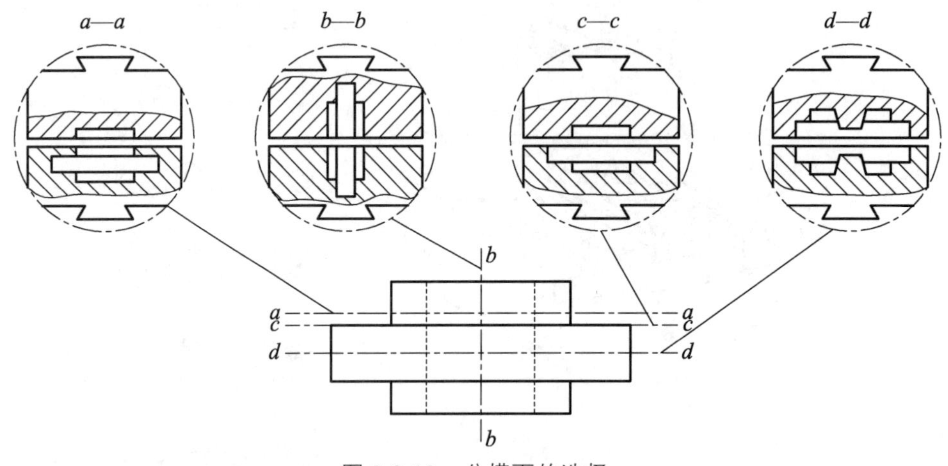

图 2-2-10　分模面的选择

2）确定模锻件的加工余量和尺寸公差

模锻时，金属坯料是在锻模中成形的，因此模锻件的尺寸较精确，其尺寸公差和机械加工余量比自由锻件小得多。机械加工余量一般为 1~4 mm，尺寸公差一般为±（0.3~3）mm。

3）确定模锻斜度

模锻件的侧面，即平行于锤击方向的表面必须有斜度（见图 2-2-11），以便于锻件从模膛中取出。对于锤上模锻的斜度一般为 5°~15°。模锻斜度与模膛深度和宽度有关，模膛深度 *h* 与宽度 *b* 比值越大时，模锻斜度取大值。外壁斜度（即当锻件冷缩时锻件与模壁夹紧的表面）的值比内壁斜度（即当锻件冷缩时锻件与模壁离开的表面）小，因为内壁在锻件冷却后容易被夹紧，使锻件很难取出。

4）确定圆角半径

为使金属容易充满模膛，增大锻件强度，避免锻模内尖角处产生裂纹，提高锻模使用寿命，在模锻件上所有两平面的交角处均需设计圆角，如图 2-2-12 所示。外圆角半径 *R* 一般比内圆角半径 *r* 大 2~4 倍。钢锻件内圆角半径 *r* 可取 1~4mm。

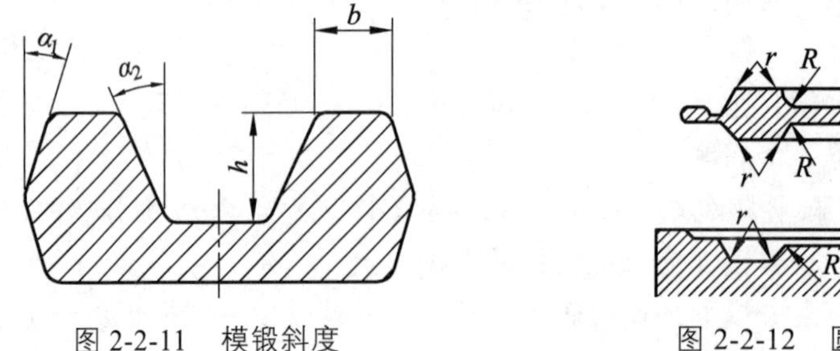

图 2-2-11　模锻斜度

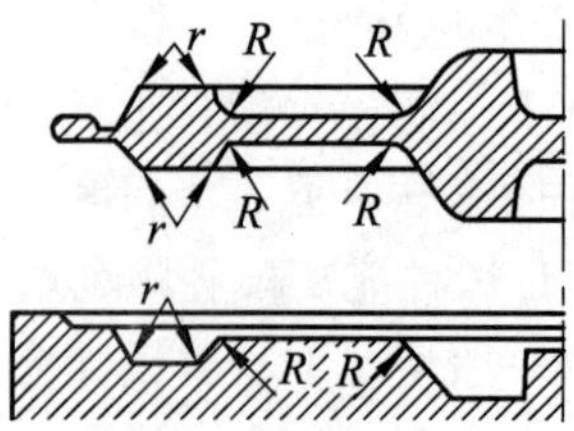

图 2-2-12　圆角半径

5）留出冲孔连皮

模锻件上直径小于 25 mm 的孔一般不锻出或只压出球形凹穴，大于 25 mm 的通孔也不能直接模锻，而必须在孔内保留一层连皮（见图 2-2-13），这层连皮以后需冲除。冲孔连皮的厚度 *s* 与孔径 *d* 有关，当 *d* =30~80 mm 时，*s*=4~8 mm。

确定了上述几个因素以后，即可绘制模锻件图。绘制模锻件图时，用粗实线表示锻件的形状，以双点画线表示铸件的分模面和零件的轮廓形状。图 2-2-13 所示为一齿轮坯的模锻件图。

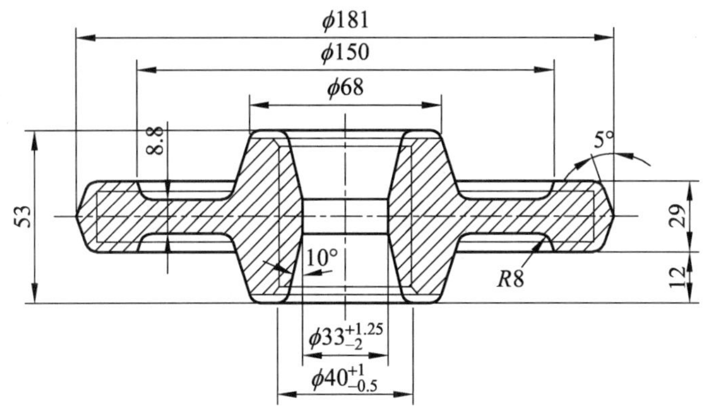

图 2-2-13　齿轮坯模锻件

2. 模锻工步的确定及模镗种类的选择

同一个锻模上的模锻工序称为模锻工步。模锻工步主要是根据模锻件的形状和尺寸来确定的。模锻件按形状可分为两大类：一类是长轴类模锻件，如阶梯轴、曲轴、连杆、弯曲摇臂（见图 2-2-14）等；另一类为盘类模锻件，如齿轮、法兰盘（见图 2-2-15）等。

长轴类模锻件有直长轴锻件、弯曲轴锻件和叉形件等。根据形状需要，直长轴模锻件的机锻工步一般为拔长、滚压、预锻、终锻成形。弯曲轴锻件和叉形件还需采用弯曲工步。对于形状复杂的模锻件，还需选用预锻工步，最后在终锻模膛中模锻成形。

盘类模锻件多采用镦粗、终锻工步。对于形状简单的盘类模锻件，可只用终锻工步成形。对于形状复杂、有深孔或有高肋的盘类模锻件可用成形镦粗，然后经预锻、终锻最后成形。模锻工步确定以后，再根据已确定的工步选择相应的制坯模膛和模锻模膛。

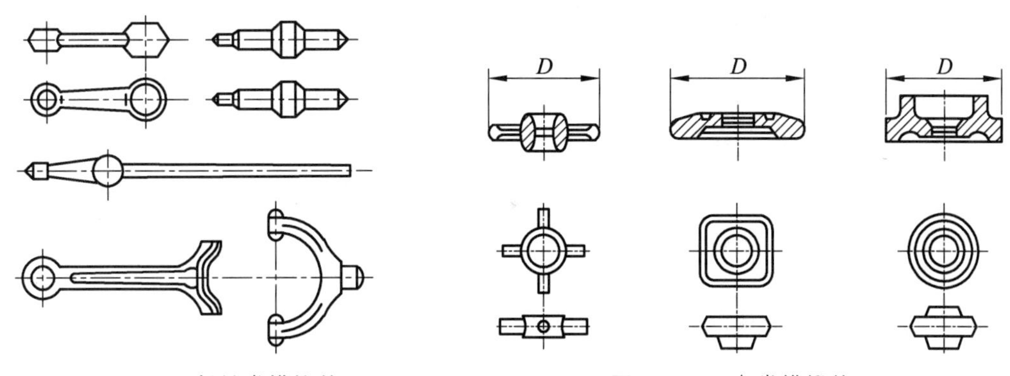

图 2-2-14　长轴类模锻件　　　　图 2-2-15　盘类模锻件

2.2.4　模锻件的结构工艺性

在设计零件及绘制模锻件图时，应根据模锻特点和工艺要求，使模锻件结构符合下列原则，以便于模锻生产和降低成本。

（1）模锻件必须确保能获得至少一个合理的分模面，以保证模锻件易于从锻模中取出，敷料消耗最少，锻模容易制造。

（2）模锻件上与锤击方向平行的表面应设计出模锻斜度。模锻件上所有两平面的交角处都要设计模锻圆角设计。应特别注意非加工面的设计。

（3）为了使金属容易充满模膛和减少工序，零件外形力求简单、平直和对称，尽量避免零件截面间差别过大或具有薄壁、高肋、凸起等结构。

在零件结构允许的条件下，设计时应尽量避免深孔或多孔结构。

（4）形状复杂、不便模锻的锻件应采用锻-焊组合工艺，以减少敷料，简化模锻工艺。

2.3　动车组典型锻件

动车组部件的制造中广泛运用了热塑性成形工艺，主要用于承受较大载荷的部件中，可以分为以下四类。

（1）盘类零件：齿轮箱齿轮、车轮。

（2）轴类零件：车轴、传动轴。

（3）杆类零件：转向架牵引杆、轴箱拉杆（见图 2-3-1）。

（4）梁类零件：转向架牵引梁（见图 2-3-2）。

图 2-3-1　动车组轴箱上拉杆

图 2-3-2　动车组转向架牵引梁

2.4　其他塑性成形工艺

本节介绍其他高效塑性成形技术在车辆制造中的应用，主要包括冲压、精密快锻、挤压等。

2.4.1　冲压

1. 冲压生产的应用范围、特点及基本方法

冲压一般是冷态加工，其应用范围很广，它不仅可以冲压金属板材，而且也可以冲压非金属材料；不仅能制造很小的仪器仪表零件，而且也能制造如汽车大梁等大型部件；不仅能制造一般精度和形状的零件，而且还可以制造高级精度和复杂形状的零件。

冲压件在形状和尺寸精度方面互换性较好，可以满足一般装配的使用要求，并且经过塑性变形使得金属内部组织得到改善，机械强度有所提高，具有质量轻、刚度好、精度高和外表光滑美观等特点。

冲压是一种高效加工方法：大型冲压件生产率可达到每分钟数件，高速冲压小部件可达千件。由于所用坯料是板材或带卷，故很容易实现机械化和自动化；冲压件材料利用率较高，可达到 70%~85%。常用冲压件制造各种构件、器皿和精细零件。

2. 冲压的基本方法

冲压的基本工序可分为分离（见表 2-4-1）和成形（见表 2-4-2）两大类。

表 2-4-1　分离工序分类

工序名称	简图	特点及常用范围
切断	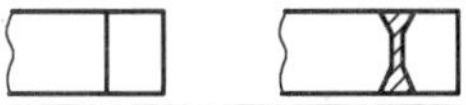	用剪刀或冲模切断板材，切断线不封闭
落料	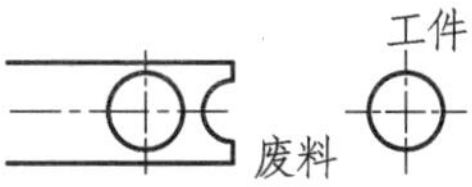 工件 废料	用冲模沿封闭线冲切板材，冲下来的部分为制件
冲孔	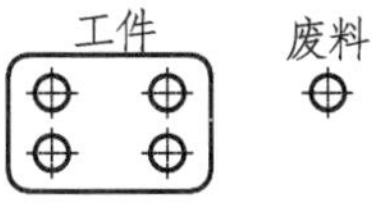 工件 废料	用冲模沿封闭线冲切板材，冲下来的部分为废料
切口	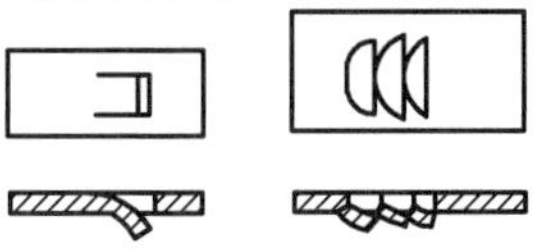	在坯料上沿不封闭线冲切出切口，冲出部分发生弯曲，如通风板
切边	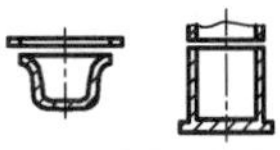	将制件的边缘切掉
刨切	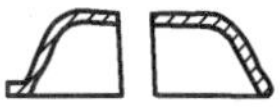	将半成品切成多个制件

表 2-4-2　成形工序分类

工序名称		简图	特点及常用范围
弯曲	弯曲		把板料弯成一定角度
	卷圆		把板料局部卷圆
	扭曲		把制件扭成一定角度
拉延	拉延		把平板坯料制成空心制件，壁厚不变
	变薄拉延		把空心制件拉成壁比底部薄的制品
成形	圆孔		把制件上有孔的边缘翻成竖立边缘
	割边	r R	把制品的边缘制成竖立边缘
	扩口		把空心制件的口部扩大，常用于管子
	缩口		把空心制件的口子缩小
成形	滚弯		通过一系列扎锻把平板坯料滚弯或复杂成形
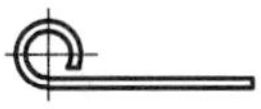	起伏	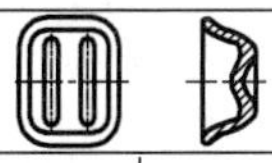	压出筋条、花纹，起伏处厚度不同
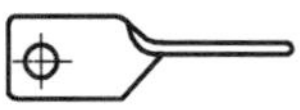	卷边	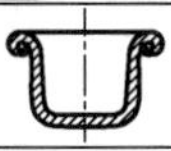	把空心件的边缘卷成一定形状
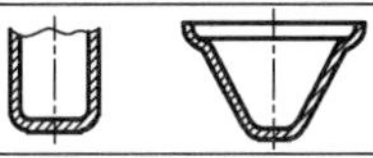	胀形	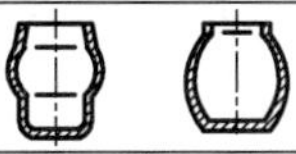	使制件的一部分凸起，呈凸坯形
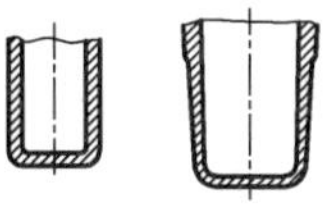	挤压	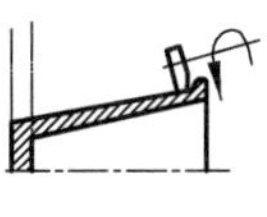	把平板型坯料挤压出一定形状
	整形	r_1 r_2	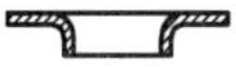 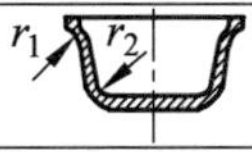 把形状不太准确的制件进行校正
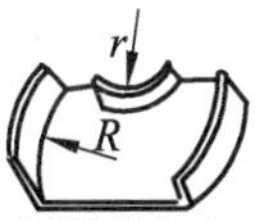	校平	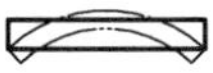	校正制件的平直度
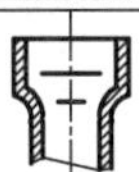	压印	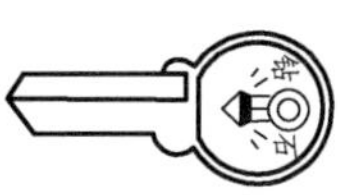	制件上压出花纹或文字，只在制件的一个平面上变形

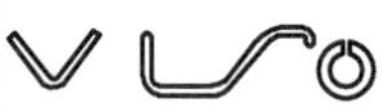

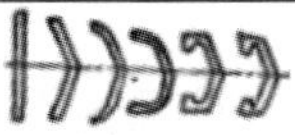

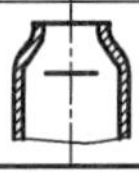

（1）冲切：使板料断开或把废料切掉，靠剪切力使金属分离。

（2）弯曲：是指板料在压床压力作用下产生弯曲变形，而板料厚度几乎不变。

（3）拉延：是将平板坯料通过模具冲制成各种形状的空心制件的一种加工方法。它可分为变薄拉延（即拉延过程中改变坯料的厚度）和不变薄拉延（即拉延过程中坯料厚度保持不变）。不变薄拉延在有色金属冲压中是较广泛采用的一种方法。

（4）压印：利用压印使金属轻微变薄将工件表面压出凹凸的花纹或文字。最典型的例子是压印硬币、奖章、徽章、商标等。

（5）复合冲压：用同一冲压模完成工艺上数个不同的工序。

2.4.2 挤压

1. 挤压生产的应用范围和特点

用挤压方法生产，可以得到品种繁多的制品。它早已用于生产有色金属的管材和型材，后来由于成功地使用了玻璃润滑剂，而开始用于生产黑色金属（钢铁）制品。这些制品广泛地应用在国民经济的各个部门中，如电力工业、机械制造工业、造船工业、电讯仪表工业、建筑工业、航空和航天工业以及国防工业等。

挤压产品形状可以更复杂，尺寸能够更精确，在生产薄壁和超厚壁的断面复杂的管材、型材及脆性材料产品方面，有时挤压是唯一可行的加工方法。

与其他压力加工方法相比，挤压成形具有如下特点。

（1）挤压时金属坯料在三向受压状态下变形，因此它可提高金属坯料的塑性。铝、铜等塑性好的非铁金属可用作挤压件材料，碳钢、合金结构钢、不锈钢及工业纯铁等也可以用挤压工艺成形。在一定的变形条件下，某些轴承钢甚至高速钢等也可进行挤压。

（2）可以挤压出各种形状复杂、深孔、薄壁、异形截面的零件。

（3）零件精度高，表面粗糙度低。一般尺寸精度可达 IT6 ~ IT7，表面粗糙度 Ra 可达 3.2 ~ 0.4 μm。

（4）挤压变形后零件内部的纤维组织是连续的，基本沿零件外形分布而不被切断，从而提高了零件的力学性能。

（5）材料利用率可达 70%，生产率比其他锻造方法提高几倍。但是挤压方法同时具有设备复杂、模具的损耗比较大、组织性能在长度及横向上不一致等缺点，需要根据实际需求进行评定选择。

2. 挤压基本方法

生产上常用的分类方法是按金属流动方向来分的，主要为正向挤压法和反向挤压法。

1）正向挤压法

如图 2-4-1（a）所示，在挤压时金属的流动方向与挤压杆的运动方向相同，其最主要的特征是金属与挤压筒内壁间有相对滑动，故存在着很大的外摩擦。正挤压是最常用的挤压法。

2）反向挤压法

如图 2-4-1（b）所示，在挤压时金属流动方向与挤压杆的运动方向相反，其特征是除靠近模孔附近处之外，金属与挤压筒内壁间无相对滑动，故无摩擦。反挤压与正挤压相比具有挤压力小（小 30%～40%）和废料少等优点，但受到空心挤压杆强度限制，使反挤压制品的最大外接圆尺寸比正挤压制品小一半以上，故其应用也受影响。

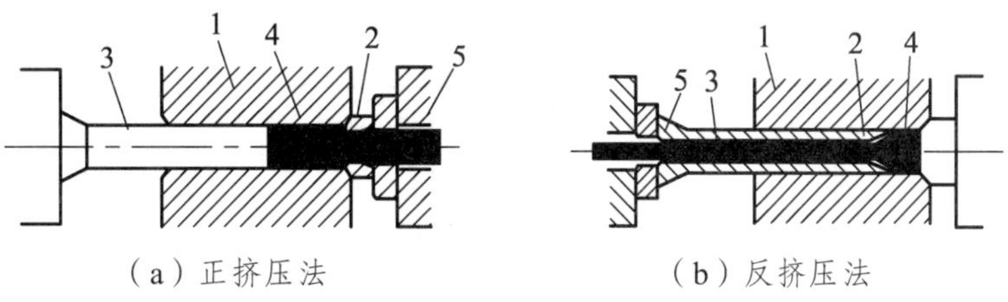

（a）正挤压法　　（b）反挤压法

1—挤压筒；2—模子；3—挤压杆；4—锭坯；5—制品。

图 2-4-1　挤压基本方法

图 2-4-2 所示为挤压方法制造大型铝合金型材车体部件，可以经过少量焊接形成整个车体构件，达到提高生产效率、降低制造成本，保证车体刚强度及有效轻量化的设计需求。

（a）车体顶部型材　　（b）型材挤压模具

图 2-4-2　挤压成形制造大型铝合金型材

思考与习题

1. 塑性成形工艺分类，可以分为哪几类？
2. 塑性成形部件的性能特点有哪些？
3. 锻造、挤压、轧制、冲压工艺在车辆制造上的典型运用有哪些？
4. 根据未来列车发展趋势，讨论车体及转向架还有哪些部件适合采用塑性成形制造？
5. 常用的金属压力加工方法有哪些？各有何特点？
6. 钢材在热变形过程中纤维组织是如何形成的？它的存在有何利弊？设计零件时如何合理利用纤维组织？
7. 何谓冷变形和热变形？纯铅丝和纯铁丝反复折弯会发生什么现象？为什么？
8. 何谓金属的可锻性？影响可锻性的因素有哪些？
9. 为什么锻件的力学性能常优于铸件？
10. 为什么重要的轴类锻件在锻造过程中均安排有镦粗工序？
11. 试述自由锻、胎模锻和模锻的特点及适用范围。
12. 终锻模膛中设计飞边槽的作用是什么？

13. 什么是分模面？分模面选择的一般原则是什么？

14. 图 1 所示模锻零件的设计有哪些不合理的地方？应如何改进？

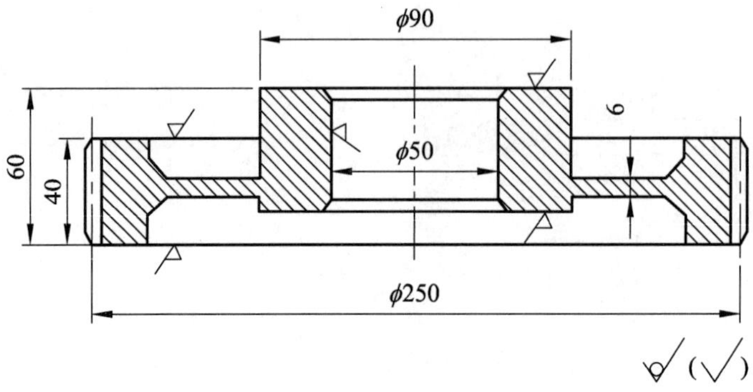

图 1　第 14 题

15. 图 2 所示三种零件若分别采用单件、小批量和大批量生产时，应选用哪种锻造方法制造？试定性绘出锻件图。

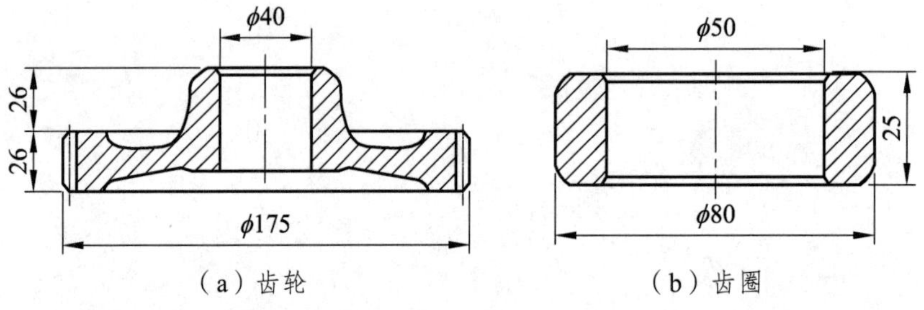

（a）齿轮　　（b）齿圈

图 2　第 15 题

16. 下列零件应选用何种锻造方法制坯。

（1）活口扳手（大批量）；

（2）大六角螺钉（成批）；

（3）铣床主轴（成批）；

（4）起重机吊钩（单件）。

17. 压力加工技术的发展趋势是什么？

第3章 金属的焊接成形

【导　学】

焊接成形可以有效减轻重量、节省材料，简化复杂零件和大型零件的制造，能够较好地满足特殊连接要求，是一种重要的先进制造技术，在工业生产和国民经济建设中起着非常重要的作用。本章重点介绍了焊接成形原理及分类、焊接接头的工艺设计，最后以转向架为例，分析了其焊接工艺设计。通过本章学习，要求了解焊接成形工艺的原理，掌握焊接应力防止和消除的方法。

3.1 焊接成形工艺简介

3.1.1 焊接成形工艺的原理及特点

焊接成形工艺是指用加热或加压等方法，使两个分离表面产生原子间的结合与扩散作用，从而形成不可拆卸接头的材料成形方法。焊接成形工艺主要用于金属材料及金属结构的连接，也可用于塑料及其他非金属材料的连接。

焊接成形工艺一般具有如下特点及应用。

（1）可将大而复杂的结构分解为小而简单的坯料拼焊。如汽车车身或者机车车身的生产过程中，先分别制造出各个部件，再将各部件组装拼焊。这样简化了工艺，降低了成本。

（2）可实现不同材料间的连接成形。如气门杆部为45钢，头部为合金钢。因此，可优化设计，节省贵重材料。

（3）可实现特殊结构件的生产。例如，要求无泄漏的核电站用大型锅炉，只有采用焊接方法才能制造出来。

（4）与其他高强度连接方式相比，焊接接头重量轻，采用焊接方法制造的各种设备和工具，可以减轻自重，提高使用性能。

但焊接结构是不可拆卸的，更换修理零部件不便，焊接易产生残余应力，焊缝易产生裂纹、夹渣、气孔等缺陷，引起应力集中，降低承载能力，缩短使用寿命，甚至造成脆断。因此，应特别注意采用合理的焊接工艺及重视焊缝质量的检验。

3.1.2 焊接成形工艺的分类

根据实现焊接成形工艺原理的不同，焊接工艺的分类如图3-1-1所示。

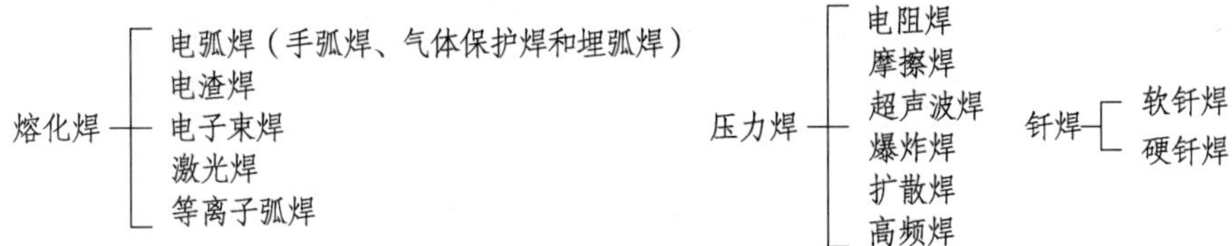

图3-1-1　焊接成形工艺的分类

3.2 熔化焊工艺

3.2.1 熔化焊的基本原理

1. 熔化焊的本质及特点

熔化焊的本质是熔池熔炼与冷凝，是金属熔化与结晶的过程。如图 3-2-1 所示，当温度达到材料的熔点时，会熔化母材和焊丝并形成熔池[见图 3-2-1（a）]，熔池周围母材受到热影响，组织和性能发生变化形成热影响区[见图 3-2-1（b）]，热源移走后熔池结晶成焊缝的柱状晶组织[见图 3-2-1（c）]。

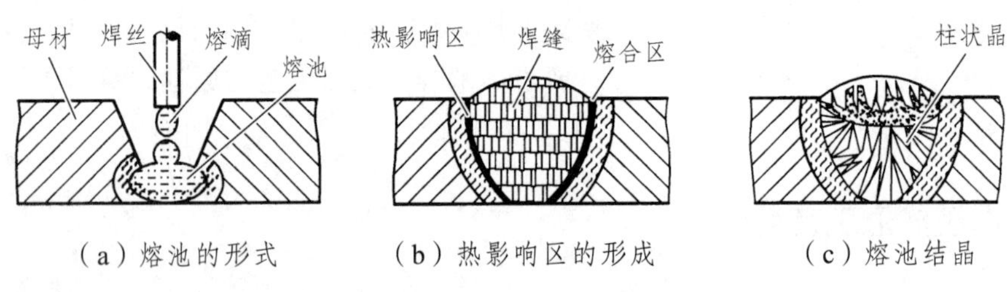

（a）熔池的形式　（b）热影响区的形成　（c）熔池结晶

图 3-2-1　熔化焊的工艺过程

在上述过程中，熔池存在时间短，温度高；冶金过程进行不充分，氧化严重；热影响区大。冷却速度快，结晶后焊缝易生成粗大的柱状晶。

2. 熔化焊三要素

根据熔化焊的本质及特点可知，要获得良好的焊接接头，必须有适当的热源、良好的熔池保护和焊缝填充金属，这称为熔化焊的三要素。

（1）热源能量要集中，并达到一定温度，以保证金属快速熔化，减小热影响区。满足要求的热源形式有电弧、等离子弧、电渣热、电子束和激光。

（2）熔池的保护可采用渣保护、气保护和渣-气联合保护，以防止氧化，并进行脱氧、脱硫和脱磷，给熔池过渡合金元素。

（3）填充金属保证焊缝填满及给焊缝带入有益的合金元素，并达到机械性能和其他性能的要求，主要有焊芯和焊丝。

3.2.2 焊接接头的组织与性能

1. 熔化焊接接头特性

焊接连接是一种不可拆卸的连接，焊接接头就是用焊接方法连接的不可拆卸接头。焊接接头是一个性能不均匀体，以熔焊接头为例，它由焊缝金属熔合区、热影响区及其邻近的母材组成，如图 3-2-2 所示。

在焊接结构中，焊接接头主要起两方面的作用：一是连接作用，即把被焊工件连接成一个整体；二是传力作用，即传递被焊工件所承受的载荷。根据其作用焊接接头可以分为以下三类。

1）工作接头

它是焊缝与被焊工件串联的接头，焊缝传递全部载荷，它将焊接结构中的作用力从一个零件传至另一个零件，焊缝一旦断裂，结构就会立即失效。对工作接头要进行强度计算，并保证是安全可靠的。

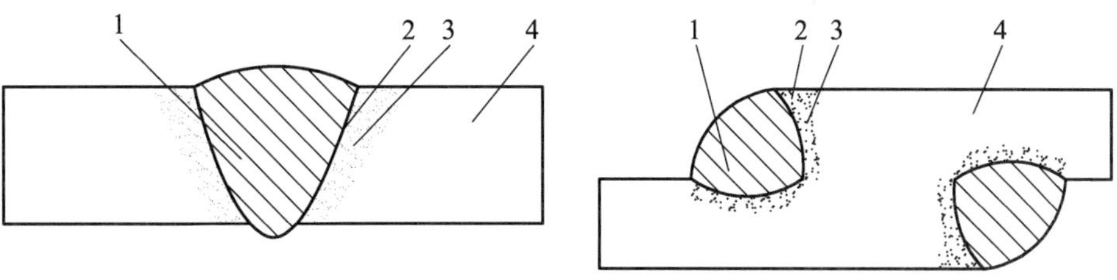

（a）对接接头断面　　（b）搭接接头断面

1—焊缝金属；2—熔合区；3—热影响区；4—母材。

图 3-2-2　熔化焊接接头的组成

2）联系接头

它是焊缝与被焊工件并联的接头，焊缝传递很小载荷，它将两个或更多的零件连接成整体，以保持其相对位置，焊缝一旦断裂，结构不会立即失效。连接这种接头的焊缝有时也参与力的传递或承受部分作用力，但其主要作用是连接作用，所以对这类接头通常不做强度计算。

3）双重性接头

焊缝既起连接作用，又起传力作用，这种焊缝就称双重性焊缝。具有双重性的焊缝，它既有联系应力，又有工作应力。

这三类接头的典型例子如图 3-2-3 所示。

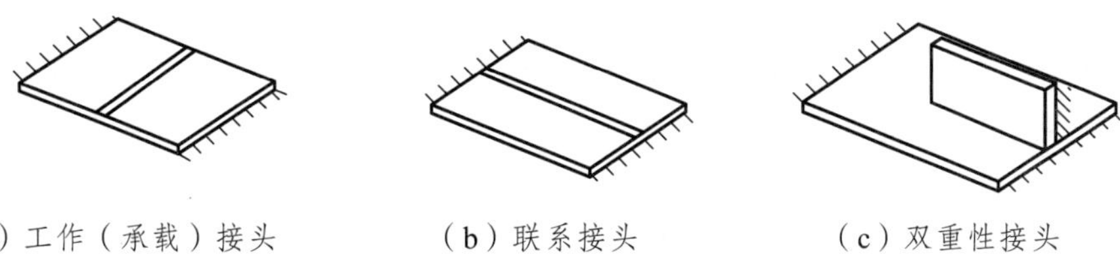

（a）工作（承载）接头　　（b）联系接头　　（c）双重性接头

图 3-2-3　按作用分类的三类焊接接头

2. 焊接热循环

在焊接加热和冷却过程中，焊缝及其附近的母材上某点的温度随时间变化的过程叫作焊接热循环。图 3-2-4 所示为低碳钢焊接热循环特征。温度达到 1 100 ℃以上的区域为过热区，$t_{过1}$为点 1 的过热时间；500~800 ℃的区域为相变温度区，$t_{8/5}$为点 1 处从 800 ℃冷却到 500 ℃的时间。由此可见，焊缝及其附近的母材上各点在不同时间经受的加热和冷却作用是不同的，在同一时间各点所处的温度变化也不同，因此冷却后的组织和性能也不同。焊接热循环的特点是加热和冷却速度很快，对于易淬火钢，易导致马氏体相变，对于其他材料，也会产生相变和再结晶，易产生焊接变形、应力及裂纹。受焊接热循环的影响，焊缝附近的母材因焊接热循环作用而发生组织或性能变化的区域称为焊接热影响区。因此，焊接接头由焊缝区和热影响区组成。

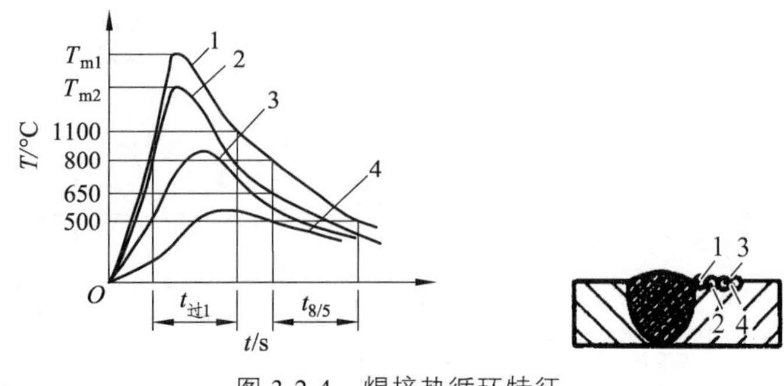

图 3-2-4 焊接热循环特征

3. 焊缝的组织和性能

热源移走后，熔池焊缝中的液态金属立刻开始冷却结晶。晶粒以垂直熔合线的方向向熔池中心生长为柱状树枝晶（见图 3-2-5）。这样，低熔点物将被推向焊缝最后结晶部位，形成成分偏析区。宏观偏析的分布与焊缝成形系数 B/H 有关，当 B/H 很小时，形成中心线偏析，易产生热裂纹。

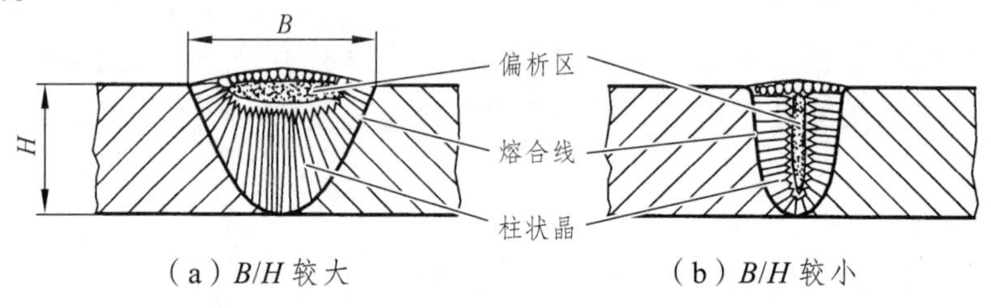

图 3-2-5 焊缝的结晶

焊缝金属冷却快，其宏观组织形态是细晶粒柱状晶体，成分偏析严重，影响焊缝性能。但是，由于化学成分控制严格，碳、磷、硫等含量低。通过渗合金调整焊缝的化学成分，使其有一定的合金元素，能使焊缝金属的强度与母材相当，一般都能达到“等强度”的要求。

4. 热影响区的组织和性能

热影响区中不同点的最高加热温度不同，其组织变化也不同。低碳钢焊接接头最高加热温度曲线及室温下的组织图如图 3-2-6（a）所示。图 3-2-6（b）为简化了的 Fe-C 相图。低碳钢的热影响区可再分为以下几个区。

（1）熔合区。熔合区中熔合有填充金属与母材金属的多种成分，故成分不均，组织为粗大的过热组织或淬硬组织，是焊接热影响区中性能很差的部位。

（2）过热区。过热区晶粒粗大，塑性差，易产生过热组织，是热影响区中性能最差的部位。

（3）正火区。正火区因冷却时奥氏体发生重结晶而转变为珠光体和铁素体，所以晶粒细小，性能好。

（4）部分相变区。部分相变区存在铁素体和奥氏体两相，其中铁素体在高温下长大，冷却时不变，最终晶粒较粗大。而奥氏体发生重结晶转变为珠光体和铁素体，使晶粒细化。所以此区晶粒大小不均，性能较差。

焊接热影响区是影响焊接接头性能的关键部位。焊接接头的断裂往往不是出现在焊缝区中，而是出现在接头的热影响区中，尤其是多发生在熔合区及过热区中，因此，必须对焊接热影响区进行控制。

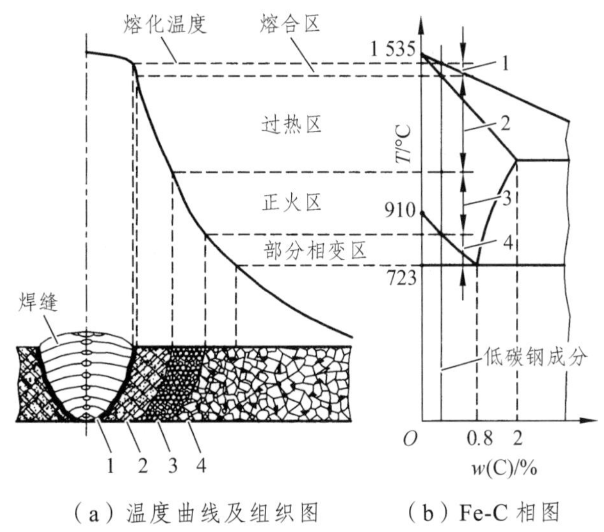

（a）温度曲线及组织图　　（b）Fe-C 相图

图 3-2-6　低碳钢焊接热影响区的组织变化

3.2.3　焊接应力与变形

焊接过程中焊缝区金属经历加热和冷却循环，其膨胀收缩受到周围冷金属的约束，不能自由进行。当约束很大（如大平板对接焊）时，会产生很大的残余应力，而残余变形较小；当约束较小（如小平板对接焊）时，则既产生一定残余应力，又产生较大残余变形。

1. 焊接应力的防止和消除

焊接残余应力是由于局部加热或冷却金属时，其伸长与缩短不均匀并受到阻碍而产生的。焊缝受热后冷却收缩时，受到周围冷金属的拘束而受拉应力，而母材及边缘则因焊缝的收缩而承受压应力，其应力值有时超过金属的屈服强度，如图 3-2-7 所示。因此，焊接应力是十分有害的，故焊接工艺上常采用如下措施减小焊接应力。

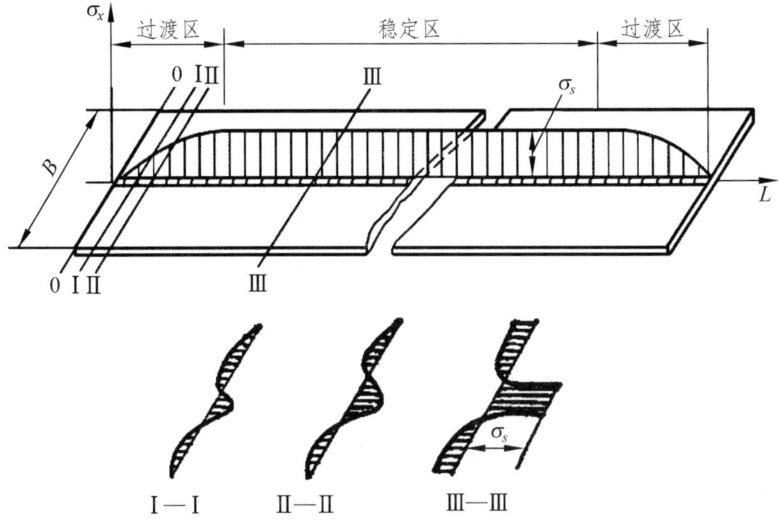

图 3-2-7　低碳钢长焊缝的纵向应力分布

（1）焊缝不要密集交叉，长度尽可能短，以减小焊接局部加热，减小焊接应力。

（2）采取合理的焊接顺序，使焊缝能够自由地收缩，以减少应力，如图 3-2-8（a）所示。如果按照图 3-2-8（b），先焊焊缝 1，会导致对焊缝 2 的约束增加，从而增大残余应力。

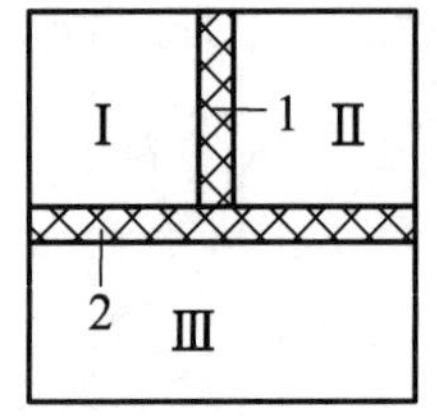

（a）焊接应力小

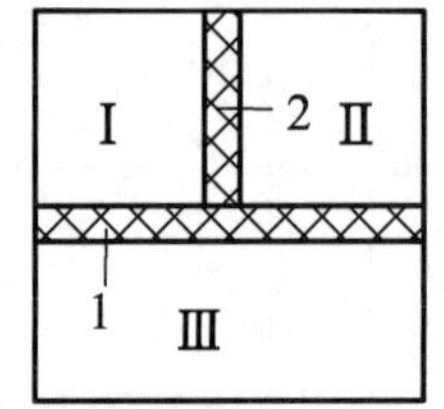

（b）焊接应力大

图 3-2-8　焊接顺序对焊接应力的影响

（3）采用小的线能量，多层焊，减小焊缝应力。

（4）焊前预热可以减小焊件温差。降低焊缝区冷却速度，减小焊接应力和变形。

（5）当焊缝还处在较高温度时，锤击焊缝使金属伸长，在一定程度上释放应力。

（6）焊后进行消除应力的退火。把焊件整体缓慢加热到 550 ~ 650 ℃，保温一定时间，再随炉冷却，利用材料在高温下屈服强度的下降和蠕变现象而达到松弛焊接残余应力的目的。这种方法可以消除残余应力的 80%左右。

此外，也可以用加压和振动等机械方法，利用外力使焊接接头残余应力区产生塑性变形，达到松弛残余应力的目的。

2. 焊接变形的防止和消除

焊接变形的基本形式如图 3-2-9 所示，包括尺寸收缩、角变形、弯曲变形、扭曲变形、波浪变形等。一般来讲，构件在焊接后有可能同时产生几种变形。

（a）尺寸收缩　（b）角变形　（c）弯曲变形　（d）扭曲变形　（e）翘曲变形

图 3-2-9　焊接变形的基本形式

凡能消除应力的方法均有助于消除焊接变形。此外，还可采用如下措施来消除焊接变形。

（1）尽量将焊缝对称布置，让变形相互抵消。图 3-2-10（a）所示为对称焊缝布置，图 3-2-10（b）所示为对称双 Y 形坡口布置。

（2）采用反变形方法（见图 3-2-11）。在组装时，使焊件按角变形方向的反方向放置，以抵消焊接变形。

（3）在焊接工艺方面，采用高能量密度的热源（如等离子弧、电子束等）和小的线能量，采用对称焊（见图 3-2-12）、分段倒退焊（见图 3-2-13）或多层多道焊，都能减小焊接变形。图 3-2-14 所示为厚大件 X 形坡口的多层焊接工艺。操作中应注意，前一层焊缝金属必须冷却到 60 ℃左右后才能焊后一层。

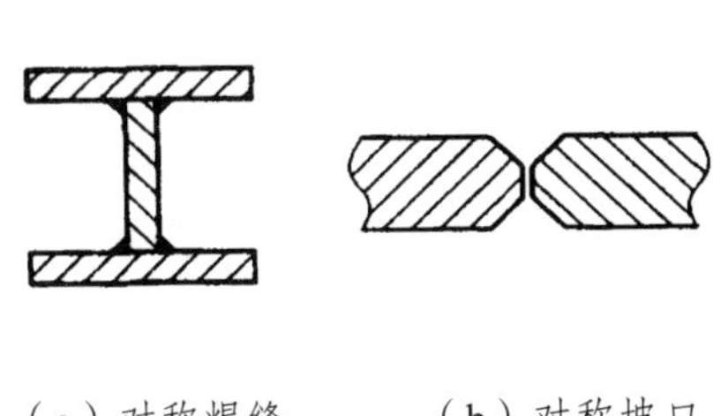

（a）对称焊缝　　（b）对称坡口

图 3-2-10　焊缝的对称布置

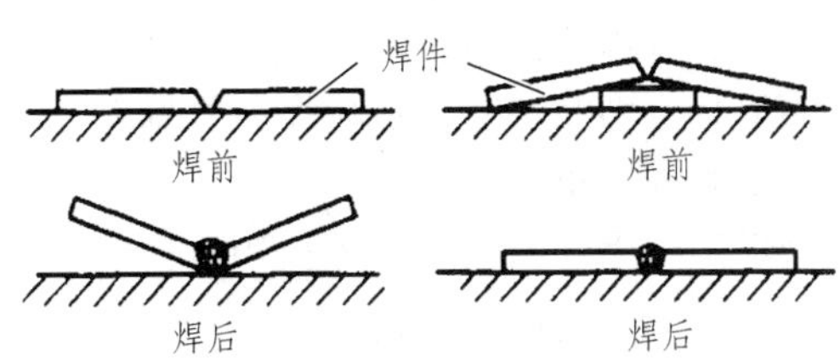

（a）产生角变形　　（b）采用反变形

图 3-2-11　Y 形坡口对称焊的反变形法

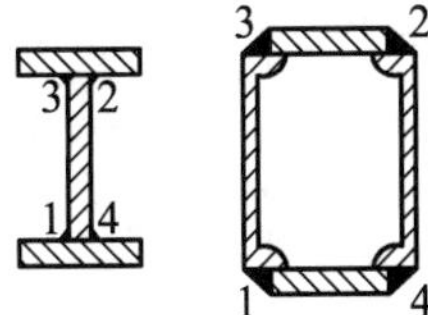

（a）工字形结构　（b）框形结构

图 3-2-12　对称焊接方法

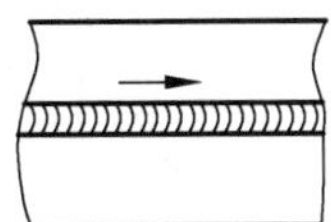

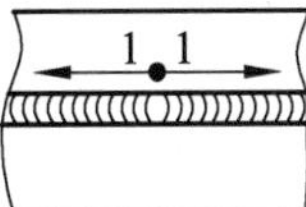

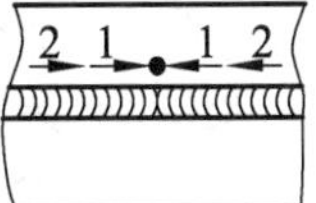

（a）焊件变形最大　（b）焊件变形较小　（c）焊件变形最小

图 3-2-13　分焊倒退焊方法在长焊缝中的应用

（4）采用焊前刚性固定组装焊接，限制产生焊接变形，但这样会产生较大的焊接应力，也可采用定位焊组装的方法。

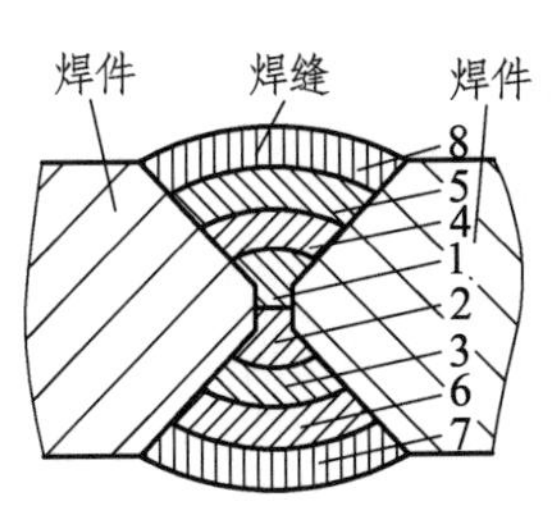

图 3-2-14　大型 X 坡口的多层焊接工艺

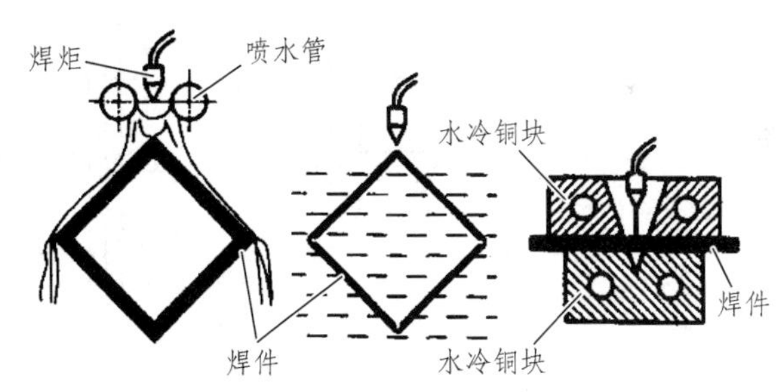

（a）喷水冷却　（b）浸入水中冷却　（c）用水冷铜块冷却

图 3-2-15　用散热法减小焊接变形的过程

（5）焊接预热，焊接过程中采用散热措施[如图 3-2-15（c）所示的用水冷铜块散热]、锤击还处在高温的焊缝等。

3. 焊接变形的矫正

在生产过程中虽然采取了一系列措施，但是焊接变形总是不可避免的。当焊接后产生的残余变形值超过技术要求时，必须采取措施加以矫正焊接结构。变形的矫正有两种方法：机械矫正法和火焰矫正法。

1）机械矫正法

冷矫正法是根据焊件的结构形状尺寸大小、变形程度选择锤击、压、拉等机械作用力，对焊接变形件进行的机械矫正。机械矫正的基本原理是，

机械矫正法

将焊件变形后尺寸缩短的部分用机械外力加以延伸，并使之与尺寸较长的部分相适应，恢复到所要求的形状。因此，它只适用于塑性较好的材料。

（1）工字梁的矫正。

工字梁焊后产生弯曲变形，可以用压力机或千斤顶进行机械矫正，如图 3-2-16 所示。工字梁盖板角变形可以利用辊压机进行矫正，如图 3-2-17 所示。

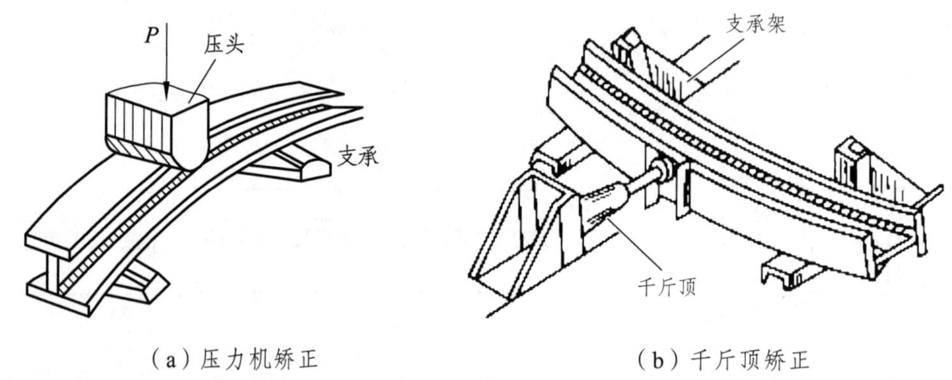

图 3-2-16　工字梁焊后变形的机械矫正

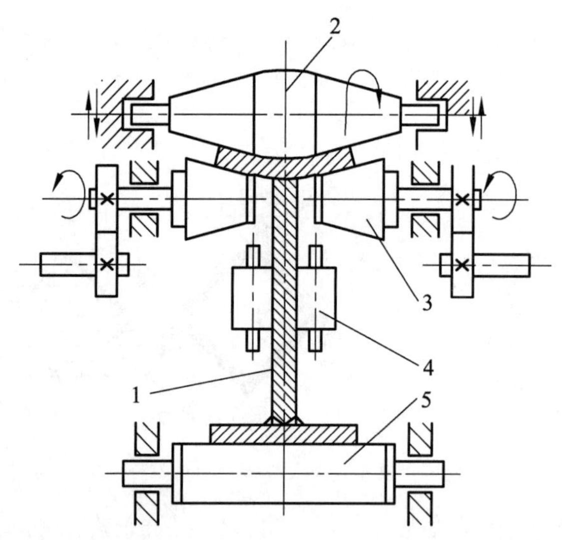

1—焊接工字梁；2—压辊；3—驱动辊；4—导向辊；5—支承辊。

图 3-2-17　用辊压机矫正工字梁盖板角变形

（2）薄板结构变形矫正。

对于薄板结构，当其焊缝比较规则时，可采用碾压法来碾压焊缝及其两侧，使之伸长达到消除变形的目的。焊后变形主要是焊缝及其附近区域收缩引起，若沿焊缝区锻打或碾压，使该区得到塑性延伸，就能补偿焊接时产生的塑性变形，达到消除变形的目的。碾压机矫正铝制筒体焊后弯曲变形如图 3-2-18 所示，图中是对纵缝进行碾压，改变压辊方向也可碾压环焊缝。对具有规则焊缝的薄板结构，可采用碾压设备对焊缝及其附近碾压，能收到很好的技术和经济效果。碾压式锻打焊缝不仅能消除焊接残余变形，还能消除焊接残余应力。小焊件且数量少时一般用锤子锻打。

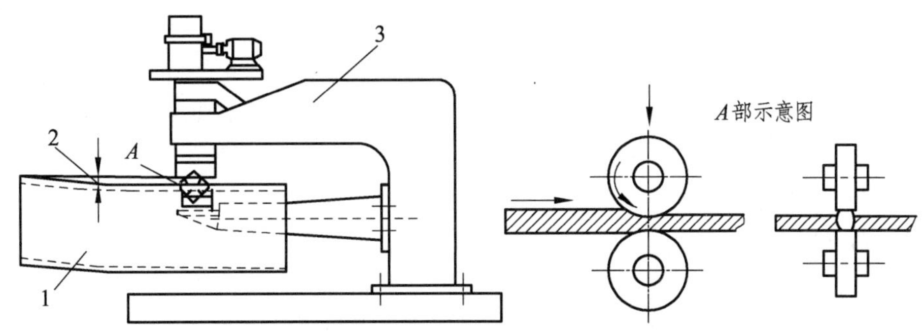

1—铝制筒体；2—变形；3—碾压机。

图 3-2-18　碾压铝制筒体纵向焊缝矫形示意图

2）火焰矫正法

火焰矫正法

焊接变形总的规律是焊缝及热影响区缩短。既然焊接的不均匀加热会引起工件变形，那么在一定条件下，也可利用不均匀加热的方法引起新的变形，以矫正已经发生的焊接变形。也就是说，在已变形工件上的未缩短部位，进行有目的的局部加热使其缩短，以适应焊缝区缩短的尺寸，即用新的变形来抵消焊接变形，达到矫正焊接变形的目的。这就是气体火焰矫正焊接变形的实质。气体火焰矫正焊接变形的关键在于掌握工件变形的规律，确定合理的加热位置和加热温度，否则会引起相反的作用或引起附加内应力。不同的加热位置可矫正不同方向上的变形，不同加热温度可获得不同的矫正变形能力。一般情况下，加热位置选得合适时，加热温度越高，矫正能力越强，矫正的变形量越大。在实际生产中，对于低碳钢和一些普通低合金钢工件，常采用 600~800 ℃的加热温度，矫正焊接变形效果很好。常用的加热方法有线状、点状和三角形加热三种。

其中，三角形加热的加热区呈三角形，故称为三角形加热，常用于厚度大、刚度大的构件弯曲变形的矫正。它的特点是加热面积大，收缩量也大，并且三角形的底边处于边缘上，此处收缩量最大，非常有利于矫正弯曲变形。例如 T 形梁由于焊缝不对称产生上拱弯曲时，可在腹板外缘进行三角形加热矫正；产生旁弯时，可在底板外缘进行三角形加热矫正，如图 3-2-19 所示。根据构件特点和变形情况，可以采用线状加热和三角形联合加热进行矫正，工字梁上拱变形的矫正如图 3-2-20 所示。

火焰局部加热可以用来矫正变形，使构件平直，也可以反过来，利用火焰把平直的钢板弯曲成各种曲面，成为一种成形工艺，即火焰成形。

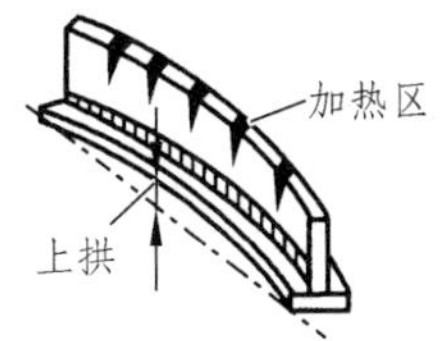

图 3-2-19　T 形梁三角形加热矫正弯曲变形

图 3-2-20　工字梁线状和三角形加热矫正弯曲变形

3.2.4 常见熔化焊工艺简介

1. 埋弧焊

埋弧焊的工艺过程如图 3-2-21 所示，焊接电弧在焊丝与工件之间燃烧，电弧热将焊丝端部及电弧附近的母材和焊剂熔化。熔化的金属形成熔池，熔融的焊剂成为溶渣。熔池受熔渣和焊剂蒸气的保护，不与空气接触。电弧向前移动时，电弧力将熔池中的液体金属推向熔池后方。在随后的冷却过程中，这部分液体金属凝固成焊缝。熔渣则凝固成渣壳，覆盖于焊缝表面。熔渣除了对熔池和焊缝金属起机械保护作用外，焊接过程中还与熔化金属发生冶金反应，从而影响焊缝金属的化学成分。埋弧焊时，被焊工件与焊丝分别接在焊接电源的两极。焊丝通过与导电嘴的滑动接触与电源连接。

板厚小于 14 mm 时，可不开坡口；板厚为 14 ~ 22 mm 时，应开 Y 形坡口；板厚为 22 ~ 50 mm 时，可开双 Y 形或 U 形坡口。焊缝间隙应均匀，焊直缝时，应安装引弧板和引出板（见图 3-2-22），以防止起弧和熄弧时在工件焊缝中产生气孔、夹杂、缩孔、缩松等缺陷。

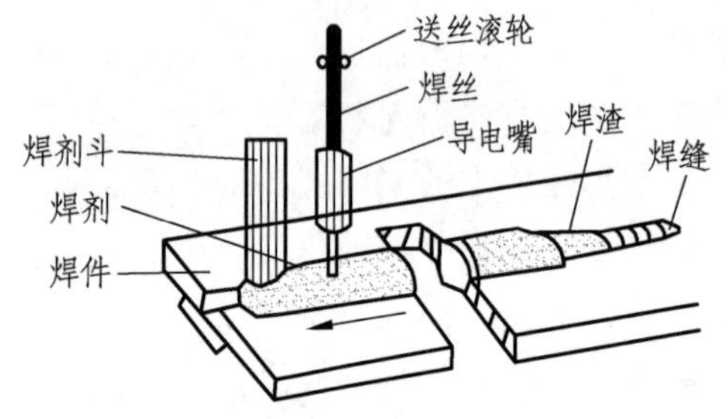

图 3-2-21 埋弧焊的工艺过程

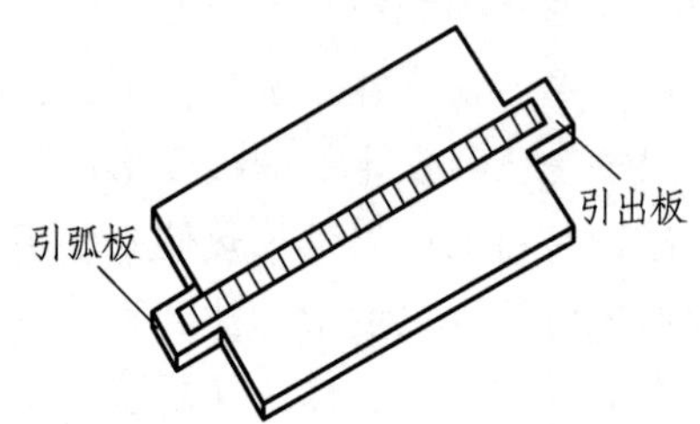

图 3-2-22 引弧板和引出板

平板对接焊时，一般采用双面焊，可不留间隙直接进行双面焊接。也可采用打底焊或加焊剂垫（或垫板）的方法。为提高生产率，也可采用水冷铜板进行单面焊双面成形，如图 3-2-23 所示。

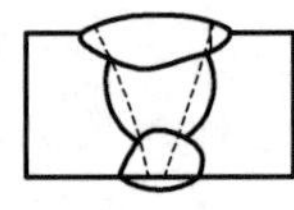

（a）双面焊

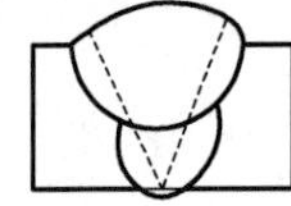

（b）打底焊

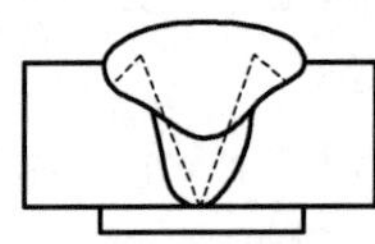

（c）采用垫板

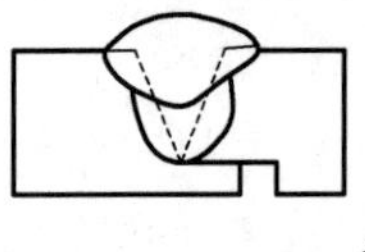

（d）采用锁底坡口

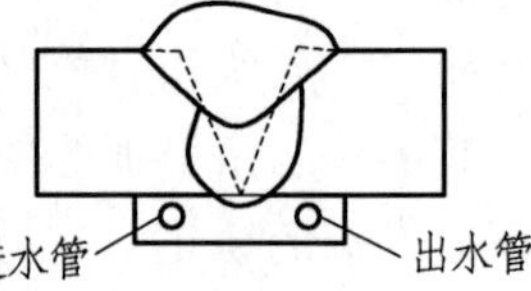

（e）水冷铜板

图 3-2-23 平板对接埋弧焊工艺

焊接环焊缝时，如图 3-2-24 所示，焊丝起弧点应与环的中心线偏离一段距离 e，以防止熔池金属的流淌。一般偏离距离为 20 ~ 40 mm，直径小于 250 mm 的环缝一般不采用埋弧焊。

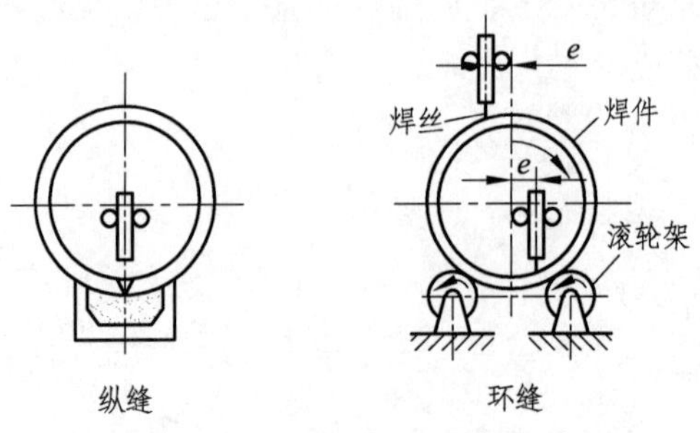

图 3-2-24 筒形件埋弧焊工艺

埋弧焊主要用于船舶和潜艇壳体，以及起重机械（如行车）和冶金机械（如高炉炉身）、压力容器和锅炉冷却壁等的焊接。

2. 氩弧焊

氩弧焊是利用氩气保护电弧区及熔池进行焊接的一种熔化焊工艺。

1）钨极氩弧焊

钨极氩弧焊是指以钨-钍合金和钨-铈合金为电极，利用钨合金熔点高、发射电子能力强、寿命长等特点，形成不熔化极氩弧焊。对于多数材料，钨极氩弧焊一般只采用直流正接（焊件接正极），否则易烧损钨极。但焊接铝时，可采用交流氩弧焊，利用负半周的电流时大质量氩离子击碎熔池表面的氧化膜。由于焊接电流较小，钨极氩弧焊多用来焊接薄板。

2）熔化极氩弧焊

熔化极氩弧焊通常以焊丝为正极，焊件为负极，焊丝熔滴通常呈很细颗粒的“喷射过渡”进入熔池，电流较大，生产率高。因此，熔化极氩弧焊通常用来焊接较厚的焊件，如板厚 8 mm 以上的铝容器。为使电弧稳定，熔化极氩弧焊通常采用直流反接，这对铝焊件正好有“阴极破碎”的作用，可清除氧化皮。

3）脉冲氩弧焊

脉冲氩弧焊将电流波形调制成脉冲形式，用高脉冲来焊接，低脉冲用来维弧和凝固，可控制焊缝的尺寸与焊件品质。它通常用于焊接厚度非常小的薄板。

3. CO_2 气体保护焊

以 CO_2 为保护气体的电弧焊，它用焊丝为电极引燃电弧，实现半自动焊或自动焊。CO_2 气体密度大，高温体积膨胀大，保护效果好。但 CO_2 本身属氧化性气体，在高温下易分解产生氧气和一氧化碳，导致合金元素的氧化、熔池金属的飞溅和一氧化碳气孔。

1）防止飞溅和气孔的措施

常用 H08Mn2SiA 焊丝加强脱氧和过渡合金；采用短路过渡和细颗粒过渡；为使电弧稳定，飞溅少，采用直流反接方式；采用含硅、锰、钛、铝的焊丝，防止铁的氧化；采用药芯焊丝，实现气-渣联合保护。

2）气体保护焊的特点及应用

气体保护焊的成本仅为手弧焊和埋弧焊的 40%左右，生产率比手弧焊高 1 ~ 4 倍；焊缝氢含量低，裂纹倾向小；电弧热量集中，热影响区小，焊件变形小；明弧可见，操作方便，易于全位置自动化操作；焊接时烟尘、飞溅较大，焊缝成形不够光滑。

CO_2 气体保护焊目前已广泛应用于船舶、机车车辆、汽车、农机制造等工业领域，主要用于板厚在 25 mm 以下的低碳钢及强度等级不高的低合金钢结构，也可用于磨损件的堆焊和铸铁件的焊补。

4. 电渣焊

电渣焊是利用电流通过熔渣时产生的电阻热，加热并熔化焊丝和母材来进行焊接的一种熔焊工艺。根据电极形状不同，它可分为丝极电渣焊、板极电渣焊、熔嘴电渣焊和熔管电渣焊。

如图 3-2-25 所示，一般以立焊位置进行电渣焊。焊接电源的一个极接在焊丝的导电嘴上，另一个极接在工件上。焊丝由送丝滚轮驱动，开始焊接时，焊丝与引弧板短路引弧。电弧将不断加入的焊剂熔化形成渣池，当渣池达到一定厚度时电弧熄灭，依靠渣池的电阻热熔化焊丝和工件，形成熔滴后穿过渣池进入渣池下面的金属熔池，使渣池的最高温度达到 2 200 K 左右（焊钢时）。同时，渣池的最低温度约为 2 000 K，位于渣池内的渣产生剧烈的涡流，使整个渣池的温度比较均匀，并迅速地把渣池中心处的热量不断带到渣池四周，从而使焊件边缘熔化。随着焊丝金属向熔池的过渡，金属熔池液面及渣池表面不断升高。若机头上的送丝导电嘴与金属熔池液面之间的相对高度保持不变，机头上升速度应该与金属熔池的上升速度相等。机头的上升速度也就是焊接热源的移动速度，金属熔池底部的液态金属随后冷却结晶，形成焊缝。

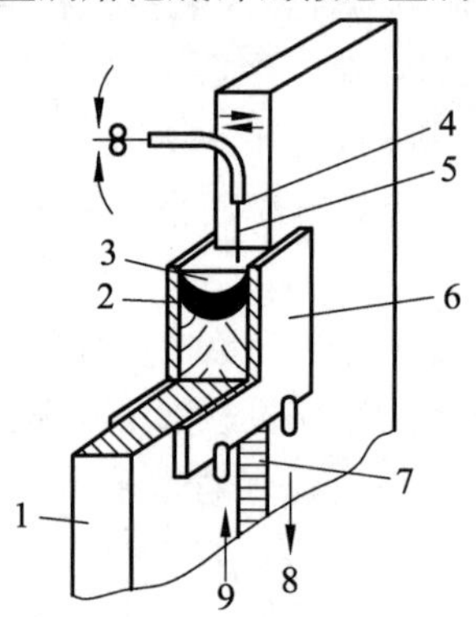

1—焊件；2—金属熔池；3—渣池；4—导电嘴；5—焊丝；6—水冷铜块；7—焊缝；8—出水；9—进水。

图 3-2-25 电渣焊原理

电渣焊的线能量大，加热和冷却速度低，高温停留时间长，所以，电渣焊焊缝的一次结晶晶粒为粗大的树枝状组织，热影响区也严重过热。在焊接低碳钢时焊缝和近缝区容易产生粗大的魏氏组织。为了改善焊接接头的力学性能，焊后要进行正火处理。

电渣焊的优点是：可一次焊接很厚的焊件，只需留有一定的间隙而不用开坡口，故焊接生产率高。焊接过程中焊剂、焊丝和电能的消耗量均比埋弧焊低，而且焊件越厚效果越明显。金属熔池的凝固速率低，熔池中的气体和杂质较易浮出，故焊缝产生气孔，夹渣的倾向性较低。渣池的热容量大，对电流波动的敏感性小，电流密度可在较大的范围内变化。一般不需预热，焊接易淬火钢时，产生淬火裂纹的倾向小。

电渣焊广泛用于锅炉、重型机械和石油化工等行业，主要用于厚大工件的直焊缝和环焊缝的焊接。电渣焊除焊接碳钢、合金钢以及铸铁外，也可用来焊接铝、镁、钛及铜合金。

5. 其他熔化焊工艺

其他熔化焊方法包括等离子弧焊、电子束焊和激光焊等。它们的工艺过程特点及应用见表 3-2-1。

表 3-2-1 其他熔化焊工艺

熔化焊名称	工艺过程	工艺特点	应用
等离子弧焊	利用机械压缩效应、热压缩效应和电磁收缩效应将电弧压缩为细小的等离子体，等离子弧温度和能量密度高，可一次熔化较厚的材料	穿孔型等离子弧焊接适于焊接较厚的板料，可实现单面焊双面成形。熔入型等离子弧焊接适用于薄板，加或不加填充焊丝，优点是焊速较快	国防工业及尖端技术所用的铜合金，合金钢，钨、钼、钴、钛等金属的焊接方面。钛合金导弹壳体、波纹管及膜盒、微型继电器、电容器的外壳以及飞机上一些薄壁容器，均可用等离子弧焊接

续表

熔化焊名称	工艺过程	工艺特点	应用
电子束焊	电子束焊是利用高速运动的电子撞击工件时的热效应。当阴极被灯丝加热到 2 600 K 时，发射出大量电子。经电磁透镜聚焦成电子流束，高速射向焊件表面，将动能转变为热能	保护效果好，焊缝质量高，适用范围广，能量密度大，穿透能力强，可焊接厚大截面工件和难熔金属，加热小，焊接变形小	电子束焊成本高，主要用于微电子器件焊装、导弹外壳焊接、核电站锅炉汽包和精度要求高的齿轮等的焊接
激光焊	光学系统将激光聚焦成微小光斑，能量密度很高，从而使材料熔化焊接。激光焊分为脉冲激光焊和连续激光焊	无焊接变形，灵活性大，生产率高，材料不易氧化，焊缝性能好，设备复杂，目前主要用于薄板和微型件的焊接。激光还可用于切割和打孔等加工	冲压薄钢板的对接焊、微电子器件焊装、航空航天零部件的焊接。可用来焊接微型线路板、集成电路、微电池上的引线等，也能焊接异种复合金属

3.3　焊接结构的接头工艺设计

3.3.1　焊缝的布置

焊接接头的布置合理与否对于结构的强度有较大影响。尽管质量优良的对接接头可以与母材等强度，但是考虑到焊缝中可能存在的工艺缺陷会减弱结构的承载能力，所以设计者往往把焊接接头避开应力最高位置。如承受弯矩的梁，对接接头经常避开弯矩最高的断面。对于工作条件恶劣的结构，焊接接头尽量避开截面突变的位置，至少也应采取措施避免产生严重的应力集中。

（1）焊缝应尽可能分散（见图 3-3-1），以减小焊接热影响区，防止粗大的组织出现。

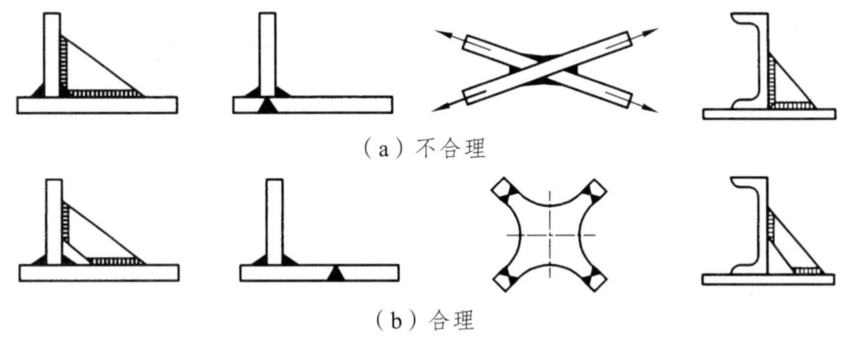

图 3-3-1　焊缝分散布置设计

（2）焊缝的位置应可能对称分布（见图 3-3-2），以抵消焊接变形。

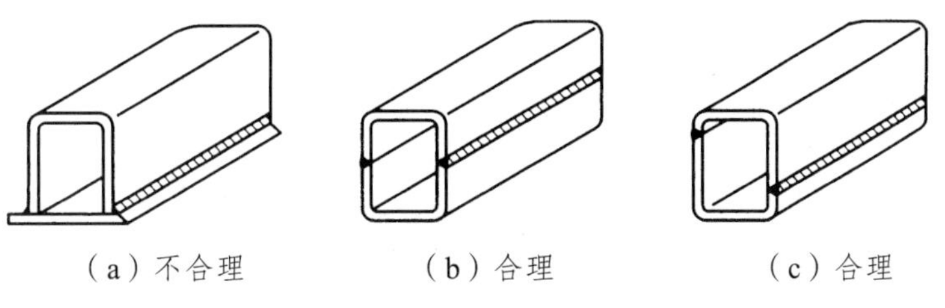

图 3-3-2　焊缝对称布置的设计

（3）焊缝应尽可能避开最大应力和应力集中的位置（见图 3-3-3），以防止焊接应力与外加应力相互叠加，造成过大的应力和开裂。

（4）焊缝应尽量远离或避开被加工表面（见图 3-3-4），以防止破坏已加工面。

（5）焊缝应便于焊接操作（见图 3-3-5~图 3-3-7），焊缝位置应使焊条易到位，焊剂易保持，电极易安放。

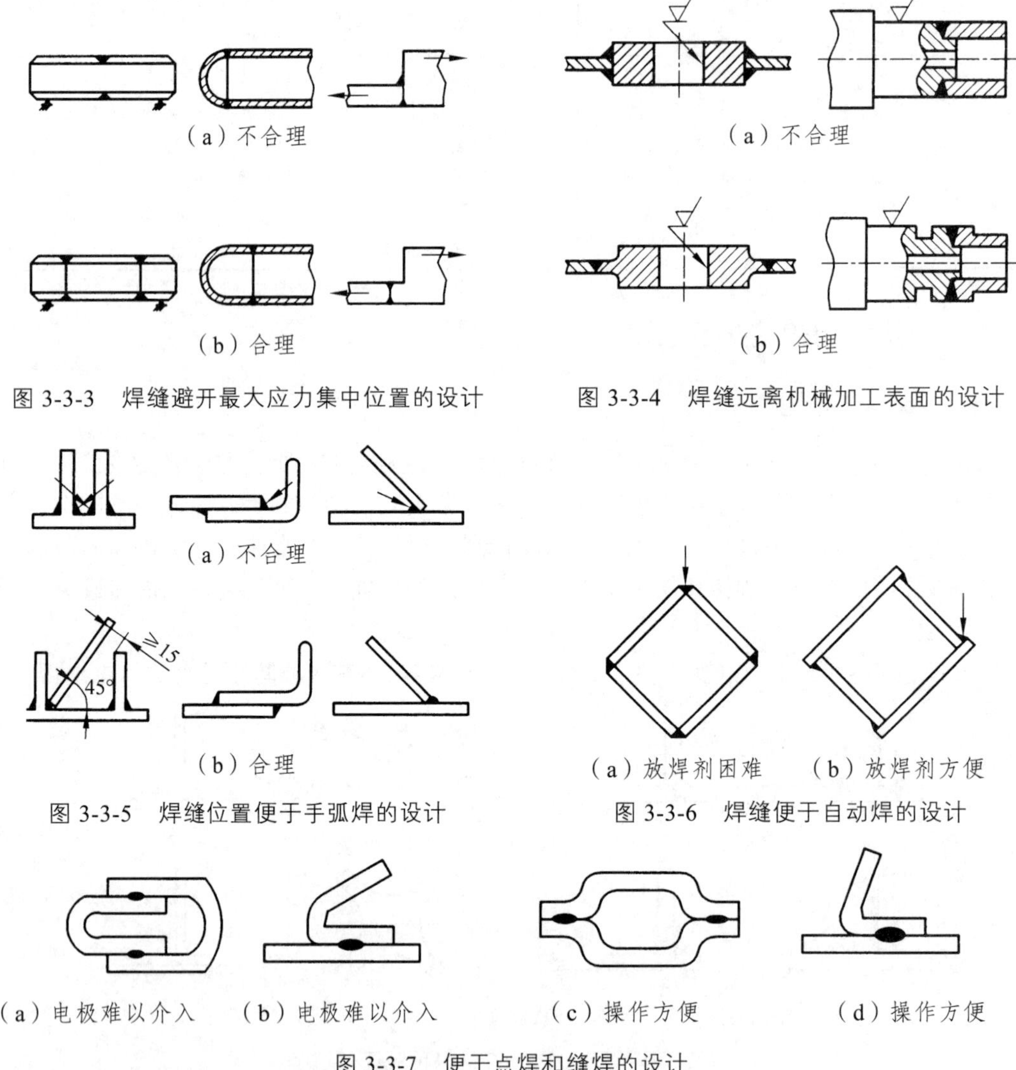

（a）不合理　（b）合理

图 3-3-3　焊缝避开最大应力集中位置的设计

（a）不合理　（b）合理

图 3-3-4　焊缝远离机械加工表面的设计

（a）不合理　（b）合理

图 3-3-5　焊缝位置便于手弧焊的设计

（a）放焊剂困难　（b）放焊剂方便

图 3-3-6　焊缝便于自动焊的设计

（a）电极难以介入　（b）电极难以介入　（c）操作方便　（d）操作方便

图 3-3-7　便于点焊和缝焊的设计

3.3.2　熔焊接头形式的选择与设计

接头形式应根据结构形状、强度要求、工件厚度、焊后变形大小、焊条消耗量、坡口加工难易程度等各个方面因素综合考虑决定。

根据 GB/T 985.1—2008《气焊、焊条电弧焊、气体保护焊和高能束焊的推荐坡口》规定，焊接碳钢和低合金钢的接头形式可分为对接接头、角接接头、丁字接头及搭接接头四种。常用接头形式基本尺寸如图 3-3-8 所示。

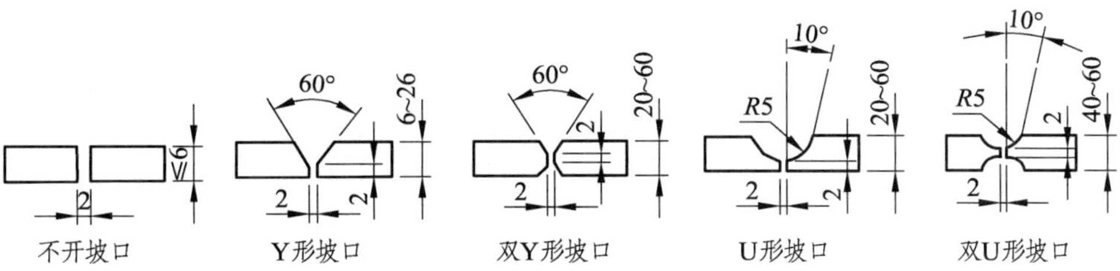

不开坡口　Y形坡口　双Y形坡口　U形坡口　双U形坡口

（a）对接接头

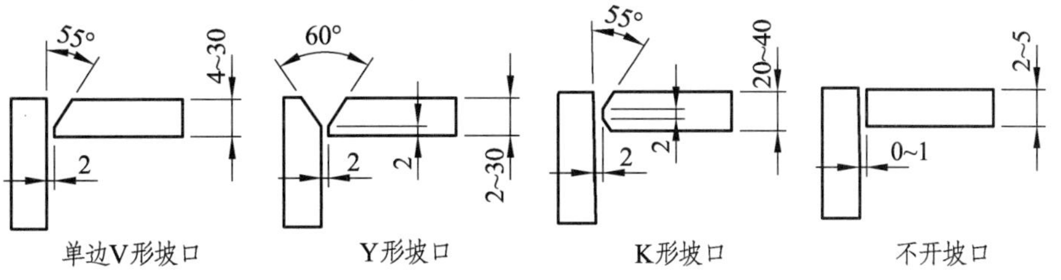

单边V形坡口　Y形坡口　K形坡口　不开坡口

（b）角接接头

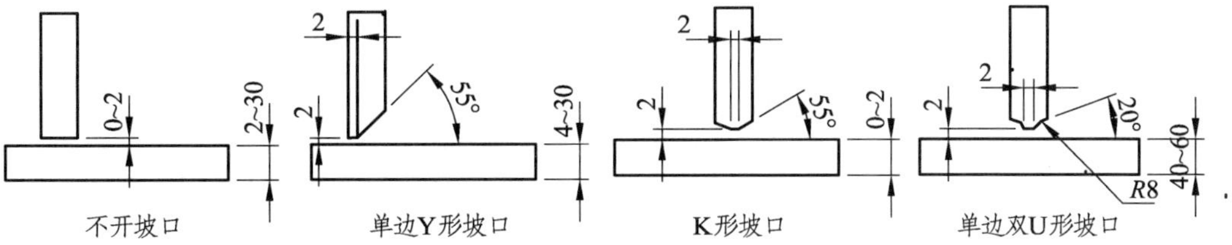

不开坡口　单边Y形坡口　K形坡口　单边双U形坡口

（c）丁字接头

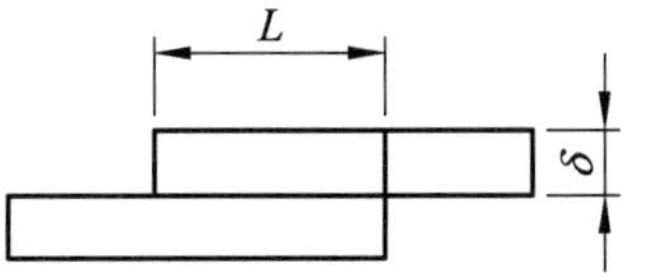

（d）搭接接头（$L \geqslant 4\delta$） 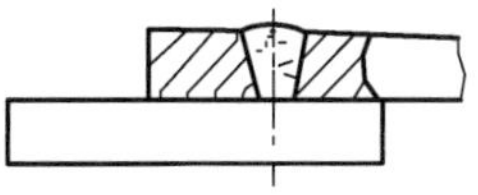　（e）塞焊

图 3-3-8　焊接接头的基本形式

（1）对接接头：两平板处于同一平面内，在相对端面处进行焊接所形成的接头称为对接接头。在工程上，当两焊件表面构成大于或等于 135°、小于或等于 180°夹角，并在相对端面进行焊接，所形成的焊接接头也归类为对接接头。对接接头中的焊缝为对接焊缝。依据焊缝与板件的位置关系，又可将其分为直焊缝对接接头和斜焊缝对接接头，如果是管件进行对接时，所形成的接头为环焊缝对接接头（见图 3-3-9）。

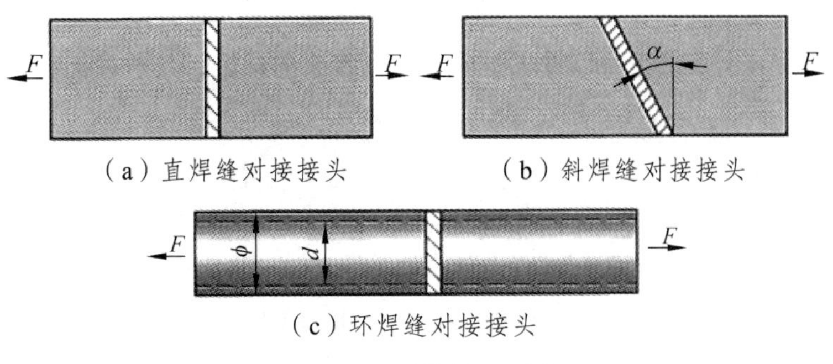

（a）直焊缝对接接头　（b）斜焊缝对接接头

（c）环焊缝对接接头

图 3-3-9　对接接头形式

（2）角接接头：将相互构成直角的两板件端面焊接起来所构成的焊接接头称为角接接头，多用于箱形构件上，常见的角接接头形式如图 3-3-10 所示。其中图 3-3-10（a）的形式制作简单，但承载能力差；图 3-3-10（b）在内外两侧用角焊缝进行连接，其承载能力较大；图 3-3-10（c）、（d）开坡口保证焊透，可以有较高的强度；图 3-3-10（e）、（f）的接头形式装配简单，节省工时。依据不同的应用场合和不同的要求，可以采用不同的角接接头形式。

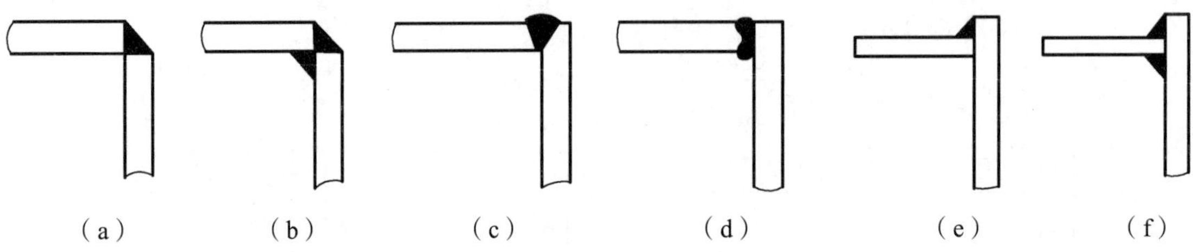

图 3-3-10　各种形式的角接接头

（3）丁字接头：将互相垂直的两被连接件用角焊缝将一板件的端部与另一板件的中部连接起来的接头称为丁字接头，如图 3-3-11 所示。

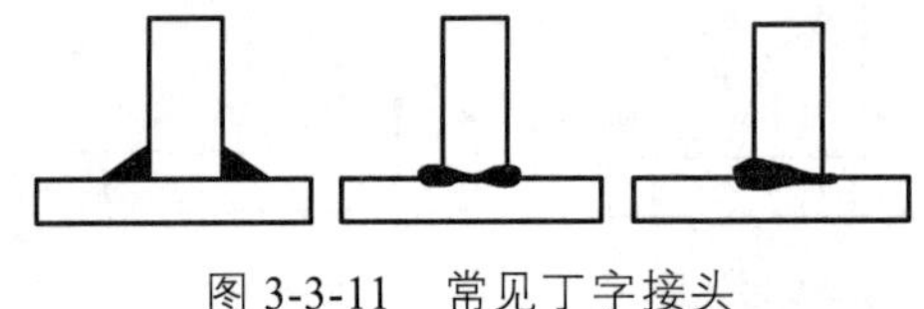

图 3-3-11　常见丁字接头

丁字接头通常都采用双侧角焊缝来进行连接，这样可使丁字接头很好地承受各种类型的载荷。除非结构自身具有对称性，如管板接头，否则，一般情况下不采用单侧角焊缝来进行丁字接头的连接（见图 3-3-12）。

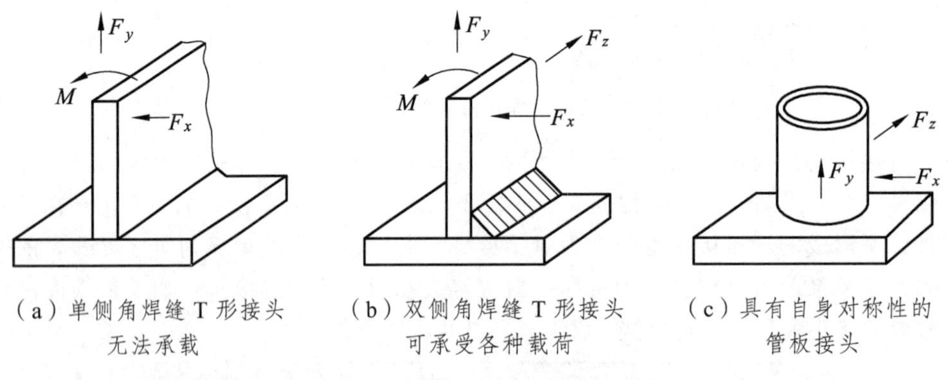

图 3-3-12　丁字接头的承载能力

（4）搭接接头：两板件部分重叠起来用角焊缝将一板件的端部与另一板件的中部连接而形成的焊接接头称为搭接接头。依据板件的数量及相对位置关系，又可分为单侧搭接接头、双侧搭接接头和盖板搭接接头等（见图 3-3-13）。而依据焊缝与板件的位置关系，又可以将其分为正面角焊缝搭接接头、侧面角焊缝搭接接头和联合角焊缝搭接接头等。此外，像开槽焊搭接接头和塞焊搭接接头等情况也都归类为搭接接头的范畴，而当焊缝不是直通焊缝，而是锯齿状焊缝时，则将其称为锯齿状焊缝搭接接头（见图 3-3-14）。

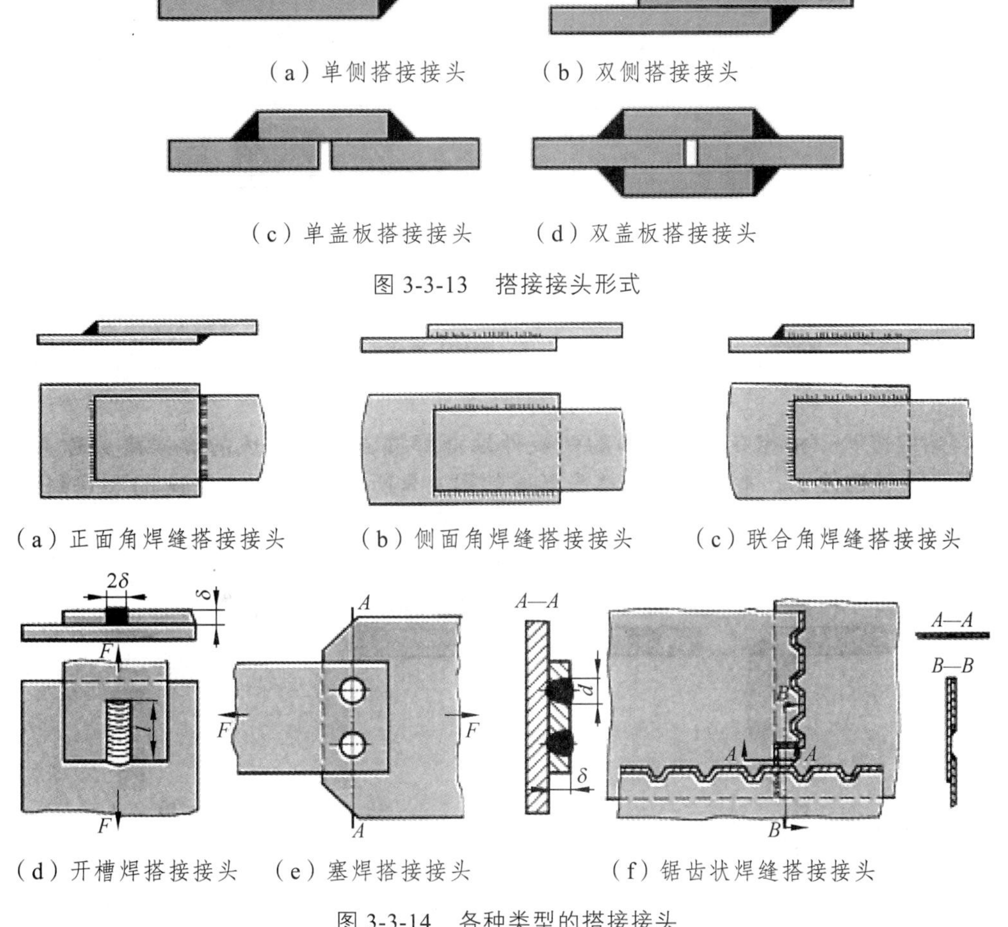

（a）单侧搭接接头　（b）双侧搭接接头

（c）单盖板搭接接头　（d）双盖板搭接接头

图 3-3-13　搭接接头形式

（a）正面角焊缝搭接接头　（b）侧面角焊缝搭接接头　（c）联合角焊缝搭接接头

（d）开槽焊搭接接头　（e）塞焊搭接接头　（f）锯齿状焊缝搭接接头

图 3-3-14　各种类型的搭接接头

对接接头受力比较均匀，是用得最多的接头形式，重要受力焊缝应尽量选用这种接头。搭接接头因两工件不在同一平面，受力时将产生附加弯矩，而且金属消耗量也大，一般应避免采用。但搭接接头无须开坡口，对下料尺寸要求不高，对某些受力不大的平面连接与空间架构，采用搭接接头可节省工时。要求高的搭接接头可采用塞焊[见图 3-3-14（e）]。角接接头与丁字接头受力情况都较对接接头复杂些，但接头成直角或一定角度连接时，必须采用这种接头形式。

对厚度在 6 mm 以下、对接接头形式的钢板进行手弧焊时，一般可不开坡口直接焊成。板厚较大时，为了保证焊透，接头处应根据焊件厚度预制各种坡口，坡口角度和装配尺寸可按标准选用。厚度相同的焊件常有几种坡口形式可供选择，Y 形和 U 形坡口只需一面焊，可焊到性较好，但焊后角变形较大。双 Y 形和双 U 形坡口受热均匀，变形较小，但必须两面都可焊到，所以有时受到结构形状限制。U 形和双 U 形坡口形状复杂，需用机械加工准备坡口，成本较高，一般只在重要的受动载的厚板结构中采用。

设计焊接结构最好采用相等厚度的金属材料，以便获得优质的焊接接头。如果采用两块厚度相差较大的金属材料进行焊接，则接头处会造成应力集中，而且接头两边受热不匀易产生焊不透等缺陷。根据生产经验，不同厚度金属材料对接时，应在较厚板料上加工出单面或双面斜边的过渡形式，如图 3-3-15 所示。

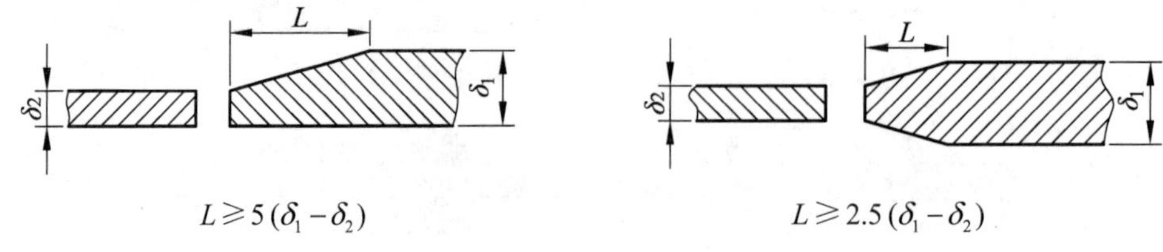

图 3-3-15　不同厚度金属材料对接的过渡形式

3.3.3　焊接结构的设计原则

焊接是机械工程中的一种制造工艺技术，当机械产品采用焊接方法制造时，必须进行该产品的焊接设计。焊接设计包括焊接结构设计、焊接工艺设计、焊接设备设计、焊接工装设计、焊接材料设计以及焊接车间设计等，每一设计都有其详细的具体内容。焊接结构设计是焊接产品设计的核心内容，是在全面考虑了焊接结构的形状与功能、焊接热过程、焊接应力与变形、焊接接头工作应力分布、焊接结构脆性断裂与疲劳性能、焊接结构类型和力学特征的基础上进行设计的。

合理设计焊接结构形式涉及许多方面的因素，应着重考虑以下内容：

（1）要有良好的受力状态。

（2）要重视局部构造。

（3）要有利于实现机械化和自动化焊接。

（4）合理设计焊接接头形式。

（5）合理布置焊接接头位置。

总之，合理的焊接接头设计不仅能保证结构的焊缝和整体的强度，还可以简化生产工艺，降低制造成本。因此，设计焊接接头时应考虑：焊缝位置不要布置在最大应力处、载荷集中处、截面突变处；要避免焊缝平面或空间汇交和密集，在结构上使重要焊缝连续，让次要焊缝中断；尽量采用平焊位置和自动焊焊接方法；尽可能使焊接变形和应力小，能满足施工要求所需的技术、人员和设备的条件；尽量将焊缝设计成联系焊缝，焊接接头便于检验，焊接前的准备和焊接所需费用低；焊缝要避开机械加工面和需改性处理的表面；对角焊缝不宜选择和设计过大的焊脚尺寸。部分焊接接头不合理的设计及改进后的设计见表 3-3-1。

表 3-3-1　部分焊接接头不合理的设计及改进后的设计

接头设计原理	易失效的设计	改进的设计
增加正面角焊接	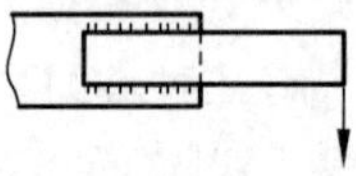	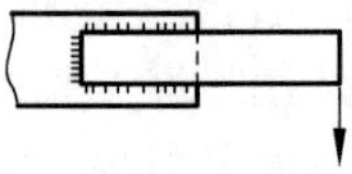
设计的焊接位置应便于焊接和检验	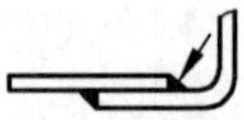	
搭接焊缝处为减小应力集中，应设计成具有缓和应力的接头	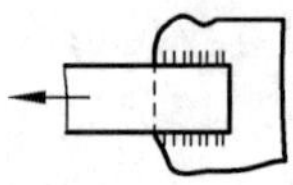	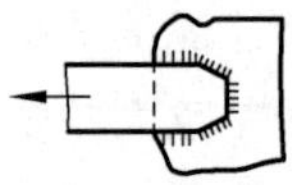

续表

接头设计原理	易失效的设计	改进的设计
切去加厚肋端部的尖角	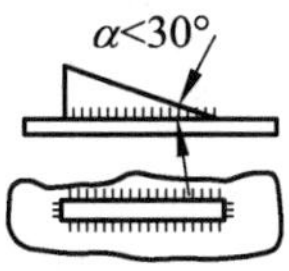	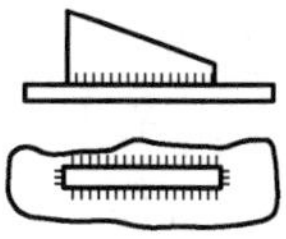
焊缝应分散布置		
避免交叉焊缝	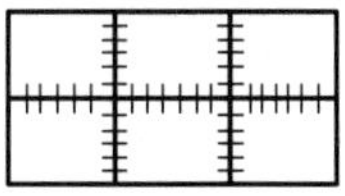	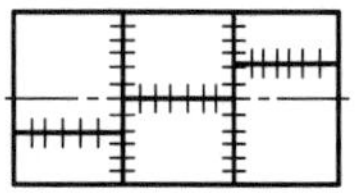
焊缝应设计在中性轴或靠近中性轴对称位置	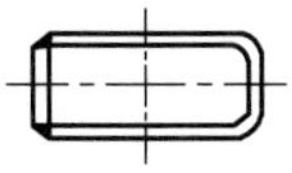	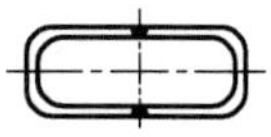
受弯曲的焊缝设计在受拉的一侧，不得设计在受压未焊的一侧	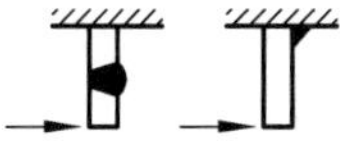	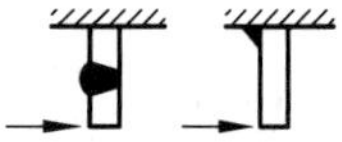
避免焊接在应力集中处		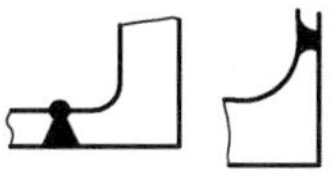
焊缝应避开应力最大处	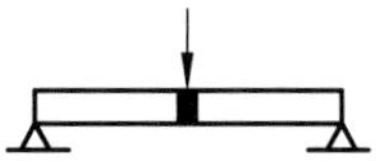	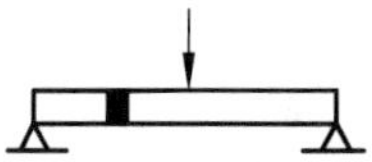
加工面应避免有焊缝	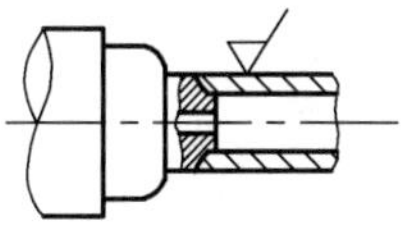	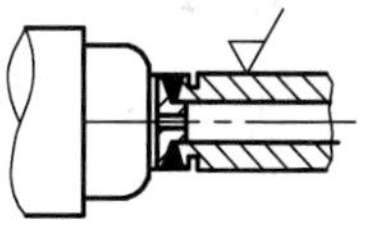
自动焊的焊缝位置应设计在焊接设备调整次数和工件翻转次数最少的部位	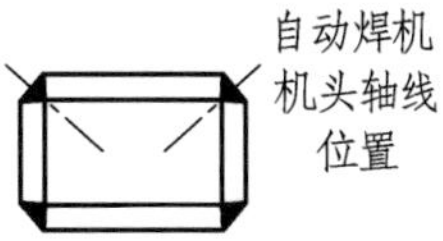	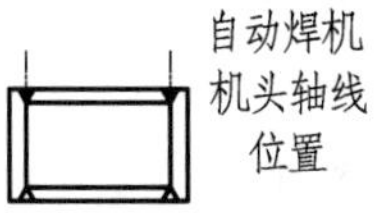

3.4　金属材料的焊接性

3.4.1　金属材料焊接性的概念及评估方法

1. 焊接性的概念

金属材料的焊接性，是指被焊金属在采用一定的焊接方法、焊接材料、工艺参数及结构形式条件下，获得优质焊接接头的难易程度，即金属材料在一定的焊接工艺条件下，表现出“好焊”和“不好焊”的差别。

金属材料的焊接性不是一成不变的，同一种金属材料，采用不同的焊接方法、焊接材料与焊接工艺（包括预热和热处理等），其焊接性可能有很大差别。例如化学活泼性极强的钛的焊接是比较困难的，曾一度认为钛的焊接性很不好，但自从氩弧焊应用比较成熟以后，钛及其合金的焊接结构已在航空等工业部门广泛应用。由于等离子弧焊、真空电子束焊、激光焊等新的焊接方法相继出现，钨、钼、钽、铌、锆等高熔点金属及其合金的焊接都已成为可能。

焊接性包括两个方面：一是工艺焊接性，主要是指焊接接头产生工艺缺陷的倾向，尤其是出现各种裂缝的可能性；二是使用焊接性，主要是指焊接接头在使用中的可靠性，包括焊接接头的力学性能及其他特殊性能（如耐热、耐蚀性能等）。金属材料这两方面的焊接性通过估算和试验方法来确定。

根据目前焊接技术的水平，工业上应用的绝大多数金属材料都是可焊的，只是焊接时的难易程度不同而已。当采用新材料（指本单位以前未应用过的材料）制造焊接结构时，了解及评价新材料的焊接性，是产品设计、施工准备及正确制定焊接工艺的重要依据。

2. 估算钢材焊接性的方法

实际焊接结构所用的金属材料绝大多数是钢材，影响钢材焊接性的主要因素是化学成分。不同的化学元素对焊缝组织性能、夹杂物的分布，对焊接热影响区的淬硬程度等影响不同，产生裂缝及造成接头破坏的倾向也不同。在各种元素中，碳的影响最明显，其他元素的影响可折合成碳的影响，因此可用碳当量方法来估算被焊钢材的焊接性。硫、磷对钢材焊接性的影响也很大，在各种合格钢材中，硫、磷都要受到严格限制。

计算碳钢及低合金结构钢碳当量（$C_{当量}$）的经验公式为

$$\omega(C_{当量})=\omega(C)+\frac{\omega(\mathrm{Mn})}{6}+\frac{\omega(\mathrm{Cr})+\omega(\mathrm{Mo})+\omega(\mathrm{V})}{5}+\frac{\omega(\mathrm{Ni})+\omega(\mathrm{Cu})}{15}$$

$\omega(C_{当量})<0.4\%$ 时，钢材塑性良好，淬硬倾向不明显，焊接性良好。在一般的焊接工艺条件下，焊件不会产生裂缝，但对厚大焊件或在低温下焊接时应考虑采用预热处理。

$\omega(C_{当量})=0.4\%\sim0.6\%$ 时，钢材塑性下降，淬硬倾向明显，焊接性较差。焊接之前焊件需要适当预热，焊后应注意缓冷，要采取一定的焊接工艺措施才能防止裂缝。

$\omega(C_{当量})>0.6\%$ 时，钢材塑性较低，淬硬倾向很强，焊接性不好。焊接之前焊件必须预热到较高温度，焊接时要采取减小焊接应力和防止开裂的工艺措施，焊后要进行适当的热处理，才能保证焊接接头的品质。

利用碳当量法估算钢材焊接性是粗略的，因为钢材焊接性还受结构刚度、焊后应力条件、环境温度等影响。例如，当钢板厚度增大时，结构刚度增大，焊后残余应力也较大，焊缝中心部位将出现三向拉应力，这时实际允许的碳当量值将降低。因此，在实际工作中确定材料焊接性时，除初步估算外，还应根据情况进行抗裂试验及焊接接头使用焊接性试验，为制定合理工艺规程与规范提供依据。

3. 小型抗裂试验法

小型抗裂试验法的试样尺寸较小，应用简便，能定性评定不同拘束形式的接头产生裂缝的倾向。常用的试验法有刚性固定对接试验法、Y 形坡口试验法（小铁研法）、十字接头试验法等。图 3-4-1 所示为刚性固定对接试验简图。切割一个厚度 $\delta\geqslant40$ mm 的方形刚性底板，手工焊时取边长 L=300 mm，自动焊时取 $L\geqslant400$ mm，再将待试钢材按原厚度切割成两块长方形试板，按规定开坡口后，将其焊在刚性底板之上。$\delta\leqslant12$ mm 时，取焊脚 $k=\delta$；$\delta>12$ mm 时，取 k=12 mm，待周围固定焊缝冷却到常温以后，按实际产品焊接工艺进行单层焊或多层焊。焊完后在室温放置 24 h，先检查焊缝表面及热影响区表面有无裂缝，再从垂直焊缝方向

取 δ=15 mm 的金相磨片两块，进行低倍放大，检查裂缝。

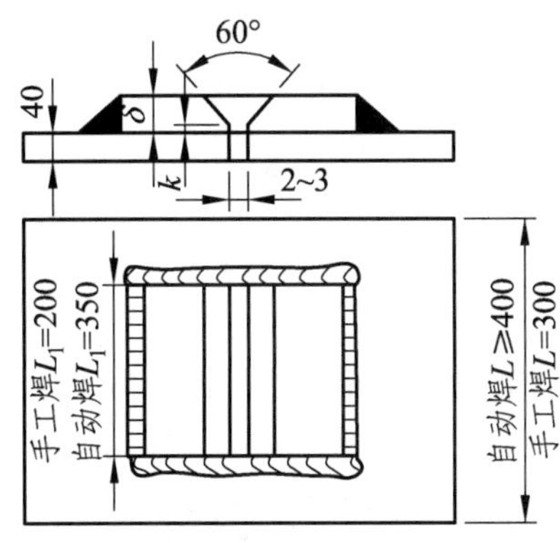

图 3-4-1　刚性固定对接裂实验简图

根据一般焊接工艺焊后试板有无裂缝或裂缝多少的情况，可初步评定材料焊接性的好坏。若有裂纹，应调整工艺（如预热、缓冷等），再焊接试板，直至不产生裂纹为止。抗裂试验的结果可作为制定焊接工艺规程与规范的参考。

3.4.2　碳钢的焊接

1. 低碳钢的焊接

低碳钢碳含量不大于 0.25%（质量分数），塑性好，一般没有淬硬倾向，对焊接热过程不敏感，焊接性良好。焊这类钢时，不需要采取特殊的工艺措施，在焊后通常也不需要进行热处理（电渣焊除外）。

厚度大于 50 mm 的低碳钢结构，当用大电流多层焊时，焊后应进行消除应力退火。在低温环境下焊接较大刚度的结构时，由于焊件各部分温差较大，变形又受到限制，焊接过程容易产生大的内应力，可能导致构件开裂，因此焊前对钢板应进行预热。

低碳钢可以用各种焊接方法进行焊接，使用最广泛的是手弧焊、埋弧焊、电渣焊、气体保护焊和电阻焊。

采用熔焊法焊接低碳钢结构时，焊接材料及工艺的选择原则主要是保证焊接接头与母材的结合强度。用手弧焊焊接一般低碳钢结构时，可根据情况选用 E4303（J422）焊条。当焊接承受动载的结构、复杂结构或厚板结构时，应选用 E4316（J426）、E4315（J427）或 E5015（J507）焊条。采用埋弧焊时，一般选用 H08A 或 H08MnA 焊丝，配 HJ431 焊剂进行焊接。

低碳钢结构也不允许用强力进行组装，装配点固焊应使用选定的焊条，点固后应仔细检查焊道是否有裂缝与气孔。焊接时，应注意焊接规范、焊接次序，多层焊的熄弧和引弧处应相互错开。

2. 中、高碳钢的焊接

中碳钢的碳含量在 0.25%～0.6%（质量分数），随碳含量的增加，淬硬倾向增大，焊接性逐渐变差。实际生产中的焊件主要是中碳钢铸件与锻件。中碳钢件的焊接特点如下。

（1）热影响区易产生淬硬组织和冷裂缝。

中碳钢属于易淬火钢，热影响区被加热到超过淬火温度的区段时，受工件低温部分迅速冷却的作用，将出现马氏体等淬硬组织。图 3-4-2 所示为易淬火钢与低碳钢的热影响区组织示意图。如焊件刚度较大或工艺不恰当，就会在淬火区产生冷裂缝，即焊接接头焊后冷却到相变温度以下或冷却到常温后产生裂缝。

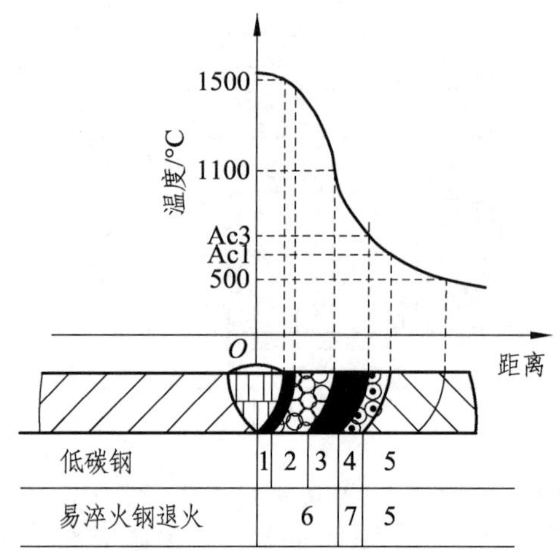

1—熔合区；2—过热区；3—正火区；4—部分相变区；5—未受热影响区；6—淬火区；7—部分淬火区。

图 3-4-2　热影响区的组织

（2）焊缝金属热裂缝倾向较大。

焊接中碳钢时，因母材碳含量与硫、磷杂质含量远远高于焊条钢芯，母材熔化后进入熔池，使焊缝金属碳含量增加，塑性下降；加上硫、磷低熔点杂质的存在，焊缝及熔合区在相变前就可能因内应力而产生裂缝。因此，焊接中碳钢构件，焊前必须进行预热，使焊接时工件各部分的温差减小，以减小焊接应力，同时减慢热影响区的冷却速度，避免产生淬硬组织。一般情况下，35 钢和 45 钢的预热温度可选为 150 ~ 250 ℃，结构刚度较大或钢材碳含量更高时，可再提高预热温度。

焊接中碳钢时，应选用抗裂能力较强的低氢型焊条。要求焊缝与母材等强度时，可根据钢材强度选用 E5016（J506）、E5015（J507）或 E6016（J606）、E6015（J607）焊条；如不要求等强度，可选择强度较低的 E4315 型焊条，以提高焊缝的塑性。同时，焊接电流要小，要开坡口，进行多层焊，以防止母材过多地溶入焊缝，同时减小焊接热影响区的宽度。

焊接中碳钢一般都采用手弧焊，但厚件可考虑应用电渣焊。电渣焊可减轻焊接接头的淬硬倾向，提高生产效率，但焊后要进行相应的热处理。

高碳钢的焊接特点与中碳钢基本相似。由于碳含量更高，焊接性变得更差，所以应采用更高的预热温度、更严格的工艺措施（包括焊接材料的选配）。实际上，高碳钢的焊接只限于修补工作。

3.4.3　合金结构钢的焊接

1. 常用焊接合金结构钢的类型

合金结构钢分为机械制造用合金结构钢和普通低合金结构钢两大类。用于机械制造的合金结构钢（包括调质钢、渗碳钢）零件，一般都采用轧制或锻制的坯件，采用焊接结构的较少。如果需要焊接，因其焊接性与中碳钢相似，所以用于保证焊件品质的工艺措施与焊接中碳钢基本相同。

焊接结构中，用得最多的是普通低合金结构钢（简称低合金钢）。低合金钢一般按屈服强度分级，几种常用的低合金钢钢号及其平均碳当量见表 3-4-1。我国低合金钢碳含量都较低，但因其他合金元素种类与含量不同，所以性能上的差异很大，焊接性的差别比较明显。强度级别较低的低合金钢，含合金元素较少，碳当量低，具有良好的焊接性；强度级别高的低合金钢，碳当量较高，焊接性较差，焊接时应采取严格的工艺措施。表 3-4-1 还列出了几种常用低合金钢的焊接材料与预热要求，如焊件厚度较大，环境温度较低，则预热温度还应适当提高。强度等级相同的其他合金结构钢也可参照此表选用。

表 3-4-1　常用普通低合金结构钢的焊接材料、预热温度

强度等级/MPa	钢号	$\omega(C_{当量})$/%	手弧焊焊条	埋弧焊		预热温度
				焊丝	焊剂	
300	09Mn2 09Mn2Si	0.35 0.36	E4303（J422） E4316（J426）	H08 H08Mn8A	HJ431	—
350	16Mn	0.39	E5003（J502） E5016（J506）	H08A H08Mn8A，H10Mn2	HJ431	—
400	15MnV 15MnTi	0.40 0.38	E5015（J507） E5515-G（J557）	H08MnA H10MnSi，H10Mn2	HJ431	≥100℃ （对于厚板）
450	15MnVN	0.43	E5515-G（J557） E6015-D1（J607）	H08MnMoA H10Mn2	HJ431 HJ350	≥150℃
500	18MnMoNb 14MnMoV	0.55 0.50	E6015-D1（J607） E7015-D2（J707）	H08Mn2MoA H08Mn2MoVA	HJ250 HJ350	≥200℃
550	14MnMoNb	0.47	E6015-D1（J607） E7015-D2（J707）	H08Mn2MoVA	HJ250 HJ350	≥200℃

2. 低合金钢的焊接特点

1）热影响区的淬硬倾向

焊接低合金钢时，热影响区可能产生淬硬组织，淬硬程度与钢材的化学成分和强度级别有关。碳及合金元素的含量越高，钢材强度级别就越高，焊后热影响区的淬硬倾向也越大。如 300 MPa 级的 09Mn2、09Mn2Si 等钢材淬硬倾向很小，焊接性与一般低碳钢基本一样。350 MPa 级的 16Mn 钢淬硬倾向也不大，但当碳含量接近允许上限或焊接规范不当时，16 Mn 钢过热区也可能出现马氏体等淬硬组织。强度级别大于 450 MPa 级的低合金钢，淬硬倾向增加，热影响区容易产生马氏体组织，形成淬火区（见图 3-4-2），硬度明显增加，塑性、韧性则下降。

2）焊接接头的裂纹倾向

随着钢材强度级别的提高，焊件产生冷裂纹的倾向也增加。冷裂纹的影响因素一般认为

有三个方面：一是焊缝及热影响区的氢含量，二是热影响区的淬硬程度，三是焊接接头的应力大小。冷裂纹是在这三种因素综合作用下产生的，而氢含量常常是最重要的。由于液态合金钢容易吸收氢，凝固后，氢在金属中扩散、集聚和诱发裂纹需要一定时间，因此，冷裂缝常具有延迟现象，故又称为延迟裂纹。我国生产的低合金钢碳含量较低，且大部分含有一定量的锰，对脱硫有利，因此产生热裂纹的倾向不大。

3）低合金钢的焊接措施

根据低合金钢的焊接特点，生产中可分别采取以下措施：对于 16Mn 钢等强度级别较低的钢材，在常温下焊接时与低碳钢一样，在低温或在大刚度、大厚度构件上进行小焊脚、短焊缝焊接时，应防止出现淬硬组织；要适当增大焊接电流、减慢焊接速度、选用抗裂性强的低氢型焊条；是否需要预热，应根据焊件厚度及环境温度综合考虑，中厚板只有环境温度在 0 ℃以下才预热，厚板则均应预热，预热温度为 100 ~ 150 ℃；对锅炉、受压容器等重要件，当厚度大于 20 mm 时，焊后必须进行退火处理以消除应力。

对强度级别高的低合金钢，焊接前一般均需进行预热。焊接时，应调整焊接规范以控制热影响区的冷却速度，焊后还应及时进行热处理以消除内应力。如生产中不能立即进行焊后热处理，可先进行消氢处理，即将焊件加热到 200 ~ 350 ℃，保温 2 ~ 6 h，以加速氢的逸出，防止产生冷裂纹。焊接这类钢材时，应根据钢材强度等级选用相应的焊条、焊剂，对焊件进行认真清理。

3.4.4 铸铁的焊补

铸铁碳含量高，组织不均匀，塑性很低，属于焊接性很差的金属材料，因此铸铁不应用于焊接构件。但对于铸铁件生产中出现的铸造缺陷，铸铁零件在使用过程中发生的局部损坏或断裂，如能焊补，其经济效益是很大的。

1. 铸铁焊补的特点

（1）熔合区易产生白口组织。由于焊接是局部加热，焊后铸铁焊补区冷却速度比铸造时快得多，因此很容易产生白口组织和淬火组织，硬度很高，焊后很难进行机械加工。

（2）易产生裂纹。铸铁强度低、塑性差，当焊接应力较大时，就会在焊缝及热影响区产生裂纹，甚至沿焊缝整个断裂。此外，当采用非铸铁组织的焊条或焊丝冷焊铸铁时，因铸铁的碳、硫及磷杂质含量高，如母材过多熔入焊缝中，则容易产生热裂纹。

（3）易产生气孔。铸铁焊接时易生成 CO 与 CO_2 气体。铸铁凝固时由液态变为固态的时间较短，熔池中的气体往往来不及逸出而形成气孔。

（4）铸铁流动性好，立焊时熔池金属容易流失，所以一般只适于平焊。

2. 铸铁的焊补方法

根据铸铁的特点，一般都采用气焊、手弧焊（个别大件可采用电渣焊）来焊补铸铁件，按焊前是否预热可分为热焊法与冷焊法两大类。

1）热焊法

热焊法是焊前将焊件整体或局部预热到 600 ~ 700 ℃、焊后缓慢冷却的焊补工艺。热焊法可防止焊件产生白口组织和裂纹，焊件品质较好，焊后可以进行机械加工。但热焊法成本较高，生产率低，劳动条件差，一般用来焊补形状复杂、焊后需要加工的重要铸件，如床头箱、气缸体等。

用气焊进行铸铁件的热焊比较方便，气焊火焰可以用于焊件预热和焊后缓冷，填充金属应使用专制的铸铁焊芯，并配以硼砂或硼砂和碳酸钠组成的焊剂；也可用涂有药皮的铸铁焊条进行手弧焊焊补。药皮的成分主要是石墨、硅铁、碳酸钙等，它们可以补充焊接处碳和硅的烧损，并造渣以清除杂质。

2）冷焊法

焊补前焊件不预热或进行 400 ℃以下低温预热的焊补方法称为冷焊法。冷焊法主要依靠焊条来调整焊缝化学成分，防止或减少白口组织和避免裂纹。冷焊法方便灵活，生产率高，成本低，劳动条件好，但焊接处机械加工性能较差，生产中多用来焊补要求不高的铸件以及怕高温预热引起变形的铸件。焊接时，应尽量采用小电流、短弧、窄焊缝、短焊道（每段不大于 50 mm），并在焊后及时轻轻锤击焊缝以松弛应力，防止焊后开裂。

冷焊法一般是用手工电弧焊进行焊补，应根据铸铁材料性能、焊后对机械加工的要求及铸件的重要性来选择焊条。常用的焊条有如下几种。

（1）钢芯铸铁焊条。

钢芯铸铁焊条的焊丝为低碳钢。其中一种焊条药皮有强氧化性成分，能使熔池中的硅、碳大量烧损，以获得塑性较好的低碳钢焊缝，但熔合处为低碳低硅的白口组织，焊后不能机械加工，只适用于一般非加工件焊补。还有一种焊条通称为高钒铸铁焊条，在药皮中加入大量钒铁，能使焊缝金属成为高钒钢，因此具有较好的抗裂性及加工性，可用于高强度铸铁及球墨铸铁的补焊。

（2）镍基铸铁焊条。

镍基铸铁焊条的焊丝是纯镍或镍铜合金，焊补后，焊缝为塑性好的镍基合金。镍和铜是促进铸铁石墨化的元素，所以熔合处不会产生白口组织，具有良好的抗裂性与加工性。但此种焊条的价格高，应控制使用，一般只用于重要铸件加工面的焊补。

（3）铜基铸铁焊条。

铜基铸铁焊条用铜丝做焊芯或用铜芯铁皮焊芯，外涂低氢型涂料。焊补后，焊缝金属为铜铁合金，铜在焊缝中占 80%（质量分数）左右。铜基铸铁焊条可用于一般灰铸铁件的焊补，能使焊件保持韧性，应力小，抗裂性好，焊后可以加工。

对铸件加工后出现的小气孔或小裂纹，如受力不大，也可采用黄铜钎焊修复。

3.4.5　非铁金属的焊接

1. 铜及铜合金的焊接

铜及铜合金的焊接比低碳钢困难得多，其原因是：

（1）铜的导热性很好（紫铜的热导率约为低碳钢的 8 倍），焊接时热量极易散失。因此，焊前焊件要预热，焊接时要选用较大电流或火焰，否则容易造成焊不透缺陷。

（2）铜在液态时易氧化，生成的氧化亚铜与铜组成低熔点共晶物，分布在晶界形成薄弱环节；又因铜的膨胀系数大，凝固时收缩率也大，容易产生较大的焊接应力。因此，焊接过程中极易引起开裂。

（3）铜在液态时吸气性强，特别容易吸氢，生成气孔。

（4）铜的电阻极小，不适于电阻焊接。

（5）铜合金中的合金元素有的比铜更易氧化，使焊接的困难增大。例如黄铜中的锌沸点很低，极易烧蚀蒸发，生成氧化锌烟雾。锌的烧损不但改变接头化学成分、降低接头性能，而且形成的氧化锌烟雾有毒。铝青铜中的铝焊接时易生成难熔的氧化铝，增大熔渣黏度，生成气孔和夹渣。

铜及铜合金可用氩弧焊、气焊、钎焊等方法进行焊接。

采用氩弧焊是保证紫铜和青铜焊接件品质的有效方法。焊丝应选用特制的紫铜焊丝和磷青铜焊丝，此外还必须使用焊剂来溶解氧化铜与氧化亚铜，以保证焊件品质。焊接紫铜和锡青铜所用焊剂的主要成分是硼砂和硼酸，焊接铝青铜时应采用由氯化盐和氟化盐组成的焊剂。

气焊紫铜及青铜时，应采用严格的中性焰。如果氧气过多，铜将猛烈氧化；如果乙炔过多，会使熔池中吸收过多的氢。气焊用的焊丝及焊剂与氩弧焊相同。

目前焊接黄铜最常用的方法仍是气焊，因为气焊火焰温度较低，焊接过程中锌的蒸发较少。气焊黄铜一般用轻微氧化焰，采用含硅的焊丝，使焊接时在熔池表面形成一层致密的氧化硅薄膜，以阻碍锌的蒸发和防止氢的溶入，避免气孔的产生。焊接黄铜用的焊剂也是由硼砂和硼酸配制而成的。

2. 铝及铝合金的焊接

工业上用于焊接的铝基材料主要是纯铝（熔点 658 ℃）、铝锰合金、铝镁合金。铝及铝合金的焊接比较困难，其焊接特点是：

（1）铝与氧的亲和力很大，极易氧化生成氧化铝。氧化铝组织致密，熔点高达 2 050 ℃，它覆盖在金属表面，能阻碍金属熔合。此外，氧化铝密度大，易使焊缝夹渣。

（2）铝的热导率较大，要求使用大功率或能量集中的热源，焊件厚度较大时应考虑预热。铝的膨胀系数也较大，易产生焊接应力与变形，并可能导致裂纹的产生。

（3）液态铝能吸收大量的氢，铝在固态时又几乎不溶解氢，因此易产生气孔。

（4）铝在高温时强度及塑性很低，焊接时常因不能支持熔池金属而引起焊缝塌陷，因此常需采用垫板。

焊接铝及铝合金的常用方法有氩弧焊、气焊、点焊、缝焊和钎焊。

氩弧焊是焊接铝及铝合金较好的方法，由于氩气的保护作用和氩离子对氧化膜的阴极破碎作用，焊接时可不用焊剂，但氩气纯度要求大于 99.9%。

要求不高的焊件也可采用气焊，但必须用焊剂去除氧化膜和杂质，常用的焊剂是氯化物与氟化物组成的专用铝焊剂。

不论采用哪种焊接方法焊接铝及铝合金，焊前必须彻底清理工件焊接部位和焊丝表面的氧化膜与油污，清理面品质的好坏将直接影响焊缝性能。此外，由于铝焊剂对铝有强烈的腐蚀作用，使用焊剂的焊件，焊后应进行仔细冲洗，以防止溶剂对焊件继续腐蚀。

3.4.6 异种金属的焊接性分析

异种金属的焊接通常要比同种金属的焊接困难，因为除了金属本身的物理化学性能对焊接有影响外，两种金属材料性能的差异会在更大程度上影响它们之间的焊接性能。

1. 结晶化学性的差异

结晶化学性的差异，也就是通常指的“冶金学上的不相容性”，包括晶格类型、晶格参数、原子半径、原子的外层电子结构等差异。两种被焊金属在冶金上是否相容，取决于它们在液态和固态时的互溶性以及在焊接过程中是否会产生金属间化合物（脆性相）。

两种金属，如铅与铜、铁与镁、铁与铅等，在液态下不能互溶时，若采用熔焊方法进行焊接，被熔金属从熔化到凝固过程中将极容易产生分层脱离而使焊接失败。因此，在选择材料搭配时，首先要满足互溶性。

2. 物理性能的差异

金属的物理性能主要是熔化温度、膨胀系数、热导率和电阻率等。它们的差异将影响焊接的热循环过程和结晶条件，增加焊接应力，降低接头品质，使焊接困难。例如，异种金属熔点相差越大，焊接越困难。当焊接熔点相差很大的异种金属时，熔点低的金属达到熔化状态，而熔点高的金属仍呈固体状态。因此，已熔化的金属容易渗透入过热区的晶界，使过热区的组织性能变差。当熔点高的金属熔化时，势必造成熔点低的金属流失、合金元素的烧损和蒸发，使焊接困难。

为了获得优质的异种金属焊接接头，除合理地选用焊接方法和填充材料、正确地制定焊接工艺外，还可采取如下一些工艺措施。

（1）尽量缩短被焊金属在液态下相互接触的时间，防止或减少生成金属间化合物；

（2）熔焊时要很好地保护被焊金属，防止金属与周围空气的相互作用，产生使接头熔合不好的氧化物；

（3）采用与两种被焊金属的焊接性都很好的中间层或堆焊中间过渡层，防止生成金属间化合物；

（4）在焊缝中加入某些合金元素，阻止金属间化合物相的产生和增长。

3. 异种金属的焊接方法

异种金属的焊接方法与同种金属的焊接方法一样，按其热源的性质可分为熔焊、压焊、钎焊等。

1）熔焊

熔焊最大的特点是控制熔合比和金属间化合物的产生。为了降低熔合比或控制不同金属母材的熔化量，常选用热源能量密度较高的电子束焊、激光焊、等离子弧焊等方法。

为了有效地控制母材的熔合比，可用堆焊隔离层的方法实现，如图 3-4-3 所示。对一些熔合不理想的金属，可通过增加过渡层金属，使其能更好地熔合在一起。

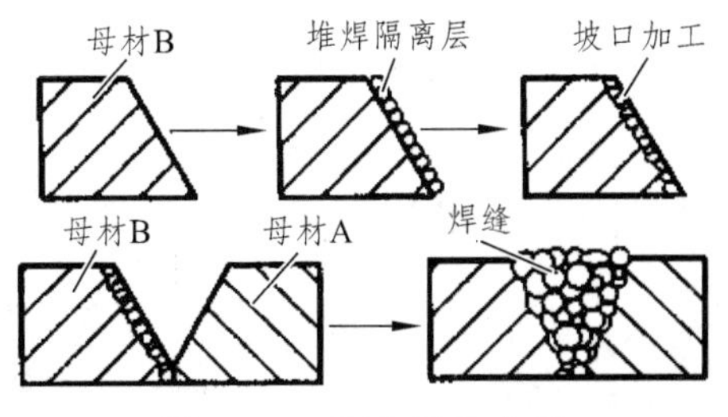

图 3-4-3　隔离层的应用

2）压焊

大多数压焊方法都是只将被焊金属加热至塑性状态或者不加热，然后施加一定压力进行焊接的。当焊接异种金属时，与熔焊相比，压焊具有一定的优越性。只要接头形式允许，采用压焊往往是比较合理的选择。在大多数情况（例如闪光焊和摩擦焊）下，异种金属交界表面可以不熔化，只有少数情况（例如点焊）下压焊后还保留了曾经熔化的金属。压焊由于不加热或加热温度很低，可以减轻或避免热循环对金属性能的不利影响，防止产生脆性的金属间化合物，某些形式的压焊（例如闪光焊、摩擦焊）甚至能将已产生的金属间化合物从接头中挤压去除。此外，压焊不存在因母材熔入而引起的焊缝金属性能变化的问题。

3）钎焊

钎焊本身就是钎料与母材之间的异种金属连接方法。钎焊还有一些较特殊的方法，如熔焊-钎焊法（钎料与其中一种母材相同）、共晶钎焊法或共晶扩散焊法（使两种母材在结合面处形成低熔点共晶体）和液相过渡焊法（在接缝之间加入可熔化的中间夹层）等。

3.5　典型焊接件的工艺设计分析（转向架构件焊接）

在高速列车制造中，广泛应用气体保护焊接方法，因其具有高速、低耗、变形小、易实现机械化和自动化等特点，特别适用于车体铝合金型材和耐候钢承载部件的焊接。在转向架焊接制造中，由于钢板厚度相对较大，主要焊接方法有焊条电弧焊、气体保护焊。

3.5.1　转向架横梁焊接工艺流程

转向架构架为耐候钢材料的焊接结构，横梁为构架重要的组成部件，下面以横梁为例分析焊接技术在转向架构架横梁的应用。

转向架横梁的焊接过程主要包括焊前准备、横梁组对和横梁焊接。

1. 焊前准备

准备开工需要的工装、设备、工具、技术文件、料件等，如图 3-5-1 所示。

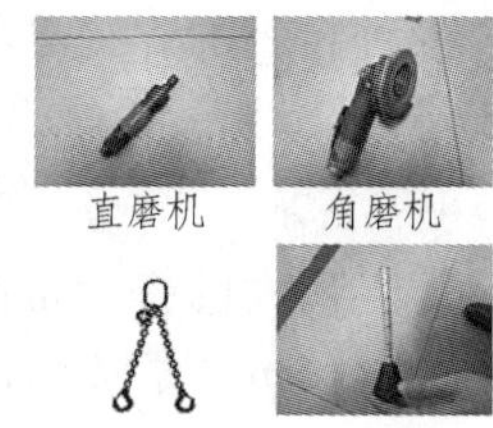

MAG（熔化极活性气体保护电弧焊）焊机　　横梁组对工装　　吊链　气体流量计

图 3-5-1　焊前准备

2. 横梁组对

依次组对小纵梁、横梁管、电机吊座，保证各部件尺寸后，点固焊接（点固焊接一般选择与焊接相同的焊接工艺），如图 3-5-2 和图 3-5-3 所示。

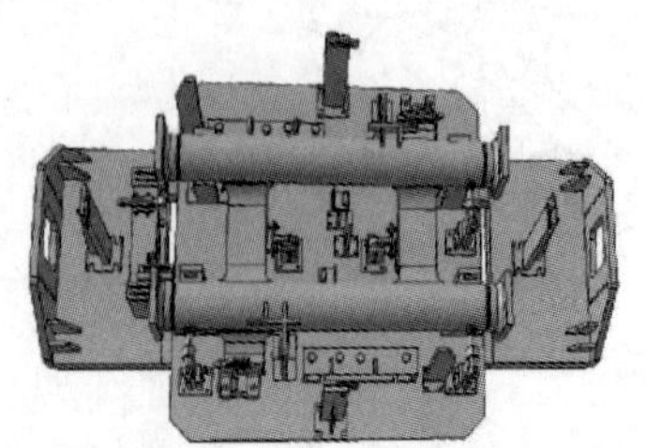

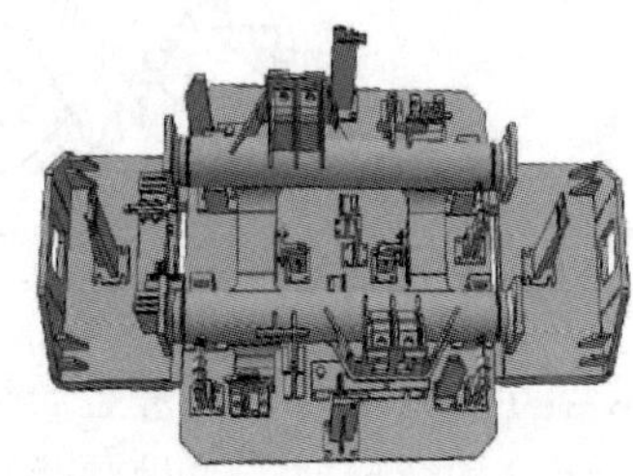

图 3-5-2　横梁组对工装示意图

图 3-5-3　横梁组对效果

3. 横梁焊接

焊接需编制每条焊缝的 WPS（焊接程序规范）文件，WPS 文件依据 WPQR（焊接工艺评定报告）编制，明确焊接方法、接头设计相关信息、气体或焊剂、焊接位置、预热、填充金属、电流、电压、速度等相关信息。图 3-5-4 所示为横梁焊接现场。

图 3-5-4　横梁焊接现场

焊接顺序：需对横梁焊接顺序进行控制，按照对称交替施焊的原则，打底层焊接顺序尤为重要，一般优先形成稳定的结构，同时考虑生产效率，需要控制层间温度，如图 3-5-5 和图 3-5-6 所示。

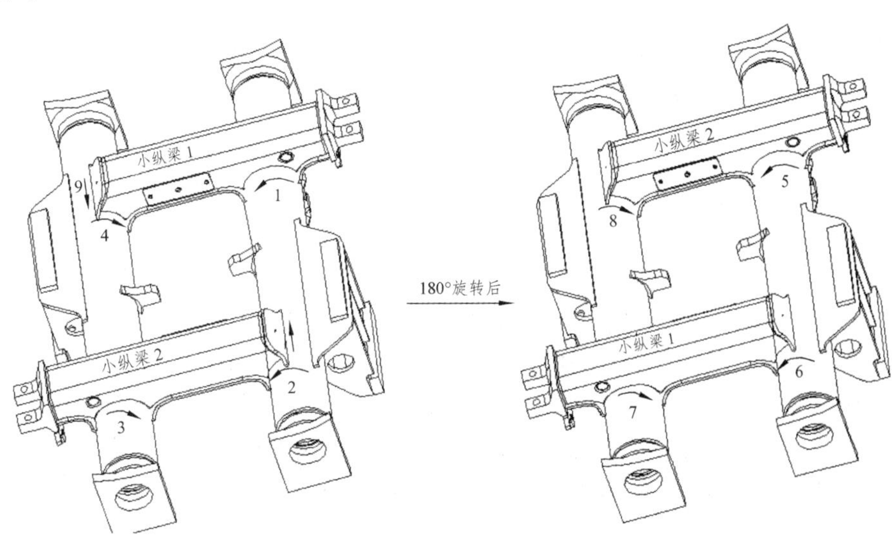

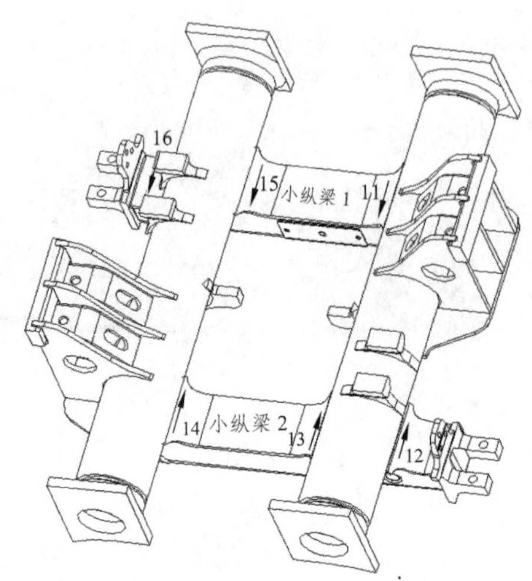

图 3-5-5　横梁焊接顺序示意图

图 3-5-6　横梁焊接效果

焊后进行自检，检查横梁焊缝质量，对目测检查出的焊接缺陷进行处理，利用砂轮对缺陷部位进行打磨，如需焊补，需将焊补部位打磨后再进行补焊，要求与正式焊接该焊缝所使用焊接工艺规范保持一致。最后清理工作现场。

3.5.2　转向架横梁焊接技术难点

存在问题：转向架横梁焊接后存在焊接变形，横梁电机吊座下方孔最薄壁厚 12 mm，图纸理论壁厚 14 mm（见图 3-5-7），在不考虑电机吊座（铸件）本身公差情况下，电机吊座 *Z* 向偏差为 2 mm，构架在画 *Z* 向加工基准时，需同时考虑侧梁弹簧盘、制动吊座、横梁电机吊座、齿轮箱吊座等多处尺寸，很难保证±2 mm。考虑电机吊座自身公差，尺寸大于 250 mm 执行 BS6615 中的 CT10，477 mm 尺寸公差为±4 mm，在单件和累计公差均合格情况下，该部位仍可能存在超差情况。实际造成产品尺寸批量超差，产品让步使用。

解决措施：更改图纸，将理论尺寸 14 mm 改为 16 mm。设计人员在设计图纸时需考虑焊接变形因素对产品的影响，需依据焊接方法和工艺估算焊接变形量。工艺人员在分析图纸制定工艺时要控制焊接变形，分析焊接变形的趋势，保证产品合格。此外需在首件试制时要验证制定工艺的合理性。

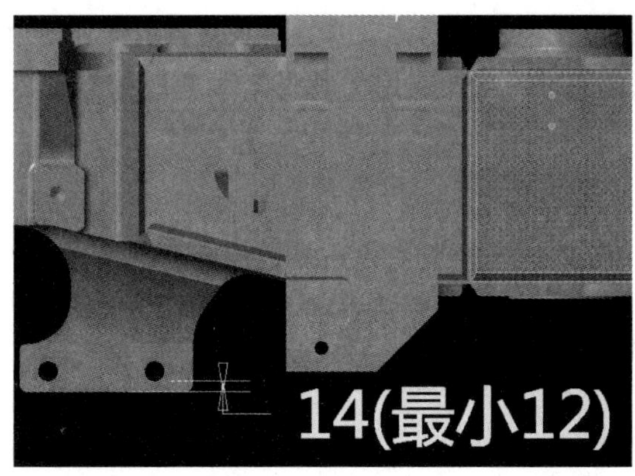

图 3-5-7　横梁电机吊座下方局部示意图

思考与习题

1. 焊接结构中根据接头对工作载荷的作用进行分类，可以分为哪几类？

2. 焊接接头由几个冶金区域构成？

3. 有哪些措施可以同时减少焊接残余应力和变形？

4. 有哪些焊接方法适用于异种材料的连接？分别有什么特点？

5. 什么是焊接电弧？它由哪几个区组成？各区产生的热量和温度如何？什么是正接和反接？

6. 简述电弧焊对焊接电源的基本要求。

7. 电焊条由哪几部分组成？各部分作用如何？其中为什么含有锰铁？在其他电弧焊工艺中有无类似材料和作用？

8. 什么是焊接热影响区？熔焊时低碳钢的焊接热影响区一般分为哪几个区？它们对焊接接头质量有何影响？可采用什么措施来减小或消除焊接热影响区？

9. 什么是酸性焊条和碱性焊条？各有何特点？焊后焊接接头质量如何？各在何种场合使用？

10. 焊条选用的基本原则有哪些？

11. 产生焊接应力和变形的原因是什么？焊接应力是否一定要消除？如要消除，可采取哪些措施来消除？

12. 焊接变形的基本形式有哪些？预防和减小焊接变形常采用哪些措施？如产生变形，应如何矫正？

13. 简述常用的焊接变形校正方法。

14. 埋弧自动焊与手工电弧焊相比有何优点？

15. 手工电弧焊接头的基本形式有哪几种？有何特点？焊接较厚板材时为什么要开坡口？

16. 焊缝布置应该遵循什么原则？

17. 指出图 1 所示焊接结构设计或焊接顺序的不合理之处，说明理由并加以修改。

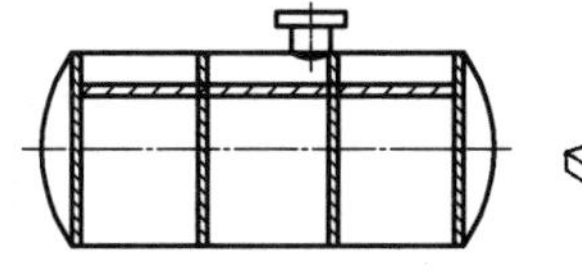

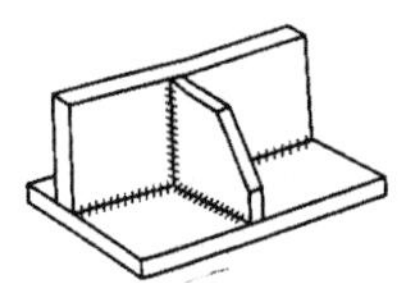

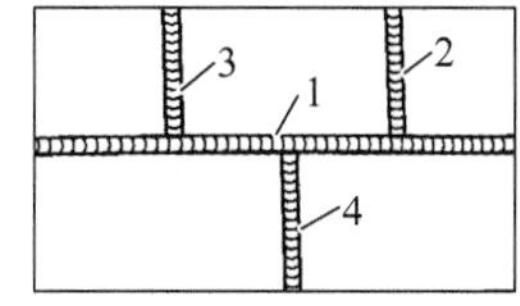

图 1　第 17 题

18. 在不改变图 2 中 A、B、C、D、E 和 F 六小块板料尺寸和不改变焊后面积 $3a\times3a$ 的前提下，试将图中交叉焊缝连接改为 T 形连接，并标注其焊缝的焊接顺序。

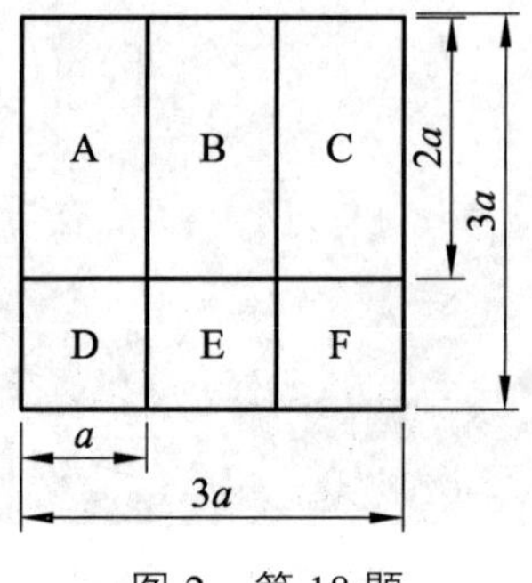

图 2　第 18 题

第 4 章　金属切削基本知识

【导　学】

金属切削加工是获得高精度零件的重要途径，在航空航天、汽车等领域的零件制造中占有重要地位。本章主要介绍切削运动及切削要素、刀具结构及几何参数的选择、刀具材料等金属切削相关内容。通过本章的学习，要求掌握切削加工基本知识，弄清楚它们对切削加工的影响，了解金属切削加工中切削运动、切削刀具，以及切削过程中存在的共同规律，为合理选用刀具材料、控制切削加工过程、优化切削加工方法打下基础。

4.1　切削运动及切削要素

利用切削刀具在工件上切除多余金属材料的加工方法称为金属切削加工，通过切削加工可以使工件达到期望的表面质量、几何形状精度和规定尺寸。常用来对金属进行切削加工的刀具有车刀、铣刀、刨刀、钻头、砂轮、齿轮刀具等，常见的切削加工方法为车削、铣削、刨削、磨削、钻削、齿轮加工等。虽然切削加工有多种不同的方式，但它们在切削运动、切削刀具和切削过程实质等方面存在共同的规律。

4.1.1　切削运动

切削运动是指在进行切削加工时，为了使零件表面获得期望的形状，切削刀具与被加工工件之间的相对运动。例如，在进行车削时，被加工工件的旋转运动是切除多余金属的基本运动，车刀沿着平行于被加工工件轴线的直线运动是为了保证切削过程的连续性，车削通过这两个运动完成被加工工件外圆表面的加工。零件表面形状的不同会导致所需要的运动数目不同，根据所选择加工方法的不同，相同表面可能会有不同的运动。一般来说，在切削加工过程中，根据运动在加工中起的作用，可以将切削运动分为主运动和进给运动两大类。

1. 主运动

主运动是切除工件多余材料的工件与刀具之间相对运动中最基本运动。通常来说，主运动的主要动力由机床提供，主运动的速度和所消耗的功率都是最大的。在工件与刀具的相对运动中，主运动一般只有一个，它可以通过刀具或者工件完成，主运动的运动形式可以是直线往复运动和旋转运动两种类型。

例如在图 4-1-1 中，进行车削时工件的旋转运动、进行钻削时刀具的旋转运动、进行刨削时刀具的往复直线运动、进行铣削时刀具的旋转运动、进行磨削时砂轮的旋转运动等，都是切削加工中的主运动。

车削

2. 进给运动

进给运动是保证工件被刀具切削下来的金属层具有连续性的运动。一般来说，进给运动使刀具和工件之间产生附加的相对运动，其运动形式可以是旋转运动或直线运动，其运动过程可以是连续的或者间断的，其动力由机床或者人力提供，运动的速度和所消耗的功率较低。根据刀具与工件被加工表面的相对运动方向，可以将进给运动分为横向进给运动、纵向进给运动、切向进给运动、轴向进给运动、径向进给运动和周向进给运动等。在不同的切削加工中有特定的切削运动，通常主运动只有一个，而进给运动可以有一个或者多个。主运动和进给运动可以由刀具和工件分别完成，也可以由刀具（例如钻头）单独完成。

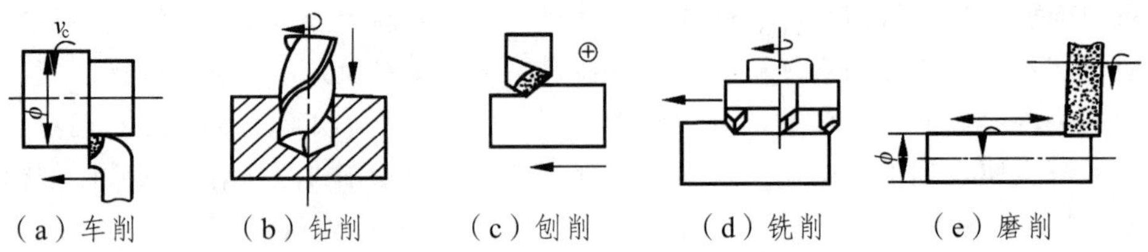

图 4-1-1　切削运动

例如在图 4-1-1 中，进行车削时刀具的直线运动、进行钻削时工件的直线运动、进行刨削时工件的间歇直线运动、进行铣削时工件的直线运动、进行磨削时工件的往复直线运动和旋转运动等，都是切削加工中的进给运动。

在切削加工中，除了主运动和进给运动之外，为了完成对工件的加工还需要其他一些辅助运动形式，例如刀具的切入与退出，工件的夹紧与松开，机床的开车、停车、变速和换向等动作。

钻削

3. 切削运动产生的表面

在对被加工工件进行切削加工时，在工件上有三个表面不断发生变化，分别称为已加工表面、过渡表面和待加工表面，如图 4-1-2 所示。

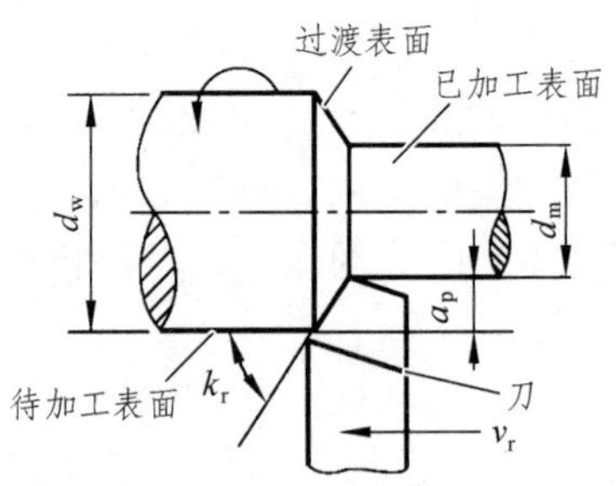

图 4-1-2　切削运动产生的表面

（1）已加工表面：工件上已经被刀具切除掉多余金属后在工件上产生的新表面。

（2）待加工表面：在切削加工时，工件上即将被加工刀具切除掉的表面。

（3）过渡表面：在切削过程中工件上正在被切除的表面，过渡表面一直位于已加工表面和待加工表面之间，在切削加工过程中不断变化。

4.1.2　切削要素

切削要素是切削过程中的重要参数，可以分为两大类，即切削用量要素和切削层截面要素。

1. 切削用量要素

切削用量是用来描述切削加工过程中主运动和进给运动的参数，它是计算切削力或切削功率、确定工时定额、核算工序成本和调整机床的必要数据。一般来说，切削用量的数值大小由被加工工件的材料和结构、所需加工精度、切削刀具材料和形状以及其他技术要求决定。切削用量是由切削速度、进给量和背吃刀量（切削深度）三个参数构成，以上三个参数也称为切削用量三要素。

1）切削速度

切削速度指的是在进行切削加工时，刀具切削刃上选定点（如刀尖）相对于工件待加工表面主运动的瞬时线速度。例如，在进行车削加工时，切削速度可以理解为车刀在单位时间内切除金属的展开长度，如图 4-1-3 所示。

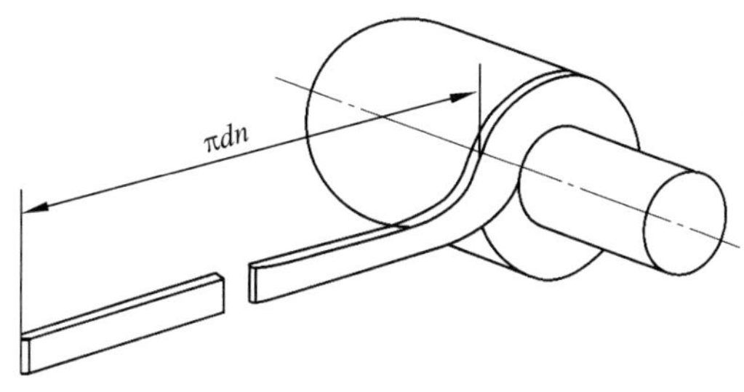

图 4-1-3　切削速度示意图

主运动为回转运动时，切削速度可通过式（4-1-1）计算：

$$v_c = \pi \cdot d \cdot n/1\,000 \quad (4\text{-}1\text{-}1)$$

式中　v_c——切削速度，m/min；

d——刀具切削刃上选定点位置处工件的直径，mm；

n——车床主轴的转速，r/min。

2）进给量

进给量 f 指的是在一个主运动循环内，刀具（工件）在进给运动方向上与工件（刀具）的相对移动距离，通常用刀具或工件在每转或每行程内的位移量来表示和度量。例如，在进行车削加工时，被加工工件每旋转一周时，车刀在进给方向上相对于工件的位移量为进给量，单位为 mm/r，如图 4-1-4 所示。对于其他切削加工方式，进给量可以用每一行程内刀具在进

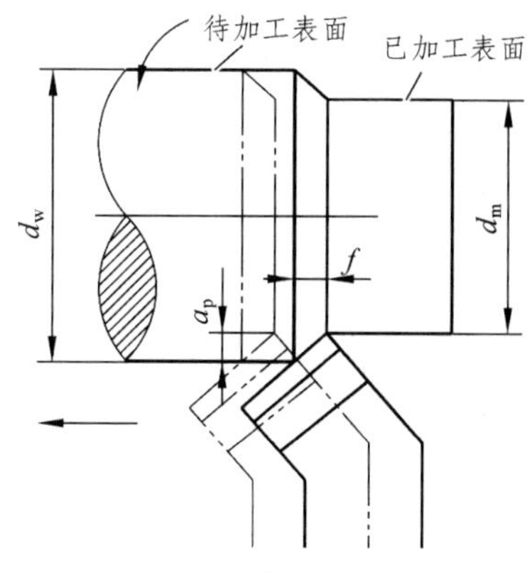

图 4-1-4　进给量示意图

给方向相对于工件的位移量（如刨刀加工），此时进给量的单位为 mm/行程；也可以用每转或每往复行程中每个刀齿在进给方向上相对于工件的移动距离（如铰刀、铣刀、拉刀等），此时进给量的单位为 mm/z，称为每齿进给量 f_z。

按照刀具与工件被加工表面的相对运动方向可以将进给量分为横向进给量、纵向进给量、切向进给量、轴向进给量、径向进给量和周向进给量等。

3）背吃刀量

背吃刀量指的是切削加工过程中在工件的已加工表面和待加工表面之间的垂直距离，可以理解为切削加工时刀具切入工件的深度。例如图 4-1-4 所示，在车削外圆时，背吃刀量可由式（4-1-2）计算：

$$a_p = (d_w - d_m) / 2 \tag{4-1-2}$$

式中 a_p——背吃刀量（切削深度），mm；

d_w——待加工工件表面直径，mm；

d_m——已加工工件表面直径，mm。

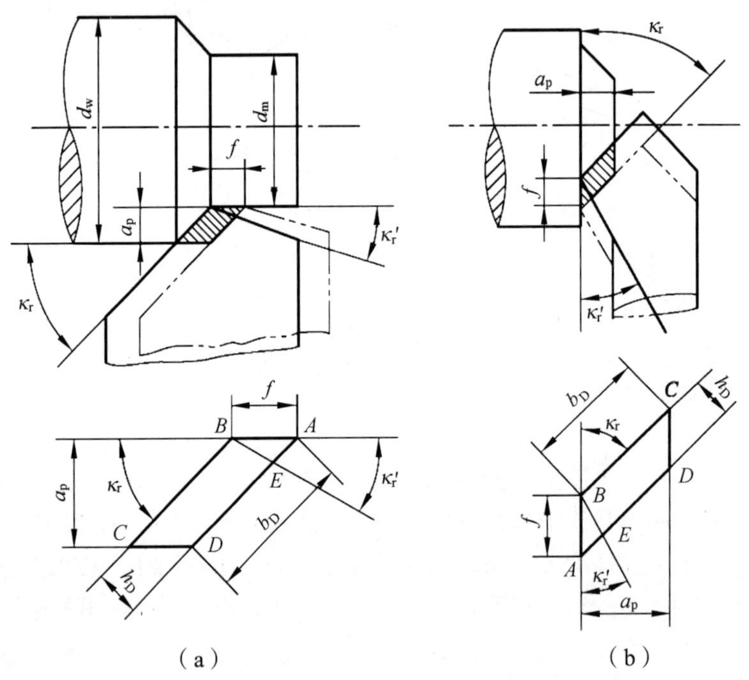

图 4-1-5 切削层示意图

2. 切削层截面要素

切削层指的是在切削过程中，由于刀具与工件在进给方向上的相对运动，刀具切削刃从工件待加工表面上切削下来的金属层。通常来说，用垂直于切削速度平面上的投影来度量切削层，称为切削层截面。例如在图 4-1-5 中，当进行工件外圆车削时，车刀切削刃在进给量内切除金属层的截面为切削层截面，即图 4-1-5 中阴影部分所示。切削层截面主要用切削层公称厚度、切削层公称宽度和切削层公称横截面积三个参数表征，以上三个参数称为切削层截面三要素。

1）切削层公称厚度

切削层公称厚度指的是刀具在进给量内切削刃在前后两个位置之间的垂直距离，可用式

（4-1-3）计算：

$$h_D = f \cdot \sin K_r \qquad (4\text{-}1\text{-}3)$$

式中　h_D——切削层公称厚度，mm；

f——进给量，mm/r；

K_r——车刀主偏角，（°）。

2）切削层公称宽度

切削层公称宽度是指刀具在进给量内切削刃参与切削的长度在切削层横截面内的投影，可用式（4-1-4）计算：

$$b_D = a_p / \sin K_r \qquad (4\text{-}1\text{-}4)$$

式中　b_D——切削层公称宽度，mm；

a_p——背吃刀量，mm；

K_r——车刀主偏角，（°）。

3）切削层公称横截面积

切削层公称横截面积为切削时切削层截面的实际横截面积。切削层公称横截面积的大小反映了刀具切削刃所受载荷的大小，它会影响生产率、刀具寿命和加工质量等。切削层公称横截面积近似等于切削层公称厚度与切削层公称宽度的乘积或背吃刀量与进给量的乘积，可用式（4-1-5）计算：

$$A_D = h_D \cdot b_D = f \cdot a_p \qquad (4\text{-}1\text{-}5)$$

式中　A_D——切削层公称横截面积，mm^2；

h_D——切削层公称厚度，mm；

b_D——切削层公称宽度，mm；

f——进给量，mm/r；

a_p——背吃刀量，mm。

4.2　刀具结构及其几何参数

车刀结构及其几何参数

在切削加工过程中使用的刀具种类繁多、形状各异，但不同刀具切削部分的功用普遍来说是相同的。通常认为车刀是最典型、最简单的一种刀具，其他不同类型的刀具可以看作是以车刀为基础演变和组合的，如图 4-2-1 所示。这里将通过普通外圆车刀为例来说明刀具的结构和几何参数。

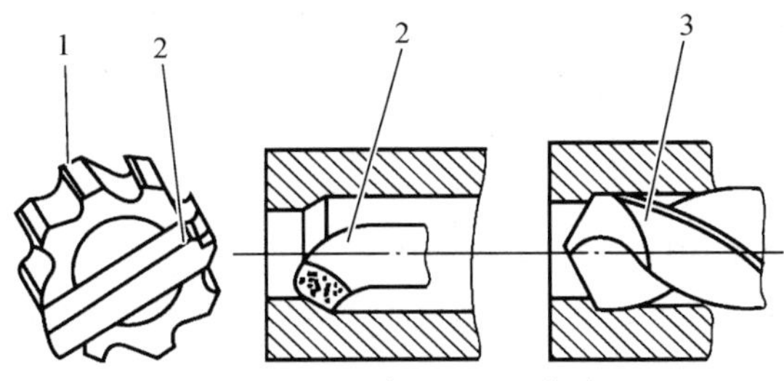

1—铣刀；2—车刀；3—钻头。

图 4-2-1　不同刀具与车刀之间的关系

4.2.1　刀具结构

普通外圆车刀的刀具结构如图 4-2-2 所示。可以看到，普通外圆车刀主要由刀体和刀柄组成，刀体的主要作用是用于切削，刀柄的主要作用是用于刀具的装夹。

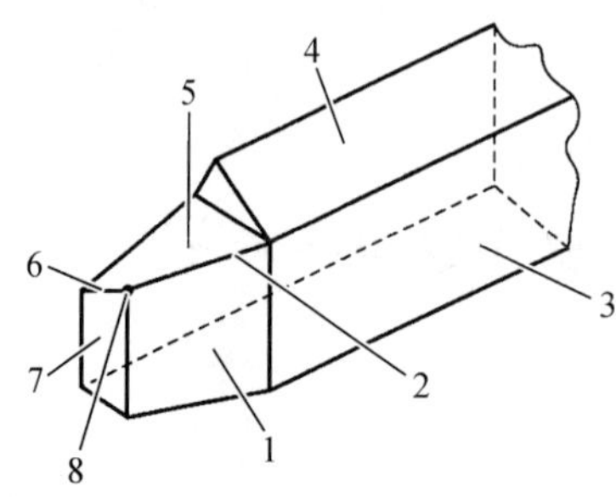

1—后刀面；2—主切削刃；3—底面；4—刀柄；5—前刀面；
6—副切削刃；7—副后刀面；8—刀尖。

图 4-2-2　车刀结构

刀具的刀体是参与切削的部分，其一般由一尖、两刃、三面组成，即刀尖、主切削刃、副切削刃、前刀面、后刀面、副后刀面。

1. 前刀面（前面）A_{γ}

切屑在刀具上流过的表面称为刀具的前刀面。

2. 后刀面（后面）A_{α}

刀具上与工件过渡表面相对的表面称为刀具的后刀面。

3. 副后刀面（副后面）$A_{\alpha'}$

刀具上与工件已加工表面相对的表面称为刀具的副后刀面。

4. 主切削刃 S

刀具上前刀面和后刀面的交线称为刀具的主切削刃，切削工作主要由主切削刃承担。

5. 副切削刃 S'

刀具上前刀面和副后刀面的交线称为刀具的副切削刃，切削过程中，副切削刃起到辅助切削的作用，担任少量的切削工作。

6. 刀尖

刀具上主切削刃和副切削刃的交点称为刀具的刀尖。在实际应用中，为了提高刀尖的强度和耐磨性，刀尖通常被加工成一段短直线或短圆弧，是很短的一部分过渡刃。

不同类型的刀具，其刀尖、切削刃和刀面的数量可能会有所不同。

4.2.2　确定刀具几何角度的辅助参考平面

刀具的几何角度是描述刀具切削部分几何特征的重要参数，对切削加工的质量、精度、效率等都有重要影响。因此，为了确定刀具刀体各部分的空间位置，明确切削部分各表面和切削刃的相对位置，进而确定和测量刀具的几何角度，需要建立相应的参考系。参考系有静止参考系和工作参考系之分，一般来说，在刀具设计、制造、刃磨和测量时对刀具几何角度的描述是在刀具静止参考系下进行的，在刀具静止参考系里定义的刀具角度称为刀具的标注角度。通常，利用三个在空间上相互垂直的辅助参考平面构成刀具静止参考系，如图 4-2-3 所示为正交平面参考系。常用的刀具标注角度参考系还有法平面参考系、假定工作平面参考系。

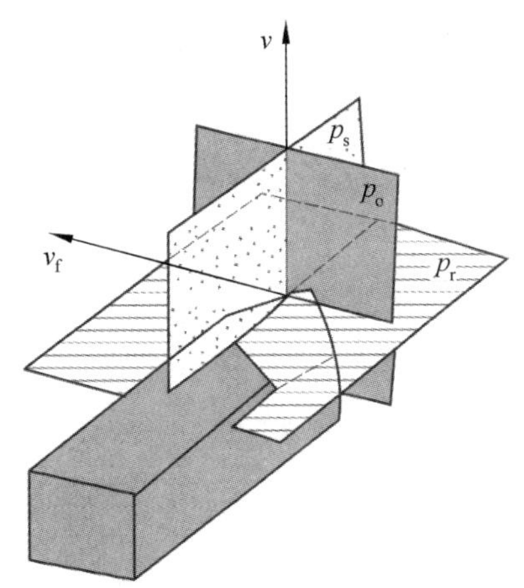

图 4-2-3　刀具正交平面参考系

刀具的正交平面参考系主要由基面、切削平面和正交平面构成。

1. 基面 p_r

基面指的是经过切削刃选定点并与主运动方向（切削速度方向）垂直的平面。对于车刀来说，其基面一般是与刀具的底面（安装面）平行的平面。

2. 切削平面 p_s

切削平面指的是主切削刃上相切于切削刃选定点并与基面垂直的平面。

3. 正交平面 p_o

正交平面指的是经过切削刃选定点并同时垂直于基面和切削平面的平面。

刀具静止参考系的确定是在如下理想条件下进行的。

（1）刀尖与工件回转轴线在同一水平高度；

（2）刀杆纵向轴线与进给运动方向垂直或平行；

（3）刀具安装和刃磨的工作面垂直于切削平面，平行于基面；

（4）无进给运动。

4.2.3　刀具的标注角度

刀具的标注角度是在刀具静止参考系中确定切削刃和各刀面的方位角度。现以外圆车刀为例，给出在正交平面参考系中描述和度量刀具标注角度，如图 4-2-4 所示。

1. 在正交平面内描述的刀具角度

1）前角 γ_0

前角是在正交平面内前刀面与基面之间的夹角，表示前刀面的倾斜程度。一般认为当基面在前刀面之上时，前角为正值；当基面在前刀面之下时，前角为负值；当基面与前刀面重合时，前角为零。

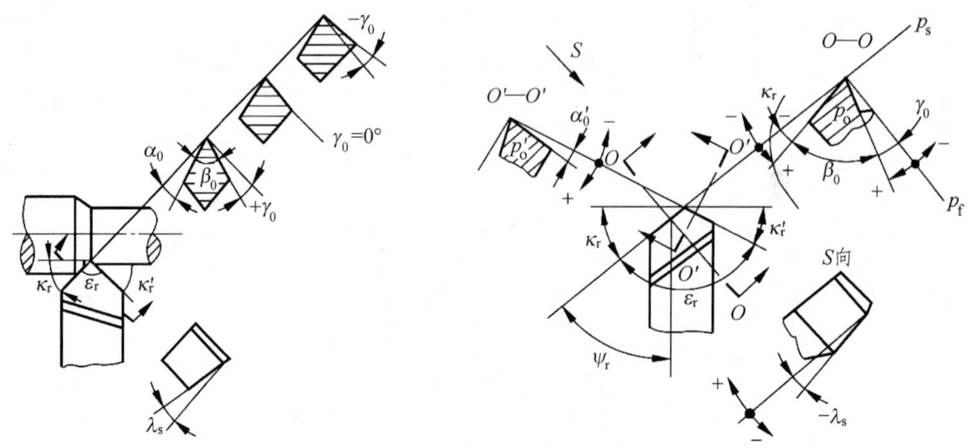

图 4-2-4　外圆车刀正交平面参考系的标注角度

2）后角 α_0

后角是在正交平面内后刀面与切削平面之间的夹角，表示后刀面的倾斜程度，一般为正值。

3）楔角 β_0

楔角是在正交平面内前刀面与后刀面的夹角。

在正交平面内，前角、后角和楔角三者之和为 90°，见图 4-2-4。

2. 在基面内描述的刀具角度

1）主偏角 k_r

主偏角是在基面内主切削刃与进给运动方向的夹角，一般为正值。

2）副偏角 k_r'

副偏角是在基面内副切削刃与进给运动反方向的夹角，一般为正值。

3）刀尖角 ε_r

刀尖角是在基面内主切削刃与副切削刃之间的夹角。

在基面内，主偏角、副偏角和刀尖角三者之和为 180°，如图 4-2-5 所示。

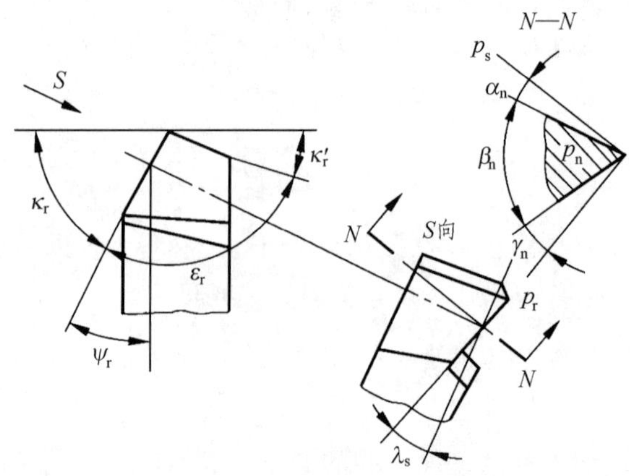

图 4-2-5　基面内的刀具角度

3. 在切削平面内描述的刀具角度

刀倾角 λ_s：是在切削平面内主切削刃与基面间的夹角。当 λ_s 为负值时，刀尖是主切削刃上的最低点；当 λ_s 为正值时，刀尖是主切削刃上的最高点；当 λ_s 为零时，主切削刃方向水平。

4. 刀具的工作角度

为了准确地描述刀具在切削过程中的工作角度，需要在刀具工作参考系下进行定义。按照实际切削运动方向和刀具实际安装情况来定义的参考系，为刀具工作参考系。在实际的切削加工过程中，由于真实情况与理想情况有差别，导致刀具的实际角度不等于标注角度，这种变化了的角度称为刀具的实际工作角度。一般来说，当主运动速度远大于进给速度时，刀具的工作角度与标注角度可近似认为相等，可以忽略实际工作角度带来的影响。然而，在某些特殊的情况下，例如进行螺纹、丝杠和铲削加工时，刀具的工作角度与标注角度差别较大，需要计算刀具的实际工作角度。

当刀具的刀尖与工件轴线有高度差时，前角与后角的变化情况如图 4-2-6 所示。具体来说，刀尖高于工件轴线时，前角增大、后角减小；当刀具的刀尖低于工件轴线时，前角减小、后角增大。当刀具的轴线安装方向不正确时，主偏角与副偏角的变化情况如图 4-2-7 所示。

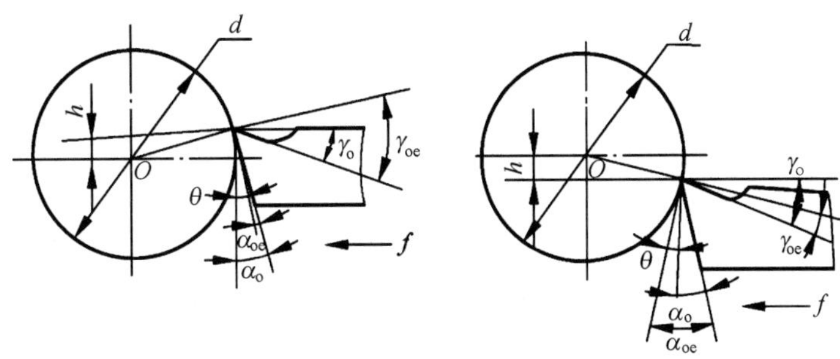

（a）刀尖高于工件轴线　　（b）刀尖低于工件轴线

图 4-2-6　刀具安装高度对工作角度的影响

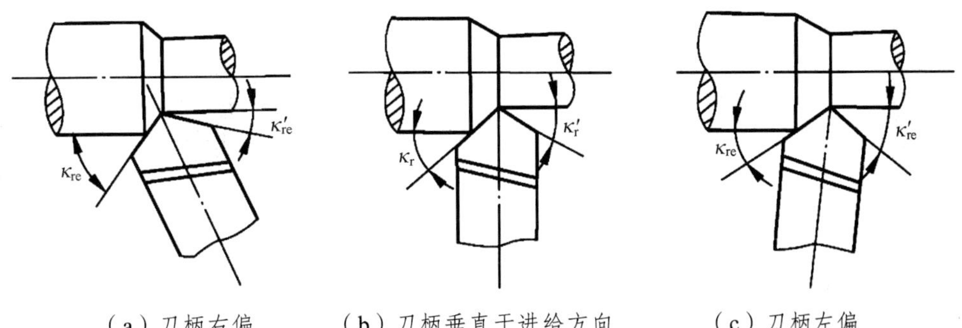

（a）刀柄右偏　　（b）刀柄垂直于进给方向　　（c）刀柄左偏

图 4-2-7　刀具轴线安装方向对工作角度的影响

4.3　刀具材料

4.3.1　刀具材料性能

刀具的切削部分在切削加工过程中将承受较大的切削力、较高的切削温度、强烈的摩擦

作用以及剧烈的振动冲击。因此，刀具切削部分的材料应具备以下基本性能。

1. 高硬度特性

硬度是材料局部抵抗外界物体压入其表面的能力，刀具切削部分材料的硬度是刀具材料的最基本性能。为了保证切削过程的顺利进行，刀具切削部分材料的硬度要高于被加工工件材料的硬度。一般来说，切削部分材料在常温下的硬度应不低于 60 HRC。

2. 足够的强度和韧性

强度是材料抵抗断裂和过度变形的力学性能，韧性是材料在塑性变形和破裂过程中吸收能量的能力，韧性越好则发生脆性断裂的可能性越小。在切削加工过程中，刀具切削部分承受了较大的冲击力和较强的冲击振动，为了防止刀具发生脆性断裂和崩刃，刀具材料应具有足够的强度和韧性。

3. 高耐磨性

耐磨性是表示材料抗磨损性能的指标，耐磨性几乎和材料的所有性能都有关。刀具材料在切削加工过程中，所承受的剧烈摩擦作用会使刀具材料发生磨损。因此，刀具材料应具有较高的耐磨性，一般来说，材料的耐磨性与材料硬度正相关。

4. 高耐热性

耐热性是指材料在受热条件下保持其高硬度、高强度、高韧性、高耐磨性等优良物理机械性能的能力。刀具材料在切削加工过程中要承受较高的切削温度，切削过程产生的热量限制了切削速度的提高。因此，为了保持刀具材料在高温下的机械性能，刀具材料要具有较好的耐热性。

5. 良好的工艺性

工艺性指的是在制造过程中，能否在保证其使用性能的前提下，用生产率高、劳动量小、消耗材料少、生产成本低的方法制造出来的特性。为了便于刀具本身的制造，刀具材料应具有较好的切削性能、磨削性能、焊接性能及热处理性能等工艺性能。

实际应用中，上述要求中某些是相互矛盾的。比如，硬度越高、耐磨性越好的材料韧性和抗破损能力往往越差，耐热性好的材料韧性也往往较差。应根据具体的切削条件选择最合适的材料。

4.3.2 刀具材料种类

目前，在机械制造过程中，高速钢、硬质合金和超硬材料是应用较为广泛的刀具材料。另外，在手工作业或切削速度较低时，刀具材料也可以选用耐热性较差的碳素工具钢和合金工具钢。

1. 高速钢

高速钢是一种高合金工具钢，其主要的合金元素为钨、铬、钒、钼等。高速钢在经过热处理后，其硬度可达 62 ~ 67 HRC；高速钢具有较高的抗弯强度和冲击韧性，并在制造加工过程中容易磨出锋利的刀刃，在实际生产中通常被称为“锋钢”；高速钢同时具有较高的耐热性，在 550 ~ 600 °C 的高温下依然可以保持其在常温下的高硬度和高耐磨性特性；高速钢具有良好的工艺性，一般来说形状较为复杂的切削刀具，例如钻头、铣刀、拉刀、丝锥、齿轮刀具等，普遍使用高速钢作为刀具材料。通常，以高速钢作为刀具材料时，其允许的切削速度一般小于 30 m/min，常见的高速钢牌号有 W6Mo5Cr4V2、W18Cr4V 等。另外，通过在高速钢材料中添加某些合金元素，并适当提高含碳量，例如 W6MoSCr4V2Co8，可以将高速钢的硬度提高到 68 ~ 70 HRC，其保持正常切削性能的温度提高到 600 ~ 650 °C，其耐用度提高 1.3 ~ 3.0 倍。

2. *硬质合金*

硬质合金是由难熔金属的硬质化合物粉末（WC、TiC、TaC、NbC 等）和黏结金属（Co、Ni、Mo 等）在高温高压下通过粉末冶金工艺压制并烧结制成的一种合金材料。硬质合金具有硬度高、耐磨、强度和韧性较好、耐热、耐腐蚀等一系列优良性能，特别是它的高硬度和耐磨性，即使在 500 ℃的温度下也基本保持不变，在 1 000 ℃时仍有很高的硬度，其硬度可达 74 ~ 82 HRC，耐热温度可达 800 ~ 1 000 °C，允许使用的切削速度可达 100 ~ 300 m/min。硬质合金广泛用作刀具材料，如车刀、铣刀、刨刀、钻头、镗刀等，被誉为“工业牙齿”，用于切削铸铁、有色金属、塑料、化纤、石墨、玻璃、石材和普通钢材，也可以用来切削耐热钢、不锈钢、高锰钢、工具钢等难加工的材料。用硬质合金制成的刀具，切削速度比高速钢刀具高 4 ~ 7 倍，刀具耐用度比高速钢刀具高几倍到几十倍。硬质合金的缺点是弯曲强度较低、韧性较差、抗振动和抗冲击的性能不足，因此很少将硬质合金制成整体刀具，一般是将硬质合金制成形状各异的刀片，通过加固或焊接的方式固定在刀体上。

不同的硬质合金刀具适合加工不同材料的工件，根据被加工工件材料的不同，可以将硬质合金刀具分为如下几类。

1）适用于长切削加工的硬质合金刀具材料

这类硬质合金刀具材料一般以 TiC、WC 等难熔金属的硬质化合物粉末为基，以 Co（Ni+Mo，Ni+Co）为黏结金属制成的一种合金材料。这类硬质合金材料适用于加工钢、铸钢及可锻铸铁等材料。其国家标准类别号用字母 P 加两位数字××表示，如 P××。

2）适用于长切削或短切削加工的硬质合金刀具材料

这类硬质合金刀具材料一般是以 WC 为基，以 Co 为黏结金属，并添加少量的 TiC（TaC、NbC）合金元素制成的一种合金材料。这类硬质合金材料适用于加工灰口铸铁、钢、锰钢、铸钢、合金及有色金属等。其国家标准类别号用字母 M 加两位数字××表示，如 M××。

3）适用于短切削加工的硬质合金刀具材料

这类硬质合金刀具材料一般是以 WC 为基，以 Co 为黏结金属，并添加少量的 TaC、NbC 合金元素制成的一种合金材料。这类硬质合金材料适用于加工铸铁、淬火钢、陶瓷、玻璃、塑料、有色金属等。其国家标准类别号用字母 K 加两位数字××表示，如 K××。

在国家标准 GB/T 18376.1—2008 中，规定的切削工具用硬质合金牌号及其推荐作业条件见表 4-3-1 和表 4-3-2 所示。

表 4-3-1　硬质合金牌号、成分及性能

分类分组代号		化学成分/%			物理、力学性能	
		WC	TiC（TaC、NbC 等）	Co（Ni-Mo 等）	洛氏硬度/HRA	抗弯强度/MPa
					不小于	
P	01	61～81	15～35	4～6	92.0	700
	10	59～80	15～35	5～9	90.5	1 200
	20	62～84	10～25	6～10	90.0	1 300
	30	70～84	8～20	7～11	89.5	1 450
	40	72～85	5～15	8～13	88.5	1 650
M	10	75～87	4～14	5～7	91.5	1 200
	20	77～85	6～10	5～7	90.5	1 400
	30	79～85	4～12	6～10	89.5	1 500
	40	80～92	1～3	8～15	89.0	1 650
K	01	≥93	≤4	3～6	91.0	1200
	10	≥88	≤4	5～10	90.5	1 350
	20	≥87	≤3	5～11	90.0	1 450
	30	≥85	≤3	6～12	89.0	1 650
	40	≥82	≤3	12～15	88.0	1 900

注：摘自 GB/T 18376.1—2008《硬质合金牌号　第一部分：切削用具用硬质合金牌号》。

表 4-3-2　硬质合金推荐作业条件

<table>
<tr><th rowspan="2">分类分组代号</th><th colspan="2">作业条件</th><th colspan="2">性能提高方向</th></tr>
<tr><th>被加工材料</th><th>适应的加工条件</th><th>切削性能</th><th>合金性能</th></tr>
<tr><td>P01</td><td>钢、铸钢</td><td>高切削速度，小切屑截面，无振动条件下精车、精镗</td><td rowspan="9">++ 切削速度 --
-- 进给量 ++</td><td rowspan="9">++ 耐磨性 --
-- 韧性 ++</td></tr>
<tr><td>P10</td><td>钢、铸钢</td><td>高切削速度，中小切屑截面条件下的车削、仿形车削、车螺纹和铣削</td></tr>
<tr><td>P20</td><td>钢、铸钢、长切屑可锻铸铁</td><td>中等切削速度，中等切屑截面条件下的车削、仿形车削和铣削，小切屑截面的刨削</td></tr>
<tr><td>P30</td><td>钢、铸钢、长切屑可锻铸铁</td><td>中或低等切削速度、中等或大切屑截面条件下的车削、铣削、刨前和不利条件下[①]的加工</td></tr>
<tr><td>P40</td><td>钢、含砂眼和气孔的铸钢件</td><td>低切削速度、大切屑角、大切屑截面以及不利条件下[①]的车削、刨削、切槽和自动机床上的加工</td></tr>
<tr><td>M10</td><td>钢、铸钢、锰钢、灰口铸铁和合金铸铁</td><td>中高等切削速度、中小切屑截面条件下的车削</td></tr>
<tr><td>M20</td><td>钢、铸钢、奥氏体钢、锰钢、灰口铸铁</td><td>中等切削速度、中等切屑截面条件下的车削、铣削</td></tr>
<tr><td>M30</td><td>钢、铸钢、奥氏体钢、灰口铸铁、耐高温合金</td><td>中等切削速度、中等或大切屑截面条件下的车削、铣削、刨削</td></tr>
<tr><td>M40</td><td>低碳易削钢、低强度钢、有色金属和轻合金</td><td>车削、切断，特别适于自动机床上的加工</td></tr>
</table>

续表

分类分组代号	作业条件		性能提高方向	
	被加工材料	适应的加工条件	切削性能	合金性能
K01	特硬灰口铸铁、淬火钢、冷硬铸铁、高硅铝合金、高耐磨塑料、硬纸板、陶瓷	车削、精车、铣削、镗削、刮削	++ 切削速度 −− ；−− 进给量 ++	++ 耐磨性 −− ；−− 韧性 ++
K10	布氏硬度高于 220 的灰口铸铁、短切屑的可锻铸铁、硅铝合金、铜合金、塑料、玻璃、陶瓷、石料	车削、铣削、镗削、刮削、拉削		
K20	布氏硬度低于 220 的灰口铸铁、有色金属（铜、黄铜、铝）	用于要求硬质合金有高韧性的车削、铣削、镗削、刮削、拉削		
K30	低硬度灰口铸铁、低强度钢、压缩木料	用于在不利条件下①可能采用大切削角的车削、铣削、刨削、切槽加工		
K40	有色金属、软木和硬木	用于在不利条件下①可能采用大切削角的车削、铣削、刨削、切槽加工		

注：① 不利条件是指原材料或铸造、锻造的零件表面硬度不匀，加工时的切削深度不匀，间断切削以及振动等情况。

此外，刀具材料供应方不允许直接用该标准中规定的分组分类代号作为硬质合金牌号命名。刀具材料供方应提供详细的供方特征号（不多于两个英文字母或阿拉伯数字）、供方产品分类代号和两位数的分组代号作为供方硬质合金的牌号。同时，还可以根据需要在两个分组代号之间插入一个中间代号，以两个分组代号的中间数字表示；若还需要对同一分组代号中的材料进行进一步细分，则可以在分组代号后面添加一位阿拉伯数字或英文字母作为细分号，与分组代号之间用小数点“.”隔开。举例如下：

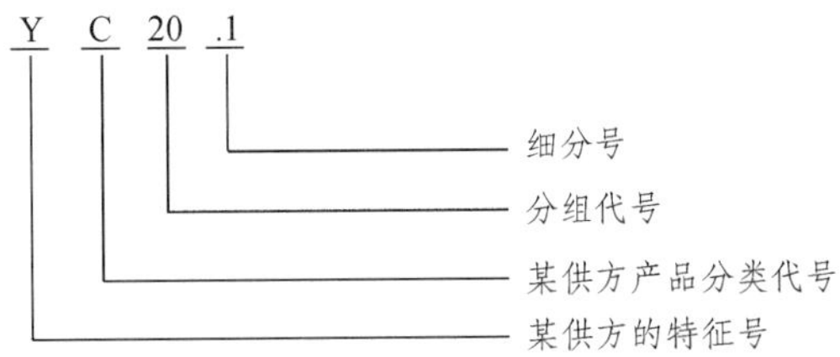

3. 超硬材料

超硬材料指的是硬度特别高的材料，可以分为天然及人造两种。可以用来作为切削刀具的超硬材料有金刚石、立方氮化硼和陶瓷材料等。

1）金刚石

金刚石，俗称“金刚钻”，它是一种由碳元素组成的矿物，是石墨的同素异形体。金刚石的硬度极高，具有极高的耐磨性，是自然界中天然存在的最坚硬的物质，其显微硬度可达 10 000 HV。金刚石是常见的钻石的原身，天然金刚石的价格极高，很少用来作为切削刀具材料。人造金刚石是在高温、高压及金属触媒的作用下由石墨转化而成的。人造金刚石常用于作为切削刀具材料，是目前人工制成的硬度最高的刀具材料。利用人造金刚石制成的切削刀具能够使刀具刃口长期保持锋利，可以切除的切屑厚度极薄，适用于精密加工。例如，人造金刚石刀具可有用于有色金属及其合金的高速精细切削加工。同时，由于人造金刚石的高硬度特性，人造金刚石刀具还可以用于切削加工硬质合金、玻璃、陶瓷等高硬度材料。人造金刚石的缺点是脆性较大，在高温下与铁的亲和力强，容易使铁与碳原子黏结而加剧刀具的磨损，因此人造金刚石不能用于切削加工含铁的金属材料。

2）立方氮化硼

立方氮化硼是由六方氮化硼和触媒在高温高压下合成的，其原子结构与金刚石中的碳原子结构类似。它的硬度高、耐磨性好，显微硬度可达 8 000 ~ 9 000 HV，其硬度和耐磨性仅次于人造金刚石，而远远高于其他材料，常被用作磨料和刀具材料。立方氮化硼具有远优于人造金刚石的热稳定性，在高温下的抗氧化能力较强，在 1 000 ℃时也不产生氧化现象。立方氮化硼对铁元素的化学惰性也远大于人造金刚石，在 1 300 ~ 1 500 °C 的高温下仍可切削，且与铁系材料在高温时也不易起化学作用。因此，立方氮化硼作为一种超硬刀具材料，适于对既硬又韧的材料进行精加工，如高速钢、工具钢、模具钢、轴承钢、淬硬钢、镍和钴基合金、高温合金、硬质合金、火钢、冷硬铸铁、有色金属等难加工材料。但立方氮化硼的抗弯强度低、焊接性能差。

3）陶瓷材料

陶瓷材料是指用天然或合成化合物经过成形和高温烧结制成的一类无机非金属材料。它具有高硬度、高耐磨性、耐氧化等优点，但抗弯强度低、塑性和韧性很差，用陶瓷材料制作的切削刀具的硬度可达 90 ~ 95 HRC。陶瓷材料在高温下具有极好的化学稳定性，其耐热温度高达 1 200 ~ 1 450 °C，因此其能承受比硬质合金刀具还要高的切削速度。陶瓷材料刀具主要用于对高硬度、高强度钢及冷硬铸铁等材料进行精加工和半精加工。

4. 新型刀具材料

为了改善现有刀具材料性能、扩展其应用范围、满足新出现的难加工材料的切削加工要求，需要研发新型刀具材料。近年来，为了提高刀具材料的使用性能、提高切削加工效率、延长刀具使用寿命、增加刃口的可靠性，刀具材料朝着高性能新型材料方向发展，具体阐述如下：

1）纤维增强陶瓷材料

在陶瓷基体中添加纤维来增加强度和韧性，可进一步提高陶瓷刀具材料的性能。

2）碳化钛、氮化钛基硬质合金材料

硬质合金刀具材料中加入碳化钛、氮化钛，可提高刀具韧性和刃口可靠性。

3）涂层硬质合金材料

使用新型涂层硬质合金材料，通过使用更细的颗粒并改进涂层与基体的黏合性，使基体韧性更好、刃口硬度更高，提高刀具的可靠性。另外，也需要扩展多层涂层刀具的应用范围。

4）粉末冶金挤压复合材料

利用粉末冶金挤压复合材料制造刀具，提高切削效率。

5）金刚石涂层材料

在硬质合金基体上加一层金刚石薄膜，提高刀具的耐磨性的同时保持刀具的最佳形状和良好的抗振性能。

思考与习题

一、选择题

1. 在基面内，主偏角、副偏角和刀尖角三者之和为（　　）。

A. 90°　　B. 120°　　C. 150°　　D. 180°

2. 在正平面内，前角、后角和楔角三者之和为（　　）。

A. 90°　　B. 120°　　C. 150°　　D. 180°

3. 当刃倾角 λ_s 为零时，主切削刃方向为（　　）。

A. 最低点　　B. 最高点　　C. 水平　　D. 竖直

4. 在车床上车外圆时，若刀具的刀尖安装高于工件轴线，则车刀的（　　）。

A. 前角减小、后角增大　　B. 前角增大、后角减小

C. 前角增大、后角增大　　D. 前角减小、后角减小

5. 刀具牌号为 W6Mo5Cr4V2，则该刀具的材料种类是（　　）。

A. 高速钢　　B. 硬质合金　　C. 陶瓷材料　　D. 金刚石涂层材料

二、填空题

1. 常用来对金属进行切削加工的刀具有______、铣刀、______、______、砂轮、______等。

2. 一般来说，在切削加工过程中，根据运动在加工中起的作用，可以将切削运动分为__________和________两大类。

3. 在对被加工工件进行切削加工时，在工件上有三个表面不断发生变化，分别称为__________、___________和__________。

4. 切削用量三要素是指__________、____________和__________。

5. 前角是在正交平面______与_______之间的夹角，表示前刀面的_________。

6. 刀具在进给量内切削刃在前后两个位置之间的垂直距离叫 ________。

三、简答题

1. 何谓切削运动？包括哪几类？
2. 切削用量的三要素包括哪些？单位分别是什么？
3. 普通外圆车刀由哪几部分组成？主要作用是什么？
4. 刀具切削部分的材料应具备哪些性能特点？
5. 表征切削层截面的参数有哪些？
6. 什么是刃倾角？如何判断刀尖的位置？
7. 如何度量和描述刀具的几何角度？
8. 刀具材料有哪几种类型？各有哪些特点？
9. 简述刀具材料未来的发展方向。
10. 切削运动产生的表面有哪些？如何判断？
11. 试比较高速钢和硬质合金的性能、用途、化学成分，并分别列举几种常见的牌号。
12. 试判断以下牌号分别代表哪几种刀具材料。

（1）W18Cr4V；（2）W6MoSCr4V2Co8；（3）P10；（4）M30；（5）K20。

四、作图与计算题

1. 画图表示外圆车刀做切削运动时刀具的进给量示意图，并标注刀具的 d_w、d_m、a_p、f。

2. 用主偏角 K_r=75°车刀车削外圆，工件加工前直径为 74 mm，加工后直径为 66 mm，工件转速 n=220 r/min，刀具每秒钟沿工件轴向移动 1.6 mm，试求进给量 f、背吃刀量 a_p、切削速度 v_c、切削厚度 h_D、切削宽度 b_D。

第 5 章　金属切削过程及控制

【导　学】

传统的金属切削过程是指用刀具从工件表面切去多余金属层，形成预期加工表面的过程。在这一过程中，伴随着刀具和工件之间的相互运动和作用，始终存在着刀具与工件（金属材料）切削和抵抗切削的矛盾，从而产生一系列的现象。本章主要针对切削过程中刀具和零件的物理与几何的变化，重点介绍了切削过程中切屑形成、切削力、切削变形、切削温度及刀具磨损等。通过本章学习，要求了解金属切削过程中的物理变化，掌握切削过程中切削力、切削变形与切削热及刀具磨损之间的关系，进而学会选择合理的切削加工条件。

5.1　金属切削过程

5.1.1　金属切削变形过程的基本特征

1. 金属切削变形过程的基本模型

在对金属切削过程进行试验研究时，常用的切削模型是直角自由切削（只有一个直角切削刃参加切削），如图 5-1-1 所示。

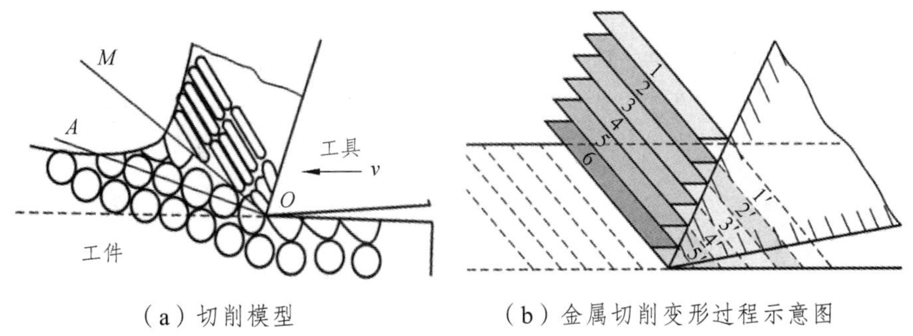

（a）切削模型　　（b）金属切削变形过程示意图

图 5-1-1　直角切削模型

切削时金属材料受前刀面挤压，沿切削刃附近的金属首先产生弹性变形，当由切应力引起的应力达到金属屈服极限时，切削层金属便沿着 45°的斜平面产生剪应变；当载荷增大到一定程度，剪切变形进入塑性流动阶段，金属材料内部沿着剪切而发生相对滑移，随着刀具不断向前移动，剪切滑移将持续下去，如图 5-1-1 所示，于是被切金属层就转变为切屑。如果是脆性材料（如铸铁），则沿此剪切面产生剪切断裂。因此，金属切削过程就是工件被切金属层在刀具前刀面的推挤下，沿着剪切面（滑移面）产生剪切滑移变形并转变为切屑的过程。

2. 变形区的划分与切屑的形成过程

图 5-1-2 所示为根据金属切削试验绘制的金属切削过程中的变形滑移线和流线示意。流线

表示被切削金属的某一点在切削过程中流动的轨迹。由图可见，切削层金属的变形大致可划分为三个变形区。

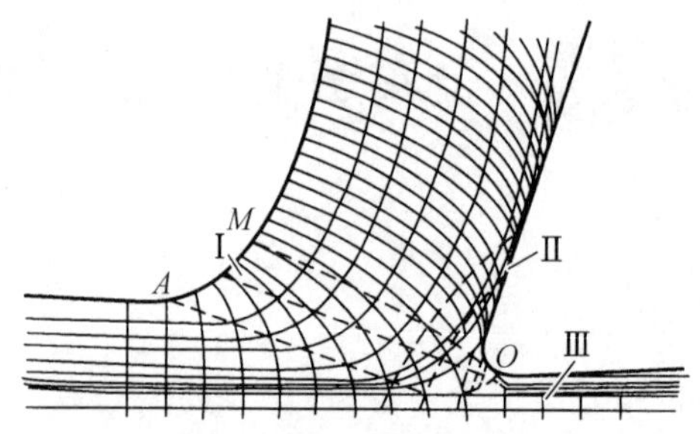

图 5-1-2　金属切削过程中的滑移线和流线示意

（1）第一变形区。位于切削刃和前刀面的前方，从 *OA* 线（称始剪切线或始滑移线）开始发生塑性变形，到 *OM* 线（称终剪切线或终滑移线）晶粒的剪切滑移基本完成，面积是三个变形区中最大的，这一区域称为第一变形区，也是形成切屑的主要变形区。

（2）第二变形区。其是与前刀面相接触的附近区域，切屑沿前刀面排出时进一步受到前刀面的挤压和摩擦，继续以剪切滑移为主发生变形，而靠近前刀面处切屑底层进一步发生变形，从而使切屑底层晶粒拉伸变长，发生金属纤维化，纤维化方向基本上和前刀面平行，这一区域称为第二变形区。

（3）第三变形区。已加工表面靠近切屑刃处的区域，这一区域金属受刀刃钝圆部分和后刀面的挤压与摩擦，产生变形和回弹，造成表层金属纤维化与加工硬化，这一区域称为第三变形区。

在第一变形区内金属变形的主要特征是剪切变形。通过追踪切削层上的任一点 *P*，可以观察切削的变形和形成过程（见图 5-1-3）。当切削层中金属某点 *P* 向切削刃逼近，到达点 1 时，其剪切应力达到材料的屈服强度 τ_s；过点 1 后，*P* 点在向前移动的同时，也沿 *OA* 线滑移，其合成运动使点 1 流动到点 2，2—2′为滑移量。随着滑移量的增加，剪应变将逐渐增加，直到 *P* 点移动到 4 点位置之后，其流动方向与前刀面平行，不再沿 *OM* 线滑移。在 *OA* 到 *OM* 之间的第一变形区内，其变形的主要特征是沿滑移线的剪切滑移变形，以及随之产生的加工硬化。

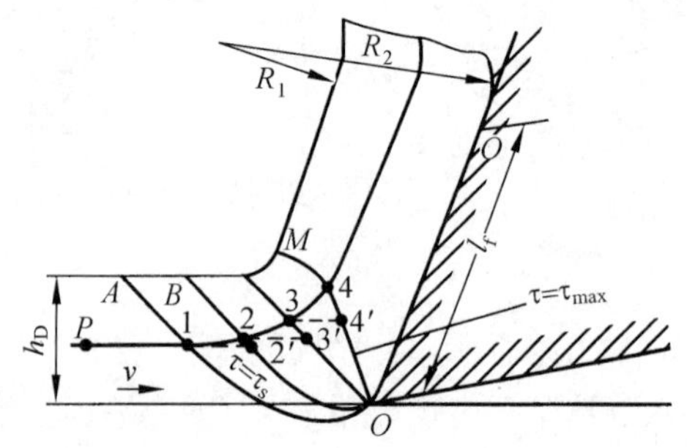

图 5-1-3　第一变形区金属的滑移

5.1.2　切削变形程度的表示方法

1. 剪切角

在一般切削速度内，第一变形区的宽度仅为 0.02~0.2 mm。速度越高，宽度越小，所以通常把第一变形区近似看成一个平面，该平面称为剪切面。剪切面和切削速度方向的夹角称为剪切角，以 ϕ 表示；γ_0 为前角。

实验证明，切削力的大小与剪切角 ϕ 有直接联系。若剪切角 ϕ 越大，则剪切面积越小（见图 5-1-4），即变形程度越小，切削比较省力。

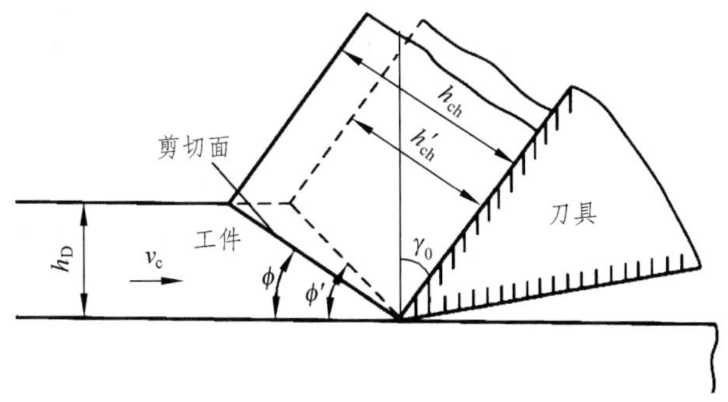

图 5-1-4　剪切角与剪切面积的关系

2. 变形系数

在金属切削加工中，刀具切下的切屑厚度 h_{ch} 通常都要大于切削厚度 h_D，而切屑长度 l_{ch} 却小于切削长度 l_c，如图 5-1-5 所示。切屑厚度与切削厚度之比称为厚度变形系数 Λ_{ha}，而切削长度与切屑长度之比称为长度变形系数 Λ_{hl}，即

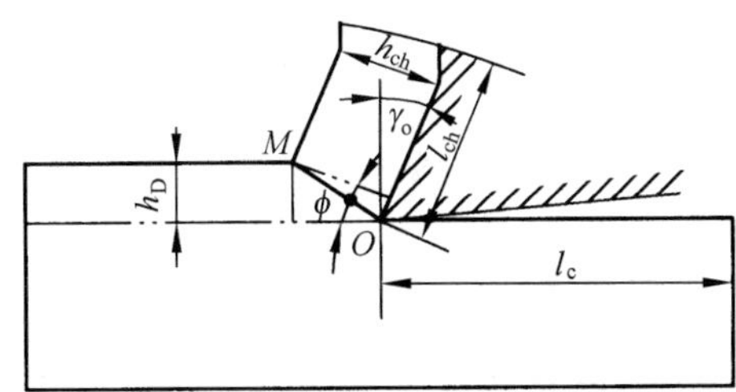

图 5-1-5　变形系数 Λ_h 的计算

厚度变形系数

$$\Lambda_{ha}=\frac{h_{ch}}{h_D} \tag{5-1-1}$$

长度变形系数

$$\Lambda_{hl}=\frac{l_c}{l_{ch}} \tag{5-1-2}$$

由于切削宽度与切屑宽度差异很小，根据体积不变原则，有

$$\Lambda_{ha}=\Lambda_{hl}=\Lambda_h$$

变形系数 Λ_h 是大于 1 的数，可以用剪切角 ϕ 表示：

$$\Lambda_h=\frac{h_{ch}}{h_D}=\frac{OM\cos(\phi-\gamma_0)}{\sin\phi}=\frac{\cos(\phi-\gamma_0)}{\sin\phi} \tag{5-1-3}$$

变形系数直观反映切屑的变形程度，Λ_h 越大，变形越大。虽然 Λ_h 容易测量，但很粗略。Λ_h 与

剪切角 ϕ 有关，ϕ 增大，Λ_h 减小，切削变形减小。

3. 相对滑移 ε

切削过程中金属变形的主要形式是剪切滑移，所以采用相对滑移（剪应变）ε 来衡量变形程度。如图 5-1-6 所示，当切削层单元平行四边形 *OHNM* 发生剪切变形后，变为 *OGPM* 时，其剪应变为

$$\varepsilon=\frac{\Delta s}{\Delta y}=\frac{NP}{MK}=\frac{NK+KP}{MK}=\frac{NK}{MK}+\frac{KP}{MK}=\cot\phi+\tan(\phi-\gamma_o)$$

或

$$\varepsilon=\frac{\cos\gamma_o}{\sin\phi\cos(\phi-\gamma_o)} \qquad (5\text{-}1\text{-}4)$$

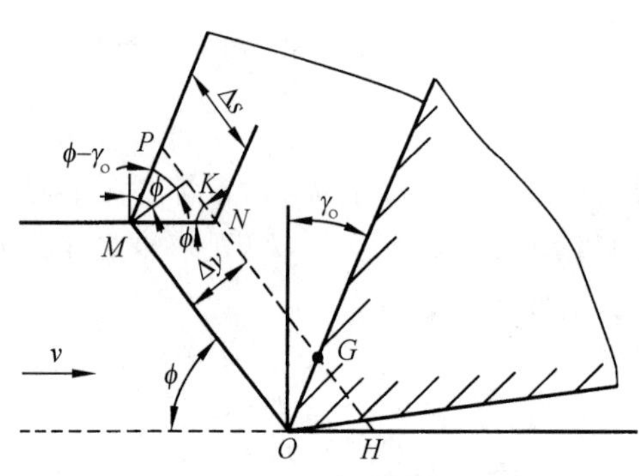

图 5-1-6　剪切变形示意图

5.1.3　前刀面的挤压与摩擦

在金属切削过程中，切削层金属经第一变形区后变成切屑沿刀具前刀面流出，由于受到前刀面的挤压和摩擦而进一步加剧变形，在靠近前刀面处形成第二变形区。这个变形区的特征是切屑底层晶粒纤维化，流动速度减缓，甚至停滞在前刀面上，切屑卷曲，刀屑接触区温度升高等。挤压与摩擦不仅造成第二变形区的变形而且反过来又影响第一变形区。

1. 作用在切屑上的力

为了研究前刀面上摩擦对切屑变形的影响，首先要分析作用在切屑上的力。在直角自由切削下，作用在切屑上的力有前刀面上的法向力 $F_{\gamma N}$ 和摩擦力 F_γ；剪切面上的法向力 F_{shN} 和剪切力 F_{sh}，如图 5-1-7 所示。这两对力的合力应当互相平衡，如果把所有的力都画在刀刃前方，可得如图 5-1-8 所示各力的关系。

如图 5-1-8 所示，F 为 $F_{\gamma N}$ 和 F_γ 的合力，称切屑形成力；ϕ 为剪切角；β 为 $F_{\gamma N}$ 和 F 的夹角，称为摩擦角；γ_0 为前角；F_c 为切削运动方向的切削分力；F_f 为与切削运动方向垂直的分力；h_D 为切削厚度；b_D 为切削宽度；A_D 为切削面积；A_s 为剪切面剖面积；τ 为剪应力，则

$$A_D=h_D b_D$$

$$A_s=\frac{A_D}{\sin\phi}=\frac{h_D b_D}{\sin\phi}$$

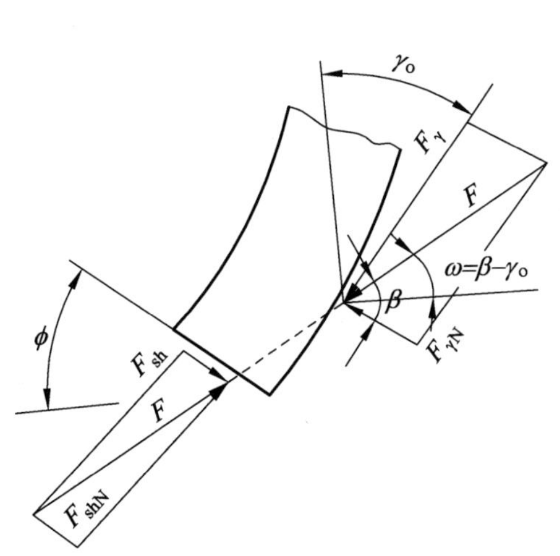

图 5-1-7　作用在切屑上的力

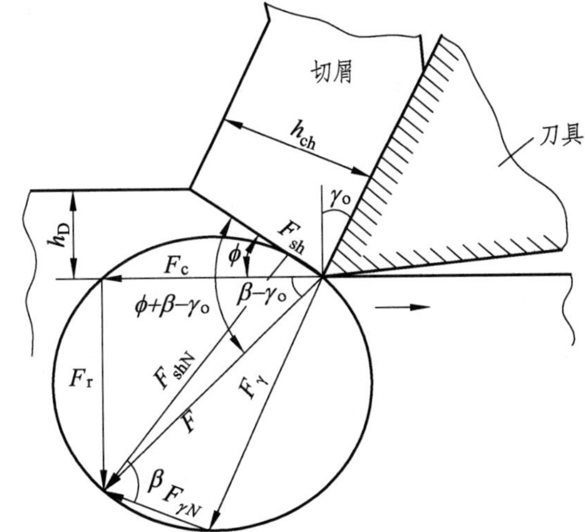

图 5-1-8　直角自由切削时力与角度的关系

又

$$F_{sh}=\tau A_s=\frac{\tau A_D}{\sin\phi}$$

$$F_{sh}=F\cos(\phi+\beta-\gamma_0)$$

$$F=\frac{F_{sh}}{F\cos(\phi+\beta-\gamma_0)}=\frac{\tau h_D b_D}{\sin\phi\cos(\phi+\beta-\gamma_0)} \tag{5-1-5}$$

则

$$F_c=F\cos(\beta-\gamma_0)=\frac{\tau h_D b_D\cos(\beta-\gamma_0)}{\sin\phi\cos(\phi+\beta-\gamma_0)} \tag{5-1-6}$$

$$F_f=F\sin(\beta-\gamma_0)=\frac{\tau h_D b_D\sin(\beta-\gamma_0)}{\sin\phi\cos(\phi+\beta-\gamma_0)} \tag{5-1-7}$$

式（5-1-6）、式（5-1-7）说明了摩擦角 β 对分力 F_c 和 F_f 的影响。由式（5-1-6）、式（5-1-7）可得

$$\frac{F_f}{F_c}=\tan(\beta-\gamma_0)$$

$\tan\beta$ 等于前刀面上的平均摩擦系数 μ。

2. 剪切角的计算

由图 5-1-8 及式（5-1-5）可知，合力 F 的方向即为主应力方向，F_{sh} 的方向就是最大剪应力方向，二者间的夹角为 $(\phi+\beta-\gamma_0)$。根据材料力学平面应力状态理论，主应力方向与最大剪应力方向的夹角应为 45°，故有

$$\phi+\beta-\gamma_0=\frac{\pi}{4}$$

即

$$\phi = \frac{\pi}{4} - \beta + \gamma_0 \tag{5-1-8}$$

由式（5-1-8）可知：

（1）当前角 γ_0 增大，ϕ 角随之增大，变形减小。可见，在保证刀刃强度的前提下，加大刀具的前角对改善切削过程有利。

（2）当摩擦角 β 增大，ϕ 角随之减小，变形增大。故仔细研磨刀面、采用优质切削液以减小前刀面上的摩擦，对切削过程同样有利。

3. 前刀面上的摩擦

塑性金属在切削过程中，刀具前刀面和切屑底层间存在着很大的压力，可达 2~3 GPa，切削液不易进入接触面，再加上几百度的高温，从而使刀具和切屑接触面间产生黏结。故切屑与前刀面之间的摩擦情况与一般滑动摩擦不同，为切屑、前刀面黏结层与其上层金属之间的内摩擦，即金属内部的滑移剪切。它不同于滑动摩擦（摩擦力的大小与摩擦系数、正压力有关，与接触面积无关），而是与材料的流动应力特征及黏结面积大小有关。

切屑和前刀面摩擦时，如图 5-1-9 所示，在刀具和切屑接触面上正应力分布是不均匀的，切削刃处正应力最大，随着切屑沿刀面的流出，正应力逐渐减小，当刀具和切屑分离时为零。刀屑接触部分可分为两个区域，正应力较大的一段长度 l_{f1} 上，切屑底部与刀具黏结，在黏结部分为内摩擦；切屑沿前刀面流出，离切削刃越远，正应力越小，切削温度随之降低，使切削层金属的塑性变形减小，刀具和切屑间实际接触面积减小，直到进入 l_{f2} 内，摩擦部分转变为滑动摩擦。图 5-1-9 也表示出了整个刀-屑接触区上正应力的分布，显然金属的内摩擦力要比滑动摩擦力大得多，因此，应着重考虑内摩擦。

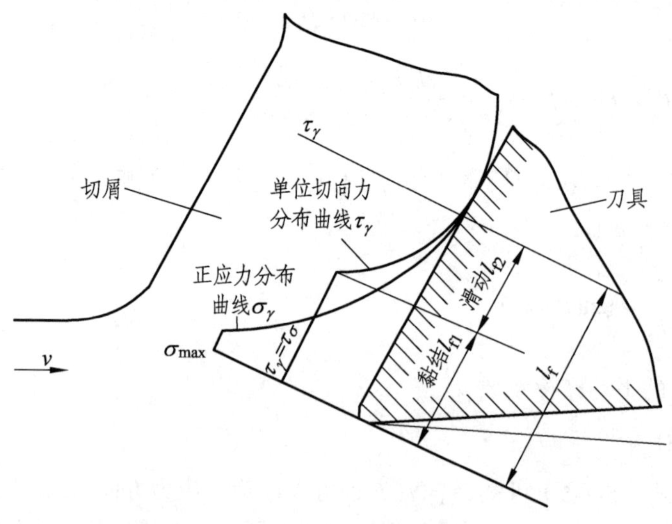

图 5-1-9　切屑和前刀面摩擦情况示意

令 μ 为前刀面上的平均摩擦系数，则

$$\mu = \frac{F_f}{F_n} \approx \frac{\tau_s A_{f1}}{\sigma_{av} A_{f1}} = \frac{\tau_s}{\sigma_{av}} \tag{5-1-9}$$

式中，A_{f1} 为内摩擦部分的接触面积；σ_{av} 为内摩擦部分的平均正应力；τ_s 为工件材料剪切屈服强度。

由于 τ_s 随切削温度升高而略有下降，σ_{av} 随材料硬度、切削厚度及刀具前角而变化，其变化范围较大，因此 μ 是一个变数。

5.1.4　积屑瘤的形成及对切削过程的影响

1. 积屑瘤的形成

在切削速度不高而又能形成连续性切屑的情况下，加工钢料等塑性材料时，常在前刀面切削处黏着一块剖面呈三角状的硬块。这块冷焊在前刀面上的金属称为积屑瘤（见图 5-1-10）。它的硬度很高（通常是工件材料的 2~3 倍），处于稳定状态时，能够代替刀刃进行切削。

积屑瘤形成的原因是：当温度达到一定值时，在刀-屑接触长度 l_f 的 l_{f1} 段接触区间上，若切屑底层材料中切应力超过材料的剪切屈服强度，滞流层中流动速度为零的切削层就被剪切而断裂，黏结在前刀面上；由于黏结作用，切屑底层的晶粒纤维化程度很高，几乎和前刀面平行。连续流动的切屑从黏在刀面的底层上流过时，在温度、压力适当的情况下，也会被阻滞在底层上。这层金属因经受了强烈的剪切滑移作用，产生加工硬化，所以它能代替切削刃继续剪切较软的金属层，这样依次逐层堆积，高度逐渐增大就形成了积屑瘤。

长高的积屑瘤在外力或振动作用下会发生局部的破裂和脱落，继而重复生长与脱落。积屑瘤的产生及其积聚程度与金属材料的硬化性质有关，也与切削速度、刃前区的温度和压力状况有关。一般工件材料塑性越好、材料的加工硬化趋势越强，越容易产生积屑瘤。切削速度很高或很低时，很少生成积屑瘤，在某一速度范围内，积屑瘤容易生成，积屑瘤高度与切削速度的关系如图 5-1-11 所示，Ⅰ区为低速区，不产生积屑瘤；在Ⅱ区内，积屑瘤高度随切削速度的不断增加而增至最大值；在Ⅲ区内，积屑瘤高度随切削速度的增加而减小；在Ⅳ区内，不产生积屑瘤。刃前区的温度和压力较低，不会产生积屑瘤；若温度太高，产生弱化作用，也不会产生积屑瘤。对于碳素钢，在 300~500℃时积屑瘤最高，到 500℃以上时趋于消失。此外，增大刀具前角、改善前刀面的表面粗糙度、使用合适的切削液，都可减少或避免积屑瘤的生成。

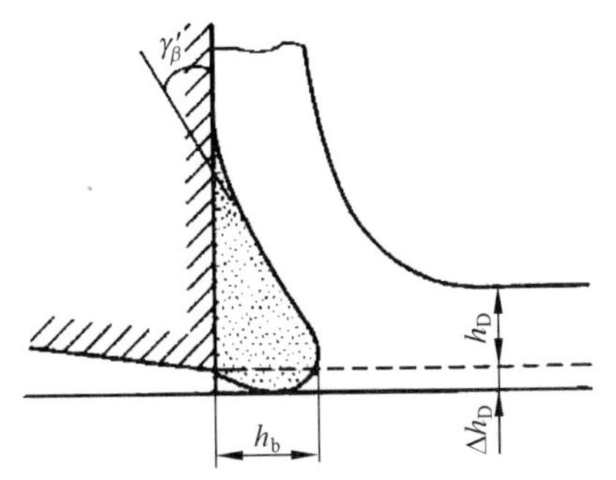

图 5-1-10　积屑瘤前角 γ_b 和伸出量 Δh_D

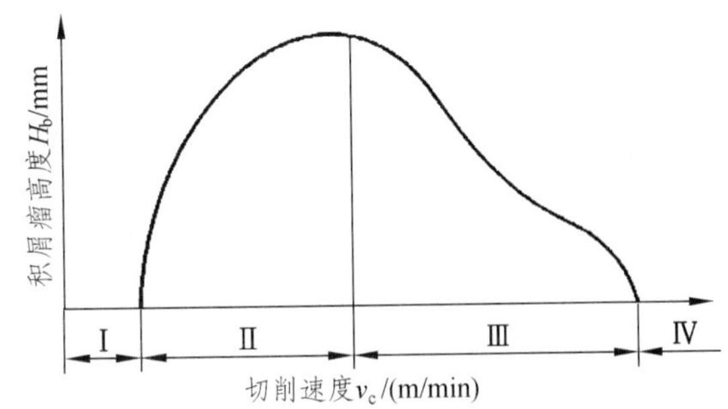

图 5-1-11　积屑瘤高度与切削速度关系示意

2. 积屑瘤对切削过程的影响

（1）增大前角。积屑瘤黏结在前刀面上，加大了刀具的实际前角，可使切削力减小。积屑瘤越高，实际前角越大。

（2）引起过量切削。如图 5-1-10 所示，积屑瘤使刀具切入深度增加了 Δh_D。由于积屑瘤的产生、成长与脱落是一个周期性过程，Δh_D 变化有可能引起振动。

（3）增大已加工表面粗糙度。积屑瘤的顶部很不稳定，易破裂，破裂后的部分碎片可能留在已加工表面上，使得加工表面粗糙度增大。另外，积屑瘤凸出刀刃部分也会使加工表面变得粗糙，降低加工精度。

（4）影响刀具使用寿命。积屑瘤相对稳定时，可代替刀刃切削，能提高刀具使用寿命；但在不稳定时，积屑瘤的破裂有可能导致刀具的剥落磨损。

3. 防止积屑瘤产生的措施

积屑瘤对切削过程的影响有利有弊。粗加工时，对精度和表面粗糙度的要求不高，如果积屑瘤能稳定生长，则可以代替刀具进行切削，既可保护刀具，又可减小切削变形。在精加工时应避免或减小积屑瘤，可采取的控制措施有以下几种。

（1）控制切削速度，用低速（高速钢刀具）或高速（硬质合金刀具）进行切削，尽量避开易生成积屑瘤的中速区。

（2）使用润滑性能好的切削液，以减小摩擦。

（3）增大刀具前角，以减小刀屑接触区压力，减小切削变形和切削力，降低切削温度，以抑制积屑瘤的产生。

（4）对工件材料进行正火或调制处理，提高工件材料硬度，降低塑性，减少加工硬化倾向。

5.1.5 影响切削变形的因素

1. 工件材料

工件材料强度越高，切屑变形越小。这是因为工件材料强度越高，摩擦系数越小。根据式（5-1-3）和式（5-1-8）可知，μ 减小时（$\mu=\tan\beta$），剪切角 ϕ 将增大，因此变形系数 Λ_h 将减小。

工件材料的塑性也是影响切削变形的主要因素。例如，碳钢的塑性越大，抗拉强度和屈服强度越低，在较小的应力条件下就容易产生塑性变形。在相同的切削条件下，工件材料的塑性越大，切削变形就越大。例如，lCr18Ni9Ti 和 45 钢的强度近似，但前者延伸率大得多，切削过程中切削变形大，易黏刀且不易断屑。

2. 刀具前角

刀具前角越大，切削变形越小。这是因为当 γ_0 增加时，剪切角 ϕ 增大，因而变形系数 Λ_h 减小。另一方面，γ_0 增大使摩擦角 β 增加，导致 ϕ 减小，但其影响比 γ_0 增加的小，结果还是 Λ_h 随 γ_0 的增大而减小。

3. 切削速度

在无积屑瘤的切削速度范围内，切削速度越高，则变形系数越小。这是由于两方面原因：其一，因为塑性变形的传播速度较弹性变形的慢，切削速度越高，切削变形越不充分，导致变形系数下降；其二，v_c 对 μ 有影响，除低速区外，v_c 增大，则 μ 减小，因此变形系数减小。在产生积屑瘤的切削速度范围内，切削速度的影响是通过积屑瘤所形成的实际前角来影响切削变形的。在积屑瘤增长阶段，实际前角增大，因而 v_c 增加时 Λ_h 减小。在积屑瘤消退阶段中，实际前角减小，变形随之增大。

4. 切削厚度

在无积屑瘤的切削速度范围内，切削厚度 h_D 越大，变形系数 Λ_h 越小。这是由于 h_D 增加时，前刀面上的法向压力 F_n 和前刀面上的平均正应力 σ_{av} 随之增大，前刀面摩擦系数 μ 随之减小，剪切角 ϕ 随之增大，所以 Λ_h 随 h_D 增大而减小。

5.1.6　切屑的种类与控制

1. 切屑的基本类型

由于工件的材料不同，变形情况也不同，因而产生的切屑种类也就多种多样。从变形的角度来看，可按形状将切屑分为带状切屑、节状切屑、粒状切屑和崩碎切屑四种类型，如图 5-1-12 所示。

（1）带状切屑。最常见的切屑类型之一。在切削过程中，切削层变形终了时，如金属的内应力还没达到强度极限，就会形成连续不断呈带状的切屑。其靠近前刀面的内表面很光滑，外表面略成毛茸状，如图 5-1-12（a）所示。一般加工塑性较大的金属材料，如碳素钢、合金钢、铜和铝合金，或当切削厚度较小，切削速度较高，刀具前角较大时，一般会得到这类切屑。形成带状切屑时，其最大优点是切削过程较平稳，切削力波动范围较小，已加工表面粗糙度值较小。但带状切屑经常呈紊乱状缠绕在刀具或工件上，影响加工过程。

（2）节状切屑。节状切屑又称挤裂切屑。在切屑形成过程中，如变形较大，其剪切面上局部所受到的切应力达到材料强度极限时，剪切面上的材料就会破裂成节状，但与前刀面接触的一面常相互连接而未被折断。其外表面呈锯齿形，内表面有时有裂纹，如图 5-1-12（b）所示。这种切屑一般在切削速度较低，切削厚度较大，刀具前角较小时产生。出现节状切屑时，切削过程不平稳，切削力有波动，已加工表面粗糙度数值较大。

（3）粒状切屑。粒状切屑又称单元切屑。在切屑形成过程中，如果在整个剪切面上受到的切应力均超过材料的断裂强度，裂纹会扩展到整个面，则切屑被分割成梯形状的单元切屑，如图 5-1-12（c）所示。当切削塑性材料且切削速度极低时产生这种切屑。出现粒状切屑时，切削力波动大，已加工表面粗糙度数值大。

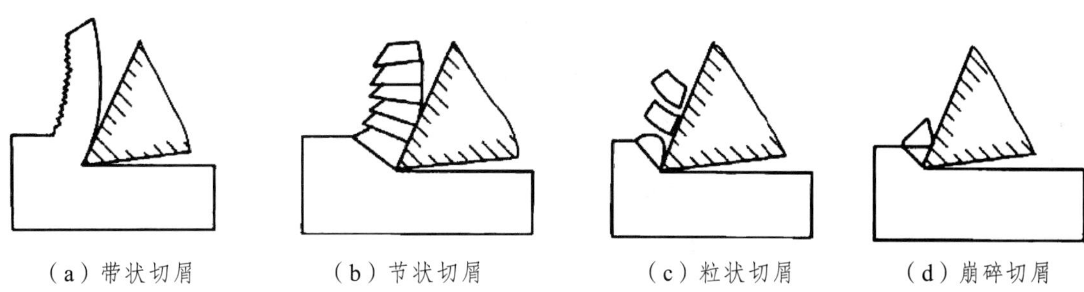

（a）带状切屑　（b）节状切屑　（c）粒状切屑　（d）崩碎切屑

图 5-1-12　切屑类型

（4）崩碎切屑。切削铸铁、黄铜等脆性材料时，被切金属层在前刀面的推挤下未经塑性变形阶段就在拉应力作用下脆断，形成不规则的崩碎切屑，如图 5-1-12（d）所示。形成崩碎切屑时，切削力幅度小，但波动大。加工脆性材料时，切削厚度越大，越易产生这类切屑，工件加工后加工表面也极为粗糙。

前三种切屑是加工塑性金属时常见的切屑类型。形成带状切屑时，切削过程最平稳；形成粒状切屑时，切削力波动最大。在形成节状切屑的情况下，若减小前角、降低切削速度或加大切削厚度，就可以变成粒状切屑；反之，若加大前角，提高切削速度或减小切削厚度，则可以得到带状切屑。这说明切屑的形态是可以随切削条件变动而相互转化的，掌握其变化规律，就可以控制切屑的变形、形态和尺寸，以实现断屑的控制。

2. 切屑的控制

在切削钢等塑性材料时，特别是高速切削时切屑很烫，有的带状切屑常常打卷或连绵不断，缠绕在刀具和工件上；有的碎成针状或小片，四处飞溅。产生的这些切屑易刮伤工件已加工表面，损伤刀具、夹具与机床，有时还会对操作员的安全造成影响。所以在切削高强度、高韧性的合金钢、深孔加工以及自动机床生产中，切屑的控制及处理成为生产的关键问题。

切屑经第Ⅰ、第Ⅱ变形区的剧烈变形后，硬度增加，塑性下降，性能变脆。在切屑排出过程中，当碰到刀具后刀面、工件上过渡表面、待加工表面等障碍时，如果某一部分的应变超过切屑材料的断裂应变值，切屑就会折断。图 5-1-13 所示为切屑碰到工件或刀具后刀面折断的情况。

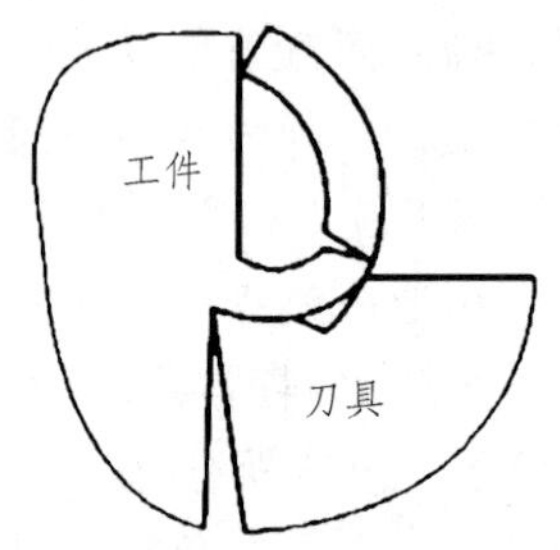

工件

刀具

（a）切屑碰到工件折断　　（b）切屑碰到刀具后刀面折断

图 5-1-13　切屑碰到工件或刀具后刀面折断

在实际生产中，需采取有效措施，控制屑形及断屑，以保证生产顺利进行。研究表明，工件材料脆性越大（断裂应变值越小）、切屑厚度越大、切屑卷曲半径越小，切屑就越容易折断。生产中可采用以下措施对切屑实施控制。

（1）采用断屑槽。通过设置断屑槽对流动中的切屑施加一定约束力，使切屑应变增大，切屑卷曲半径减小。常用的断屑槽截面形状有折线形、直线圆弧形和全圆弧形，如图 5-1-14 所示。折线形与直线圆弧形适用于加工碳钢、合金钢、工具钢和不锈钢，全圆弧形适用于加工塑性大的材料。断屑槽的尺寸参数应与切削用量的大小相适应，否则会影响断屑效果。前角较大时，采用全圆弧形断屑槽刀具的强度较好。断屑槽位于前刀面上的形式有平行（适用于精加工）、外斜和内斜（适用于半精加工和精加工）三种，如图 5-1-15 所示。外斜式常形成 C 形屑和 6 字形屑，能在较宽的切削用量范围内实现断屑；内斜式常形成又长又紧的螺卷形屑，但断屑范围窄；平行式的断屑范围居于上述两者之间。

断屑槽的加工过程中，由于磨槽与压块的调整工作一般由操作者单独进行，因此使用效果取决于他们的经验与技术水平，通常难以获得满意的效果。一个可行且较为理想的解决方法就是结合推广使用可转位刀具，由专业化生产的刀具厂家和研究单位来集中解决合理的槽形设计和精确的制造工艺问题。

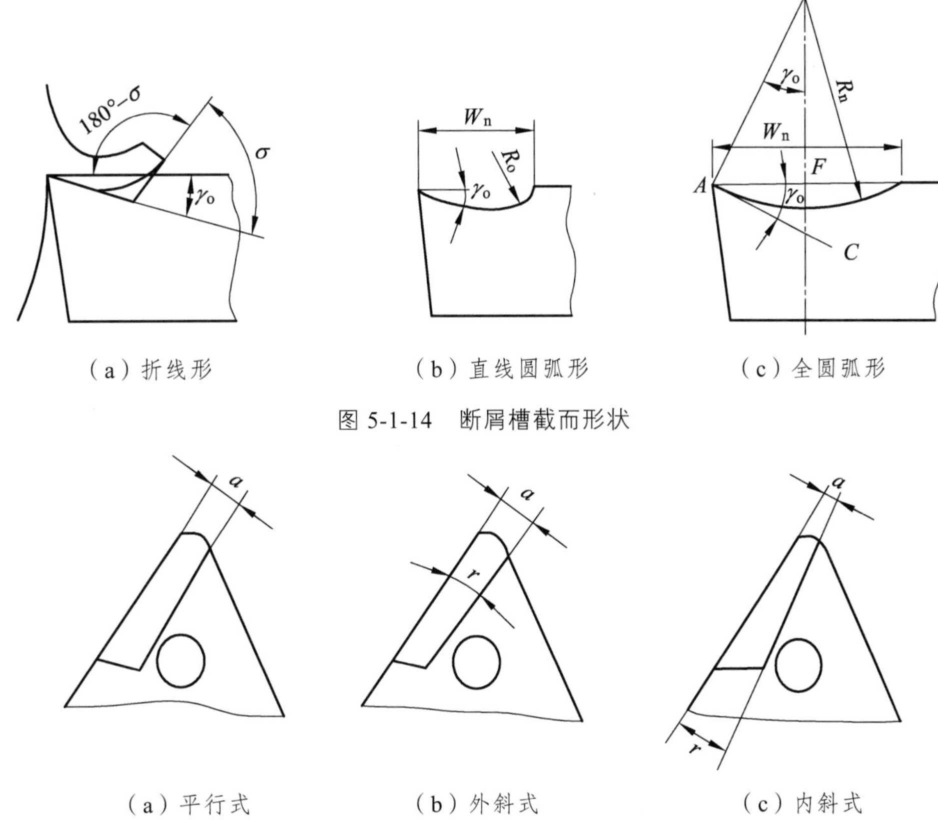

（a）折线形　（b）直线圆弧形　（c）全圆弧形

图 5-1-14　断屑槽截面形状

（a）平行式　（b）外斜式　（c）内斜式

图 5-1-15　前刀面上的断屑槽形状

（2）改变刀具角度。主要是增大刀具主偏角 k_γ 和减小刀具前角 γ_0，使切削厚度 h_D 增大，有利于切屑折断。刃倾角 λ_s 可控制切屑的流向。λ_s 为正值时，切屑经常卷曲碰到后刀面折断形成 C 形屑或自然流出形成螺卷屑；λ_s 为负值时，切屑经常卷曲碰到已加工表面折断成 C 形屑或 6 字形屑。

（3）调整切削用量。提高进给量 f 使切削厚度增大，对断屑有利；但增大 f 会增大加工表面的粗糙度。适当降低切削速度可使切削变形增大，也有利于断屑，但会降低材料切除效率。生产中需要根据实际条件选择适当的切削用量。

在解决生产过程中的断屑问题时，选择合理的卷屑槽为主要措施，调整刀具角度和切削用量一般只作为辅助措施。

5.2　切削力

金属切削加工时，刀具作用到工件使被切金属层发生变形成为切屑所需的力称为切削力。切削力是切削过程中发生的重要物理现象，在切削过程中将直接影响切削功率、切削热、刀具磨损与使用寿命、加工精度和已加工表面质量。在生产中，切削力又是设计机床、刀具、夹具的必要依据。因此，研究切削力的规律，对于分析切削过程和生产实际都有重要意义。

5.2.1 切削力和切削功率

1. 切削力的来源

刀具切削工件时，必须克服切削层金属、切屑和工件表层金属发生弹性变形和塑性变形的变形抗力，还必须克服切屑与前刀面、后刀面与工件的摩擦阻力。如图 5-2-1 所示，前刀面上的正向压力 $F_{\gamma N}$ 和切屑沿前刀面流出时的摩擦力 F_{γ} 合成前刀面合力 $F_{\gamma,\gamma N}$；后刀面正向压力 $F_{\alpha N}$ 和刀具与工件之间由于相对运动产生的摩擦力 F_{α} 合成 $F_{\alpha,\alpha N}$。$F_{\gamma,\gamma N}$ 和 $F_{\alpha,\alpha N}$ 再合成 F，F 就是作用在刀具上的切削合力。对于锋利的刀具，前刀面上的切削力是主要的，后刀面上的 $F_{\alpha N}$ 和 F_{α} 很小，一般可忽略后刀面上作用力的影响。

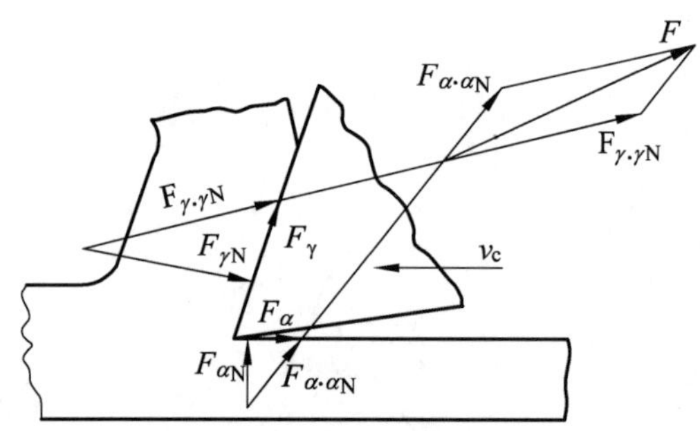

图 5-2-1　作用在刀具上的切削力

2. 切削合力及分解

切削合力 F 包含大小和方向，是随着切削条件变化的一个空间力。为了便于测量和应用，常将 F 分解为三个相互垂直的分力。图 5-2-2 所示为车削外圆时的切削合力与分力。

（1）切削力 F_c（主切削力 F_z）。切削合力在主运动方向的分力，切于加工表面，垂直于基面，与切削速度 v_c 的方向一致。F_c 是计算切削功率、校核机床和刀具强度与设计机床零件的主要参数。

（2）背向力 F_p（切深抗力 F_y）。切削合力垂直于工作平面的分力，处于基面内，并与进给方向相垂直。F_p 是使工件在切削过程中产生振动的力，会使机床工艺系统（包括机床、刀具和工件）产生变形，对加工精度和已加工表面质量产生影响。F_p 也是进行加工精度分析、计算工艺系统刚度及分析工艺系统振动时所需要的重要参数。

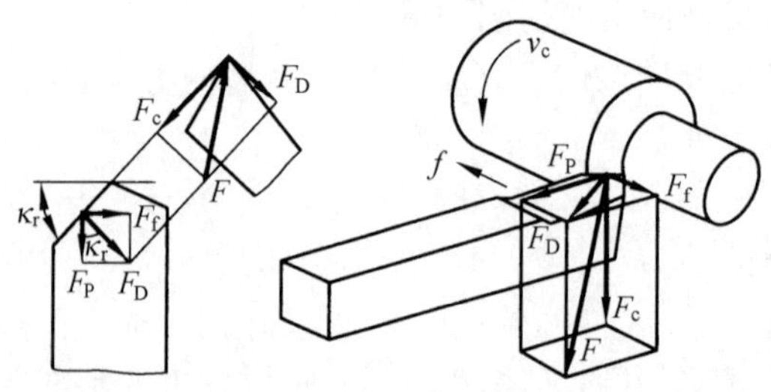

图 5-2-2　切削合力和分力

（3）进给力 F_f（进给抗力 F_x）。切削合力在进给运动方向的分力，处于基面内，并与进给方向相反。F_f 是设计机床进给机构或校核进给功率的主要参数。

由图 5-2-2 可知，三个切削分力相互垂直，并与主切削力有如下关系：

$$F=\sqrt{F_{c}^{2}+F_{D}^{2}}=\sqrt{F_{c}^{2}+F_{p}^{2}+F_{f}^{2}} \quad (5\text{-}2\text{-}1)$$

进给力 F_f 和背向力 F_p 的合力 F_D 作用在基面上且垂直于主切削刃。F_p、F_f 与 F_D 有如下关系：

$$F_p = F_D \cos \kappa_r$$

$$F_f = F_D \sin \kappa_r \quad (5\text{-}2\text{-}2)$$

可见主偏角 κ_r 的大小影响 F_p 和 F_D 的配置。在进行细长轴、丝杠等工件车削时，只要采用大的主偏角，就可以使背向力大大减小，防止工件由于弯曲变形而产生直线度误差。当工艺系统刚性较差时，应尽可能使用大的主偏角刀具进行切削。通常情况下，F_c 值最大，占总切削力的 90%以上。F_p、F_f 由于受到刀具几何角度、工件材料、切削用量等诸多条件影响，比值的变化范围很大。一般 F_p 为（0.15~0.7）F_c，F_f 为（0.1~0.6）F_c。

3. 切削功率

总切削功率 P_e 是各切削分力消耗的总功率，用于核算加工成本和计算能量消耗，并在设计机床时用它来选择机床主电机功率。在车削外圆时，F_p 方向没有位移（其运动速度为零），不做功，只有 F_c 和 F_f 做功，因此，切削功率可按式（5-2-3）计算：

$$P_e=\left(F_c v_c+\frac{F_f n_w f}{1\,000}\right)\times 10^{-3}\ (\text{kW}) \quad (5\text{-}2\text{-}3)$$

式中，v_c 为切削速度，m/s；n_w 为工件转速，r/s；f 为进给量，mm/r。

由于 F_f 小于 F_c，而 F_f 方向的进给速度又很小，因此 F_f 所消耗的功率很小（<1%），可忽略不计。因此，一般切削功率可按式（5-2-4）计算：

$$P_e \approx P_c = F_c v_c \times 10^{-3}\ (\text{kW}) \quad (5\text{-}2\text{-}4)$$

根据切削功率选择机床电动机时，还应考虑机床的传动效率。所以，机床电动机的功率

$$P_E=\frac{P_e}{\eta_m}\geqslant\frac{P_c}{\eta_m}\ (\text{kW}) \quad (5\text{-}2\text{-}5)$$

式中，η_m 为机床的传动效率，一般取 0.75~0.85，大值适用于新机床，小值适用于旧机床。

5.2.2　切削力的计算公式

为了计算切削力，人们进行了大量的试验和研究。切削力的计算有理论公式和经验公式。理论公式能够反映影响切削力各因素之间的内在联系，有助于分析问题。但利用理论公式计算出来的切削力尚不能精确地进行切削力的计算。所以，目前生产实际中采用的切削力计算公式都是通过测力仪测出切削力，再将实验数据用图解法、线性回归等处理而得到的经验公式。经验公式一般可分为两类：一类是指数公式；一类是按单位切削力进行计算。

1. 指数公式

指数形式的切削力经验公式是通常以切削深度 a_p 和进给量 f 为变量的幂函数，其形式如下：

$$F_c = C_{Fc} a_p^{x_{Fc}} f^{y_{Fc}} v_c^{z_{Fc}} K_{Fc} \tag{5-2-6}$$

$$F_p = C_{Fp} a_p^{x_{Fp}} f^{y_{Fp}} v_p^{z_{Fp}} K_{Fp} \tag{5-2-7}$$

$$F_f = C_{Ff} a_p^{x_{Ff}} f^{y_{Ff}} v_f^{z_{Ff}} K_{Ff} \tag{5-2-8}$$

式中，F_c、F_f、F_p 分别为主切削力、进给力和背向力；C_{Fc}、C_{Ff}、C_{Fp} 分别为上述三个分力的系数，其大小取决于工件材料和切削条件；x_{Fc}、y_{Fc}、z_{Fc}、x_{Ff}、y_{Ff}、z_{Ff}、x_{Fp}、y_{Fp}、z_{Fp} 分别为三个分力中背吃刀量 a_p、进给量 f 和切削速度 v_c 的指数；K_{Fc}、K_{Ff}、K_{Fp} 分别为实际加工条件与经验公式的试验条件不符时，各种因素对各切削分力的修正系数，这些系数和指数均可在《金属切削手册》中查到。

2. 用单位切削力计算

单位切削力 p 是指单位切削面积上的主切削力。

$$p = \frac{F_c}{A_D} = \frac{F_c}{a_p f} = \frac{F_c}{h_D b_D} \tag{5-2-9}$$

式中，F_c 为主切削力（N）；A_D 为切削面积（mm^2）；a_p 为切深（背吃刀量，mm）。各种工件材料的单位切削力可在有关手册中查到。根据式（5-2-9）可得主切削力 F_c 的计算公式为

$$F_c = K_{Fc} A_D p \tag{5-2-10}$$

式中，K_{Fc} 为切削条件修正系数，可在有关手册中查到。

若已知单位切削力 p，在选定切深 a_p 和进给量 f 后，切削力 F_z 可简化计算，即

$$F_z = f a_p p \tag{5-2-11}$$

根据工件材料，可查表得出单位切削力及单位切削功率，见表 5-2-1。

表 5-2-1　硬质合金外圆车刀切削常用金属时单位切削力和单位切削功率（f=0.3 mm/r）

加工材料				实验条件		单位切削力	单位切削功率
名称	牌号	制造热处理状态	硬度/HBS	车刀几何参数	切削用量范围	$P/(N \cdot mm^{-2})$	$p \times v_c$ /$(kW \cdot mm^{-3} \cdot s^{-1})$
碳素结构钢	Q235-A·F	热轧成正火	134~137	$\gamma_o=15°$ $\kappa_r=75°$ $\lambda_s=0°$ 前刀面带卷屑槽	a_p=1~5 mm f=0.1~0.5 mm/r v_c=90~105 m/min	1 884	$1\,884 \times 10^{-6}$
	45		187			1 962	$1\,962 \times 10^{-6}$
	40Cr		212			1 962	$1\,962 \times 10^{-6}$
合金结构钢	45	调质	229	$\gamma_{o1}=-20°$ 其余同上		2 305	$2\,305 \times 10^{-6}$
	40Cr		285			2 305	$2\,305 \times 10^{-6}$
不锈钢	1Cr18Ni9Ti	淬火回火	170~179	$\gamma_o=20°$ 其余同上		2 453	$2\,453 \times 10^{-6}$

5.2.3　影响切削力的因素

1. 工件材料的影响

金属工件材料的强度、硬度越高，则屈服强度越高，材料的剪切强度 τ_s 越大，虽然变形系数 Λ_h 有所下降，但总切削力还是增大的。在强度、硬度相近的情况下，若其塑性、韧性越大，则与刀具前刀面的摩擦系数 μ 也较大，故切削力也大（见表 5-2-1）。例如，不锈钢 1Cr18Ni9Ti 的强度、硬度与正火 45 钢相近，但伸长率是 45 钢的 4 倍，加工硬化能力强。切削不锈钢要比切削 45 钢的切削力大 25%左右。铝、铜等有色金属，虽然塑性很大，但其加工硬化能力差，所以切削力小。切削灰铸铁及其他脆性材料时，一般形成崩碎切屑，切屑与前刀面的接触长度短，摩擦小，故切削力比钢小。

2. 切削用量的影响

（1）背吃刀量和进给量。增大背吃刀量 a_p 或进给量 f 时，都能使切削面积 A_D 增大，其变形抗力、摩擦力增大，切削力也随之增大，但两者的影响程度不同。当背吃刀量 a_p 加大时，变形系数 Λ_h 不变，切削力成正比例增大；而 f 加大时，Λ_h 有所下降，故切削力不成正比例增大。在切削力的经验公式中，加工各种材料，a_p 的指数近似为 1，而 f 的指数为 0.75~0.9。因此，切削加工中，如从切削力和切削功率角度考虑，加大进给量比加大背吃刀量有利。

（2）切削速度。切削速度主要通过对变形的影响而影响切削力。图 5-2-3 所示为加工塑性金属时，切削速度对切削力影响的实验曲线。在低速到中速范围（5~20 m/min），即积屑瘤增长期，v_c 增大，积屑瘤高度增大，刀具的实际前角增大，Λ_h 减小，故切削力下降。超过中速以后（20~35 m/min），v_c 增大，积屑瘤高度减小，实际前角减小，Λ_h 增大，故切削力上升。当 $v_c>35$ m/min，积屑瘤消失，切削力一般随切削速度的增大而减小。这主要是因为随着 v_c 的增大，切削温度升高，前刀面摩擦系数 μ 减小，剪切角增大，从而使变形程度 Λ_h 减小，故切削力下降。

图 5-2-3 中，工件材料 45 钢（正火），硬度为 187 HBS，刀具外圆车刀材料为 YT15。刀具几何参数：$\gamma_o=18°$，$\alpha_o=6°\sim8°$，$\alpha_o'=4°\sim6°$，$\kappa_r=75°$，$\kappa_r'=10°\sim12°$，$\lambda_s=0°$，$b_\gamma=0°$，$\gamma_\varepsilon=0.2$ mm。切削用量 $a_p=3$ mm，$f=0.25$ mm/r。

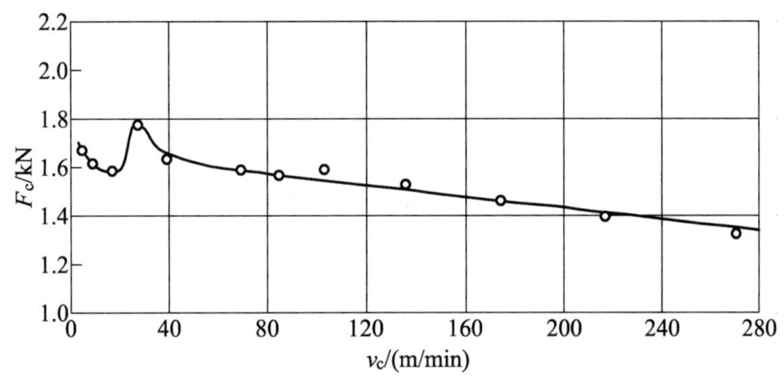

图 5-2-3　加工塑性金属时切削速度对切削力的影响

切削铸铁等脆性材料时，因金属的塑性变形很小，切屑与前刀面的摩擦也很小，所以切削速度对切削力没有显著的影响。

3. 刀具几何参数的影响

（1）前角。前角越大，切削变形越小，切削力减小。材料塑性越大，前角对切削力的影响越大；而加工脆性材料时，因切削时塑性变形很小，故前角变化对切削力影响不大。

（2）负倒棱。为了提高刀尖部位强度，改善散热条件，常在主切削刃上磨出一个带有负前角 γ_{o1} 的棱台，其宽度为 $b_{\gamma1}$，如图 5-2-4 所示。负倒棱对切削力的影响与负倒棱面在切屑形成过程中所起作用的大小有关。当负倒棱宽度小于切屑与前刀面接触长度 l_f 时，如图 5-2-4（b）所示，切屑除与倒棱接触外，还与前刀面接触，切削力虽有所增大，但增大的幅度不大。当 $b_{\gamma1}>l_f$ 时，切屑只与负倒棱面接触，相当于用负前角为 γ_{o1} 的车刀进行切削，与不设负倒棱相比，切削力显著增大。

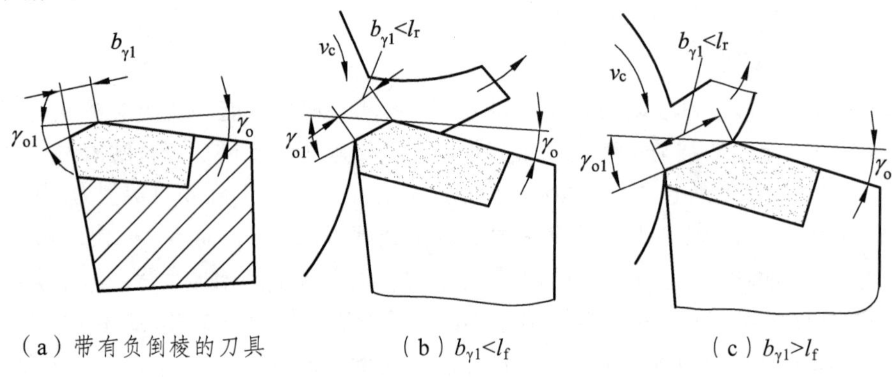

（a）带有负倒棱的刀具　　（b）$b_{\gamma1}<l_f$　　（c）$b_{\gamma1}>l_f$

图 5-2-4　负倒棱对切削力的影响

（3）主偏角。改变主偏角，可使轴向切削分力与径向切削分力的比例发生变化。由图 5-2-2 知，$F_p = F_D\cos\kappa_r$，$F_f = F_D\sin\kappa_r$。

可见，当主偏角 κ_r 加大时，F_p 减小，F_f 加大，即：当主偏角增大时，径向分力减小，轴向分力加大；当主偏角减小时，径向分力加大，轴向分力减小。

（4）刀尖圆弧半径。在一般的切削加工中，刀尖圆弧半径 γ_ε 对 F_p、F_f 的影响较大，对 F_c 的影响较小。随着 γ_ε 的增大，F_p 增大，F_f 减小，F_c 略有增大。

（5）刃倾角。实践证明，刃倾角在很大范围内变化时，F_c 基本不变，但对 F_p、F_f 的影响较大。随着刃倾角 λ_s 增大，F_p 减小，而 F_f 增大。

4. 刀具磨损的影响

后刀面磨损增大时，后刀面上的法向力和摩擦力均增大，故切削力增大。

5. 刀具材料的影响

刀具材料与工件材料间的摩擦系数直接影响摩擦力的大小，导致切削力变化。在其他切削条件完全相同的情况下，一般按立方碳化硼（CBN）刀具、陶瓷刀具、涂层刀具、硬质合金刀具、高速钢刀具的顺序，切削力依次增大。

6. 切削液的影响

使用以冷却作用为主的切削液对切削力影响不大，使用润滑作用强的切削液可减小刀具、工件与切屑接触面间的摩擦，有利于减小切削力。通常，使用高速钢刀具时由于摩擦因子大，需要使用润滑作用强的切削液。

5.3　切削热与切削温度

切削热和切削温度是切削加工中发生的又一重要物理现象。切削力所做的功绝大多数转化为切削热。如果不用冷却液，除少部分切削热直接辐射散发到周围空间外，大部分热量将传至工件、刀具、机床。由它产生的切削温度将直接影响工件材料的性能、前刀面上的摩擦因数和切削力的大小、刀具的磨损和使用寿命、积屑瘤的产生、工艺系统的热变形，最终影响工件的加工精度和表面质量。因此，研究切削热和切削温度的产生及变化规律具有重要的实际意义。

5.3.1　切削热的产生和传导

切削加工时，切削力使切削层金属发生弹性变形和塑性变形需要做功，这是切削热的一个主要来源。另外，切屑与前刀面、工件与后刀面间摩擦所做的摩擦功也将转化为热能，这是切削热的另一个来源。切削时所消耗的能量除一小部分用于增加变形晶格的势能外，98%~99%转换为切削热，故可忽略进给运动所消耗的能量，因此单位时间内产生的切削热为

$$Q = F_c v_c \tag{5-3-1}$$

式中，Q 为单位时间内产生的切削热，J/s；F_c 为主切削力，N；v_c 为切削速度，m/s。

切削区域产生的切削热由切屑、工件、刀具及周围的介质（空气、切削液）向外传导，即切削过程中的三个变形区就是三个发热区域，如图 5-3-1 所示。

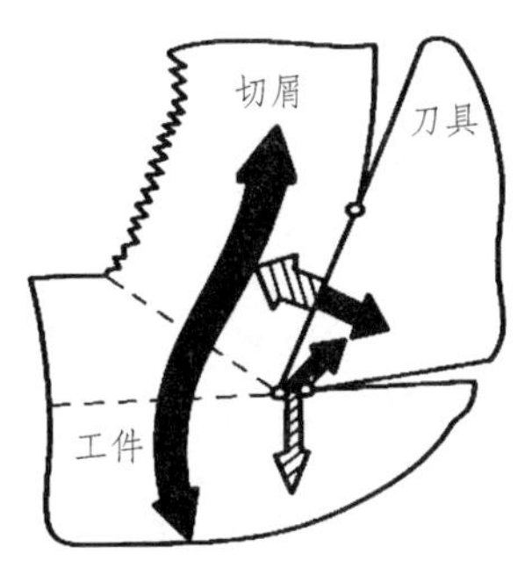

图 5-3-1　切削热的产生与传导

影响热传导的主要因素是工件和刀具材料的导热系数及周围介质的状况。

（1）工件材料的导热系数。工件材料的导热系数高，由切屑和工件传导出去的热量就多，切削区温度低；工件材料导热系数低，切削热传导慢，切削区温度高，刀具磨损快。例如，航空工业中常用钛合金的导热系数只有碳素钢的 1/4~1/3，切削时产生的热量不易传导出去，切削区域温度增高，刀具易磨损，属于难加工材料。

（2）刀具材料的导热系数。刀具材料的导热系数高，切削区的热量向刀具内部传导速度快，可以降低切削区的温度。

（3）周围介质。采用冷却性能好的切削液能有效地降低切削区的温度。

在空气冷却下车削加工时，由切屑、刀具、工件和周围介质传出热量的 50%~86%被切屑带走，10%~40%传入车刀，3%~9%传入工件，1%左右传入空气。切削速度越高或切削厚度越大，则切屑带走的热量越多。钻削加工时 28%的切削热被切屑带走，14.5%传入刀具，52.5%传入工件，5%传入周围介质。

5.3.2 切削温度的测量

切削温度一般指切屑与前刀面接触区域的平均温度。测量切削温度的方法很多，有热电偶法、辐射热计法、热敏电阻法等。目前常用的是热电偶法。两种化学成分不同的导体的一端连接在一起，将连接在一起的一端加热（热端）时，其另一端（冷端）便产生电动势，这种现象称为热电偶。它具有简单、可靠、使用方便的优点。热电偶法测量切削温度有自然热电偶和人工热电偶两种方法。

（1）自然热电偶法。图 5-3-2 所示为用自然热电偶法测量切削温度示意。利用工件材料和刀具材料化学成分不同组成热电偶的两极，当工件与刀具接触区域温度升高后，就形成热电偶的热端；刀具尾端及工件引出端保持室温，形成热电偶的冷端。热端和冷端之间有热电动势产生，热电动势的大小与切削温度高低有关，因此可通过测量热电动势来测量切削温度。测量前，需要预先对该热电偶作温差-电动势标定曲线，根据标定曲线，即可由毫伏计的输出电压读数求得与之相对应的切削区的平均温度。

（2）人工热电偶法。图 5-3-3 所示为用人工热电偶法测量切削温度示意。用两种预先经过标定的金属丝组成热电偶，其热端焊接在刀具或工件的预先测温点上，冷端通过导线串接在毫伏表上。根据仪表上的指示值和热电偶标定曲线，即可测得指定点的温度。

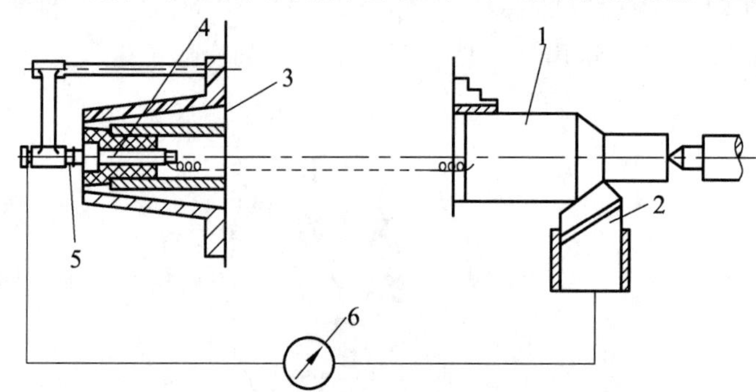

1—工件；2—车刀；3—车床主轴尾部；4—铜接线柱；5—铜顶尖（与支架绝缘）；6—毫伏计。

图 5-3-2 自然热电偶法测量切削温度示意

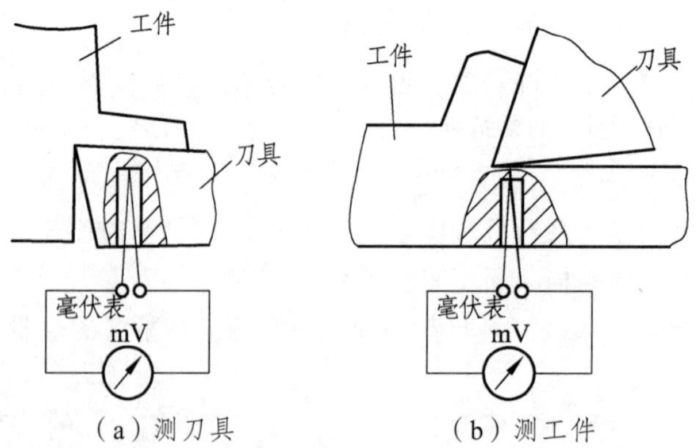

图 5-3-3 用人工热电偶法测量刀具、工件温度示意

5.3.3 刀具上切削温度的分布规律

由于刀具上各点与三个变形区（三个热源）的距离各不相同，刀具上不同点处获得热量

和传导热量的情况也会不同，结果使刀面上各点的温度分布不均匀。同时，切削过程中，切屑和工件上不同部位的切削温度也是不均匀的。应用人工热电偶法测温，并辅以传热学得到的刀具、切屑和工件上的切削温度分布情况，如图 5-3-4 和图 5-3-5 所示。

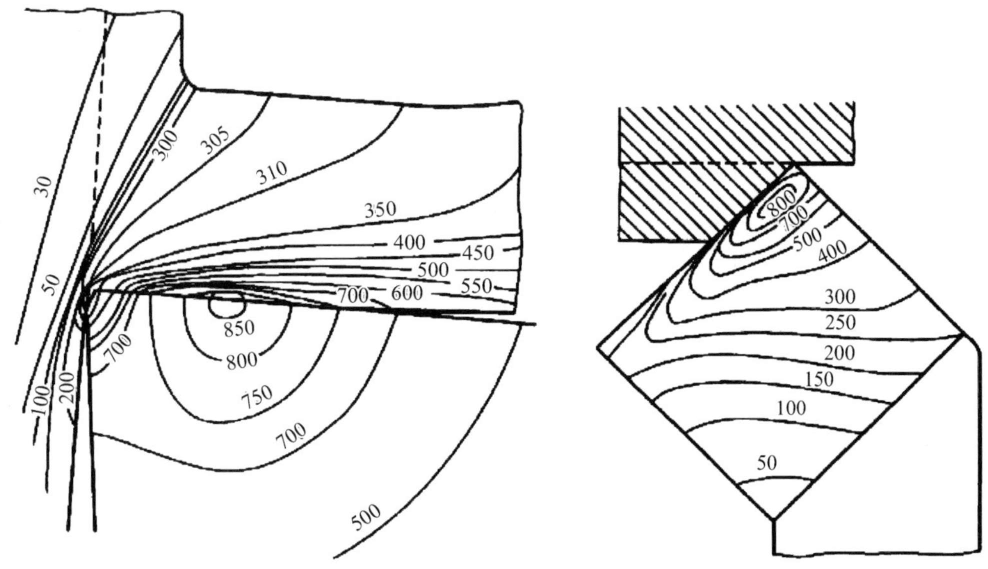

图 5-3-4　刀具、切屑和工件的温度分布　　　图 5-3-5　刀具前刀面上的切削温度分布

图 5-3-4 中，工件材料为 GCr15；刀具为 YT4 车刀，γ_o=0°；切削用量 b_D=5.8 mm，h_D=0.35 mm，v_c = 80m/min。

图 5-3-5 中，工件材料为 GCr15；刀具为 YT4 车刀；切削用量 a_p=4.1 mm，f=0.5 mm，v_c=80 m/min。

切削塑性材料时，刀具上温度最高处是在距离刀尖一定长度的地方，该处由于温度高而首先开始磨损。这是因为切屑沿前刀面流出时，热量积累得越来越多，而热传导又十分不利时，在距离刀尖一定长度地方的温度就达到最大值。图 5-3-5 所示为切削塑性材料时刀具前刀面上切削温度的分布情况。

而在切削脆性材料时，第一变形区的塑性变形不太显著，且切屑呈崩碎状，与前刀面接触长度明显减小，使第二变形区的摩擦减小，切削温度不易升高，只有刀尖与工件摩擦，即第三变形区产生的热量为主。因而可以肯定，切削脆性材料时，最高切削温度将在刀尖处且靠近后刀面的地方，磨损也首先从此处开始。

5.3.4　切削温度对切削加工过程的影响

切削热是通过切削温度影响切削加工过程的，切削温度的高低取决于切削热产生多少和切削热传导的快慢。切削温度是指切削过程中切削区域的温度。切削温度的升高对切削加工过程的影响主要有以下几方面。

1. 对工件材料物理力学性能的影响

金属切削时虽然切削温度很高，但对工件材料的物理力学性能影响并不大。实验表明，工件材料预热至 500~800 ℃后进行切削，切削力明显降低。但高速切削时，切削温度可达

800~900 ℃，切削力下降并不多。在生产中对难加工材料可进行加热切削。

2. 对刀具材料的影响

高速钢刀具材料的耐热性为 600 ℃左右，超过该温度刀具失效。硬质合金刀具材料耐热性好，在高温 800~1 000 ℃时，强度反而更高，韧性更好。因此适当提高切削温度，可防止硬质合金刀具崩刃，延长刀具寿命。

3. 对工件尺寸精度的影响

例如，车削工件外圆时，工件受热膨胀，外圆直径发生变化，切削后冷却至室温，工件直径变小，就不能达到精度要求。刀杆受热伸长，切削时的实际背吃刀量增加，使工件直径变小。特别是在精加工和超精密加工时，切削温度的变化对工件尺寸精度的影响特别大，因此控制好切削温度，是保证加工精度的有效措施。

4. 利用切削温度自动控制切削用量

大量切削实验表明，对给定的刀具材料、工件材料，以不同的切削用量加工时，都可以得到一个最佳的切削温度范围，它使刀具磨损程度最低，加工精度稳定。因此，可用切削温度作为控制信号，自动控制机床转速或进给量，以提高生产率和工件表面质量。

5.3.5 影响切削温度的因素

切削过程中，切削温度是随切削条件的变化而变化的，影响切削温度的主要因素有：加工材料的物理力学性能、切削用量、刀具几何参数、冷却条件等。

1. 切削用量的影响

用自然热电偶法所建立的切削温度的实验公式为

$$\theta = C_\theta v_c^{z_\theta} f^{y_\theta} a_p^{x_\theta} \tag{5-3-2}$$

式中，θ 为实验测出刀屑接触区的平均温度，℃；C_θ 为切削温度系数，主要取决于加工方法和刀具材料；v_c、f、a_p 分别为切削速度、进给量和切削深度；z_θ、y_θ、x_θ 分别为切削速度、进给量、背吃刀量的指数。

由实验得出的用高速钢或硬质合金刀具切削中碳钢时的 C_θ、z_θ、y_θ、x_θ 值见表 5-3-1。

表 5-3-1 切削温度公式中的 C_θ、z_θ、y_θ、x_θ 值

刀具材料	加工方法	C_θ	z_θ	y_θ	x_θ
高速钢	车削	140~170	0.35~0.45	0.2~0.3	0.08~0.10
	铣削	80			
	钻削	150			
硬质合金	车削	320	0.41（当 f = 0.1 mm/r）	0.15	0.05
			0.31（当 f = 0.2 mm/r）		
			0.26（当 f = 0.3 mm/r）		

由式（5-3-2）及表 5-3-1 可知 v_c、f、a_p 增大时，变形和摩擦加剧，切削功增大，切削温度升高。但影响程度不同，以 v_c 最为显著，f 次之，a_p 最小。

这是因为，切削速度 v_c 增大，沿前刀面流出的切屑与前刀面发生剧烈摩擦，由此产生大量摩擦热，同时由于切屑流出的速度加快，摩擦热来不及向切屑上方和刀具内部传导，热量集中在切屑底层，从而使切屑温度升高。此外，当切削速度提高后，单位时间内金属切削量增多，消耗功率也增大，所以切削热也增加。但由于切削速度提高时，材料的剪切变形减小，单位体积的切屑中由塑性变形所产生的热量减少，所以当切削速度提高 1 倍时，根据实验增加 20%~30%。因此，v_c 对切削温度影响最大。

进给量 f 增大，单位时间内金属切除量增多，切削过程产生的热量也增多。但进给量增大时，切屑的平均变形减小。因此，切除单元体积切屑的变形功有所减少，从而使热量又有所减小，而当进给量增大时，切屑变厚，切屑的热容量增大，由切屑带走的热量增多。此外，当进给量增大时，由于切屑与前刀面的接触区长度增长，改善了散热条件，所以增大进给量使切削温度升高的幅度，不如切削速度那样显著。当进给量增大 1 倍时，切削温度约升高 10%。所以 f 对切削温度的影响不如 v_c 显著。

切削深度 a_p 增大，切削层金属的变形功与摩擦功都成正比增加，切削热也会成正比增多。但由于切削刃工作长度也成正比增长，从而改善了散热条件，所以切削温度的升高并不明显，仅为 3%左右。

由以上规律（切削用量中，v_c 对 θ 影响最大，f 次之，a_p 最小）可知，为有效控制切削温度以提高刀具使用寿命，选用大的背吃刀量或进给量比选用高的切削速度有利。

2. 刀具几何参数的影响

（1）前角 γ_o。前角 γ_o 的大小直接影响切削过程中的变形和摩擦，对切削温度有明显影响。在一定范围内，前角越大，产生的切削力越小，则切削温度越低；前角越小，则切削温度越高。但当前角 γ_o 大于 18°~20°后，刀具散热体积减小，对切削温度的影响减弱，切削温度不会进一步降低。

（2）主偏角 κ_r。主偏角 κ_r 加大后，切削刃工作长度缩短，使切削热相对集中。同时主偏角加大，刀尖角减小，使散热条件变差，切削温度将升高。反之，若减小主偏角，则刀尖角和切削刃工作长度加大，散热条件改善，对降低切削温度和提高刀具耐用度有利。

3. 刀具磨损的影响

刀具磨损后切削刃变钝，刃区前方挤压作用增大，使切削区金属塑性变形增加。同时磨损后的刀具后角基本为零，后刀面与工件的摩擦加剧，切削温度上升。切削速度越高，刀具磨损对切削温度的影响就越显著。当后刀面磨损值 V_B 达 0.44 mm 时，切削温度上升 5%~10%；当后刀面磨损值达 0.7 mm 时，切削温度上升 20%~25%。

4. 工件材料的影响

工件材料的硬度和强度越高，则切削时所消耗的功越多，产生的切削热越多，切削温度就越高。工件材料导热系数小时，切削热不易散出，切削温度相对较高。例如不锈钢 1Cr18Ni9Ti 和高温合金 GH131，不仅导热系数低，而且在高温下仍能保持较高的强度和硬度，所以切削温度比切削其他材料要高得多。

切削灰铸铁等脆性材料时，金属抗拉强度和延伸率都较小，切削过程中切削区金属塑性变形小，切屑呈崩碎状，与前刀面摩擦也很小，产生的切削热小，故切削温度一般都低于切削钢料时的温度。

5. 切削液的影响

使用切削液可以从切削区带走大量热量，能够明显降低切削温度，提高刀具使用寿命。切削液的热导率、比热容和流量越大，切削温度越低。切削液本身温度越低，其冷却效果越显著。

5.4 刀具磨损与刀具使用寿命

在进行金属切削加工时，刀具在切下切屑的过程中，自身也会发生损坏。当刀具损坏到一定程度，就要换刀或更换新的切削刃，才能进行正常切削。刀具损坏的形式主要有磨损和破损两类。前者是连续的逐渐损坏；后者则是刀具在切削过程中突然或过早产生的损坏（包括脆性破损和塑性破损）。刀具磨损后，工件加工精度降低，表面粗糙度值增大，尺寸超差，切削力增大，切削温度升高，甚至产生振动、巨大噪声等不正常现象，使正常切削不能继续。刀具的磨损、破损及其使用寿命对加工质量、生产效率和成本影响极大，是切削加工中极为重要的问题之一。

5.4.1 刀具磨损形式

刀具磨损是指刀具在正常的切削过程中，由于物理或化学作用而逐渐产生的磨损。在切削过程中，刀具前后刀面不断与切屑、工件接触，在接触区里存在着强烈的摩擦，同时在接触区里又有很高的温度和压力，因此，随着切削的进行，前、后刀面都将逐渐磨损。刀具磨损呈现为三种形式，如图 5-4-1 所示。

1. 刀面磨损（月牙洼磨损）

切削塑性材料时，如果切削速度和切削厚度较大，在前刀面上经常会磨出一个月牙洼（见图 5-4-1），其以切削温度最高点的位置为中心开始发生，然后逐渐向前、后扩展，宽度和深度逐渐增加。月牙洼和切削刃之间有一条小棱边。在磨损过程中，当月牙洼扩展到棱边很窄时，切削刃的强度大为削弱，极易导致崩刃。月牙洼磨损量以其最大深度 KT 表示，如图 5-4-2 所示。

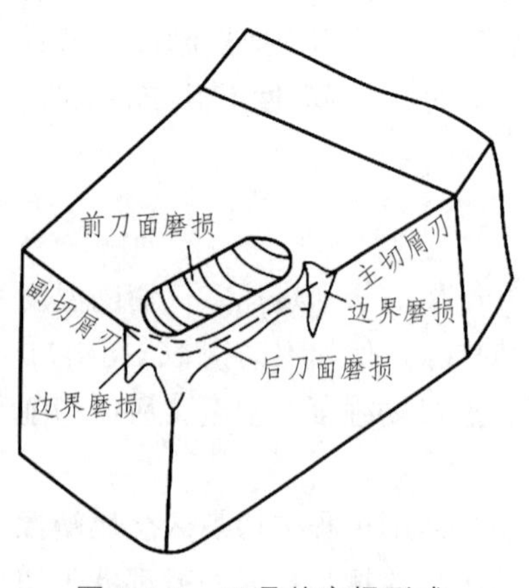

图 5-4-1 刀具的磨损形式

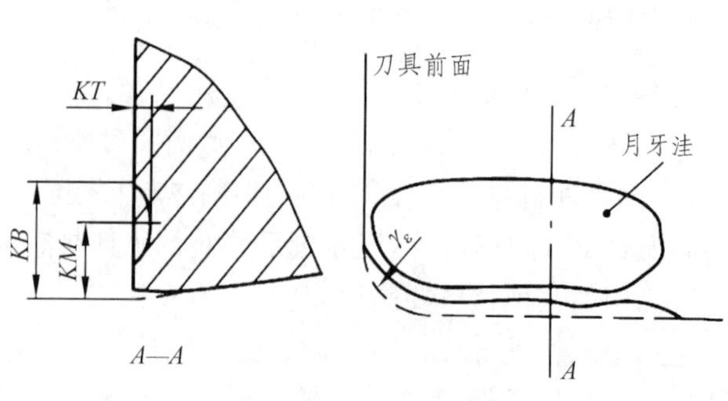

图 5-4-2 前刀面磨损

2. *后刀面磨损*

后刀面与工件表面实际上接触面积很小，所以接触压力很大，加工时存在着强烈的摩擦，在后刀面上毗邻切削刃的地方很快被磨出后角为零的小棱面，这种磨损形式称为后刀面磨损（见图 5-4-3）。在切削速度较低切削铸铁等脆性材料和以较小的切削厚度加工塑性材料时，主要发生后刀面磨损。后刀面磨损带通常是不均匀的，可划分为三个区域。

刀尖部分（C 区）强度较低，散热条件又差，磨损比较严重，其磨损带最大宽度用 VC 表示。边界处（N 区），在主切削刃靠近工件外表面处的后刀面上，由于工件在边界处加工硬化层或毛坯表面硬层的较大应力梯度和温度梯度的影响，被磨成较严重的深沟，宽度以 VN 表示。在后刀面磨损带中间部位（B 区）上，磨损比较均匀，平均磨损带宽度以 VB 表示，最大磨损带宽度以 VB_{max} 表示。

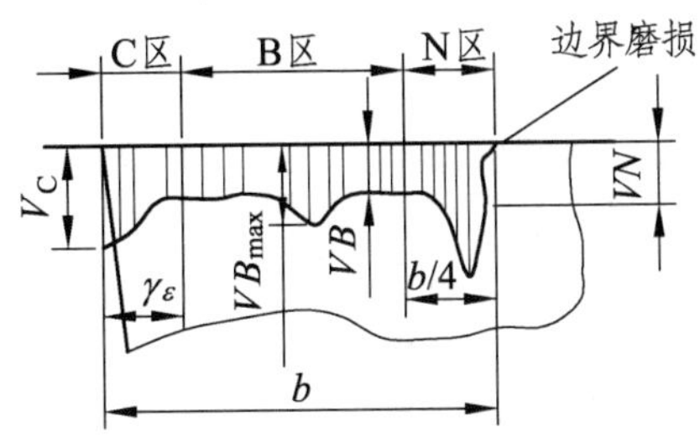

图 5-4-3　后刀面的磨损

切削钢料时，常在主切削刃靠近工件外皮处及副切削刃靠近刀尖处的后刀面上，磨出较深的沟纹，这就是边界磨损（见图 5-4-1）。加工铸造、锻造等外皮粗糙的工件，容易发生边界磨损。

3. *前、后刀面同时磨损*

这是种兼有上述两种情况的磨损形式。在切削塑性金属时，采用中等切削速度和中等进给量时经常会发生这种磨损。

5.4.2　刀具磨损原因

刀具磨损不同于一般的机械零件的磨损，因为与刀具表面接触的切屑底面是活性很高的新鲜表面，刀面上的接触压力很大（可达 2~3 GPa），接触温度很高（如硬质合金加工钢，可达 800~1 000 ℃，甚至更高），所以刀具磨损存在着机械的、热的和化学的作用，既有工件材料硬质的刻划作用而引起的磨损，也有黏结、扩散、腐蚀等引起的磨损。

1. *磨料磨损*

切削时，工件或切屑中的微小硬质点（碳化物如 Fe_3C、TiC 等，氮化物如 AlN、Si_3N_4 等，氧化物如 SiO_2、Al_2O_3 等）及积屑瘤碎片或工件材料中的杂质，不断滑擦前后刀面，划出沟纹，造成磨料磨损。

磨料磨损是一种纯机械作用，在各种切削速度下都存在，但在低速情况下磨料磨损是刀具磨损的主要原因。这是因为在低速情况下，切削温度较低，其他原因产生的磨损不明显。刀具抵抗磨料磨损的能力主要取决于其硬度和耐磨性。

2. 黏结磨损（冷焊磨损）

切削过程中，工件表面、切屑底面与前、后刀面之间的摩擦面具备高温、高压和属于新鲜表面的条件，并且当它们的接触距离达到原子间距离时，就会产生吸附黏结现象，发生冷焊。由于摩擦副的相对运动，冷焊结将被破坏而被一方带走，从而造成冷焊磨损。

由于工件或切屑的硬度比刀具低，所以冷焊结的破坏通常发生在工件或切屑一方。但由于交变应力、接触疲劳、热应力及刀具表层结构缺陷等原因，冷焊结的破坏也会发生在刀具一方。这时刀具材料的颗粒被工件或切屑带走，从而造成刀具磨损。这是一种物理作用（分子吸附作用）。黏结磨损是硬质合金刀具在中等偏低的速度下切削塑性材料时磨损的主要原因。

3. 扩散磨损

在切削过程中，刀具后刀面与已加工表面、刀具前刀面与切屑底面相接触。由于高温和高压作用，刀具材料和工件材料中的化学元素相互扩散，使两者的化学成分发生变化。这种变化削弱了刀具材料的性能，加速了刀具磨损进程。例如，用硬质合金刀具切削钢材时，从800 ℃开始，硬质合金刀具中的 Co、C、W 等元素会扩散到切屑和工件中去，随着硬质合金刀具中 Co 元素的减少，硬质合金硬质相（WC、TiC）的黏结强度降低，导致刀具磨损加快。扩散磨损在高温下产生，且随温度升高而加剧。

不同元素的扩散速度不同，扩散磨损的快慢、程度与刀具材料中化学元素的扩散速率关系密切。如硬质合金中 Ti 的扩散速率远低于 Co、W，故 YT 类合金的抗扩散磨损能力优于 YG 类合金。硬质合金中添加 Ta、Nb 后形成固溶体，更不易扩散，因此具有良好的抗扩散磨损性能。

4. 氧化磨损

当切削温度达到 700~800 ℃时，空气中的氧在切屑形成的高温区与硬质合金刀具材料中的某些成分（Co、WC、TiC）发生氧化反应，产生疏松脆弱的氧化物（Co_3C_4、CoO、WO_3、TiO_2），从而使刀具表面层硬度下降。较软的氧化物易被切屑或工件带走，而形成氧化磨损。

5. 热电磨损

工件、切屑与刀具由于材料不同，切削时在接触区将产生热电势，这种热电动势有促进扩散的作用且加速刀具磨损。这种在热电动势作用下产生的扩散磨损，称为热电磨损。

综上所述，刀具磨损原因与工件材料、刀具材料、切削用量、切削温度、介质情况等都有关系。高温时，扩散磨损和氧化磨损强度较高；中低温时，冷焊磨损占主导地位；磨料磨损在不同切削温度下均存在。某一具体情况下的主要磨损原因可能是上述诸原因的一种、两种或是多种，需要具体情况具体分析。

5.4.3 刀具磨损过程及磨钝标准

1. 刀具磨损过程

随着切削时间的延长，刀具的后刀面磨损量 VB（或前刀面月牙洼磨损深度 KT）随之增加。图 5-4-4 所示为典型的刀具磨损曲线，其磨损过程分为三个阶段：初期磨损、正常磨损和急剧磨损。

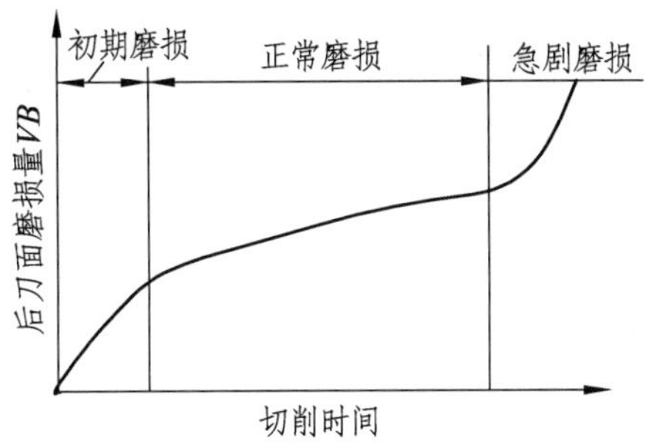

图 5-4-4　典型的刀具磨损曲线

（1）初期磨损阶段。因为新刃磨的刀具切削刃较锋利，其后刀面与加工表面接触面积很小，压应力较大，同时新刃磨的刀具后刀面存在着微观凹凸不平、微裂纹、氧化、脱碳等缺陷，所以这一阶段的磨损很快。一般初期磨损量为 0.05~0.1 mm，其大小与刀面刃磨质量有很大关系。经仔细研磨过的刀具，其初期磨损量较小，总耐用度大。

（2）正常磨损阶段。经初期磨损后，刀具的粗糙表面已经磨平，缺陷减少，承压面积增大，压应力减小，从而使磨损速率明显减小，刀具进入缓慢均匀的正常磨损阶段。后刀面磨损量随切削时间延长而近似成比例地增加。正常磨损阶段的时间较长，是刀具工作的有效阶段。磨损曲线的斜率代表了刀具正常工作时的磨损强度，是衡量刀具切削性能的重要指标之一。斜率小说明单位时间磨损少，磨损速度低，耐用度高。磨损速度主要取决于刀具材料、工件材料和切削速度。

（3）剧烈磨损阶段。当刀具的磨损达到一定程度之后，切削刃变钝，导致切削力、切削温度迅速升高，磨损速度急剧增加，以致刀具损坏而失去切削能力。生产中为合理使用刀具，保证加工质量，应在发生剧烈磨损之前及时更换刀具。

2. 刀具的磨钝标准

刀具磨损到一定限度就不能继续使用，这个磨损限度称为磨钝标准。后刀面磨损对加工质量、切削力、切削温度的影响比前刀面磨损显著，且由于大多数情况刀具的后刀面上磨损的出现比较均匀，同时后刀面磨损量 *VB* 易于测量，因此在金属切削多按后刀面磨损宽度 *VB* 值来研究磨损过程，作为衡量刀具的磨钝标准。ISO 标准统一规定，以 1/2 背吃刀量处后刀面上测量的磨损带宽度 *VB* 作为刀具的磨钝标准。

制定磨钝标准应考虑以下因素：

（1）工艺系统刚性。工艺系统刚性差，*VB* 应取小值。

（2）工件材料。切削难加工材料，如高温合金、不锈钢、钛合金等，一般应取较小的 *VB* 值，加工一般材料，*VB* 值可以取大一些。

（3）加工精度和表面质量。加工精度和表面质量要求高时，*VB* 应取小值。

（4）工件尺寸。加工大型工件，为了避免频繁换刀，*VB* 应取大值。

国家标准 GB/T 16461—2016《单刃车削刀具寿命试验》规定，*VB*=0.3 mm，如果主后刀面是无规则的磨损，取 VB_{max}=0.6 mm。高速钢刀具、硬质合金刀具的磨钝标准见表 5-4-1。

表 5-4-1　高速钢刀具、硬质合金刀具的磨钝标准

工件材料	加工性质	磨钝标准 VB_B/mm	
		高速钢	硬质合金
碳钢、合金钢	粗车	1.5~2.0	1~1. 4
	精车	1.0	0.4~0. 6
灰铸铁、可锻铸铁	粗车	2.0 ~3.0	0.8~1.0
	半精车	5~2.0	0.6~0.8
耐热钢、不锈钢	粗车、精车	1.0	1.0

5.4.4　刀具寿命

刃磨好的刀具自开始切削到磨损量达到磨钝标准为止的净切削时间称为刀具使用寿命，以 T 表示。使用寿命指净切削时间，不包括用于对刀、测量、快进、回程等非切削时间。也可以用达到磨钝标准时所走过的切削行程 l_m 来定义使用寿命，显然 $l_m=v_cT$。一把新刀具从投入使用经多次重磨到报废为止的寿命就是刀具总寿命。

刀具寿命是确定换刀时间的重要依据，同时也是衡量材料的切削加工性和刀具材料切削性能优劣的重要标准，还可以用刀具使用寿命来判断刀具几何参数是否合理。总之刀具使用寿命是具有多种用途的一个重要参数。对于某一切削加工，当工件、刀具材料和刀具几何形状选定之后，切削用量是影响刀具使用寿命的主要因素。

1. 切削速度与刀具使用寿命的关系

一般情况下，切削速度越高，刀具寿命越低。它们之间的关系可用实验方法求得。实验前先选定刀具后刀面的磨钝标准；然后，固定其他切削条件，在常用的切削速度范围内，取不同的切削速度 v_{c1}、v_{c2}、v_{c3}、…进行刀具磨损实验，得出在各种速度下的刀具磨损曲线（见图 5-4-5）。根据规定的磨钝标准 VB，求出在各切削速度下所对应的刀具使用寿命 T_1、T_2、T_3、…在双对数坐标纸上定出（T_1，v_{c1}）、（T_2，v_{c2}）、（T_3，v_{c3}）、…各点。在一定的切削速度范围内，可发现这些点基本在一条直线上，这就是刀具 T-v_c 关系曲线，如图 5-4-6 所示。该直线的方程为

$$\lg v_c = -m\lg T + \lg A \quad (5\text{-}4\text{-}1)$$

式中，m 为该直线的斜率，$m=\tan\varphi$；A 为当 T=1 s（或 1 min）时直线在纵坐标上的截距。m 和 A 均可从图中实测，因此 T-v_c 关系式可以写为

$$v_c=A/T^m$$

或

$$v_c T^m=A$$

T-v_c 关系式反映了切削速度与刀具使用寿命之间的关系，是选择切削速度的重要依据。指数 m 表明切削速度对刀具使用寿命的影响程度。对于高速钢刀具，一般取 m=0.1~0.125；对于硬质合金刀具，一般取 m=0.1~0.4；对于陶瓷刀具，一般取 m=0.2~0.4。

m 值越小，表明切削速度对刀具使用寿命影响越大；m 值越大，表明切削速度对刀具使用寿命的影响越小，即刀具材料的切削性能较好。用硬质合金切削时，当切削速度从 80 m/min 提高一倍到 160 m/min 时，刀具寿命下降到原来的 1/16。这是由于切削速度的提高，使切削

温度升高较快，摩擦加剧，刀具迅速磨损所致。

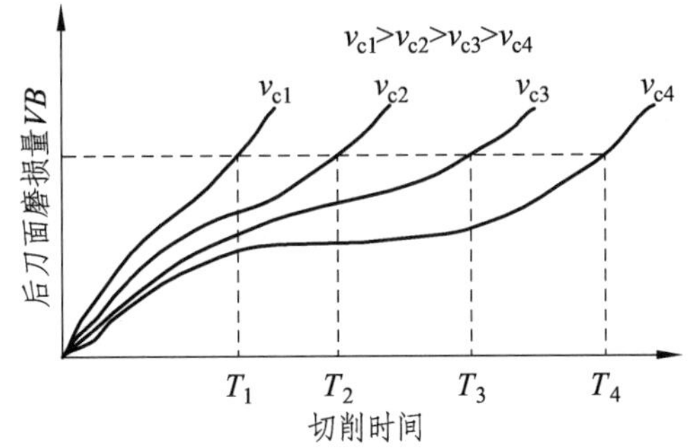

图 5-4-5　各种速度下的刀具磨损曲线

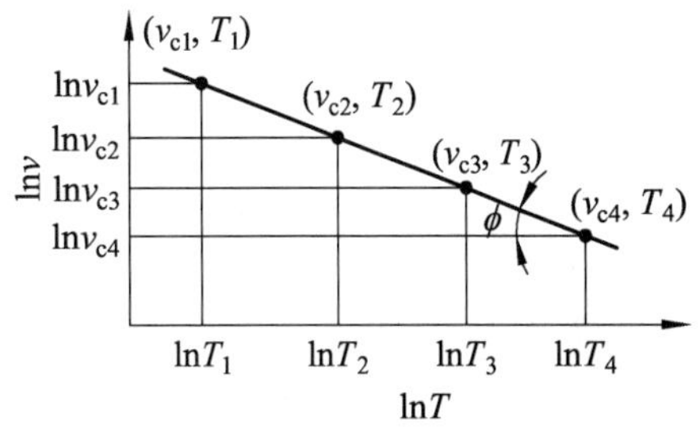

图 5-4-6　在双对数坐标上的 T-v_c 曲线

2. 进给量、背吃刀量与刀具使用寿命的关系

按照求 T-v_c 关系式的方法，同样可以求得 T-f 和 T-a_p 关系式：

$$a_p=C/T^p \tag{5-4-2}$$

$$f=B/T^n \tag{5-4-3}$$

式中，B、C 为系数；n、p 为指数。

综合式（5-4-1）~式（5-4-3），可得到切削用量三要素与刀具使用寿命的关系为

$$T=\frac{C_T}{v_c^{1/m} f^{1/n} a_p^{1/p}} \tag{5-4-4}$$

或

$$v_c=\frac{C_v}{T^{m y_v} a_p^{x_v}} \tag{5-4-5}$$

式中，C_T、C_v 为与工件材料、刀具材料和其他切削条件有关的系数；指数 $x_v=m/p$，$y_v=m/n$。

例如，用 YT5 硬质合金车刀切削 σ_b=750 MPa 的碳钢时，当 f>0.75 mm/r 时，切削用量与刀具使用寿命的关系式为

$$T=\frac{C_T}{v_c^5 f^{2.25} a_p^{0.75}} \tag{5-4-6}$$

由式（5-4-6）可知，切削速度 v_c 对刀具使用寿命的影响最大，进给量 f 次之，吃刀量 a_p 最小。这与三者对切削温度影响的顺序完全一致，也反映出切削温度对刀具磨损、使用寿命有着最重要的影响。

在实际生产中，刀具使用寿命同生产效率和加工成本之间存在着比较复杂的关系。刀具使用寿命并不是越高越好。若刀具使用寿命选得过高，则切削用量势必被限制在很低的水平，虽然此时刀具的消耗及其费用较少，但过低的加工效率也会使经济效益变得很差；若刀具使用寿命选得过低，虽可采用较高的切削用量使金属切除量增多，但由于刀具磨损加快而使换刀、刃磨的工时和费用显著增加，同样达不到高效率、低成本的要求。因此，选择刀具使用寿命时一般应从三个方面来考虑，即生产率最高、生产成本最低、利润率最大。

一般情况下，应采用最低成本的刀具使用寿命。在生产任务紧迫或生产中出现节拍不平

衡时，可选用最高生产率的刀具使用寿命。

制定刀具使用寿命时，还应具体考虑以下几点。

（1）刀具构造复杂、制造和磨刀费用高时，刀具寿命应定得高些。

（2）多刀车床上的车刀，组合机床上的钻头、丝锥、铣刀，自动机及自动线上的刀具，因为调整复杂，刀具寿命应定得高些。

（3）某工序的生产成为生产线上的瓶颈时，刀具寿命应定得低些，这样可以选用较大的切削用量，以加快该工序生产节奏；某工序单位时间的生产成本较高时，刀具寿命应定得低些，这样可以选用较大的切削用量，缩短加工时间。

（4）精加工尺寸很大的工件时，为避免在加工同一表面时中途换刀，刀具寿命的制定应至少能完成一次走刀。

5.4.5 刀具破损

若切削加工时刀具脆性较大，或工件材料的硬度很高，刀具并未经过正常磨损阶段便在短时间内发生突然损坏，使刀具提前失去切削能力，这种情况称为刀具破损。刀具破损和刀具磨损一样，也是刀具主要的失效形式之一。据统计，硬质合金刀具的失效，50%是由破损造成，陶瓷刀具破损失效的比例则更高。刀具破损的形式可分为脆性破损和塑性破损两种。

1. 刀具的脆性破损

在振动、冲击切削条件的作用下，刀具尚未发生明显磨损（$VB<0.1$ mm），但刀具的切削部分却出现了刀刃微崩或刀尖崩碎、刀片或刀具折断、表层剥落、热裂纹等现象，使刀具不能继续工作，这种破损称为脆性破损。硬质合金和陶瓷刀具，在机械应力和热应力冲击下，经常发生以下几种形式的脆性破损：

（1）崩刃。崩刃是指在刀刃上产生的小缺口，在断续、冲击切削条件下，或用脆性刀具材料切削时易引起崩刃，如陶瓷刀具最常发生崩刃。

（2）碎断。碎断是指在切削刃上发生小块碎裂或大块断裂，从而不能继续正常切削。硬质合金和陶瓷刀具断续切削时常出现碎断。

（3）剥落。剥落是指在前、后刀面上几乎平行于切削刃处剥下一层碎片，经常连切削刃一起剥落，有时也在离切削刃一小段距离处剥落。用陶瓷刀具端铣时常出现这种破损。

（4）裂纹破损。裂纹破损是指在较长时间连续切削后，由于疲劳而引起裂纹的一种破损。热冲击和机械冲击均会引发裂纹，当这些裂纹不断扩展合并，就会引起切削刃的碎裂或断裂。

2. 刀具的塑性破损

在切削过程中，由于高温和高压的作用，有时在前、后刀面和切屑、工件的接触层上，刀具表层材料发生塑性流动而丧失切削能力，这就是刀具的塑性破损。

刀具塑性破损直接与刀具材料、工件材料的硬度比有关，硬度比越高，越不容易发生塑性破损。硬质合金、陶瓷刀具的高温硬度高，一般不容易发生塑性破损；高速钢刀具因其耐热性较差，就易出现塑性破损。或在切削高硬度材料时，当切削用量、刀具角度等选择不合理时，会使切削温度升高，从而使刀具材料的硬度低于工件材料，此时刀具会发生卷刃、烧刃（高速钢工具）或塌陷（硬质合金刀具）。

为了防止或减少刀具破损，在提高刀具材料的强度和抗热振性能的基础上，可以采取以下措施。

（1）合理选择刀具材料。如断续切削刀具，必须具有较高的冲击韧性、疲劳强度和热疲劳抗力。

（2）选择合理的刀具角度。通过调整前角、后角、刃倾角和主、副偏角，增加切削刃和刀尖的强度，并在切削刃上磨出负倒棱，可以有效防止崩刃。减小主偏角，减小工作刀刃单位长度上的负荷，选择负的刃倾角，加强刀具头部强度，提高抗冲击能力，都有利于避免刀具的破损。

（3）合理选择切削用量。过大的切削深度和进给量会引起切削力过大和切削温度过高，不利于防止刀具破损。切削速度不宜过高，否则易引起刀具的塑性破损；而采用硬质合金刀具时不宜太低，低速下的硬质合金刀具强度较小。

（4）保证焊接和刃磨质量，避免因焊接、刃磨不当所产生的各种弊病。

（5）尽可能保证工艺系统具有较好的刚性，以减少切削时的振动。

（6）尽量使刀具不承受或少承受突变性载荷。

除以上措施外，提高刀具的焊接、刃磨质量，合理使用切削液，采用正确的操作方法等都有利于防止刀具的破损。

5.5　工件材料的切削加工性

工件材料的切削加工性是指在一定的加工条件下，对工件材料加工的难易程度。判断材料切削加工的难易程度、改善和提高切削加工性对提高生产率和加工质量有重要意义。

材料的切削加工性是一个相对的概念。所谓某种材料切削加工性的好坏，是相对于另一种材料而言。一般在讨论钢料的切削加工性时，常以 45 钢作为比较基准；而讨论铸铁的切削加工性时，则以灰铸铁作为比较基准。

5.5.1　工件材料切削加工性的衡量指标

材料的切削加工性的优劣可以用以下一个或多个不同的指标来衡量。

1. 刀具使用寿命 T 或一定刀具寿命下的切削速度 v_{cT} 指标

一般，用刀具的耐用度 T 或刀具耐用度一定时切削该种材料所允许的切削速度 v_{cT} 来衡量材料加工性的好坏。v_{cT} 表示刀具耐用度为 T（单位为 min）时允许的切削速度。在相同的切削条件下，切削某种材料时，若在一定切削速度下刀具使用寿命 T 较长或在相同使用寿命下的切削速度 v_{cT} 较大，则该材料的切削加工性较好；反之，则其切削加工性较差。在切削普通材料时，以刀具使用寿命 T 达到 60 min 时所允许的切削速度 v_{c60} 来衡量材料切削加工性的好坏；切削难加工材料时，用 v_{c20} 来评定材料切削加工性的好坏。

2. 材料的相对切削加工性 K_r

在一定寿命条件下，材料允许的切削速度越高，其切削加工性能越好。在实际生产中，一般用相对加工性 K_r 来衡量工件材料的切削加工性。为便于比较不同材料的切削加工性，通常以正火状态 45 钢的 v_{c60} 为基准，记作$(v_{c60})_j$，然后把其他各种材料的 v_{c60} 同它相比，其比值

K_r称为相对加工性，即 $K_r = v_{c60}/(v_{c60})_j$。凡 K_r 大于 1 的材料，其加工性比 45 钢好；若 K_r 小于 1，其加工性比 45 钢差。常用工件材料的相对加工性可分为 8 级，见表 5-5-1。

表 5-5-1　材料切削加工性等级

加工性等级	名称及种类		相对加工性 K_r	代表性材料
1	很容易切削的材料	一般有色金属	>3.0	5-5-5 钢铅合金、9-4 铝铜合金、铝镁合金
2	容易切削的材料	易切削钢	2.5~3.0	退火 15Cr，σ_b=0.38~0.45 GPa 自动机钢，σ_b=0.4~0.5 GPa
3		较易切削钢	1.6~2.5	正火 30 钢，σ_b=0.45~0.56 GPa
4	普通材料	一般钢及铸铁	1.0~1.6	正火 45 钢，灰铸铁
5		稍难切削的材料	0.65~1.0	2Cr13 调质，σ_b=0.85 GPa 85 钢，σ_b=0.9 GPa
6	难切削材料	较难切削的材料	0.5~0.65	45Cr 调质，σ_b=1.05 GPa 65Mn 调质，σ_b=0.95~1.0 GPa
7		难切削材料	0.15~0.5	50CrV 调质、lCrl8Ni9Ti、某些钛合金
8		很难切削的材料	<0.15	某些钛合金、铸造镍基高温合金

3. 切削力、切削温度指标

在相同切削条件下加工不同材料时，切削力大、切削温度高的材料都比较难以加工，即切削加工性差；反之，则切削加工性好。在粗加工或机床刚性、动力不足时，可用切削力作为衡量工件材料切削加工性的指标。

4. 加工表面质量指标

切削加工时，凡易获得好的加工表面质量的材料，其切削加工性较好，反之则较差。精加工时，常以此作为衡量加工性的指标。

5. 切屑控制或断屑难易程度指标

切削时，凡切屑易于控制或断屑性能好的材料，其加工性较好，反之则较差。在自动机床或自动线上，常以此作为衡量加工性的指标。

5.5.2　影响材料切削加工性的因素

影响切削加工性的主要因素包括工件材料的物理和力学性能、化学成分及金相组织。

1. 金属材料物理和力学性能的影响

（1）硬度和强度。材料的硬度高，切削时刀-屑接触长度小，切削力和切削热集中在刀刃附近，刀具易磨损，耐用度低，故切削加工性差。材料的强度越高，切削力越大，切削温度越高，刀具磨损越快，故切削加工性越差。但并非材料的硬度越低就越好加工，有些材料（如低碳钢、纯铁、纯铜等）硬度虽低，但其塑性很大，并不好加工。硬度适中的材料（160~200 HBS）容易加工。

（2）塑性。一般情况下，材料的塑性越大，越难加工。因为塑性大的材料，加工变形、冷作硬化及刀具前刀面的冷焊现象都比较严重，且不易断屑，切削时摩擦大，切削力大，切削温度高，不易获得好的已加工表面质量。

（3）韧性。材料的韧性越高，切削时消耗的能量越多，切削力和切削温度也都较高，且不易断屑，故切削加工性较差。

（4）导热性。材料的导热系数越大，由切屑和工件带走的热量就越多，越有利于降低切削区的温度，故切削加工性较好。

（5）线膨胀系数。材料的线膨胀系数越大，加工时工件会热胀冷缩，则其尺寸变化就越大，不易控制尺寸精度，故切削加工性差。

用材料的抗拉强度、硬度、伸长率、冲击韧度和导热系数等 5 项性能指标（见表 5-5-2），划分材料切削加工性等级。它较为直观、全面地反映出材料切削加工性的特点。例如，45#钢正火的性能为 229 HBS、σ_b=0.598 GPa、δ=16%、a_k=588 kJ/mm^2、k=50.24 W/(m·K)，查表 5-5-2 可得到各项性能的切削加工性等级为 4、3、2、2、4。因此，综合各项等级分析可知，正火 45#钢是一种较易切削的金属材料。

表 5-5-2　工件材料切削加工性能分级

切削加工性	易切削			较易切削		较难切削			难切削			
等级代号	0	1	2	3	4	5	6	7	8	9	9_a	9_b
硬度 HBS	≤50	>50~100	>100~150	>150~200	>200~250	>250~300	>300~350	>350~400	>400~480	>480~635	>635	
硬度 HRC					>14~24.8	>24.8~32.3	>32.3~38.1	>38.1~43	>43~50	>50~60	>60	
抗拉强度 σ_b /GPa	≤0.196	>0.691~0.441	>0.441~0.588	>0.588~0.784	>0.784~0.98	>0.98~1.176	>1.176~1.372	>1.372~1.568	>1.568~1.764	>1.764~1.96	>1.96~2.45	>2.45
伸长率 $\sigma\times10^2$	≤10	>10~15	>15~20	>20~25	>25~30	>30~35	>35~40	>40~50	>50~60	>60~100	>100	
冲击韧度 a_k/（kJ·mm^{-2}）	≤196	>196~392	>392~588	>588~784	>784~980	>980~1 372	1 372~1 764	>1 764~1 962	>1 962~2 450	>2 450~2 940	>2 940~3 920	
导热系数 k/[W·(m·K)$^{-1}$]	418.68~293.08	<293.08~167.47	167.47~83.74	<83.74~62.8	<62.8~41.87	<41.87~33.5	<33.5~25.12	<25.12~16.75	<16.75~8.37	<8.37		

2. 金属材料化学成分的影响

（1）钢的化学成分的影响。碳素钢含碳量增加，强度、硬度增高，塑性、韧性降低。低碳钢塑性、韧性较高，不易获得较好的表面粗糙度，断屑也较难；高碳钢强度高，切削力大，刀具易磨损；中碳钢介于两者之间，加工性好。钢中的合金成分元素（如锰、镍、铬、钼、钨）虽能提高钢的强度和硬度，但却会使钢的切削加工性降低。在钢中添加少量的硫、磷、铅等，能改善钢的切削加工性。

（2）铸铁的化学成分的影响。铸铁的化学成分对切削加工性的影响，主要取决于这些元素对碳的石墨化作用。碳以石墨形态存在时，因石墨软且有润滑作用，刀具磨损小；以碳化铁形态存在时，硬度高，加速刀具机械磨损。硅、铝、镍、铜、钛等能促进石墨化，改善铸铁的切削加工性；铬、钒、锰、钼、钴、磷、硫等是阻碍石墨化的，能降低铸铁的切削加工性。

3. 金属材料热处理状态和金相组织的影响

铁素体和奥氏体塑性较大，因而切削加工性较差；渗碳体和马氏体硬度过高，因而切削加工性很差；珠光体的强度、硬度和塑性都比较适中。因此，当钢中含有大部分铁素体和少量珠光体时，刀具使用寿命较高，切削加工性良好。索氏体和托氏体是细和最细的珠光体组织，其硬度和强度高于珠光体，而塑性则低于珠光体。

低碳钢中含铁素体组织多，其塑性和韧度好，切削时与刀具黏结容易产生积屑瘤，影响已加工表面质量，故切削加工性差。

中碳钢的金相组织是珠光体和铁素体，材料具有中等强度、硬度和中等塑性，切削时刀具不易磨损，也容易获得高的表面质量，故切削加工性好。

淬火钢中的金相组织主要是马氏体，材料的强度硬度很高，马氏体在钢中呈针状分布，切削时刀具受到剧烈磨损，故切削加工性较差。

灰铸铁中含有较多的片状石墨，硬度很低，切削时石墨还能起到润滑的作用，使切削力减小。冷硬铸铁中表层材料的金相组织多为渗碳体，具有很高的硬度，很难切削，因此切削加工性差。

5.5.3 难加工材料的切削加工性

难加工材料是指强度、硬度都很高，而且塑性、韧性较好，使切削加工困难的材料。随着科学技术的发展，对机械产品及其零部件使用性能的要求越来越高，选用的材料大多是难加工材料。常用的难加工金属材料包括高强度钢、超高强度钢、不锈钢、高锰钢、冷硬铸铁、纯金属、高温合金、钛合金等。

1. 高强度钢、超高强度钢的切削加工性

高强度钢、超高强度钢的半精加工、精加工常在调质状态下进行。此时，其强度、硬度较高，并且具有足够的塑性和韧性。与正火的 45 钢相比，切削力为 45 钢的 1.2~1.3 倍，切削温度高 100~200 ℃，故刀具磨损快，使用寿命低。

根据以上特点，切削时必须选用耐磨性好的刀具材料；在半精加工、精加工时宜选用 TiC 含量较高的 YT 类硬质合金刀具；为保证刀刃强度，刀具应取较小的前角，负的刃倾角，较大的刀尖圆弧半径，并在主切削刃上磨出负倒棱。

2. 不锈钢的切削加工性

不锈钢的特点是强度高、韧性大、导热系数小（如 1Cr18Ni9Ti 不锈钢的导热系数仅为 45 钢的 1/3）、塑性大（如 1Cr18Ni9Ti 不锈钢的 δ 值为 45 钢的 3.5 倍）、加工硬化严重，所以切削力大、切削温度高、刀具磨损严重、使用寿命低、切削加工性差。不锈钢按金相组织有铁素体、马氏体和奥氏体三种，其中，以奥氏体不锈钢的切削加工性最差。

加工不锈钢时，常选用抗弯强度较大、热导率好的 YG 类硬质合金。在切削奥氏体不锈钢时，应采用较大的前角（γ_o=15°~30°），以减小切屑变形，抑制积屑瘤的生成，并采用中等的切削速度（v_c=30~50 m/min）。

3. 冷硬铸铁的切削加工性

冷硬铸铁的硬度极高，塑性很低，并且切削时刀屑接触长度很小，切削力与切削热都集中在刀刃附近，故极易崩刃。

加工冷硬铸铁应选用硬度、强度均较好的刀具材料。实践证明，采用 Al_2O_3-TiC 复合陶瓷

和 Si_3N_4 陶瓷刀具加工冷硬铸铁，可获得较好的切削效果。

4. 钛合金的切削加工性

钛合金的伸长率及韧性都很小，并且切削时刀屑的接触长度很短且热导率极小，切削热集中在刀刃附近，故切削温度很高（为 45 钢的 2 倍）。另外，在高温条件下钛合金中的钛元素极易与大气中的氧、氮等元素化合生成硬而脆的钛化物，会加剧刀具磨损，也为后续工序加工带来困难。

为避免工件与刀具中的钛元素发生亲和，加工钛合金时不宜采用 YT 类硬质合金，而应选用 YG 类合金。同时，为提高切削刃强度和改善散热条件，应采用较小的前角（γ_o=5°~10°），且切削速度不宜过高，一般 v_c=40~50 m/min，背吃刀量与进给量可适当加大。

5.5.4　改善材料切削加工性的途径

（1）采用适当的热处理方法。高碳钢和工具钢采用球化退火可降低硬度，并得到球状的渗碳体，从而改善其切削加工性；热轧状态的中碳钢经正火可使其组织与硬度均匀，从而改善其切削加工性；低碳钢可通过正火适当降低塑性，提高硬度，从而改善其切削加工性；马氏体不锈钢经常要进行调质处理降低塑性，使其变得容易加工；铸铁件一般在切削加工前均要进行退火处理，降低表层硬度，消除内应力，以改善其切削加工性。

（2）调整材料的化学成分。在保证零件使用性能的前提下，设计时应选用切削加工性好的材料。钢中含有适量硫、磷、铅、钙等元素，可使钢的切削加工性得到显著改善，这样的钢称为“易切钢”。易切钢加工时的切削力小，易断屑，刀具使用寿命高，已加工表面质量好。在铸铁中加入合金元素铝、铜等能分解出石墨元素，使材料易于切削。

（3）采用新的切削加工技术。采用加热切削、低温切削、振动切削等新方法，可有效解决一些难加工材料的切削问题。例如，对耐热合金、淬硬钢、不锈钢等材料进行加热切削，通过切削区中工件温度的增高，降低材料的抗剪强度，减小接触面间的摩擦系数，可减小切削力，使材料易于切削。

5.6　切削条件的合理选择

金属切削加工过程的效率、质量和经济性等问题，除了与机床设备的工作能力、操作者技术水平、工件的形状、生产批量、刀具的材料及工件材料的切削加工性有关外，还受到切削条件的影响和制约。这些切削条件包括刀具的几何参数和寿命、切削用量及切削过程的冷却润滑等。

5.6.1　刀具合理几何参数的选择

刀具的几何参数包含切削刃的形状、刀具刃区的剖面形式、刀面形式和刀具几何角度四个方面，其对切削过程中的金属切削变形、切削力、切削温度、工件的加工质量及刀具的磨损都有显著的影响。选择合理的刀具几何参数，可在保证加工质量的前提下，使刀具潜在的切削能力得到充分发挥，使刀具使用寿命变长，降低生产成本，提高切削效率。下面分别讨论刀具几何角度的合理选择，即前角、后角、主偏角、副偏角、刃倾角等的合理选择。

1. 前角的选择

前角 γ_0 影响切削刃锋利程度及强度。增大前角可使刃口锋利，切削力减小，切屑变形减小，切削温度降低，刀具使用寿命提高；若前角过大，楔角变小，刀刃和刀尖的强度降低，易发生崩刃，同时刀头散热体积减小，致使切削温度升高，刀具寿命反而下降。较大的前角可减小已加工表面的变形、加工硬化和残余应力，并能抑制积屑瘤和鳞刺的产生，还可防止切削过程中的振动，有利于提高表面质量；较小的前角使切削变形增大，切屑易折断。

从以上分析可知，增大或减小前角各具利弊。在一定切削条件下，存在一个刀具使用寿命为最大的前角，即合理前角 γ_{opt}。

合理前角的选择应综合考虑刀具材料、工件材料、具体的加工条件等。选择前角的原则是以保证加工质量和足够的刀具使用寿命为前提，应尽量选取大的前角。具体选择时要考虑以下因素。

（1）工件材料的强度和硬度越低、塑性越大时，可以取较大的前角；反之，取较小的前角。若加工特别硬的材料，前角甚至可取负值。当加工脆性材料时，其切屑呈崩碎状，切削力带有冲击性，并集中在刃口附近，为了防止崩刃，一般应选择较小的前角。

（2）刀具材料的强度和韧性高，应选择较大的前角。如高速钢刀具的前角取 5°~10°。硬质合金抗弯强度较低，冲击韧性差，所以硬质合金刀具的合理前角小于高速钢刀具的合理前角，一般取-5°~+20°。

（3）加工性质为粗加工时（尤其是断续切削，或有冲击载荷，或铸锻件有黑皮），为保证切削刀具有足够的强度，应选较小的前角；精加工时，a_p、f 较小，可取大值。

（4）对于成形刀具和前角影响切削刃形状的其他刀具，为防止其刃形畸变，常取较小的前角。

（5）工艺系统刚性差或机床功率不足时，应取大的前角以减小切削。

（6）对于数控机床和自动机、自动线用刀具，为保障刀具尺寸公差范围内的使用寿命及工作稳定性，应选用较小的前角。

硬质合金车刀前角的合理值见表 5-6-1。

表 5-6-1　硬质合金车刀前角的合理值

工件材料	低碳钢	中碳钢	合金钢	淬火钢	不锈钢	灰铸铁	铜及铜合金	铝及铝合金	钛合金
粗车	20°~25°	10°~15°	10°~15°	-15°~-5°	15°~20°	10°~15°	10°~15°	30°~35°	5°~10°
精车	25°~30°	15°~20°	15°~20°		20°~25°	5°~10°	5°~10°	35°~40°	

2. 后角的选择

后角的大小将影响刀具后刀面和加工表面之间的摩擦状况。增大后角，可减小后刀面的摩擦与磨损，提高已加工表面质量；后角越大，切削刃越锋利；在相同磨钝标准下，后角越大，所允许磨去的金属体积也越大[见图 5-6-1（a）]，因而延长了刀具使用寿命；但它使刀具的径向磨损值 NB 增大[见图 5-6-1（b）]，当工件尺寸精度要求较高时，就不宜采用大后角。

但当后角过大时，由于楔角减小，将使切削刃和刀头的强度削弱，导热面积和容热体积减小，从而降低刀具使用寿命。且径向磨损 NB 一定时，其磨耗体积减小，刀具使用寿命减短[如图 5-6-1（b）所示]，这些都是增大后角的不利方面。因此，在一定切削条件下，存在一个刀具使用寿命为最大的后角，即合理后角 α_{opt}。合理后角值选择时具体应该考虑以下因素。

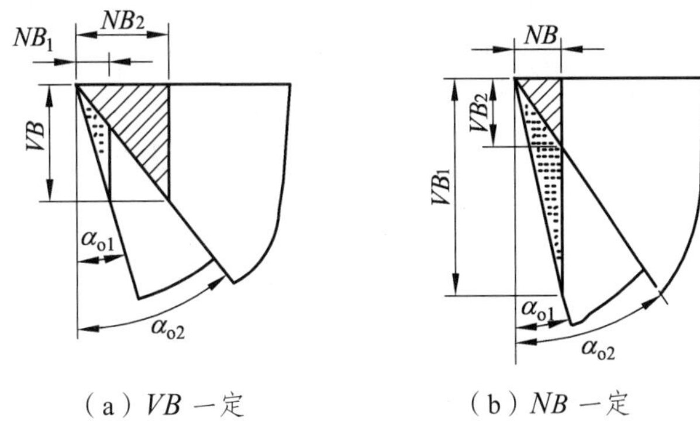

（a）VB 一定　（b）NB 一定

图 5-6-1　后角与磨损体积的关系

（1）粗加工、强力切削及承受冲击载荷的刀具，要求切削刃有足够强度，应取较小的后角（4°~6°）；精加工时，应以减小后刀面上的摩擦为主，宜取较大的后角（8°~12°），可延长刀具使用寿命和提高已加工表面质量。

（2）工件材料强度、硬度较高时，为保证切削刃强度，宜取较小的后角；工件材料较软、塑性较大时，易加工硬化，为防止后刀面摩擦对已加工表面质量的影响及刀具磨损，应适当加大后角；加工脆性材料，切削力集中在刃区，宜取较小的后角。

（3）工艺系统刚性差，易出现振动时，应适当减小后角，有增加阻尼、防止振动的作用。

（4）切削厚度越大，切削力越大，为保证刃口强度和提高刀具耐用度，应选择较小的后角。

（5）各种有尺寸精度要求的刀具，为了限制重磨后刀具尺寸的变化，宜取小的后角。

硬质合金车刀后角的合理值见表 5-6-2。

表 5-6-2　硬质合金车刀后角的合理值

工件材料	低碳钢	中碳钢	合金钢	淬火钢	不锈钢	灰铸铁	铜及铜合金	铝及铝合金	钛合金
粗车	8°~10°	5°~7°	5°~7°	（8°~10°）	6°~8°	4°~6°	6°~8°	8°~10°	10°~15°
精车	10°~12°	6°~8°	6°~8°		8°~10°	6°~8°	6°~8°	10°~12°	

3. 主偏角和副偏角的选择

主偏角 κ_r 和副偏角 κ_r' 的大小影响切削层截面形状、切削分力 F_p（背向力）与 F_f（进给力）的比例、刀尖强度、摩擦和散热条件，从而影响刀具的寿命。在背吃刀量和进给量一定的情况下，减小主偏角可增加主切削刃参加工作的长度，会使切削厚度减小，切削宽度增加，切削刃单位长度上的负荷下降，增加刀尖强度，有利于刀具耐用度的提高，如图 5-6-2 所示。但主偏角的减小会使 F_p 增大，如图 5-6-3 所示，若工件刚性较差时，容易引起工件变形和振动。副偏角主要用以减小副刀刃与已加工表面之间的摩擦，防止切削振动。副偏角越小，已加工表面残留面积的最大高度越小，表面粗糙度值越小，如图 5-6-4 所示。合理主偏角选择时考虑的因素有以下几点。

（1）加工很硬的材料时，如淬硬钢和冷硬铸铁，为减轻单位长度切削刃上的负荷，改善刀头导热和容热条件，延长刀具使用寿命，宜取较小的主偏角。

（2）粗加工和半精加工时，硬质合金车刀一般选用较大的主偏角，以利于减小振动、延长刀具使用寿命、断屑，以及采用较大的背吃刀量。

（3）工艺系统刚性较好时，可适当减小主偏角（κ_r=30°~45°）以提高刀具使用寿命；刚性不足或强力切削时，应取较大的主偏角，（κ_r=60°~75°）；车细长轴时，甚至选取 $\kappa_r \geqslant 90°$，以减小切深抗力 F_p，避免振动。

副偏角 κ_r' 的大小主要根据表面粗糙度的要求选取，一般为 5°~15°，粗加工时取大值，精加工时取小值，必要时可磨出一段修光刃，如图 5-6-5 所示。主要根据表面粗糙度的要求选取副偏角 κ_r' 的大小，一般为 5°~10°。粗加工时取大值，精加工时取小值。

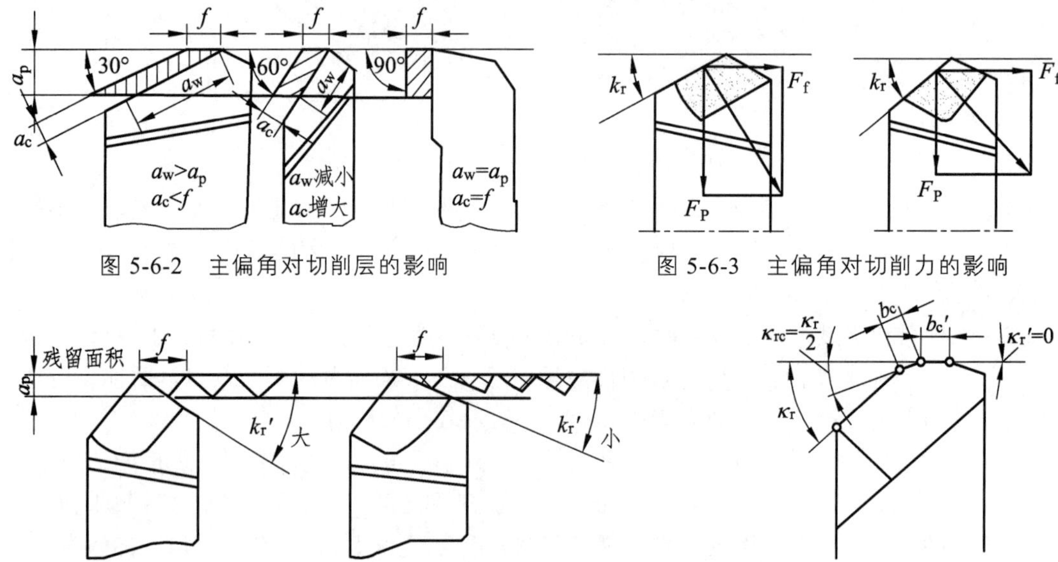

图 5-6-2 主偏角对切削层的影响

图 5-6-3 主偏角对切削力的影响

图 5-6-4 副偏角对残留面积的影响

图 5-6-5 修光刃

4. 刃倾角的选择

刃倾角的正负可以影响刀头强度，改变切屑的流出方向（见图 5-6-6），达到控制排屑方向的目的。负刃倾角时，切屑流向已加工表面，易擦伤已加工表面，但车刀刀头强度好，散热条件也好，适用于粗加工和有冲击的断续切削等；绝对值较大的刃倾角可使刀具的切削刃实际钝圆半径变小，切削刃口变锋利，切屑流向代加工表面，适宜精加工；刃倾角不为零时，刀刃是逐渐切入和切出工件的，可以减小刀具受到的冲击，提高切削过程的平稳性。

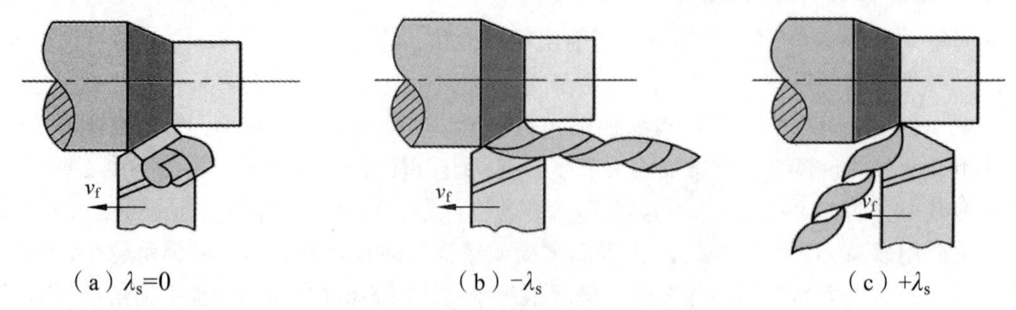

（a）λ_s=0　　（b）$-\lambda_s$　　（c）$+\lambda_s$

图 5-6-6 刃倾角对切屑流向的影响

刃倾角可参照表 5-6-8 选择。在微量精加工中，为了提高刀具的锋利性和切薄能力，可采用较大正刃倾角（λ_s=30°~60°），如大刃倾角外圆精车刀、大刃倾角精刨刀、大螺旋角圆柱铣刀、大螺旋角立铣刀、大螺旋角铰刀、丝锥等，近年来都获得了广泛的应用。

表 5-6-3　刃倾角的选用

λ_s	0°~+5°	+5°~+10°	0°~−5°	−5°~−10°	−10°~−15°	−10°~−45°	−45°~−75°
应用范围	精车钢、车细长轴	精车有色金属	粗车钢和灰铸铁	粗车余量不均匀钢	断续车削钢和灰铸铁	带冲击切削淬硬钢	大刃倾角刀具薄切削

5.6.2　切削用量的合理选择

切削用量的选择，直接影响切削力、切削功率、刀具磨损、加工精度和表面质量以及加工成本。合理的切削用量是指在充分利用刀具的切削性能和机床性能并保证加工质量的前提下，能取得较高的生产率和较低成本的切削速度 v_c、进给量 f 和背吃刀量 a_p。

约束切削用量选择的主要条件有以下几点：工件的加工要求，包括加工质量要求和生产效率要求；刀具材料的切削性能；机床性能，包括动力特性（功率、扭矩）和运动特性；刀具寿命要求。

1. 切削用量与生产率、刀具寿命的关系

机床切削效率可用单位时间内切除的材料体积 Q（mm^3/min）表示

$$Q = fa_pv_c \tag{5-6-1}$$

分析式（5-6-1）可知，切削用量三要素 a_p、f、v_c 均同 Q 保持线性关系，三者对机床切削效率的权重是完全相同的。从提高生产效率考虑，切削用量三要素 a_p、f、v_c 中任一要素提高一倍，机床切削效率 Q 均可提高一倍，但提高 v_c 一倍与提高 a_p、f 一倍对刀具寿命带来的影响却是完全不相同的。由式（5-4-4）和式（5-4-6）知，切削用量三要素中对刀具寿命影响最大的是 v_c，其次是 f，最后是 a_p。

2. 切削用量的选择原则

选择切削用量的原则是在保证加工质量和降低生产成本的前提下，尽可能地提高效率，即 a_p、f 和 v_c 的乘积最大。当 a_p、f 和 v_c 的乘积最大时，切除量一定时需要的切削加工时间最少。因此，选择切削用量的基本原则是：首先选取尽可能大的背吃刀量 a_p；其次根据机床进给机构的强度、刀杆刚度等限制条件（粗加工时）或已加工表面粗糙度要求（精加工时），选取尽可能大的进给量 f；最后根据切削用量手册查取或根据机床功率公式（5-4-5）计算确定切削速度 v_c。

3. 切削用量三要素的选用

1）背吃刀量 a_p 的选用

背吃刀量 a_p 根据加工余量确定。粗加工时，应尽量用一次走刀就切除全部加工余量。半精加工和精加工的加工余量一般较小，可一次切除。在中等功率的机床上，a_p 可达 8~10 mm。

只有在以下情况下，为了避免振动才分成两次或多次走刀：加工余量过大、机床功率不足；工艺系统刚度较低、刀具强度不够；加工余量不均匀，导致断续切削等。采用两次走刀时，通常第一次走刀可取加工余量的 2/3~3/4。切削表层有硬皮的铸锻件或切削冷硬倾向较为严重的材料（如不锈钢）时，应尽量使 a_p 值超过硬皮或冷硬层深度，以免刀具磨损过快，保护刀尖。

半精加工时，通常取 a_p=0.5~2 mm。精加工时背吃刀量不宜过小，因刀具刃口都有一定的钝圆半径，若背吃刀量太小，使切屑形成困难，已加工表面与刃口的挤压、摩擦变形加大，反而会降低加工表面的质量。故精加工时，通常取 a_p=0.1~0.4 mm。

2）进给量 f 的选用

粗加工时，对加工表面粗糙度的要求不高，进给量 f 的选用主要受切削力的限制。在工艺系统刚度和机床进给机构强度允许的情况下，合理的进给量应是它们所能承受的最大进给量。半精加工和精加工时，进给量 f 的选用主要受表面粗糙度和加工精度要求的限制。因此，进给量 f 一般选取较小值。通常按照工件加工表面粗糙度的要求，根据工件材料、刀尖圆弧半径、切削速度等条件来选择合理的进给量。当切削速度提高，刀尖圆弧半径增大，或刀具磨有修光刃时，可以选择较大的进给量，以提高生产率。

实际生产中，经常采用查表法来确定进给量。粗加工时，根据加工材料、车刀刀杆直径、工件直径及已确定的背吃刀量 a_p，由《切削用量手册》即可查得进给量 f 的取值。用硬质合金车刀粗车外圆及端面进给量的推荐值见表 5-6-4。半精加工和精加工时，需按表面粗糙度选择进给量 f，此时可参见表 5-6-5。

表 5-6-4　硬质合金车刀粗车外圆及端面进给量的推荐值

工件材料	车刀刀杆尺寸/mm×mm	工件直径/mm	背吃刀量 a_p/mm				
			≤3	>3~5	>5~8	>8~12	>12
			进给量 f/（mm/r）				
碳素结构钢、合金结构钢及耐热钢	16×25	20	0.3~0.4	—	—	—	—
		40	0.4~0.5	0.3~0.4	—	—	—
		60	0.5~0.7	0.4~0.6	0.3~0.5	—	—
		100	0.6~0.9	0.5~0.7	0.5~0.6	0.4~0.5	—
		400	0.8~1.2	0.7~1.0	0.6~0.8	0.5~0.6	—
	20×30 25×25	20	0.3~0.4	—	—	—	—
		40	0.4~0.5	0.3~0.4	—	—	—
		60	0.6~0.7	0.5~0.7	0.4~0.6	—	—
		100	0.8~1.0	0.7~0.9	0.5~0.7	0.4~0.7	—
		400	1.2~1.4	1.0~1.2	0.8~1.0	0.6~0.9	0.4~0.6
铸铁及铜合金	16×25	40	0.4~0.5	—	—	—	—
		60	0.6~0.8	0.5~0.8	0.4~0.6	—	—
		100	0.8~1.2	0.7~1.0	0.6~0.8	0.5~0.7	—
		400	1.0~1.4	1.0~1.2	0.8~1.0	0.6~0.8	—
	20×30 25×25	40	0.4~0.5	—	—	—	—
		60	0.6~0.9	0.5~0.8	0.4~0.7	—	—
		100	0.9~1.3	0.8~1.2	0.7~1.0	0.5~0.8	—
		400	1.2~1.8	1.2~1.6	1.0~1.3	0.9~1.1	0.7~0.9

注：① 加工断续表面及有冲击的工件时，表内进给量应乘以系数 0.75~0.85。

② 在无外皮加工时，表内进给量应乘以系数 1.1。

③ 加工耐热钢及其合金时，进给量不大于 1 mm/r。

④ 加工淬硬钢时，进给量应减少，当钢的硬度为 44~56 HRC 时，乘以系数 0.8；硬度为 57~62 HRC 时，乘以系数 0.5。

3）切削速度 v_c 的选用

在背吃刀量和进给量选定以后，可在保证刀具合理寿命的条件下，确定合适的切削速度。粗加工时，背吃刀量和进给量都较大，切削速度受刀具寿命和机床功率的限制，一般较低。精加工时，背吃刀量和进给量都取得较小，切削速度主要受工件加工质量和刀具寿命的限制，一般取得较高。选择切削速度时，还应考虑工件材料的切削加工性等因素。例如，加工合金钢、高锰钢、不锈钢、铸铁等的切削速度应比加工普通中碳钢的切削速度低 20%~30%，加工有色金属时，则应提高 1~3 倍。在断续切削和加工大件、细长件、薄壁件时，应选用较低的切削速度。

根据已经选定的背吃刀量 a_p、进给量 f 及刀具寿命 T，可用公式计算或用查表法确定切削速度 v_c。车削速度的计算公式为

$$v_c = \frac{C_v}{T^m f^{y_v} a_p^{x_v}} K_v \tag{5-6-2}$$

式中，C_v 为切削速度系数，与切削条件有关；m、x_v、y_v 为 T、a_p、f 的指数；K_v 为切削速度的修正系数，即工件材料、毛坯表面状态、刀具材料、加工方式、主偏角、副偏角、刀尖圆弧半径，以及刀杆尺寸对切削速度等修正系数的乘积。

表 5-6-5　按表面粗糙度选择进给量 f 的参考值

工件材料	表面粗糙度 Ra/μm	切削速度范围 v_c /（m/min）	刀尖圆弧半径/mm		
			0.5	1	2
			进给量/（mm/r）		
铸铁、青铜、铝合金	10~5	不限	0.25~0.40	0.40~0.50	0.50~0.60
	5~2.5		0.15~0.25	0.25~0.40	0.40~0.60
	2.5~1.25		0.10~0.15	0.15~0.20	0.20~0.35
碳钢及合金钢	10~5	<50	0.30~0.50	0.45~0.60	0.55~0.70
		>50	0.40~0.55	0.5~0.65	0.65~0.70
	5~2.5	<50	0.18~0.25	0.25~0.30	0.30~0.40
		>50	0.25~0.30	0.30~0.35	0.35~0.50
	2.5~1.25	<50	0.1	0.11~0.15	0.15~0.22
		50~100	0.11~0.16	0.16~0.25	0.25~0.35
		>100	0.16~0.20	0.20~0.25	0.25~0.35

切削速度的参考值可以在切削用量手册中查到，见表 5-6-6 所示。

表 5-6-6　硬质合金外圆车刀切削速度的参考值

工件材料	热处理状态	a_p =0.3~2 mm	a_p =0.3~2 mm	a_p =0.3~2 mm
		f=0.08~0.3 mm/r	f=0.3~0.6 mm/r	f=0.6~1.0 mm/r
		v/（m/s）		
低碳钢	热轧	2.33~3.0	1.76~2.0	1.17~1.5
易切钢				

续表

中碳钢	热轧	2.17~2.64	1.5~1.83	1.0~1.33
	调质	1.67~2.17	1.17~1.5	0.83~1.17
工件材料	热处理状态	a_p =0.3~2 mm	a_p =0.3~2 mm	a_p =0.3~2 mm
		f=0.08~0.3 mm/r	f=0.3~0.6 mm/r	f=0.6~1.0 mm/r
		v/（m/s）		
合金结构钢	热轧	1.67~2.17	1.17~1.5	0.83~1.17
	调质	1.33~1.83	0.83~1.17	0.67~1.0
工具钢	退火	1.5~2.0	1.0~1.33	0.83~1.17
不锈钢		1.17~1.33	1.0~1.17	0.83~1.0
高锰钢			0.17~0.33	
铜及铜合金		3.33~4.17	2.0~0.30	1.5~2.0
铝及铝合金		5.10~10.0	3.33~6.67	2.5~5.0
铸铝合金		1.67~3.0	1.33~2.5	1.0~1.67

切削用量选定后，还应校核切削功率是否小于机床的许用功率。若切削功率超过了机床的许用功率，则首先应降低切削速度。

5.6.3 切削液的选择

根据工件材料、刀具材料、工艺要求和切削方式，应合理选用切削液。选用适宜的切削液，可以有效地减小摩擦力，降低切削温度，延长刀具寿命，提高表面加工质量。在切削加工中，合理使用切削液可改善切屑、工件与刀具之间的摩擦状况，降低切削力和切削温度，延长刀具使用寿命，并能减小工件热变形，控制积屑瘤和鳞刺的生长，从而提高加工精度，改善已加工表面质量。

1. 切削液的种类

生产中常用的切削液有水溶液、乳化液和切削油三类。

（1）水溶液。水溶液的主要成分是水，它的冷却性能好，呈透明状，便于工作者观察。但是单纯的水易使金属生锈，且润滑性能欠佳。因此，经常在水溶液中加入一定的防锈和润滑作用的添加剂。水溶液的冷却性能最好，最适于磨削加工。

（2）乳化液。乳化液是以水为主加入适量的乳化油乳化而成。乳化油是由矿物油、乳化剂及添加剂配成，用95%~98%的水稀释后成为乳白色或半透明状的乳化液。尽管乳化液的润滑性能优于水溶液，但润滑和防锈性能仍较差，若再加入一定量的油性极压添加剂、防锈剂配成极压乳化液和防锈乳化液（用于防锈性能高的加工），其润滑、防锈作用可明显得到改善。

（3）切削油。切削油的主要成分是矿物油（如机油、轻柴油、煤油等），少数采用植物油或复合油。普通车削、攻螺纹时，可选用机油。精加工有色金属或铸铁时，可选用煤油。加工螺纹时，可选用植物油。纯矿物油不能在摩擦界面上形成坚固的润滑膜。切削油中也常加入油性添加剂、极压添加剂和防锈添加剂，能提高其高温、高压下的润滑性能，可用于精铣、铰孔、攻螺纹及齿轮加工。

2. 切削液的作用

切削液进入切削区，可以改善切削条件，提高工件加工质量和切削效率。切削液的主要作用如下：

（1）冷却作用。切削液能从切削区域带走大量切削热，降低切削温度，从而提高刀具使用寿命和工件的加工质量。在刀具材料的耐磨性较差，工件材料的热膨胀系数较大，以及二者导热性较差的情况下，切削液的冷却作用尤为重要。切削冷却液性能的好坏，取决于它的导热系数、比热容、汽化热、汽化速度、流量、流速等。水溶液的冷却性能最好，油类最差，乳化液介于二者之间。

（2）润滑作用。金属切削加工时，切屑、工件和刀具表面的摩擦可分为干摩擦、流体润滑摩擦和边界润滑摩擦三类。不加切削液时，就是金属与金属接触的干摩擦，摩擦系数最大；使用切削液后，切削液能渗到刀具与切屑和加工表面之间，形成一层润滑油膜或化学吸附膜，成为流体润滑摩擦，此时摩擦系数很小；但由于切屑、工件与刀具界面承受载荷（压力）大、温度高，油膜大部分被破坏，造成部分金属直接接触。由于润滑液的渗透和吸附作用，部分接触面仍存在着润滑液的吸附膜，起到降低摩擦系数的作用，这种状态即为边界润滑摩擦。边界润滑摩擦时的摩擦系数大于流体润滑，但小于干切削。切削液的润滑性能与其渗透性、形成吸附膜的牢固程度和润滑膜的强度有关。在切削液中添加含硫、氯等元素的极压添加剂后会与金属表面起化学反应，生成化学膜。它可以在高温（达 400~800 ℃）下使边界润滑层保持较好的润滑性能。

（3）清洗作用。在切削铸铁或磨削时，会产生碎屑或粉屑，极易进入机床导轨面，大量切削液的流动，可以冲走切削区域和机床上的细碎切屑和脱落的磨粒。清洗性能的好坏取决于切削液的渗透性、流动性和压力。为了改善切削液的清洗性能，应加入较大剂量的表面活性剂和少量矿物油，制成水溶液或乳化液来提高其清洗效果。

（4）防锈作用。为了减小工件、机床、刀具受周围介质（水、空气等）的腐蚀，要求切削液具有一定的防锈作用。在切削液中加入防锈剂，可在金属表面形成一层保护膜，对工件、机床、刀具和夹具等都能起到防锈作用。防锈作用的强弱取决于切削液本身的性能和添加剂的作用。

除上述作用外，切削液还应满足价廉，配置方便，性能稳定，不污染环境和对人体无害等要求。

3. 切削液的添加剂

为了改善切削液性能所加入的化学物质，称为添加剂。常见的添加剂有油性添加剂、极压添加剂、防锈添加剂、防霉添加剂、抗泡沫添加剂、乳化剂等。

（1）油性添加剂。油性添加剂含有极性分子，能在金属表面形成牢固的物理吸附膜，减小前刀面与切屑、后刀面与工件之间的摩擦，在较低的切削速度下起到较好的润滑作用。它主要用于低温低压边界润滑状态。常用的油性添加剂有动物油、植物油、脂肪酸、胺类、醇类和脂类等。

（2）极压添加剂。它是含有硫、磷、氯、碘等元素的有机化合物，在高温下与金属表面起化学反应，形成耐较高温度和压力的化学吸附膜。在极压润滑状态下，切削液中必须添加极压添加剂来维持润滑膜强度，防止金属界面直接接触，从而减小摩擦。

（3）表面活性剂。它是使矿物油和水乳化，形成稳定乳化液的添加剂。表面活性剂是一种有机化合物，由可溶于水的极性基团和可溶于油的非极性基团组成，可定向地排列并吸附在油水两相界面上，极性端向水，非极性端向油，将水和油连接起来，使油以微小的颗粒稳定地分放在水中，形成乳化液。表面活性剂还能吸附在金属表面上，形成润滑膜，起油性添加剂的润滑作用。常用的表面活性剂有石油磺酸钠、油酸钠皂等。

（4）防锈添加剂。它是一种极性很强的化合物，与金属表面有很强的附着力，吸附在金属表面上形成保护膜，或与金属表面化合形成钝化膜，起到防锈作用。常用的防锈添加剂有碳酸钠、三乙醇胺、石油磺酸钡等。

4. 切削液的选择

切削液的使用效果除取决于切削液的性能外，还与工件材料、刀具材料、加工方法、加工要求等因素有关，应综合考虑，合理选用。

（1）从工件材料方面考虑。切削钢材等塑性材料时，需要用切削液；切削铸铁、青铜等脆性材料时，因切削液会使粉末状的切屑阻塞机床导轨缝隙，故不应加切削液；切削高强度钢、高温合金等难加工材料时，属高温高压边界摩擦状态，切削液宜选用极压切削油或极压乳化液，有时还需配制特殊的切削液；对于铜、铝、铝合金，为了得到较好的加工表面质量和较高的加工精度，可采用10%~20%乳化液或煤油等。

（2）从刀具方面考虑。高速钢刀具耐热性差，应采用切削油，在粗加工中以冷却为主，精加工时则以润滑为主；硬质合金刀具耐热性好，一般不用切削液，必须使用时可采用低浓度乳化液和水溶液，但浇注时要充分连续，否则刀片会因冷热不均而导致破裂；在不便采用切削液的场合，还可采用风冷法冷却刀具。

（3）从加工方法方面考虑。钻孔、铰孔、攻螺纹、拉削等工序的刀具与已加工表面的摩擦严重，宜采用乳化液、极压乳化液或极压切削油；成形刀具、齿轮刀具等价格昂贵，要求刀具使用寿命高，也应采用极压切削油或高浓度极压切削液；磨削加工温度很高，还会产生大量的碎屑及脱落的砂粒，因此要求切削液应具有良好的冷却和清洗作用，常采用乳化液，如选用极压乳化液或多效合成切削液。

（4）从加工要求方面考虑。粗加工时，金属切除量大，产生的热量也大，因此应着重考虑降低温度，选用以冷却为主的切削液，如3%~5%的低浓度乳化液；精加工时主要要求提高加工精度和加工表面质量，应选用以润滑性能为主的切削液，如极压切削油或高浓度极压乳化液，它们可减小刀具与切屑间的摩擦与黏结，抑制积屑瘤。

5. 切削液的使用方法

切削液常用的使用方法有浇注法、高压冷却法和喷雾冷却法等。

（1）浇注法。浇注法的设备简单，使用方便，目前应用最广泛，但这种方法流速慢、压力低，难以直接渗透到最高温度区，因此冷却效果不理想。

（2）高压冷却法。高压冷却法常用于深孔加工，是利用高压（1~10 MPa）切削液直接喷射到切削区，起到冷却、润滑的作用，并使碎断的切屑随液流排出孔外。其效果比浇注法更好。

（3）喷雾冷却法。喷雾冷却法是以 0.3~0.6 MPa 的压缩空气，通过喷雾装置使切削液雾化，高速喷射到切削区。高速气流带着雾化成微小液滴的切削液，渗透到切削区，在高温下迅速气化，吸收大量热量，从而获得良好的冷却效果。喷雾冷却法主要用于难加工材料的切削和超高速切削，也可用于一般的切削加工，以提高刀具耐用度。

思考与习题

1. 什么是金属切削加工？切削加工应具备哪些条件？

2. 金属切削过程的实质是什么？

3. 在表面成形运动中，形成发生线的方法有哪几种？各需要几个成形运动？

4. 什么是积屑瘤？它对切削过程有什么影响？如何控制积屑瘤的产生？

5. 常见的切屑形态有哪几种？它们一般在什么情况下生成？怎样对切屑形态进行控制？

6. 什么是主运动？什么是进给运动？它们各有何特点？试分析车削外圆、铣削平面、磨削外圆以及钻削时的主运动和进给运动。

7. 什么是切削用量三要素？在车削外圆时它们与切削层参数有什么关系？

8. 车削时切削力为什么要分解为三个分力？各分力大小对切削加工过程的影响是什么？

9. 影响切削力的主要因素有哪些？试论述其影响规律。

10. 切削热是怎么产生和传出的？影响热传导的因素有哪些？

11. 画出 γ_o=10°、λ_s=6°、α_o=6°、α_o'=60°、κ_r=60°、κ_r'=15°的外圆车刀刀头部分投影图。

12. 用 κ_r=70°、κ_r'=15°、λ_s=7°的车刀，以工件转速 n=4 r/s，刀具每秒沿工件轴线方向移动 1.6 mm，把工件直径由 d_w=60 mm 一次车削到 d_m=54 mm。试计算：

（1）切削用量（a_p、f、v）；（2）切削层参数（h_D、b_D、A_D）。

13. 刀具磨损形式有哪些？如何进行度量？

14. 刀具磨损有几个阶段？为何出现这种规律？

15. 标注角度参考系中，正交参考系的坐标平面 P_r、P_s、P_o 及刀具角度 γ_o、κ_r、λ_s 是怎样定义的？试用这些定义分析 45°弯头车刀在车削外圆、端面及镗孔时的角度，并用视图正确地标注出来。

16. 金属切削过程的实质是什么？在切削过程中，三个变形区是如何划分的？各变形区有何特点？它们之间有何联系？试绘图表示其位置。

17. a_p、f 和 v 对切削力的影响有何不同？为什么？如果机床动力不足，为保持生产率不变，应如何选择切削用量？

18. 何谓磨料磨损、黏结磨损、扩散磨损、氧化磨损？它们分别发生在什么条件下？

19. 刀具磨损过程大致可分成几个阶段？试绘出磨损曲线。

20. 何谓刀具使用寿命？试分析切削用量三要素对刀具使用寿命的影响规律。

21. 试述刀具前角、后角的功用及选择原则。

22. 什么是材料的切削加工性？为什么说它是一个相对的概念？材料的切削加工性有哪几种表示方法？一般而言，怎样的材料才算切削加工性好的材料？

23. 后角有何功用？何谓合理后角？选择后角时主要考虑什么因素？为什么？
24. 主偏角对切削加工有何影响？一般选择原则是什么？κ_r =90°的车刀适用于什么场合？
25. 副偏角对切削加工有何影响？一般选择的原则是什么？
26. 切削液的作用有哪些？切削液有哪些种类？如何正确选用切削液？

第6章 金属切削机床与刀具

【导 学】

金属切削机床与刀具是实现切削加工的重要工具与载体，本章主要介绍常用的金属切削加工方法中用到的切削机床及刀具，主要包括机床分类方法、机床的传动联系及传动原理、各种切削加工方法的工艺特点和应用范围。通过本章的学习，要求了解各种常用机床的结构组成、工艺范围及对应的切削刀具，掌握机床传动原理图的绘制及传动链的分析计算。

6.1 机床的分类及型号编制

6.1.1 机床的分类

金属切削机床是制造机器的机器，因此又称为“工作母机”，简称“机床”。使用切削的方法将金属毛坯多余的金属切除，加工成符合一定形状、尺寸和表面质量要求的机械零件。为了便于区别、使用和管理，需要对机床进行分类和编制型号。机床的传统分类方法，主要是按加工性质和所用的刀具进行分类。

1. 按照机床的加工方式、使用的刀具和用途分

按照机床的加工方式、使用的刀具和用途将机床共分为12类：车床、钻床、镗床、磨床、齿轮加工机床、螺纹加工机床、铣床、刨插床、拉床、特种加工机床、锯床和其他机床。

2. 按加工精度的等级分

大部分车床、磨床、齿轮加工机床有3个相对精度等级，在机床型号中用汉语拼音字母P（普通精度，在型号中可省略）、M（精密级）、G（高精度级）表示。有些用于高精度精密加工的机床，要求加工精度等级很高，这些机床通常称为高精度精密机床，如：坐标镗床、坐标磨床、螺纹磨床等。

3. 按照万能性程度分

（1）通用机床：这类机床的工艺范围很宽，可以加工一定尺寸范围内的多种类型零件，完成多种多样的工序，如卧式车床、万能升降台铣床、万能外圆磨床等。

（2）专门化机床：这类机床的工艺范围较窄，只能用于加工不同尺寸的一类或几类零件的一种（或几种）特定工序，如丝杠车床、凸轮轴车床等。

（3）专用机床：这类机床的工艺范围最窄，通常只能完成某一特定零件的特定工序。如加工机床主轴箱体孔的专用镗床、加工机床导轨的专用导轨磨床等。它是根据特定的工艺要求专门设计、制造的，生产率和自动化程度较高，应用于大批量生产。组合机床也属于专用机床。

4. 按自动化程度分

按自动化程度，机床可分为手动机床、机动机床、半自动机床和自动机床。

5. 按机床质量分

按机床质量，机床可分为仪表机床、中小型机床（一般机床）、大型机床（10 t）、重型机床（大于 30 t）和超重型机床（大于 100 t）。

6. 按控制方式分

按控制方式，机床可分为仿形机床、数控机床、加工中心等，在机床型号中分别用汉语拼音字母 F、K、H 表示。

7. 按机床的结构布局分

按结构布局，机床可分为立式机床、卧式机床、龙门式机床等。

6.1.2 机床型号的编制方法

按国家推荐标准（GB/T 15375—2008），普通机床型号用下列方式表示：

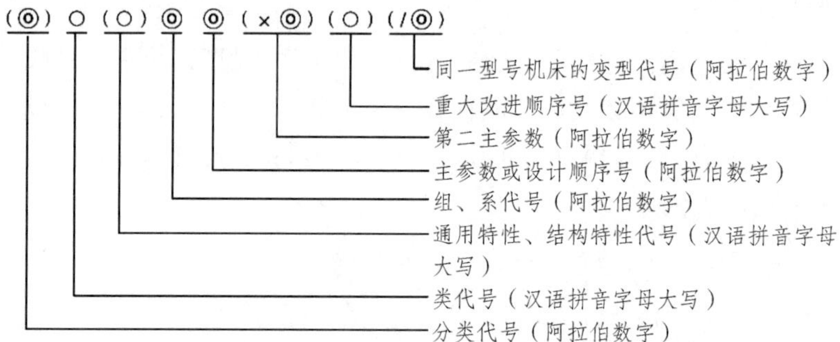

其中，有“( )”的为代号或数字，当无内容时则不表示，若有内容则不带括号；有“○”符号者，为大写的汉语拼音字母；有“◎”符号者，为阿拉伯数字。

1. 机床的类别代号

机床的类别代号用汉语拼音字首（大写）表示，并按名称读音。表 6-1-1 列出了通用机床的 12 个类别。

表 6-1-1 通用机床分类代号

类别	车床	钻床	镗床	磨床			齿轮加工机床	螺纹加工机床	铣床	刨插床	拉床	特种加工机床	锯床	其他机床
代号	C	Z	T	M	2M	3M	Y	S	X	B	L	D	G	Q
读音	车	钻	镗	磨	二磨	三磨	牙	丝	铣	刨	拉	电	割	其

2. 机床的组系代号

每类机床可划分为 10 个组，每个组又可划分为 10 个系。在同一类机床中，主要布局或使用范围基本相同的机床，即为同一组。在同一组机床中，其主参数、主要结构及布局形式相同的机床，即为同一系。金属切削机床类、组的划分见表 6-1-2。机床型号中，在类别代号和特性代号之后，第一位阿拉伯数字表示组别，第二位阿拉伯数字表示系别。

表 6-1-2　金属切削机床类、组的划分

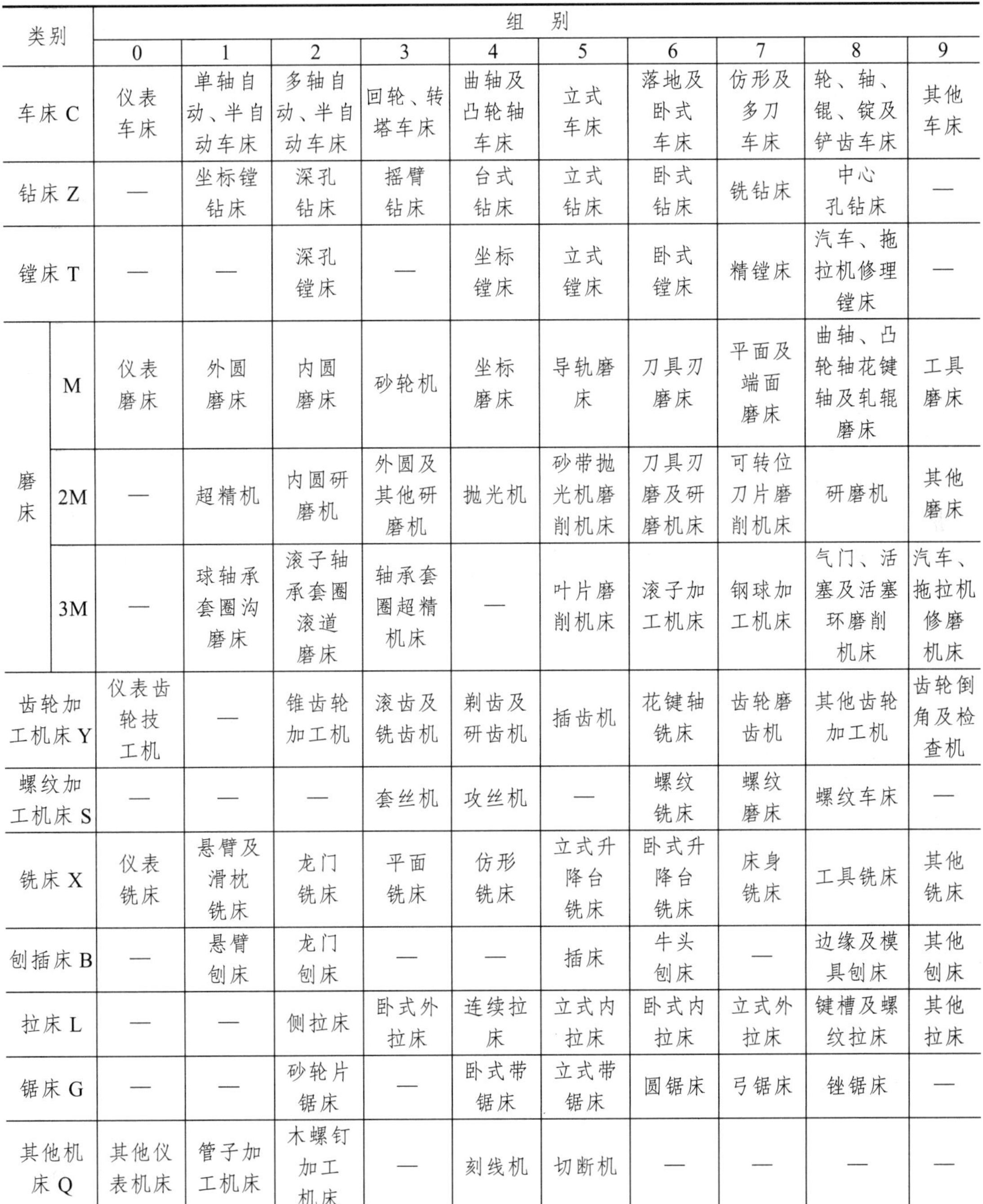

类别		组别									
		0	1	2	3	4	5	6	7	8	9
车床 C		仪表车床	单轴自动、半自动车床	多轴自动、半自动车床	回轮、转塔车床	曲轴及凸轮轴车床	立式车床	落地及卧式车床	仿形及多刀车床	轮、轴、辊、锭及铲齿车床	其他车床
钻床 Z		—	坐标镗钻床	深孔钻床	摇臂钻床	台式钻床	立式钻床	卧式钻床	铣钻床	中心孔钻床	—
镗床 T		—	—	深孔镗床	—	坐标镗床	立式镗床	卧式镗床	精镗床	汽车、拖拉机修理镗床	—
磨床	M	仪表磨床	外圆磨床	内圆磨床	砂轮机	坐标磨床	导轨磨床	刀具刃磨床	平面及端面磨床	曲轴、凸轮轴花键轴及轧辊磨床	工具磨床
	2M	—	超精机	内圆研磨机	外圆及其他研磨机	抛光机	砂带抛光机磨削机床	刀具刃磨及研磨机床	可转位刀片磨削机床	研磨机	其他磨床
	3M	—	球轴承套圈沟磨床	滚子轴承套圈滚道磨床	轴承套圈超精机床	—	叶片磨削机床	滚子加工机床	钢球加工机床	气门、活塞及活塞环磨削机床	汽车、拖拉机修磨机床
齿轮加工机床 Y		仪表齿轮技工机	—	锥齿轮加工机	滚齿及铣齿机	剃齿及研齿机	插齿机	花键轴铣床	齿轮磨齿机	其他齿轮加工机	齿轮倒角及检查机
螺纹加工机床 S		—	—	—	套丝机	攻丝机	—	螺纹铣床	螺纹磨床	螺纹车床	—
铣床 X		仪表铣床	悬臂及滑枕铣床	龙门铣床	平面铣床	仿形铣床	立式升降台铣床	卧式升降台铣床	床身铣床	工具铣床	其他铣床
刨插床 B		—	悬臂刨床	龙门刨床	—	—	插床	牛头刨床	—	边缘及模具刨床	其他刨床
拉床 L		—	—	侧拉床	卧式外拉床	连续拉床	立式内拉床	卧式内拉床	立式外拉床	键槽及螺纹拉床	其他拉床
锯床 G		—	—	砂轮片锯床	—	卧式带锯床	立式带锯床	圆锯床	弓锯床	锉锯床	—
其他机床 Q		其他仪表机床	管子加工机床	木螺钉加工机床	—	刻线机	切断机	—	—	—	—

注：特种加工机床后续介绍。

例如：C6 表示落地及卧式车床。C5 表示立式车床。其中，C51 表示单柱立式车床，C52 表示双柱立式车床。

3. 机床的特性代号

（1）通用特性代号：机床通用特性代号见表 6-1-3。通用特性代号用汉语拼音字母（写）

表示，列在类别代号之后。如 CK6136 中，“K”表示该车床具有程序控制特性。

表 6-1-3　通用特性代号

通用特性	高精度	精密	自动	半自动	数控	加工中心（自动换刀）	仿形	轻型	加重型	简式或经济型	柔性加工单元	数显	高速
代号	G	M	Z	B	K	H	F	Q	C	J	R	X	S
读音	高	密	自	半	控	换	仿	轻	重	简	柔	显	速

（2）结构特性代号：对主参数相同，但结构、性能不同的机床，在型号中加结构特性代号予以区分，结构特性代号用汉语拼音字母表示，如 A、D、E 等。结构特性代号应排在通用特性代号之后。如 CA6140 中“A”是结构特性代号，表示 CA6140 与 C6140 车床主参数相同，但结构不同。

4. 机床主参数、第二主参数的表示方法

机床主参数代表机床的规格，主参数代号代表主参数的折算值，排在组、系代号之后。表 6-1-4 列出了常用机床的主参数及其折算系数。

表 6-1-4　常见机床主参数及折算系数

机床	主参数名称	参数折算系数	第二主参数
卧式车床	床身上最大回转直径	1/10	最大工件长度
立式车床	最大车削直径	1/100	最大工件高度
摇臂钻床	最大钻孔直径	1/1	最大跨距
卧式镗铣床	镗轴直径	1/10	—
坐标镗床	工作台面宽度	1/10	工作台面长度
外圆磨床	最大磨削直径	1/10	最大磨削长度
内圆磨床	最大磨削孔径	1/10	最大磨削深度
矩台平面磨床	工作台面宽度	1/10	工作台面长度
齿轮加工机床	最大工件直径	1/10	最大模数
龙门铣床	工作台面宽度	1/100	工作台面长度
升降台铣床	工作台面宽度	1/10	工作台面长度
龙门刨床	最大刨削宽度	1/100	最大刨削长度
插床及牛头刨床	最大插削及刨削长度	1/10	—
拉床	额定拉力	1/1	最大行程

第二主参数（多轴机床的主轴数除外）一般不予表示，它是指最大模数、最大跨区、最大工件长度等。在型号中表示的第二主参数，一般折算成两位数为宜。

5. 机床重大改进顺序号

当机床的性能及结构有重大改进时，按其设计改进的次序，用字母 A，B，C，… 表示，写在机床型号的末尾，以区别于原机床。如 M1432A 中“A”表示第一次重大改进后的万能外圆磨床，最大磨削直径为 320 mm。

6. 同一型号机床的变型代号

某些类型机床，根据不同的加工需要，在基本型号机床的基础上，仅改变机床的部分性能结构时，则在原机床型号之后加变型代号，以便区别。变型代号以阿拉伯数字 1，2，3，…表示，并用“/”分开，读作“之”。

通用机床的型号编制举例：

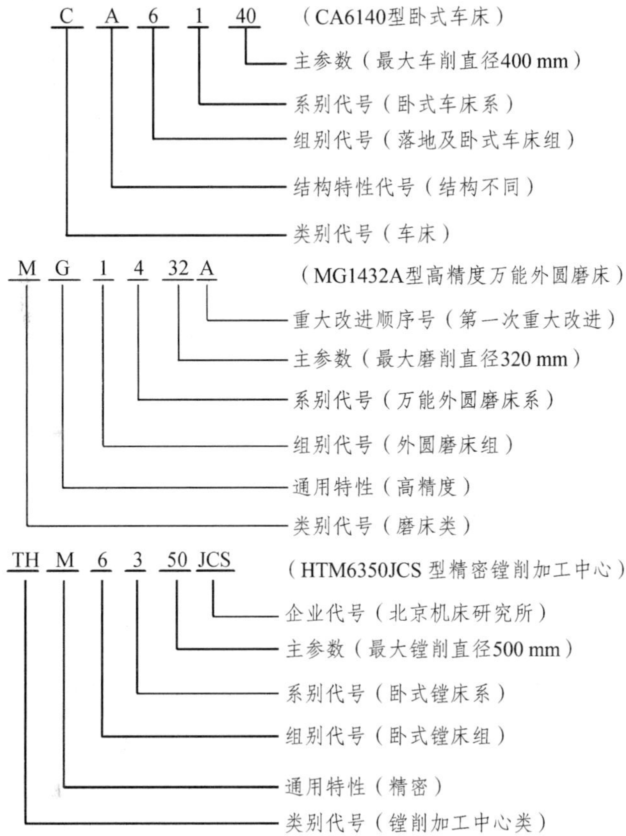

6.2　机床运动及其传动系统

6.2.1　机床运动

在切削加工中，为了得到具有一定几何形状、一定精度和表面质量的工件，就要使刀具和工件间按一定的规律完成一系列的运动。这些运动按其功用可分为表面成形运动和辅助运动两大类。

1. 表面成形运动

直接参与切削过程，使之在工件上形成一定几何形状表面的刀具和工件间的相对运动称为表面成形运动。如图 6-2-1 所示，为了在车床上车削圆柱面，工件的旋转运动和车刀的纵向直线移动是形成圆柱外表面的成形运动，表面成形运动是机床上最基本的运动，它对被加工表面的精度和表面粗糙度有着直接的影响。各种机床加工时所必须具备的表面成形运动的形式和数目，决定于被加工表面的形状以及所采用的加工方法和刀具结构。图 6-2-2 所示为常见的几种工件表面的加工方法及加工的成形运动，由图可以看到，用不同加工方法形成各种表面所需的成形运动，其基本形式为旋转运动和直线运动，即使刀具和工件的运动轨迹比较复杂，也仍然是由这两种运动合成所得到的。例如，车削成形表面时如图 6-2-2（j），车刀沿曲线的运动是由相互垂直的两个直线运动 $\boldsymbol{s}_1$ 和 $\boldsymbol{s}_2$ 组合而成的。

根据切削过程中所起的作用不同，表面成形运动可分为主运动和进给运动。主运动是直接切除工件上的被切削层，使之转变为切屑的主要运动，它是速度最高、消耗功率最多的运动。进给运动是不断地把被切削层投入切削，以逐渐切出整个工件表面的运动，如图 6-2-1 所示。主运动是工件的旋转运动，进给运动是刀具的移动。任何一种机床，必定有且通常也只有一个主运动，但进给运动可能有一个或几个，也可能没有（如拉削）。主运动和进给运动合成的运动称为合成切削运动。

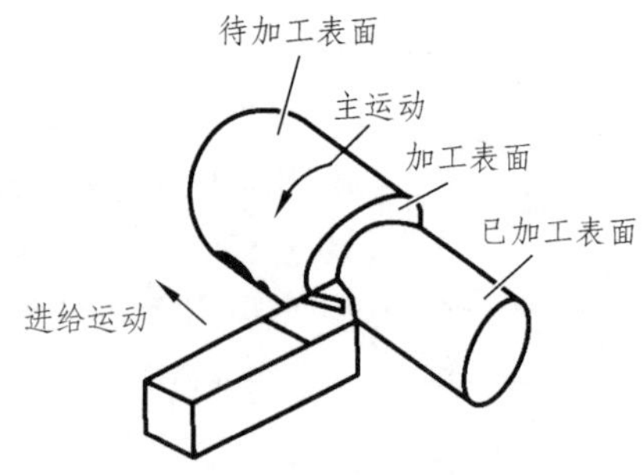

图 6-2-1　车削圆柱面过程中的运动

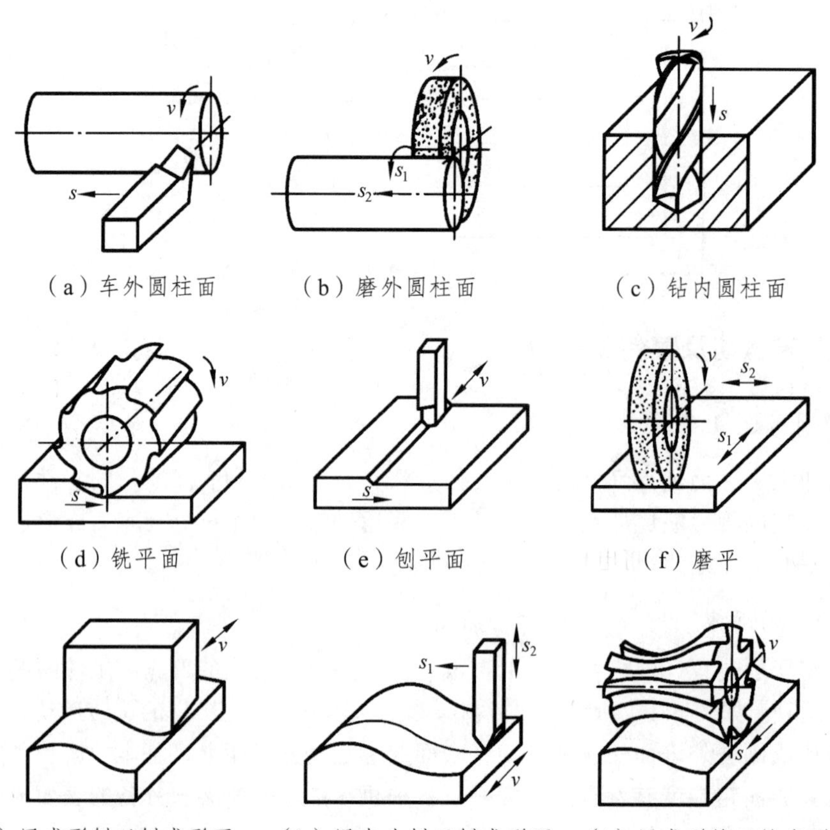

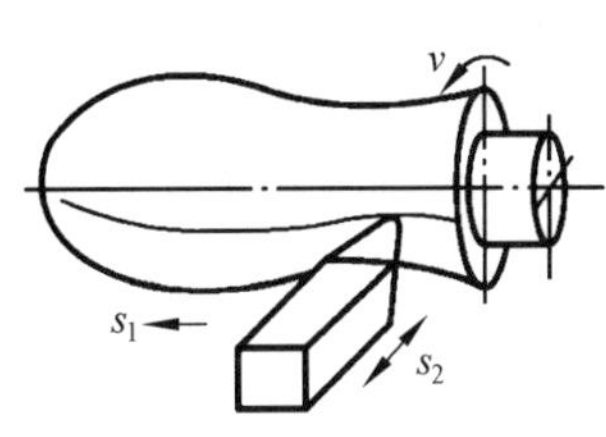

（j）用尖头车刀车成形面

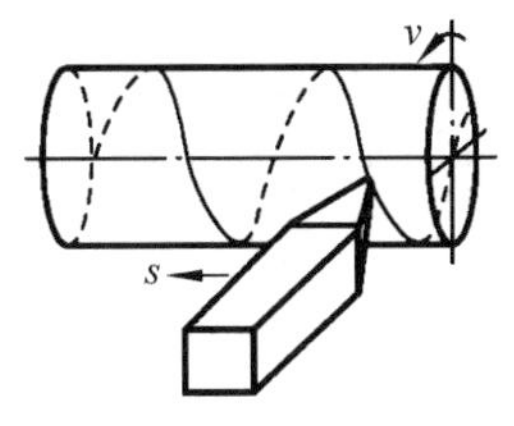

（k）用螺纹车刀车螺纹

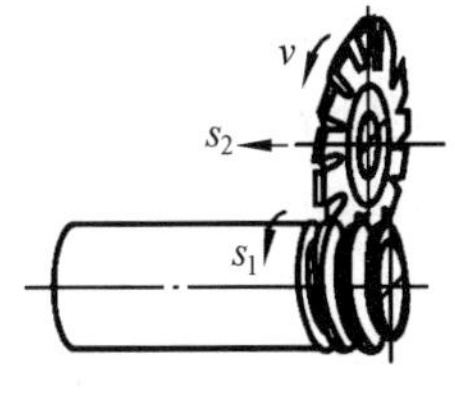

（l）用螺纹铣刀铣螺纹

图 6-2-2　常见工件表面的加工方法及其成形运动

2. 辅助运动

机床上除表面成形运动外的所有运动都是辅助运动，其功用是实现机床加工过程中所必需的各种辅助动作。辅助运动的种类很多，主要包括以下几种。

（1）空行程运动：是指进给前后的快速运动和各种调位运动。例如，在装卸工件时，为避免碰伤操作者，刀具与工件应相对退离。在进给开始之前快速引进，使刀具与工件接近，进给结束后应快退。例如，车床的刀架或铣床的工作台，在进给前后都有快进或快退运动。调位运动是在调整机床的过程中，把机床的有关部件移到要求的位置。例如，摇臂钻床，为使钻头对准被加工孔的中心，可转动摇臂和使主轴箱在摇臂上移动：又如，龙门机床，为适应工件的不同高度，可使横梁升降等，这些都是调位运动。

（2）切入运动：刀具切入毛坯的运动，一般与进给方向垂直，使工件表面逐渐达到规定尺寸。

（3）分度运动：加工若干个完全相同的均匀分布的表面时，为使表面成形运动得以周期地继续进行的运动称为分度运动。如车削多头螺纹，在车完一条螺纹后，工件相对于刀具要回转 1/*K* 转（*K* 为螺纹头数），才能车削另一条螺纹表面。这个工件相对于刀具的旋转运动就是分度运动。多工位机床的多工位工作台或多工位刀架也需要分度运动。

（4）操纵和控制运动：比如启动、停止、工件装卸及夹紧、自动换刀、自动测量等。

6.2.2　机床的基本组成及机械传动机构

一般，对于不同种类的机床，其基本组成也不尽相同。但各种组成部件都是为了同一个目的——实现形成发生线所需要的各种成形运动。因此，一般都包括以下几个部分。

（1）机床动力：如电动机、液压马达以及伺服驱动系统等，是机床运动的主要来源；

（2）传动系统：

① 主运动传动系统：将电机动力传递到主轴的传动系统；

② 进给运动传动系统：将电机动力传递到刀架或工作台的传动系统；

③ 辅助运动传动系统：用于提供所需辅助运动的传动系统。

（3）电气控制部件及操控系统：包括电气线路、离合器、按钮、操纵机构、行程开关及数控装置等零部件。

（4）支撑部件及导轨：支撑部件包括床身、立柱、横梁、底座、工作台和拖板等，用于支承和连接其他零部件。

（5）其他部件：如润滑系统、冷却系统、读数系统等。

机床动力从电机传递到机床执行部件（主轴、工作台、刀架等）的传动方式主要包括机械传动、电传动和液压气压传动三种。这里主要介绍机床的机械传动。

机床机械传动的机构包括：一是用于传递旋转运动的机构（如带传动、齿轮传动等）；二是用于把旋转运动变换为直线运动的机构（如齿轮齿条传动、丝杠螺母传动等）；三是用于对运动进行变速或换向的机构。

1. 传递旋转运动的机构

1）带传动

带传动是利用胶带与带轮之间的摩擦力，将主动轮的运动传递到从动轮上去。机床上一般都使用三角皮带传动，简称 V 带传动。带传动结构简单、制造方便、传动平稳，并有过载保护作用。但传动比不准确，传动效率低，所占空间较大。

如图 6-2-3，设主动轮和从动轮的圆周速度分别为 v_1 、v_2，胶带的速度为 v_b，主动轮和从动轮的直径分别为 D_1 和 D_2，转速分别为 n_1 和 n_2。若不考虑胶带与带轮之间的打滑，有

$$v_1 = v_2 = v_b$$

由于

$$v_1 = \pi D_1 n_1$$

$$v_2 = \pi D_2 n_2$$

有

$$D_1 n_1 = D_2 n_2$$

传动比 $$i = \frac{D_1}{D_2} = \frac{n_2}{n_1}$$

若考虑到传动时胶带与带轮之间有打滑现象，则其传动比为

$$i = \frac{n_2}{n_1} = \frac{D_1}{D_2}\varepsilon$$

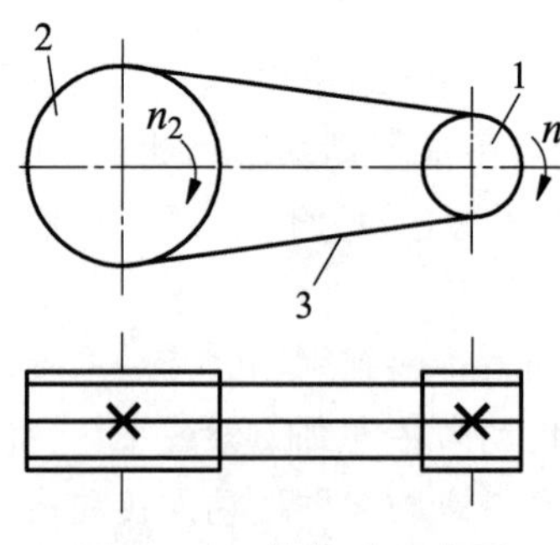

图 6-2-3　带传动示意图

2）齿轮传动

齿轮传动结构简单，传动比准确，传动效率高，传递扭矩大，但制造较复杂，制造精度要求高。同时，齿轮机构可以实现换向和各种变速传动。是目前机床上应用最多的传动方式。

设 z_1、n_1 分别为主动轮的齿数和主动轴的转速，z_2、n_2 分别为从动轮的齿数和从动轴的转速。因为一对互相啮合的齿轮传动时的线速度应相等，故有

$$z_1n_1 = z_2n_2$$

传动比　　　　$$i = \frac{n_2}{n_1} = \frac{z_1}{z_2}$$

两个齿轮啮合传动时，其旋向相反，若要求被动轮与主动轮旋向相同，则需要在主动轮和被动轮之间加一个中间齿轮（称过桥轮或介轮）。

3）蜗轮蜗杆传动

如图 6-2-4 所示，蜗轮蜗杆传动中，蜗杆为主动件，蜗轮为被动件。相互啮合时，如果蜗杆头数为 k，若蜗杆旋转一周，则蜗轮旋转齿数 k。设蜗杆的头数为 k，转速为 n_1，蜗轮的齿数为 z，转速为 n_2，则其传动比为

$$i = \frac{n_2}{n_1} = \frac{k}{z}$$

因为一般蜗轮齿数 z 比蜗杆头数大得多，所以蜗杆传动可获得较大的降速比，且传动平稳、噪声小、结构紧凑。在车床溜板箱、铣床分度头等机构上均采用了蜗轮蜗杆传动。

图 6-2-4　蜗轮蜗杆传动示意图

2. 把旋转运动变换为直线运动的机构

目前，机床上一般都是用电机作为机床动力，而机床的切削运动中有许多是直线运动。因此，需要下列传动机构将旋转运动变换为直线运动。

1）齿轮齿条传动

齿轮齿条传动既可把旋转运动变为直线运动（齿轮为主动件），也可以将直线运动变成旋转运动（齿条为主动件），其传动效率高，但制造精度不高时影响位移的准确性。

如图 6-2-5 所示，齿轮和齿条啮合时，齿轮旋转一个齿，齿条跟着移动一个齿距。设齿轮的齿数为 z，齿条的齿距为 p，当齿轮旋转 n 转，齿条做直线移动的距离为

图 6-2-5　齿轮齿条传动

$$L = pzn = \pi mzn \text{（mm）}$$

2）丝杠螺母传动

如图 6-2-6 所示，其传动平稳、无噪声，但传动效率低。此外，数控机床一般采用滚动丝

杠螺母传动和滚动导轨传动，可降低摩擦损失，减少动静摩擦因数之差，以避免爬行。传动时，丝杠转一转，螺母移动一个导程 L（L = 螺距 P×螺纹头数 k）。

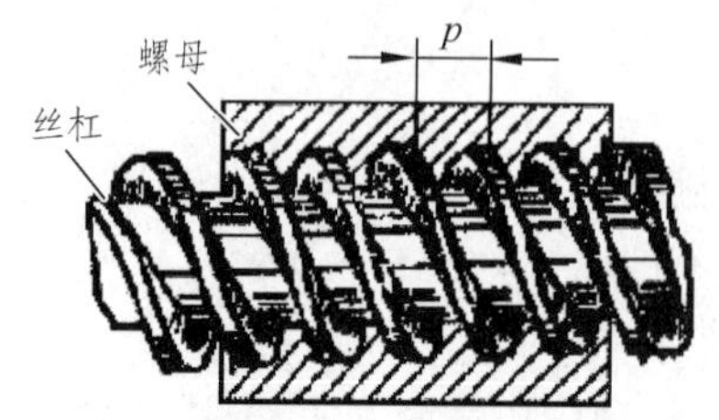

图 6-2-6　丝杠螺母传动

3. 变速机构

为了保证操作人员可根据需要选择最有利的切削速度和进给速度，机床上需要设置变速机构来方便地变换速度，机床上应用得最多的变速机构包括滑移齿轮变速机构和离合器变速机构。

1）滑移齿轮变速机构

如图 6-2-7（a）所示，从动轴Ⅱ上带有长键，并装有三联滑移齿轮 Z_2、Z_4、Z_6。通过扳动机床上的变速手柄可使它分别与固定在主动轴Ⅰ的齿轮 Z_1、Z_3、Z_5 相啮合，由于变速手柄在不同挡位下，相啮合的齿轮传动比不同，因此，轴Ⅱ可以获得三种不同的转速。

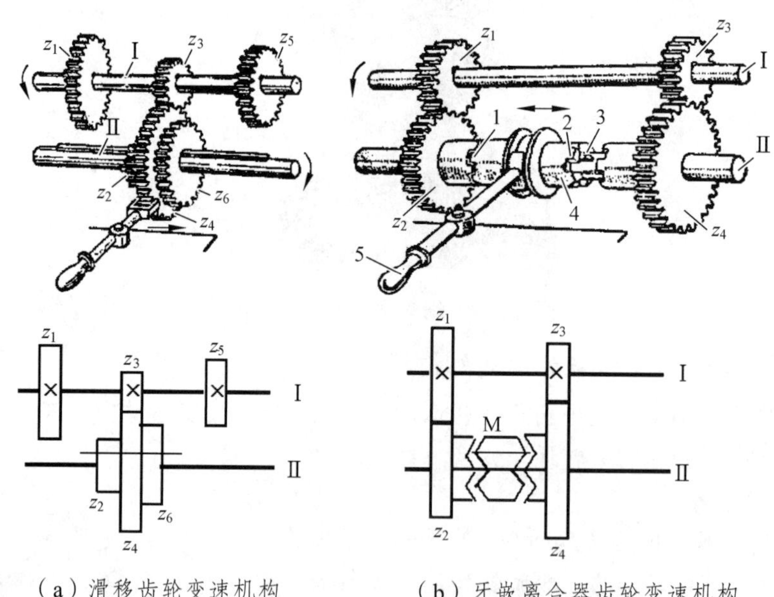

图 6-2-7　变速机构

2）离合器变速机构

离合器变速机构主要包括牙嵌离合器齿轮变速机构和摩擦离合器齿轮变速机构两种。图 6-2-7（b）所示为牙嵌离合器齿轮变速机构。从动轴Ⅱ两端装有齿轮 Z_2、Z_4，它们可以分别与固定在主动轴Ⅰ上的 Z_1、Z_3 相啮合。轴Ⅱ的中间部位带有键 2 并装有牙嵌离合器 4。当扳动机床变速手柄 5 左移离合器（即图示位置）时，可使离合器爪 1 与齿轮 Z_2 相啮合，此时，齿轮 Z_4 只是空套在轴Ⅱ上随 Z_3 空转。当离合器右移与 Z_4 啮合时，Z_2 自动脱开随 Z_1 空转。由于

Z_1 与 Z_2、Z_3 与 Z_4 的传动比不同，故轴 II 可获得两种转速。

4. 换向机构

为了满足加工的不同需要，如车左旋螺纹和右旋螺纹等，机床的传动中需要传动轴正、反向旋转。

如图 6-2-8 所示，图（a）接入介轮时，轴Ⅷ与主轴同向旋转，图（b）脱开介轮（即齿轮 d 向左滑移）时，轴Ⅷ与主轴反向旋转。

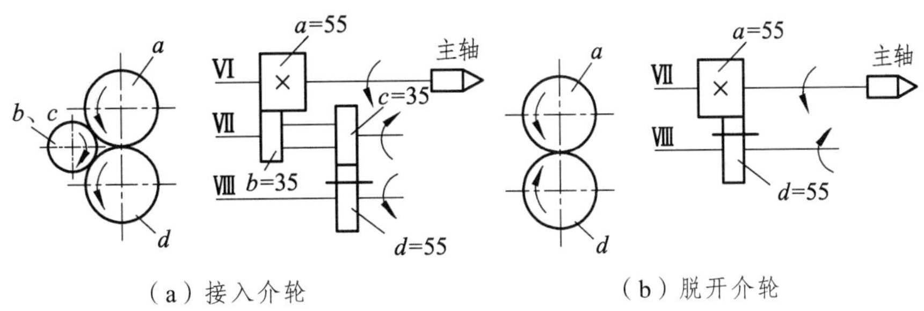

（a）接入介轮　　（b）脱开介轮

图 6-2-8　换向机构

6.2.3　机床的传动系统图及传动系统分析

1. 机床的传动系统

实现机床加工过程中全部成形运动和辅助运动的各传动链，组成一台机床的传动系统。根据执行件所完成的运动的作用不同，传动系统中各传动链相应地称为主运动传动链、进给运动传动链、范成运动传动链、分度运动传动链等。

2. 传动系统图

为便于了解和分析机床运动的传递、联系情况，常采用传动系统图。它是表示实现机床全部运动的传动示意图，图中将每条传动链中的具体传动机构用简单的规定符号表示，规定符号见国家标准《机械制图机构运动简图用图形符号》（GB/T 4460—2013）中的机构运动简图符号（见表 6-2-1），并标明齿轮和蜗轮的齿数、蜗杆头数、丝杠导程、带轮直径、电动机功率和转速等。传动链中的传动机构，按照运动传递或联系顺序依次排列，以展开图形式画在能反映主要部件相互位置的机床外形轮廓中。传动系统图只表示传动关系，不代表各传动件的实际尺寸和空间位置。

表 6-2-1　传动简图符号

名称	符　号	名　称	符　号
滑动轴承		滚动轴承	
推力滚动轴承		向心推力滚动轴承	
单向牙嵌离合器		双向牙嵌离合器	

续表

名称	符号	名称	符号
双向摩擦离合器	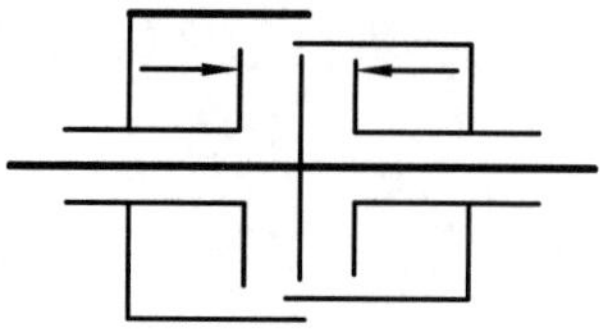	双向滑移齿轮	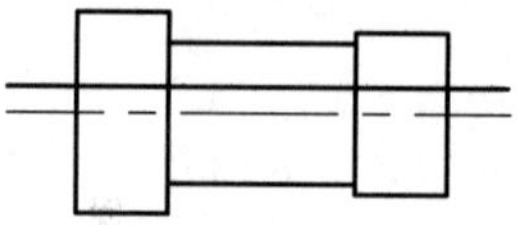
整体螺母		开合螺母	
滚珠螺母		联轴器	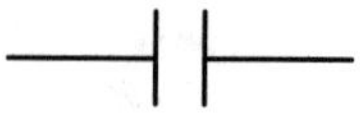
带传动	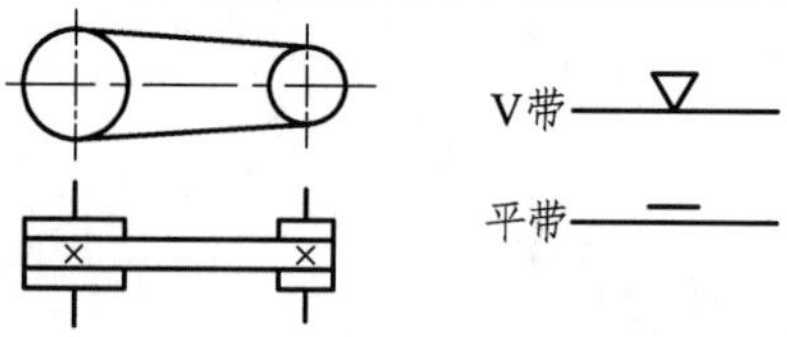 V带 平带	齿轮齿条	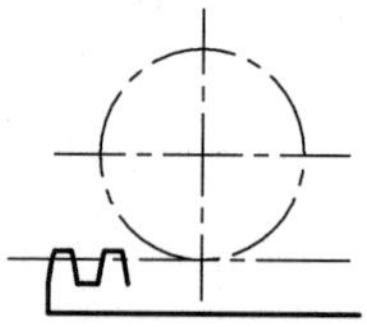
固定齿轮传动	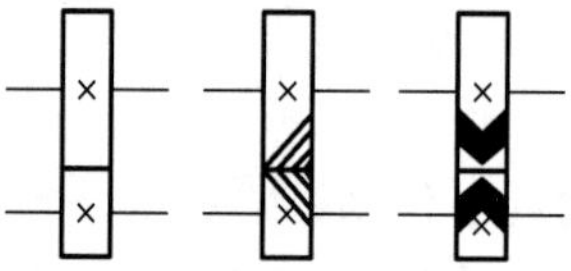	蜗轮传动	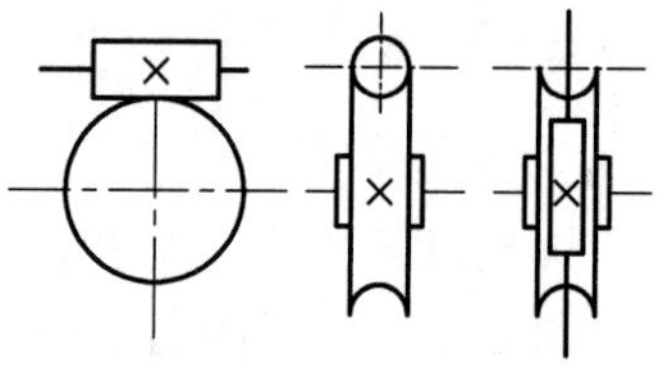
锥齿轮传动	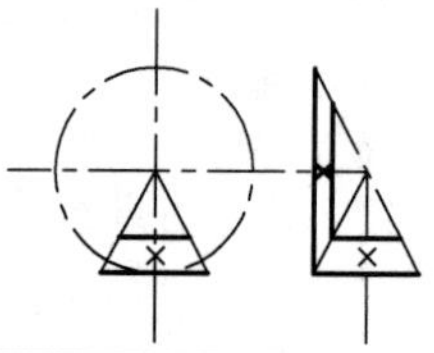	电动机	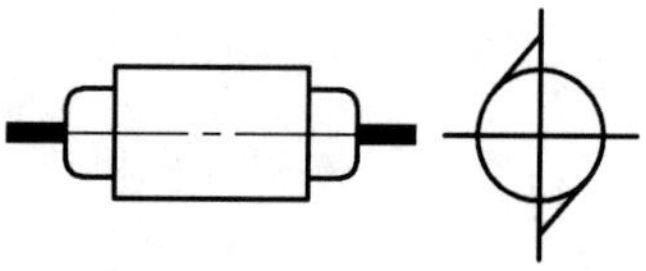

图 6-2-9 中的传动系统可用传动路线表达式表示：

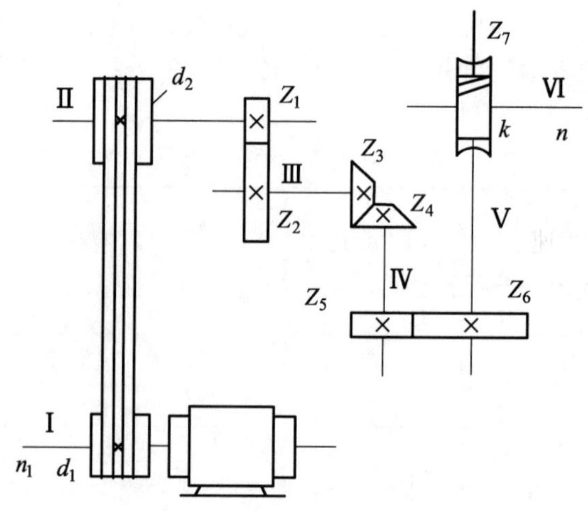

图 6-2-9　机床的机械传动系统图

$$电动机—\text{I}—\frac{d_1}{d_2}\varepsilon—\text{II}—\frac{Z_1}{Z_2}—\text{III}—\frac{Z_3}{Z_4}—\text{IV}—\frac{Z_5}{Z_6}—\text{V}—\frac{k}{Z_7}—\text{VI}$$

若已知传动链中电机轴的转速为 n_1（r/min），就可确定传动链上任一轴的转速。例如，求轴Ⅵ的转速 n_{VI}（r/min），可按下式计算：

$$n_{\text{VI}} = n_1 \frac{d_1}{d_2}\varepsilon \frac{Z_1}{Z_2}\frac{Z_3}{Z_4}\frac{Z_5}{Z_6}\frac{k}{Z_7}$$

3. 机床运动的调整计算

机床运动的计算通常有两种情况：一种是根据传动系统图提供的有关数据，确定某些执行件的运动速度或位移量；另一种是根据执行件所需的运动速度、位移量，或有关执行件之间所需保持的运动关系，确定相应传动链中换置机构（通常为挂轮变速机构）的传动比，以便进行必要的调整。

机床运动计算按每一传动链分别进行，其步骤如下：

（1）确定传动链的两端件，如电动机-主轴、主轴-刀架等。

（2）根据传动链两端件的运动关系，确定它们的计算位移，即在指定的同一时间间隔内两端件的位移量。例如，主运动传动链的计算位移为：电动机 $n_{电}$（单位为 r/min）、主轴 $n_{主}$（单位为 r/min）。车床螺纹进给传动链的计算位移为：主轴转 1 转，刀架移动工件螺纹一个导程 L（单位为 mm）。

（3）根据计算位移以及相应传动链中各个顺序排列的传动副的传动比，列出运动平衡式。

（4）根据运动平衡式，计算出执行件的运动速度（转速、进给量等）或位移量，或者整理出换置机构的换置公式，然后按加工条件确定挂轮变速机构所需采用的配换齿轮齿数，或确定对其他变速机构的调整要求。

6.2.4　机床的传动联系及传动原理图

1. 机床的传动联系

为了实现加工过程中所需的各种运动，机床必须具备以下三个基本部分。

（1）执行件——执行机床运动的部件，如主轴、刀架、工作台等，其任务是带动工件或刀具完成一定形式的运动（旋转或直线运动）并保持准确的运动轨迹。

（2）动力源——提供运动和动力的装置，是执行件的运动来源。普通机床通常都采用三相异步电动机作动力源。现代数控机床的动力源采用直流或交流调速电动机和伺服电动机。

（3）传动装置——传递运动和动力的装置，通过它把动力源的运动和动力传给执行件。通常，传动装置需同时完成变速、换向、改变运动形式等任务，使执行件获得所需要的运动速度、运动方向和运动形式。传动装置把执行件和动力源或者把有关的执行件连接起来，构成传动联系。

2. 机床的传动链

如上所述，机床上为了得到所需要的运动，需要通过一系列的传动件把执行件和动力源（例如主轴和电动机），或者把执行件和执行件（例如主轴和刀架）连接起来，以构成传动联系。构成一个传动联系的一系列传动件，称为传动链。根据传动联系的性质，传动链可以区分为两类。

1）外联系传动链

它是联系动力源（如电动机）和机床执行件（如主轴、刀架、工作台等）之间的传动链，使执行件得到运动，而且能改变运动的速度和方向，但不要求动力源和执行件之间有严格的传动比关系。例如，车削螺纹时，从电动机传到车床主轴的传动链就是外联系传动链，它只决定车螺纹速度的快慢，而不影响螺纹表面的成形。再如，在卧式车床上车削外圆柱表面时，由于工件旋转与刀具移动之间不要求严格的传动比关系，两个执行件的运动可以互相独立调整，所以，传动工件和传动刀具的两条传动链都是外联系传动链。

2）内联系传动链

内联系传动链联系复合运动之内的各个分解部分，因而传动链所联系的执行件相互之间的相对速度（及相对位移量）有严格的要求，用来保证运动的轨迹。例如，在卧式车床上用螺纹车刀车螺纹时，为了保证所需螺纹的导程大小，主轴（工件）转 1 r 时，车刀必须移动一个导程。联系主轴-刀架之间的螺纹传动链就是一条传动比有严格要求的内联系传动链。再如，用齿轮滚刀加工直齿圆柱齿轮时，为了得到正确的渐开线齿形，滚刀转 $1/K$ 转（K 是滚刀头数）时，工件就必须转 $1/z_{工}$ 转（$z_{工}$ 为齿轮齿数）。联系滚刀旋转 B_{11} 和工件旋转 B_{12} 的传动链，必须保证两者的严格运动关系，这条传动链的传动比若不符合要求，就不可能形成正确的渐开线齿形，所以这条传动链也是用来保证运动轨迹的内联系传动链。由此可见，在内联系传动链中，各传动副的传动比必须准确不变，不应有摩擦传动或是瞬时传动比变化的传动件（如链传动）。

3. 机床的传动原理图

通常传动链包括各种传动机构，如传动带、定比齿轮副、齿轮齿条、丝杠螺母、蜗轮蜗杆、滑移齿轮变速机构、离合器变速机构、交换齿轮或挂轮架以及各种电气的、液压的、机械的无级变速机构等。在考虑传动路线时，可以先撇开具体机构，把上述各种机构分成两大类：固定传动比的传动机构，简称“定比机构”；变换传动比的传动机构，简称“换置机构”。定比传动机构有定比齿轮副、丝杠螺母副、蜗轮蜗杆副等，换置机构有变速箱、挂轮架、数控机床中的数控系统等。为了便于研究机床的传动联系，常用一些简明的符号把传动原理和传动路线表示出来，这就是传动原理图。图 6-2-10 所示为传动原理图常使用的一部分符号，其中，表示执行件的符号，还没有统一的规定，一般采用较直观的图形表示。为了把运动分析的理论推广到数控机床，图 6-2-10 中引入了画数控机床传动原理图时所要用到的一些符号，如脉冲发生器等的符号。下面举例说明传动原理图的画法和所表示的内容。

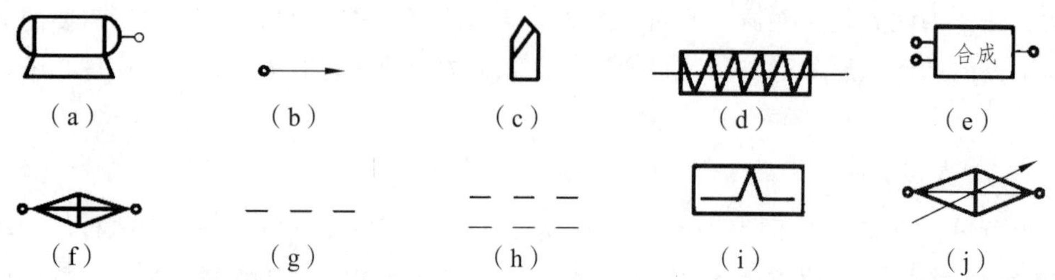

图 6-2-10　传动原理图常用的一些示意符号

如图 6-2-11 所示，卧式车床在形成螺旋表面时需要一个运动——刀具与工件间相对的螺旋运动。这个运动是复合运动，可分解为两部分——主轴的旋转 B 和车刀的纵向移动 A。联系这两个运动的传动链 4—5—u_s—6—7 是复合运动内部的传动链，所以是内联系传动链。这个传动链为了保证主轴旋转 B 与刀具移动 A 之间严格的比例，主轴每转 1 r，刀具应移动一个导程。此外，这个复合运动还应有一个外联系传动链，与动力源相联系，即传动链 1—2—u_v—3—4。

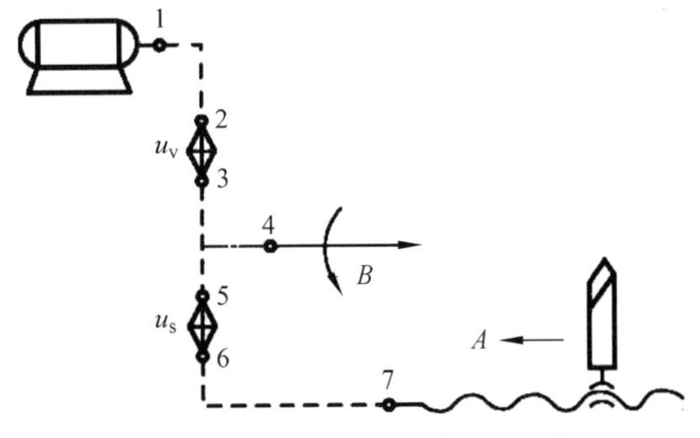

图 6-2-11　卧式车床传动原理图

车床在车削圆柱面或端面时，主轴的旋转 B 和刀具的移动 A（车端面时为横向移动）是两个互相独立的简单运动，无须保持严格的比例关系，运动比例的变化不影响表面的性质，只影响生产率或表面粗糙度。两个简单运动各有自己的外联系传动链与动力源相联系：一条是电动机—1—2—u_v—3—4—主轴；另一条是电动机—1—2—u_v—3—5—u_s—6—7—丝杠，其中 1—2—u_v—3 是公共段。这样的传动原理图的优点是既可用于车螺纹，又可用于车削圆柱面等。

如果车床仅用于车削圆柱面和端面，不用来车削螺纹，则传动原理图如图 6-2-12（a）所示。进给也可用液压传动，如图 6-2-12（b）所示，如某些多刀半自动车床。

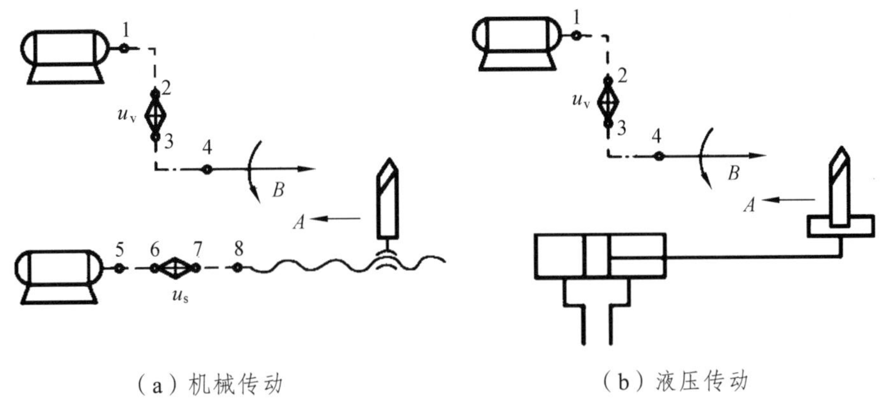

（a）机械传动　　（b）液压传动

图 6-2-12　车削圆柱面时传动原理图

4. 典型机床的机械传动系统分析

下面以 CA6140 型普通卧式车床的传动系统分析为例，说明机床传动系统分析的一般分析过程和方法。

如图 6-2-13 所示，该机床的传动系统包括主运动传动链和进给运动传动链两大部分。而进给运动传动链又分为刀架螺纹进给、纵横向进给和横向快速进给三个部分。

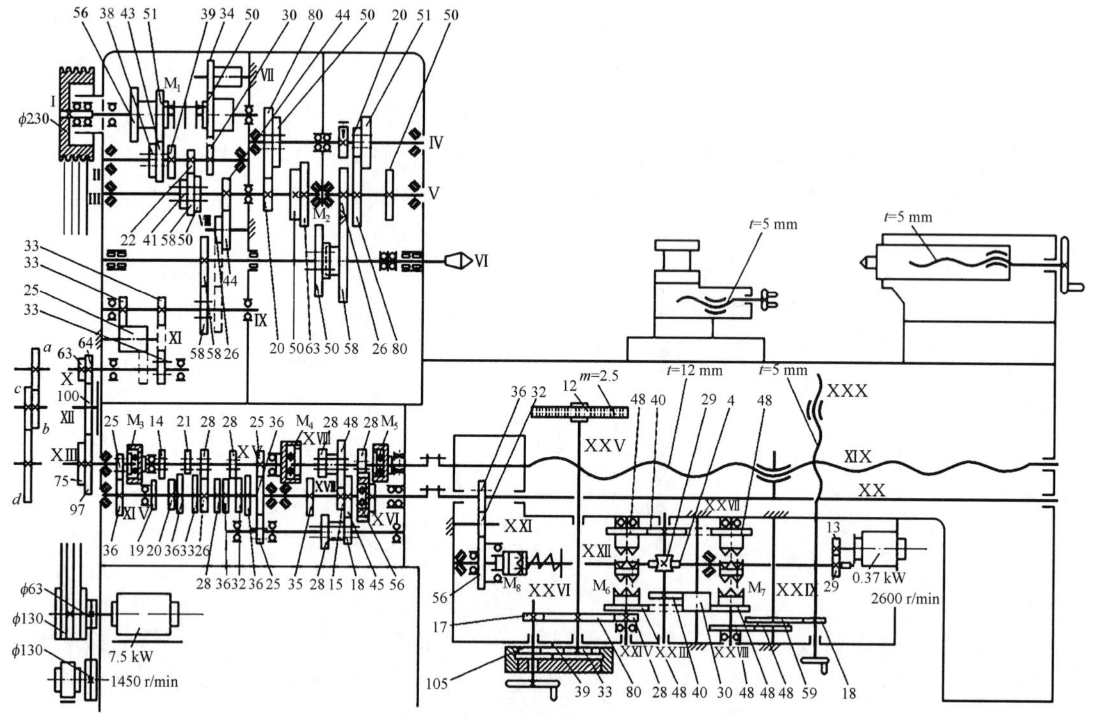

图 6-2-13 CA6140 型普通卧式车床传动系统

1）主运动传动链

主运动传动链是电机与主轴之间的传动联系。运动由主电机（7.5 kW，1 450 r/min）经带传动（ϕ130 mm/ϕ230 mm）传至主轴箱中的轴Ⅰ。轴Ⅰ上装有双向多片摩擦离合器 M_1，当压紧离合器 M_1 左部的摩擦片时，使主轴正转；压紧右部摩擦片时，轴Ⅰ至轴Ⅱ间多一个换向齿轮 34，故轴Ⅱ的转向与经 M_1 左部传动时相反，即主轴反转。当离合器处于中间位置时，所有摩擦片都没有被压紧。轴Ⅰ的运动不能传至轴Ⅱ，主轴停转。主运动传动链的传动路线表达式为

$$\text{电机}-\frac{\phi 130}{\phi 230}\varepsilon-\text{I}-\left[\begin{array}{l}(M_1\text{左接上})-\left[\begin{array}{c}\frac{56}{38}\\ \frac{51}{43}\end{array}\right](\text{正转})\\ (M_1\text{右接上})-\frac{50}{34}-\text{VII}-\frac{34}{30}(\text{反转})\end{array}\right]-\text{II}-\left[\begin{array}{c}\frac{39}{41}\\ \frac{22}{58}\\ \frac{30}{50}\end{array}\right]-$$

$$\text{III}-\left[\begin{array}{l}\left[\begin{array}{c}\frac{20}{80}\\ \frac{50}{50}\end{array}\right]-\text{IV}-\left[\begin{array}{c}\frac{20}{80}\\ \frac{51}{50}\end{array}\right]-\text{V}-\frac{26}{58}(M_2\text{接上})\\ \frac{63}{50}(M_2\text{脱开})\end{array}\right]-\text{VI}(\text{主轴})$$

根据传动路线表达式，可以计算主轴转速级数和转速。可以看出，M_2 未接上时，是高速挡，而图示位置为最低挡。当主轴正转时，理论上共可得 $2\times3\times(1+2\times2)=30$ 种转速。但由于轴Ⅲ、Ⅳ和Ⅴ之间的比值[20/80 50/50]与[20/80 51/50]太接近，实际上主轴总共可获得 $2\times3\times1+(2\times2-1)\times6=6+18=24$ 级转速。同理，可计算主轴反转时的转速级数为 $3\times[1+(2\times2-1)]=12$。主轴的各级转速，可根据各滑移齿轮的啮合状态求得。如图 6-2-13 中所示的啮合状态，主轴

的转速为

$$n_{\text{VI}}=1\,450\times\frac{130}{230}\times\frac{51}{43}\times\frac{22}{58}\times\frac{20}{80}\times\frac{26}{58}\approx10\text{（r/min）}$$

传动路线表达式中，主轴反转通常不是用于切削，而是用于车削螺纹时高速退刀，切削完一刀后使车刀沿螺旋线退回，所以转速较高，以节约辅助时间。

2）进给运动传动链

（1）螺纹进给传动链。

运动从主轴上齿轮 58 或轴Ⅲ上齿轮 44 传出，经轴Ⅸ～Ⅺ间的换向机构，传给挂轮箱：两者的轴Ⅹ、Ⅻ、ⅩⅢ和轴Ⅸ、Ⅹ、Ⅺ在空间为三角形分布。该换向机构用于车右旋螺纹或左旋螺纹，而图示挂轮箱中的齿轮用于车公制或英制的标准螺纹和公制或英制的蜗杆（即模数、径节螺纹）。车非标准螺纹时，可按图中 a/b、c/d 配换齿轮实现。进给箱中的齿式离合器 M_3 和 M_4 按如下传动链表达式合上或脱开；齿式离合器 M_5 合上，开合螺母合上，丝杠旋转，即可进行螺纹进给。螺纹进给传动链的传动表达式如下：

$$\text{主轴箱动力}\begin{bmatrix}\text{VI}-\dfrac{58}{58}\text{（正常导程）}\\ \text{III}-\dfrac{44}{44}-\text{VIII}-\dfrac{26}{58}\text{（扩大导程）}\end{bmatrix}-\text{IX}-\begin{bmatrix}\dfrac{33}{33}\text{（右旋螺纹）}\\ \dfrac{33}{25}-\text{XI}-\dfrac{25}{33}\text{（左旋螺纹）}\end{bmatrix}-\text{X}-$$

$$\text{III}-\begin{bmatrix}\begin{bmatrix}\dfrac{63}{100}-\text{XII}-\dfrac{100}{75}\text{(标准螺纹)}\\ \dfrac{64}{100}-\text{XII}-\dfrac{100}{97}\text{(蜗杆)}\end{bmatrix}-\text{XIII}-\begin{bmatrix}\dfrac{25}{36}-\text{XIV}-i_{\text{基}}-\text{XV}-\dfrac{25}{36}-\dfrac{36}{25}\\ \text{（}M_3\text{、}M_4\text{脱开）}\\ \text{XV}-\dfrac{1}{i_{\text{基}}}-\text{XIV}-\dfrac{36}{25}\\ \text{（}M_3\text{接上、}M_4\text{脱开）}\end{bmatrix}-\text{XIV}-i_{\text{倍}}\\ \dfrac{a}{b}\times\dfrac{c}{d}-\text{XIII}-\text{XV}\text{(非标螺纹)}\\ \text{（}M_3\text{、}M_4\text{接上）}\end{bmatrix}-$$

$$-\text{XVIII}-(M_5\text{接上})-\text{XIX}$$

其中，$i_{\text{基}}$轴ⅩⅣ和轴ⅩⅤ之间的基本组可变换的 8 种传动比，近似为等差数列，可方便操作人员得到各种螺纹导程：

$$[26/28\quad 28/28\quad 32/28\quad 36/28\quad 19/14\quad 20/14\quad 33/21\quad 36/21]$$

其中，$i_{\text{倍}}$轴ⅩⅤ和轴ⅩⅧ 之间的倍增组可变换的 4 种传动比，成倍数关系，可方便操作人员成倍扩大或缩小螺纹导程：

$$\left[\frac{18}{45}\times\frac{15}{48}\quad\frac{28}{35}\times\frac{15}{48}\quad\frac{18}{45}\times\frac{35}{28}\quad\frac{28}{35}\times\frac{35}{28}\right]$$

（2）非标螺纹车削原理。

由图 6-2-14 可知，在单位时间内，车刀刀尖移动的距离应与开合螺母在丝杠上移动的距离相等，即 $n_bP_b=n_wP_w$。其中 n_b、P_b 分别为丝杠的转速和导程；n_w、P_w 分别为工件的转速和导程。

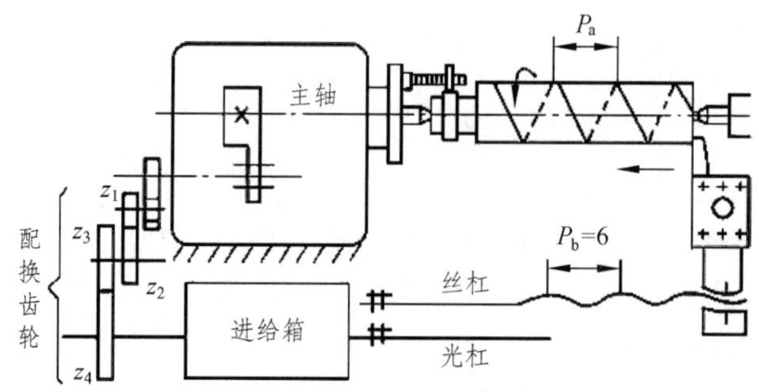

图 6-2-14　非标螺纹车削原理图

由上式可得

$$\frac{n_b}{n_w}=\frac{P_w}{P_b}=\frac{z_1}{z_2}\times\frac{z_3}{z_4}=\frac{a}{b}\times\frac{c}{d}$$

因此，选择符合上式的配换齿轮装入挂轮箱，即可车削非标螺纹。

（3）刀具纵横向进给运动传动链。

为了减少丝杠的磨损，机动进给是由光杠经溜板箱传动的。这时，将进给箱中的离合器 M_5 和开合螺母脱开，使轴XVIII的齿轮 28 与轴XX左端的 56 啮合。运动由进给箱传至光杠XX，再经溜板箱中的齿轮副[36/32]×[32/56]、超越离合器及安全离合器 M_8、轴XXII、蜗杆蜗轮副 4/29 传至轴XXIII。

牙嵌式双向离合器 M_6、M_7 分别控制纵向及横向机动走刀，但两者处于中间位置时，可摇动手轮调整刀架位置。

当需要刀架机动地快速接近或离开工件时，可按下快移按钮，使快速电机（370 W，2 600 r/min）启动。快速电机的运动经齿轮副 13/29 使轴XXII 高速转动，再经蜗轮蜗杆 4/29 带动溜板箱内的传动机构，使刀架实现纵向或横向的快速移动。

其传动路线表达式如下：

$$\cdots\left[\begin{array}{c}(M_8\text{接上})-\mathrm{XVII}-\frac{28}{56}-\mathrm{XX}-\frac{36}{32}-\mathrm{XXI}-\frac{32}{56}\\ \\ (M_8\text{脱开})\text{快速移动电机}-\frac{13}{29}\end{array}\right]-\mathrm{XXII}-\frac{4}{29}-\mathrm{XXIII}-$$

$$-\left[\begin{array}{l}-\left[\begin{array}{c}M_6\uparrow\frac{40}{48}\\ M_6\downarrow\frac{40}{48}\end{array}\right]-\mathrm{XXIV}-\frac{28}{80}-\mathrm{XXV}-Z_{12}/\text{齿条}\\ -\left[\begin{array}{c}M_7\uparrow\frac{40}{48}\\ M_7\downarrow\frac{40}{30}\times\frac{30}{48}\end{array}\right]-\mathrm{XXVIII}-\frac{48}{48}-\mathrm{XXIX}-\frac{59}{18}-\text{横向丝杠}\,\mathrm{XXX}\end{array}\right.$$

6.2.5　机床的基本要求

1. 工艺范围

工艺范围是指机床适应不同生产要求的能力，包括在机床上能完成的工序种类、可加工零件的类型、材料和毛坯种类以及尺寸范围等。

在单件小批生产中使用的通用机床，由于要完成不同形状和结构的工件上多种几何表面的加工，因此要求它具有广泛的工艺范围。例如卧式万能升降台铣床，不仅要求它能铣平面、台阶面、沟槽、特形面、直齿和斜齿圆柱齿轮的齿廓面，而且要求它能铣螺旋槽、平面凸轮的廓面。如此广泛工艺范围的获得，除了机床本身的因素外，还需借助于多种机床附件，如分度头、回转工作台、立铣头等。

专门化机床和专用机床是为某一类零件和特定零件的特定工序设计的，因此工艺范围要求不宽。

数控机床尤其是加工中心，加工精度和自动化程度都很高，在一次安装后可以对多个表面进行多工位加工，因此具有较大的加工工艺范围。目前加工中心一般都具有多种加工能力，如铣镗加工中心上可以进行铣平面、铣沟槽、钻孔、镗孔、扩孔、攻螺纹等多种加工。

2. 加工精度和表面粗糙度

机床是“制造机器的机器”，因此机床的精度和机床零件的表面粗糙度值，一般应该比其他机械产品高和小。此外，对机床的热变形、振动、磨损等，也应该提出控制指标或技术要求，以防止机床在使用时，这些因素的作用使被加工工件的加工误差超差和表面粗糙度值超差。

3. 生产率和自动化程度

生产率是反映机械加工经济效益的一个重要指标，在保证机床的加工精度的前提下，应尽可能提高生产率，机床的自动化有助于提高生产率，同时，还可以改善劳动条件以及减少操作者技术水平对加工质量的影响，使加工质量保持稳定，特别是大批大量生产的机床和精度要求高的机床，提高其自动化程度更为重要。

对机床的生产率和自动化的要求，是一个相对的概念，而并非对任何机床这二者都越高越好。因为机床的高生产率和高度自动化不仅如前所述要求机床具有大的功率和高的刚性与抗振性，而且必然导致机床的结构和调整工作的复杂化以及机床成本的增加。因此，对不同类型的机床，其生产率和自动化的要求，应该按不同情况区别对待。

4. 噪声和效率

机床的噪声是危害人们身心健康，妨碍正常工作的一种环境污染，要尽力降低噪声。机床的效率是指消耗于切削的有效功率和电动机输出功率之比，反映了空转功率的消耗和机构运转的摩擦损失。摩擦损失转变为热量后将引起工艺系统的热变形，从而影响机床的加工精度。高速运转的零件越多，空转功率越大，为了节省能源，保证机床工作精度和降低噪声，必须采取措施提高机床传动的效率。

5. 人机关系

机床的操作应当方便省力和安全可靠，操纵机床的动作应符合人的生理习惯，不易发生误操作和故障，减少工人的疲劳，保证工人和机床的安全。

6.3　车床及车削加工

6.3.1　普通车床

在一般机器制造厂中，车床在金属切削机床中所占的比例最大，占金属机床总台数的 20%～35%。由此可见，车床的应用是很广泛的，车床主要用于加工各种回转表面（内外圆柱面、圆锥面、成形回转面）和回转体的端面。通常由工件旋转完成主运动，而由刀具沿平行或垂直于工件旋转轴线移动完成进给运动。与工件旋转轴线平行的进给运动称为纵向进给运动；垂直的进给运动称为横向进给运动。

1. 车床的主要类型

车床的种类很多，按其用途和结构的不同，可分为下列几类。

（1）卧式车床及落地车床；

（2）立式车床；

（3）转塔车床（六角车床）；

（4）多刀半自动车床；

（5）仿形车床及仿形半自动车床；

（6）单轴自动车床；

（7）多轴自动车床及多轴半自动车床。

此外，还有各种专门化车床，如凸轮轴车床、曲轴车床、铲齿车床等。

2. 卧式车床

卧式车床是一种品种较多的车床。根据对卧式车床功能要求的不同，这类车床可分卧式车床（普通车床）、马鞍车床、精整车床、无丝杠车床、卡盘车床、落地车床和球面车床等。

卧式车床的加工工艺范围很广，能进行多种表面的加工，如图 6-3-1 所示，车削内外圆柱面、圆锥面、成形面、端面、各种螺纹、切槽、切断；也能进行钻孔、扩孔、铰孔和滚花等工作。

卧式车床的工艺范围广，生产效率低，适于单件小批量生产和修配车间。卧式车床主要是对各种轴类、套类和盘类零件进行加工。

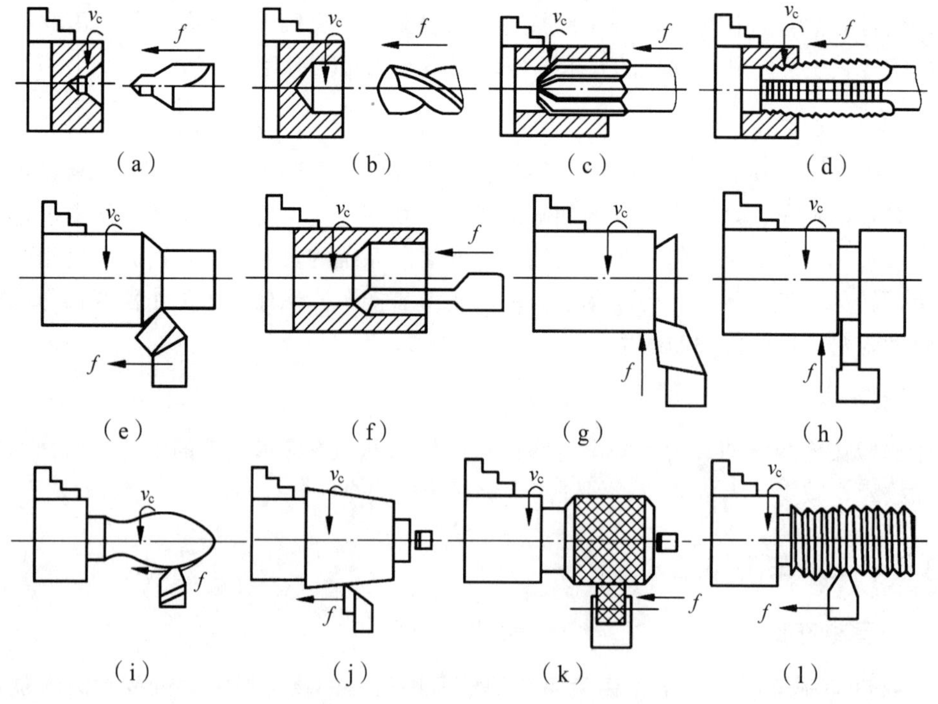

图 6-3-1　卧式车床的加工工艺范围

3. 车床组成部件及功用

卧式车床主要由主轴箱、交换齿轮箱（又称挂轮箱）、进给箱、溜板部分（包括溜板箱、床鞍、中滑板、小滑板和刀架）、床身、尾座和冷却、照明部分等组成。车床各部分的名称如图 6-3-2 所示。

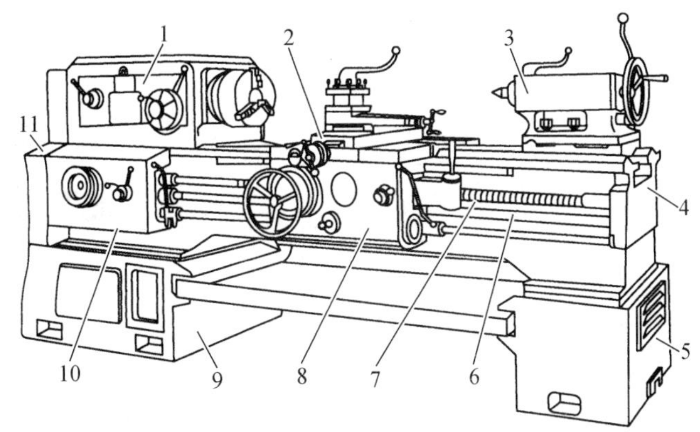

1—主轴箱；2—刀架；3—尾座；4—床身；5，9—床腿；6—光杠；7—丝杠；8—溜板箱；10—进给箱；11—挂轮变速机构。

图 6-3-2　机床各部分名称

（1）床身。床身固定在左、右床腿上，是车床的支承部件，用以支承和安装车床的各个部件，如主轴箱、溜板箱、尾座等，并保证各部件之间具有正确的相对位置和相对运动。床身上面有两组平行导轨——床鞍导轨和尾座导轨。

（2）主轴箱。主轴箱安装在床身的左上部，箱内有主轴部件和主运动变速机构。调整变速机构可以获得合适的主轴转速。主轴是空心的，中间可以穿过棒料，是主运动的执行件。主轴的前端可以安装卡盘或顶尖等以装夹工件，实现主运动。

（3）进给箱。进给箱安装在床身的左前侧，箱内有进给运动变速机构。主轴箱的运动通过挂轮变速机构将运动传给进给箱。进给箱通过光杠或丝杠将运动传给溜板箱和刀架。

（4）溜板箱。溜板箱安装在刀架部件底部，并通过光杠或丝杠接受进给箱传来的运动，将运动传给刀架部件，实现纵、横向进给或车螺纹运动。床身前方床鞍导轨下安装有长齿条；溜板箱中的小齿轮与其啮合，可带动溜板箱纵向移动。

（5）刀架。刀架装在床身的刀架导轨上，由小滑板、中滑板、床鞍、方刀架组成。方刀架处于最上层，用于夹持刀具。小滑板在方刀架与中滑板之间，与中滑板以转盘相连，可在水平面一定角度内任意转动一个角度，调好方向后带动刀架实现斜向手动进给，用于加工锥体。中滑板处于小滑板与床鞍之间，可沿床鞍上面的导轨做横向自动或手动进给，当把丝杠螺母机构脱开后，用靠模法可自动加工锥体。床鞍处于中滑板与床身之间，可沿床身上床鞍导轨纵向移动，以实现纵向自动或手动进给。

（6）尾座。尾座通常安装在床身右上部，并可沿床身上的尾座导轨调整其位置，通过顶尖支承不同长度的工件。尾座可在其底板上做少量横向移动，通过调整位置，可以在用前、后顶尖支承的工件上车锥体。尾座孔内也可以安装钻头、丝锥、铰刀等刀具，进行内孔加工。

（7）挂轮变速机构。挂轮变速机构装在主轴箱与进给箱的左侧，其内部的挂轮连接主轴箱和进给箱，当车削英制螺纹、径节螺纹、精密螺纹、非标准螺纹时须调换挂轮。

（8）丝杠与光杠。丝杠与光杠的左端装在进给箱上，右端装在床身右前侧的挂角上，中间穿过溜板箱。通常丝杠主要用于车螺纹。

4. 立式车床

与卧式车床不同，立式车床的主轴轴线呈竖直布置，工作台台面处于水平面内，便于工件的装夹和找正。另外，由于工件及工作台的重量均匀地作用在工作台导轨或推力轴承上，所以立式车床更能长期地保持工作精度。立式车床结构复杂，质量较大，适于加工具有大回转直径的工件。

如图 6-3-3 所示，立式车床一般分为单柱式和双柱式两种，其中，单柱式立式车床只用于加工直径不太大的工件。

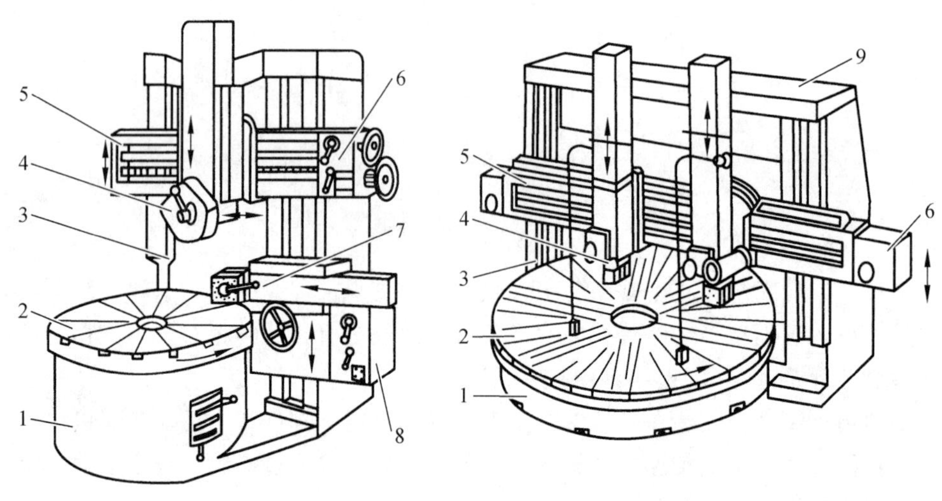

（a）单柱立式车床　　（b）双柱立式车床

1—底座；2—工作台；3—立柱；4—垂直刀架；5—横梁；6—垂直刀架进给箱；7—侧刀架；8—侧刀架进给箱；9—顶梁。

图 6-3-3　立式车床外形

立式车床的工作台 2 装在底座 1 上，工件装夹在工作台上并由工作台带动做主运动。进给运动由垂直刀架 4 和侧刀架 7 来实现，侧刀架 7 可在立柱 5 的导轨上移动做竖直进给，还可沿刀架滑座的导轨做横向进给。垂直刀架 4 可在横梁 5 的导轨上移动做横向进给，垂直刀架的滑板可沿其刀架滑座的导轨做竖直进给。中小型立式车床的一个垂直刀架上通常带有转塔刀架，在此转塔刀架上可以安装几组刀具（一般为 5 组），供轮流进行切削。横梁 5 可根据工件的高度沿立式导轨调整位置。

大直径工件上很少有螺纹，因此立式车床上没有车削螺纹传动链，不能加工螺纹。

5. 转塔车床（六角车床）

为了适应成批生产形状复杂的零件的需要，在卧式车床的基础上，发展起来了转塔车床。

如图 6-3-4 所示，与卧式车床的结构相比，最主要的区别在于：转塔车床没有尾座和丝杠，在尾座位置安装一个可纵向移动的多工位刀架，刀架上安装多把刀具。

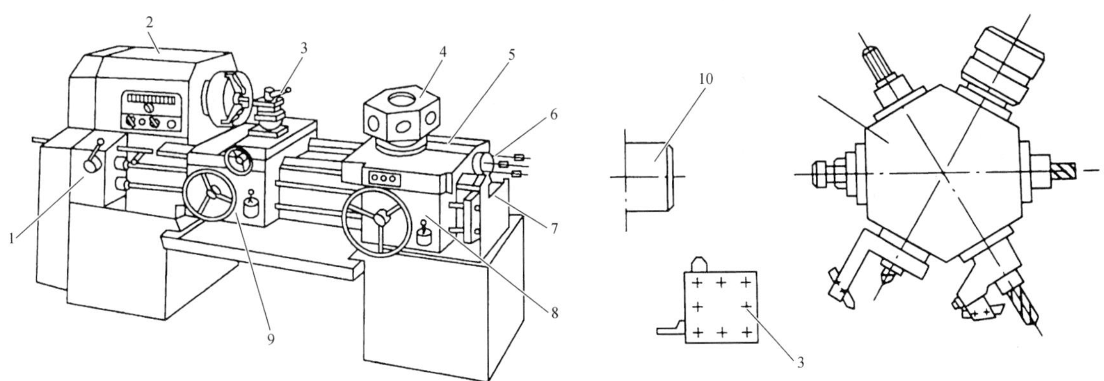

1—进给箱；2—主轴箱；3—前刀架；4—转塔刀架；5—纵向溜板；6—定程装置；7—床身；8—转塔刀架溜板箱；9—前刀架溜板箱；10—主轴。

图 6-3-4　转塔车床结构组成示意图

转塔车床的前刀架与卧式车床的刀架类似，既可沿床身导轨做纵向进给，也可做横向进给，用于车削外圆、端面或沟槽。转塔刀架则只能做纵向进给，用于车削内外圆柱面，钻、扩、铰孔及攻螺纹和套螺纹等。

前刀架和转塔刀架各由一个溜板箱来控制它们的运动。此外，转塔刀架设有定程机构。加工过程中当刀架到达预先调定的位置时，可自动停止进给或快速返回原位。

6.3.2　数控车床

数控车床的外形与普通车床相似，即由床身、主轴箱、刀架、进给系统、液压系统、冷却和润滑系统等部分组成。数控车床的进给系统与普通车床有质的区别，传统普通车床有进给箱和交换齿轮架，而数控车床是直接用伺服电动机通过滚珠丝杠驱动溜板和刀架实现进给运动，因而进给系统的结构大为简化。

1. 数控车床的布局

与普通车床相比，数控车床的主轴、尾座等部件布局形式没有太大变化。但在刀架和导轨的布局形式上发生了根本的变化。这种变化直接影响到它的使用性能以及结构与外观。

1）床身和导轨布局

如图 6-3-5 所示，一般有 4 种布局形式：平床身、斜床身、平床身斜滑板和立床身立滑板。

平床身布局一般用于大型数控车床或小型精密数控车床。平床身布局便于导轨面加工，工艺性好，配水平放置的刀架可提高刀架的运动精度，不过水平床身下部空间小，排屑困难。刀架水平放置使得滑板横向尺寸较长，占地面积较大。

斜床身配置斜滑板布局与平床身配置斜滑板布局形式常常被中、小型数控车床所采用。这两种布局形式排屑容易，热铁屑不会堆积在导轨上，同时便于安装自动排屑器；操作方便，易于安装机械手，可实现单机自动化；占地面积小，容易实现半封闭式防护。

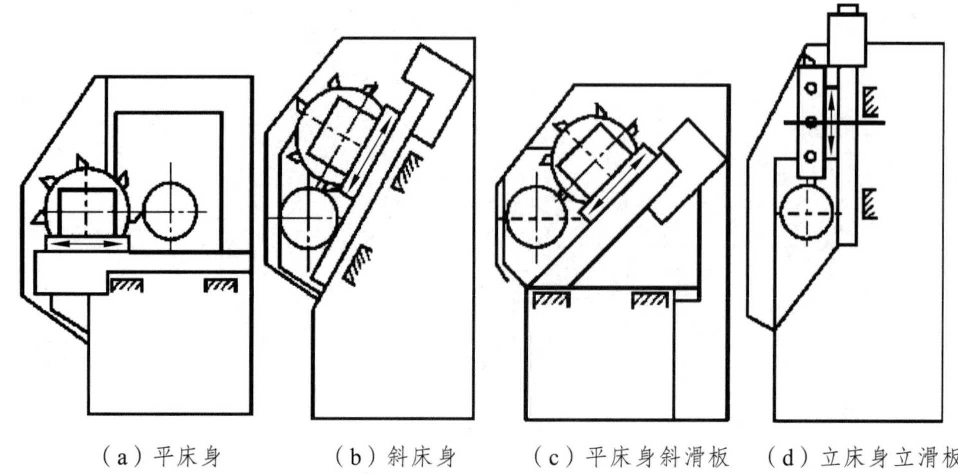

（a）平床身　（b）斜床身　（c）平床身斜滑板　（d）立床身立滑板

图 6-3-5　数控车床的布局形式

2）刀架的布局

刀架作为数控车床的重要部件，其布局形式对机床整体布局及工作性能影响很大。目前两坐标联动数控车床多采用 12 工位的回转刀架，也有采用 6 工位、8 工位、10 工位回转刀架的。回转刀架在机床上的布局有两种形式：一种是用于加工盘类零件的回转刀架，其回转轴垂直于主轴；另一种是用于加工轴类和盘类零件的回转刀架，其回转轴平行于主轴。

床身上安装有两个独立的滑板和回转刀架的数控车床称为双刀架四坐标数控车床。其上每个刀架的切削进给是分别控制的，因此两个刀架可以同时切削同一工件的不同部位，既扩大了加工范围，又提高了加工效率，如图 6-3-6 所示。双刀架四坐标数控车床的结构复杂，且需要配置专门的数控系统实现对两个独立刀架的控制。这种机床适于加工曲轴、飞机零件等形状复杂、批量较大的零件。

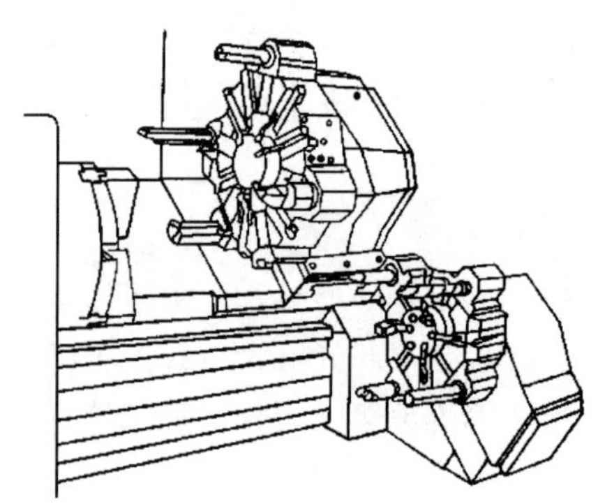

图 6-3-6　双刀架结构

2. 数控车床的典型结构

如图 6-3-7 所示，MJ-50 型数控车床采用 FANUC-0TE 或 SIEMENS 数控系统，*X*、*Z* 两坐标联动控制。床身 14 为平床身，床身导轨面上支承 30°倾斜布置的滑板 13，排屑方便。导轨的横截面为矩形，支承刚性好，且导轨上配置有导轨防护罩 8。床身的左上方安装有主轴箱 4，主轴由交流主轴电动机经 1∶1 带传动直接驱动主轴，结构十分简单。为了快速而省力地装夹工件，主轴卡盘 3 的夹紧与松开是由主轴尾端的液压缸来控制的。

床身右上方安装有尾座 12。滑板的倾斜导轨上安装有回转刀架 11，其刀盘上有 10 个工位。滑板上分别安装有 *X* 轴和 *Z* 轴的进给传动装置。10 是操作面板，5 是机床防护门。液压系统的压力由压力表 6 显示。1 是主轴卡盘夹紧与松开的脚踏开关。

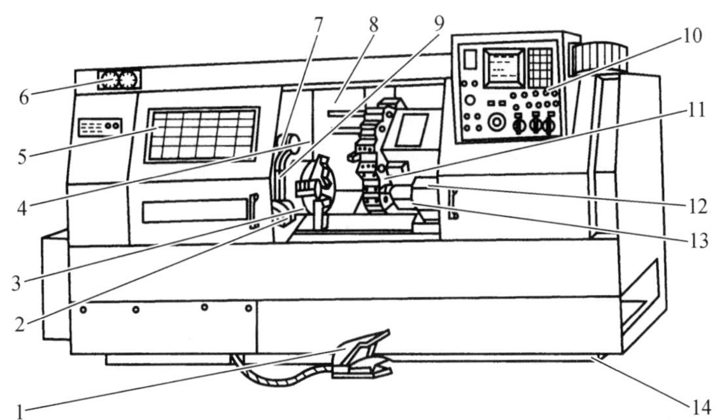

1—脚踏开关；2—对刀仪；3—主轴卡盘；4—主轴箱；5—机床防护门；6—压力表；7—对刀仪防护罩；8—导轨防护罩；9—对刀仪转臂；10—操作面板；11—回转刀架；12—尾座；13—滑板；14—床身。

图 6-3-7　MJ-50 型数控车床外形

1）主传动系统

如图 6-3-8 所示，MJ-50 型数控车床主运动传动系统由功率为 11 kW 的主轴调速电动机驱动，经一级 1∶1 带传动带动主轴旋转，使主轴在 35 ~ 3 500 r/min 的转速范围内实现无级调速，这样减少了齿轮传动对主轴精度的影响，并有利于选取最能发挥刀具切削性能的切削速度。数控车床主运动不仅速度在一定范围内可调、有足够的驱动功率，而且主轴回转轴心线的位置准确稳定，并有足够的刚性与抗振性。

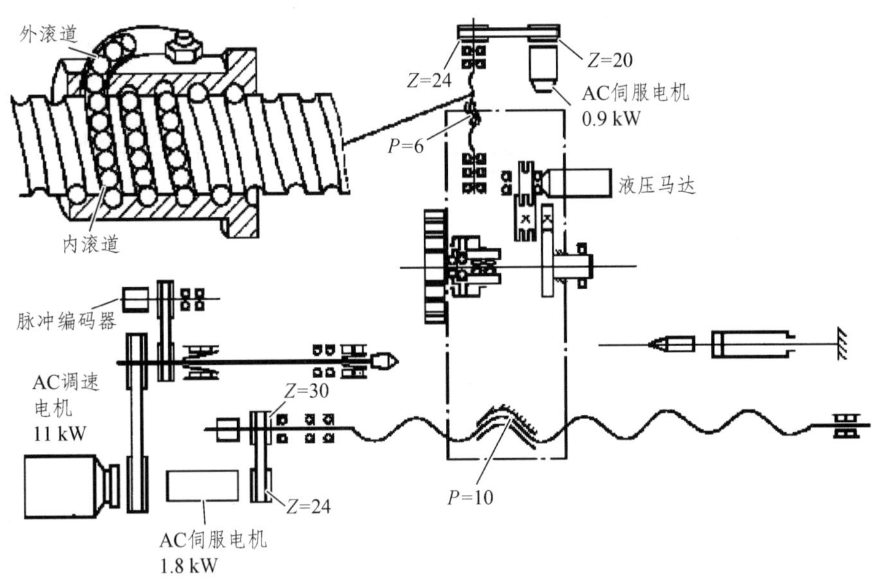

图 6-3-8　MJ-50 型数控车床的传动原理

2）进给运动传动系统

数控车床的进给传动系统是控制 *X*、*Z* 坐标轴的伺服系统的主要组成部分，它将伺服电动机的旋转运动转化为刀架的直线运动，而且对移动精度要求很高，*X* 轴最小移动量为 0.000 5 mm（直径编程），*Z* 轴最小移动量为 0.001 mm。采用滚珠丝杠螺母传动副，可以有效地提高进给系统的灵敏度、定位精度和防止爬行。此外，消除丝杠螺母的配合间隙和丝杠两端的轴承间隙，也有利于提高传动精度。

数控车床的进给系统采用伺服电动机驱动，通过滚珠丝杠螺母带动刀架移动，因此刀架的快速移动和进给运动均为同一条传动路线。

如图 6-3-8 所示，MJ-50 型数控车床的进给传动系统分为 X 轴进给传动和 Z 轴进给传动。X 轴进给由 0.9 kW 交流伺服电动机驱动，经 20/24 同步带轮传动到滚珠丝杠上，螺母带动回转刀架移动，滚珠丝杠螺距为 6 mm。

Z 轴进给也是由交流伺服电动机驱动的，经 24/30 同步带轮传动到滚珠丝杠，其上螺母带动滑板移动。该滚珠丝杠螺距为 10 mm，电动机功率为 1.8 kW。

3）液压系统

数控车床卡盘的夹紧与松开、卡盘夹紧力的高低压转换、回转刀架的松开与夹紧、刀架刀盘的正转与反转、尾座套筒的伸出与退回都是由液压系统驱动的，液压系统中各电磁阀电磁铁的动作是由数控系统的 PLC 控制实现的。

图 6-3-9 所示为 MJ-50 型数控车床液压系统原理。机床的液压系统采用单向变量液压泵作为动力，系统压力调整至 4×10 MPa，由压力表 14 显示。泵出口的压力油经过单向阀进入控制油路，分别控制卡盘动作、回转刀架动作和尾座套筒动作。

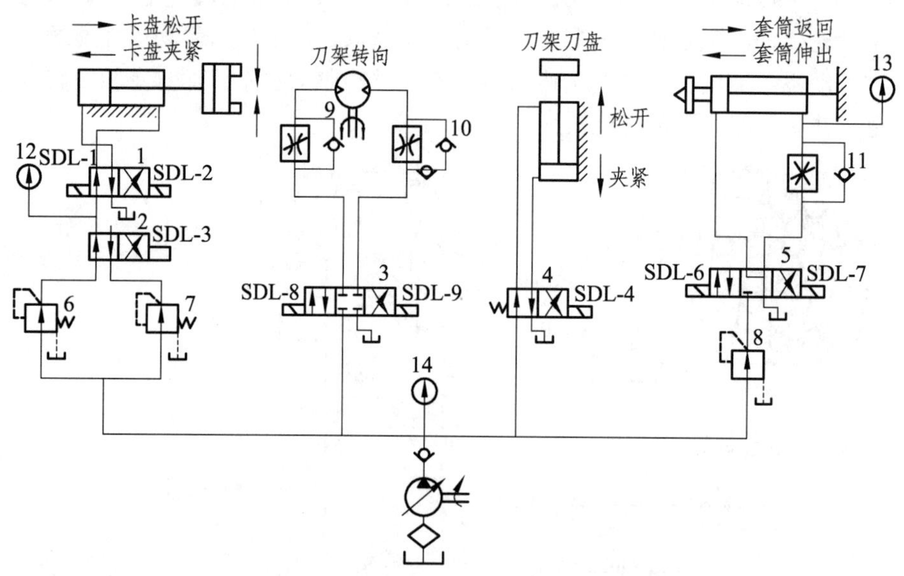

图 6-3-9　MJ-50 型数控车床液压系统原理

（1）卡盘动作的控制。

主轴卡盘的夹紧与松开，由一个二位四通电磁阀 1 控制。卡盘的高压夹紧与低压夹紧的转换，由电磁阀 2 控制。当卡盘处于正卡（也称外卡）且在高压夹紧状态下，夹紧力的大小由减压阀 6 来调整，由压力表 12 显示卡盘压力。

（2）回转刀架动作的控制。

回转刀架换刀时，首先是刀盘松开，之后刀盘就近转位到达指定的刀位，最后刀盘复位夹紧。刀盘的夹紧与松开，由一个二位四通电磁阀 4 控制。刀盘的旋转有正转和反转两个方向，它由一个三位四通电磁阀 3 控制，其旋转速度分别由调速阀 9 和 10 控制。电磁阀 4 在右位时，刀盘松开，电磁阀 4 在左位时，刀盘夹紧。

（3）尾座套筒动作的控制。

尾座套筒的伸出与退回由一个三位四通电磁阀 5 控制，套筒伸出工作时的顶紧力大小通过减压阀 8 来调整，并由压力表 13 显示。

6.3.3　车刀的种类与用途

车刀是车削加工使用的刀具。车刀的种类很多，按结构分，有整体式车刀、焊接式车刀、机械夹固式（重磨式、可转位式）等，如图 6-3-10 所示；按用途分，有外圆车刀、端面车刀、螺纹车刀、镗孔车刀、切断车刀和成形车刀等，如图 6-3-11 所示。目前常用的车刀材料（切削部分）有硬质合金和高速钢两大类。其中硬质合金是目前应用最广泛的一种车刀材料。它的硬度、耐磨性和耐热性均高于高速钢，其缺点是韧性较差，承受不了大的冲击力。

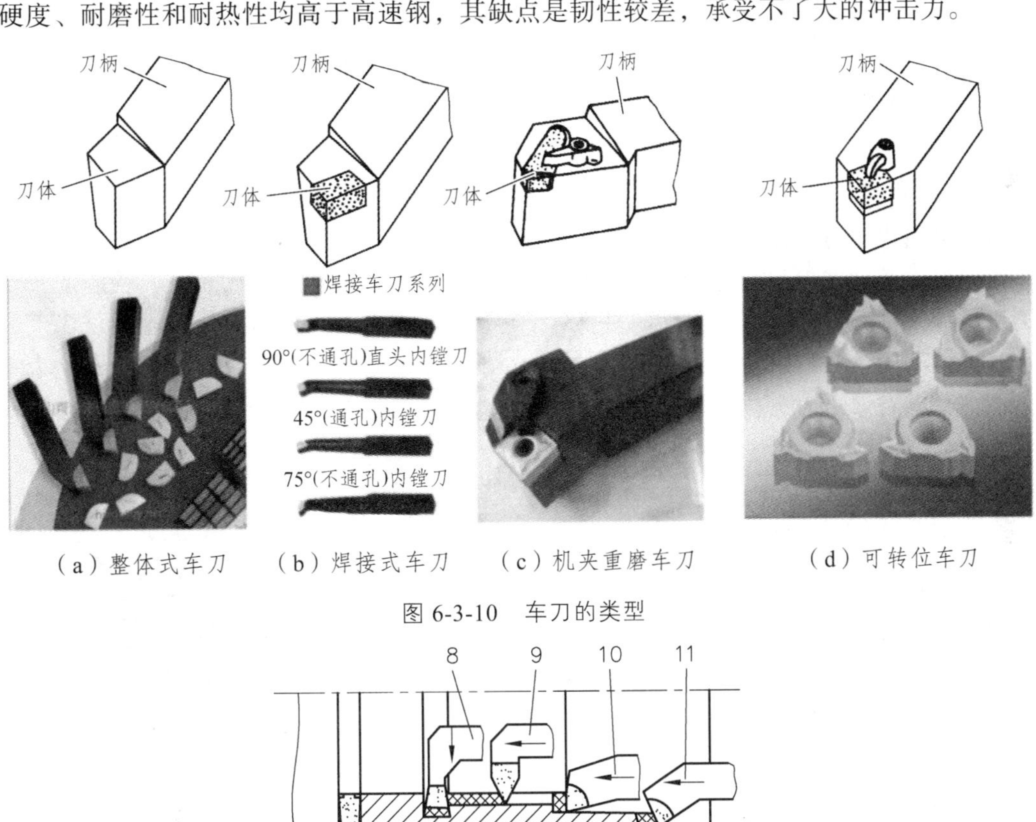

（a）整体式车刀　（b）焊接式车刀　（c）机夹重磨车刀　（d）可转位车刀

图 6-3-10　车刀的类型

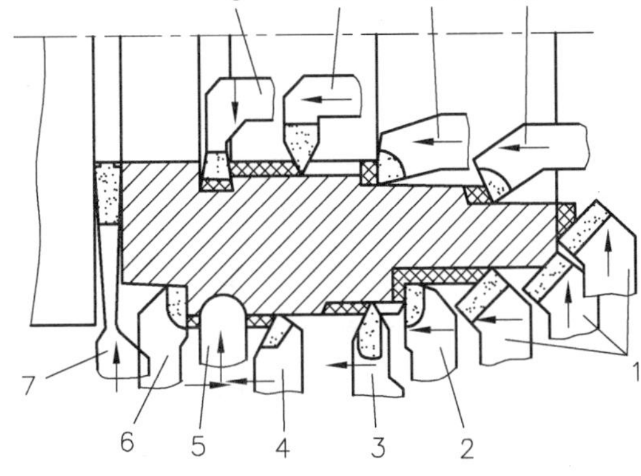

1—45°弯头车刀；2—90°右外圆车刀；3—外螺纹车刀；4—75°外圆车刀；5—成形车刀；6—90°左外圆车刀；7—车槽刀；8—内孔车槽刀；9—内螺纹车刀；10—盲孔车刀；11—通孔镗刀。

图 6-3-11　车刀的类型（按用途分）

1. 焊接式车刀

这种车刀是将硬质合金用焊接的方法固定在刀体上，如外圆车刀、内孔车刀、车槽刀、螺纹车刀等。它的优点是结构简单紧凑，刚性好，抗振性好，使用灵活，制造方便。它的缺点是受焊接应力的影响，降低了刀具材料的使用性能，有的甚至会产生裂纹。焊接车刀刀杆常用中碳钢制造，截面有矩形、方形和圆形三种。普通车床多采用矩形截面，当切削力较大时（尤其是进给抗力较大时），可采用方形截面，圆形刀杆多用于内孔车刀。焊接式硬质合金车刀如图 6-3-12 所示，常用焊接刀片形式如图 6-3-13 所示。

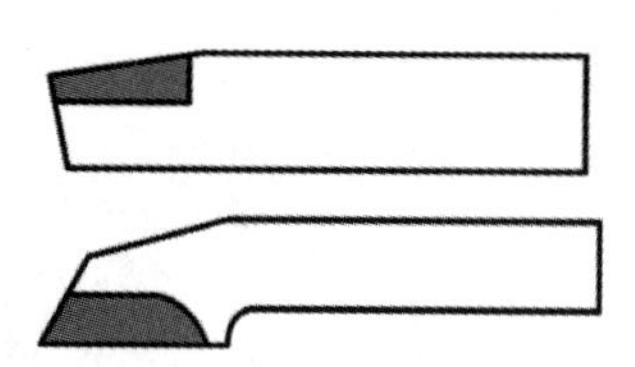
图 6-3-12　焊接式硬质合金车刀

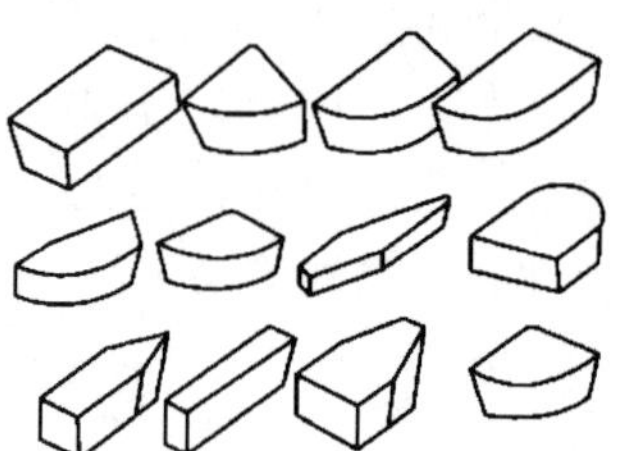
图 6-3-13　常用焊接刀片形式

2. 机械夹固式车刀

机械夹固式车刀简称机夹式车刀，根据使用情况不同又可分为机夹重磨车刀和机夹可转位车刀。机夹重磨车刀采用普通刀片，用机械夹固的方式将其夹持在刀杆上。这种车刀当切削刃磨钝后，把刀片重磨一下，并适当调整位置即可继续使用。机夹可转位车刀又称机夹不重磨车刀，采用机械夹固的方法将可转位刀片夹紧并固定在刀杆上，刀片夹紧方式如图 6-3-14 所示，刀片上有多个刀刃，当一个刀刃用钝后无须重磨，只要将刀片转过一个角度即可用新的切削刃继续切削，生产效率高。

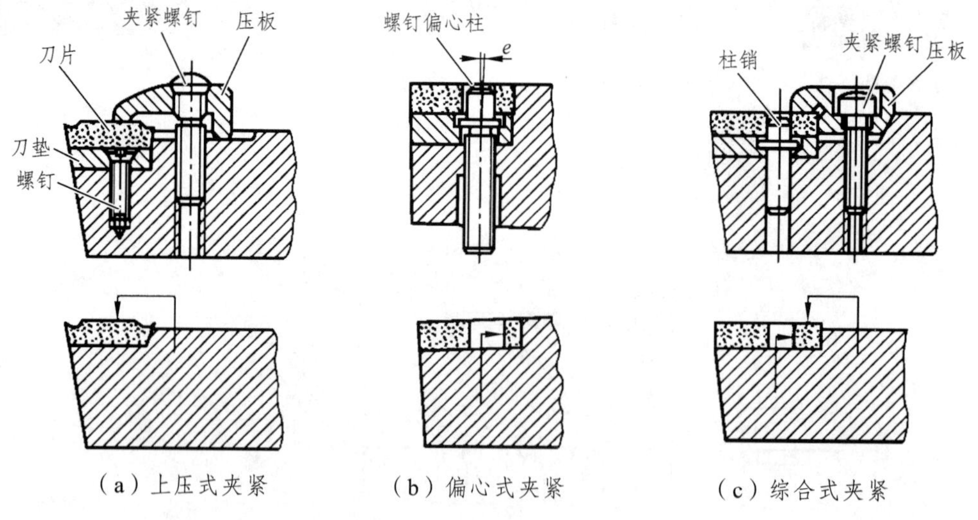

图 6-3-14　可转位式车刀刀片夹紧方式

3. 成形车刀

成形车刀是加工回转体成形表面的专用刀具，其刃形根据工件廓形设计，可用在各类车床上加工内、外回转体的成形表面。

1）成形车刀的类型

根据刀具结构形状的不同，生产中最常用的是下面三种沿工件径向进给的正装成形车刀，如图 6-3-15 所示。

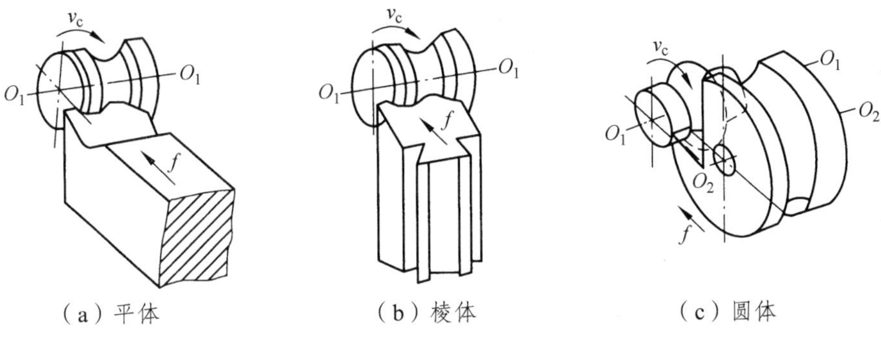

（a）平体　　（b）棱体　　（c）圆体

图 6-3-15　成形车刀

（1）平体成形车刀。它除了切削刃具有一定形状要求外，刀体结构与普通车刀相同，制造简单。但重磨次数少，刚性较差。

（2）棱体成形车刀。刀体为棱柱体，刚性好，可重磨次数比平体的多。但制造较复杂且只能加工外成形表面。

（3）圆体成形车刀。刀体外形呈回转体。它允许的重磨次数最多，制造比棱体刀容易且可加工内、外成形表面。

2）成形车刀的装夹

成形车刀通常是通过专用刀夹装夹在机床上的。图 6-3-16 所示为棱体和圆体成形车刀常用的两种装夹方法。

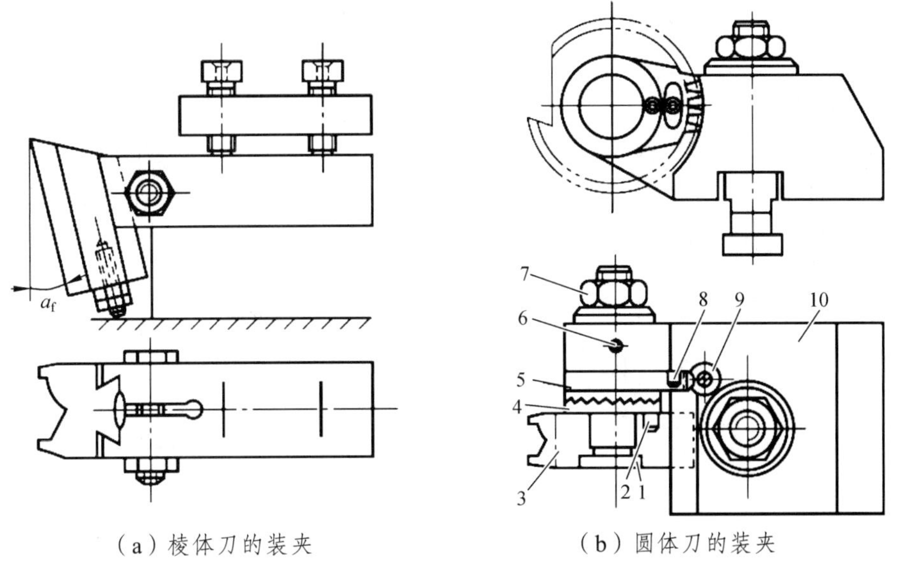

（a）棱体刀的装夹　　（b）圆体刀的装夹

1—心轴；2，8—销子；3—圆体成形车刀；4—端面齿环；5—扇形板；6—螺钉；7—夹紧螺母；9—蜗杆；10—刀夹。

图 6-3-16　成形车刀的装夹

棱体成形车刀的装夹如图 6-3-16（a）所示，以燕尾的后平面作为定位基准装夹在刀夹的燕尾槽内，并用螺钉及弹性槽夹紧。车刀下端的螺钉可用来调整基点的位置与工件中心等高，同时可增加刀具工作时的刚性。

圆体成形车刀的装夹如图 6-3-16（b）所示，以内孔为定位基准套装在心轴 1 上，并通过销子 2 与端面齿环 4 相连，以防车刀工作时受力而转动。将端面齿环 4 与圆体成形车刀一起相对扇形板 5 转动，并与扇形板端面齿咬合，可粗调刀具基点的高度。扇形板同时与蜗杆 9 啮合，转动蜗杆可微调刀具基点的高低。调整完毕，用夹紧螺母 7 将刀夹固定在刀夹中。

6.3.4　车削加工

车削的工艺范围非常广泛，根据所选用的车刀角度和切削用量的不同，车削可分为粗车、半精车和精车。一般粗车可达到的尺寸公差等级为 IT12~IT11，表面粗糙度为 *Ra*25~12.5 μm；半精车为 IT10~IT9，表面粗糙度为 *Ra*6.3~3.2 μm；精车为 IT8~IT7（外圆可达 IT6），表面粗糙度为 *Ra*1.6~0.8 μm（精车有色金属可达 0.8~0.4 μm）。

车削的工艺特点如下：

（1）车削一般属于连续切削，无冲击和振动，切削过程比较平稳。

（2）便于采用双顶尖装夹，可保证各加工面的位置精度。比如，可保证轴类零件各回转面之间的同轴度、台阶面与轴线的垂直度。

（3）适用于有色金属零件的精加工。由于有色金属不可通过淬火后磨削的方法进行加工，故切削加工是唯一的精加工方法。

（4）刀具简单。车削加工中所用的刀具均为单刃刀具，刀具简单，一般可手工刃磨工具磨床刃磨；数控加工机床中，常用可转位硬质合金刀具。

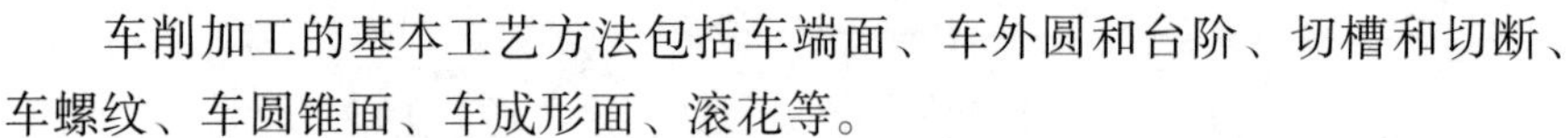

车成形面

车削加工的基本工艺方法包括车端面、车外圆和台阶、切槽和切断、车螺纹、车圆锥面、车成形面、滚花等。

1. 车端面和台阶

如图 6-3-17 所示，车端面时刀具做横向进给，车刀在端面上的轨迹是阿基米德螺旋线，车刀越接近工件中心切削速度越小，刀尖在工件中心时，车削速度为零。因此，刀尖与工件轴线一定要等高，否则工件中心余料难以切除。

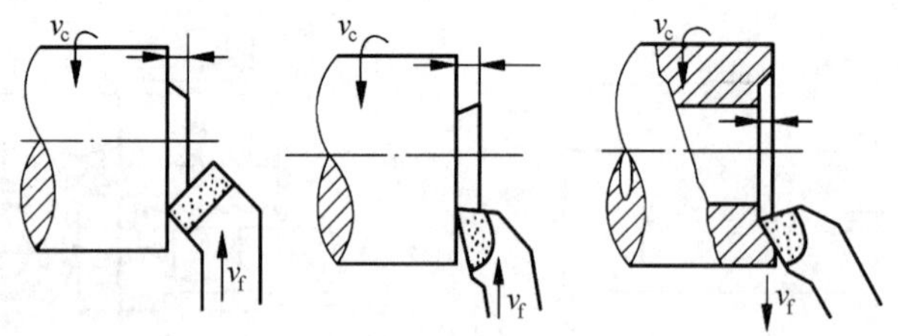

（a）弯头刀车端面　（b）偏刀车端面　（c）偏刀精车端面

图 6-3-17　车端面

车削端面时，常采用弯头车刀和右偏刀。弯头车刀车端面时，中心凸台是逐步去掉的，损坏刀尖，此时若吃刀量较大，在切削力的作用下，易出现扎刀，工件产生凹心。精车端面时，可用偏刀由中心向外进给，这能提高端面的加工质量。

轴类零件的台阶车削如图 6-3-18 所示，台阶较高时，可分层车削，最后按车端面的方法平整台阶端面。

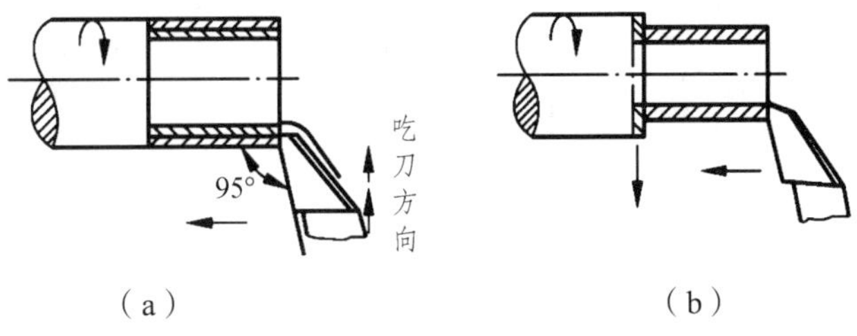

图 6-3-18　高台阶车削方法

2. 车外圆

根据加工要求和切除余量的多少不同，可分粗车、半精车、精车、精细车。

（1）粗车外圆。粗车的目的是切去毛坯的硬皮，切除大部分加工余量，改变不规则的毛坯形状，为进一步精加工做好准备。粗车外圆时常用 75°或 90°车刀，如图 6-3-19 所示。粗车时的切削用量，应尽量选取较大的背吃刀量，一般的粗加工余量可在一次走刀中切除，一般中碳钢的背吃刀量为 2~4 mm，进给量 f 为 0.2~0.4 mm/r，切削速度为 50~70 m/min。粗车的经济精度为 IT11~IT13，表面粗糙度为 Ra12.5~50 μm。

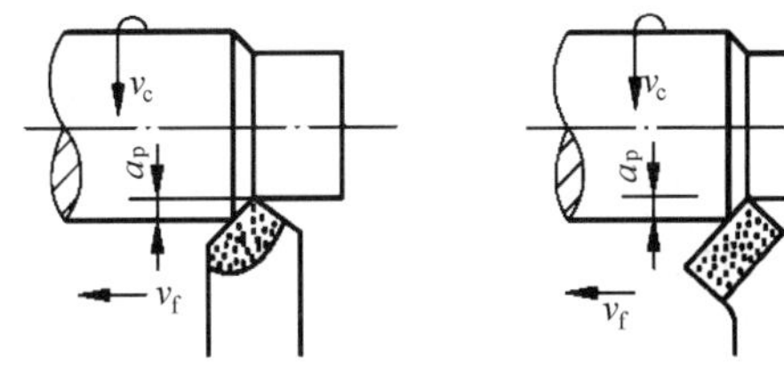

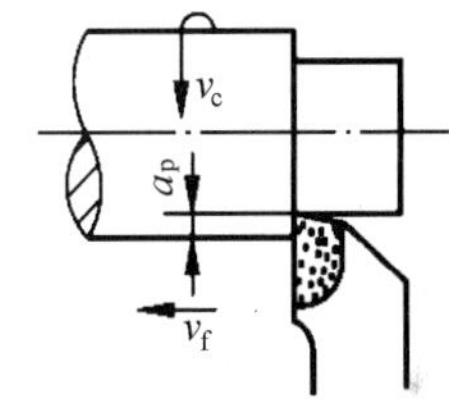

图 6-3-19　车外圆

（2）半精车。半精车可作为中等精度外圆表面的最终加工，也可以作为磨削和其他精加工工序前的预加工，加工的经济精度为 IT8~IT10，表面粗糙度为 Ra3.2~6.3 μm。

（3）精车。精车的主要任务是保证加工零件尺寸、形状及相互位置的精度、表面粗糙度等符合图样要求。精车时一般取大的切削速度和较小的进给量、背吃刀量。精车的加工精度可达 IT6~IT7，表面粗糙度为 Ra0.8 ~1.6 μm。

（4）精细车。精细车是用经过仔细刃磨的人造金刚石或细颗粒度硬质合金车刀，精度较高的车床，在高的切削速度、小的进给量及背吃刀量的条件下进行车削。精细车的加工精度为 IT5 ~ IT6，表面粗糙度为 Ra0.2~0.8 μm。

3. 车圆锥面

常用车削圆锥面的方法有宽刀法、转动小滑板法和偏移尾座法等，如图 6-3-20 所示。

转动小滑板法车削圆锥面，是将小滑板绕转盘轴线转过 1/2 锥角（见转盘刻度），然后紧固。加工时，转动小滑板手柄，使车刀沿锥面的母线移动，从而加工出所需的圆锥面。这种方法调整方便，操作简单，可以加工锥角为任意大小的内外圆锥面，因此应用广泛。但受小滑板行程长度的限制，该方法只能加工短锥面，且多为手动进给，故车削时进给量不均匀，表面质量较差。

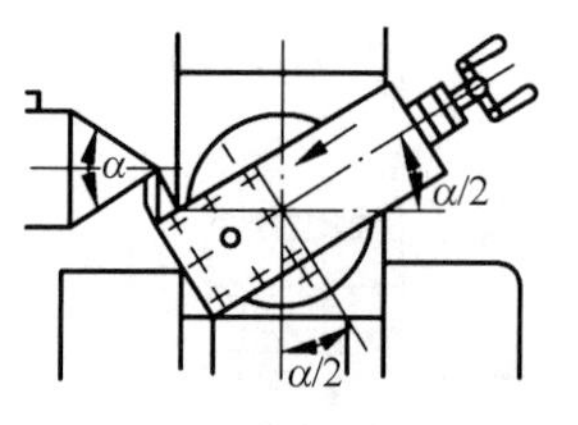

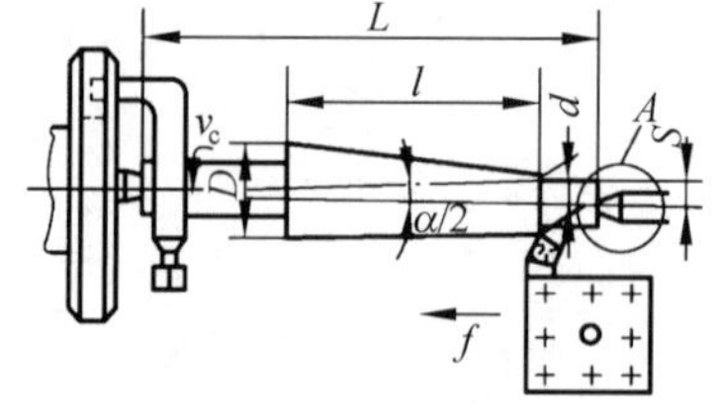

（a）转动小滑板法　　（b）偏移尾座法

图 6-3-20　车圆锥面

偏移尾座法车圆锥面是把尾座顶尖偏移一个距离，使工件的旋转轴线与机床主轴轴线相交一个角度（1/2 圆锥角），利用车刀的纵向进给，车出所需的圆锥面。这种方法的优点是能自动进给车削较长的圆锥面；缺点是尾座偏移量较大，使中心孔与顶尖的配合变坏，装夹不可靠，故一般用于车削小锥度的长锥面。

此外，还可用宽刀法车削圆锥面，此法仅适用于车削较短的内、外圆锥面。优点是加工迅速，能加工任意角度的圆锥面。缺点是加工的圆锥面不能太长，切削面积大，要求机床与工件有较好的刚性。

6.4　铣床与铣削加工

6.4.1　铣床

铣床是一种用途广泛的机床。在铣床上可以加工平面（水平面、垂直面等）、沟槽（键槽、T 形槽、燕尾槽等）、分齿零件（齿轮、链轮、棘轮、花键轴等）、螺旋形表面（螺纹、螺旋槽）及各种曲面。此外，还可用于对回转体表面及内孔进行加工，以及进行切断工作等，如图 6-4-1 所示。

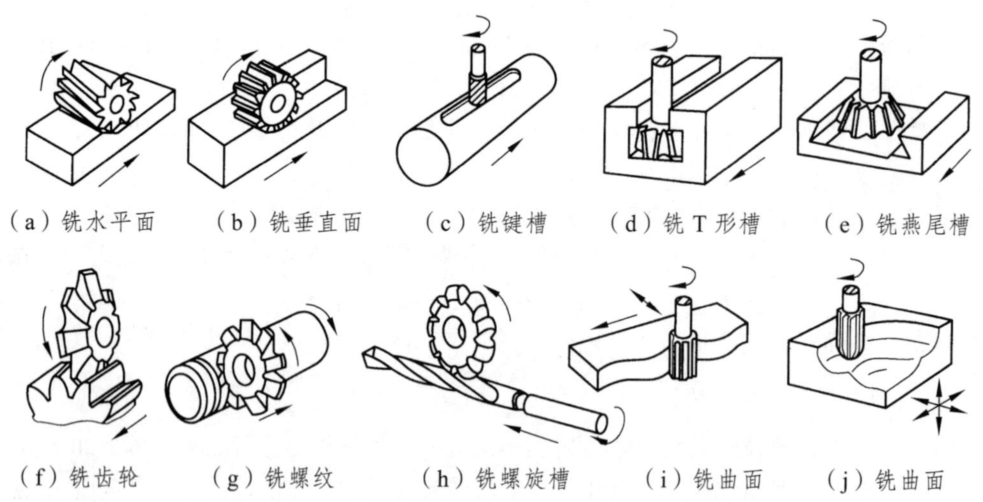

（a）铣水平面　（b）铣垂直面　（c）铣键槽　（d）铣 T 形槽　（e）铣燕尾槽

（f）铣齿轮　（g）铣螺纹　（h）铣螺旋槽　（i）铣曲面　（j）铣曲面

图 6-4-1　铣床加工的典型表面

铣床工作时的主运动是铣刀的旋转运动。在大多数铣床上，进给运动是由工件在垂直于铣刀轴线方向的直线运动来实现的。在少数铣床上，进给运动是工件的回转运动或曲线运动。为了适应加工不同形状和尺寸的工件，铣床保证工件与铣刀之间可在相互垂直的三个方向上调整位置，并根据加工要求，在其中任一方向实现进给运动。在铣床上，工作进给和调整刀具与工件相对位置的运动，根据机床类型不同，可由工件或分别由刀具及工件来实现。

由于铣床使用旋转的多刃刀具加工工件，同时有数个刀齿参加切削，其生产率较高，且能改善加工表面的结构。但是，由于铣刀每个刀齿的切削过程是断续的，同时每个刀齿的切削厚度又是变化的，这就使切削力相应地发生变化，容易引起机床振动。因此，铣床在结构上要求有较高的刚度和抗振性。

1. 铣床的主要类型

铣床的种类很多，根据构造特点及用途分，主要类型有升降台式铣床、工作台不升降式铣床、龙门铣床、仿形铣床、万能工具铣床等。此外，还有仪表铣床、专门化铣床（包括键槽铣床、曲轴铣床、凸轮铣床）等。

1）升降台式铣床

这种铣床的工作台安装在垂直升降台上，使工作台可在相互垂直的三个方向上调整位置或完成进给运动，升降台结构刚性较差，工作台上不能安装过重的工件，故该类铣床只适宜于加工中小型工件。这是应用较广的一类铣床。

（1）卧式升降台铣床。它具有水平安装铣刀杆的主轴（见图 6-4-2），可用圆柱铣刀、盘形铣刀、成形铣刀和组合铣刀等加工平面及具有直导线的曲面和各种沟槽。

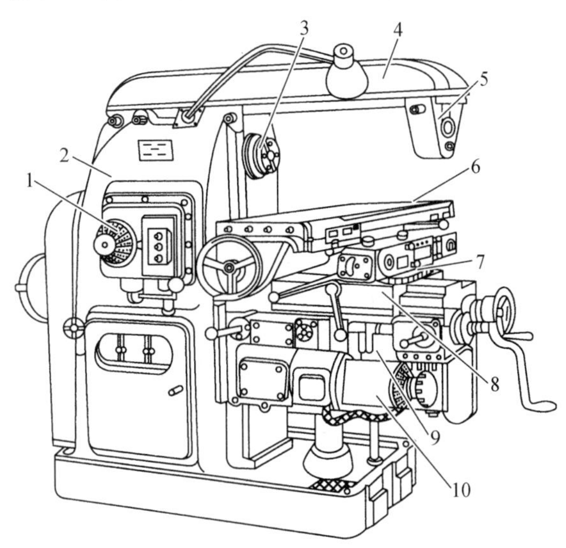

1—主轴变速机构；2—床身；3—主轴；4—横梁；5—刀杆支架；6—工作台；7—回转盘；8—横滑板；9—升降台；10—进给变速机构。

图 6-4-2　卧式升降台铣床

（2）万能升降台铣床。万能升降台铣床如图 6-4-3 所示，它的主要部件名称和用途如下：

底座 1：固定与支承其他部件的基础。

床身 2：固定在底座 1 上，用以安装和支承其他部件。顶部与前面分别有水平和垂直的燕尾导轨，与横梁 3 和升降台 8 相配合，床身内装有主轴部件、主变速传动装置及其变速操纵机构。床身是保证机床具有足够刚性和加工精度的重要零件。

横梁 3：安装在床身顶部，并可沿燕尾导轨调整前后位置。

刀杆支架 4：安装在横梁上用以支承刀杆，以提高其刚性。

主轴 5：用来安装与紧固刀杆并带动铣刀旋转。主轴由安装在床身孔中的滚动轴承支承，具有较高的旋转精度，是保证加工精度的重要部件。

纵向工作台 6：安装在回转盘的燕尾导轨上，沿纵向导轨完成纵向进给。

横向工作台 7：安装在升降台水平导轨上，沿横向水平导轨完成横向进给。

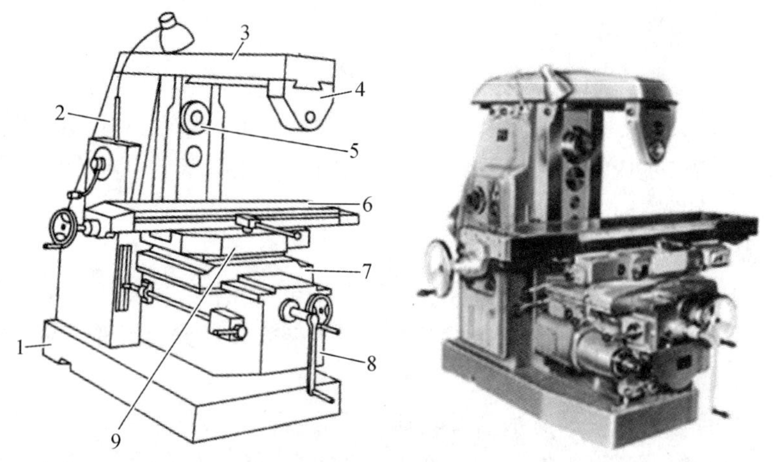

1—底座；2—床身；3—横梁；4—刀杆支架；5—主轴；6—纵向工作台；
7—横向工作台（床鞍）；8—升降台；9—回转盘。

图 6-4-3　万能升降台铣床

升降台 8：安装在床身两侧面垂直导轨上，可带动工作台做垂直升降，以调整铣刀与工作台之间的距离。进给变速箱及操纵机构安装在升降台的侧面，操纵变速手柄，可使工作台获得不同的进给速度。

回转盘 9：安装在横向工作台上，使安装在回转盘燕尾导轨上的工作台 6，绕垂直轴线在 ±45°范围内调整角度，以便铣削螺旋表面。

此外，还有电气控制和冷却润滑系统等。

（3）立式升降台铣床，如图 6-4-4 所示。立式升降台铣床与万能升降台铣床的区别主要是

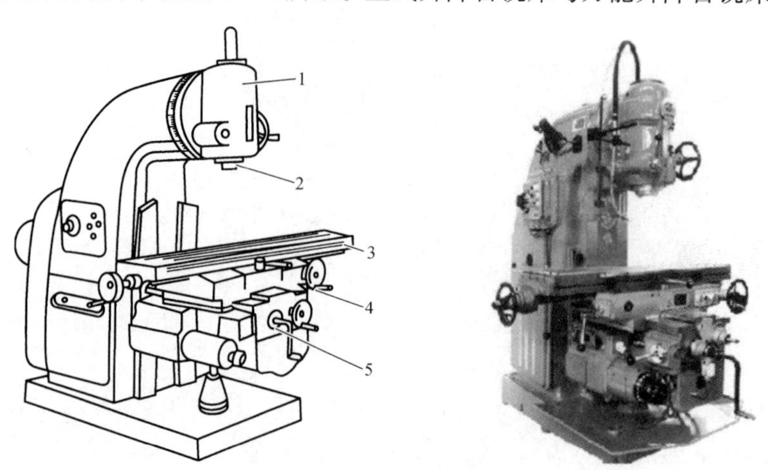

1—立铣头；2—主轴；3—工作台；4—床鞍；5—升降台。

图 6-4-4　立式升降台铣床

主轴立式布置，与工作台面垂直。主轴 2 安装在立铣头 1 内，可沿其轴线方向进给或经手动调整位置。立铣头 1 可根据加工要求在垂直平面内向左或向右的 45°范围内回转，使主轴与台面倾斜成所需角度，以扩大铣床的工艺范围。立式铣床的其他部分，如工作台 3、床鞍 4 及升降台 5 的结构与卧式升降台铣床相同，在立式铣床上可安装端铣刀或立铣刀加工平面沟槽、斜面、台阶和凸轮等表面。

2）工作台不升降式铣床

这类铣床的工作台不做升降运动，机床的垂直进给运动是由主轴箱的升降来实现的。其尺寸规格介于升降台铣床与龙门铣床之间，适用于加工中等尺寸的零件。

工作台不升降式铣床根据工作台面的形状分为两类：一类为矩形工作台式，这类铣床的结构形式很多，图 6-4-5（a）所示为其中的一种；另一类为圆工作台式，这类铣床分为单铣头式及双铣头式两种。双铣头式圆工作台铣床如图 6-4-5（b）所示，可在工作台上装卡多个工件，工件在一次装夹中连续进给，由两把铣刀分别完成粗精加工，且工件的装卸时间和机动时间重合，生产效率较高，适用于汽车、拖拉机、纺织机械等行业的零件加工。

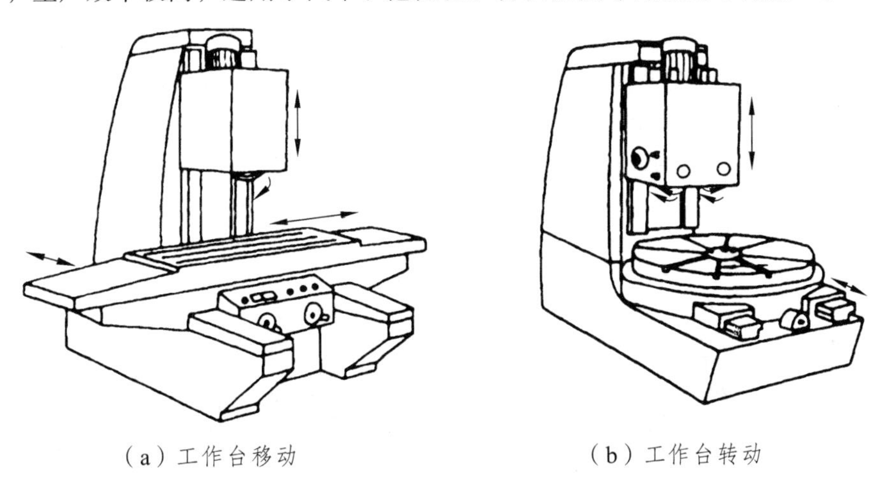

（a）工作台移动　　（b）工作台转动

图 6-4-5　无升降台铣床

3）龙门铣床

龙门铣床是一种大型高效能通用机床，主要用于加工各类大型工件上的平面、沟槽，借助于附件并可完成斜面、孔等加工。龙门铣床不仅可以进行粗加工及半精加工，也可进行精加工。图 6-4-6 所示为具有 4 个铣头的中型龙门铣床。加工时，工件固定在工作台上做直线进给运动。横梁上的两个垂直铣头可在横梁上沿水平方向调整位置。横梁本身可沿立柱导轨调整在垂直方向上的位置。立柱上的两个水平铣头则可沿垂直方向调整位置。各铣刀的切深运动，均由铣头主轴套筒带动铣刀主轴沿轴向移动来实现。龙门铣床可以用几个铣头同时加工工件的几个平面，从而提高机床的生产效率。

大型、重型及超重型龙门铣床用于单件小批生产中加工大型及重型零件，机床仅有 1 ~ 2 个铣头，但配备有多种铣削及镗孔附件，以满足各种加工需要。这种机床是发展轧钢、造船、发电站、航空等工业的关键设备，因此其生产量及拥有量是衡量一个国家工业发展水平的重要标志之一。

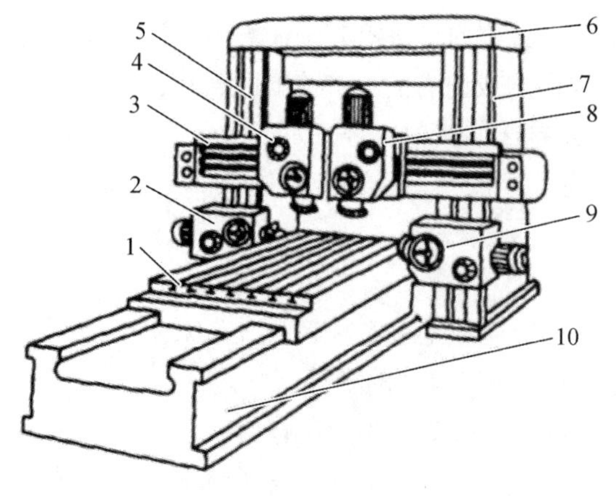

1—工作台；2，9—水平铣头；3—横梁；4，8—垂直铣头；5，7—立柱；6—顶梁；10—床身。

图 6-4-6 龙门铣床

4）仿形铣床

仿形铣床是以一定方式控制铣刀按照模型或样板形状做进给运动，铣出工件的成形面。在模具制造中常用的小型立体仿形铣床的构造与立式铣床相似，如图 6-4-7（a）所示，一般在立铣头的一侧设有一个仿形头，仿形触头端部与指形立铣刀头部形状相同，并与工件装在同一工作台上的模型接触，利用电气或液压等方式控制铣刀按照模型的形状进给做仿形铣削。大的立体型仿形铣床的仿形触头铣刀一般水平布置，如图 6-4-7（b）所示。

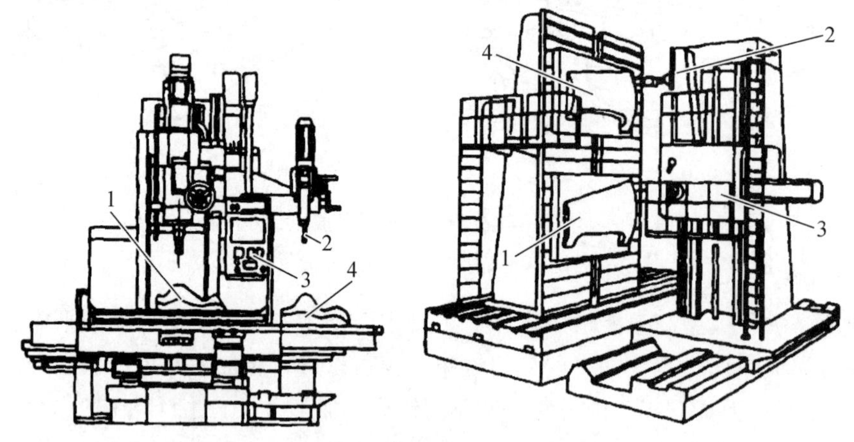

1—工件；2—仿形控制传感器（仿形触销）；3—操作显示器；4—模型。

图 6-4-7 仿形铣床

5）万能工具铣床

万能工具铣床的基本布局与万能升降台铣床相似，但配备有多种附件，因而扩大了机床的万能性。图 6-4-8 所示为万能工具铣床外形及其附件，机床安装着主轴座 1、固定工作台 2，此时机床的横向进给运动与垂直进给运动仍分别由工作台 2 及升降台 3 来实现。根据加工需要，机床可安装其他附件，万能铣床具有较强的通用性，故常用于工具车间中加工形状较复杂的各种切削刀具、夹具及模具零件等。

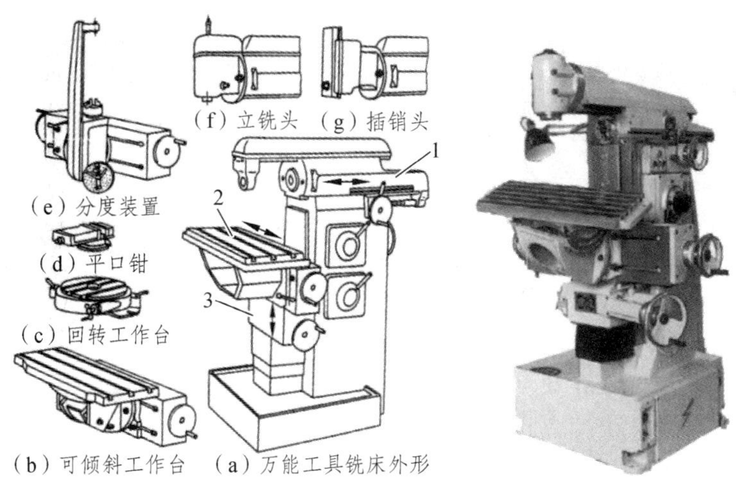

1—主轴座；2—工作台；3—升降台。

图 6-4-8　万能工具铣床

6.4.2　数控铣床

1. 数控铣床简介

数控铣床是用计算机数字化信号控制的铣床。它可以加工由直线和圆弧两种几何要素构成平面轮廓，也可以直接用逼近法加工非圆曲线构成的平面轮廓（采用多轴联动控制），还可以加工立体曲面和空间曲线。

华中系统 XK713 数控立式铣床的结构布局如图 6-4-9 所示，FANUC（发那科）系统 XK713 数控立式升降台铣床的结构布局如图 6-4-10 所示，它对主轴套筒和工作台纵横向移动进行数字式自动控制或手动控制。用户加工零件时，按照待加工零件的尺寸及工艺要求，编成零件加工程序，通过控制器面板上的操作键盘输入计算机，计算机经过处理发出伺服需要的脉冲信号，该信号经驱动单元放大后驱动电机，实现铣床的 X、Y、Z 三坐标联动功能（也可加装第四轴）完成各种复杂形状的加工。

本类机床的主轴电机为交流变频电动机，主轴采用交流变频调速来实现无级变速。变频器采用 ATV-28 型变频器。该变频器具有灵活的压频特性曲线设计、加速控制功能以及电机失速、过扭矩等多种保护功能，可靠性强。

本类机床适用于多品种小批量生产和新产品试制等零件，对各种复杂曲线的上凸轮、样板、弧形槽等零件的加工效能尤为显著。由于本机床是三坐标数控铣床，驱动部件输出力矩大，高、低性能均好，且系统具备手动回机械零点功能，机床的定位精度和重复定位精度较高，同时本机床所配系统具备刀具半径补偿和长度功能，降低了编程复杂性，提高了加工效率。本系统还具备零点偏置功能，相当于可建立多工件坐标系，实现多工件的同时加工。空行程可采用快速，以减少辅助时间，进一步提高劳动生产率。机床配备数控分度头后，可实现第四轴加工。

系统主要操作均在键盘和按钮上进行，显示屏可实时提供各种系统信息：编程、操作、参数和图像。每一种功能下具备多种子功能，可以进行后台编辑。

图 6-4-9　XK713 华中数控立式铣床

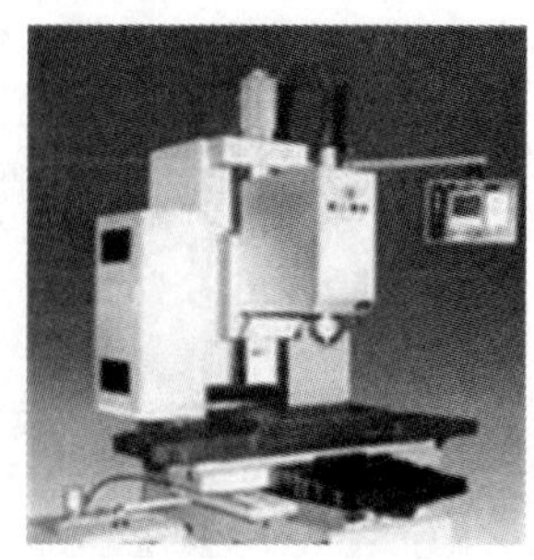

图 6-4-10　XK713 发那科数控立式铣床

2. 数控铣床的组成结构

1）铣床主机

它是数控铣床的机械本体，包括床身、主轴箱、工作台和进给机构等。

2）控制部分

它是数控铣床的控制中心，如华中系统、BEIJING-FANUC 0i-MC 系统等。

3）驱动部分

它是数控铣床执行机构的驱动部件，包括主轴电动机和进给伺服电动机等。

4）辅助部分

它是数控铣床的一些配套部件，包括刀库、液压装置、气动装置、冷却系统、润滑系统和排屑装置等。

以华中系统 XK713 数控立式铣床结构为例，该机床分为 8 个主要部分，即床身部件、工作台床鞍部件、立柱部件、铣头部件、润滑系统、冷却系统、气动系统、电气系统。

（1）床身部件。

床身采用封闭式框架结构。床身通过调节螺栓和垫铁与地面相连，调整工作台可使机床工作台处于水平。

（2）工作台床鞍部件。

工作台位于床鞍上，用于安装工装、夹具和工件，并与床鞍一起分别执行 X、Y 向的进给运动。工作台、床鞍导轨结构相似。三向导轨均采用淬硬面、贴塑面导轨副、内侧定位，以保证机床精度的持久性。

（3）立柱部件。

立柱安装于床身后部。立柱上设有 Z 向矩形导轨用于连接铣头部件，并使其沿导轨做 Z 向进给运动。

（4）铣头部件。

铣头部件由铣头本体、主传动系统及主轴组成。铣头本体是铣头部件的骨架，用于支承主轴组件及各传动件。

（5）冷却系统。

机床的冷却系统是由冷却泵、出水管、回水管、开关及喷嘴等组成，冷却泵安装在机床底座的内腔里，冷却泵将冷却液从底座内储液池打至出水管，然后经喷嘴喷出对切削区进行冷却。

（6）润滑系统。

机床的润滑系统由手动润滑油泵、分油器、节流阀和油管等组成。

（7）气动系统。

本机床的气动动作均由手动控制。气源压缩空气经气动三联体过滤、减压进入管路。用于控制主轴刀具装卸，气动系统工作压力 P=6 kgf/cm^2（1 kgf = 9.8 N）。

（8）电气系统。

电气箱位于机床后侧，装有 CRT 的操作箱通过悬臂与电气箱连接，并可任意转动。

3. 数控铣床附件

1）卸刀座

卸刀座是完成铣刀装卸的装置，如图 6-4-11 所示。

图 6-4-11　卸刀座

2）刀柄

数控铣床使用的刀具通过刀柄与主轴相连，刀柄通过拉钉紧固在主轴上，由刀柄夹持铣刀传递转速、扭矩。刀柄与主轴的配合锥面一般采用 7∶24 的锥度。在我国应用最为广泛的是 BT40 和 BT50 系列刀柄和拉钉。下面列举几种常用的刀柄。

（1）弹簧夹头刀柄及卡簧，如图 6-4-12 所示，用于装夹各种直柄立铣刀、键槽铣刀、直柄麻花钻及中心钻等直柄刀具。

图 6-4-12　弹簧夹头刀柄及卡簧

（2）莫氏锥度刀柄，如图 6-4-13 所示。莫氏锥度刀柄有 2 号、3 号、4 号等，可装夹相应的莫氏钻夹头、立铣刀、加速装置和攻螺纹夹头等。图 6-4-13（a）所示为扁尾莫氏圆锥孔刀柄，图 6-4-13（b）所示为无扁尾莫氏圆锥孔刀柄。

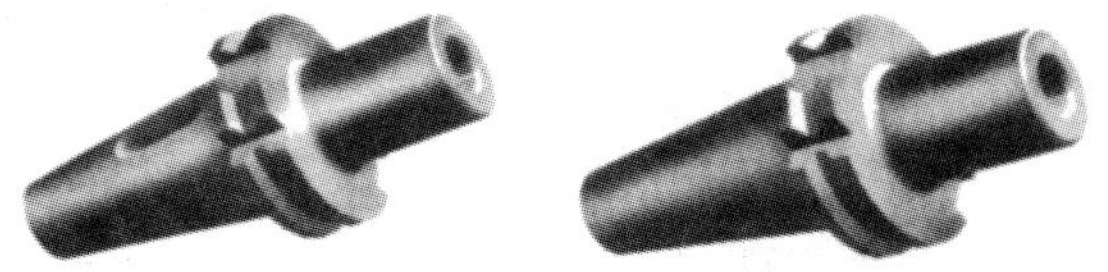

（a）带扁尾莫氏圆锥孔刀柄　（b）无扁尾莫氏圆锥孔刀柄

图 6-4-13　莫氏锥度刀柄

（3）铣刀杆，如图 6-4-14（a）所示，可装夹套式端面铣刀、三面刃铣刀、角度铣刀、圆弧铣刀及锯片铣刀等。

（4）镗刀杆，如图 6-4-14（b）所示，可装夹镗孔刀。

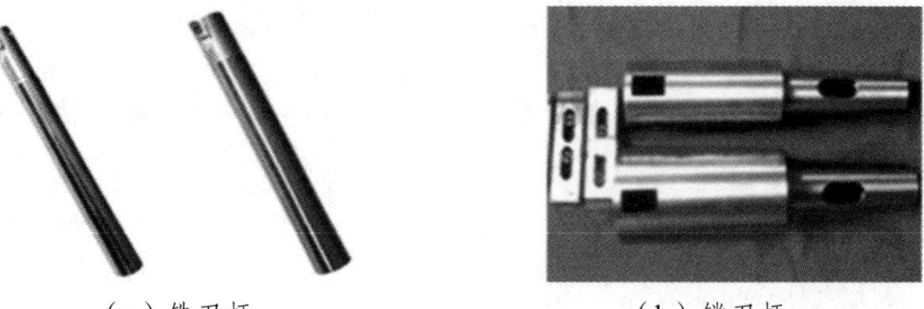

（a）铣刀杆　　（b）镗刀杆

图 6-4-14　铣刀杆和镗刀杆

（5）套筒，如图 6-4-15（a）所示，用于其他测量工具的套接。

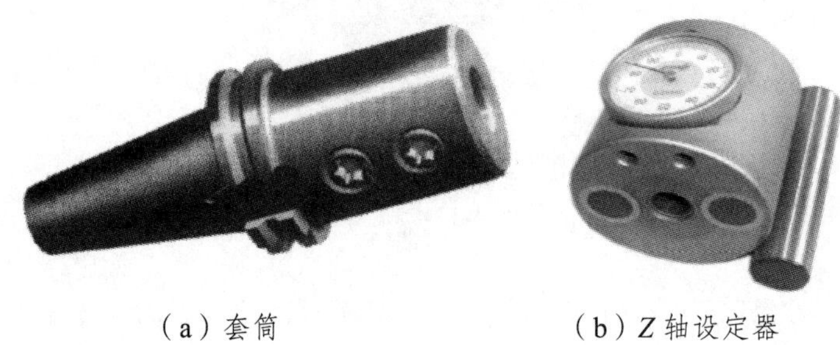

（a）套筒　　（b）*Z* 轴设定器

图 6-4-15　套筒和 *Z* 轴设定器

3）*Z* 轴设定器

图 6-4-15（b）所示，主要用于确定工件坐标系原点在机床坐标系中的 *Z* 轴坐标，通过光电指示或指针指示判断刀具与对刀器是否接触，对刀精度应达到 0.005 mm。Z 轴设定器高度一般为 50 mm 或 100 mm。

4）寻边器

寻边器主要用于确定工件坐标系原点在机床坐标系中的 *X*、*Y* 值，也可以测量工件的简单尺寸，有偏心式和光电式等类型，如图 6-4-16（a）所示。

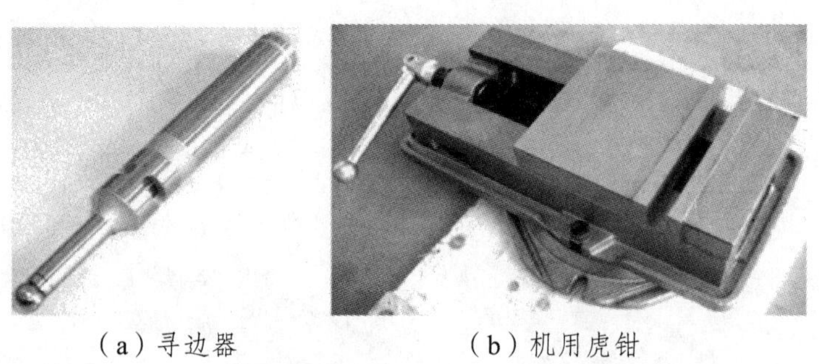

（a）寻边器　　（b）机用虎钳

图 6-4-16　寻边器和机用虎钳

5）数控回转工作台

数控回转工作台可以使数控铣床增加一个或两个回转坐标，通过数控系统实现四、五轴联动，可有效扩大加工工艺范围，加工更为复杂的零件。

6）机用虎钳与铣床用卡盘

形状比较规则的零件铣削时常用机用虎钳装夹，如图 6-4-16（b）所示；精度较高，需较大的夹紧力时，可采用较高精度的机械式或液压式虎钳。虎钳在数控铣床上安装时，要根据加工精度要求，控制钳口与 X 轴或 Y 轴的平行度，零件夹紧时要注意控制工件变形和一端钳口上翘。

6.4.3　常用铣刀的种类及应用

铣刀是在回转体表面或端面上制有多个刀齿的多刃刀具，由于同时参加切削的齿数较多，参加切削的切削刃总长度较长，并能采用高速切削，所以铣削生产率高。铣刀的种类繁多，如图 6-4-17 所示。按刀齿齿背形式，铣刀可分为尖齿铣刀与铲齿铣刀两大类。目前大多数尖齿铣刀已经标准化。

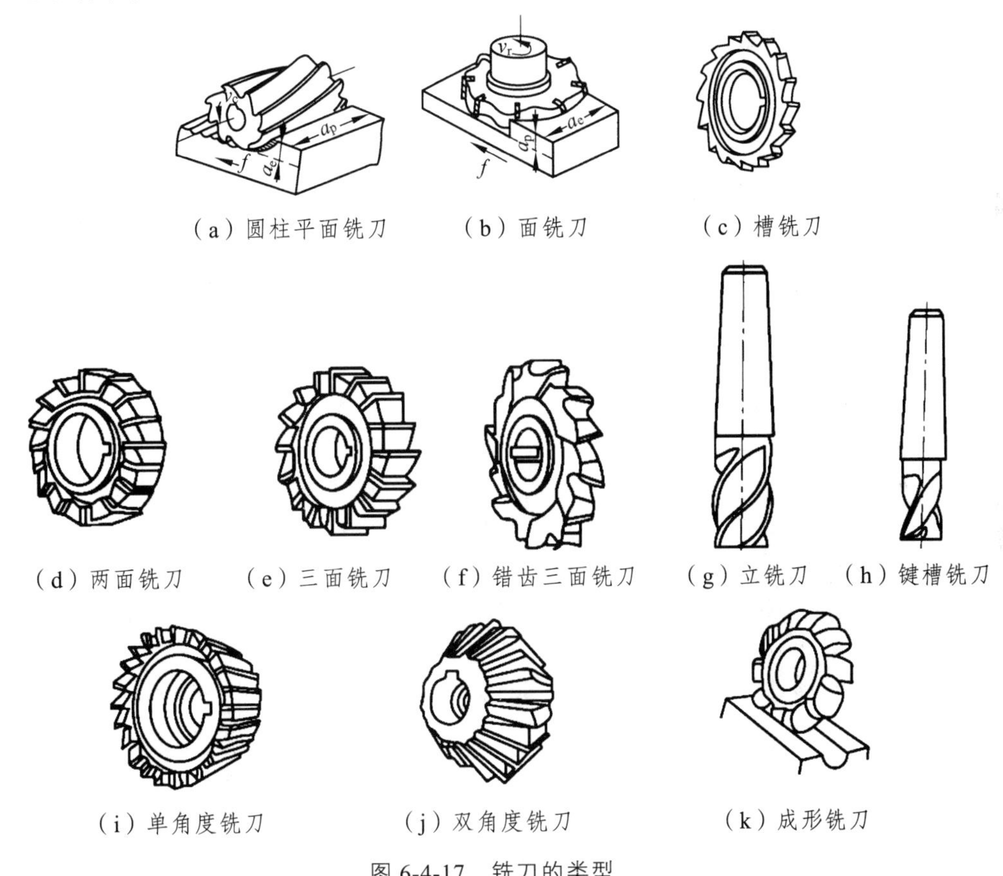

图 6-4-17　铣刀的类型

铣刀的种类很多，同一种刀具名称也很多，并且还有不少俗称，名称主要根据铣刀的某一方面的特征或用途来称呼。分类方法也很多，现介绍几种常用的分类方法。

1. 按铣刀切削部分的材料分

（1）高速钢铣刀。这种铣刀是常用铣刀，一般形状较复杂的铣刀都是高速钢铣刀。这类铣刀有整体式和镶齿式两种。

（2）硬质合金铣刀。这里铣刀大多不是整体的，将硬质合金铣刀刀片以焊接或机械加固的方式镶装在铣刀刀体上，适用于高速切削。

2. 按铣刀刀齿的构造分

按铣刀刀齿的构造分可以分为尖齿铣刀与铲齿铣刀，如图 6-4-18 所示。

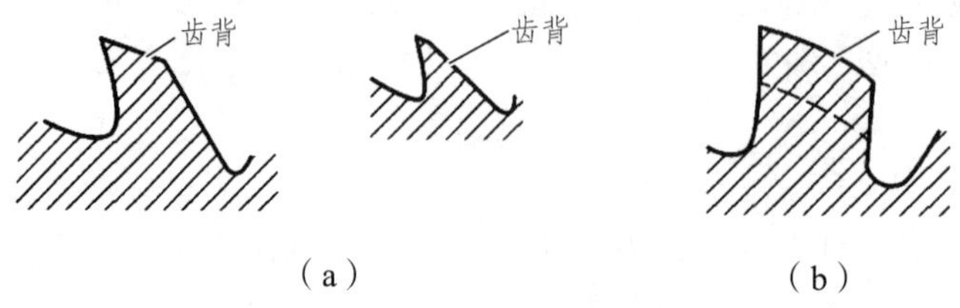

图 6-4-18　铣刀刀齿的构造

（1）尖齿铣刀。如图 6-4-18（a）所示，在垂直于刀刃的截面上，其尺背的截形由直线或折线组成。尖齿铣刀制造和刃磨比较容易，刀口较锋利。大部分铣刀都是尖齿铣刀。

（2）铲齿铣刀。如图 6-4-18（b）所示，在刀齿截面上，其齿背的截形由阿基米德螺旋线组成。它刃磨时，只要前角不变，其齿形就不变。成形铣刀一般采用铲齿铣刀。

3. 按铣刀的安装方式分

按铣刀的安装方式可以分为带孔铣刀（见图 6-4-19）和带柄铣刀（见图 6-4-20）。

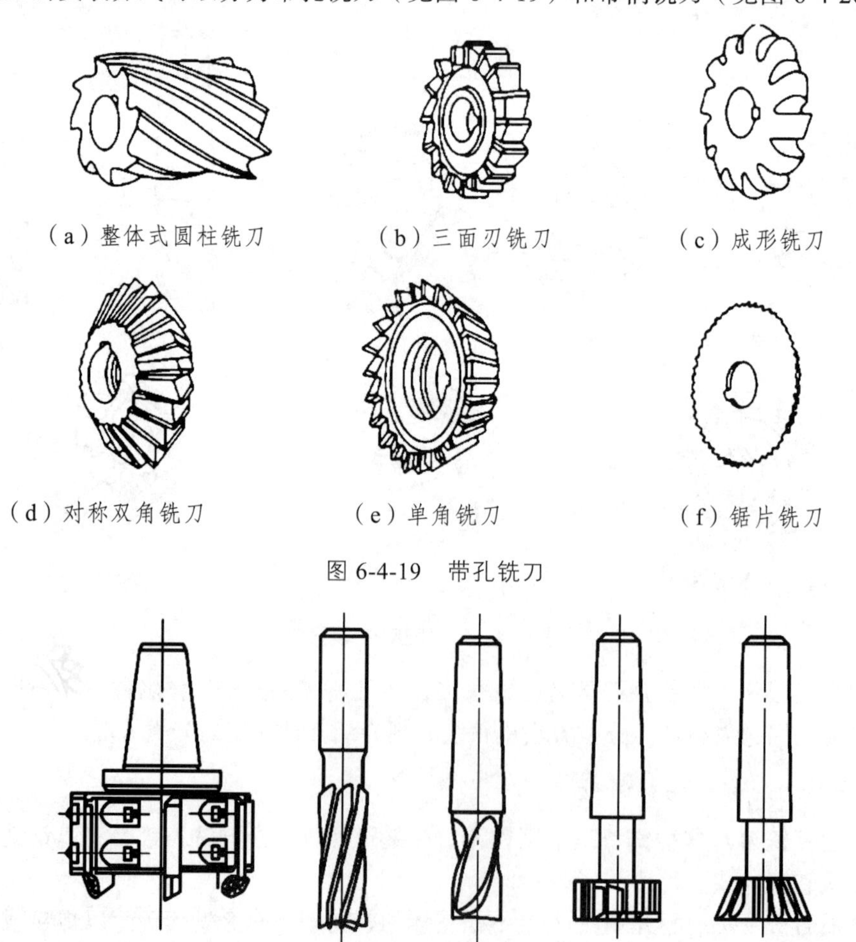

图 6-4-19　带孔铣刀

图 6-4-20　带柄铣刀

4. 按铣刀的用途分

（1）加工平面用铣刀。加工平面用铣刀主要有两种，即圆柱铣刀和端铣刀。加工较小的平面，也可以用立铣刀和三面刃铣刀，如图 6-4-21 所示。

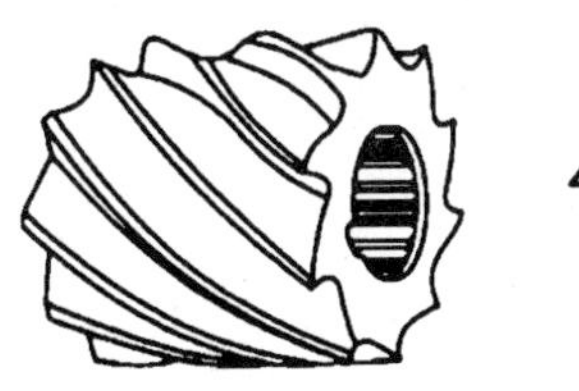

（a）圆柱铣刀

（b）端铣刀

图 6-4-21　加工平面用铣刀

（2）加工直角沟槽用铣刀。加工沟槽用铣刀常用三面刃铣刀、立铣刀、键槽铣刀、盘形槽铣刀、锯片铣刀等，如图 6-4-22 所示。

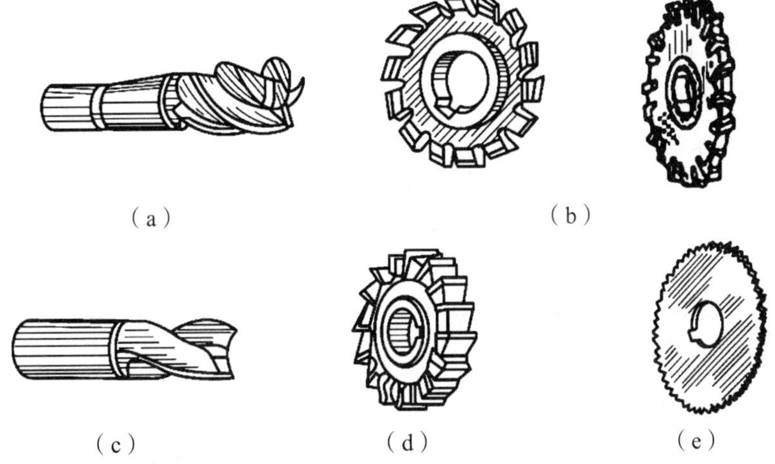

图 6-4-22　加工直角沟槽用铣刀

（3）加工各种特形槽用铣刀。加工各种特形槽铣刀有 T 形铣刀、燕尾槽铣刀和角度铣刀等，如图 6-4-23 所示。

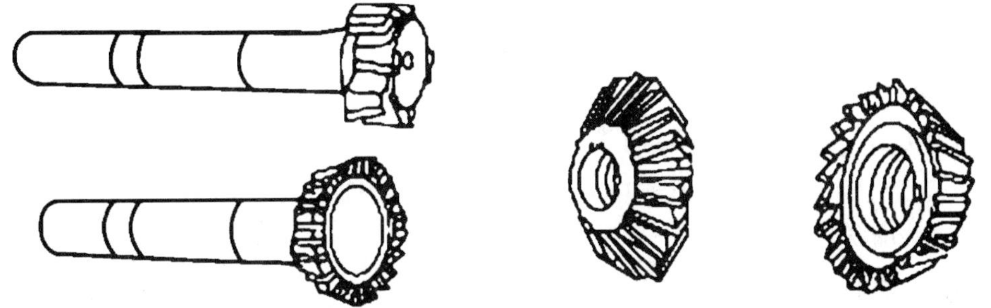

图 6-4-23　加工特形槽铣刀

（4）加工特形面用铣刀。加工特形面的铣刀一般是专门设计而成的，称作成形铣刀，如齿轮盘形模数铣刀，如图 6-4-24 所示。

图 6-4-24　加工特形面铣刀

（5）切断用铣刀。常用的切断铣刀是锯片铣刀，如图 6-4-25 所示。

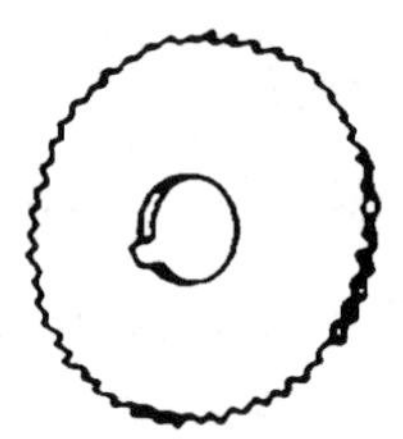

图 6-4-25　切断用铣刀

5. 按铣刀的结构形式分

（1）整体式铣刀，如图 6-4-26 所示。这类铣刀的切削部分、装夹部分及刀体成一整体。一般整体式可用高速钢整料制成，也可用高速钢制造切削部分、用结构钢制造刀体部分，然后焊接成整体。这类铣刀一般体积都不是很大。

（2）镶齿式铣刀如图 6-4-27 所示。直径较大的三面刃铣刀和端铣刀，一般都采用镶齿结构。镶齿铣刀的刀体是结构钢，刀体上都采用镶齿结构，并有安装刀齿的部位，刀齿是高速钢制成的，将刀齿镶嵌在刀体上，经修磨而成。这样可节省高速钢材料，提高刀体利用率，具有工艺好等特点。

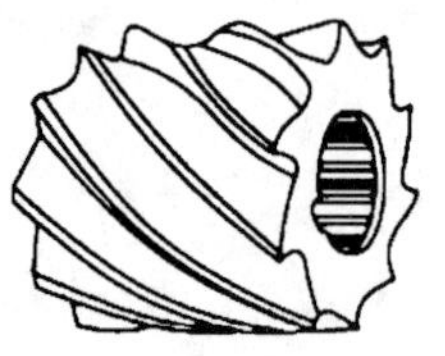

图 6-4-26　整体式铣刀

图 6-4-27　镶嵌式铣刀

6.4.4　铣削加工特点

1. 断续切削

铣刀刀齿切入或切出工件时产生冲击，端铣尤为明显。当冲击频率与铣床固有频率或成倍数时，引起共振。此外，铣削时刀齿还经受周期性的温度骤变，即热冲击，硬质合金刀片在这种力、热的联合冲击下，容易产生裂纹和破损。

2. 多刃切削

铣削是多刃切削的典型。铣刀的刀齿多，切削刃的总长度大，这有利于提高加工生产率和刀具的使用寿命，但多刃回转刀具的最大特点是难以消除刀齿的径向跳动。刀齿径向跳动会造成刀齿负荷不一致、磨损不均匀，从而直接影响加工表面粗糙度。

3. 属于半封闭或封闭式容屑方式

由于铣刀是多齿刀具，刀齿和刀齿之间的空间有限，每个刀齿切下的切屑必须有足够容屑空间并能够按要求方向顺利排出，否则会造成铣刀的损坏。

4. 有切入过程

在圆柱逆铣中，刀齿切入工件时的切削厚度为零，由于刃口圆钝半径的存在，开始时刀齿并不能切入工件，只有当切削厚度 h 逐渐增大到一定大小后，刀齿才能切入金属。切入金属以前称为“切入过程”，在切入过程中，刀齿磨损快，已加工表面粗糙。

6.4.5　铣削方式

铣削

采用合适的铣削方式可减少振动，使铣削过程平稳，并可提高工件表面质量、铣刀耐用度以及铣削生产率。

1. 端铣和周铣

用分布于铣刀端平面上的刀齿进行的铣削称为端铣，用分布于铣刀圆柱面上的刀齿进行的铣削称为周铣。

端铣与周铣相比，前者更容易使加工表面获得较小的表面粗糙度值和较高的劳动生产率，因为端铣的副切削刃、倒角刀尖具有修光作用，而周铣时只有主切削刃作用。此外，端铣时主轴刚性好，并且面铣刀易于采用硬质合金可转位刀片，因而切削用量较大，生产效率高，在平面铣削中端铣基本上代替了周铣，但周铣可以加工成形表面和组合表面。

2. 逆铣和顺铣

圆周铣削有逆铣和顺铣两种方式，如图 6-4-28 所示。

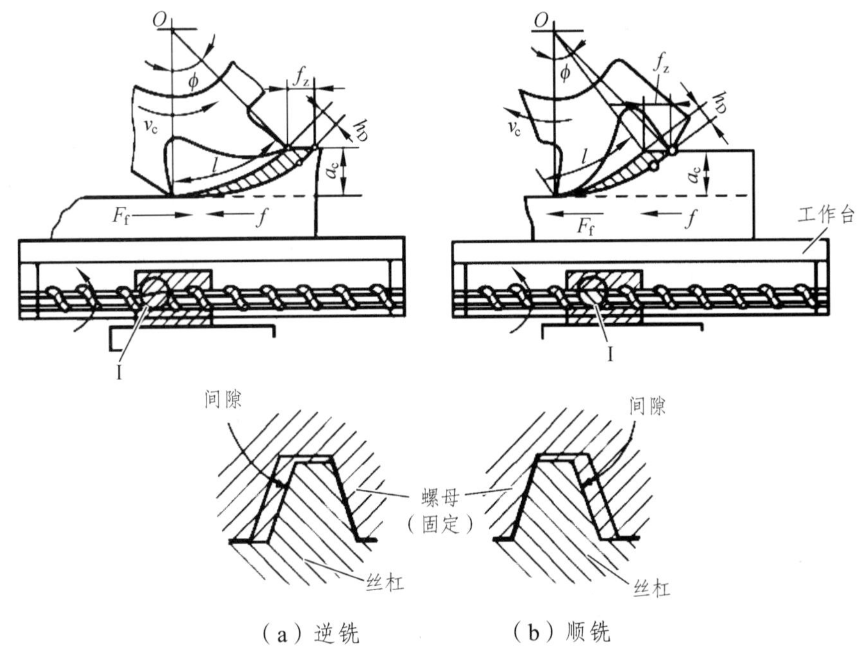

（a）逆铣　　（b）顺铣

图 6-4-28　逆铣和顺铣

铣削时，铣刀切入工件时的切削速度方向和工件的进给方向相反，这种铣削方式称为逆铣，如图 6-4-28（a）所示。逆铣时，刀齿的切削厚度从零逐渐增大至最大值。刀齿在开始切入时，由于切削刃钝圆半径的影响，刀齿在工件表面上打滑，产生挤压和摩擦，至滑行到一定程度后，刀齿方能切下一层金属层，这样易使刀齿磨损，工件表面产生严重的冷硬层。而下一个刀齿又在前一个刀齿所产生的冷硬层上重复一次滑行、挤压和摩擦的过程，加剧刀齿磨损，增大了工件表面粗糙度值。此外，刀齿开始切入工件时，垂直铣削分力 F_v 向下，当瞬时接触角大于一定数值后，F_v 向上易引起振动。

铣床工作台的纵向进给运动一般是依靠丝杠和螺母来实现的。螺母固定不动，丝杠转动时，带动工作台一起移动。逆转时，纵向铣削分力 F_l 与纵向进给方向相反，使丝杠与螺母间传动面始终贴紧，故工作台不会发生窜动现象，铣削过程较平稳。

铣削时，铣刀切出工件时的切削速度方向与工件的进给方向相同，这种铣削方式称为顺铣，如图 6-4-28（b）所示。顺铣时，刀齿的切削厚度从最大逐渐递减至零，没有逆铣时的刀齿滑行现象，加工硬化程度大为减轻，已加工表面质量较高，刀具耐用度也比逆铣时高。

从图 6-4-28（b）中可看出，顺铣时，刀齿在不同位置时作用在其上的切削力也是不等的。但是，在任一瞬时，垂直分力 F_v 始终将工件压向工作台，避免上下振动，在垂直方向铣削比较平稳。另一方向，纵向分力 F_l 在不同瞬时尽管大小不等，但是方向始终与进给方向相同，如果在丝杠与螺母传动副中存在间隙，当纵向分力 F_l 逐渐增大并超过工作台摩擦力时，会使工作台带动丝杠向左窜动，丝杠与螺母传动副右侧面出现间隙，造成工作台振动，在纵向左右窜动和进给不均匀，严重时会使铣刀崩刃。因此，如果采用顺铣，必须要求铣床工作台进给丝杠螺母副有消除侧向间隙的装置或采取其他有效措施。

3. 对称铣削和不对称铣削

端铣根据铣刀与工件相对位置的不同分为对称铣削、不对称逆铣和不对称顺铣三种方式，如图 6-4-29 所示。

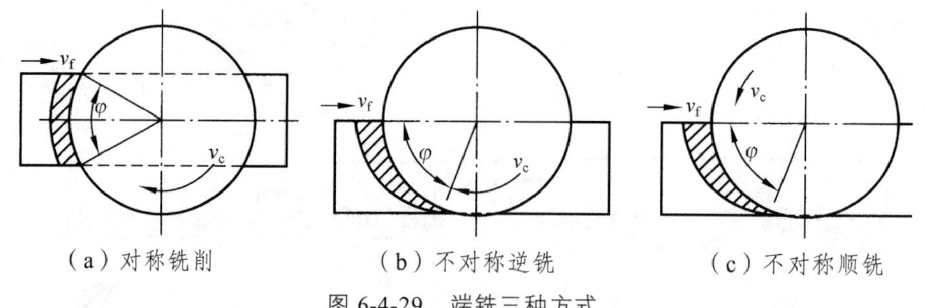

图 6-4-29　端铣三种方式

（1）对称铣削。铣削过程中，面铣刀轴线始终位于铣削弧长的对称中心位置，上面的顺铣部分等于下面的逆铣部分，此种铣削方式称为对称铣削，如图 6-4-29（a）所示。采用该方式时，由于铣刀直径大于铣削宽度，故刀齿切入和切离工件时切削厚度均大于零，这样可以避免下一个刀齿在前一刀齿切过的冷硬层上工作。一般端铣多用此种铣削方式，尤其适用于铣削淬硬钢。

（2）不对称逆铣。面铣刀轴线偏置于铣削弧长对称中心的一侧且逆铣部分大于顺铣部分的铣削方式称为不对称逆铣，如图 6-4-29（b）所示。该铣削方式的特点是刀齿以较小的切削厚度切入，又以较大的切削厚度切出，这样，切入冲击较小，适用于端铣普通碳钢和高强度低合金钢，这时刀具耐用度较前者可提高一倍以上。此外，由于刀齿接触角较大，同时参加切削的齿数较多，切削力变化小，切削过程较平衡，加工表面粗糙度值较小。

（3）不对称顺铣。面铣刀轴线偏置于铣削弧长对称中心的一侧，且顺铣部分大于逆铣部分的铣削方式称为不对称顺铣，如图 6-4-29（c）所示。该铣削方式的特点是刀齿以较大的切削厚度切入，而以较小的切削厚度切出。它适合于加工不锈钢等一类中等强度和高塑性的材料，这样可减小逆铣时刀齿的滑行、挤压现象和加工表面的冷硬程度，有利于提高刀具的耐用度。在其他条件一定时，只要偏置距离选取合适，刀具耐用度可比原来提高两倍。

6.5　磨床与磨削加工

6.5.1　磨床

磨削加工是一种常用的金属切削加工方法。磨削的加工范围很广，有曲轴磨削、外圆磨削、螺纹磨削、成形磨削、花键磨削、齿轮磨削、圆锥磨削、内圆磨削、无心外圆磨削、刀具刃磨、导轨磨削和平面磨削等，如图 6-5-1 所示，其中最基本的磨削方式是外圆磨削、内圆磨削和平面磨削 3 种。

在磨削时具有极高的圆周线速度，一般达 35 m/s 左右，高速磨削达 45~85 m/s；有强烈的摩擦，磨削区温度高达 400~1 000 ℃；磨削加工后的工件精度可达 IT6 ~ IT7 级，表面结构达 *Ra*0.8~*Ra*0.05 μm，高精度磨削圆度公差为 0.001 mm，表面粗糙度达 *Ra*0.005 μm；磨削切除金属的效率较低；可以磨削铜、铝、铸铁、淬硬件、高速钢刀具、钛合金、硬质合金和玻璃等；砂轮还具有自锐作用。

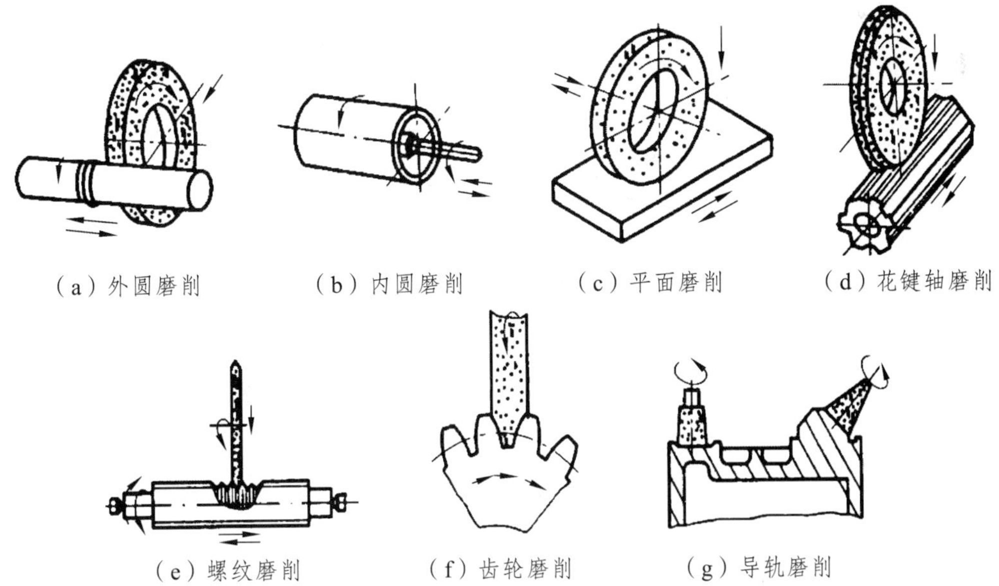

（a）外圆磨削　（b）内圆磨削　（c）平面磨削　（d）花键轴磨削

（e）螺纹磨削　（f）齿轮磨削　（g）导轨磨削

图 6-5-1　磨削的几种加工方式

为了适应磨削加工表面、结构形状和尺寸大小不同的各种工件的需要，以及满足不同生产批量的要求，磨床的种类很多。它根据用途和采用的工艺方法不同，大致可分为以下几类。

（1）为适应磨削不同的零件表面而发展的通用磨床有：普通外圆磨床、万能外圆磨床、无心外圆磨床、普通内圆磨床、行星内圆磨床以及各种平面磨床、齿轮磨床和螺纹磨床等。

（2）为适应提高生产率要求而发展的高效磨床有：高速磨床、高速深切快进给磨床、低速深切缓进给磨床、宽砂轮磨床、多砂轮磨床以及各种砂带磨床。

（3）为适应磨削特殊零件而发展的专门化磨床有：曲轴磨床、凸轮轴磨床、轧辊磨床、花键磨床、导轨磨床以及各种轴承滚道磨床等。

此外，还有各种超精加工磨床和工具磨床等。

1. M1432A 型万能外圆磨床

万能外圆磨床的工艺范围较宽，可以磨削内外圆柱面、内外圆锥面、端面等，但其生产效率较低，适用于单件小批量生产。

图 6-5-2 所示为 M1432A 型万能外圆磨床的外形，机床的主要组成部件如下：

（1）床身。床身 1 是磨床的基础部件，用于支承砂轮架 5、工作台 3、头架 2、尾架 6 等部件，并保持它们准确的相对位置和运动精度。床身内部是液压装置和纵、横进给机构等。

（2）头架。头架 2 由壳体、主轴部件、传动装置等组成，用于安装和夹持工件，并带动工件转动，调节变速机构，可改变工件的旋转速度。

（3）工作台。工作台 3 分上下两层。上工作台可绕下工作台的心轴在水平面内偏转±10°的角度，以便磨削锥面。下工作台由机械或液压传动，带动头架 2 和尾座 6 随其沿床身做纵向进给运动，行程则由撞块控制。

（4）内圆磨具。内圆磨具 4 用于磨削工件的内孔，它的主轴端可安装内圆砂轮，通过单独的电动机驱动实现磨削运动。

（5）砂轮架。砂轮架 5 用于支承并传动高速旋转的砂轮主轴。砂轮架装在横向导轨上，操纵横向进给手轮可实现砂轮的横向进给运动。当磨削短圆锥面时，砂轮架和头架可分别绕垂直轴线转动±30°和 +90°的角度。

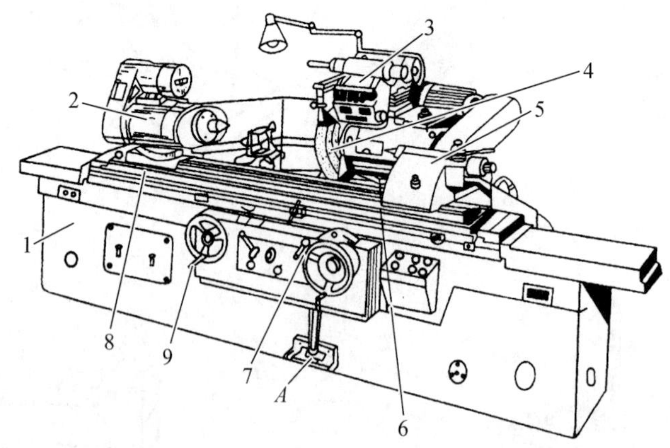

1—床身；2—头架；3—内圆磨具；4—砂轮架；5—尾座；6—滑鞍；7—手轮；8—工作台。

图 6-5-2 M1432A 型万能外圆磨床

（6）尾座。尾座 6 和头架 2 的前顶尖一起，用于支承工件，尾座套筒后端的弹簧可调节顶尖对工件的轴向压力。

（7）脚踏操纵板。它用于控制尾架上的液压顶尖，进行快速装卸工件。

2. M7120A 平面磨床

M7120A 型平面磨床是卧轴矩台平面磨床，由床身、工作台、立柱、磨头及砂轮修整器等部件组成。图 6-5-3 所示为 M7120A 型平面磨床的外形。它既可以用砂轮的圆周面磨削各种工件的平面，又可用砂轮的端面磨削工件的垂直平面。工件按其尺寸大小及结构形状，可用螺钉和压板直接固定在机床工作台上，或放在电磁吸盘上装夹。电磁吸盘采用硅整流器作为直流电源，其吸力可按工件需要进行调整。

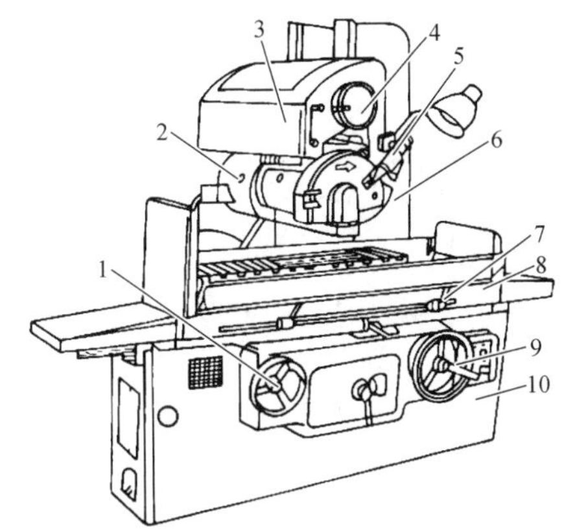

1—工作台手轮；2—磨头；3—拖板；4—横向进给手轮；5—砂轮修整器；6—立柱；7—行程挡块；8—工作台；9—垂直进给手轮；10—床身。

图 6-5-3　M7120A 型平面磨床

该机床的加工精度为：在 500 mm 长度上两平面的平行度误差不大于 0.05 mm，表面粗糙度可达 *Ra*0.2 μm。

3. 其他磨床简介

1）内圆磨床

图 6-5-4 所示为普通内圆磨床外观简图。机床由床身 1、工作台 2、头架 3、砂轮架 4 和滑板座 5 等主要部件组成。砂轮架上的砂轮主轴由电动机经皮带传动。砂轮架沿板座做横向进给，可以手动或机动实现。工作头架安装在工作台上，并随工作台一起沿床身导轨做纵向往复运动。头架主轴也由电动机经皮带传动。

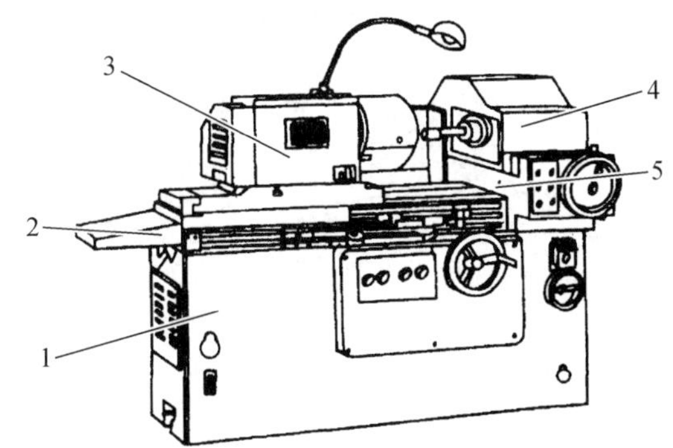

1—床身；2—工作台；3—头架；4—砂轮架；5—滑板座。

图 6-5-4　普通内圆磨床图

内圆磨床主要用于磨削工件的内孔，也能磨削端面。机床的主参数为最大磨孔直径。内圆磨削可以分普通内圆磨削、无心内圆磨削和砂轮做行星运动的磨床。

无心内圆磨削的工作原理如图 6-5-5 所示。磨削时，工件支承在滚轮 1 和导轮 4 上，压紧轮 2 使工件靠紧导轮，工件即由导轮带动旋转，实现圆周进给运动。砂轮除了完成主运动外，还做纵向进给运动和周期性横向进给运动。加工结束时，压紧轮沿箭头方向 A 摆开，以便装卸工件。无心内圆磨削适用于大批量加工薄壁类零件，如轴承套圈等。

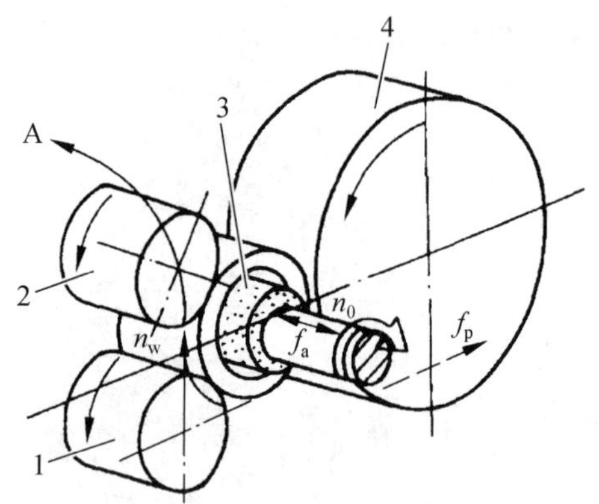

1—滚轮；2—压紧轮；3—工件；4—导轮；f_a—纵向进给；f_p—横向进给；n_w—周向进给转速；n_o—砂轮转速。

图 6-5-5　无心内圆磨削的工作原理

与外圆磨削相比，内圆磨削所用的砂轮和砂轮轴的直径都较小，为了获得所要求的砂轮线速度，就必须提高砂轮主轴的转速，故容易发生振动，影响工件的表面质量。此外，由于内圆磨削时砂轮与工件的接触面积大、发热量集中、冷却条件差以及工件热变形大，特别是砂轮主轴刚性差，易弯曲变形，所以内圆磨削不如外圆磨削的加工精度高。在实际生产中，常采用减少横向进给量、增加光磨次数等措施来提高内孔的加工质量。

2）无心外圆磨床

图 6-5-6 所示为无心外圆磨床外观简图。无心外圆磨床由床身、砂轮架、砂轮修整器、导轮修整器、导轮架和支架等主要部件组成。无心外圆磨床是一种生产率很高的精加工方法。

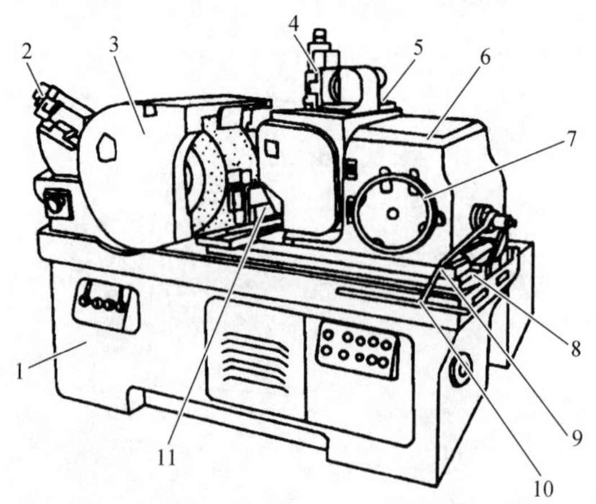

1—床身；2—砂轮修整器；3—砂轮架；4—导轮修整器；5—转动体；6—尾架；7—微量进给手柄；8—回转底座；9—滑板；10—快速进给手柄；11—支座。

图 6-5-6　无心外圆磨床

无心外圆磨床进行磨削时，工件不是支承在顶尖上或夹持在卡盘中，而直接置于砂轮和导轮之间的托板上，以工件自身外圆为定位基准，其中心略高于砂轮和导轮的中心连线。磨削时，导轮转速与砂轮转速相比较低，由于工件与导轮（通常是用橡胶结合剂做的，磨粒较粗）之间的摩擦较大，所以工件接近于导轮转速回转，从而在砂轮与工件间形成很大的速度差，据此产生磨削作用。改变导轮的转速，便可以调整工件的圆周进给速度。无心磨床所磨削的工件，尺寸精度和几何精度都较高，且有很高的生产率。如果配备自动上下料机构，很容易实现单机自动化，适用于大批量生产。

3）工具磨床

工具磨床是对各种特殊复杂工件磨削加工所使用磨床的统称，主要用于磨削各种切削刀具的刃口，如车刀、铣刀、铰刀、齿轮刀具、螺纹刀具等。其装上相应的机床附件，可对体积较小的轴类外圆、矩形平面、斜面、沟槽和半球等外形复杂的机具、夹具、模具进行磨削加工。工具磨床具体包括工具曲线磨床、钻头沟槽磨床、拉刀刃磨床、滚刀刃磨床以及花键轴磨床、螺纹磨床、活塞环磨床、齿轮磨床等，如图 6-5-7 所示。

（a）多功能内圆工具磨床　（b）万能工具磨床　（c）钻头、丝锥磨床　（d）万能工具磨床

图 6-5-7　工具磨床

6.5.2　数控磨床

数控磨床是利用磨具对工件表面进行磨削加工的机床。大多数的磨床是使用高速旋转的砂轮进行磨削加工，少数的是使用油石、砂带等其他磨具和游离磨料进行加工，如珩磨机、超精加工机床、砂带磨床、研磨机和抛光机等。数控磨床还包括数控平面磨床、数控无心磨床、数控内外圆磨床、数控立式万能磨床、数控坐标磨床、数控成形磨床等。图 6-5-8 所示为数控磨床的外形。

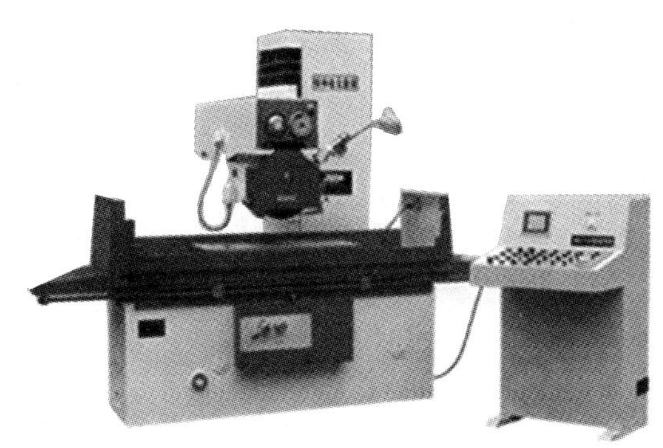

（a）数控平面磨床

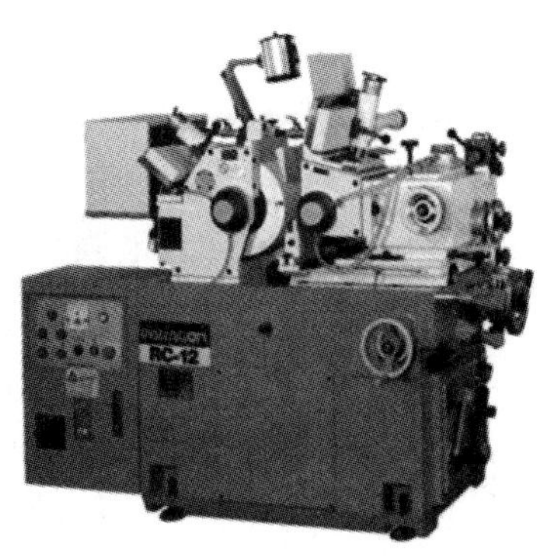

（b）数控无心磨床

（c）数控外圆磨床

（d）数控内圆磨床

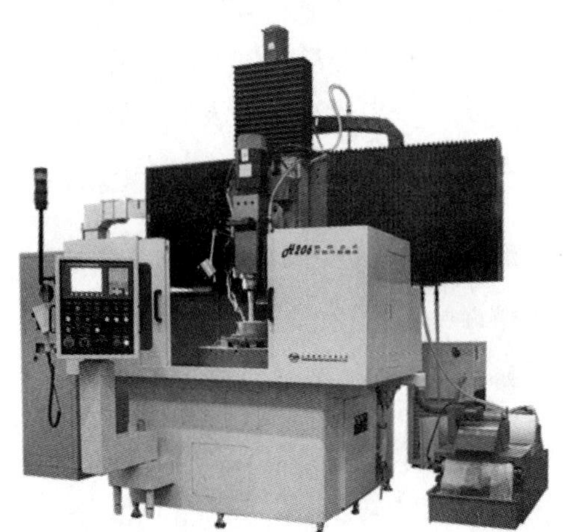

（e）数控立式万能磨床

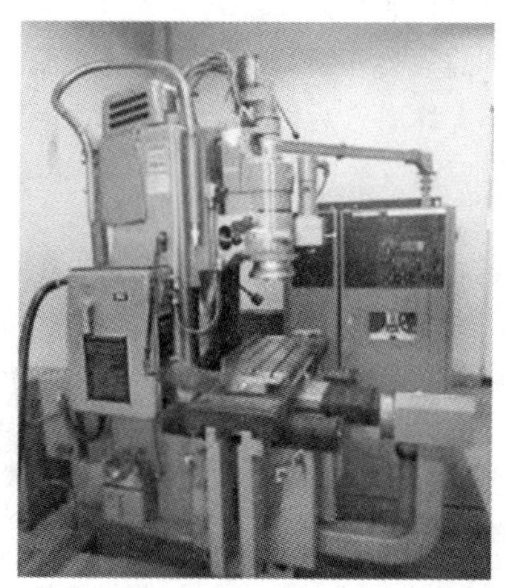

（f）数控坐标磨床

图 6-5-8　数控磨床

6.5.3　磨削过程

磨削

磨削加工是用高速回转的砂轮或其他磨具以给定的背吃刀量（或称切削深度），对工件进行加工的方法。

砂轮表面分布着无数磨粒，每个磨粒的棱角相当于一个刀具的切削刃口，当砂轮高速转动时，磨粒就从工件表层切去一条条细微的金属切屑，切屑数量很大，但厚度很小。因此，磨削过程可以被看成类似于密齿切削工具的超高速切削过程。

磨削时磨粒实际上是以负前角进行切削，磨削速度高达 1 000 ~ 7 000 m/min，磨削点的瞬时温度可达 1 000 ℃以上，故存在强烈的摩擦和挤压作用，使去除相同体积的材料所消耗的能量达到车削时的 30 倍。磨削大致可分为三个阶段，如图 6-5-9 所示。

（1）滑擦阶段：由于存在负前角和钝圆半径，刚开始的切削厚度极小，磨粒在工件上滑擦而过，工件只产生弹性变形。

（2）耕犁阶段：随着磨粒挤入深度加大，将工件表面耕犁成沟，磨粒的前方和两侧由于塑性变形而隆起。此阶段磨削与工件间挤压摩擦加剧，热应力显著增加。

（3）切削阶段：磨粒挤入深度继续增加，当其达到临界值时，被磨粒挤压的金属材料沿剪切面产生滑移而产生切屑。

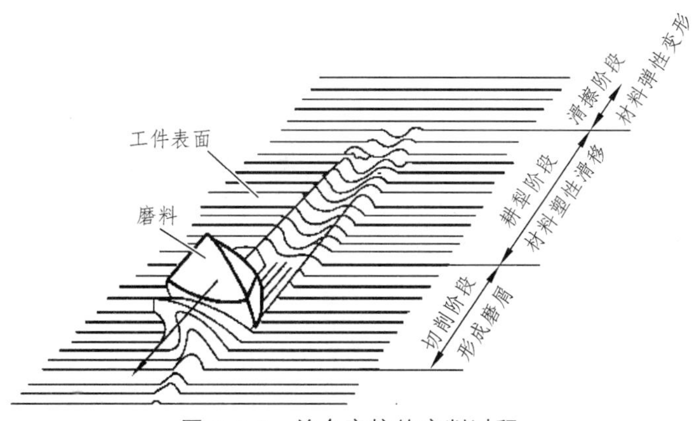

图 6-5-9　单个磨粒的磨削过程

由于磨粒的形状、大小和分布情况各不相同，对参与磨削的不同磨粒而言，有些会经历全部三个磨削阶段，有些则只是经历其中一部分阶段。

在上述磨削过程中，具有如下工艺特点。

（1）切削速度很大，切削温度高。如普通外圆磨削 30 ~ 35 m/s，高速磨削>50 m/s，在这样高的切削速度下，加上磨粒多为负前角切削，挤压和摩擦较严重，消耗功率大，产生的切削热多。又因砂轮本身的传热性很差，大量的磨削热在短时间内传散不出去，在磨削区形成瞬时高温，有时高达 1 000 ℃。高的磨削温度容易烧伤工件表面，使淬火钢件表面退火，硬度降低。

（2）砂轮有自锐作用。磨削过程中，砂轮的自锐作用是其他切削刀具所没有的。一般刀具的切削刃，如果磨钝或损坏，则切削不能继续进行，必须换刀或重磨。而砂轮由于本身的自锐作用，使得磨粒能够以较锋利的刃口对工件进行切削。实际生产中，有时就利用这一原理，进行强力连续磨削，以提高磨削加工的生产效率。

（3）径向磨削力大。在一般切削加工中，主切削力较大，而磨削时，由于磨削深度和切削厚度均较小，所以主切削力较小，轴向力则更小。但是，因为砂轮与工件的接触宽度较大，并且磨粒多以负前角进行切削，致使径向力较大。

（4）单个磨粒的切削厚度极小。单个磨粒的切削厚度小至几个微米，因此磨削易于获得极高的尺寸精度和很小的表面粗糙度值。

1. 常见的磨削类型

根据所使用的磨床、加工表面形状和成形方法的不同，一般可将磨削加工方法分为外圆磨、内圆磨、平面磨、无心磨和成形磨等；根据所使用的磨具不同，可分为砂轮磨、砂带磨和珩磨等。图 6-5-10 列出了常见的一些磨削方法。

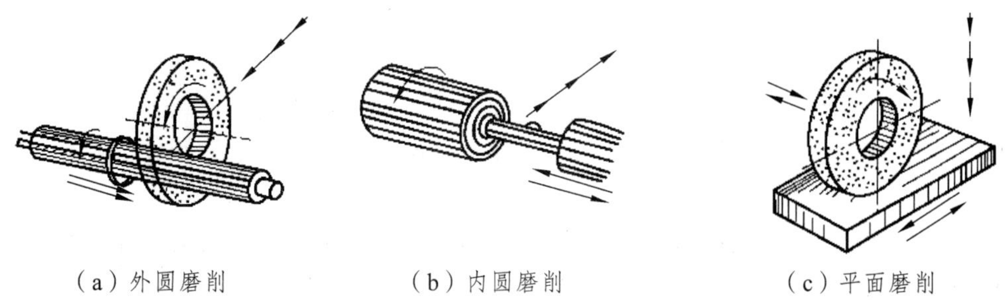

（a）外圆磨削　　（b）内圆磨削　　（c）平面磨削

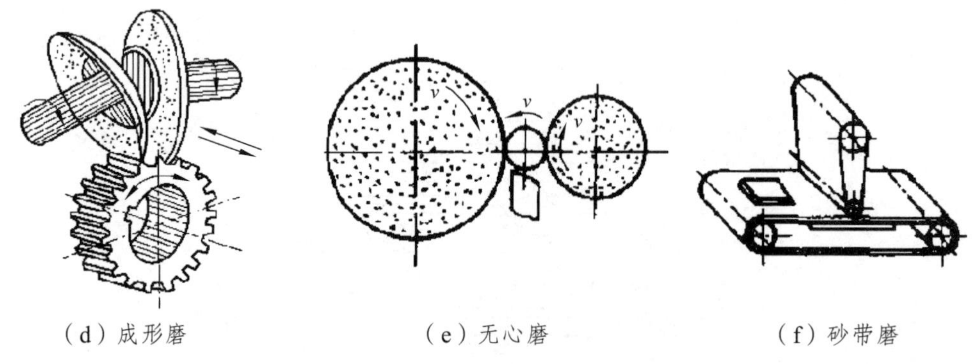

（d）成形磨　　（e）无心磨　　（f）砂带磨

图 6-5-10　常见的磨削加工方法

1）外圆磨削

（1）普通外圆磨削（在外圆磨床上磨外圆）。

外圆磨方法不仅能加工圆柱面，还能加工圆锥面、端面（台阶部分）、球面和特殊形状的外表面等。按照不同的进给方向又可分为纵磨法、横磨法和深磨法三种形式。图 6-5-11 所示为外圆磨削加工的各种方式。

①纵磨法：砂轮高速旋转为主运动，工件旋转并和磨床工作台一起做往复直线运动，分别为圆周进给和纵向进给；每当工件一次往复行程终了时，砂轮做周期性横向进给。每次磨削深度很小，磨削余量是在多次往复行程中切除的。

纵磨法每次的横向进给量少，磨削力小，散热条件好，并且能以光磨的次数来提高工件的磨削精度和表面质量，因而加工质量高，是目前生产中使用最广泛的一种磨削方法。

②横磨法：采用这种磨削形式，要求砂轮宽度比工件的磨削宽度大，工件不需要做纵向进给运动，砂轮以缓慢的速度连续或断续地沿工件径向做横向进给运动，直至磨到工件尺寸要求为止。横磨法因砂轮宽度大，一次行程就可完成磨削加工过程，所以加工效率高，同时它也适用于成形磨削。

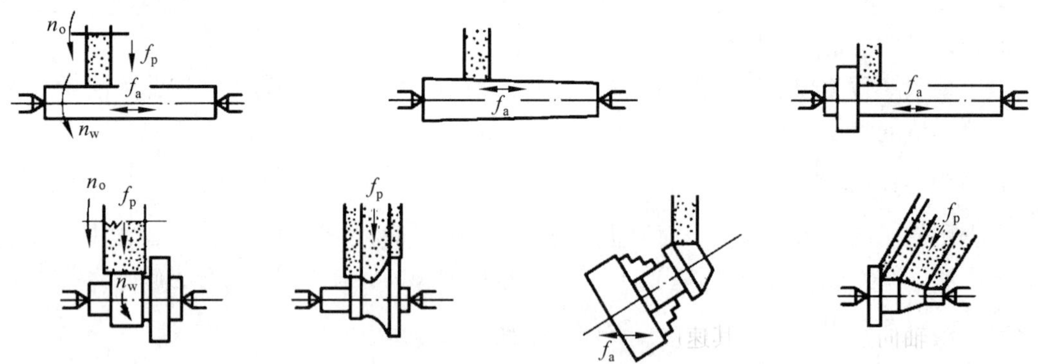

图 6-5-11　外圆磨削加工的各种方式

在磨削过程中砂轮与工件接触面积大，磨削力大，必须使用功率大、刚性好的磨床。此外，磨削热集中、磨削温度高，势必影响工件的表面质量，必须给予充分的切削液来降低磨削温度。

③深磨法：磨削时用较小的纵向进给量（一般取 1 ~ 2 mm/r），较大的切深（一般为 0.3 mm 左右），在一次行程中切除全部余量，因此，生产率较高。需要把砂轮前端修整成锥形，砂

轮锥面进行粗磨。直径大的圆柱部分起精磨和修光作用，应修整得精细一些。深磨法只适用于大批大量生产中，加工刚度较大的工件，且被加工表面两端要有较大的距离，允许砂轮切入和切出。

（2）无心外圆磨。

如图 6-5-12 所示，磨削时，工件置于砂轮和导轮之间的托板上，以工件自身外圆为定位基准。当砂轮以转速 n_0 旋转，工件就有以与砂轮相同的线速度回转的趋势，但是由于受到导轮摩擦力对工件的制约作用，结果使工件以接近于导轮线速度（转速 n_w）回转，从而在砂轮和工件之间形成很大的速度差，据此而产生磨削作用。改变导轮的转速，便可以调整工件的圆周进给速度。

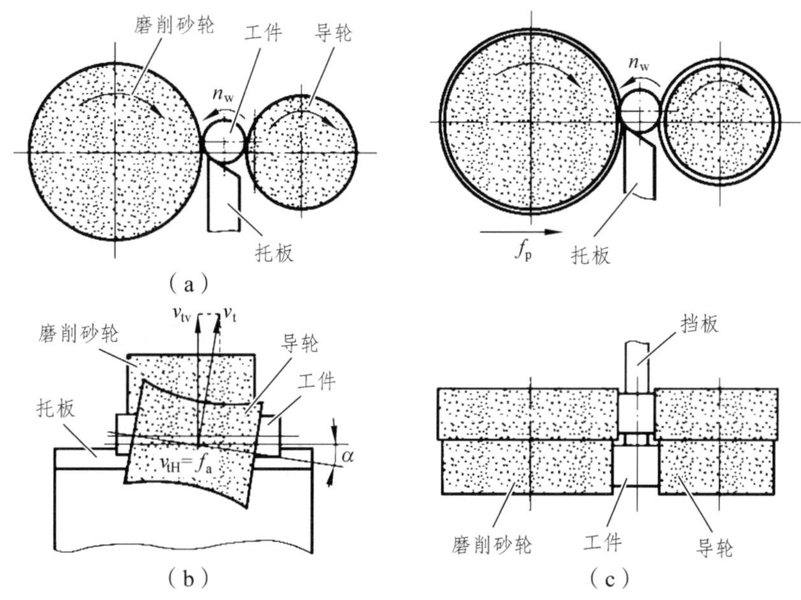

图 6-5-12　无心外圆磨

为了减小工件的圆度和加快成圆过程，工件的中心需高于导轮和砂轮的中心连线。一般高度超过量为（0.15 ~ 0.25）d，d 为工件直径。

无心外圆磨削有两种磨削方式：贯穿磨法和切入磨法。贯穿磨削时[见图 6-5-13（a）、（b）]，将导轮在与砂轮轴平行的垂直平面内倾斜一个角度 α（通常 α 为 2° ~ 6°，这时需将导轮的外圆表面修磨成双曲回转面，以与工件呈线接触状态），这样就在工件轴线方向上产生一个轴向进给力。设导轮的线速度为 v_t，它可分解为两个分量 v_{tV} 和 v_{tH}。v_{tV} 带动工件回转，并等于 v_w；v_{tH} 使工件做轴向进给运动，其速度就是 f_a，工件一面回转一面沿轴向进给，就可以连续地进行纵向进给磨削。

切入磨削时[见图 6-5-13（c）]，砂轮做横向切入进给运动来磨削工件表面。这时导轮的轴线仅倾斜很小的角度（约 30′），对工件有微小的轴向力作用，使它顶住定位挡板，得到可靠的轴向定位。

在无心外圆磨削过程中，由于工件是靠自身轴线定位，因而磨削出来的工件尺寸精度与几何精度都比较高，表面粗糙度小。但是，无心外圆磨床调整费时，只适于大批大量生产。当工件外圆表面不连续（如有长键槽）或与其他表面有较高的同轴要求时，不适宜采用无心外圆磨削。

2）内圆磨削

用砂轮磨削工件内孔的磨削方式称为内圆磨削。它可以在专用的内圆磨床上进行，也能够在具备内圆磨头的万能外圆磨床上实现。内圆磨削可以分为普通内圆磨削、无心内圆磨削和砂轮做行星运动的磨削方式。

与普通外圆磨削类似，普通内圆磨削也可以分为纵磨法和横磨法。鉴于砂轮轴的刚性很差，横磨法仅适用于磨削短孔及内成形面，更难以采用深磨法，所以，多数情况是采用纵磨法。如图 6-5-13 所示，砂轮高速旋转做主运动，工件旋转做圆周进给运动，同时砂轮或工件沿其轴线往复移动做纵向进给运动 f_a，砂轮则做径向进给运动 f_p。

大批大量生产中，精加工短工件上要求与外圆面同轴的孔时，可采用无心磨。无心内圆磨削的工作原理如图 6-5-14 所示。磨削时，工件支承在滚轮 1 和导轮 4 上，压紧轮 2 使工件靠紧导轮，工件即由导轮带动旋转，实现圆周进给运动 n_w。砂轮除了完成主运动外，还做纵向进给运动 f_a 和周期性横向进给运动 f_p。加工结束时，压紧轮沿箭头方向 A 摆开，以便装卸工件。无心内圆磨削适用于大批量加工薄壁类零件，如轴承套圈等。

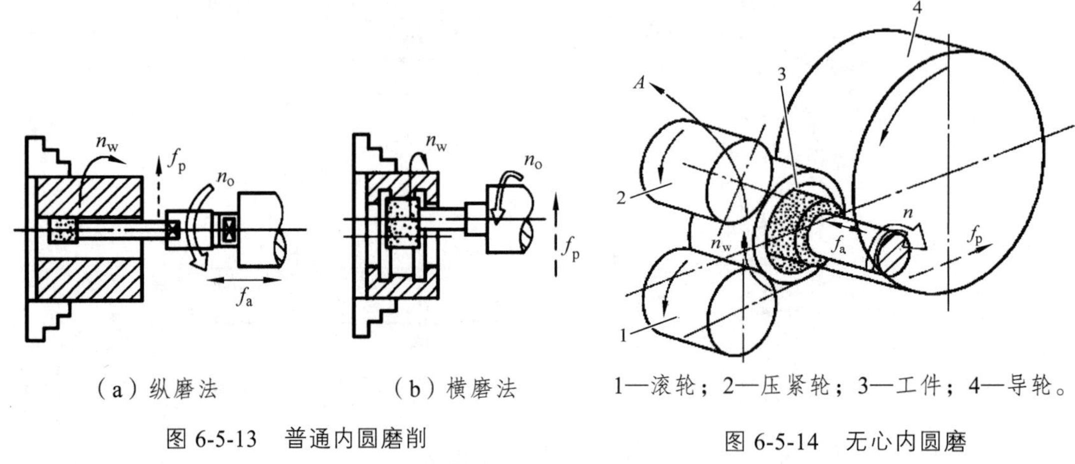

（a）纵磨法　　（b）横磨法

图 6-5-13　普通内圆磨削

1—滚轮；2—压紧轮；3—工件；4—导轮。

图 6-5-14　无心内圆磨

3）平面磨削

平面磨削可分为周磨和端磨两种方式。如图 6-5-15 所示，工件安装在具有电磁吸盘的矩形或圆形工作台上做纵向往复直线运动或圆周进给运动。由于砂轮宽度限制，需要砂轮沿轴线方向做横向进给运动。为了逐步地切除全部余量，砂轮还需周期性地沿垂直于工件被磨削表面的方向进给。

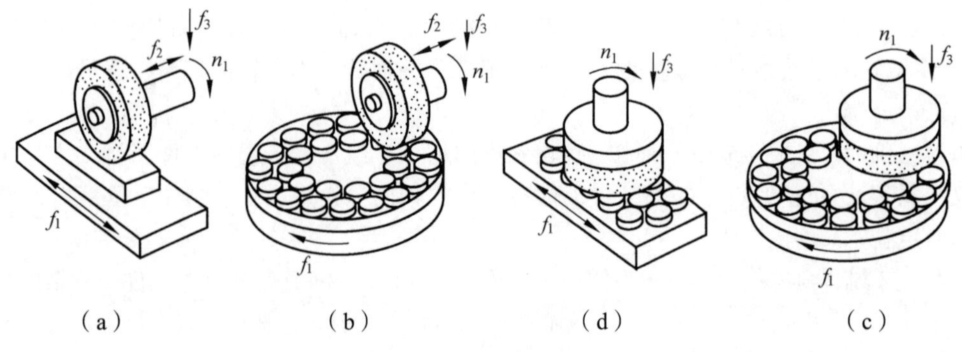

（a）　（b）　（d）　（c）

图 6-5-15　平面磨削

圆周磨削时，砂轮与工件的接触面积小，磨削力小，排屑及冷却条件好，工件受热变形小，且砂轮磨损均匀，所以加工精度较高。然而，砂轮主轴呈悬臂状态，刚性差，不能采用较大的磨削用量，生产率较低。

端面磨削时，砂轮与工件的接触面积大，同时参加磨削的磨粒多。另外，磨床工作时主轴受压力，刚性较好，允许采用较大的磨削用量，故生产率高。但是，在磨削过程中，磨削力大，发热量大，冷却条件差，排屑不畅，造成工件的热变形较大，且砂轮端面沿径向各点的线速度不等，使砂轮磨损不均匀，所以这种磨削方法的加工精度不高。

4）砂带磨削

用高速运动的砂带作为磨具，加工各种工件表面的磨削方法称为砂带磨削。它是一种发展迅速的高效磨削方法。其应用范围很广，几乎所有材料（金属及非金属）的各种型面都可应用。目前，在一些工业发达国家，砂带磨削量占总磨削加工量的一半以上。

砂带由基体、磨料和黏结剂组成。常用的基体材料为牛皮纸或布（斜纹布、尼龙或涤纶）；磨料常采用刚玉、碳化硅，也可采用金刚石和 CBN（立方氮化硼）；黏结剂采用动物胶或合成树脂。

用于制造砂带的磨料事先经过挑选，粒度均匀性好，并采用静电植砂装置使得磨粒以均匀的间隔和高度直立在基体上。因此，砂带磨削过程中，有大量磨粒同时参与磨削，磨削发热少，切削效率高。

图 6-5-16 所示为砂带的结构示意图，可以看出，砂带有两层黏结剂，底层黏结剂用于将磨料附着在基体上，面层黏结剂用于在磨粒之间保持均匀的间隔。

砂带磨削设备一般包括砂带、接触轮、张紧轮、支承板（轮）或工作台等组成，如图 6-5-17 所示，接触轮一般采用在钢（铸铁）芯上包一层硬橡胶制成，用于控制磨料与工件的接触压力和切削角度。张紧轮起张紧砂轮的作用，张紧力越大，磨削效率则越高。

一般而言，砂带磨削具有如下工艺特点。

（1）磨削效率高，加工效率比铣削和砂轮磨削高得多。这是砂带磨削最主要的优越性。

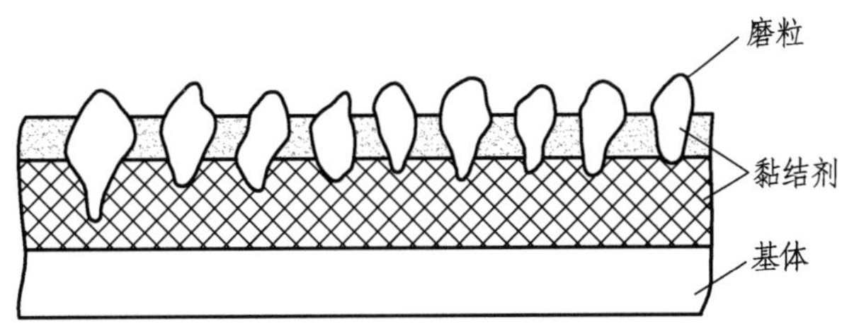

图 6-5-16　砂带的结构

（2）磨削表面质量好。砂带与工件柔性接触，磨料载荷小而均匀，且能减振。加之工件受力小，发热少，散热好，因而可获得好的加工表面质量。

（3）应用范围广，尤其适合薄壁零件及复杂型面。

（4）设备简单，通用性好，生产成本低。

（5）设备占用空间较大、噪声大，砂带磨损后不能修整后重复使用。

图 6-5-17 给出了常见的几种砂带磨削方式。

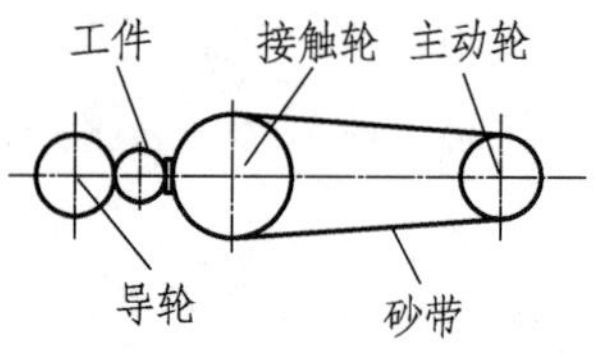

（a）砂带无心外圆磨削（导轮式）

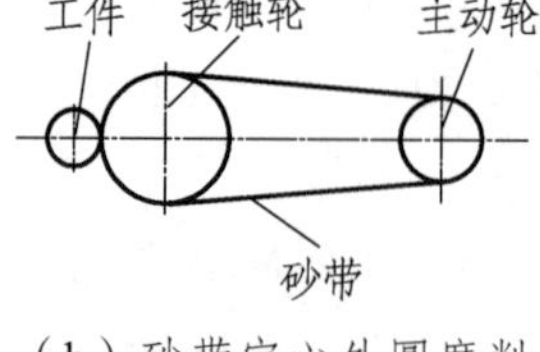

（b）砂带定心外圆磨削（接触轮式）

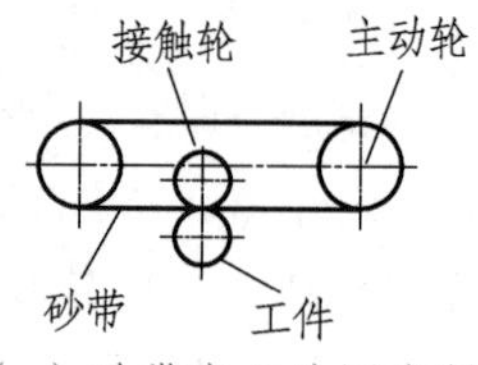

（c）砂带定心外圆磨削（接触轮式）

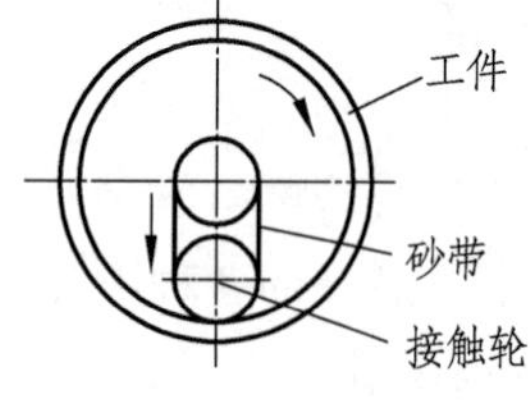

（d）砂带内圆磨削（回转式）

（e）砂带平面磨削（支承板式）

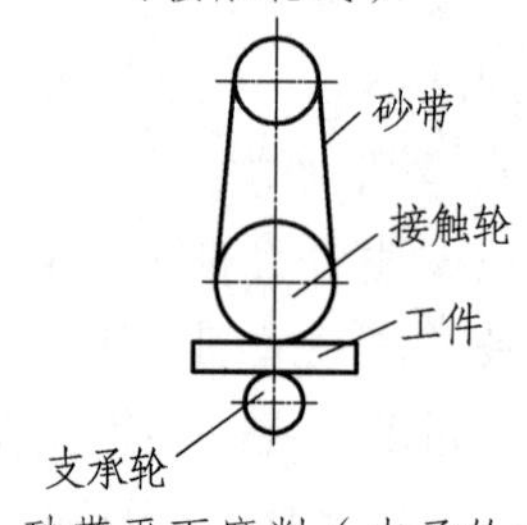

（f）砂带平面磨削（支承轮式）

图 6-5-17　常见的砂带磨削方式

2. 砂轮特性

砂轮是一种用结合剂把磨粒黏结起来，经压坯、干燥、焙烧及修整而成的磨削工具。它的特性主要由磨料、粒度、结合剂、硬度、组织和形状尺寸等因素所决定。

1）磨料

磨削对磨料的要求是具有很高的硬度、耐热性和一定的韧性。目前常用的磨料可分为氧化物系、碳化物系和高硬磨料系三类。常用磨料的分类、代号、主要成分、特性及适用范围见表 6-5-1。

表 6-5-1　常用磨料的分类、特性及适用范围

类别	名称/代号	主要成分及特性	磨削能力	适用范围
氧化物系	棕刚玉/A	Al_2O_3（92.5%～97%），TiO_2（1.5%～3.8%），棕褐色，与其他磨料相比硬度较低、韧性较好	0.1	碳钢、合金钢、可锻铸铁、硬青铜
	白刚玉/WA	Al_2O_3>98.5%，白色，硬度比棕刚玉高，磨粒锋利，但韧性差	0.12	淬硬钢、合金钢、高速钢
碳化物系	黑碳化硅/C	SiC>98.5%，黑色带光泽，硬度比刚玉高，导热性好，但韧性差	0.25	铸铁、黄铜、铝及非金属材料
	绿碳化硅/GC	SiC>99%，绿色带光泽，硬度比黑碳化硅更高，导热性好，但韧性较差	0.28	硬质合金、宝石、光学玻璃等
高硬系	立方氮化硼/CBN	BN，棕黑色，硬度略低于金刚石，磨粒锋利，韧性较金刚石好	0.8	不锈钢等高硬度、高韧性的难加工材料
	人造金刚石/D	C，白色、淡绿色、黑色，硬度高，韧性差	1.0	硬质合金、光学玻璃、宝石、陶瓷等

2）粒度

粒度是指磨料颗粒的大小。按粒度不同，磨料颗粒可分为磨粒和微粉两类。其中磨粒粒度号为 F4～F220，共 26 个，一般采用筛分法区分，F 后面的数字表示每英寸筛网长度上的筛孔数目；微粉粒度号为 F230～F1200，共 11 个，一般采用沉降法区分，见表 6-5-2。

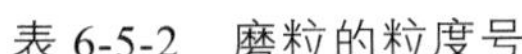
表 6-5-2 磨粒的粒度号

磨粒	F4、F5、F6、F7、F8、F10、F12、F14、F16、F20、F22、F24、F30、F36、F40、F46、F54、F60、F70、F80、F90、F100、F120、F150、F180、F220
微粉	F230、F240、F280、F320、F360、F400、F500、F600、F800、F1000、F1200

砂轮粒度选择的准则如下：

（1）精磨时，应选用细粒度的砂轮，以减小已加工表面粗糙度。

（2）粗磨时，应选用粗粒度的砂轮，以提高磨削生产率。

（3）砂轮速度较高时，或砂轮与工件接触面积较大时，选用颗粒较粗的砂轮，以减少同时参加磨削的磨粒数，以免发热过多而引起工件表面烧伤。

（4）磨削软而韧的金属时，用颗粒较粗的砂轮，以免砂轮过早堵塞；磨削硬而脆的金属时，选用颗粒较细的砂轮，以增加同时参加磨削的磨粒数，提高生产率。

3）结合剂

砂轮的结合剂将磨粒黏合起来，使砂轮具有一定的形状、强度、气孔、硬度、耐热性、耐腐蚀和耐潮湿等性能。常用的结合剂有陶瓷结合剂、树脂结合剂、橡胶结合剂和金属结合剂，其代号、性能和适用范围见表 6-5-3。

表 6-5-3 常用结合剂的代号、性能和适用范围

结合剂	代号	特 性	用 途
陶瓷	V	黏结强度高，耐热性、耐腐蚀性好，气孔率大，不易堵塞，但脆性大、韧性及弹性较差	最常用，用于各类磨削，但不宜制作切断砂轮
树脂	B	强度高，弹性好，但耐热性差，气孔率小，易堵塞，耐腐蚀性差	多用于切断、开槽等工序使用的薄片砂轮
橡胶	R	与树脂结合剂相比，具有更好的弹性和强度，气孔小，耐热性更差	无心磨的导轮，切断、开槽、抛光等用的砂轮，不宜粗加工
金属	M	强度最高，有一定韧性，但自锐性差	制造金刚石砂轮

4）砂轮的硬度

砂轮的硬度是指砂轮上磨粒受力后从砂轮表层脱落的难易程度，也反映磨粒与结合剂的黏固程度。砂轮磨粒难脱落时就称硬度高，反之就称硬度低。可见，砂轮的硬度主要由结合剂的黏结强度决定，与磨粒的硬度是两个完全不同的概念。

砂轮的硬度等级及代号见表 6-5-4 所示。

表 6-5-4 砂轮的硬度等级及代号

等级	超软			软			中软		中		中硬			硬		超硬
				软 1	软 2	软 3	中软 1	中软 2	中 1	中 2	中硬 1	中硬 2	中硬 3	硬 1	硬 2	
代号	D	E	F	G	H	J	K	L	M	N	P	Q	R	S	T	Y

砂轮硬度的选用原则如下：

（1）工件材料越硬，砂轮应越软。这是因为硬材料易使磨粒磨损，需用较软的砂轮以使磨钝的磨粒及时脱落。但是磨削有色金属（铝、黄铜、青铜等）、橡皮、树脂等软材料，却也

要用较软的砂轮。这是因为这些材料易使砂轮堵塞，选用软些的砂轮可使堵塞处较易脱落，露出锋锐的新磨粒。

（2）砂轮与工件磨削接触面积大时，磨粒参加切削的时间较长，较易磨损，应选用较软的砂轮。比如，与外圆磨削相比，内圆磨削和端面平磨的砂轮硬度较低。

（3）半精磨与粗磨相比，需用较软的砂轮，以免工件发热烧伤。但精磨和成形磨削时，为了使砂轮廓形保持较长时间，则需用较硬一些的砂轮。

（4）砂轮气孔率较低时，为防止砂轮堵塞，应选用较软的砂轮。

（5）树脂结合剂砂轮由于不耐高温，磨粒容易脱落，其硬度可比陶瓷结合剂砂轮选高 1 级 ~ 2 级。

在机械加工中，常用的砂轮硬度等级是软 2 至中 2，荒磨钢锭及铸件时常用至中硬 2。

5）砂轮的组织

砂轮的组织表示磨料、结合剂、气孔三者之间的体积比例关系。磨料在砂轮总体积中所占比例越大，则气孔越小（少），砂轮组织越紧密；反之亦然。

砂轮的组织分为紧密、中等和疏松三个类别。各个类别的组织号见表 6-5-5。

表 6-5-5　砂轮的组织号及类别

组织号	0	1	2	3	4	5	6	7	8	9	10	11	12	13	14
磨粒率/%	62	60	58	56	54	52	50	48	46	44	42	40	38	36	34
类别	紧密				中等				疏松						

紧密组织的砂轮适用于成形磨削和精密磨削；中等组织的砂轮适用于一般的磨削工作，如淬火钢的磨削及刀具刃磨等；疏松组织的砂轮适用于平面磨削、内圆磨削以及热敏材料和薄壁零件的磨削。常用的砂轮组织号为 5。

6）砂轮的形状、尺寸和标志

为了适应在不同类型的磨床上磨削各种形状和尺寸工件的需要，砂轮有许多种形状和尺寸。常用的砂轮的形状、代号和用途见表 6-5-6。

表 6-5-6　砂轮的形状、代号和用途

砂轮名称	代号	截面形状	用　途
平面砂轮	1	D, T, H	磨外圆、内孔，无心磨，周磨平面，刃磨工具
筒形砂轮	2	D, W, $W \leqslant 0.17D$, T	端磨平面
双斜边砂轮	4	D, U, T, H	磨齿轮及螺纹

续表

砂轮名称	代号	截面形状	用　途
碗形砂轮	11		端磨平面，刃磨刀具后刀面
碟形 1 号砂轮	12a		刃磨刀具后刀面
薄片砂轮	41		切断及磨槽

砂轮的标志印在砂轮端面上，其顺序是形状代号、尺寸、磨料、粒度号、硬度、组织号、结合剂、线速度。例如，外径 30 mm、厚度 50 mm、孔径 75 mm、棕刚玉、粒度号 F60、硬度 L、5 号组织、陶瓷结合剂、最高工作线速度为 35 m/s 的平形砂轮的标志为

1 - 300×50×75 - A60L5V - 35 m/s

6.6　孔加工机床及常用方法

6.6.1　钻床及钻头

1. 常用钻床

钻床主要分为台式钻床、立式钻床、摇臂钻床、深孔钻床、其他钻床（如中心孔钻床）等几类。钻床的工艺范围如图 6-6-1 所示。

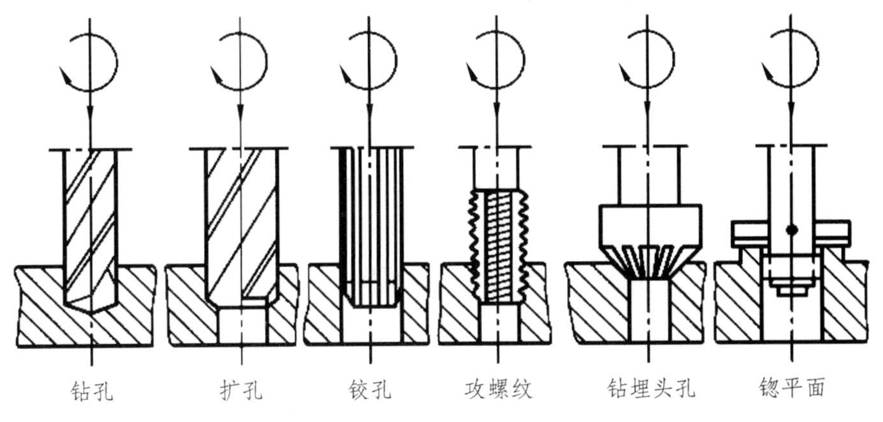

图 6-6-1　钻床的工艺范围

1）立式钻床

如图 6-6-2 所示，立式钻床由底座、工作台、主轴箱、立柱等部件组成。主轴箱内有主运动和进给运动的传动与换置机构，刀具安装在主轴的锥孔内，由主轴带动做旋转主运动，主轴套筒可以手动或机动作轴向进给。工作台可沿立柱上的导轨做调位运动。工件用工作台的虎钳夹紧，或用压板直接固定在工作台上加工。

立式钻床只适用于在单件、小批量生产中加工中、小型工件。用立式钻床在一个工件上加工孔系时，每加工一个孔，工件就要移动一次，这对加工大型零件是非常繁重的工作，并且使钻头中心准确地与工件上钻孔中心重合也非常困难，此时可采用主轴可以移动的摇臂钻床来加工孔。

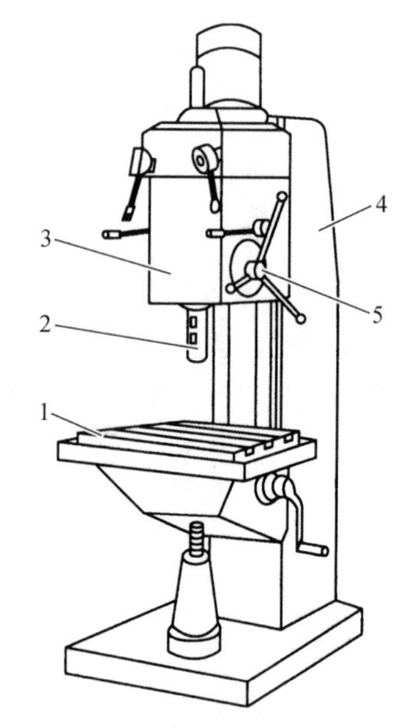

1—工作台；2—主轴；3—主轴箱；4—立柱；5—进给操纵机构。

图 6-6-2　立式钻床

2）摇臂钻床

如图 6-6-3 所示，摇臂钻床的主要部件有底座、立柱、摇臂、主轴箱和工作台。加工时，工件安装在工作台或底座上。主轴箱装在可绕垂直立柱回转 360°的摇臂上，并可沿着摇臂上的水平导轨做径向移动，由上述两种运动，可将主轴调整到机床加工范围内的任何位置上。因此，在摇臂钻床加工多孔工件时，工件可以不动，只要调整摇臂和主轴箱在摇臂上的位置，即可方便地对准孔中心。此外，摇臂还可沿立柱上升、下降，使主轴箱的高度适合工件的加工位置要求。摇臂钻床广泛地应用于单件和中、小批生产中加工大、中型零件的孔系。

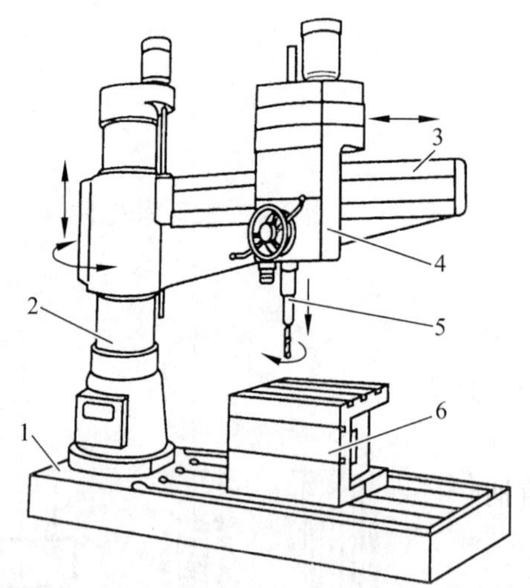

1—底座；2—立柱；3—摇臂；4—主轴箱；5—主轴；6—工作台。

图 6-6-3　摇臂钻床

2. 钻头

钻头是在实心材料上加工孔的唯一刀具。钻头的种类很多，常用为扁钻、麻花钻、中心钻及深孔钻等。

1）标准高速钢麻花钻结构

麻花钻是应用最广泛的孔加工刀具，特别适合于 ϕ30 mm 以下的孔的粗加工，有时也可用于扩孔。麻花钻直径规格为 ϕ0.1 ~ 80 mm。标准高速钢麻花钻由工作部分、柄部与颈部三部分组成，如图 6-6-4（a）所示。

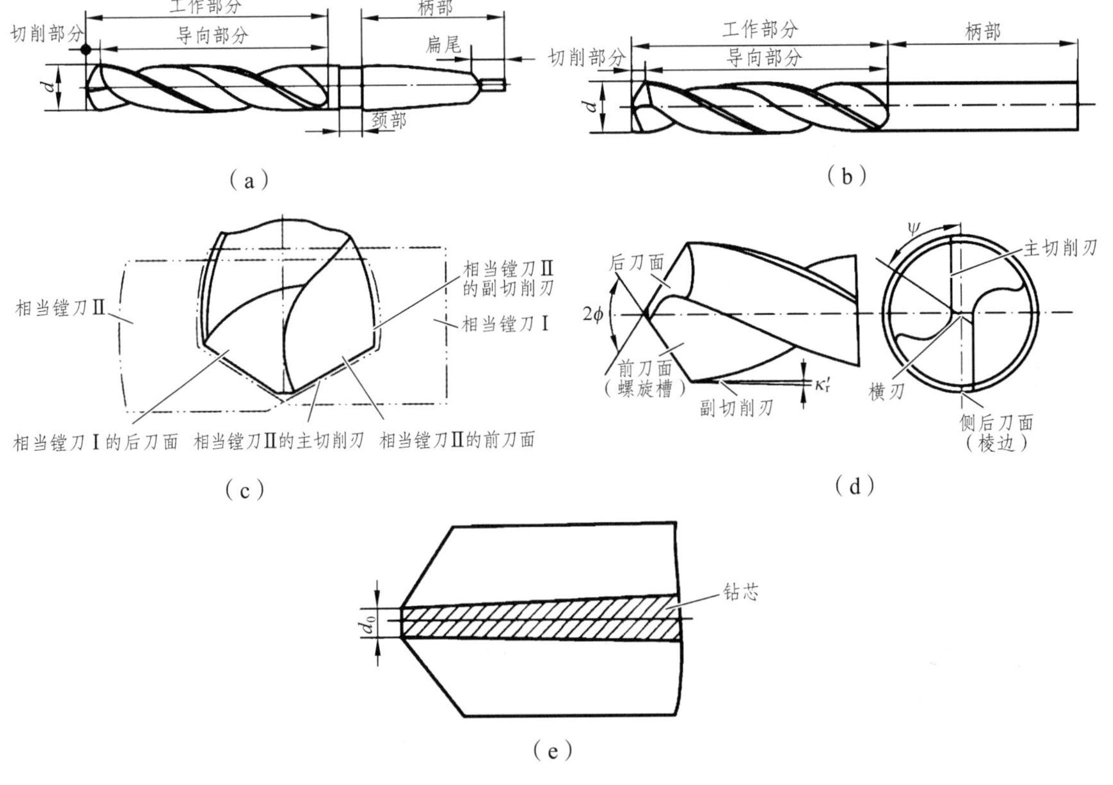

图 6-6-4　标准麻花钻的结构

（1）工作部分。工作部分分为切削部分和导向部分。切削部分担负着切削工作；导向部分的作用是当切削部分切入工件孔后起引导作用，也是切削部分的后备部分。为了保证钻头必要的刚性和强度，工作部分的钻芯直径 d_0 向柄部方向递增，如图 6-6-4（e）所示。

（2）柄部。柄部即钻头的夹持部分，用来传递扭矩。柄部有直柄与锥柄两种，前者用于小直径钻头，后者用于大直径钻头。

（3）颈部。颈部位于工作部分和柄部之间，磨柄部时，可充当砂轮越程槽，也是打印标记的地方。为制造方便，直柄麻花钻无颈部，如图 6-6-4（b）所示。

麻花钻的切削部分可看成由两把镗刀所组成，它有两个前刀面、两个后刀面、两个副后刀面、两个主切削刃、两个副切削刃和一个横刃，如图 6-6-4（c）、（d）所示。

（1）前刀面：螺旋槽上临近主切削刃的部分，即切屑流出时最初接触的钻头表面。

（2）后刀面：钻孔时与工件过渡表面相对的表面。

（3）副后刀面：钻头外缘上临近主切削刃的两小段棱边。

（4）主切削刃：前刀面与后刀面相交而形成的边锋。

（5）副切削刃：前刀面与副后刀面相交而形成的边锋。

（6）横刃：两个后刀面相交而形成的边锋。

2）标准高速钢麻花钻几何参数

麻花钻的主要结构参数有螺旋角、顶角、主偏角、前角、后角、横刃长度、横刃斜角等。

（1）切削平面与基面。

切削平面：主切削刃上选定点的切削平面，是包含该点切削速度方向，而又切于加工表面的平面。显然，由于主切削刃上各点的切削速度方向不同，切削平面位置也不同，如图 6-6-5（a）所示。

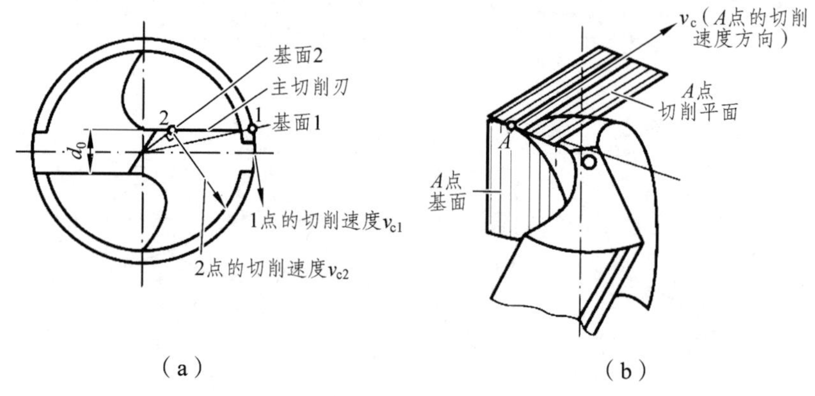

图 6-6-5　麻花钻主切削刃的坐标平面

基面：主切削刃上选定点基面，即通过该点并垂直于切削速度方向的平面。由于主切削刃上各点的切削速度方向不同，基面的位置也不同。显然，基面总是包含钻头轴线的平面，永远与切削平面垂直。图 6-6-5（b）所示为钻头主切削刃上最外缘 A 点的切削平面与基面。

（2）螺旋角。

钻头螺旋沟槽与圆柱面的交线是螺旋线，该螺旋线与钻头轴线的夹角称为螺旋角，用 β 表示，如图 6-6-6 所示。

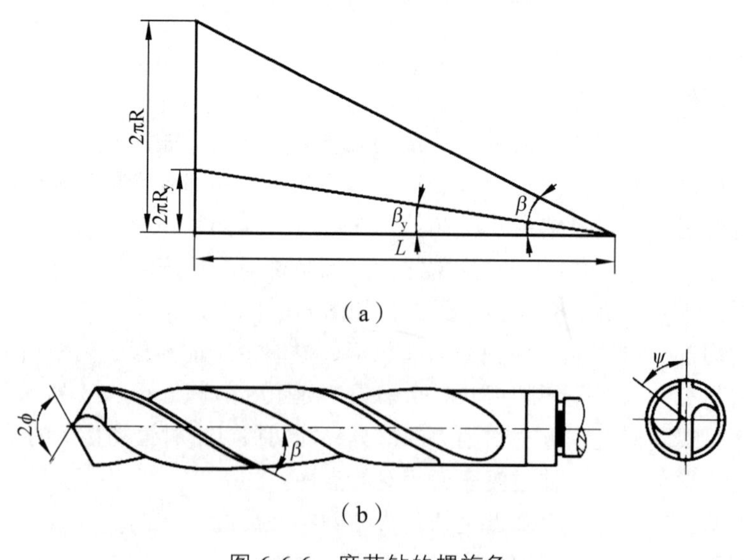

图 6-6-6　麻花钻的螺旋角

由于主切削刃上各点的半径不同，而螺旋线的导程是一样的。因此，主切削刃上各点处的螺旋角 β_y 各不相同：

$$\tan\beta_y = \frac{2\pi R_y}{p}$$

主切削刃外缘处的螺旋角最大，称为名义螺旋角。

$$\tan\beta = \frac{2\pi R}{p}$$

螺旋角实际上就是假定工作平面的前角 γ_{f}，螺旋角越大，则轴向力和扭矩减小，切削轻快，但若螺旋角过大，则切削刃强度削弱。故标准麻花钻的螺旋角 β=18°~30°，大直径麻花钻螺旋角值较大。

（3）刃倾角与端面刃倾角。

由于麻花钻的主切削刃不通过钻头轴线，从而形成刃倾角 λ_{s}。刃倾角是主切削刃与基面之间的夹角在切削平面内测量出来的，而主切削刃上各点的基面与切削平面位置不同，因此，主切削刃上各点的刃倾角也是变化的，图 6-6-7（a）所示的 p_{s} 向视图中的刃倾角 λ_{s} 是主切削刃上最外圆处的刃倾角。

麻花钻主切削刃上任意点的端面刃倾角 λ_{t} 是该点的基面与主切削刃在端面投影中的夹角，如图 6-6-7（b）所示。由于主切削刃上各点的基面不同，各点的端面刃倾角也不相等，外圆处最小，越接近钻芯越大。主切削刃上任意点端面刃倾角可按下式计算：

$$\sin\lambda_{ty} = \frac{d_0}{2R_y}$$

式中　d_0——钻芯直径，mm；

R_y——主切削刃上任意点的半径，mm。

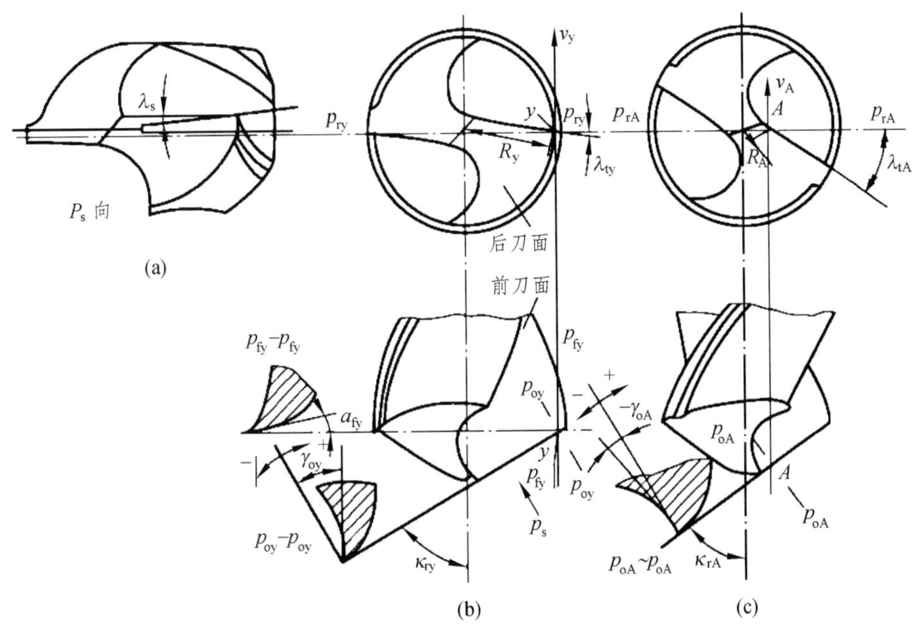

图 6-6-7　麻花钻的几何角度

麻花钻主切削刃上任意点 y 的刃倾角与端面刃倾角的关系为

$$\sin\lambda_{sy}=\sin\lambda_{ty}\times\sin\phi=\frac{d_0}{2R_y}\times\sin\phi$$

式中 ϕ——麻花钻顶角的 1/2。

（4）顶角与主偏角。

钻头的顶角 2ϕ 是两个主切削刃，在与其平行的平面内投影的夹角，如图 6-6-4（d）所示。标准高速钢麻花钻的顶角 2ϕ=118°，顶角与基面无关。

钻头的主偏角 κ_r 是主切削刃在基面上的投影与进给方向的夹角，如图 6-6-7（b）、（c）所示。主切削刃上各点基面位置不同，因此主偏角也是变化的。主偏角与顶角之半数值上很接近，为了方便起见，可用半顶角代替主偏角来分析问题。顶角减小，切削刃长度增加，单位切削刃长度上的负荷降低，并能增大外缘转角处两刀尖的刀尖角，改善散热条件，提高钻头的耐用度，且轴向抗力小；但切屑变薄，切屑平均变形增大，从而增大了扭矩。主切削刃任意点 y 的主偏角可按下式计算：

$$\tan\kappa_{ry}=\tan\phi\times\cos\lambda_{ty}$$

可知，越接近钻芯，主偏角越小。

（5）副偏角。

为了减小导向部分与工件孔壁之间的摩擦，国家标准除了规定在直径大于 0.75mm 的麻花钻的导向部分上制有两条狭窄的棱边，还规定了大于 1 mm 的麻花钻磨有向柄部方向递减的倒锥量，从而形成副偏角，如图 6-6-4（d）所示。

（6）前角。

麻花钻主切削刃上任意点 y 的前角 γ_{oy} 规定在主剖面[见图 6-6-7（b）]中的 P_{oy}—P_{oy} 剖面内测量的前刀面与基面之间的夹角。如图 6-6-7（b）所示，前角 γ_{oy} 可按下式计算：

$$\tan\gamma_{oy}=\frac{\tan\beta_y}{\sin\kappa_{ry}}+\tan\lambda_{ty}\times\cos\kappa_{ry}$$

式中 β——主切削刃上任意点 y 的螺旋角；

κ_{ry}——主切削刃上任意点 y 的主偏角；

λ_{ty}——主切削刃上任意点 y 的端面刃倾角。

主切削刃上任一点的前角是在正交平面内测得的。标准麻花钻切削刃各点前角变化很大，从外缘到钻心，前角由+30°逐渐变为−30°，故靠近中心处切削条件很差。

（7）后角。

麻花钻主切削刃上任意点的后角，是在以钻头轴线为轴心的圆柱面的切削平面内测量。切削平面与后刀面之间的夹角，如图 6-6-8 所示。后角的测量平面是由于钻头主切削刃在进行切削时做圆周运动，进给后角更能确切地反映钻头后刀面与工件加工表面之间的摩擦状况，同时也为了测量方便。

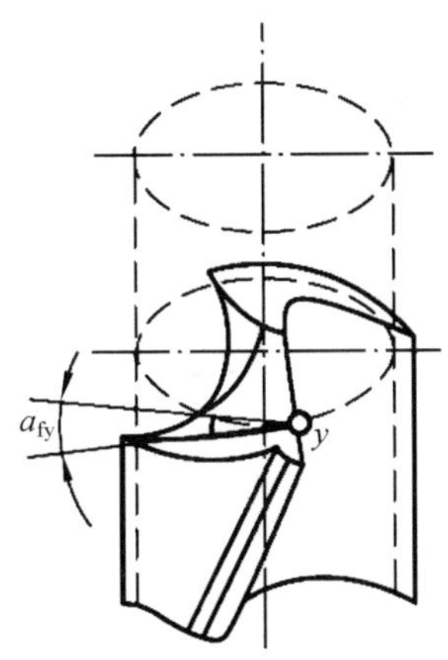

图 6-6-8　钻头主切削刃的后角

（8）横刃角度。

横刃是通过钻头中心的，并且它在钻头端面上的投影为一条直线，因此横刃上各点的基面是相同的。如图 6-6-9 所示，从横刃上任一点的主剖面 $O—O$ 可以看出，横刃前角 $\gamma_{o\psi}$ 为负值（标准麻花钻的 $\gamma_{o\psi}$ 为−54° ~ −60°），横刃后角 $\alpha_{o\psi}$ 为 30° ~ 36°。由于横刃具有很大的负前角，钻削时横刃处发生严重的挤压而造成很大的轴向力。通常横刃的轴向力约占全部轴向力的 1/2 以上。由于横刃处切削条件很差，对加工工件孔的尺寸精度有较大影响。

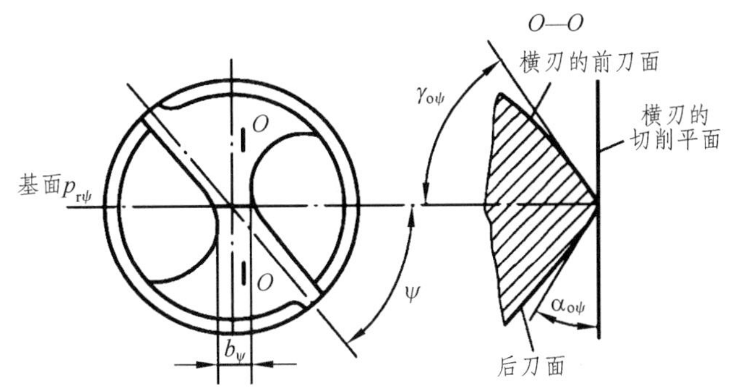

图 6-6-9　钻头横刃角度

3）群钻

由于麻花钻的结构和钻孔的切削条件存在“三差一大”（即刚度差、导向性差、切削条件差和轴向力大）的问题，再加上钻头的两条主切削刃手工刃磨难以准确对称，从而致使钻孔具有钻头易引偏、孔径易扩大和孔壁质量差等工艺问题。

如图 6-6-10 所示，群钻是针对标准麻花钻所存在的缺陷修磨改进而成的。群钻对麻花钻主要作了以下三方面的修磨。

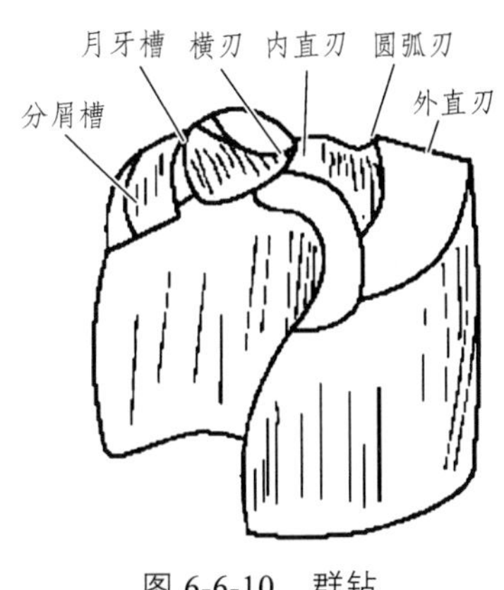

图 6-6-10　群钻

（1）在麻花钻的两个主切削刃上刃磨出两对称的圆弧刃，使其在孔底切出凸起的圆环，可稳定钻头，改善定心性能；

（2）修磨横刃，使其为原长的 1/5 ~ 1/7，并加大横刃前角，减小横刃的不利影响；

（3）对于直径大于 15 mm 的钻头，在刀刃的一边磨出分屑槽，使较宽的切屑分成窄条，便于排屑。

因此，群钻可以显著提高切削性能和刀具耐用度。

4）中心钻

中心钻主要用于加工轴类零件的中心孔，根据其结构特点分为无护锥中心钻［见图 6-6-11（a）］和带护锥中心钻两种［见图 6-6-11（b）］。钻孔前，先打中心孔，有利于钻头的导向，防止孔轴线偏斜。

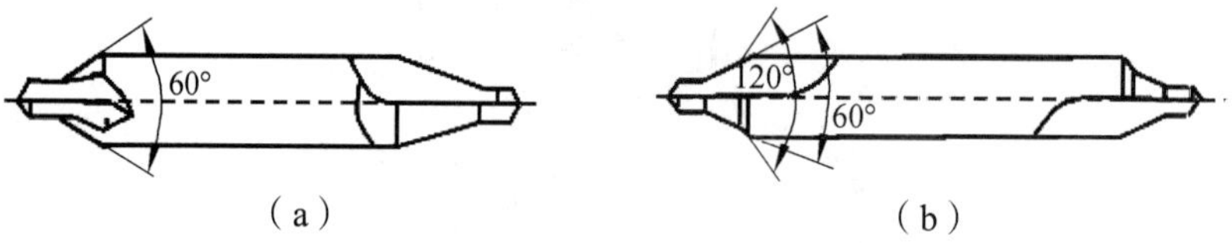

图 6-6-11　中心钻

6.6.2　钻削加工

钻削加工是半封闭式的切削加工，大部分热量会传入钻头，钻头温度高，加剧了钻头的磨损。钻头正常磨损形式主要是后刀面磨损，在钻头的外缘处磨损最严重。磨损严重时外径会减小，影响加工精度。钻头正常磨损的主要原因是机械磨粒磨损，剧烈磨损的主要原因是相变磨损。

钻削加工的工艺特点：

（1）钻削加工是半封闭式的切削加工，因此切削过程中排屑和冷却是首要的问题，在加工深孔时尤其突出。这一问题将直接影响钻削过程的顺利进行和钻头耐用度。

（2）钻削时轴向力较大，影响其定心。麻花钻的直径受孔径限制，在加工较深的孔时刚性差、导向性不好。

（3）钻头的制造刃磨质量将影响加工质量，若两主切削刃不对称，则径向力的作用会使钻头引偏。

（4）钻孔的质量一般较差，孔尺寸公差在 IT11 及以下，表面粗糙度 *Ra* 在 6.3 μm 以下。

6.6.3　扩孔及铰孔

扩孔是用扩孔钻扩大孔径的加工方法，扩孔钻结构如图 6-6-12 所示。

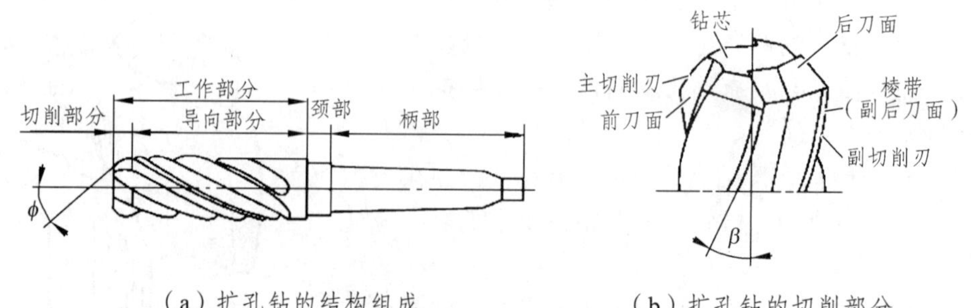

图 6-6-12　扩孔钻结构

扩孔钻形状与麻花钻相似，只是齿数更多，一般有 3~4 个，故导向性能较好，切削平稳，扩孔加工余量小，参与工作的主刀刃较短，比钻孔大大改善了切削条件；且扩孔钻的容屑槽浅，钻芯较厚，刀体强度高、刚性好，因此扩孔钻的加工质量比麻花钻高。

扩孔钻加工精度一般可达 IT10 ~ IT9，表面粗糙度 Ra 可达 6.3 ~ 3.2 μm，常用于铰孔或磨孔前的扩孔，以及一般精度孔的最后加工。

有些零件上的连接孔，有时为了适应装配的要求，需要在孔的端部或端面进行加工，该加工方法往往与扩孔同时进行，所以归入扩孔的范围，并把这种加工方法称为锪孔，所用刀具称为锪钻，如图 6-6-13 所示。

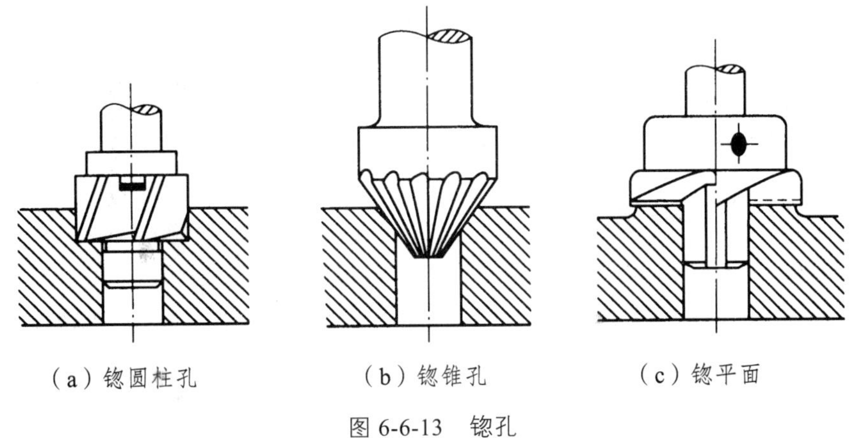

图 6-6-13　锪孔

铰削是对中小直径孔进行半精加工和精加工的方法，铰削时用铰刀从工件的孔壁上切除微量的金属层，使被加工孔的精度和表面质量得到提高。铰孔后的精度可达 IT8 ~ IT6，表面粗糙度 Ra 为 1.6 ~ 0.4 μm。在铰孔之前，被加工孔一般需经过钻孔或经过钻、扩孔加工。

如图 6-6-14 所示，铰刀由柄部、颈部和工作部组成。工作部包括导锥、切削部分和校准部分。切削部分担任主要的切削工作，校准部分起导向、校准和修光作用。为减小校准部分刀齿与已加工孔壁的摩擦，并防止孔径扩大，校准部分的后端为倒锥形状。

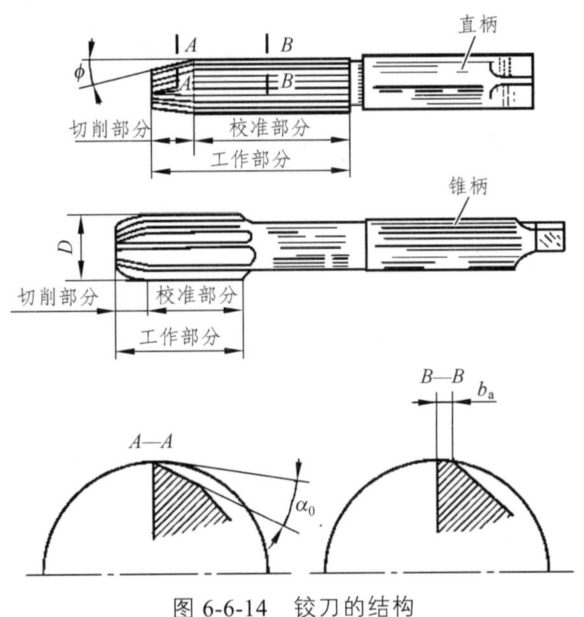

图 6-6-14　铰刀的结构

铰刀切削部分呈锥形，其锥角 ϕ（或主偏角）的大小主要影响被加工孔的质量和铰削时轴向力的大小。对于手用铰刀，为了减小轴向力，提高导向性，一般取 ϕ 为 30′ ~ 1°30′；对于机用铰刀，为提高切削效率，一般加工钢件时 ϕ 为 12° ~ 15°，加工铸铁件时 ϕ 为 3° ~ 5°。

铰削的加工余量一般小于 0.1 mm，铰刀的主偏角一般都小于 45°，因此铰削时切削厚度很小，为 0.01 ~ 0.03 mm。而铰刀刃口钝圆半径一般为 0.008 ~ 0.018 mm。在铰削时除主切削刃的正常切削作用外，在主切削刃与校准部分之间的过渡部分上，会形成一段切削厚度极薄的区域。当切削厚度 h_D 小于刃口钝圆半径 r_n 时，起作用的前角为负值，切削层没有被切除，而是产生弹、塑性变形后被压在已加工表面上，这时刀具对工件的作用是挤刮作用，如图 6-6-15 所示。

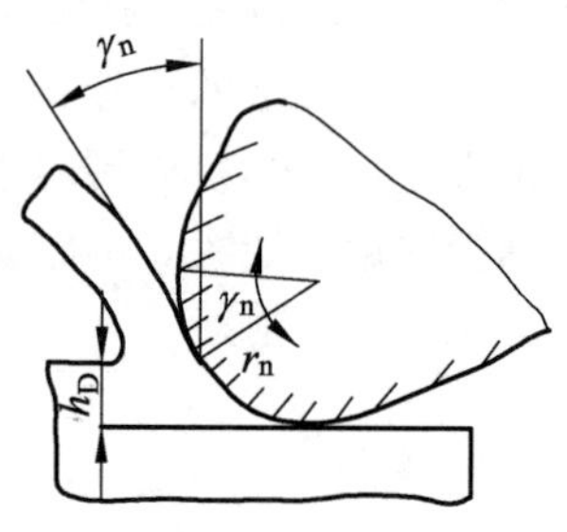

图 6-6-15　铰刀的挤压作用

6.6.4　镗床、镗刀及镗削加工

1. 镗床

镗床的主要工作是用镗刀进行镗孔，特别是适合大型、复杂的箱体类零件的孔加工。镗床的主要类型有卧式镗床、坐标镗床、金刚镗床。此外，还有立式镗床、深孔镗床、落地镗床及落地铣镗床等。

1）卧式镗床

如图 6-6-16 所示，卧式镗床由床身 8、主轴箱 1、前立柱 2、带后支承 9 的后立柱 10、下滑座 7、上滑座 6 和工作台 5 等部件组成。

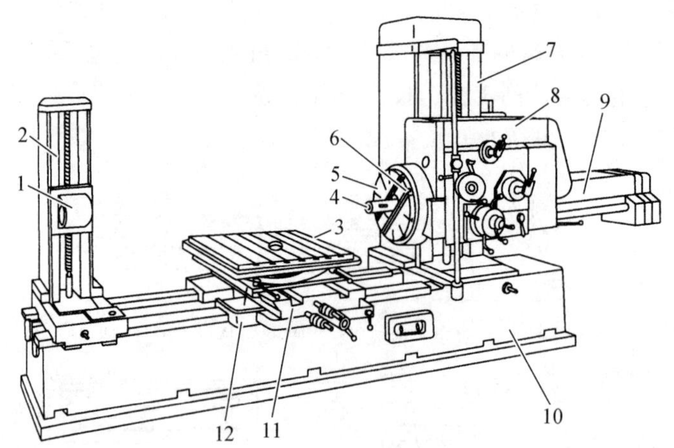

1—后支架；2—后立柱；3—工作台；4—镗轴；5—平旋盘；6—径向刀具溜板；7—前立柱；8—主轴箱；9—后尾筒；10—床身；11—上滑座；12—下滑座。

图 6-6-16　卧式镗床的结构组成

加工时，刀具装在镗杆 3 上或平旋盘 4 上，通过主轴箱 1 可以获得各种转速和进给量。主轴箱 1 可沿前立柱 2 的导轨上下移动。在工作台 5 上安装工件，工件与工作台一起随下滑座 7 或上滑座 6 做纵向或横向移动。工作台 5 还可绕上滑座 6 的圆导轨在水平面内调整一定的角度位置，以便加工互相成一定角度的孔或平面。装在镗杆上的镗刀可随镗杆做轴向移动，实现轴向进给或调整刀具的轴向位置。当镗杆伸出较长时，用后立柱 10 上的支承架 9 来支承它的左端，以增加刚性。当刀具装在平旋盘 4 的径向刀架上时，径向刀架可带动刀具做径向进给，可车削端面。

在卧式镗床上除镗孔以外，还可进行车端面、车外圆、车螺纹和铣平面等工作。图 6-6-17 所示为其主要的工艺范围。

2）坐标镗床

坐标镗床是一种高精密机床，主要用于镗削高精度的孔，特别适用于相互位置精度很高的孔系，如钻模、镗模等的孔系。由于机床上具有坐标位置的精密测量装置，加工孔时，按直角坐标来精密定位，所以称为坐标镗床。坐标镗床可以做钻孔、扩孔、铰孔以及较轻的精铣工作。此外，还可以做精密刻度、样板划线、孔距及直线尺寸的测量等工作。

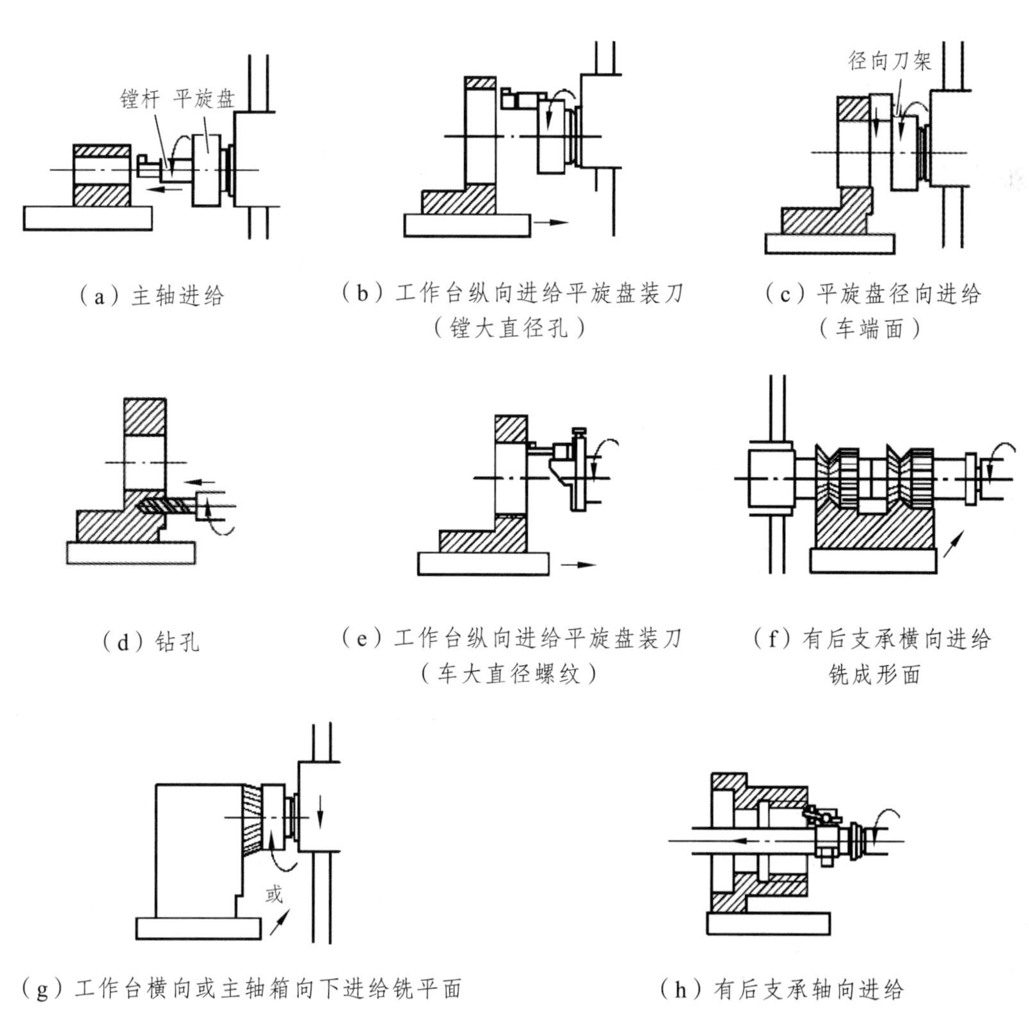

（a）主轴进给

（b）工作台纵向进给平旋盘装刀（镗大直径孔）

（c）平旋盘径向进给（车端面）

（d）钻孔

（e）工作台纵向进给平旋盘装刀（车大直径螺纹）

（f）有后支承横向进给铣成形面

（g）工作台横向或主轴箱向下进给铣平面

（h）有后支承轴向进给

图 6-6-17 卧式镗床的工艺范围

坐标镗床有立式和卧式之分。立式坐标镗床适宜于加工轴线与安装基面垂直的孔系和铣削顶面；卧式坐标镗床宜于加工轴线与安装基面平行的孔系和铣削侧面。立式坐标镗床还有单柱和双柱之分。图 6-6-18 所示为立式单柱坐标镗床的外形。

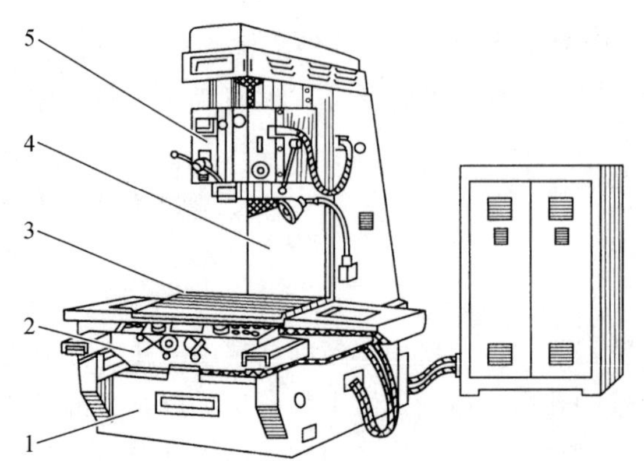

1—底座；2—滑座；3—工作台；4—立柱；5—主轴箱。

图 6-6-18　立式单柱坐标镗床

2. 镗刀

按切削刃数量，镗刀可分为单刃镗刀、双刃镗刀和多刃镗刀。按工件的加工表面，可分为通孔镗刀、盲孔镗刀、阶梯孔镗刀和端面镗刀。按刀具结构可分为整体式镗刀、装配式镗刀和可调式镗刀。

1）单刃镗刀

单刃镗刀只有一条主切削刃在单方向参加切削，其孔径大小依靠调整刀头的悬伸长度或靠调整在平旋盘上距中心的位置来保证，多用于单件小批生产。其结构简单、制造方便、通用性强，但刚性差，镗孔尺寸调节不方便，生产效率低。图 6-6-19 所示为机夹式单刃镗刀。

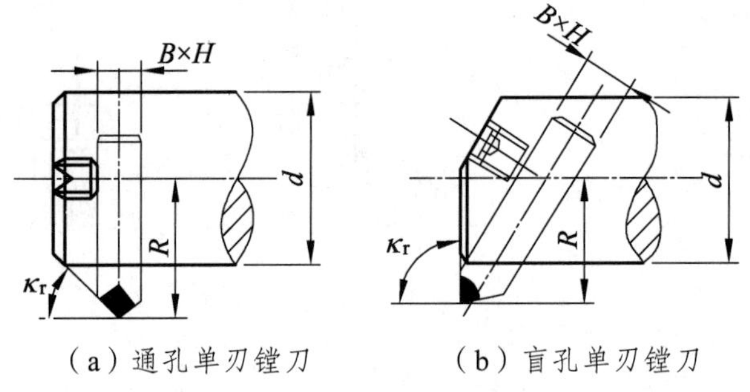

（a）通孔单刃镗刀　　（b）盲孔单刃镗刀

图 6-6-19　机夹式单刃镗刀

2）双刃镗刀

双刃镗刀通过改变两刀刃之间距离，实现对不同直径孔的加工。常用的双刃镗刀有固定式镗刀和浮动镗刀两种。

固定式镗刀的镗刀块可通过斜楔或者在两个方向倾斜的螺钉等夹紧在镗杆上。镗刀块相对轴线的位置误差会造成孔径的误差。所以，镗刀块与镗杆上方孔的配合要求较高，安装方孔对轴线的垂直度与对称度误差要求也很高（一般不大于 0.01 mm）。固定式镗刀一般用于粗镗或半精镗直径大于 40 mm 的孔。

浮动镗刀的镗刀块自由地装入镗杆的方孔中，不需夹紧。可调浮动镗刀片（见图 6-6-20）的两切削刃之间的距离为孔径尺寸，可通过调节用百分尺检测获得。切削时，浮动镗刀片在刀杆的长方孔中的半径方向能自由浮动，依靠两个切削刃径向切削力的动平衡来自动定心，以消除镗刀片的安装误差所引起的不良影响。此时的浮动镗刀片相当于与机床浮动连接的具有两个对称刀齿的铰刀，因此浮动镗刀的实质是铰孔，其工艺特点与铰孔相同。

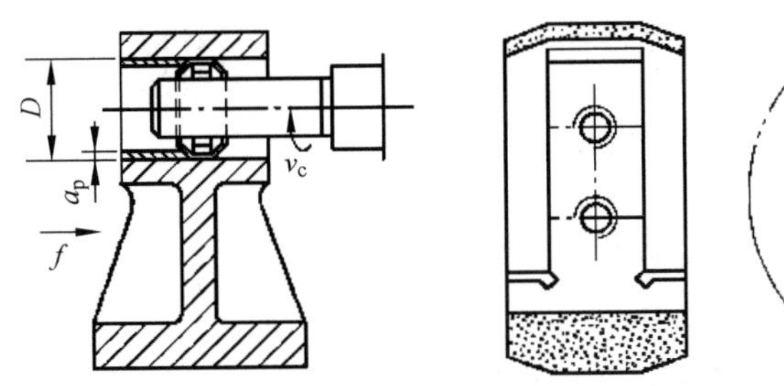

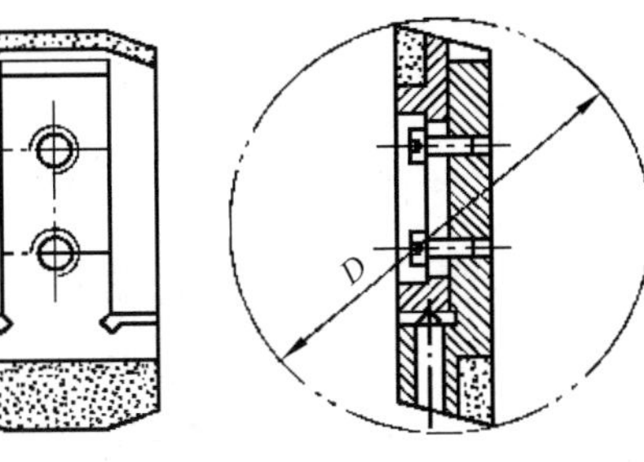

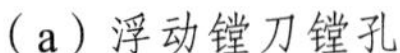

（a）浮动镗刀镗孔　　（b）可调浮动镗刀片

图 6-6-20　浮动镗刀

在实际生产中，常采用“粗镗—半精镗—浮动镗”的加工路线，在成批生产中，适宜加工直径较大的孔（D=40 ~ 330 mm）。浮动镗刀片也可在车床上使用。

3. 镗削加工

镗削

镗削加工是镗刀做主运动、工件做进给运动的切削加工方法。镗削加工能获得较高的精度和较小的表面粗糙度值。一般尺寸公差等级为 IT8 ~ IT7，表面粗糙度 R_a 值为 6.3 ~ 0.8 μm。对于大直径孔和有较严格位置精度要求的孔系，镗削是主要的精加工方法。

镗削加工的特点如下：

（1）与钻（扩）铰相比，孔径尺寸不受刀具尺寸的限制，且镗孔具有较强的误差修正能力，可通过多次走刀来修正原孔轴线偏斜误差，孔与定位表面保持较高的位置精度。对于孔径较大、尺寸和位置精度要求较高的孔和孔系，镗孔是最常用的加工方法。

（2）刀杆系统的刚性差、变形大，散热排屑条件不好，工件和刀具的热变形比较大，因此镗孔的加工质量和生产效率都不如车外圆高。

（3）镗削加工操作技术要求高，生产率低。使用镗模可以提高生产率，但成本增加，一般用于大批量生产。

6.7　刨床、插床、拉床及其加工方法

6.7.1　刨床及刨削

1. 刨床

常用的刨床有牛头刨、龙门刨。牛头刨主要用于加工中小型零件，龙门刨则用于加工大型零件或同时加工多个中型零件。

1）牛头刨床

如图 6-7-1 所示，在牛头刨上加工时，工件一般采用平口钳或螺栓压板安装在工作台上，刀具装在滑枕的刀架上。滑枕带动刀具的往复直线运动为主切削运动，工作台带动工件沿垂直于主运动方向的间歇运动为进给运动。刀架后的转盘可绕水平轴线扳转角度。这样在牛头刨上不仅可以加工平面，还可以加工各种斜面和沟槽。

由于牛头刨床只能单刀加工，且在刀具反向运动时不加工，加工主运动速度不能太高，

所以牛头刨床的效益和生产率较低，主要适用于单件、小批生产或机修车间，在大批生产中被铣床所代替。

牛头刨床的主要工艺范围如图 6-7-2 所示。

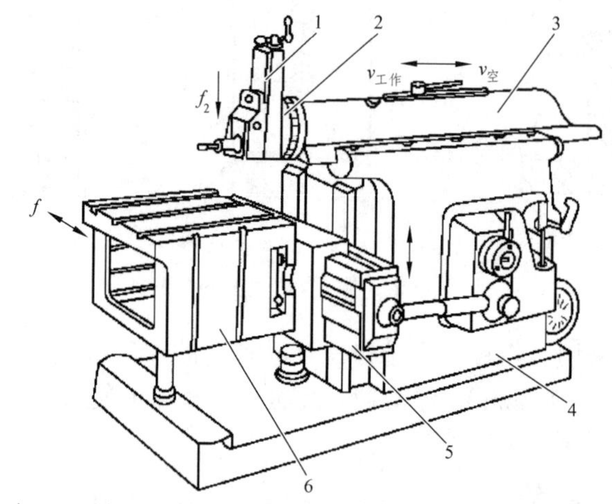

1—刀架；2—转盘；3—滑枕；4—床身；5—横梁；6—工作台。

图 6-7-1 牛头刨床

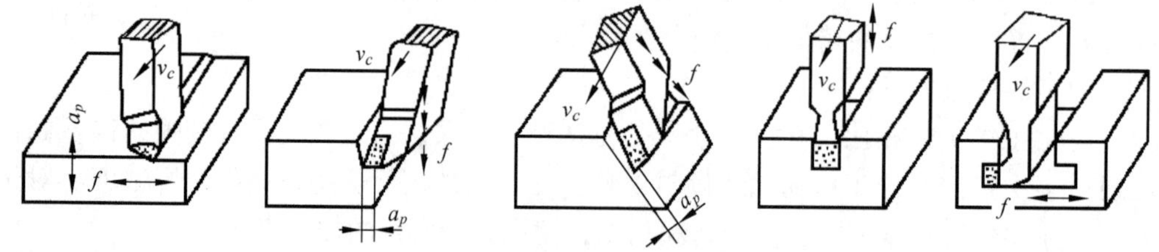

图 6-7-2 牛头刨床的工艺范围

2）龙门刨床

如图 6-7-3 所示，在龙门刨床上加工，工件一般用螺栓压板直接安装在工作台上或用专用

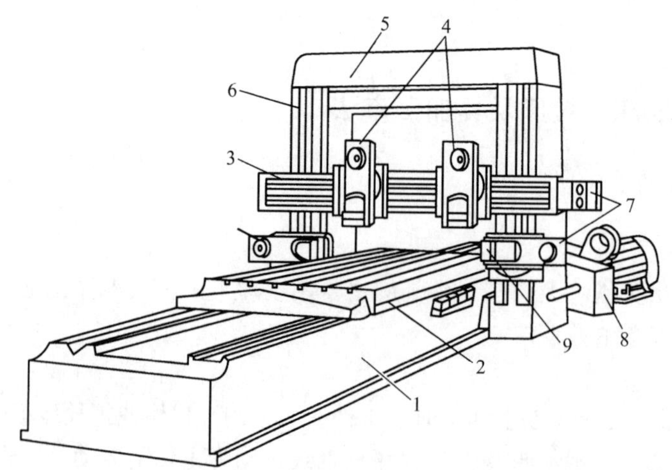

1—床身；2—工作台；3—横梁；4—立刀架；5—顶梁；6—立柱；7—进给箱；8—驱动机构；9—侧刀架。

图 6-7-3 龙门刨床

夹具安装，刀具安装在横梁上的垂直刀架上或工作台两侧的侧刀架上。工作台带动工件的往复直线运动为主切削运动，刀具沿垂直于主运动方向的间歇运动为进给运动。各刀架也可以绕水平轴线扳转角度，故同样可以加工平面、斜面及沟槽。

2. 刨刀

刨刀的结构与车刀的结构相似，其几何角度的选取原则也与车刀基本相同。但是由于刨削过程有冲击，所以刨刀截面通常比车刀大 25%~50%，刨刀的前角比车刀的要小（一般小于 5° ~ 6°），而且刨刀的刃倾角也应取较大的负值，以使刨刀切入工件时所产生的冲击力不是作用在刀尖上，而是作用在离刀尖稍远的切削刃上。为了避免刨刀扎入工件，影响加工表面质量和尺寸精度，在生产中常把刨刀刀杆做成弯头结构（见图 6-7-4），这样，当刨刀受力后，若有弯曲变形，刀尖绕 O 点转动，使刨刀刀尖从已加工表面抬离，防止损坏已加工表面或折断刀头。

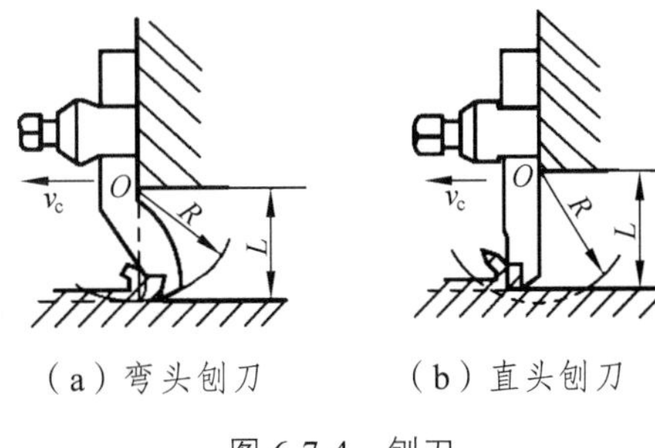

图 6-7-4　刨刀

3. 刨削

刨削

刨削主要用于加工各种平面和沟槽。刨削可分为粗刨和精刨，精刨后的表面粗糙度 Ra 值可达 3.2 ~ 1.6 μm，两平面之间的尺寸精度可达 IT9 ~ IT7，直线度可达 0.04 ~ 0.12 mm/m。与铣削相比，其特点如下：

刨削加工的精度、表面粗糙度与铣削大致相当，但刨削主运动为往复直线运动，只能采用中低速切削。当用中等切削速度刨削钢件时，易出现积屑瘤，影响表面粗糙度；而硬质合金镶齿面铣刀可采用高速切削，表面粗糙度值较小。加工大平面时，刨削进给运动可不停地进行，刀痕均匀；而铣削时若铣刀直径（面铣）或铣刀宽度（周铣）小于工件宽度，需要多走刀，会有明显的接刀痕。

刨削加工范围不如铣削加工广泛，铣削的许多加工内容是刨削无法代替的，例如加工内凹平面、型腔、封闭型沟槽以及有分度要求的平面沟槽等。但对于 V 形槽、T 形槽和燕尾槽的加工，铣削由于受定尺寸铣刀尺寸的限制，一般适宜加工小型的工件，而刨削可以加工大型的工件。

刨削生产率一般低于铣削，这是因为铣削为多刃刀具的连续切削，无空程损失，硬质合金面铣刀还可以用于高速切削。但加工窄长平面时，刨削的生产率则高于铣削的生产率——铣削不会因为工件较窄而改变铣削进给的长度，而刨削却可以因工件较窄而减少走刀次数。

6.7.2　插床及插削

插床实质上就是立式刨床，是用来加工各种孔和槽的机床，其结构原理与牛头刨床类似。插床外形如图 6-7-5 所示。在插床上加工，工件安装在工作台上，插刀装在滑枕的刀架上。滑枕带动刀具在垂直方向的往复直线运动为主切削运动，工作台带动工件沿垂直于主运动方向的间歇运动为进给运动，圆工作台还可绕垂直轴线回转，实现圆周进给和分度。滑枕导轨座可绕水平轴线在前后小范围内调整角度，以便加工倾斜的面和沟槽。

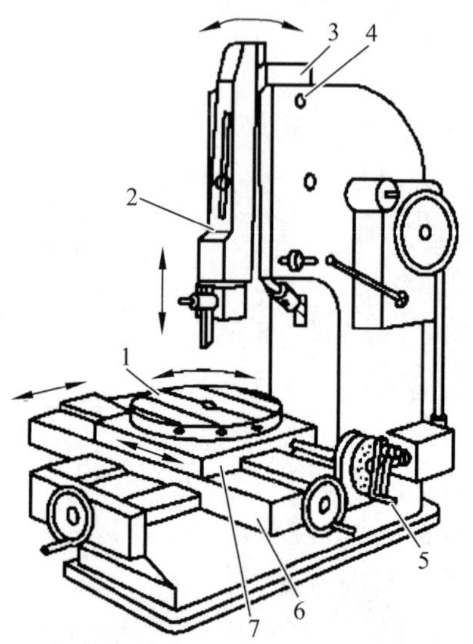

1—圆工作台；2—滑枕；3—滑枕导轨座；4—轴；5—分度装置；6—床鞍；7—溜板。

图 6-7-5　插床

插床的生产率较低，主要用于单件、小批生产及修配生产的场合。

插削一般用于内表面（如方孔、长方孔、各种多边形孔和孔内键槽）的加工。由于插床工作台有圆周进给及分度机构，所以有些难以在刨床或其他机床上加工的工件，例如较大的内外齿轮、具有内外特殊形状表面的零件等，也可以在插床上加工。插床上常用的装夹工具有三爪自定心卡盘、四爪单动卡盘和插床分度盘等。图 6-7-6 所示为插削孔内键槽示意图。

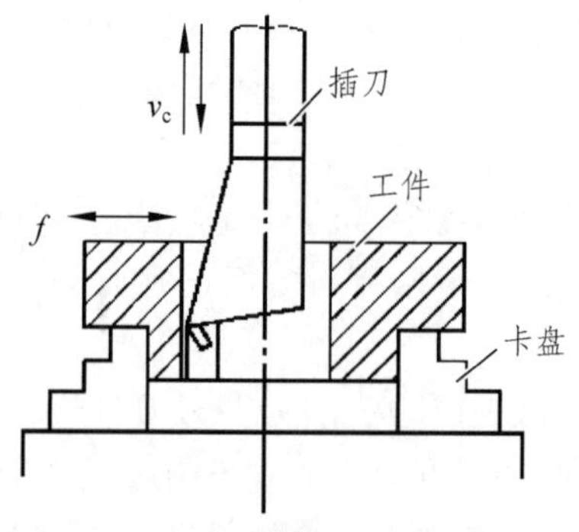

图 6-7-6　插削孔内键槽

与刨削相比，插削是自上而下进行的。插刀由工件上端切入，在加工内表面时，观察、测量都比较方便。因插刀受内表面尺寸制约，刚性较差，故加工效率和质量比刨削差。

在插床上加工内表面时，刀具要穿入孔内进行插削，因此工件的加工部分必须先有一个孔。若插削非贯通表面，还必须事先在插削表面末端加工出刀具切出空间（槽或孔），这样才能进行加工。

6.7.3　拉床及拉削

1. 拉床

拉床的类型有多种，拉床按被加工表面种类不同，可分为内拉床和外拉床，前者用于拉削工件的内表面，后者用于拉削工件的外表面。按主运动方向，分为卧式拉床和立式拉床，主运动沿水平方向进行的拉床为卧式拉床；沿垂直方向的为立式拉床。

图 6-7-7（a）所示为应用得最多的卧式内拉床。它的运动和结构都比较简单。它只有主运动，通常采用液压驱动。拉削时工件以预先钻削或扩削的孔为基准（以圆孔拉削为例），依靠拉削力将工件压在固定支承的支承端面上。

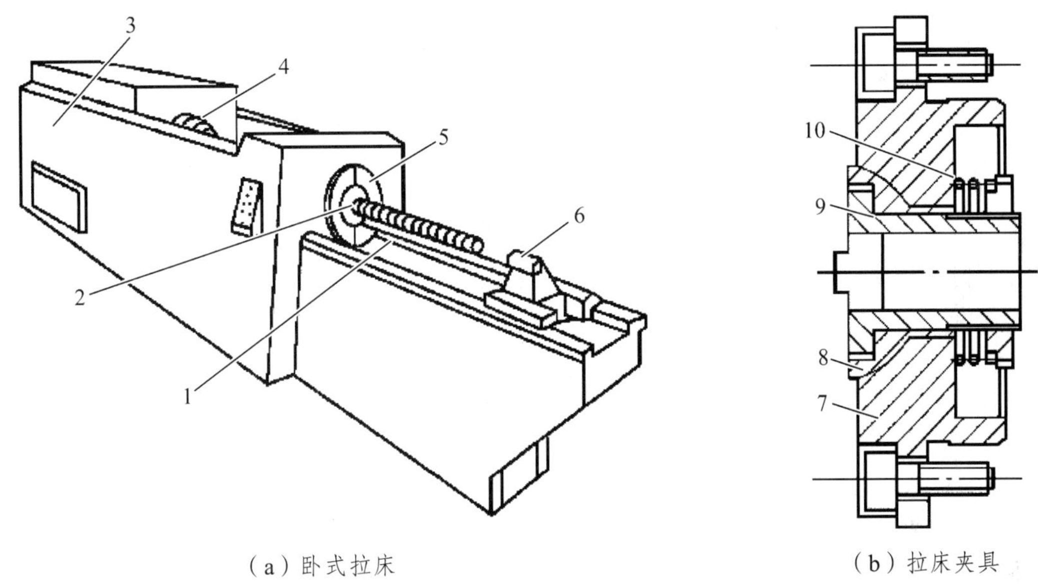

（a）卧式拉床　　（b）拉床夹具

1—拉刀；2—工件；3—床身；4—液压缸；5—固定支承；6—后托架；7—支承体；8—球座；9—套筒；10—弹簧。

图 6-7-7　卧式内拉床及夹具

由于拉孔（圆孔或花键孔）工序一般均安排在工艺过程的前期，待孔拉削后用孔作为定位基准，再加工其他表面，以保证孔与外圆、端面的相互位置精度，所以拉孔时预制孔轴线与端面间的垂直度误差一般比较大。为了避免拉削时拉刀的弯曲和损坏，通常在拉床上安装如图 6-7-7（b）所示的活动支承式夹具。其工作原理类似于紧固件中的球面垫圈。

图 6-7-8 为立式内拉床的外形。这种拉床可用拉刀或推刀加工工件的内表面。用拉刀加工时，工件以端面紧靠在工作台 1 的上平面上，拉刀由滑座 3 上的支架 2 支承，自上向下插入工件的预制孔及工作台的孔，将其下端刀柄夹持在滑座 3 的下支架上，滑座向下移动进行拉削加工。用推刀加工时，工件装在工作台的上表面，推刀支承在上支架 2 上，自上向下移动进行加工。

图 6-7-9 所示为立式外拉床的外形。滑块 2 可沿床身 4 的垂直导轨移动。滑块 2 上固定有外拉刀 3。工件固定在工作台 1 上的夹具内。滑块垂直向下移动完成工件外表面的拉削加工。工作台可做横向移动，以调整切削深度，并用于刀具空行程退出工件。

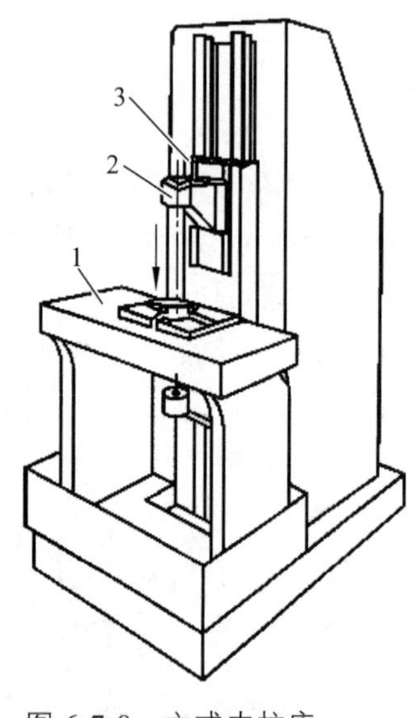

图 6-7-8　立式内拉床

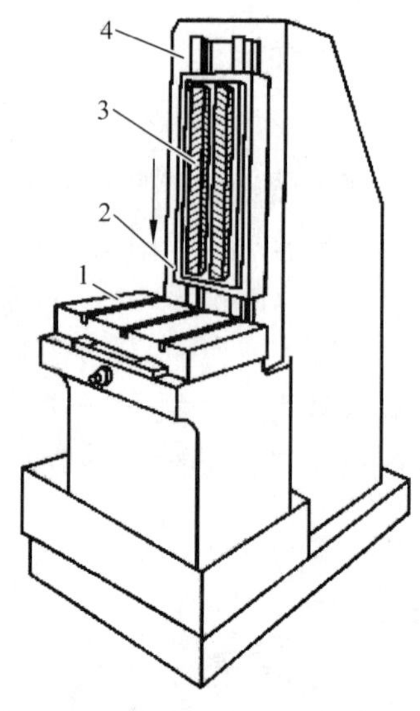

图 6-7-9　立式外拉床

2. 拉刀

拉刀虽有多种类型，但其主要组成部分基本相同。图 6-7-10 所示为圆孔拉刀，其主要组成部分如下：

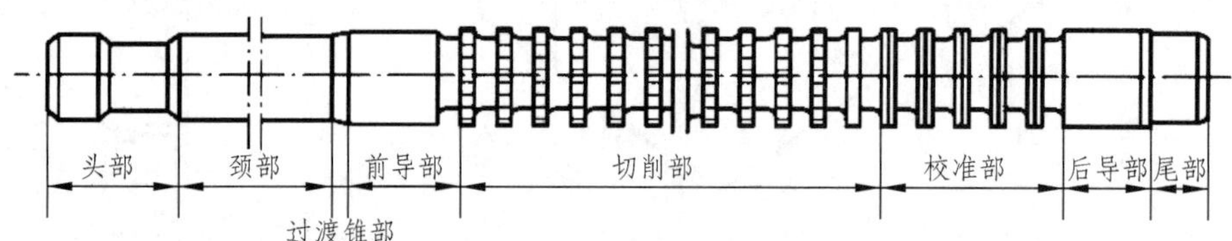

图 6-7-10　圆孔拉刀

（1）柄部：是拉刀在机床上的装夹连接部分，用以夹持拉刀、传递动力。

（2）颈部：柄部和过渡锥之间的连接部分，此处可以打标记。

（3）过渡锥：颈部与前导部之间的锥度部分，起对准中心的作用，使拉刀易于进入工件孔。

（4）前导部：引导拉刀的切削齿正确地进入工件孔，可防止刀具进入工件孔后发生歪斜。同时还可以检查预加工孔尺寸是否太小。

（5）切削部：切削部刀齿完成切削工作，切除工件上全部的拉削余量。它由粗切齿、过渡齿和精切齿组成。

（6）校准部：用以校正孔径，修光孔壁。还可以作为精切齿的后备齿。

（7）后导部：用以保证拉刀最后的正确位置，防止拉刀即将离开工件时，工件下垂而损坏已加工表面。

（8）后柄部：当拉刀又长又重时，后柄部用于承托拉刀，防止拉刀下垂。一般拉刀则不需要。

3. 拉削

拉刀是一种多齿刀具，在其前后相邻两刀齿之间有一个高度差（或半径差），从而在拉刀与工件产生相对运动时，能从工件上切去一层又一层金属。图 6-7-11 为拉削过程示意图。

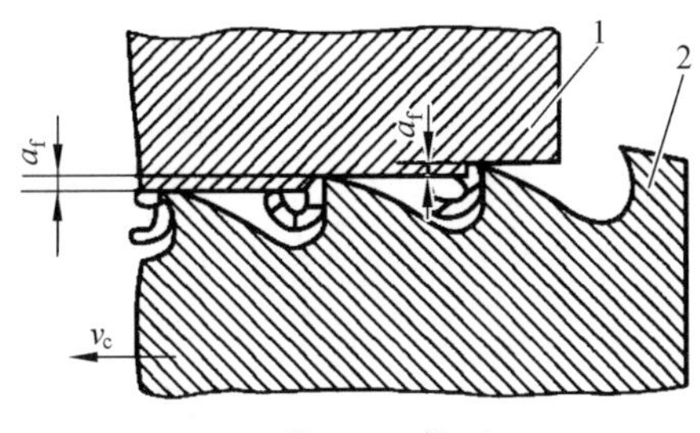

1—工件；2—拉刀。

图 6-7-11　拉削过程

拉削表面的尺寸精度可达 IT8 ~ IT5，表面粗糙度为 *Ra* 2.5 ~ 0.04 μm，拉削齿轮精度可达 6 ~ 8 级。拉削时，从工件上切除加工余量的顺序和方式有成形式、渐成式、分块式和综合式等。综合式是用分块式进行粗拉削（粗切齿），用成形法进行精拉削（精切齿），兼有两者的优点，广泛用于圆孔拉削。

拉削普通结构钢和铸铁时，一般粗拉速度为 3 ~ 7 m/min，精拉速度小于 3 m/min。对于高温合金或钛合金等难加工金属材料，只有采用硬质合金或新型高速钢拉刀，在刚度好的高速拉床上，用 16 ~ 30 m/min 或更高的速度拉削，才能得到比较满意的结果。

拉削一般采用润滑性能较好的切削液，例如切削油和极压乳化液等。在高速拉削时，切削温度高，常选用冷却性能好的化学切削液和乳化液。

6.8　齿轮与螺纹加工

6.8.1　齿轮加工常用方法

由于齿轮传动具有传动比准确、传递功率大、效率高、结构紧凑以及可靠耐用等优点，它被广泛应用在各种机械设备和仪器仪表中。一对齿轮的传动，依靠主动轮轮齿的齿廓推动从动轮轮齿的齿廓来实现。常采用的齿廓曲线有渐开线、摆线和圆弧等。

由于采用渐开线作为齿廓曲线，具有齿根强度高、便于安装测量和互换使用等优点，所以目前绝大多数齿轮都采用渐开线齿廓。

目前齿轮加工方法主要有铸造、冷轧、热轧、冲压、模锻、粉末冶金和切削等，其中最常用的是切削方法。主要的齿轮切削方法包括滚齿、插齿、剃齿、珩齿、磨齿、研齿、铣齿等，分别用于齿轮齿形的粗加工、(半)精加工和光整加工。

铣齿

按照渐开线齿廓形成原理的不同，齿轮加工（切制法）可以分为成形法（又称仿形法）和展成法（又称范成法）两大类。

（1）成形法（也称仿形法）是指用成形刀具（指齿形或齿形投影与被切齿轮齿槽截面形状相符的刀具），直接切出齿形的加工方法，如铣齿、成形法磨齿等。图 6-8-1 为铣床上用成形铣刀加工齿轮的示意图。

在铣床上用单齿廓成形刀具加工齿轮时，一次只能加工齿轮的一个齿槽，工件的各个齿槽是利用分度装置进行分度依次切出的。这种方法的优点是：所用刀具及机床的结构比较简单。其缺点是：如果齿轮的模数或者齿数不同，齿形曲线（渐开线的形状）也就不相同，为了加工出准确的齿形就需要备有数量很多的齿形不同的成形刀具，这显然是不经济的。通常情况下，工具制造厂所供应的齿轮铣刀，每种模数只制造 8 把或 15 把刀具（见表 6-8-1），每种铣刀用于加工一定齿数范围的一组齿轮。每把刀具的齿形曲线是按其加工范围内的最小齿数制造的，因此，当用于加工其他齿数的齿轮时，均存在着不同程度的齿形误差。同时由于分度装置的影响，齿轮的加工精度和生产效率不高，该方法常用于单件小批生产及修配业中。

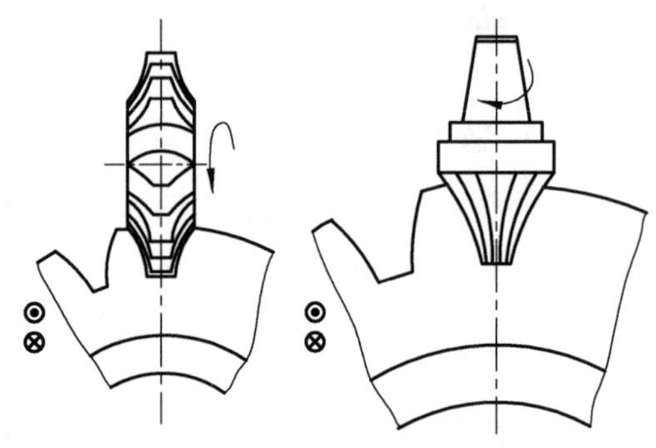

（a）盘状齿轮铣刀铣齿 （b）指状齿轮铣刀铣齿

图 6-8-1 成形法加工齿轮

表 6-8-1 齿轮铣刀刀号及其加工齿数

铣刀号		1	$1\frac{1}{2}$	2	$2\frac{1}{2}$	3	$3\frac{1}{2}$	4	$4\frac{1}{2}$	5	$5\frac{1}{2}$	6	$6\frac{1}{2}$	7	$7\frac{1}{2}$	8
加工齿数	8 件	12~13	—	14~16	—	16~20	—	21~25	—	36~34	—	35~54	—	55~134	—	135~∞
	15 件	12	13	14	15~16	16~18	19~20	21~22	23~25	26~29	30~34	35~41	42~54	55~79	80~134	135~∞

（2）展成法（也称范成法）是指利用展成齿轮刀具（指齿形或齿形投影与被切齿轮齿槽的任一截面形状皆不相符的刀具）与被切齿轮的啮合运动（或称展成运动），切出齿形的加工方法，如插齿、滚齿、剃齿和展成法磨齿等。如图 6-8-2 所示，渐开线齿形 1 是依靠展成齿轮刀具 2 的刃线（直线）的展成运动而包络形成的。

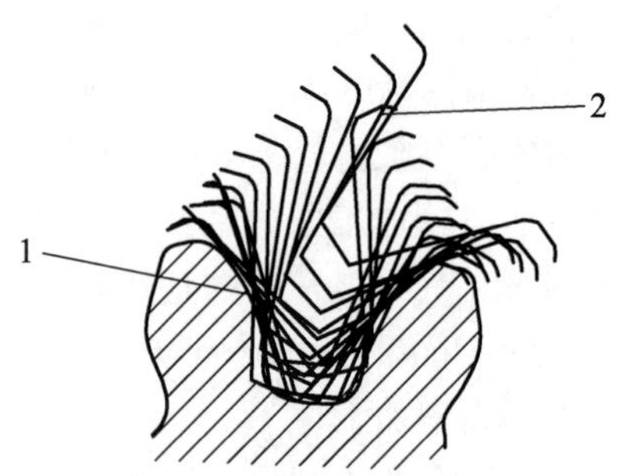

1—齿形；2—刀具。

图 6-8-2 展成法加工齿形

其优点是：用一把刀具可以加工模数相同而齿数不同的所有齿轮，其生产效率和加工精度都比较高，是目前齿轮加工的主要方法。但展成法加工齿轮需使用专门的齿轮加工机床，如滚齿机、插齿机等。

6.8.2 滚齿原理、齿轮滚刀及滚齿机的运动分析

1. 滚齿原理

滚齿就是用齿轮滚刀在滚齿机上加工齿轮的轮齿，它实质上是按一对交错螺旋齿轮相啮合的原理进行加工的。如果两个斜齿轮具有相同的法向齿形角和齿距，那么这对斜齿轮就能

直接啮合，称为螺旋齿轮啮合，如图 6-8-3（a）所示。将其中的一个齿轮齿数减少到一个或几个，轮齿的螺旋角很大，轮齿变得很长，绕很多圈，就形成了蜗杆[见图 6-8-3（b）]，再将蜗杆开槽并铲背，就形成了齿轮滚刀[见图 6-8-3（c）]。因此，滚刀实际上是一个斜齿圆柱齿轮，当机床的传动系统使滚刀和工件严格地按一对斜齿圆柱齿轮的速比关系做旋转运动时，滚刀就可以在工件上连续不断地切出共轭齿形，若滚刀再沿与工件轴线平行的方向做轴向进给运动，就可加工出全齿长。

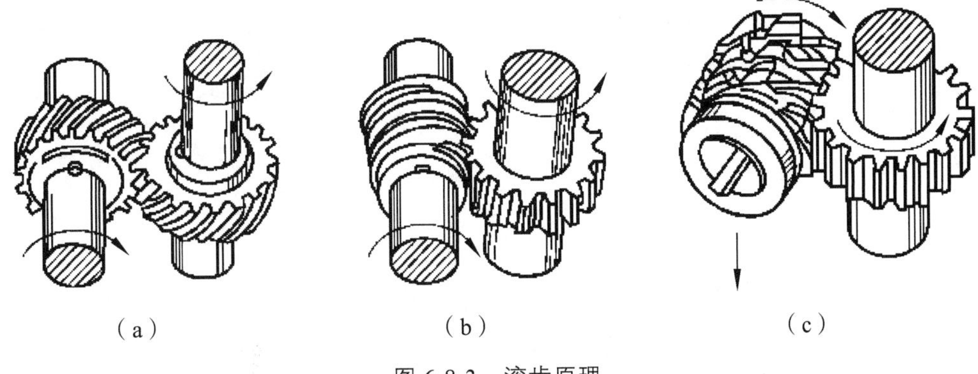

（a）　（b）　（c）

图 6-8-3　滚齿原理

2. 齿轮滚刀

1）基本蜗杆

如上所述，滚刀就是具有切削刃的渐开线斜齿圆柱齿轮，其头数即相当于螺旋齿轮的齿数。这种齿数极少、螺旋角很大的斜齿圆柱齿轮其实质就是蜗杆。为了使这个蜗杆能起切削作用，须沿其长度方向开出好多容屑槽（直槽或螺旋槽），因此把蜗杆上的螺纹割成许多较短的刀齿，并产生了前刀面 2 和切削刃 3，每个刀齿有一个顶刃和两个侧刃。为了使刀齿有后角，还要用铲齿方法铲出侧后刀面 4 和顶后刀面 1，但是各个刀齿的切削刃必须位于蜗杆的螺旋面上，这个蜗杆被称为滚刀的基本蜗杆，如图 6-8-4 所示。

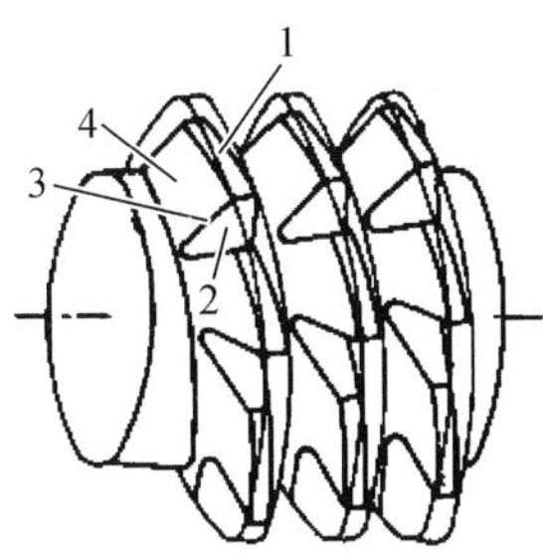

1—顶后刀面；2—前刀面；3—切削刃；4—后刀面。

图 6-8-4　齿轮滚刀的基本蜗杆

基本蜗杆的螺旋面若是渐开线螺旋面，则称为渐开线基本蜗杆，而这样的滚刀称为渐开线滚刀。用这种滚刀可以切出理论上完全理想的渐开线齿形。但这种滚刀制造较困难。生产中多采用易于制造的近似齿形滚刀，如阿基米德滚刀，其基本蜗杆为具有阿基米德螺旋面的阿基米德蜗杆。

由 6-8-5 可知，用车刀切制渐开线蜗杆时，直线形的切削刃应置于基圆柱的切平面内，而且切削刃的齿形角应为 α_0。

车制阿基米德蜗杆时，直线形的切削刃应置于轴向截面内，而切削刃的齿形角为 α_z，如图 6-8-6 所示。

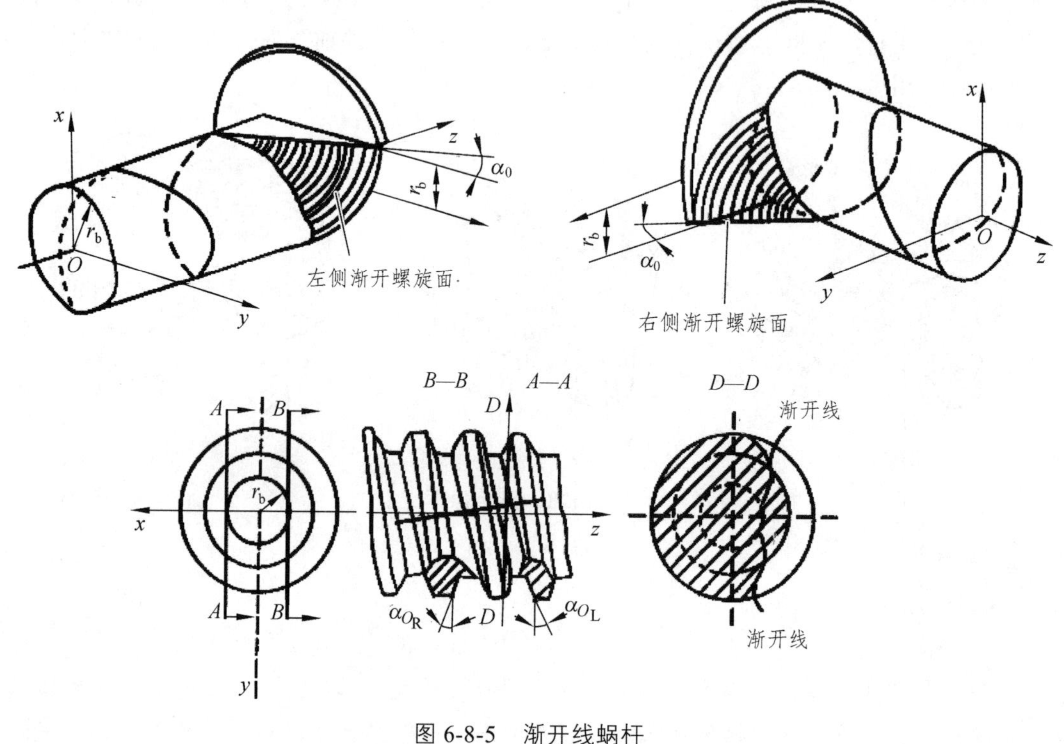

图 6-8-5　渐开线蜗杆

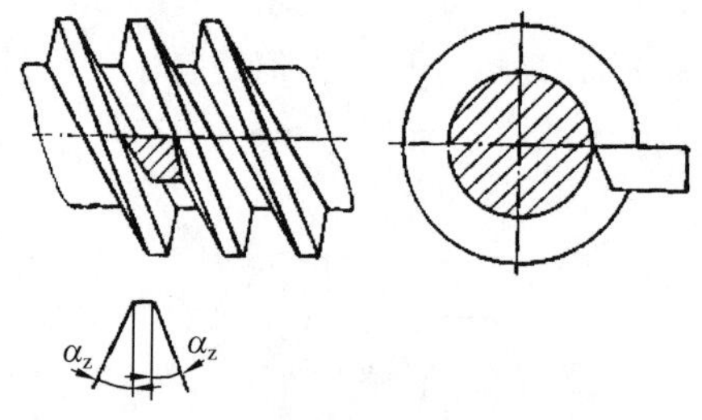

图 6-8-6　车制阿基米德蜗杆

2）齿轮滚刀的种类

一般根据滚刀的结构不同，将齿轮滚刀分为整体式和镶齿式两类。

（1）整体式。

中小模数的齿轮滚刀往往做成整体式，如图 6-8-7 所示。在齿轮加工中，整体高速钢滚刀用得较多。整体硬质合金滚刀由于制造困难、韧性较差和价格昂贵，所以只制成模数较小的滚刀，用于加工仪表齿轮。切削齿轮时，滚刀安装在滚齿机的心轴上，以内孔定位，并以螺母压紧滚刀的端面。滚刀孔内有平行于轴线的键槽，工作时用键传递扭矩。

为了便于制造、重磨和检查滚刀齿形，齿轮滚刀的容屑槽一般做成直槽，前刀面是通过滚刀轴线的一个平面，顶刃前角为 0 °，这样的滚刀称为直槽零前角滚刀。

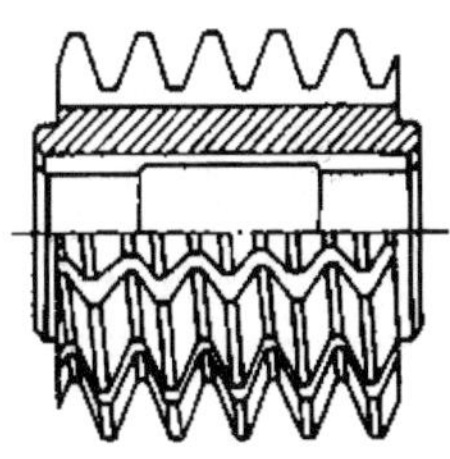
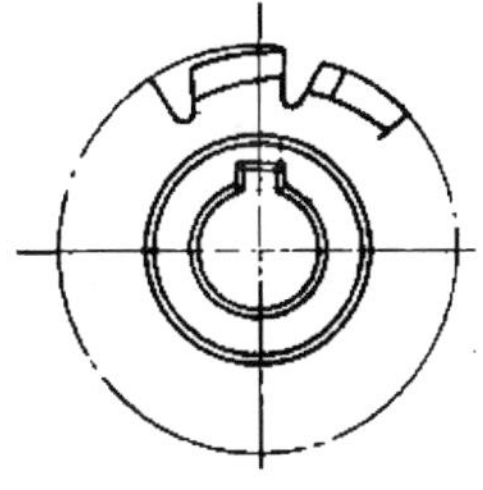

图 6-8-7　整体式齿轮滚刀

图 6-8-8（a）是右旋直槽零前角滚刀的刀齿在滚刀分圆柱面上的截形展开图。前刀面 1 与侧后刀面 2 和 2′的交点位于左、右两侧刃上。倾斜的直线 *c* 和 *e* 表示滚刀基本蜗杆螺旋面与分圆柱面的截线展开图。

由于滚刀切削时其基本蜗杆螺旋面与被加工齿轮的齿面啮合，所以刀齿的切削平面就与基本蜗杆螺纹表面相切。这样，前刀面的截线 *ab* 与直线 *c* 和 *e* 的垂线之间的夹角，就是侧刃在分圆柱面上的前角。由图 6-8-8（a）可知，刀齿左、右两侧刃的这种前角绝对值相等而正负号相反，它们的绝对值等于滚刀基本蜗杆的分圆柱导程角 λ_0。

由于两侧刃前角不同，其切削条件差异较大，磨损情况也不同。当滚刀的导程角 λ 不大时，左侧刃负前角也较小，影响不大。但当 $\lambda>5°$时，就不宜采用直槽，而应采用螺旋槽[见图 6-8-8（b）]：对于右螺旋滚刀，容屑槽做成左旋，其螺旋角 β_k 等于滚刀的导程角 λ_0，即 $\beta_k=\lambda_0$。容屑槽做成螺旋槽时，滚刀的前刀面是螺旋面，它在滚刀端剖面中的截线是直线，当此直线通过滚刀轴线时，则此滚刀称为螺旋槽零前角滚刀。用这样的滚刀加工齿轮时，其左、右两侧刃的前角都等于零。

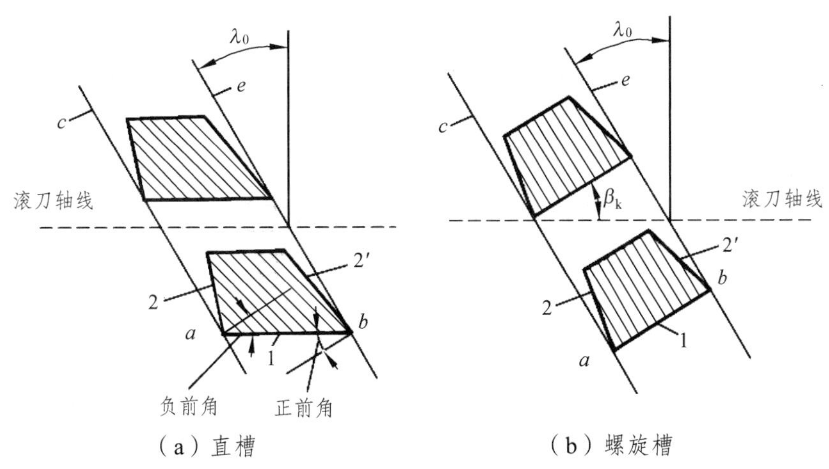

（a）直槽　　（b）螺旋槽

图 6-8-8　齿轮滚刀的侧刃前角

（2）镶齿式。

模数大于 10 mm 的齿轮滚刀常做成镶齿式。图 6-8-9 是用机械装夹方法固定高速钢刀条的滚刀。在刀体 1 上开直槽，直槽长度方向平行于滚刀轴线，槽的一侧面有 5°左右的斜度，刀条 2 的底部有 5°左右的斜度。热处理后，刀槽与刀条的接触面均需磨削，然后把刀条沿径向压入刀槽，并在滚刀的两端，刀条和刀体镶嵌为一个整体，在其上磨出两个圆柱形凸肩，再把套环 3 加热到 300 ℃后，套到凸肩上去。套环冷却后，孔径减小，因而紧紧地把刀条压在刀体上。当滚刀的模数大于 22 mm 时，还要用螺钉把套环紧压在刀体的端面上。

3）滚刀的直径和长度

齿轮滚刀的直径一般可以自由选择。直径越大，能减少近似齿形滚刀的齿形误差；可减轻每个刀齿的切削负荷，有利于切削热传导并降低切削温度，提高表面质量和增加刀具使用寿命；可采用较粗的心轴，提高心轴刚性，并能用较大的切削用量进行滚齿。

但直径过大，也会增加材料成本，带来制造、安装困难，同时会使滚齿机传动零件受到较大的扭矩，切削时容易发生冲击振动，影响加工精度，并会影响切入时间。

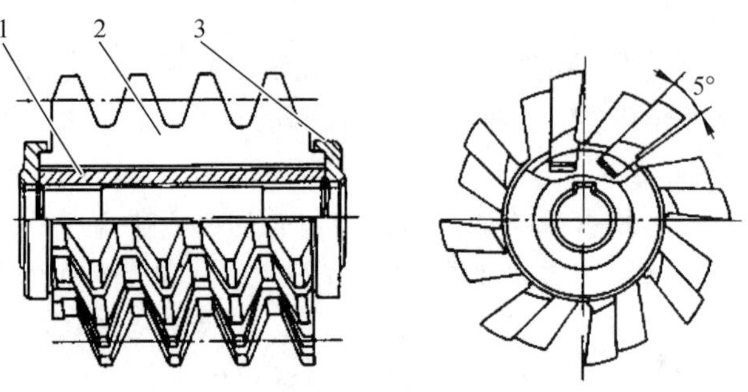

图 6-8-9　镶齿滚刀

滚刀的长度由螺纹部分长度和轴台部分长度组成。螺纹部分，除去两端不完整齿形外，至少应具有能包络出被切齿轮两侧完整齿形的长度，以及由于切斜齿轮时滚刀在齿轮端面上投影的缩短量。此外，为了充分利用滚刀的切削齿和使刀齿磨损均匀，还包括做轴向移位的增加量。

4）阿基米德齿轮滚刀的齿形误差

生产中普遍使用的齿轮滚刀是阿基米德齿轮滚刀。但是它与渐开线滚刀相比，其齿形是有误差的。这个误差是由于其基本蜗杆是阿基米德蜗杆而不是渐开线蜗杆造成的。

当两种基本蜗杆的模数、螺纹头数、分圆柱直径、法向齿形角、导程、齿厚和齿高等都分别相同时，那么唯一不同的就是齿形。以轴向齿形来说，渐开线蜗杆的轴向齿形是曲线（图 6-8-10 中所示的虚线），而阿基米德蜗杆的轴向齿形是直线（图 6-8-10 中所示的实线）。这两种齿形相切于分圆柱面上。因此，若以渐开线滚刀的齿形为基准，则阿基米德齿轮滚刀的齿形在分圆柱面上的误差为零，但越到齿顶和齿根，误差越大。

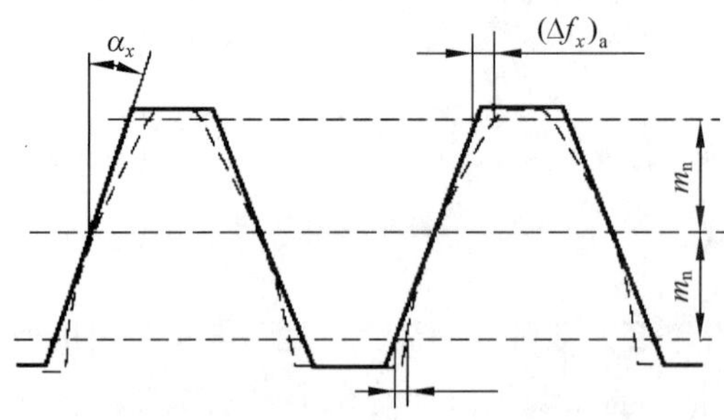

图 6-8-10　两种基本蜗杆的轴向齿形

一般这个齿形误差是在渐开线基本蜗杆基圆柱的切平面内度量的。如图 6-8-11 所示，这个切平面与渐开线基本蜗杆螺纹表面的交线是一条直线 A，它与蜗杆端面的夹角等于基圆柱导

程角 λ_b；而这个切平面与阿基米德基本蜗杆螺纹表面的交线是一条曲线 B，它与直线 A 在分圆柱面上相切。图中的 $(\Delta f_n)_a$ 和 $(\Delta f_n)_i$ 分别为阿基米德齿轮滚刀在齿顶和齿根处的最大法向齿形误差。由计算可知，$(\Delta f_n)_i$ 大于 $(\Delta f_n)_a$，所以通常就把 $(\Delta f_n)_i$ 称为阿基米德齿轮滚刀的齿形误差。

由计算可知，阿基米德齿轮滚刀基本蜗杆的分圆柱导程角 λ_0 越小，则其齿形误差越小，如图 6-8-12 所示的曲线。因此，精加工用的阿基米德齿轮滚刀通常做成较大的分圆柱直径，目的就是使其分度圆导程角较小，从而减少滚刀的齿形误差。由上可知，阿基米德蜗杆的螺纹在齿顶和齿根处都比渐开线蜗杆的螺纹宽一些，所以用阿基米德齿轮滚刀切出的齿轮齿形与正确的渐开线齿轮齿形相比，在齿顶和齿根处就窄一些，这就使得齿轮的齿顶部分以及齿根部分得到轻微的修形，因而对于高速重载齿轮能减轻啮合时的干涉和噪声。

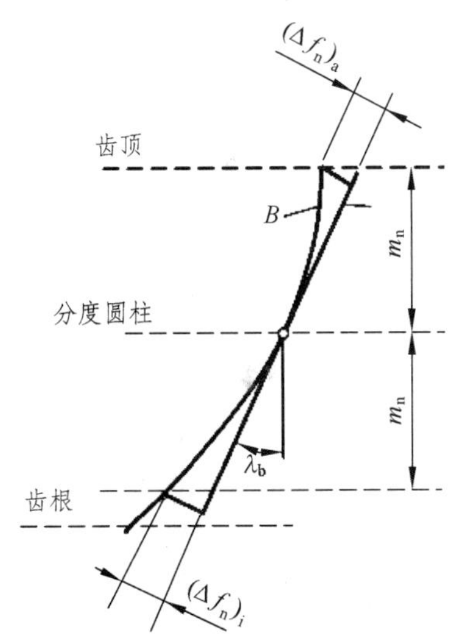

图 6-8-11　阿基米德基本蜗杆的齿形误差

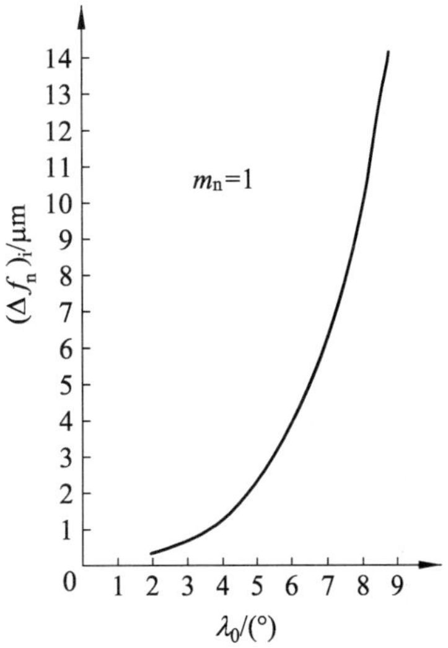

图 6-8-12　导程角对阿基米德蜗杆齿形误差的影响

3. 滚齿机的传动系统分析

1）滚切直齿圆柱齿轮的运动要求

如图 6-8-13 所示，用滚刀加工直齿圆柱齿轮，机床必须具有以下两个成形运动：一个是形成渐开线（母线）所需的展成运动，这是个复合运动，它由工件的旋转和刀具的旋转而合成；另一个是形成导线所需的滚刀沿工件轴向的移动。要完成以上两个成形运动，机床必须具有三条运动传动链。

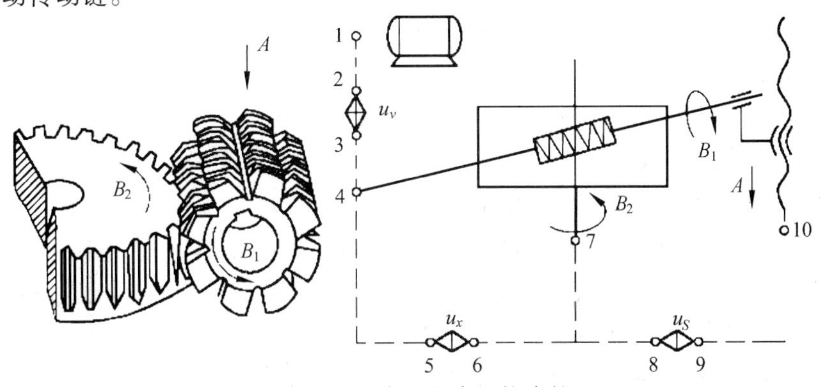

图 6-8-13　滚切直齿圆柱齿轮

（1）展成运动传动链。

这是一个复合的表面成形运动传动链，它可以分解为刀具的旋转 B_1 和工件的旋转 B_2，B_1 和 B_2 相对运动的结果，形成了轮齿表面的母线——渐开线。展成运动传动链保证 B_1 和 B_2 之间保持严格的传动比关系，设刀具的头数为 K，工件齿数为 $Z_{工}$，则滚刀每旋转一转，工件旋转的转数为 $K/Z_{工}$。

展成运动传动链为内联系传动链。在传动原理图上，这条传动链的传动联系为：滚刀（B_1）—4—5—u_x—6—7—工件（B_2）。

（2）主运动传动链。

这是一条外联系传动链，它的作用是向成形运动提供运动和动力。根据机床运动分析的概念，任何一个成形运动不论是简单还是复合，均需要一条外联系传动链与运动源相联系。展成运动的外联系传动链为：电机—1—2—u_v—3—4—滚刀，u_v 为主运动速度的变换机构传动比。这条传动链产生切削运动，消耗大量的功率，其传递的运动称为主运动，该传动链称为主运动传动链。

主运动传动链的两末端件是电机和滚刀，其对应运动关系为

$$电机\ n_{电}\ (r/min)—滚刀\ n_{刀}\ (r/min)$$

（3）轴向进给传动链。

展成运动传动链所传动的展成运动，仅形成齿轮轮齿的母线——渐开线，为了切出整个齿宽，即形成轮齿表面的导线，在展成运动进行的同时还必须使滚刀沿齿坯轴线方向做连续的进给运动 A。轴向进给运动是一个独立的、简单的成形运动，它可以使用独立的运动源驱动。进给运动进行的快慢，仅仅影响齿面加工的表面粗糙度，不影响导线的直线度。在实际使用中为简化机床的结构，轴向进给运动没有采用单独的运动源驱动，而是和展成运动共用一个运动源，为了便于控制轮齿表面的加工质量，通常以工件每一转刀架沿工件轴向的移动量来计算。在传动原理图上，这条传动链为：工件—6—8—u_S—9—10—丝杠。

轴向进给运动传动链的两末端件对应运动关系为

$$工件\ 1\ 转—刀架\ \ S(mm)$$

在图 6-8-13 中，u_v、u_x、u_S 分别为主运动传动链、展成运动传动链和轴向进给运动传动的换置调整机构，u_v 用于调整主运动速度的高低；u_x 用于调整渐开线的形状；u_S 用于调整刀架轴向移动的快慢。

2）滚切斜齿圆柱齿轮的运动要求

斜齿圆柱齿轮和直齿圆柱齿轮一样，其端面均为渐开线。所不同的是，斜齿圆柱齿轮的齿宽方向不是直线而是一条螺旋线。因此，从成形运动的角度来看，加工斜齿圆柱齿轮，仍然需要两个成形运动：一个是形成渐开线（母线）的展成运动，它是由刀具的旋转和工件的旋转两部分合成；另一个是形成螺旋线（导线）的成形运动，这个运动与加工螺纹形成螺旋线的运动有相同之处，即是一个复合运动，它由工件的旋转和刀具沿工件轴向移动复合而成，当工件旋转一转时刀具应沿工件轴向移动一个导程的距离。

图 6-8-14 为加工斜齿圆柱齿轮的传动原理，与滚切直齿圆柱齿轮的传动原理相比较，传

动系统多了一条传动链（附加运动传动链）和一个运动合成机构。刀架和工件之间传动联系保证刀架直线移动一个导程时，通过合成机构使工件得到的附加转动为一转。这条传动链与车床上形成螺旋线的进给传动链的性质一样，属于内联系传动链。除此之外，滚切斜齿圆柱齿轮的传动联系和实现传动联系的各条传动链，都与滚切直齿齿轮时相同。

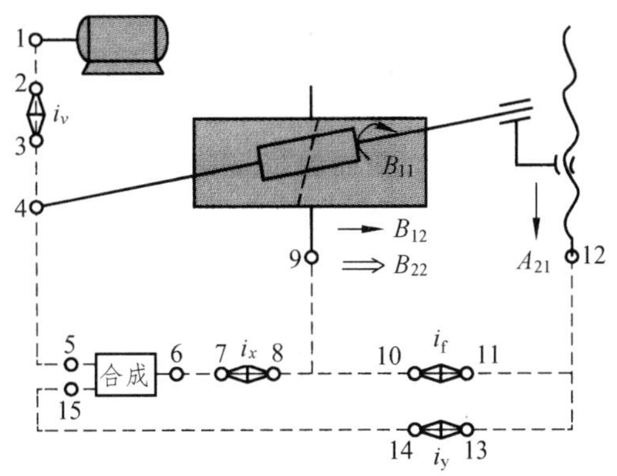

图 6-8-14　滚切斜齿圆柱齿轮传动原理图

3）典型滚齿机的传动系统

图 6-8-15 所示为 Y3150E 型滚齿机的外形。Y3150E 型滚齿机是一种中型通用滚齿机，主要用于滚切直齿和斜齿圆柱齿轮。

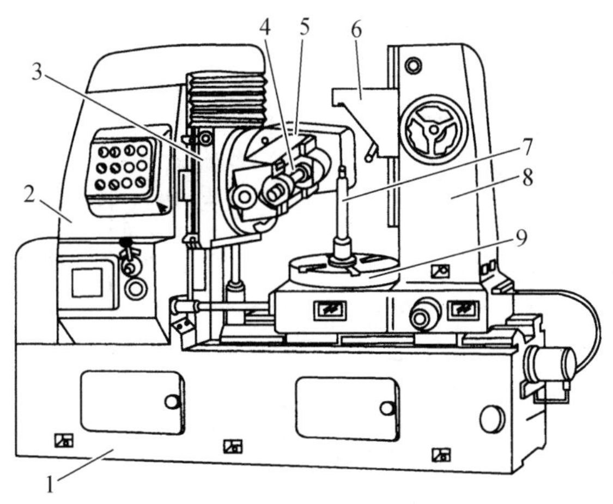

图 6-8-15　Y3150E 型滚齿机

图中床身 1 上固定有立柱 2，刀架溜板 3 可沿立柱上的导轨做垂直方向的移动，滚刀可用刀杆 4 安装在刀架 5 的主轴上。工件安装在工作台 9 的心轴 7 上，随工作台一同回转，后立柱 8 和工作台装在同一溜板上，可沿床身的水平导轨移动，用于调整工件的径向位置或做径向进给运动。后立柱上的支架 6 可用轴套或顶尖支承工件心轴的上端。

图 6-8-16 所示为 Y3150E 型滚齿机的传动系统。分析每一条传动链时，首先应该找出传动链首尾两端的传动件，定出它们之间的运动关系；之后，将首尾传动件之间的传动元件连接起来，就可以了解这条传动链的传动路线，并由此列出首尾传动件之间的运动平衡式；根据运动平衡式，就可以计算出传动链换置机构的换置计算公式。

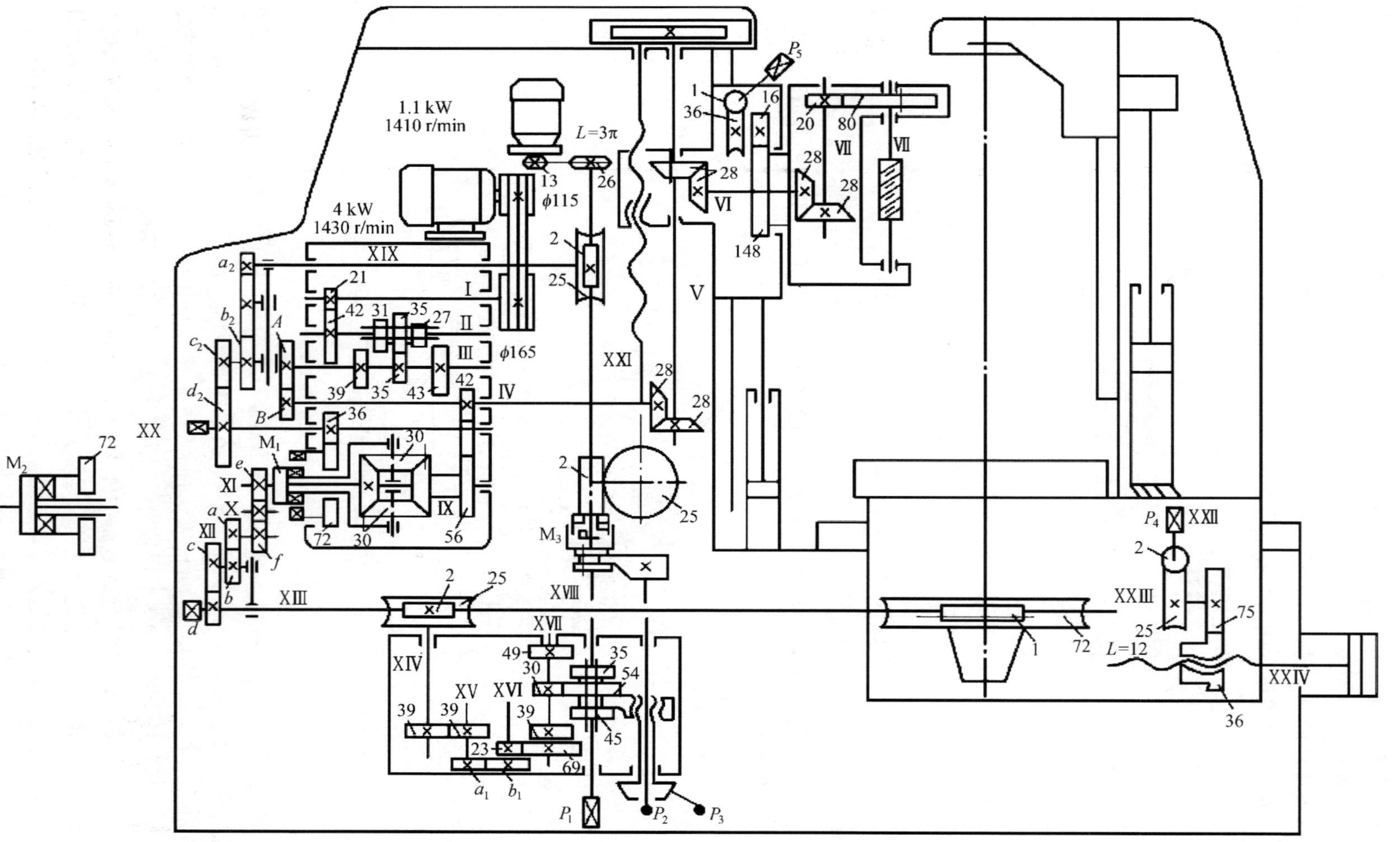

图 6-8-16　Y3150E 型滚齿机传动系统

（1）滚切直齿圆柱齿轮。

①主传动链。

对于该条传动链，首尾传动件分别为电机和滚刀主轴。

它们之间的运动关系为

$$电机\ n_{电}\ （r/min）—滚刀\ n_{刀}\ （r/min）$$

首尾传动件之间的运动平衡式为

$$1\,430\times\frac{115}{165}\times\frac{21}{42}\times u_{Ⅱ\cdotⅢ}\times\frac{A}{B}\times\frac{28}{28}\times\frac{28}{28}\times\frac{28}{28}\times\frac{20}{28}=n_{刀}$$

式中，$u_{Ⅱ\cdotⅢ}=\frac{27}{43}、\frac{31}{39}、\frac{35}{35}$，为轴Ⅱ与轴Ⅲ之间的三级可变传动比；$\frac{A}{B}=\frac{22}{44}、\frac{33}{33}、\frac{44}{22}$，为主运动变速挂轮齿数比。

由 $u_{Ⅱ\cdotⅢ}$ 和 $\frac{A}{B}$ 的组合，机床上共有 9 种主轴转速可供选择，范围为 40~250 r/min。

运动平衡式化简得

$$u_{v}=u_{Ⅱ\cdotⅢ}\times\frac{A}{B}=\frac{n_{刀}}{124.583}$$

以合理切削速度及滚刀外径计算出 $n_{刀}$ 后，就可根据换置计算公式确定变比机构的传动比，并由此确定出变速箱中啮合的齿轮对和挂轮的齿数。

②展成运动传动链。

该条传动链的首尾传动件分别为工件和滚刀刀架。

它们之间的运动关系为：滚刀每旋转一转，工件旋转的转数为 $K/Z_{工}$。

列出运动平衡式：

$$1_{(滚刀旋转1转)}\times\frac{80}{20}\times\frac{28}{28}\times\frac{28}{28}\times\frac{28}{28}\times\frac{42}{56}\times u_{合成}\times\frac{e}{f}\times\frac{a}{b}\times\frac{c}{d}\times\frac{1}{72}=\frac{K}{Z_{工}}$$

式中，$u_{合成}$ 为合成机构的传动比，当加工直齿圆柱齿轮时，用短齿离合器 M_1 将系杆 H（合成机构的壳体）与轴 IX 联成一个整体，此时，差动链没有输入，齿轮 Z_{72} 空套在系杆 H 上，合成机构相当于一个刚性联轴器，将齿轮 Z_{56} 与挂轮 e 作刚性联接。$u_{合成}=1$ 。

将运动平衡式化简得

$$u_{x}=\frac{a}{b}\times\frac{c}{d}=\frac{f}{e}\times\frac{24K}{Z_{工}}$$

式中，挂轮 e、f 用于调整 u_{x} 的大小，这样，当工件齿数变化很大时，挂轮齿数 a、b、c、d 相差不致于太大。挂轮 e 和 f 的选择规则如下：

a. 当 $5\leqslant Z_{工}/K\leqslant 20$ 时，取 $e=48$，$f=24$；

b. 当 $21\leqslant Z_{工}/K\leqslant 142$ 时，取 $e=36$，$f=36$；

c. 当 $Z_{工}/K\geqslant 143$ 时，取 $e=24$，$f=48$。

③轴向进给运动传动链。

该条传动链的首尾传动件分别为工件和滚刀刀架。

它们之间的运动关系为：工件旋转 1 转，滚刀轴向进给 f（mm）。

列出运动平衡式：

$$1_{(工件旋转1转)} \times \frac{72}{1} \times \frac{2}{25} \times \frac{39}{39} \times \frac{a_1}{b_1} \times \frac{23}{69} \times u_{进} \times \frac{2}{25} \times 3\pi = f$$

式中，$u_{进} = \frac{49}{35}$、$\frac{30}{54}$、$\frac{39}{45}$，为轴Ⅱ与轴Ⅲ之间的三级可变传动比。

将运动平衡式化简得到置换公式：

$$u_f = \frac{a_1}{b_1} \times u_{进} = \frac{f}{0.460\,8\pi}$$

进给量 f 的数值根据工件材料、齿面粗糙度要求、加工精度及铣削方式（顺铣或逆铣）等情况来确定。确定了 f 的值就可确定出挂轮 a_1/b_1 及进给箱中变速组的传动比值。

（2）滚切斜齿圆柱齿轮。

如前所述，滚切直齿圆柱齿轮与滚切斜齿圆柱齿轮的差别，仅在于导线的形状不同，前者是直线，后者是螺旋线。为形成螺旋线需要一个附加运动，即需要一条传递附加运动的附加运动传动链。加工斜齿圆柱齿轮，除附加运动传动链之外，其余传动链均与加工直齿圆柱齿轮的运动传动链相同。

滚切斜齿圆柱齿轮时，将端齿离合器 M_1 换成长齿离合器 M_2。M_2 的端面齿长度足够同时与合成机构壳体（系杆 H）的端面齿及空套在壳体上的齿轮 Z_{72} 的端面齿相啮合，使它们连接在一起，系杆 H 与外部接通。由展成运动传动链和附加传动链传来的运动分别通过齿轮 Z_{56} 和 Z_{72} 输入合成机构，运动合成后由轴Ⅺ输出。此时，展成运动传动链和附加传动链通过合成机构的传动比分别为 $u_{合成}=-1$ 和 $u_{合成}=2$。

①主运动传动链：与滚切直齿圆柱齿轮的运动传动链相同。

②展成运动传动链：此时 $u_{合成}=-1$，其余与滚切直齿圆柱齿轮相同。

③进给运动传动链：与滚切直齿圆柱齿轮的运动传动链相同。

④附加传动链。

该条传动链的首尾传动件分别为滚刀刀架和工件。

它们之间的运动关系为：刀架移动距离 L（mm），工件附加旋转 1 转。

假设工件齿轮的端面模数、法面模数和螺旋角分别为 $m_{端}$、$m_{法}$、β，则有

$$L = \frac{\pi m_{端} Z_{工}}{\tan\beta} = \frac{\pi m_{法} Z_{工}}{\sin\beta}$$

列出运动平衡式：

$$L_{(刀架移动)} \times \frac{1}{3\pi} \times \frac{25}{2} \times \frac{2}{25} \times \frac{a_2}{b_2} \times \frac{c_2}{d_2} \times \frac{36}{72} \times u_{合成} \times \frac{e}{f} \times u_x \times \frac{1}{72} = 1_{(工件旋转)}$$

此处，$u_{合成}=2$。

在展成运动传动链中，已经得到

$$u_x = \frac{a}{b} \times \frac{c}{d} = \frac{f}{e} \times \frac{24K}{Z_{工}}$$

代入运动平衡式化简后得到换置公式：

$$u_y = \frac{a_2}{b_2} \times \frac{c_2}{d_2} = \frac{9\sin\beta}{m_{法}K}$$

由附加运动传动链传给工件的附加运动方向，可能与展成运动的工件转向相同，也可能相反，安装挂轮时，可根据机床的使用说明使用惰轮，使附加转动方向正确。

（3）刀架快速运动传动链。

利用快速电机可使刀架做快速升降运动，以便调节刀具位置及进给前后实现快进和快退。此外，在加工斜齿圆柱齿轮时，启动快速电机经附加运动传动链传动工作台旋转，以便检查工作台附加运动的方向是否正确。

刀架快速移动的传动路线：

快速电机—13/26—M_3—2/25—XXI（刀架周向进给丝杠）

6.8.3　插齿原理和插齿刀

1. 插齿原理

插齿是利用插齿刀在插齿机上加工内、外齿轮或齿条等齿面的方法。插齿是按一对圆柱齿轮相啮合的原理进行加工的，如图 6-8-17 所示，其中一个是工件，而另一个是端面磨有前角、齿顶及齿侧均磨有后角的齿轮。插齿时，插齿刀沿工件轴向做直线往复运动以完成切削主运动，在刀具与工件轮坯做无间隙啮合运动的过程中，在轮坯上渐渐切出齿廓。

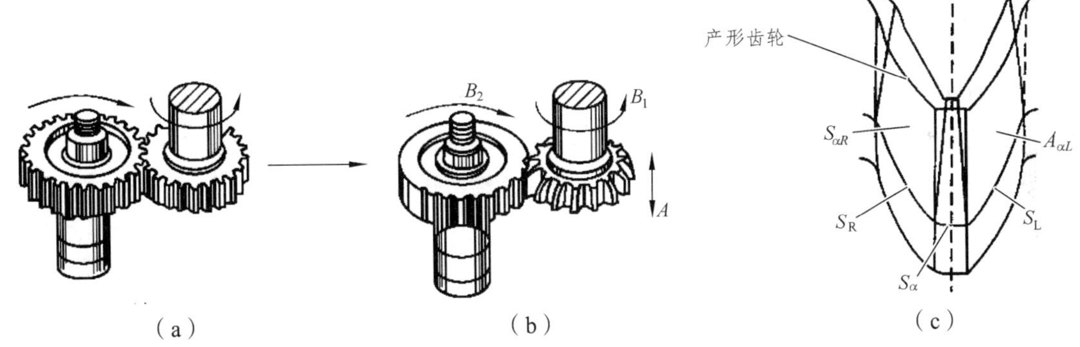

图 6-8-17　插齿原理及成形运动

插齿加工时，插齿机应具有以下运动。

（1）主运动：插齿机的主运动是插齿刀沿其轴线（也是工件轴线）所作的直线往复运动。一般立式插齿机上，刀具垂直向下时为工作行程，向上为空行程，它以每分钟往返次数表示，单位为双行程次数/min。

（2）展成运动：即插齿刀与工件各绕自身轴线旋转的啮合运动。假设工件转速和插齿刀转速分别为 n_w、n_t；工件齿数和插齿刀齿数分别为 z_w、z_t。其啮合关系为

$$\frac{n_w}{n_t} = \frac{z_t}{z_w}$$

在展成运动中，插齿刀每往复一次，工件相对刀具在分度圆上转过的弧长称为圆周进给量，其单位为 mm/一次双行程。圆周进给量大小影响切削效率和齿面粗糙度。因此，刀具与工件的啮合过程也就是圆周进给过程。

（3）径向进给运动：开始插齿时，插齿刀不能立即径向切入工件至全齿深，否则会因切削负荷过大而损坏刀具和工件。为了逐渐切至齿的全深，插齿刀由刀架带动做径向进给运动。插齿刀上下往复一次沿工件径向移动的距离，称为径向进给量，其单位为 mm/一次双行程。插齿刀逐渐切至全深后，工件必须再回转一整周，才能切出全部轮齿。

（4）让刀运动：插齿刀在往复运动的回程（空行程）时，由于不切削，为避免插齿刀后刀面与工件已加工表面产生摩擦而损伤工件齿面和刀刃磨损，刀具和工件应该让开一小段间隙；而在插齿刀向下开始工作行程之前，应迅速恢复到原位，以便刀具进行下一次切削。这种让开和恢复原位的运动即为让刀运动。

与滚齿相比，插齿具有如下特点。

（1）齿形精度比滚齿高。这是由于插齿刀在设计时没有滚刀那种近似造形误差，加之在制造时可通过高精度磨齿机获得精确的渐开线齿形。

（2）齿面的表面粗糙度值小。这主要是由于插齿过程中参与包络的刀刃数远比滚齿时多。对于滚齿，在工件上加工出一个完整的齿槽，刀具相应地转 $1/k$ 转。如果在滚刀上开有 n 个刀槽，则工件的齿廓是由 $j=n/k$ 个折线组成。由于受该刀强度限制，n 值一般为 8~12。这样，使得形成工件齿廓包络线的刀具齿形（即“折线”）十分有限，比起插齿要少得多。

（3）运动精度低于滚齿。由于插齿时，插齿刀上各个刀齿顺次切削工件的各个齿槽，所以刀具的齿距累积误差将直接传递给被加工齿轮，从而影响被切齿轮的运动精度。

（4）齿向偏差比滚齿大。因为插齿的齿向偏差取决于插齿机主轴回转轴线与工作台回转轴线的平行度误差。由于插齿刀往复运动频繁，主轴与套筒容易磨损，所以齿向偏差常比滚齿加工时要大。

（5）插齿的生产率比滚齿低。这是因为插齿刀的切削速度受往复运动惯性限制难以提高，目前插齿刀每分钟往复行程次数一般只有几百次。此外，插齿有空行程损失。

（6）插齿非常适于加工内齿轮、双联或多联齿轮、齿条等，而滚齿加工主要用于直齿和斜齿圆柱齿轮和蜗轮。

2. 插齿刀

1）插齿刀的类型

标准直齿插齿刀可分为三类，见表 6-8-2。

表 6-8-2　标准直齿插齿刀

序号	类别	简图	应用	规格		d_1 或莫氏锥度
				d_0/mm	m/mm	
1	盘形直齿插齿刀	d_1　d_D	加工普通直齿外齿轮和大直径内齿轮	ϕ63	0.3 ~ 1	31.743
				ϕ75	1 ~ 4	
				ϕ100	1 ~ 6	
				ϕ125	4 ~ 8	
				ϕ160	6 ~ 10	88.90
				ϕ200	8 ~ 12	101.60

续表

序号	类别	简图	应用	规格		d_1或莫氏锥度
				d_0/mm	m/mm	
2	碗形直齿插齿刀		加工塔形、双联直齿轮	ϕ 50	1 ~ 3.5	20
				ϕ 75	1 ~ 4	31.743
				ϕ 100	1 ~ 6	
				ϕ 125	4 ~ 8	
3	锥柄直齿插齿刀		加工直齿内齿轮	ϕ 25	0.3 ~ 1	17.981
				ϕ 25	1 ~ 2.75	
				ϕ 38	1 ~ 3.75	24.051

除上述的标准插齿刀外，还可根据生产需要制造专用插齿刀，如增大前角的粗插齿刀、加工修缘齿轮的修缘插齿刀、加工剃前齿轮的剃前插齿刀等。

插齿刀制成三种精度等级，在适当的工艺条件下，AA 级用于加工 6 级，A 级用于加工 7 级，B 级用于加工 8 级精度的齿轮。

2）插齿刀的结构

如图 6-8-17（c）所示，插齿刀有三条切削刃：一条顶刃 S_a，两条侧刃 S_L 和 S_R。插齿刀的切削刃在插齿刀端面上的投影应当是渐开线，这样，当插齿刀沿其轴线方向往复运动时，切削刃的运动轨迹就像一个直齿渐开线齿轮的齿面，这个假想的齿轮称为“产形齿轮”。

假设插齿刀前角为零度（$\gamma_p = 0°$），则其前刀面是垂直于插齿刀轴线的一个平面，则刀齿的顶刃将是产形齿轮的顶圆柱面与前刀面的交线（圆弧），而两个侧刃将是产形齿轮的齿面（渐开柱面）与前刀面的交线（渐开线）。

为得到顶刃后角 α_p，插齿刃顶刃后刀面磨成圆锥面，圆锥面轴线与插齿刀的轴线重合，则此锥面底角的余角就是顶刃的后角 α_p；为得到侧刃后角 α_c，直齿插齿刀的两侧齿面磨成螺旋角数值相等方向相反的渐开螺旋面：右侧后刀面做成左旋的渐开螺旋面，左侧后刀面做成右旋的渐开螺旋面。这样，重磨前刀面以后，刀齿的顶圆直径和分度圆齿厚虽然都减小了，但两个侧刃的齿形仍然是渐开线。

由此可知，插齿刀的每个端剖面中的齿形可看成是变位系数不同的变位齿轮的齿形，如图 6-8-18 所示。在新插齿刀的前端面上，变位系数为最大值，且常为正值。随着插齿刀的重磨，变位系数逐渐减小，变位系数等于零的端剖面 $O—O$ 称为插齿刃的原始剖面，在此剖面以后的各个端剖面中，变位系数为负值。根据变位齿轮原理，不同变位量的齿轮齿形仍是同一基圆的渐开线，故插齿刀重磨后必须保持齿形不变，仍为同一基圆的渐开线。

这就要求插齿刀刀齿的两个侧表面，是两侧切削刃分别绕刀具轴线做螺旋运动而形成的螺旋面。这螺旋面的端截形是渐开线，因此插齿刀的侧齿面是渐开螺旋面。渐开螺旋面就是斜齿齿轮的齿面，可以用磨斜齿齿轮的办法磨削，即可以用平磨轮，按展成原理磨出理论上正确的插齿刀齿形，不仅制造容易、精度高，并且检测方便。

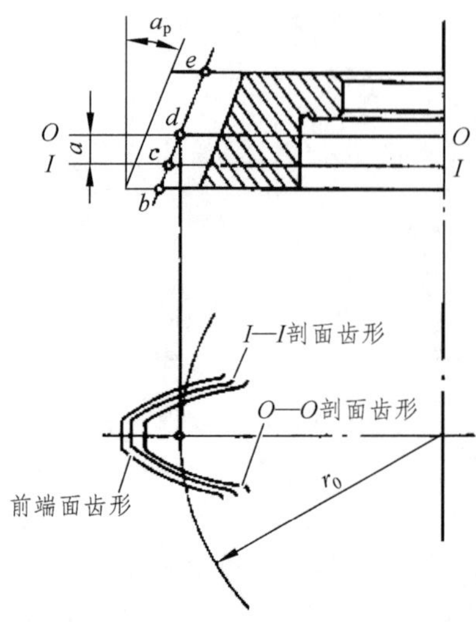

图 6-8-18　插齿刀刀齿的不同端剖面

因此，同一把插齿刀可以加工同模数、同齿形角的标准齿轮，也可加工不同变位系数的变位齿轮。

3）正前角（$\gamma_p>0°$）插齿刀的齿形误差

由上可知，插齿刀侧后刀面是渐开螺旋面。当插齿刀的前刀面做成垂直于插齿刀轴线的平面时，插齿刀的顶刃前角 γ_p=0°，此时，侧刃以及侧后刀面在每个端剖面中的截线都应当是齿形角等于 α 的渐开线（这里的 α 就是被加工齿轮的齿形角）。但是作为刀具，插齿刀必须有一定的前角。为了产生正前角，将插齿刀的前刀面做成内锥面，其轴线与插齿刀的轴线重合。因而这个锥面的底角就是插齿刀的顶刃前角（见图 6-8-19）。

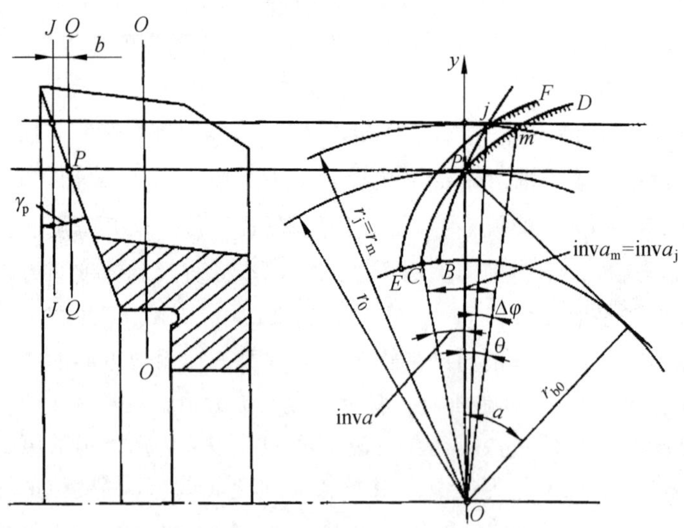

图 6-8-19　插齿刀的齿形误差

如图 6-8-19 所示，Q—Q 端剖面与侧后刀面相交线是渐开线 CD，J—J 端剖面与侧后刀面相交线是渐开线 EF，前刀面（内锥面）与侧后刀面的相交线在端面内的投影线为 jPB，显然，jPB 不再是渐开线，与渐开线的齿形角 α 相比，jPB 投影线上的齿形角（点 P 处的压力角）变小了，即齿顶变厚、齿根变薄了。用这样的插齿刀加工的齿轮，也必然使齿形角变小，齿顶变宽而齿根被过切，因此，必须修正齿形误差。修正方法是预先加大插齿刀的齿形角，可按如下公式修正：

$$\tan\alpha_0 = \frac{\tan\alpha}{1-\tan\alpha_p \tan\gamma_p}$$

式中，α 为被加工齿轮的齿形角；α_0 为修正后的插齿刀齿形角。

6.8.4　剃齿、珩齿和磨齿简介

对于 6 级精度以上、齿面表面粗糙度 *Ra* 值小于 0.4 μm 的齿轮，往往需要在滚齿、插齿之后，再进行齿面精加工。常用的齿面精加工的方法有剃齿、珩齿、磨齿。以下简述这三种加工方法及应用。

1. 剃齿

剃齿常用于未淬火圆柱齿轮的精加工，生产效率很高，是软齿面精加工最常见的加工方法。

如图 6-8-20 所示，剃齿刀实际上就是一个渐开线齿面上沿齿形方向开了许多刀刃的高精度的斜齿轮。剃齿在原理上属于一对交错轴斜齿轮做无侧隙双面啮合，并由剃齿刀带动工件做自由转动的过程。由于螺旋齿轮啮合时，两齿轮在接触点的速度方向不一致，使齿轮的齿侧面沿剃齿刀的齿侧面滑移，剃齿刀齿面上的切削刃在进刀压力的作用下，就能从工件齿面上切下极薄的切屑。

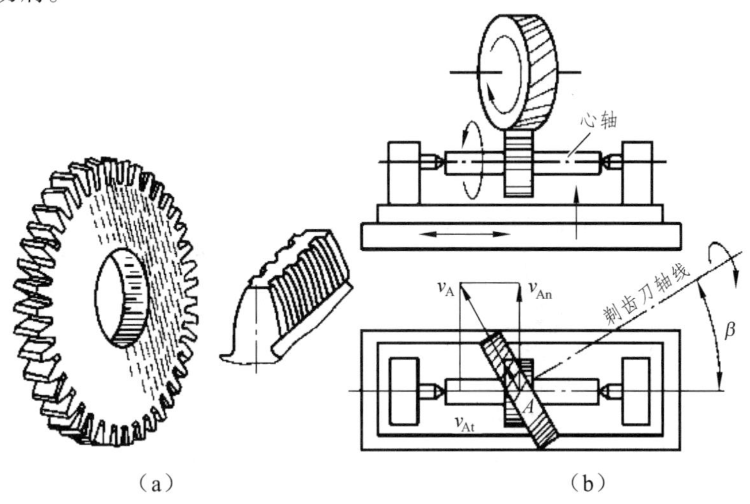

图 6-8-20　剃齿刀和剃齿原理

剃齿加工能提高齿轮的齿形精度和齿面表面质量，但剃齿加工不能提高齿轮的运动精度，故其前道工序一般为滚齿。

剃齿加工精度主要取决于刀具，只要剃齿刀本身精度高，刃磨质量好，就能够剃出表面粗糙度为 0.32 μm<*Ra*<1.25 μm、精度为 6 ~ 7 级的齿轮。在批量生产中，对于中等模数、6 ~ 7 级精度、非淬硬齿面的齿轮加工，剃齿是常用的方法。

另外，硬齿面剃齿技术在 20 世纪 80 年代中期得到了发展，它采用齿轮 CBN 镀层剃齿刀，可精加工 60HRC 以上的淬硬齿轮。

2. 珩齿

珩齿是一种用于加工淬硬齿面的齿轮精加工方法。珩齿的原理与剃齿相同，所不同的只是用珩磨轮代替剃齿刀。作为切削工具的珩磨轮是一个用磨料和环氧树脂等材料作结合剂浇铸或热压而成的、具有很高齿形精度的斜齿轮，它不像剃齿刀有许多切削刃。在珩磨轮与工件啮合的过程中，依靠珩磨轮齿面密布的磨粒，以一定压力和相对滑动速度对工件表面进行切削。

珩齿时由于切削速度低，加工过程为低速磨削、研磨和抛光的综合作用过程，故工件被加工齿面不会产生烧伤和裂纹，表面质量好。

由于珩磨轮弹性大、加工余量小、磨料粒度大，所以珩齿修正误差的能力较差；另一方面，珩磨轮本身的误差对加工精度的影响也很小。珩磨加工前的齿槽预加工应尽可能采用滚齿，因为它的运动精度高于插齿，从而可在珩齿工序中降低对齿距累积误差等进行修正的要求。与剃齿刀相比，珩轮的齿形简单。

生产率高，一般为磨齿和研齿的 10 ~ 20 倍。刀具寿命也很高，珩轮每修整一次，可加工齿轮 60 ~ 80 件。

珩齿修正误差的能力不强，一般珩齿余量不超过 0.025 mm，主要用来减小齿轮热处理后齿面的表面粗糙度，一般可从 *Ra*1.6 μm 减小到 *Ra*0.4 μm 以下。珩齿一般用于大批量生产中 6 ~ 8 级精度淬硬齿轮的加工。

3. 磨齿

磨齿是最重要的一种齿形精加工方法。磨齿按其加工原理可分为成形法磨齿与展成法磨齿两种，如图 6-8-21 所示。

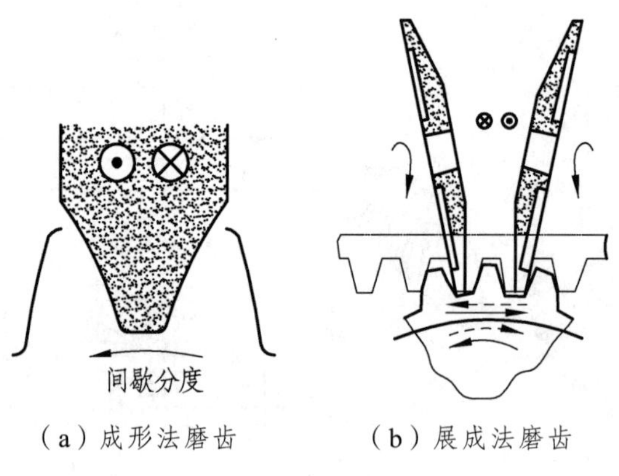

（a）成形法磨齿　　（b）展成法磨齿

图 6-8-21　磨齿原理

成形法磨齿：成形法磨齿时砂轮修整成与被磨齿轮齿槽一致的形状，磨齿过程与用齿轮铣刀铣齿类似。成形法磨齿的生产率高，但受砂轮修整精度与分齿精度的影响，加工精度较低。

展成法磨齿：展成法磨齿是利用齿条与齿轮的啮合原理来展成加工的，由砂轮侧面构成假想齿条。根据所用砂轮形状的不同，展成法磨齿包括锥形砂轮磨齿、双碟形砂轮磨齿和蜗杆砂轮磨齿等形式。

磨齿加工精度高，一般条件下加工精度可达 4 ~ 6 级，表面粗糙度为 *Ra*0.2~0.8 μm；由于采取强制啮合方式，不仅修正误差的能力强，而且可以加工表面硬度很高的齿轮。

一般磨齿（除蜗杆砂轮磨齿外）加工效率较低，机床结构复杂，调整困难，加工成本高，目前主要用于加工精度要求高的齿轮。

6.8.5　螺纹加工方法

螺纹也是零件上常见的表面之一，螺纹具有多种形式，一般按用途的不同可分为紧固螺纹和传动螺纹。

（1）紧固螺纹。用于零件间的固定连接，常用的有普通螺纹和管螺纹等，螺纹牙型多为三角形：对普通螺纹的要求主要是可旋入性和连接的可靠性，对管螺纹的要求是密封和连接的可靠性。

（2）传动螺纹：用于传递动力、运动或位移。常见的传动螺纹有丝杠和测微螺杆的螺纹等，其牙型多为梯形或锯齿形。对于传动螺纹的主要要求是传动准确、可靠，螺牙接触良好及耐磨。

1. 螺纹加工的技术要求

螺纹和其他类型的表面一样，有一定的尺寸精度、形状精度和表面质量的要求。由于它们的用途和使用要求不同，技术要求也有所不同。

对于紧固螺纹和无传动精度要求的传动螺纹，一般只要求中径和顶径（外螺纹的大径，内螺纹的小径）的精度。

对于有传动精度要求或用于读数的螺纹，除要求中径和顶径的精度外，还要求螺距和牙型角的精度。为了保证传动或读数精度及耐磨性，对螺纹表面的粗糙度和硬度等也有较高的要求。

2. 常见的螺纹加工方法

螺纹的加工方法很多，可以在车床、钻床、螺纹铣床、螺纹磨床等机床上，利用不同的工具进行加工。选择螺纹的加工方法时，要考虑的因素主要是工件形状、螺纹牙型、螺纹的尺寸和精度、工件材料和热处理以及生产类型等。

常见的螺纹加工方法有攻螺纹、套螺纹、车螺纹、铣螺纹、磨螺纹和滚压螺纹等。

1）攻螺纹

如图 6-8-22 所示，使用丝锥来加工内螺纹的操作称为攻螺纹（又称攻丝），广泛用于中小螺纹孔的加工。攻螺纹的加工精度为 7H，*Ra* 值为 6.3 ~ 3.2 μm。攻螺纹可以在钻床上进行，单件小批生产主要用手工操作。

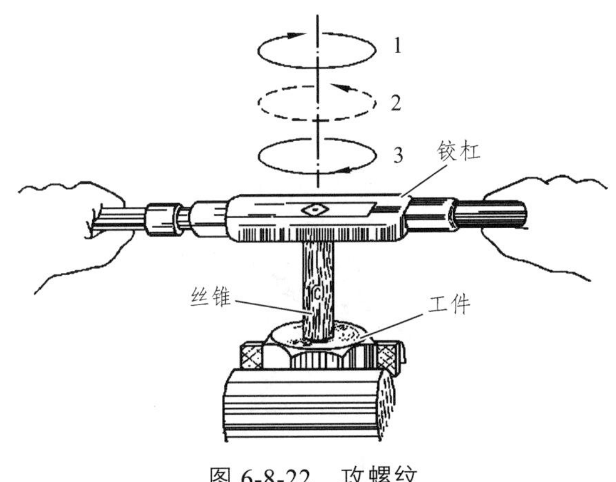

图 6-8-22　攻螺纹

丝锥本质上是一个螺栓，但为了形成切削刃和容屑槽，在端部磨出切削部分，并沿纵向开有沟槽。丝锥的种类很多，按用途和结构不同，主要有手用丝锥、机用丝锥、螺母丝锥、拉削丝锥、梯形螺纹丝锥、管螺纹丝锥和锥螺纹丝锥等。

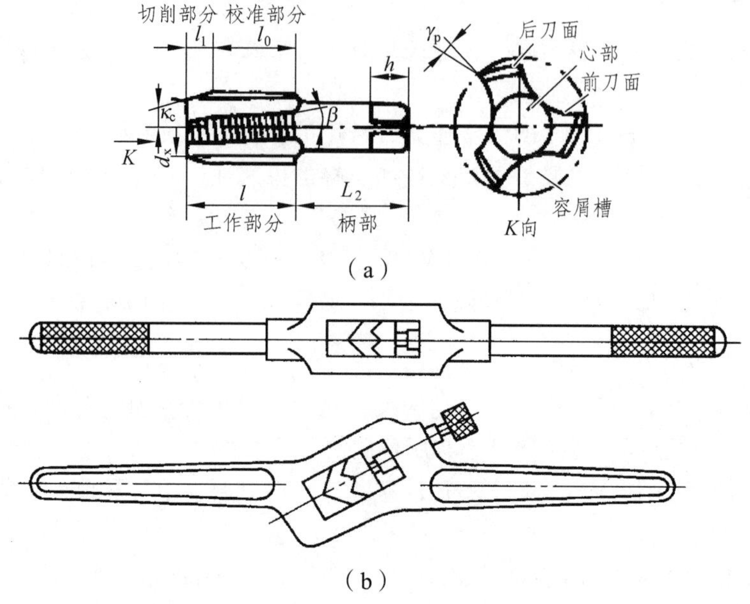

图 6-8-23　丝锥和铰杠

丝锥的种类虽然很多，但它们有共同的组成部分。图 6-8-23（a）所示为丝锥的外形结构，它由工作部分和柄部组成。工作部分由刀齿、容屑槽和芯部等组成，可分为切削部分和校准部分；柄部包括颈部以及夹持部分，用于装夹和传递扭矩，端部制成方头，标记可打在柄部。

攻螺纹时用于夹持丝锥的工具称为铰杠，如图 6-8-23（b）所示。铰杠的规格应与丝锥大小相适应。手动攻螺纹时，两手用力要均匀，每攻入 1~2 圈后应将丝锥反转 1/4 圈进行断屑和排屑。攻不通孔时应做好记号，以防丝锥触及孔底。

2）套螺纹

用板牙加工外螺纹的方法称为套螺纹。套螺纹加工的质量较低，加工精度为 7h ~ 8h，*Ra* 值为 6.3 ~ 3.2 μm，如图 6-8-24 所示。目前，它仅在单件、小批量生产和修配中应用。

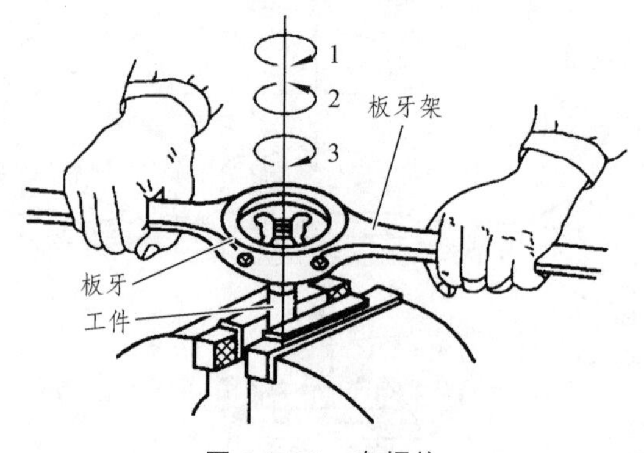

图 6-8-24　套螺纹

板牙实质上是具有切削角度的螺母，是加工外螺纹的标准刀具之一。按照结构的不同，板牙可分为圆板牙、方板牙、六角板牙、管形板牙和钳式板牙等。板牙的刀齿也分切削部分和校准部分。

如图 6-8-25（a）所示，圆板牙的外形像一个圆螺母，只是沿轴向钻有 3～8 个排屑孔以形成切削刃，并在两端做有切削锥部，用于加工圆柱螺纹。而加工锥形螺纹的圆板牙只做一个切削锥部。圆板牙的螺纹廓形是内表面，难以磨削，热处理产生的变形等缺陷无法消除，影响被加工螺纹的质量和板牙的寿命。

板牙架是用来夹持圆板牙的工具，图 6-8-25（b）所示为手工套螺纹所使用的板牙架。

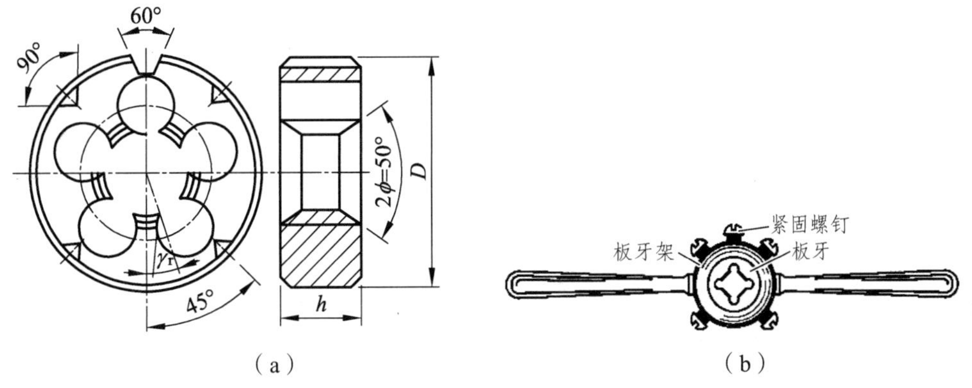

图 6-8-25　圆板牙

3）车螺纹

车螺纹是指在各类卧式车床或专门的螺纹车床上利用螺纹车刀加工内、外螺纹的方法。这是一种基本的螺纹加工方法。其加工原理在前面已叙述。

图 6-8-26 所示为单齿螺纹车刀，其结构简单、适应性广，可加工各种形状、尺寸及精度的未淬硬工件的内、外螺纹，但需要多次走刀才能成形，生产率低，适用于单件小批生产。

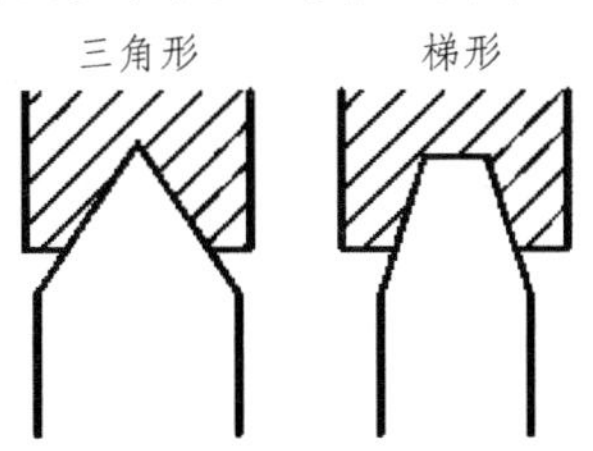

图 6-8-26　单齿螺纹车刀

图 6-8-27 所示为螺纹梳刀的刀齿，螺纹梳刀实际上是多齿螺纹车刀，刀齿由切削部分和校准部分组成，切削部分做成切削锥，刀齿高度依次增大，使切削负荷分配在多个刀齿上。校准部分齿形完整，起校准修光的作用。螺纹梳刀加工螺纹时，梳刀沿螺纹轴向进给，一次走刀就能切出全部螺纹，生产效率较高，适用于大批生产细牙螺纹。但一般螺纹梳刀加工精度不高，不能加工精密螺纹。

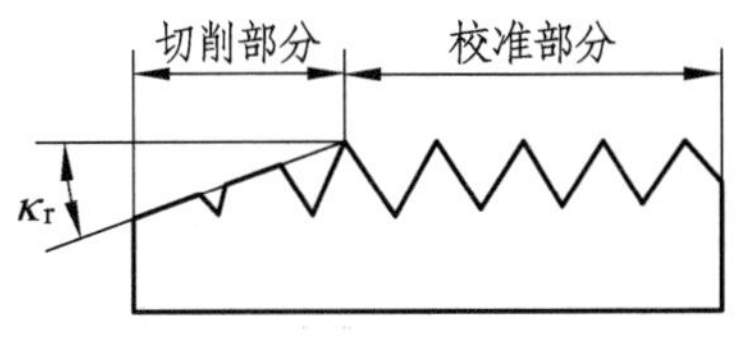

图 6-8-27　螺纹梳刀刀齿

螺纹梳刀有平体、棱体和圆体三种，如图 6-8-28 所示。

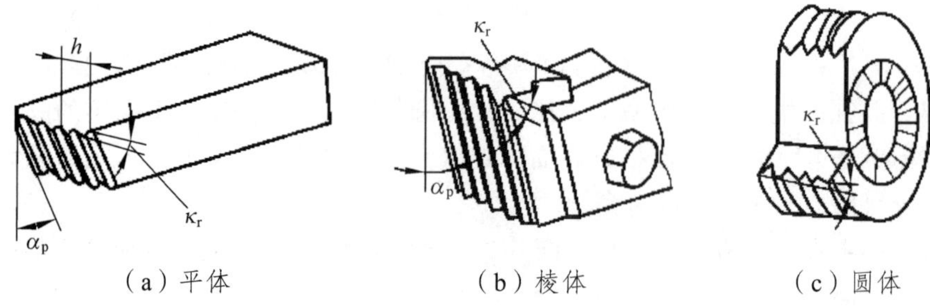

图 6-8-28　螺纹梳刀的结构类型

4）铣螺纹

在专门的螺纹铣床上利用螺纹铣刀加工螺纹的方法，称为铣螺纹。铣螺纹广泛应用于成批和大量生产中。根据所用铣刀的结构不同，可以分为如下两种方法。

（1）盘形铣刀铣螺纹。

如图 6-8-29 所示，加工时，铣刀轴线对工件轴线的倾斜角等于螺纹升角 λ，工件转一转，铣刀走一个工件导程。这种方法适合加工大螺距的长螺纹，如丝杠、螺杆等梯形外螺纹和蜗杆等，但加工精度较低，通常作为粗加工，铣后用车削进行精加工。

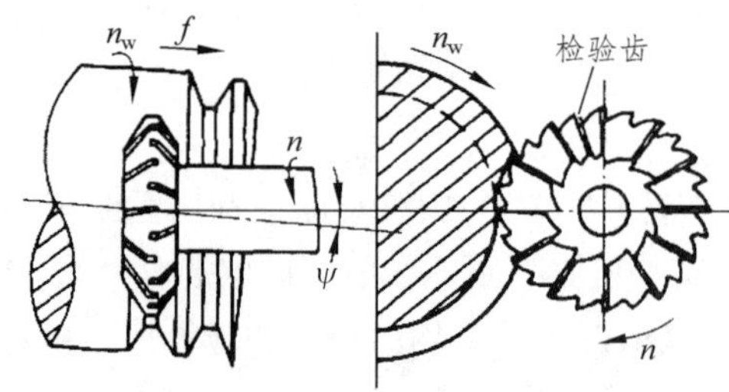

图 6-8-29　盘形铣刀铣螺纹

（2）梳形铣刀铣螺纹。

如图 6-8-30 所示，加工时，工件每转一转，铣刀除旋转外，还沿轴向移动一个导程，工件转 $1\frac{1}{4}$ 转，便能切出全部螺纹（最后的 1/4 转主要是修光螺纹）。这种方法生产率高，螺距精度可达 9 ~ 8 级，表面粗糙度 Ra 值为 3.2 ~ 0.63 μm，适合成批加工一般精度并且长度短而螺距不大的三角形内、外螺纹和圆锥螺纹。

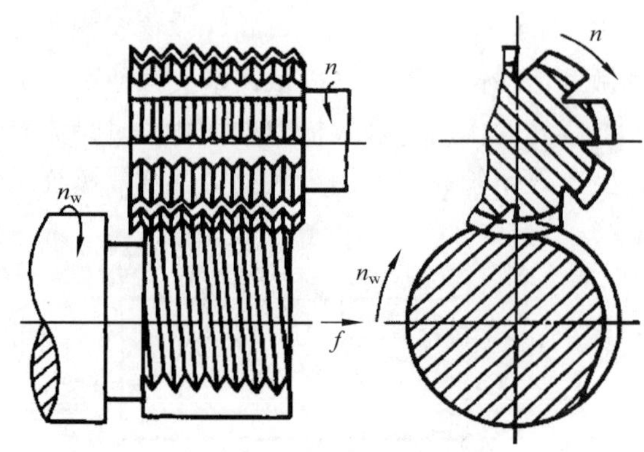

图 6-8-30　梳形铣刀铣螺纹

5）磨螺纹

在专门的螺纹磨床上利用砂轮加工螺纹的方法，称为磨削螺纹。它常用于淬硬螺纹的精加工，例如丝锥、螺纹量规、滚丝轮及精密传动螺杆上的螺纹，为了修正热处理引起的变形，提高加工精度，必须进行磨削。螺纹在磨削之前，可以用车、铣等方法进行预加工，对于小尺寸的精密螺纹，也可以不经预加工而直接磨出。

根据所用砂轮的形状不同，外螺纹的磨削可以分为单线砂轮磨削和多线砂轮磨削。

如图 6-8-31 所示，用单线砂轮磨削时，砂轮的轴线必须相对于工件轴线倾斜一个螺纹升角 ψ，工件安装在螺纹磨床的前后顶尖之间，工件每转一转，同时沿轴向移动一个导程；砂轮高速旋转的同时，周期性地进行横向进给，经一次或多次行程完成加工。这种方法适用于不同齿形、不同长径比的螺纹工件，机床调整和砂轮修整比较方便，并且背向力小，工件散热条件好，加工精度高。

如图 6-8-32 所示，用多线砂轮磨削时，选用缓慢的工件转速和较大的横向进给，经过一次或数次行程即可完成加工。这种方法生产效率高，但加工精度低，砂轮修整复杂，适用于成批生产牙型简单、精度较低、刚性好的短螺纹。

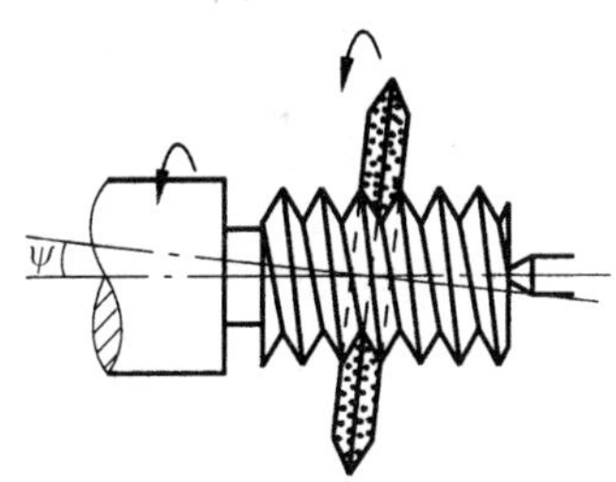

图 6-8-31　单线砂轮磨削

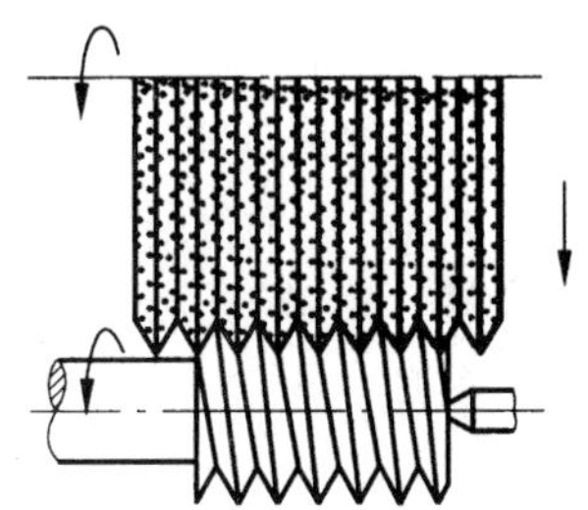

图 6-8-32　多线砂轮磨削

6.9　光整加工

6.9.1　精密加工与超精密加工技术

1. 精密加工与超精密加工的概念

精密加工是指在一定的发展时期，加工精度和表面质量达到较高程度的加工工艺。超精密加工则指在一定的发展时期，加工精度和表面质量达到最高程度的加工工艺。20 世纪末，精密加工的误差范围达到 0.1 ~ 1 μm，表面粗糙度 Ra<0.1 μm，通常称为亚微米加工。超精密加工的误差可以控制在小于 0.1 μm 的范围内，表面粗糙度 Ra<0.01 μm，已经发展到纳米级加工的水平。

精密加工与超精密加工技术涉及许多基础学科（如物理、化学、力学、电磁学、光学等）和多种新兴技术（如材料科学、计算机技术、自动控制技术、精密测量技术、现代管理技术等），精密加工与超精密加工技术与这些学科和技术之间是互相带动和促进的发展关系。

2. 精密加工与超精密加工的特点

与一般的加工方法相比，精密加工与超精密加工具有如下特点。

（1）“进化”和“蜕化”加工原则。一般加工时，“工作母机”（机床）的精度总是比加工零件的精度高，这一规律称为“蜕化”原则，对于精密加工和超精密加工，由于被加工零件的精度要求较高，用高精度的“母机”有时甚至已不可能，这时可利用精度低于工件精度要求的机床设备，借助工艺手段和特殊工具，直接加工出精度高于“母机”的工件，这是直接式的“进化”加工，通常适用于单件、小批量生产。另外，用较低精度的机床和工具，制造出加工精度比“母机”精度更高的机床和工具（即第二代“母机”和工具），用第二代“母机”加工高精度工件，这是间接式“进化”加工，两者统称为“进化”加工，或称创造性加工。

（2）微量切削原理。与传统的切削原理不同，在精密与超精密加工中，背吃刀量一般小于晶粒大小，切削在晶粒内进行，要克服分子与原子之间的结合力，才能形成微量或超微量切屑。因此，对刀具刃磨、砂轮修整和机床均有较高要求。

（3）形成综合制造工艺系统。在精密加工与超精密加工中，要达到加工要求，需综合考虑加工方法、加工设备与工具、加工工件结构与材料、测试手段、工作环境等多种因素，难度较大。因此，精密加工与超精密加工是一个系统工程，不仅复杂，而且难度大。

（4）与自动化联系密切。在精密加工与超精密加工中，大多采用计算机控制、适应控制、在线检测与误差补偿技术，以减少人为因素的影响，保证加工质量。

（5）特种加工方法和复合加工方法的应用越来越多。由于传统切削与磨削方法存在加工精度的极限，所以进行精密加工与超精密加工要用到特种加工和复合加工方法，如精密加工、激光加工、电子束加工、离子束加工等。

（6）加工检测一体化。精密加工与超精密加工时，加工和检测联系十分紧密，有时采用在线检测和在位检测（工件加工完毕后不卸下，在机床上直接检测），甚至进行在线检测和误差补偿，来提高精度。

3. 精密加工与超精密加工对刀具的要求

为实现精密加工与超精密加工，刀具应具有如下性能。

（1）具有高强度、硬度和弹性模量，保证刀具具有一定的寿命。

（2）刃口能磨得很锋利，刃口半径很小，可以实现超薄切削。

（3）刀刃无缺陷，无缺口，无崩刃现象。

（4）与工件材料的抗黏结性好，化学亲和性小，摩擦系数小等。

4. 精密加工与超精密加工方法

根据加工过程中加工对象材料重量的增减，精密加工与超精密加工方法可分为去除加工（加工过程中工件重量减少）、结合加工（加工过程中工件重量增加）和变形加工（加工过程中工件重量基本不变）三大类，见表 6-9-1。

表 6-9-1　精密加工与超精密加工方法

分类	加工机理	加工方法示例
去除加工	电物理加工	电火花加工（电火花成形、电火花线切割）
	电化学加工	电解加工、蚀刻、化学机械抛光
	力学加工	切削、磨削、研磨、抛光、超声加工、喷射加工
	热蒸发（扩散、溶解）	电子束加工、激光加工

续表

分类	加工机理		加工方法示例
结合加工	附着加工	化学	化学镀、化学气相沉积
		电化学	电镀、电铸
		热熔化	真空蒸镀、融化镀
	注入加工	化学	氧化、氮化、活性化学反应
		电化学	阳极氧化
		热熔化	掺杂、渗碳、烧结、晶体生长
		物理	离子注入、离子束外延
	结合加工	热物理	激光焊接、快速成形
		化学	化学黏结
变形加工	热流动		精密锻造、电子束流动加工、激光流动加工
	黏滞流动		精密铸造、压铸、注塑
	分子定向		液晶定向

5. 典型的精密加工与超精密加工方法

1）金刚石超精密切削

金刚石超精密切削属微量切削，切削在晶粒内进行，要求切削力大于原子、分子之间的结合力，剪切应力应高于 1 300 MPa；金刚石刀具具有很高的高温强度和高温硬度，其硬度可达 6 000 ~ 10 000 HV，而 TiC 仅为 3 000 HV，WC 为 2 400 HV；金刚石材料本身质地细密，刀刃可以磨得很锋利，且切削刃没有缺口、崩刃等现象，可加工出粗糙度值很小的表面；金刚石超精密切削的切削速度很高，工件变形很小，表面高温不会波及工件内层，所以可以获得很高的加工精度。

用于金刚石超精密切削的加工设备，要求具有高精度、高刚度、良好的稳定性、抗振性和数控功能。

金刚石刀具通常在铸铁研磨盘上进行研磨，研磨时应使金刚石的晶体方向与主切削刃平行，并使刃口圆角半径尽可能小。理论上金刚石刀具刃口圆角半径可达 1 nm，实际上可达 2 ~ 10 nm。

金刚石超精密加工主要用于切削铜、铝及其合金。切削铁金属时，由于碳元素的亲和作用会使金刚石刀具产生“碳化磨损”，从而影响刀具寿命。另外，使用金刚石刀具还可以加工各种红外光学材料（如 Ge、Si、ZnS 和 ZnSe），以及有机玻璃和各种塑料。典型的加工有光学系统反射镜、射电望远镜的主镜面、大型投影电视屏幕、照相机的塑料镜片、树脂隐形眼镜镜片等。

2）精密与超精密磨削

在超精密磨削中，所使用的砂轮的材料多为金刚石、立方氮化硼磨料，因其硬度极高，一般称为超硬磨料砂轮，主要用来加工难加工材料，如各种高硬度、高脆性材料，如硬质合金、陶瓷、玻璃、半导体材料等。超硬材料的共同特点是：可加工各种高硬度、高脆性新材料；磨削能力强，耐磨性好、耐用度高，易于控制加工尺寸；磨削力小，磨削温度低，加工表面质量好；磨削效率高，加工成本低。

超硬砂轮通常采用如下几种结合剂形式。

（1）树脂结合剂。树脂结合剂砂轮能够保持良好的锋利性，可加工出较好的工件表面，但耐磨性差，磨粒的保持力小。

（2）金属结合剂。金属结合剂砂轮有很好的耐磨性，磨粒保持力大，形状保持性好，磨削性能好，但自锐性差，砂轮修整困难。常用的结合剂材料有青铜、电镀青铜和铸铁纤维等。

（3）陶瓷结合剂。它是以硅酸钠为主要成分的玻璃质结合剂，具有化学稳定性高、耐热、耐酸碱等特点，但脆性较大。

超硬砂轮磨削时，比较突出的问题是砂轮的修整问题。砂轮的修整过程分为整形和修锐两个阶段。整形是使砂轮达到一定几何形状要求；修锐是去除磨粒间的结合剂，使磨粒突出结合剂一定高度，形成足够的切削刃和容屑空间。

3）游离磨料加工

（1）弹性发射加工。弹性发射加工是靠抛光轮高速回转，夹带磨料微粒，造成磨料的"弹性发射"进行加工的，抛光轮通常由聚氨基甲酸酯制成，抛光液由颗粒为 0.01 ~ 0.1 μm 的磨料与润滑剂混合而成。

（2）液体动力抛光。在抛光工具上开锯齿槽，抛光时靠楔形挤压和抛光液的反弹，增加微切削作用。

（3）机械化学抛光。机械化学抛光利用活性抛光液和磨粒与工件表面产生固相反应，形成软粒子，使其便于加工。其加工过程是机械和化学作用，称为增压活化。

6. 精密加工与超精密加工设备

精密加工与超精密加工设备应具有高精度、高刚度、高加工稳定性和高度自动化要求，这些要求都取决于机床主轴部件、床身导轨以及驱动部件等关键部件的质量。

1）主轴部件

精密主轴部件要求达到极高的回转精度，精度为 0.02 ~ 0.1 μm，一般采用液体静压轴承和空气静压轴承，并且采用球面支撑结构的空气静压轴承，因为球面轴承具有自动定心、装配方便、加工精度高等特点。主轴还要有相应的刚度，抵抗受力变形；要有温度控制或温度补偿装置，减少主轴的热变形。一般主轴驱动采用皮带卸载驱动和磁性联轴节驱动。

2）床身和精密导轨

床身是机床的基础部件，应具有抗振衰减能力强、热膨胀系数低、尺寸稳定性好等特点。超精密机床的床身一般采用人造花岗岩。人造花岗岩是由花岗岩碎粒用树脂黏结而成，具有尺寸稳定性好、热膨胀系数低、阻尼比大、硬度高、耐磨、不生锈等特点。超精密机床的导轨也可采用液体静压导轨、气浮导轨和空气静压导轨等形式，它们具有极高的直线运动精度、运动平稳、无爬行、摩擦系数低等特点。

6.9.2 微细加工与纳米技术

微细加工通常指 1 mm 以下微细尺寸零件的加工，其加工误差为 0.1 ~ 10 μm。超微细加工通常指 1 μm 以下超微细尺寸零件的加工，其加工误差为 0.01 ~ 0.1 μm。具体加工技术：利用

X 射线光刻、电铸的 LIGA 和利用紫外光刻的准 LIGA 加工技术；微结构特种精密加工技术，包括微电火花加工、能束加工、立体光刻成形加工；特殊材料，特别是功能材料微结构的加工技术；多种加工方法的结合；微系统的集成技术；微细加工新工艺探索等。

科学技术正在向微小领域发展，由毫米级、微米级继而涉足纳米级，人们把这个领域的技术称为微米/纳米技术。当前，微纳米技术使人类在改造自然方面进入一个新的层次，即以微米层次深入原子、分子级的纳米层次。它是一种新兴的高技术，发展十分迅猛，并由此开创了纳米电子、纳米材料、纳米生物、纳米机械、纳米制造、纳米测量等新的高技术群。微纳米技术在信息、材料、生物、医疗等方面的应用，使得人类认识和改造世界的能力取得重大突破。

从微米/纳米技术研究的技术途径可将其分为两种：一种是分子、原子组装技术的方法，即把具有特定理化性质的功能分子、原子，借助分子、原子内的作用力，精细地组成纳米尺度的分子线、膜和其他结构，再由纳米结构与功能单元进而集成为微米系统，这种方法称为由小到大的方法（bottom—up）；另一种是用刻蚀等微纳加工方法将特大的材料割小，或将现有的系统采用大规模集成电路中应用的制造技术实现系统微型化，这种方法也称为由大到小的方法（top—down）。从目前的技术基础分析，top—down 的方法是主要应用的方法。

微纳加工技术包含超精机械加工、IC 工艺、化学腐蚀、能量束加工等诸多方法。对于简单的面、线轮廓的加工，可以采用单点金刚石和 CBN 切削、磨削、抛光等技术来实现，如激光陀螺的平面反射镜和平面度误差要求小于 30 mm，表面粗糙度 *Ra* 值小于 1 nm 等。而对于稍稍复杂一点的结构，用机械加工的方法是不可能的，特别是制造复合结构，当今较为成熟的技术仍是 IC 工艺硅加工技术，如直径仅为 60 ~ 120 μm 的硅微型静电马达等。另外，建立在深层同步辐射光刻、电镀、铸塑技术基础的 LIGA 技术，在制作具有很大纵横比的复杂微结构方面取得重大进展，并日趋成熟，其横向尺寸可小到 0.5 μm，加工精度达到 0.1 μm。同时，能量束加工如离子束加工、分子束加工、激光束加工以及电化学加工、精密电火花加工等，在微细加工甚至纳米加工领域发挥着越来越重要的作用。

思考与习题

1. 孔加工刀具有哪些类型？

2. 说出下列机床的名称和主要参数（第二参数），并说明它们各具有何种通用或结构特性：CM6132，XK5040，MBG1432。

3. 举例说明何谓外联系传动链？何谓内联系传动链？其本质区别是什么？对这两种传动链有何不同要求？

4. 当主轴转速分别为 40 r/min、160 r/min 及 400 r/min 时，能否实现螺距扩大 4 及 16 倍？为什么？

5. 为什么在主轴箱中有两个换向机构？能否取消其中的一个？溜板箱内的换向机构又有什么用处？

6. 离合器 M_3、M_4 和 M_5 的功用是什么？是否可以取消其中的一个？

7. 在 CA6140 型普通车床的主运动、车螺纹运动、纵向进给运动、横向进给运动、快速运动等传动链中，哪几条传动链的两端件之间具有严格的传动比？哪几条传动链是内联系传动链?

8. 在 CA6140 型普通车床上车削的螺纹导程最大值是多少?最小值是多少?分别列出传动链的运动平衡方程式。

9. 写出在 CA6140 型普通车床上进行下列加工时的运动平衡式,并说明主轴的转速范围:

(1)米制螺纹 P=16 mm,k=1;

(2)英制螺纹 a=8 牙/in;

(3)模数螺纹 m=2 mm,k=3。

10. 试述磨削时砂轮特性要素的选择原则。(答案要点:a. 砂轮的要素;b. 着重从磨料的选择、粒度的选择、硬度的选择以及组织等几方面叙述)

11. 对比滚齿机和插齿机的加工方法。

12. 试列举外圆磨削方法及各自优缺点。

13. 试分析车刀由焊接结构发展为可转位结构的必然性。

14. 试述孔加工刀具的种类和它们的应用范围。

15. 简述标准麻花钻的结构组成。

16. 简述麻花钻横刃对钻削的影响如何?

17. 拉削速度并不高,但拉削却是一种高生产率的加工方法,原因何在?

18. 试分析齿轮滚刀加工齿轮的工作原理。

19. 精密及超精密加工的发展趋势是什么?

20. 实现精密加工与超精密加工应具备哪些基本条件?

21. 微细加工的特点是什么?

22. 主要的微细加工方法有哪几种?

第7章 机床夹具设计基础

【导 学】

机床夹具是切削加工中实现工件定位、夹紧的重要辅助设备，在机械加工中起着重要的作用，它直接影响机械加工质量、工人的劳动强度、生产率和生产成本等。因此，夹具设计是机械加工工艺准备中的一项重要工作。本章主要根据工件在机床夹具的定位和紧固对机床夹具进行介绍，包括工件的安装和定位原理及方法、工件定位的基本定位元件、常见夹具的设计和结构、夹具设计的一般步骤和常用机床的专用夹具。通过本章的学习，要求掌握工件安装中的定位原理、定位元件的选择及夹具设计的基本方法。

7.1 概 述

7.1.1 工件安装方式

工件在机床上的安装质量直接影响到工件机械加工的质量、效率和经济性。根据工件的生产类型、加工要求的精度以及工件的构形、大小和质量，可以采用不同的安装方法。

1. 找正安装

找正法是指把工件安放在机床工作台上或放在虎钳等通用夹具中，其定位是利用划针、百分表、千分表等找正工件位置，一边校验，一边找正，直至符合要求，再进行夹紧。如图7-1-1所示，在车床上用四爪卡盘装夹零件，加工虚线所示的孔，与直径较大外圆面有同轴度要求。通过不断调整卡盘的 4 个卡爪，同时用百分表来找正，直至符合要求。此时，定位基面为所找正的表面，而并非装夹表面。

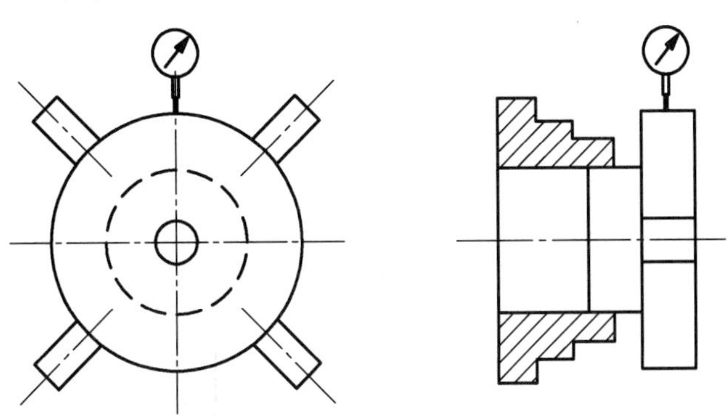

图 7-1-1 四爪卡盘找正安装工件

该方法的定位精度与所使用的工具、找正方法和操作工人的水平有关。直接找正安装费时费事，一般应用于工件批量小，采用专用夹具不经济的场合，或者应用于工件定位精度要求很高的场合。

2. 夹具安装

这种方法将工件安装在夹具中，无须进行找正就可以迅速而可靠地保证工件对机床和刀具的正确的相对位置，并可迅速夹紧。如图 7-1-2 所示，在车床上用三爪卡盘安装工件，此时，定位基面就是装夹表面本身。

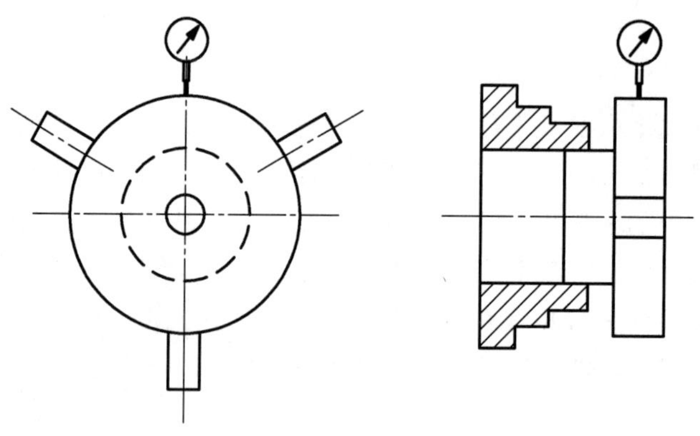

图 7-1-2　三爪卡盘直接安装工件

使用夹具安装效率高，能准确确定工件与机床、刀具之间的相对位置，定位精度高，稳定性好，还可以减轻工人的劳动强度和降低对工人技术水平的要求，因而广泛应用于各种生产类型。

7.1.2　机床夹具的组成

虽然机床夹具种类繁多，但它们的工作原理基本相同。无论是哪种类型的机床夹具，一般均包含以下几个基本的组成部分。

（1）定位元件或定位装置：用来确定工件在夹具中的位置，从而使工件被加工时相对于刀具或切削成形运动具有正确的位置。

（2）夹紧装置：用于保持工件在定位时确定的正确位置，使工件在重力、惯性力和切削力等的作用下不至于产生位移，从而破坏工件的精度，甚至使加工无法进行。

（3）对刀装置：用于确定刀具相对于工件的位置，有的对刀装置还有刀具导向作用，如铣床夹具的对刀块、钻模的钻套、镗模的镗套等。

（4）夹具体：是用于连接夹具各个组成元件和装置，使其成为一个整体。一般夹具和机床有关部位的连接也是通过夹具体进行连接，以保证夹具相对于机床有一个正确的位置。

（5）其他装置：包括定向键、定位键、操作件和分度移位装置。

上述组成部分并不是每一种夹具都缺一不可，但任何夹具都必须包含定位元件及夹紧装置。

如图 7-1-3 所示的钻床夹具，用于一垫圈上钻一个 $\phi10$ 的孔。工件在钻模上以孔 $\phi68H7$、端面和键槽与定位法兰 3 和定位块 4 接触定位。当转动螺母 8 使螺杆 2 向右移动，转动垫圈 1 将工件夹紧。松开螺母 8，螺杆在弹簧 9 的作用下左移，松开转动垫圈 1，并绕螺钉 10 转动垫圈，可以卸下工件。钻套 5 用以确定钻孔时导引钻头。

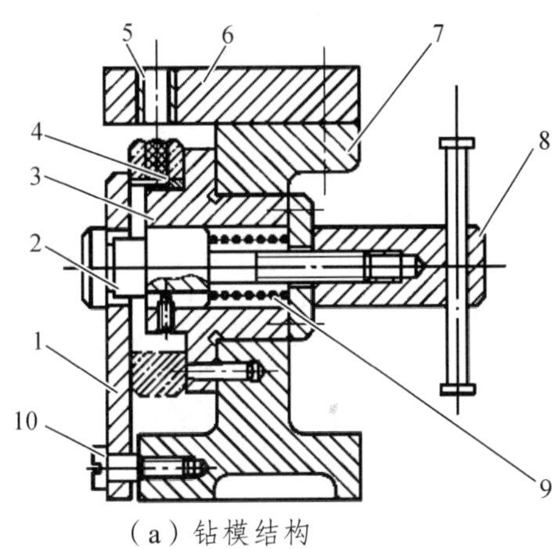

(a) 钻模结构

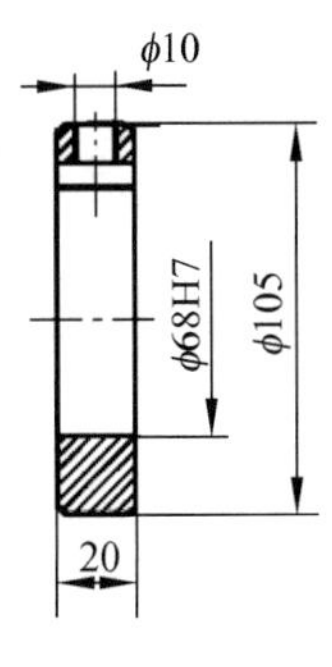

(b) 工件示意图

1—转动垫圈；2—螺杆；3—定位法兰；4—定位块；5—钻套；6—钻模板；7—夹具体；8—夹紧螺母；9—弹簧；10—螺钉。

图 7-1-3　钻模

7.1.3　机床夹具的分类

1. 按夹具的通用程度分类

（1）通用夹具：是指已经标准化的、在一定范围内可用于加工不同工件的夹具。例如，三爪卡盘、平口钳、电磁吸盘、分度头和回转工作台等。这类夹具已经商品化，且成为机床的附件，其缺点是加工精度不是很高，生产率较低，难以装夹形状复杂的工件。它适用于单件小批量生产。

（2）专用夹具：是指专为某一工件的某道工序而专门设计的夹具。其特点是针对性强，可以保证较高的加工精度和生产效率，但设计制造周期较长、制造费用也较高。当产品变更时，夹具将由于无法再使用而报废。它只适用于产品固定且批量较大的生产中。

（3）可调夹具和成组夹具：可调夹具是针对通用夹具和专用夹具的缺点，针对不同尺寸的工件，将夹具的部分元件设计成可以更换或者可以调整，以适应不同零件加工的一类夹具。用于相似零件成组加工的夹具，称为成组夹具。可调夹具与成组夹具相比，加工对象不很明确，适用范围更广一些。

（4）组合夹具：是指按零件的加工要求，由一套事先制造好的标准元件和部件组装而成的夹具。由专业厂家制造，其特点是灵活多变、适应性强、制造周期短、元件能反复使用，特别适用于新产品的试制、单件小批生产。

（5）随行夹具：是一种在自动线上使用的夹具。该夹具既要起到装夹工件的作用，又要与工件成为一体沿着自动线从一个工位移到下一个工位，进行不同工序的加工。

2. 按使用的机床分类

由于各类机床的工作特点和结构形式各不相同，对所用夹具也相应地提出了不同的要求。按所使用的机床不同，夹具又可分为车床夹具、铣床夹具、钻床夹具、镗床夹具、磨床夹具、齿轮机床夹具和数控机床夹具等。

3. 按夹紧动力源分类

根据夹具所采用的夹紧动力源不同，可分为手动夹具、气动夹具、液压夹具、气液夹具、电动夹具、电磁夹具、真空夹具等。

7.2 工件在夹具中的定位

7.2.1 基准及其类型

从几何意义看，任何一个零件都可以视为由一些点、线、面等几何要素构成，这些几何要素之间有一定的尺寸和位置公差要求。基准就是用来确定工件几何要素的尺寸和位置时所依据的那些点、线、面。根据基准作用的不同，基准可分为设计基准和工艺基准两大类。工艺基准又可分为工序基准、定位基准、测量基准和装配基准。

1. 设计基准

在零件图样上所采用的基准称为设计基准，它是标注设计尺寸的起点。如图 7-2-1 所示的某零件示意图中，对于尺寸 l_2 而言，端面 D 和端面 F 是互为设计基准的关系；对于尺寸 l_1 而言，端面 D 是端面 E 的设计基准；对于同轴度要求而言，其设计基准是 ϕ24 mm 外圆面所导出的中轴线。

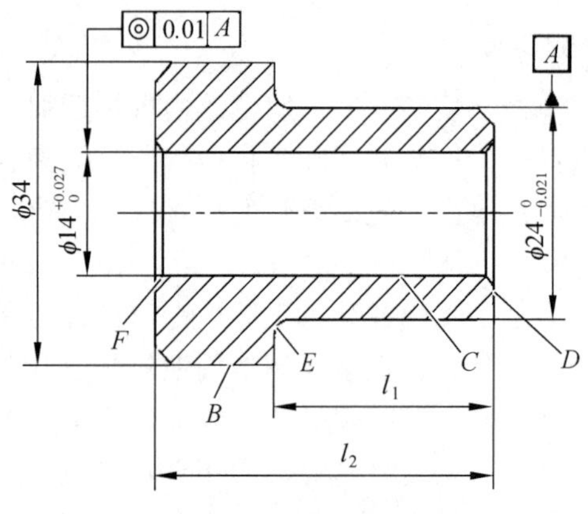

图 7-2-1 某零件示意图

2. 工序基准

工序基准是在工序图上用来确定本工序被加工表面尺寸和位置的基准。如图 7-2-2 所示的某工序示意图中，按尺寸 l_3 加工端面 E 时，端面 F 即是工序基准，加工尺寸 l_3 称为工序尺寸。因此，工序基准是工序尺寸的起点。

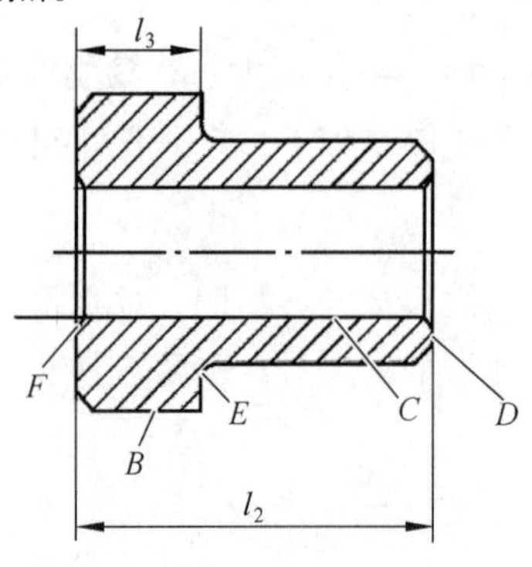

图 7-2-2 某工序示意图

3. 定位基准

定位基准是工件在加工中用作定位的基准，是使工件在机床上或夹具中占据正确位置所依据的点、线、面。定位基准一般是与定位元件相接触的工件表面，某些情况下，也可以是其导出的中心要素（中间平面、中轴线等）。如图 7-2-1 所示零件，当以内孔装在心轴上磨削外圆面表面时，内孔表面就是定位基面，孔的中轴线就是定位基准。

4. 测量基准

测量基准是零件测量时采用的基准。测量的内容包括工序的尺寸误差和几何误差。如图 7-2-3 所示，在平面加工后，以外圆的下母线作为测量基准进行尺寸测量。

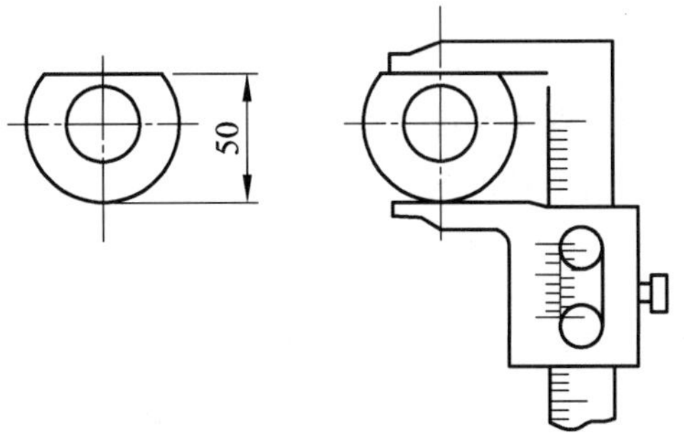

图 7-2-3　尺寸的测量

5. 装配基准

装配基准是装配时用来确定零件或部件在产品中的相对位置所采用的基准。如图 7-1-3 所示钻模中，对定位法兰 3 而言，与夹具体 7 在装配时，其右侧的外圆面和端面就是装配基准。

分析基准时，还需注意以下两点。

（1）作为基准的点、线、面在工件上不一定具体存在，如孔的中心线、外圆的轴线以及中间平面等，而是常常由某些具体的表面来体现的，这些面称为基面。如图 7-1-1 和图 7-1-2 所示的例子。

（2）作为基准，可以是没有面积的点、线或很小的面，但具体的基面与定位元件实际接触总是有一定的面积。

7.2.2　六点定位原理

如图 7-2-4（a）所示，在笛卡尔坐标系下的三维空间（坐标系 $OXYZ$）中，自由状态的物体有且仅有 6 个自由度，即沿着 X、Y、Z 3 个坐标轴的移动（分别用 $\vec{X}$ 、$\vec{Y}$ 、$\vec{Z}$ 表示）；绕着 X、Y、Z 3 个坐标轴的转动（分别用 $\widehat{X}$ 、$\widehat{Y}$ 、$\widehat{Z}$ 表示）。

理论上，工件的 6 个自由度可以用 6 个支承点加以限制，前提是这 6 个支承点在空间按一定规律分布。如图 7-2-4（b）所示，在 XOY 平面上设置 3 个定位支承点 1、2、3，使工件的 A 面与其接触，限制了工件的 $\vec{Z}$ 、$\widehat{X}$ 、$\widehat{Y}$ 3 个自由度；在 YOZ 平面上设置 2 个支承点 4 和 5，使之与工件的 B 面接触，这又限制了工件的 $\vec{X}$ 、$\widehat{Z}$ 2 个自由度；最后在平面 XOZ 上设置一个支承点 6，并与工件的 C 面接触，它可限制工件的 $\vec{Y}$ 自由度。这样，该工件在空间直角坐标系中的 6 个自由度就全部被限制了，也就是说该工件的空间位置和方向被完全确定了。

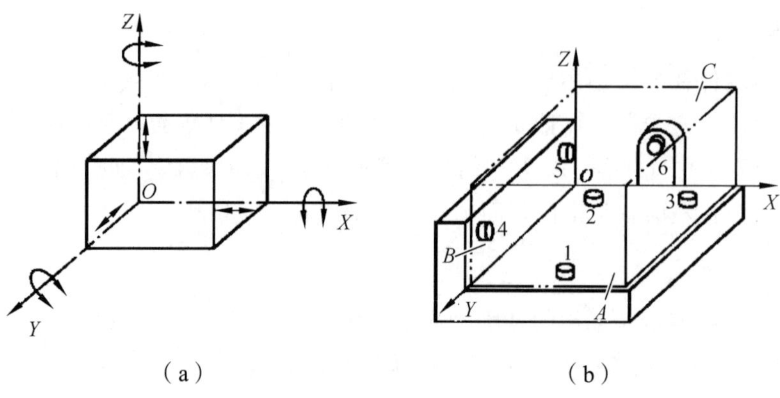

图 7-2-4　六点定位原理

实际生产中，并非在任何情况下都必须限制工件的 6 个自由度。根据加工要求限制的自由度情况与加工实际限制的自由度情况之间的关系，可以分为以下几种情况。

1. 完全定位

无论加工要求如何，当合理布置定位元件，使得工件的 6 个自由度完全被限制（但没有被重复限制），此时总能满足加工要求，称为完全定位。如图 7-2-5（a）所示，需要在长方体工件上铣不通槽，需要保证尺寸 A、B 和 C，此时，需要限制 6 个自由度，为完全定位。

2. 不完全定位

很多情况下，只需要限制对加工精度有影响的自由度。工件的 6 个自由度没有被全部限制但能满足加工要求的定位，称为不完全定位。如图 7-2-5（b）所示铣通槽时，通槽方向上的移动坐标 $\vec{Y}$ 无须限制，实际加工中，只限制其他 5 个自由度即可满足要求。

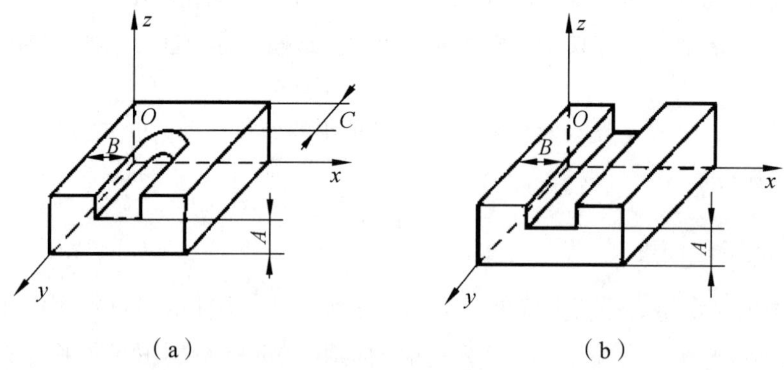

图 7-2-5　铣槽

在工件定位时，以下几种情况允许不完全定位：

（1）加工通孔或通槽时，沿贯通轴的移动自由度可以不限制。

（2）若毛坯是轴对称的，绕对称轴的转动自由度可以不限制，如图 7-2-6（a）所示。

（3）加工贯通平面时，除可不限制沿两个贯通轴的移动自由度外，还可以不限制绕垂直加工面的轴的转动自由度，如图 7-2-6（b）所示。

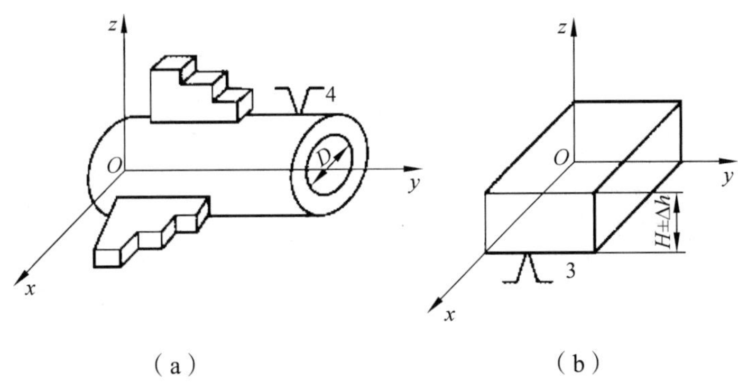

图 7-2-6　不完全定位的情况

3. 欠定位

工件在夹具中定位时，若存在要求必须限制的自由度没有被限制的情况，称为欠定位。如图 7-2-7 所示，在球面上钻孔时，若要求必须限制的两个移动自由度 $\vec{X}$ 、$\vec{Y}$ 之一没有被限制，那么孔的中心线就无法保证能通过工件的中心，即加工要求无法保证，因此，欠定位无法满足加工要求。

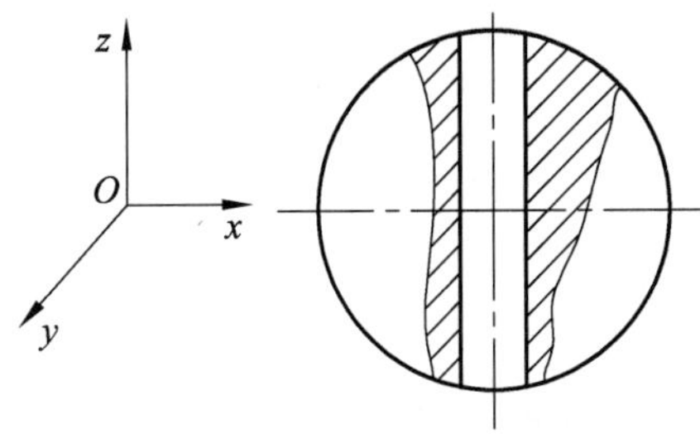

图 7-2-7　球面钻孔

4. 过定位

工件上某一个或几个自由度被重复限制的定位，称为过定位或重复定位。

一般对工件上以形状精度和位置精度很低的面作为定位基准时，不允许出现过定位。如图 7-2-8（a）所示，在立式铣床上用端铣刀粗加工矩形件上表面，用 4 个支承钉定位工件的毛坯平面便形成过定位现象。因为工件定位面形状精度很低，工件放在支承钉上，只能与任意 3 个支承钉接触。夹紧时，可能造成工件和定位元件变形，影响加工质量。为了避免过定位，一般定位毛坯面都只用 3 个支承钉。

以精度较高的面作为定位基准时，为提高工件定位的刚度和稳定性，在一定条件下允许采用过定位。如图 7-2-8（b）所示，齿轮加工中的定位方案显然也是过定位的，但是如果被加工齿轮的内孔与端面、定位心轴与支承凸台都有很高的垂直度，那么此时过定位不仅不会引起工件或夹具的变形，而且会提高工件的定位精度，改善夹具的受力状况。

在利用六点定位原理时，除了合理布置定位支承点之外，还需注意以下几点。

（1）支承点应处于定位状态，即定位支承点与工件定位基准面保持贴合。若二者脱离，则意味着没有起到定位作用。

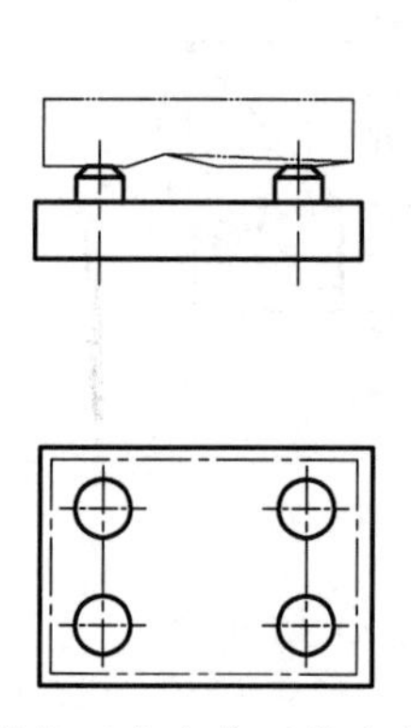

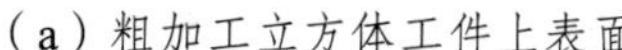

（a）粗加工立方体工件上表面

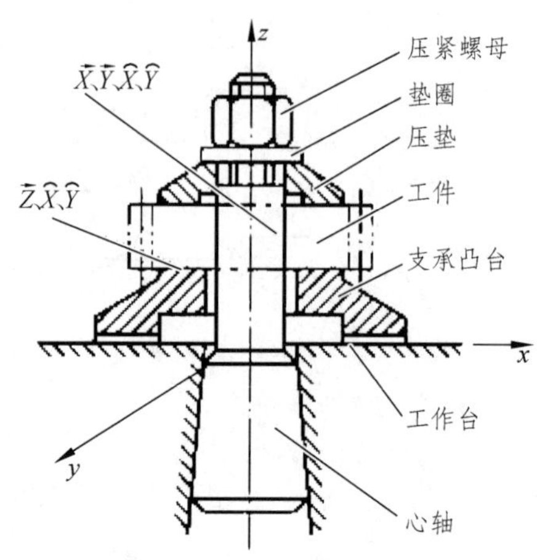

（b）齿轮加工的定位方案

图 7-2-8　过定位

（2）夹具定位中关于自由度的概念与物理学中自由度的概念不完全相同。定位分析中的自由度实际上指的是工件的位置不确定性。工件的某一自由度被限制，是指确定了工件在这一方向上的位置，能够满足相应的定位精度要求。分析定位支承点的定位作用时，不考虑力的影响，要注意将定位与夹紧的概念区分开来。

（3）“六点定位原理”是把夹具中的定位元件抽象成定位支承点，每个支承点消除一个自由度，最终将工件的 6 个自由度都消除。但实际上夹具有时使用的是一些具体的定位元件，并不都是直接由支承点组成的，往往是通过定位元件上的具体定位表面体现出来的。

7.2.3　定位元件

常用的定位元件有支承钉、支承板、定位销、心轴、V 形块、定位套、顶尖等，除了支承钉可以直接理解为定位支承点之外，其他定位元件相当于多个定位支承点，现简介如下：

1. 以平面定位

常见的平面定位元件包括固定支承、可调支承、自位支承和辅助支承四种类型。除了辅助支承在定位时不限制工件的自由度，其他支承均对工件起定位作用。

1）固定支承

平面定位元件包括支承钉和支承板，如图 7-2-9 所示，图（a）为平头支承钉，用于已经机械加工过的平面定位，可以减小定位基准和支承钉之间的单位接触压力，避免压坏基准面并可以减小支承钉的磨损。图（b）为圆头支承钉，用于未经机械加工的毛坯平面定位，以保证接触点的位置相对稳定，但容易磨损。图（c）为网纹顶面支承钉，有利于增大摩擦力，常用于侧面定位。图（d）和图（e）为支承板，其中图（d）所示支承板的埋头螺钉处的积屑不易清除，一般用于侧面定位。

定位时，一个支承板与工件定位面接触，相当于两个定位支承点，限制两个自由度。两个相距一定距离的支承板与工件定位面接触，相当于三个定位支承点，限制三个自由度。

为保证夹具上各固定支承的定位表面严格共面，装配后需将其工作表面一次磨平。支承钉与夹具体的配合采用 H7/n6 或 H7/r6，当支承钉需要经常更换时，应加衬套。衬套外径与夹具体孔的配合一般用 H7/n6 或 H7/r6，衬套内径与支承钉的配合选用 H7/js6。

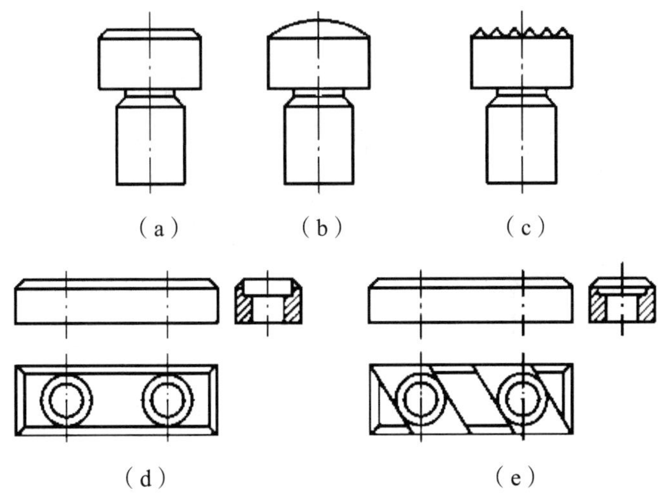

图 7-2-9　平面定位元件

2）可调支承

当工件定位基准面形状较复杂，或各批次毛坯尺寸、形状变化较大，可采用如图 7-2-10 所示的可调支承，其支承钉 1 的高度可以适当调整，调整好后再用螺母 2 锁紧，其作用相当于一个固定支承。一般可调支承在一批工件加工前调整好以后，在同批工件加工时，其作用与固定支承相同。

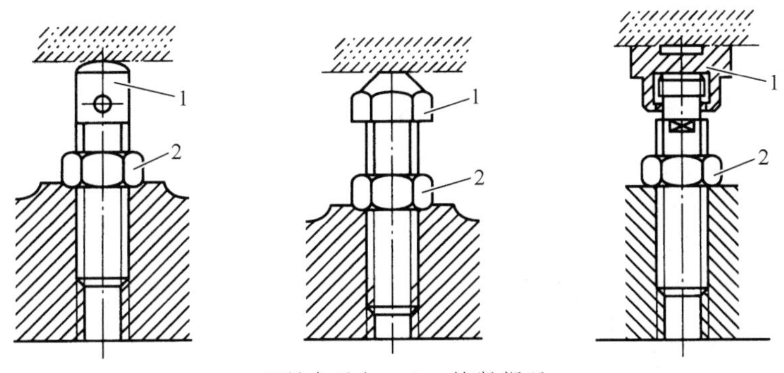

1—可调支承钉；2—锁紧螺母。

图 7-2-10　几种常见的可调支承

3）自位支承

如图 7-2-11 所示，自位支承有两个或以上相互协调而非独立的多个支承点，支承点的位置能随着工件定位基准面的不同而自动调节，工件定位基准面压下其中一点，其余点便上升，直至各点都与工件接触。接触点数的增加，可提高工件的装夹刚度和稳定性，但其作用仍相当于一个固定支承，只限制一个自由度。自位支承适用于工件以毛坯面定位或刚度不足的场合。

4）辅助支承

为了提高工件安装的刚性和稳定性，在考虑夹紧力、切削力、重力等影响的情况下，可使用辅助装置。辅助支承在夹具中仅起支承作用，用于增加工件的支承刚度和稳定性，防止工件发生变形，影响加工精度。辅助支承一般在正常定位完成后考虑，不应限制自由度，或破坏已有的定位状态。

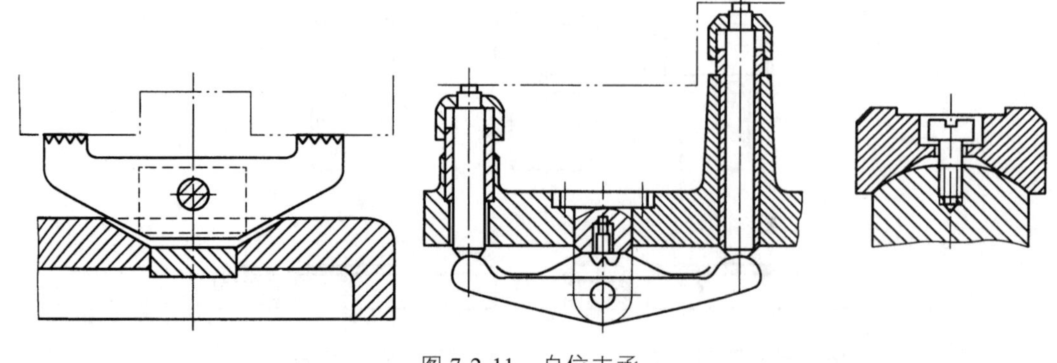

图 7-2-11　自位支承

2. 以内孔定位

以内孔定位时，定位元件主要包括定位销和定位心轴。定位销又有圆柱销、圆锥销、菱形销等形式。

1）定位销

（1）圆柱定位销。

根据圆柱定位销限制的自由度数量不同，可分为长定位销和短定位销两种。其中短销[见图 7-2-12（a）]与圆孔配合，限制两个自由度（$\vec{X}$、$\vec{Y}$）；长销或心轴[见图 7-2-12（b）]与圆孔配合，限制 4 个自由度（$\vec{X}$、$\vec{Y}$、$\widehat{X}$、$\widehat{Y}$）。夹具中所说定位元件的长短是相对于定位能否满足定位要求而言的。一般情况下，图 7-2-12（a）所示的圆柱销对两个旋转自由度的定位达不到定位要求，则一般认为其不能限制这两个旋转自由度。在判断定位元件的长短（大小）时，应结合定位元件与定位基面的接触范围以及受力情况来分析。大多数情况下，当定位元件的定位表面与工件定位面的接触处大于工件一半及以上时，则认为是长（大）；当小于工件一半及以下时，则认为是短（小）。

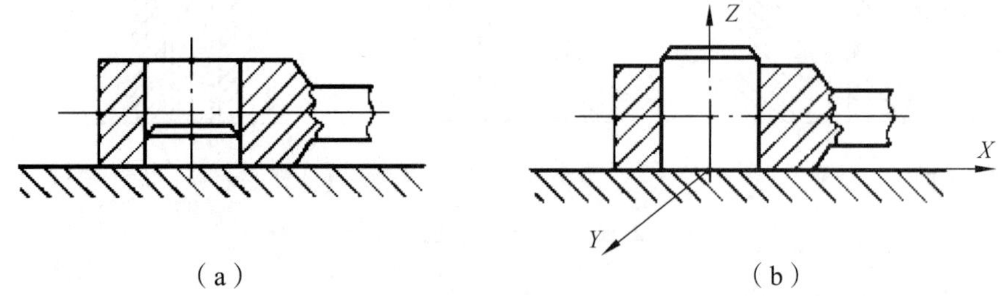

图 7-2-12　短定位销和长定位销

圆柱销常用结构如图 7-2-13 所示。其中图（a）、（b）、（c）所示为固定式定位销，定位销与夹具体座孔的配合为 H7/r6 或 H7/n6，一般可直接压入装配；图（d）所示为可换定位销，用螺栓经中间套以 H7/n6 与夹具配合。在大批量生产条件下，因工件装卸次数频繁，定位销很容易磨损而影响定位精度，故应使其容易更换。定位销端部均有 15°的大倒角，便于工件定位孔套入。当工件定位孔为 ϕ3～10 mm 时，可选用图（a）所示的结构形式，为增强定位销根部强度，通常把根部倒成圆角 R。因此，夹具体上应设计有沉孔，使定位销的圆角部分沉入孔内而不影响工件定位精度。当定位孔为 ϕ10～18 mm 时，可选用图（b）所示的结构形式，与夹具体配合部分直径可能小于定位直径 D，因此采用了轴肩结构。当定位孔直径>18 mm 时，可选用图（c）所示的结构形式。

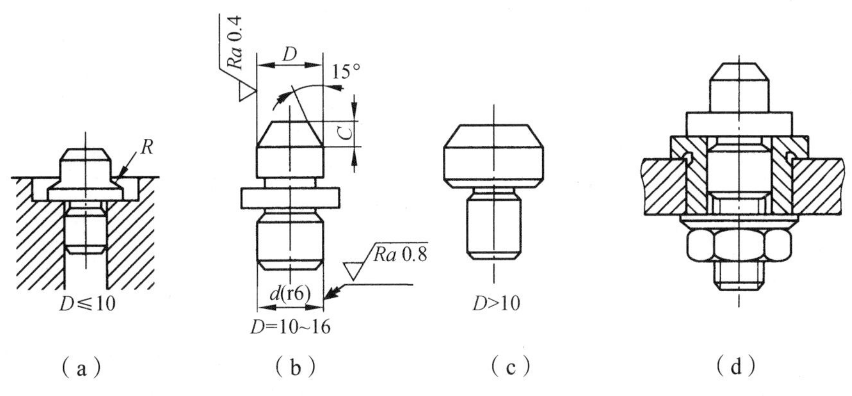

图 7-2-13　圆柱销定位元件

（2）圆锥定位销。

圆锥销与圆孔端部的孔口相接触，孔口的尺寸和形状精度直接影响接触情况而影响定位精度。图 7-2-14（a）所示的圆锥销为圆锥面结构，适合工件上已加工过的圆孔，图 7-2-14（b）所示的圆锥销为 120°均布的三小段圆锥面结构，适合工件上未加工过的毛坯孔。固定式圆锥销定位时，可限制三个方向上的移动自由度 $\vec{X}$ 、$\vec{Y}$ 、$\vec{Z}$ 。工件以单个圆锥销定位时容易倾斜，因此一般采用与其他表面组合的定位方式。图 7-2-15 所示为圆锥销与平面组合定位的情况。工件以平面为主要定位面，圆锥销是活动的，限制水平方向上的两个移动自由度。

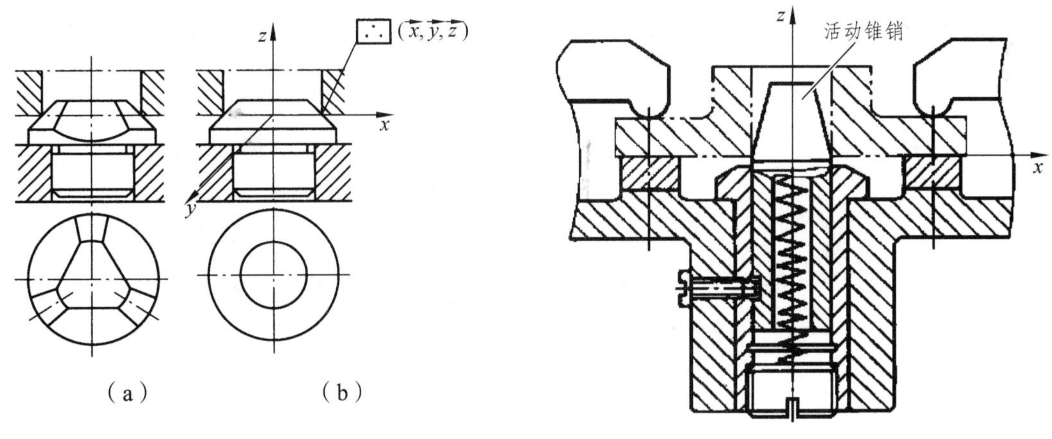

图 7-2-14　圆锥销定位

图 7-2-15　圆锥销和平面组合定位

2）圆柱定位心轴

图 7-2-16（a）所示为间隙配合心轴，其定位部分直径按间隙配合制造。视定位精度要求，当间隙较小时，可限制工件 4 个自由度；当间隙较大时，只限制 2 个移动自由度。工件常以孔和端面组合定位，可限制工件 5 个自由度。心轴使用开口垫圈夹紧工件，可实现快速装卸，开口垫圈的两端面应互相平行。当工件内孔与端面垂直度误差较大时，应改用球面垫圈。间隙配合心轴定心精度不高，但装卸工件方便。

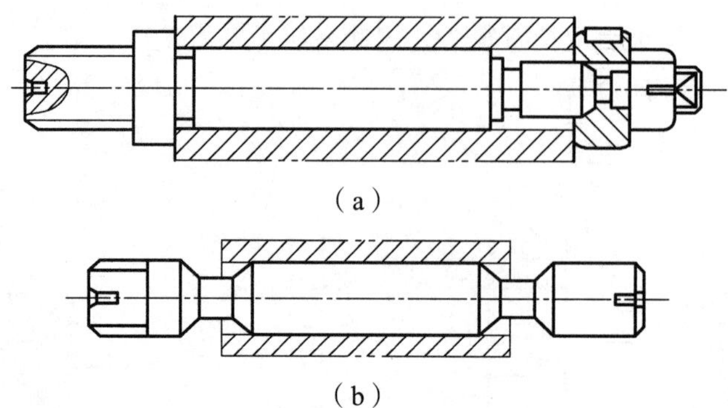

（a）

（b）

图 7-2-16　圆柱定位心轴

图 7-2-16（b）所示为过盈配合心轴，可限制工件 4 个自由度。这种心轴制造简单，定心准确，不用另设夹紧装置，但装卸工件不便，易损伤工件定位孔。因此，它多用于定心精度要求高的精加工，并可由过盈传递切削力矩。

3）锥面定位元件

当工件定心用的圆孔带有一定锥度，可采用小锥度心轴定位。对于轴类零件，常常采用两端面顶尖孔锥面定位。

当工件要求定心精度高且装卸方便时，可采用小锥度心轴来实现圆柱孔的定位（锥度一般为 1/4 000~1/5 000），小锥度心轴可限制工件除绕轴线旋转以外的其余 5 个自由度。锥度心轴定心精度较高，但工件孔径的公差将引起工件轴向位置变化很大，且不易控制。

轴类零件两个端面上的顶尖孔是专门为了定位而加工的。虽然，顶尖孔与顶尖之间的接触面是整个锥面，但相对于整个受力范围而言，其接触面很窄小，因此对于单个固定顶尖定位时，其限制 3 个移动自由度，其分析方法与圆锥销定位类似。如图 7-2-17 所示，左顶尖为固定顶尖，限制 3 个移动自由度 $\vec{X}$、$\vec{Y}$、$\vec{Z}$，右顶尖为浮动顶尖，限制 2 个旋转自由度 $\widehat{X}$、$\widehat{Y}$。

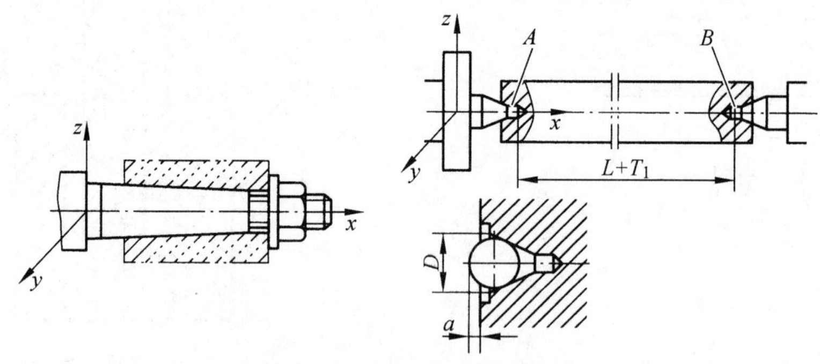

图 7-2-17　两端面顶尖孔锥面定位

3. 以外圆定位

以外圆定位时，常见的定位元件包括 V 形块、定位套、内锥套、支承板等。其中，V 形块用得最多。V 形块定位的优点是对中性好，且不受定位基准直径误差的影响，工件装卸方便。

1）V 形块

图 7-2-18 所示为常用 V 形块的结构。V 形块两定位工作平面间的夹角有 60°、90°和 120°三种，其中以 90°夹角的 V 形块应用最广，且结构已标准化。图（a）所示 V 形块用于较短的

精基准定位；图（b）所示 V 形块用于较长的粗基准定位；图（c）和（d）所示 V 形块用于两段精基准面相距较远的场合。一般较长的 V 形块可以限制工件的 4 个自由度（除沿长度方向上的移动和旋转自由度之外），较短的 V 形块仅限制工件的 2 个移动自由度。

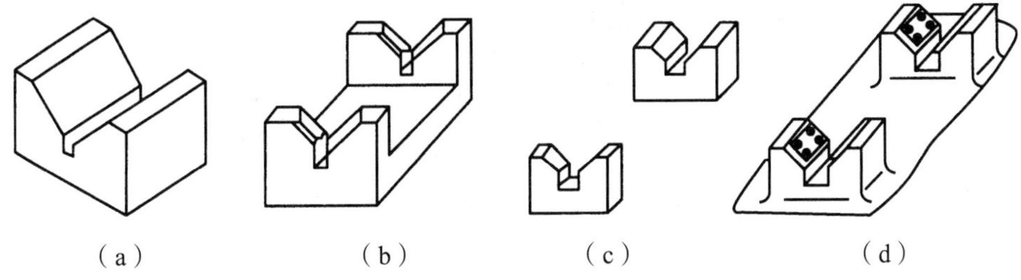

图 7-2-18　常见 V 形块的结构

此外，还可以采用活动式 V 形块。图 7-2-19 所示的活动 V 形块，由于在 x 方向上没有固定，只能限制工件 y 方向上的一个移动自由度。

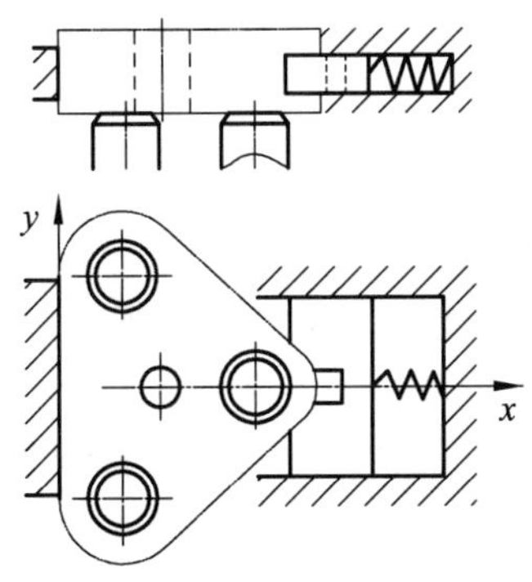

图 7-2-19　活动 V 形块

2）定位套

工件以外圆柱面在夹具体上的套筒内定位时，通常采用间隙配合，定心精度不高。如图 7-2-20（a）所示，当圆柱孔定位套较短时，只限制工件的 2 个移动自由度；当圆柱孔定位套较长时［图 7-2-20（b）］，定位套限制工件的 4 个自由度。

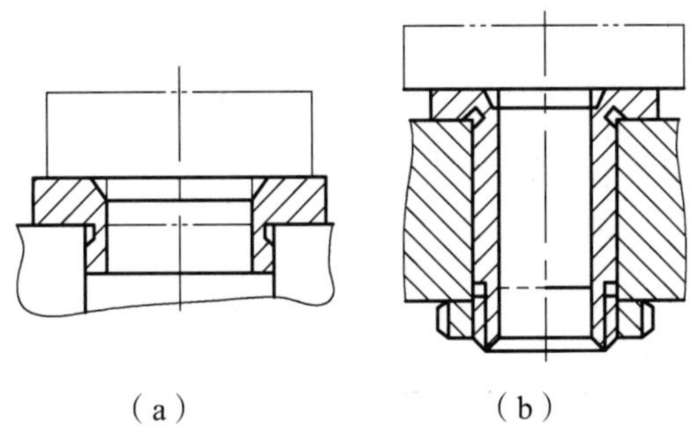

图 7-2-20　定位套定位

3）半圆定位座

如图 7-2-21 所示，半圆定位座为半圆孔定位，下面的半圆套是定位元件，固定在夹具体上；上面的半圆套起夹紧作用，一般制成可装卸[见图 7-2-21（a）]或铰链式[见图 7-2-21（b）]

的半圆盖。这种定位方式主要用于不便于轴向装夹的大型轴套类零件，其定位基准面的尺寸公差等级不应低于 IT9。与 V 形块相比，其夹紧力较均匀，稳固性较好。

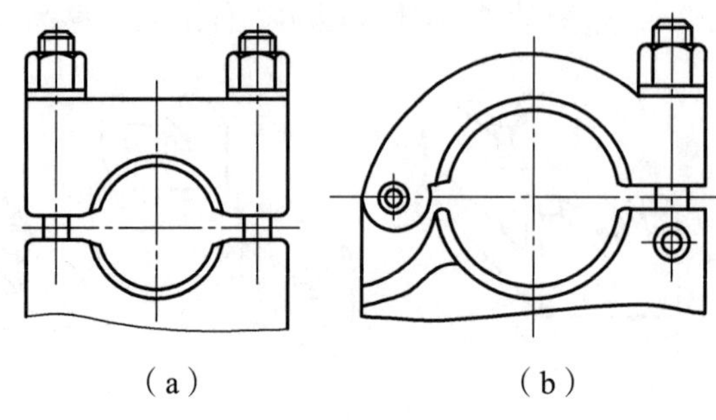

图 7-2-21　半圆定位座

4. 组合定位分析

生产实际中，很多情况下只采用单个定位表面通常无法满足加工要求，工件的定位通常都是采用组合表面定位的定位方式。在分析组合定位表面的定位元件具体限制哪些自由度时，应注意以下几点。

（1）组合定位限制的自由度的数目等于各定位元件单独限制工件自由度的数目之和。可先判断各个定位元件限制的自由度之和。

（2）先分析限制自由度较多的定位元件，再分析限制自由度较少的定位元件。

（3）应判断各定位元件组合之后是否存在移动自由度转化为转动自由度的情况。

下面通过生产中常常采用的“一面两孔”组合定位来说明其分析方法。该定位方式常用于各类箱体、盖板、连杆等零件的加工。

【例 7-2-1】　某工件拟用一面两孔定位，平面定位元件采用支承板，限制 3 个自由度，两孔的定位元件一般分别采用两个短圆柱销，但这样一来，由于每个短圆柱销限制 2 个自由度，因此，各个定位元件限制工件的自由度数为 7，将产生过定位的情况。为了避免这一点，通常将其中一个销做成菱形销，只保留很短的两段圆弧与工件内孔表面接触，如图 7-2-22 所示。

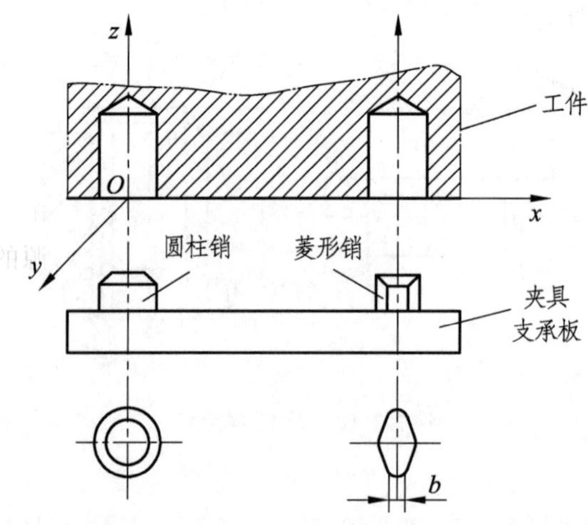

图 7-2-22　一面两孔定位

因此，图中所示的组合定位实际限制自由度的情况是：支承板限制 $\widehat{X}$、$\widehat{Y}$、$\vec{Z}$ 三个自由度，圆柱销限制两个移动自由度 $\vec{X}$、$\vec{Y}$，菱形销只限制 1 个绕圆柱销中心转动的自由度 $\widehat{Z}$，这里出现了上述的移动自由度转化为转动自由度的情况，究其原因，是因为两个定位销的中心相距较远，因此不会造成 Y 方向的移动自由的重复定位，而是起到共同限制 1 个移动自由度和一个旋转自由度（与图 7-2-4 中支承点 4 和 5 的情况类似），圆柱销另外还会限制 X 方向的移动自由度。可见，这里所采用的一面两孔的定位方式是完全定位。

7.3　工件在夹具中的夹紧

根据定位要求将工件定位后，为了能够正常加工，还必须对工件实施夹紧，保证工件在加工过程中不会因为受到外力（如切削力、重力、离心力和惯性力等）作用而产生位移或振动。因此，必须在夹具上设置必要的夹紧装置。夹紧装置的合理设计，对生产效率及加工的安全性、可靠性都有很大影响。

7.3.1　夹紧装置的组成

根据加工任务要求的不同，夹紧装置也各种各样。如图 7-3-1 所示，夹紧装置一般应具有力源机构、中间传力机构和夹紧元件三个组成部分。

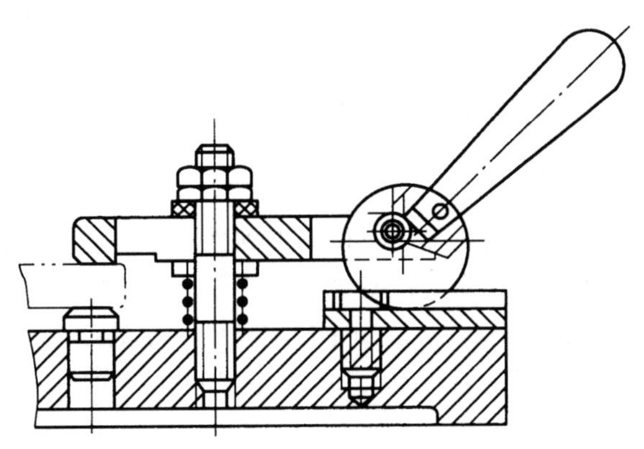

图 7-3-1　夹紧装置的组成

1. 力源机构

机动夹紧机构常用的力源由气缸、油缸、电力（电机、电磁）等动力装置产生，机动夹紧时，一般不要求夹紧装置具有自锁功能。手动夹紧机构的力源由人力保证，一般要求夹紧装置具有自锁功能。图 7-3-1 所示的夹紧装置就属于由人力保证力源的情况，由操作人员对手柄 1 施加力源 Q 夹紧工件。

2. 中间传力机构

中间传力机构和将力源装置产生的力传递给夹紧元件的执行机构，传力机构具有改变夹紧力的方向和大小以及保证夹紧可靠性的功能，有时还要求有自锁功能。常用的中间传力机构有铰链杠杆、斜楔、偏心轮（凸轮）、螺纹等。图 7-3-1 所示的偏心轮 2 及压板的杠杆部分就属于中间传力机构，其中的偏心轮具有自锁的功能。

3. 夹紧元件

它是实现夹紧的最终执行元件，通过它和工件直接接触而完成夹紧动作，如常用的压板等元件。

7.3.2 对夹紧装置的基本要求

设计夹紧装置时必须要考虑下列基本要求。

（1）在夹紧过程中必须要能保持工件在定位时已获得的正确位置，不能破坏定位。同时，不会造成工件变形或表面损伤。

（2）夹紧应具有可靠性。手动机构一般要有自锁作用，保证在加工过程中不产生振动和松动。

（3）夹紧装置应操作方便、安全和省力，以便减轻劳动强度，缩短辅助时间和提高生产率。

（4）夹紧装置的复杂程度和自动化程度，应与工件的生产批量和生产方式相适应，结构要力求简单、紧凑和刚性充足，尽量使夹具具有良好的工艺性。

（5）夹紧装置的结构设计以及元件的选用和设计，应符合标准化、规格化和通用化的要求。尽可能提高夹具的标准化水平，以便缩短夹具的设计和制造周期。

7.3.3 夹紧力的确定原则

夹紧力由力的大小、方向和作用点三个要素来体现，它对夹紧机构的设计起着决定性的作用。夹紧力的确定是一个综合性的问题，应结合工件加工要求和特点、定位方式、定位元件的结构形式以及工件在加工过程中的受力情况联系起来研究。

1. 夹紧力方向的确定原则

（1）夹紧力的作用方向应不破坏工件定位的准确性和可靠性。根据这项要求，在一般情况下，夹紧力的作用方向应朝向主要定位基准，把工件压向定位元件的主要定位表面。如图 7-3-2 所示，某直角支座以夹具的 A、B 两面定位对虚线所示的孔进行镗削，要求保证孔中心线垂直于与 A 面贴合的工件侧面。因此，工件侧面即为主要定位基准面，所以夹紧力 Q 的方向应垂直于 A 面，如图 7-3-2（a）所示，此时无论工件侧面与底面有多大的几何误差，都能保证孔中心线与侧面垂直。如图 7-3-2（b）、（c）所示，若夹紧力方向垂直于 B 面，则因工件侧面与底面间有垂直度误差，使镗出的孔可能无法满足垂直度公差。

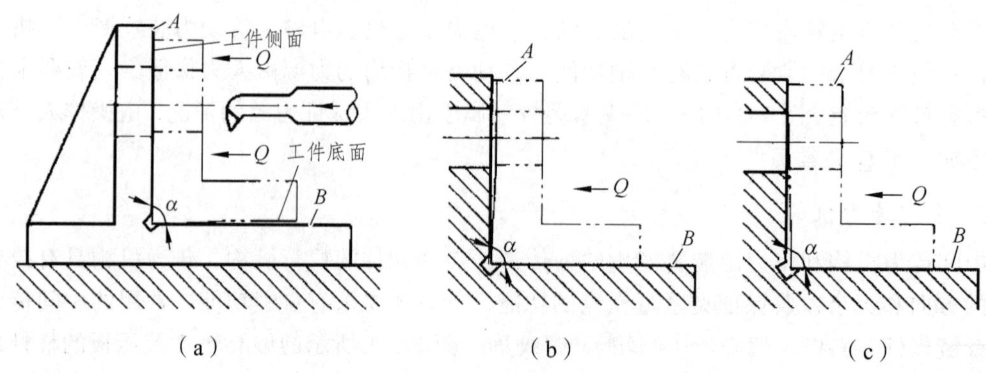

图 7-3-2 夹紧力方向对几何精度的影响

（2）夹紧力的作用方向应使工件变形最小，尽可能避免压伤工件表面。由于工件在不同的方向上刚度不同，与定位件接触面积大小也不同，所以产生的弹性变形也不同。在选择夹紧力作用方向时，应使承力表面最好是定位件与定位基准接触面积较大的那个面，同时，应在刚度较大的那个方向上将工件压紧。如图 7-3-3 所示，图（a）将因工件径向刚度不足而产生变形，图（b）因工件轴向刚性较大则不易变形。

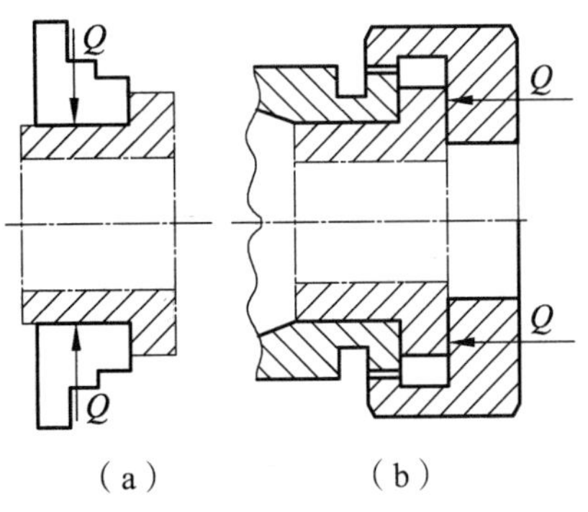

图 7-3-3　根据工件刚性确定夹紧力方向

（3）夹紧力的作用方向的确定应使所需夹紧力尽可能小。在保证夹紧可靠的前提下，减小夹紧力可以减轻工人的劳动强度和提高劳动生产率。为了减小夹紧力，应使夹紧力和切削力、工件重力的方向一致。如图 7-3-4 所示，在钻床上钻孔，切削力 P、重力 G 和夹紧力 Q 三力方向相同。

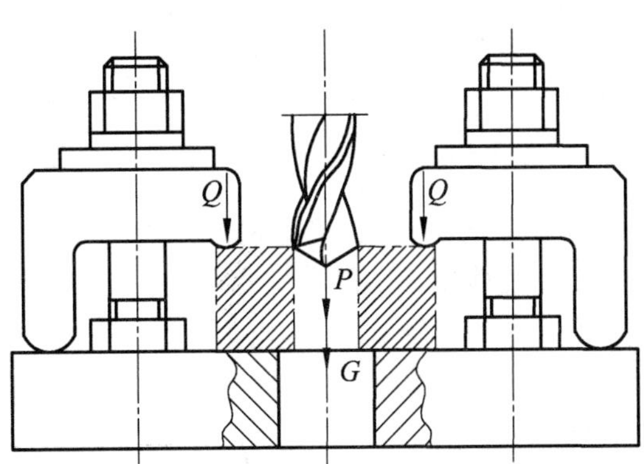

图 7-3-4　钻床钻孔时最小的夹紧力方向

在设计夹紧机构时很难完全满足上述要求，因此要根据各项具体因素进行辩证分析，恰当处理。

2. 夹紧力作用点的确定原则

（1）夹紧力应落在支承元件上或几个支承元件所形成的支承平面内，这样夹紧力才不会使工件倾斜而破坏定位。若夹紧力作用在支承面之外，如图 7-3-5 所示的两种情况，不符合本原则，可按图中箭头所示的位置予以改正。

（2）夹紧力的作用点应尽可能靠近被加工表面，以便减小切削力对工件造成的翻转力矩。必要时应在工件刚性差的部位增加辅助支承并施加夹紧力，以免加工时振动和变形。如图 7-3-6

所示，对支架零件两个侧面进行铣削时，应考虑辅助支承尽可能靠近被加工表面，同时给予附加夹紧力。

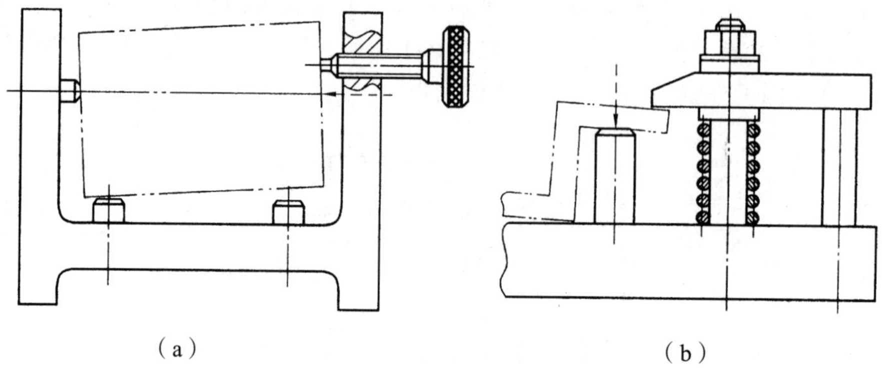

图 7-3-5　夹紧力作用点应在支承范围内

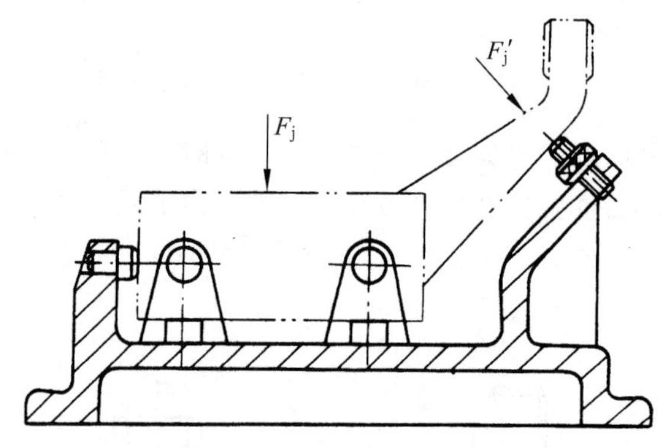

图 7-3-6　辅助支承与附加夹紧力

（3）夹紧力应落在工件刚性较好的部位上，这对刚性差的工件尤为重要。如图 7-3-7（a）所示，夹紧力作用在工件中心，刚性差，工件容易变形，图 7-3-7（b）所示夹紧力作用在工件四周的凸缘处，刚性很好，工件不易变形。

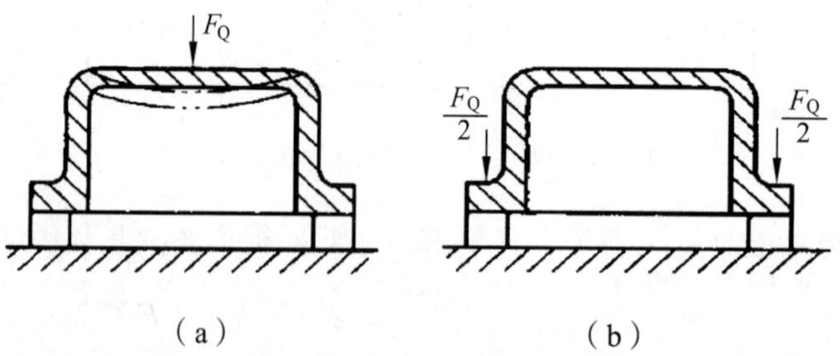

图 7-3-7　夹紧力作用点应避开刚性差的部位

如果必须作用在刚性差的部位，应增加夹紧力作用点的数目，使工件在整个接触表面上夹紧得很均匀，从而使夹紧可靠、夹紧变形小。如图 7-3-8 所示，图（c）的变形量仅为图（a）的 1/10。但是作用点数目增加，将使夹紧机构复杂，因此可以用均匀的面接触夹紧，如采用液性塑料和弹性套筒等夹紧。

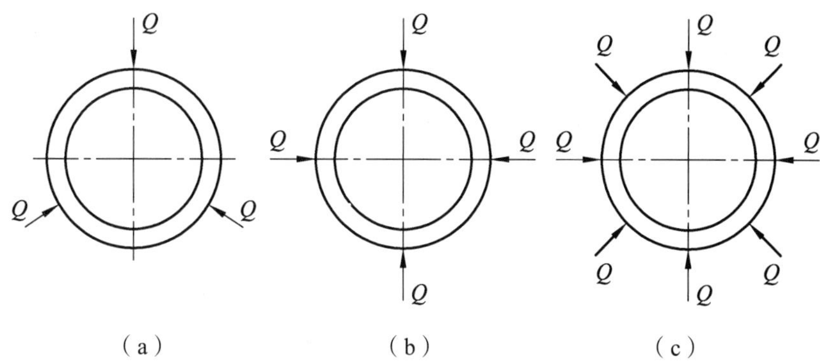

图 7-3-8　夹紧力作用点数目和变形的关系

3. 夹紧力大小的确定

加工过程中，工件受到切削力、惯性力及重力的作用，夹紧力要克服上述力的作用，保证工件的加工位置不变。夹紧力的大小要适当，过大了会使工件变形，甚至压伤工件表面；过小则在加工时会松动、产生振动，使精度和安全无法保证。

计算夹紧力，实质上是一个解静力平衡的问题，即利用切削原理公式求出切削力的大小（必要时还需求出离心力、惯性力），并确定力的方向及作用点和支承反力、摩擦力及夹紧力的作用点和方向等，按最不利的情况求出力的平衡方程，解出理论夹紧力的大小，然后乘上一定的安全系数，得出实际需要的夹紧力。安全系数在粗加工时取 2.5 ~ 3，精加工时取 1.5 ~ 2，可根据工艺手册予以确定。

对于手动夹紧机构，也可采用经验或用类比的方法确定所需夹紧力的数值。对于需要比较准确地确定夹紧力大小的情况，如气动、液压传动装置或刚性差的工件等，有必要进行受力分析，计算夹紧力的大小。

7.4　典型的夹紧机构

1. 斜楔夹紧机构

在夹紧机构中，绝大多数都是利用机械摩擦的斜面自锁原理来夹紧工件的，其中最基本的形式就是直接利用有斜面的斜楔机构。而螺旋机构、偏心轮以及凸轮机构都只不过是楔块的变种。

图 7-4-1（a）所示为一种采用斜楔夹紧机构的钻模，压力 P 将楔块按图示方向推入工件和夹具体之间，这时 P 按力的分解原理在楔块的两侧面上产生两个扩大了的分力，即对工件的夹紧力 Q 和对夹具体的压力 R，从而将工件压紧。由于楔块所产生的夹紧力 Q 的存在而产生摩擦力 F_1，Q 和 F_1 的合力记为 Q_1；由于 R 的存在而产生摩擦力 F_2，R 和 F_2 的合力记为 R_1。根据静力学原理，Q_1、R_1 和 P 应该组成一个平衡力系，得

$$Q=\frac{P}{\tan(\alpha+\varphi_2)+\tan\varphi_1} \tag{7-4-1}$$

式中，P 为施加于楔块上的原始力；α 为楔块的楔角；φ_1 为楔块底面与工件表面之间的摩擦角；φ_2 为楔块斜面与夹具体之间的摩擦角。

当 α 很小，且 $\varphi_1=\varphi_2=\varphi$ 时，式（7-4-1）可以近似简化为

$$Q \approx \frac{P}{\tan(\alpha + 2\varphi)}$$

当用人力作为力源装置时，要求斜楔能实现自锁。其自锁条件为

$$\alpha \leqslant \varphi_1 + \varphi_2$$

为保证可靠自锁，手动夹紧机构一般取 α=6°~8°；气压或液压装置驱动的斜楔不需要自锁，可取 α=15°~30°。

从夹紧力的公式可得到增力比：

$$i_p = \frac{Q}{P} = \frac{1}{\tan\varphi_1 + \tan(\alpha + \varphi_2)} \approx \frac{1}{\tan(\alpha + 2\varphi)} \quad (7\text{-}4\text{-}2)$$

楔块的楔角越小，增力比就越大，但是夹紧行程减小了。

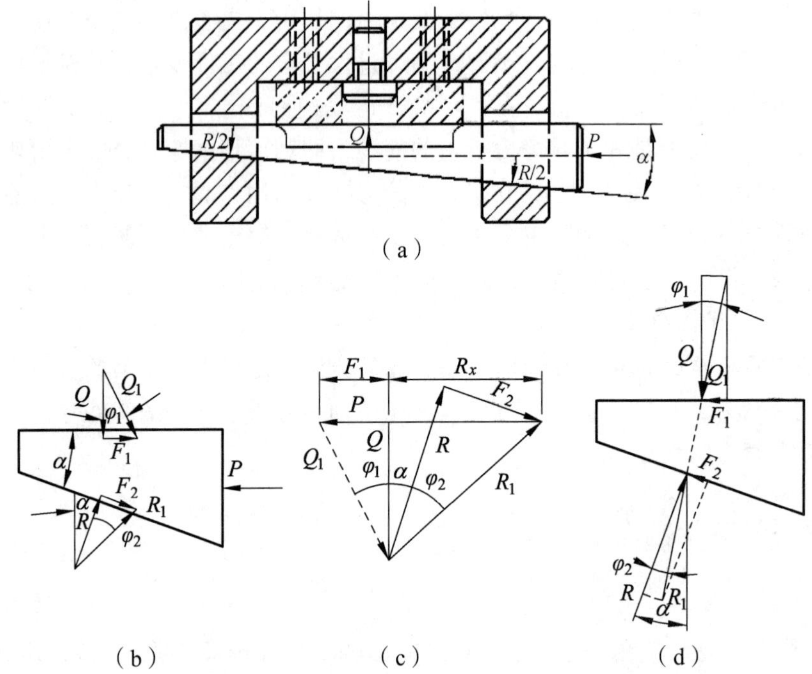

图 7-4-1　斜楔夹紧机构及其受力分析

综上所述，斜楔夹紧机构的优点是结构简单，易于制造，具有良好的自锁性，并有一定的增力作用。其缺点是增力比小，夹紧行程小，效率低。因此，斜楔夹紧机构很少用于手动夹紧机构中，而在气动和液压夹紧机构中应用较广。

2. 螺旋夹紧机构

将斜楔的斜面绕在圆柱体上，就成了螺旋面，因此螺旋夹紧机构的原理与斜楔夹紧相似。但螺旋夹紧机构具有增力大、自锁性能好的特点，在使用手动夹紧机构时应用极为广泛。

螺旋夹紧机构的螺旋夹紧元件已经标准化为螺钉和螺母，其螺旋升角很小，如 M8~M48 的螺纹，α=1°15′~3°10′，自锁性能很好。

如图 7-4-2 所示的螺钉夹紧机构，主要元件有螺钉、压块和手柄等。如图 7-4-2（b）所示

在螺钉末端加了一个压块，以免压伤工件表面。螺钉夹紧机构的主要元件已经标准化，其规格型式、材料、结构尺寸和性能等在夹具设计手册中均可查得。

方牙螺杆夹紧机构的受力分析如图 7-4-3 所示，其增力比为

$$i_{\mathrm{p}}=\frac{Q}{P}=\frac{L}{r_{中}\tan(\alpha+\varphi_1)+r'\tan\varphi_2} \tag{7-4-3}$$

式中，Q 为螺旋夹紧机构的夹紧力；P 为作用于螺杆手柄上的原动力；L 为原动力 P 的作用点到螺杆中心的距离；$r_{中}$ 为螺纹中径的一半；α 为螺杆的螺旋升角；φ_1 为螺杆与螺母之间的摩擦角；r'为螺杆端部的当量摩擦半径；φ_2 为螺杆端部与工件或压块间的摩擦角。

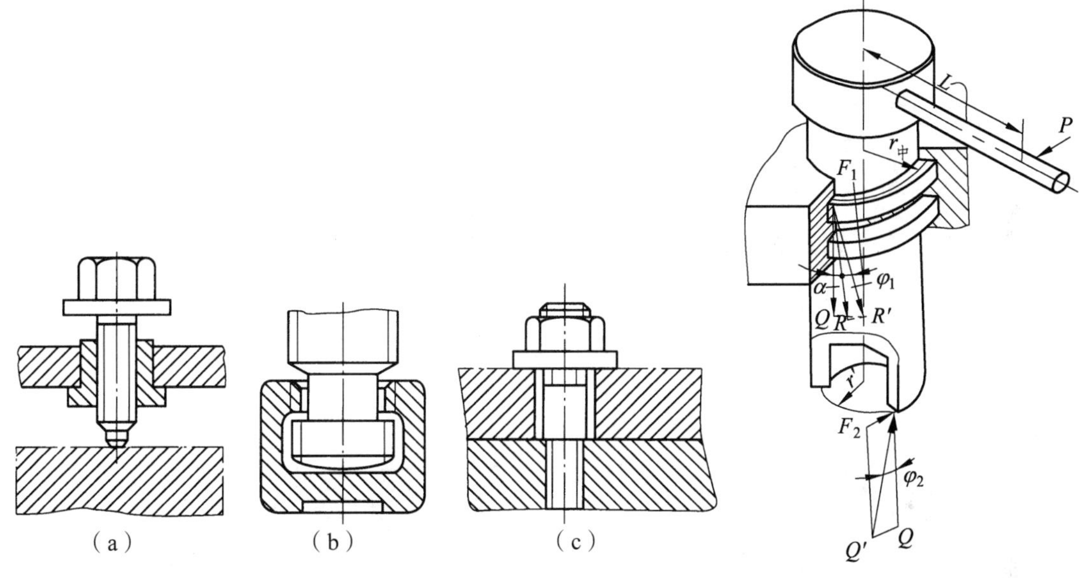

图 7-4-2　螺钉夹紧机构

图 7-4-3　方牙螺杆夹紧机构

由于标准螺旋夹紧元件的螺旋升角 α 远小于两处摩擦角，故单螺旋夹紧机构具有以下几个特点：结构简单，增力倍数大，自锁性好，行程不受限制，夹紧动作较慢。螺旋夹紧机构很适合手动夹紧。

生产中简单的螺钉或螺母机构很少单独使用，常用的是螺旋压板机构。图 7-4-4 所示给出

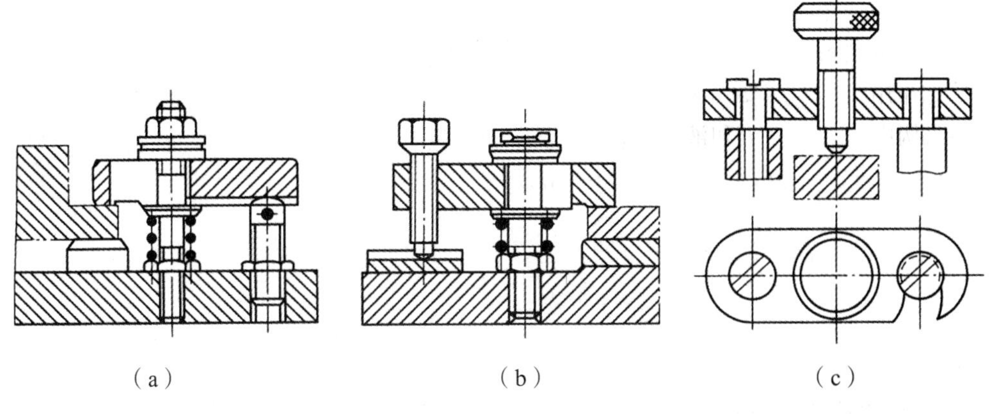

图 7-4-4　螺旋压板机构

了螺旋压板机构常见的几种结构形式。根据三个受力分析示意图可知，在施加相同的夹紧力 F_Q 时，图（c）中产生的夹紧力最大，增力比为 2；图（a）中的夹紧力最小，增力比为 1/2，但增加了夹紧行程；图（b）中的夹紧力介于前二者之间，增力比为 1，可改变夹紧力的方向。

3. 偏心夹紧机构

用偏心件直接或间接夹紧工件的机构称为偏心夹紧机构。图 7-4-5 所示为几种常见的偏心夹紧机构。其中图（a）、（b）使用的是圆偏心轮，图（c）使用的是偏心轴，图（d）使用的是偏心叉。

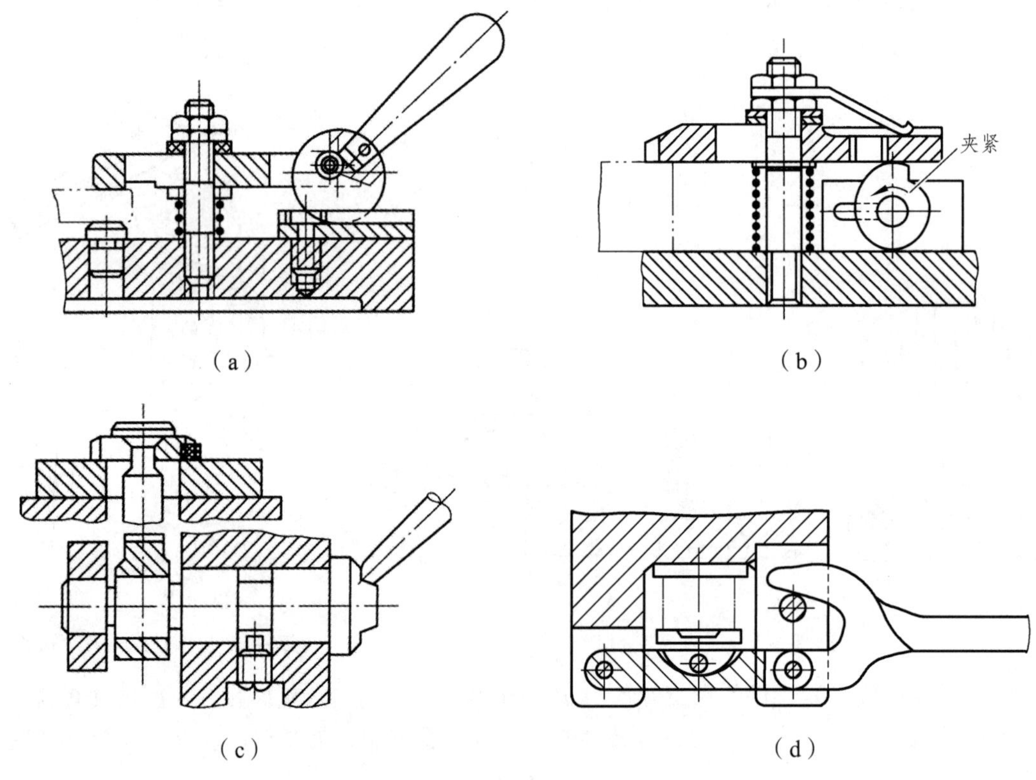

图 7-4-5　偏心夹紧机构

偏心夹紧机构的工作原理与斜楔夹紧机构类似。如图 7-4-6 所示的圆偏心轮，直径为 D，偏心距为 e。由图可知，其几何中心与回转中心不重合。当手柄带动偏心轮顺时针转动时，它相当于一个弧形楔，逐渐楔入虚线圆与工件之间，从而夹紧工件。O_1 点从最高位置转到最低位置，最大行程为 $2e$。如图 7-4-6（d）所示，如从任意接触点 K 分别作与回转中心 O 以及几何中心 O_1 的连线，$\angle OKO_1$ 即为 K 点的升角 α_K，其大小为

$$\tan\alpha_K = \frac{OM}{MK} = \frac{e\sin\theta}{\left(\dfrac{D}{2} - e\cos\theta\right)} \tag{7-4-4}$$

式中，θ 为圆偏心轮的回转角度。

因此，偏心轮夹紧机构本质上是楔角变化的斜楔夹紧机构。圆偏心轮工作转角范围一般

小于 90°，因为转角范围太大，不仅操作费时，而且也不安全，工作转角范围内的那段轮周称为圆偏心轮的工作段。常用工作段回转角是 θ=45°~135°或 θ=90°~180°。在 θ=45°~135°工作角度范围内，升角大，升角变化小，夹紧力小而稳定，而且夹紧行程大（$h\approx1.4e$）；在 θ=90°~180°工作角度范围内，升角由大到小，夹紧力逐渐增大，但夹紧行程较小（$h=e$）。

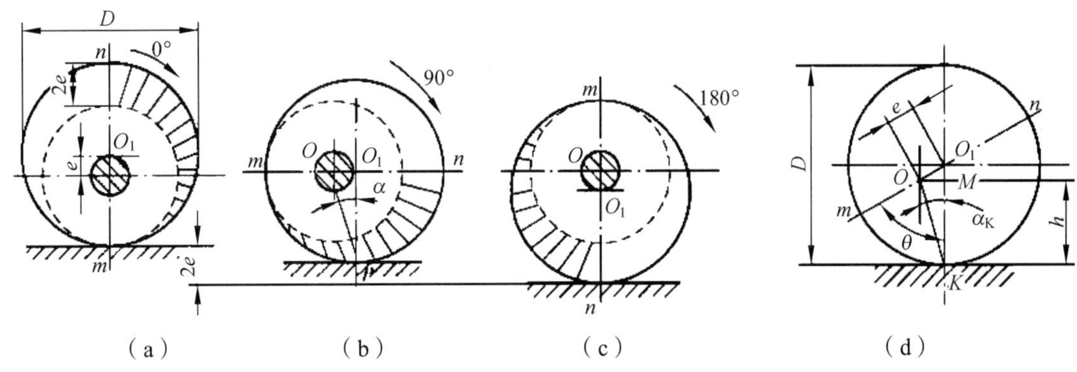

图 7-4-6　圆偏心轮的工作原理与参数

根据斜楔自锁条件，当偏心轮工作接触点 K 点处的楔角 α 不超过两处摩擦角之和时，满足自锁条件。由于回转销的直径较小，圆偏心轮与回转销之间的摩擦力矩不大，为使自锁可靠，将其忽略不计。因此，考虑最不利情况，偏心轮夹紧自锁条件为

$$\frac{2e}{D}\leqslant\tan\varphi=\mu \tag{7-4-5}$$

式中，φ 和 μ 分别表示接触点 K 的摩擦角和摩擦系数。

偏心夹紧机构操作方便、夹紧迅速，缺点是夹紧力和夹紧行程都较小，自锁性较差，一般用于切削力不大、振动小、夹压面公差小的场合。

4. 定心夹紧机构

定心夹紧机构是经常采用的一种夹紧机构，主要应用于需要以工件装夹面的中心要素（如轴线、中心平面等）作为定位基准的情况，定心夹紧机构的特点是定位与夹紧由同一（组）元件完成，即利用该元件等速趋近（或退离）某一中心线或对称平面，或利用该元件的均匀弹性变形，完成对工件的定位夹紧或松开。

（1）夹紧元件等速移动实现自动定心和夹紧。

定心夹紧机构主要利用斜楔、螺杆、平面螺纹、齿轮齿条等机构来实现定心定位夹紧元件的等速趋近或退离。如三爪自定心卡盘即为最常用的典型实例，利用平面螺纹实现三个卡爪的同步径向移动。这种类型结构制造方便，但定心精度较低。

图 7-4-7 所示为螺旋式定心夹紧机构。螺杆 3 两端的螺纹旋向相反、螺距相等，旋转时，可使 V 形钳口 1、2 同时相对于工件对称中心做等速趋近或退离，从而实现对圆柱体工件定心的夹紧或松开。

（2）夹紧元件均匀弹性变形实现自动定心和夹紧。

定心夹紧机构主要利用弹性心轴、弹性筒夹、液性塑料夹头等。这种定心夹紧机构定心精度较高但夹紧力有限，故主要应用于精加工或半精加工。

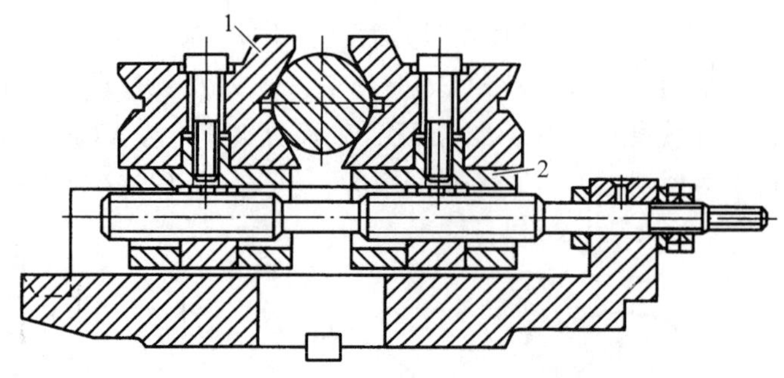

1—V 形块钳口；2—滑座。

图 7-4-7　螺旋式定心夹紧机构

图 7-4-8 所示为液性介质弹性心轴。弹性元件为定位薄壁套 5，它的两端与夹具体 1 为过渡配合，两者之间的环形槽与通道内灌满液性介质。拧紧加压螺钉 2，使柱塞 3 对密封腔内的介质施加压力，迫使薄壁套产生均匀的径向变形，将工件自动定心并夹紧；当松开加压螺钉 2 时，腔内压力减小，薄壁套依靠自身弹性恢复原始状态而使工件松开。液性介质弹性心轴的定心精度一般为 0.01 mm，最高可达 0.005 mm。

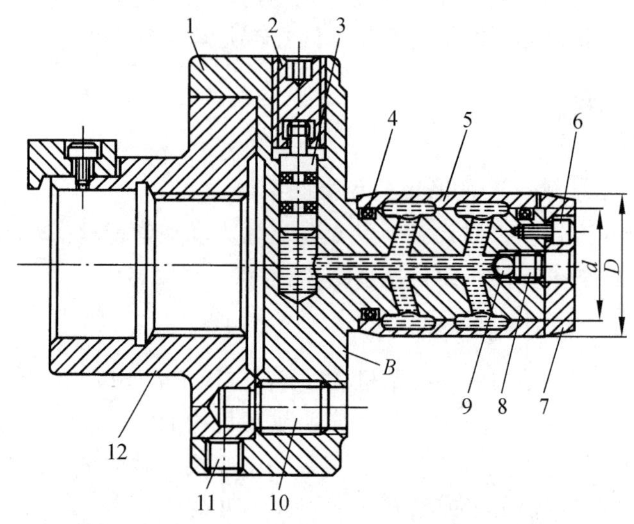

1—夹具体；2—加压螺钉；3—柱塞；4—密封圈；5—定位薄壁套；6—螺钉；7—端盖；8—螺塞；9—钢球；10，11—调整螺钉；12—过渡盘。

图 7-4-8　液性介质弹性心轴

5. 联动夹紧机构

为了提高生产效率，常采用高效的联动夹紧机构。联动夹紧机构可通过一个操作手柄或利用一个动力装置，实现对一个工件的多点夹紧（一个或多个方向上），或同时对多个工件夹紧。

如图 7-4-9 所示的联动夹紧机构，可实现一个工件多点同时夹紧，夹紧力分别作用于两个相互垂直的方向上，每个方向上各有两个夹紧点，两个方向上的夹紧力之比可通过调整杠杆的长度比来改变。

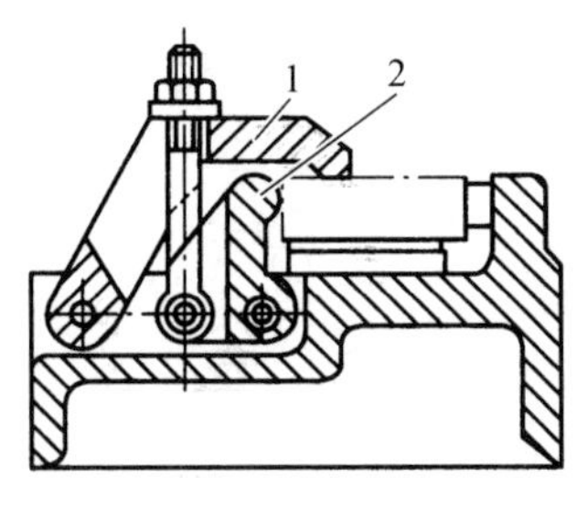

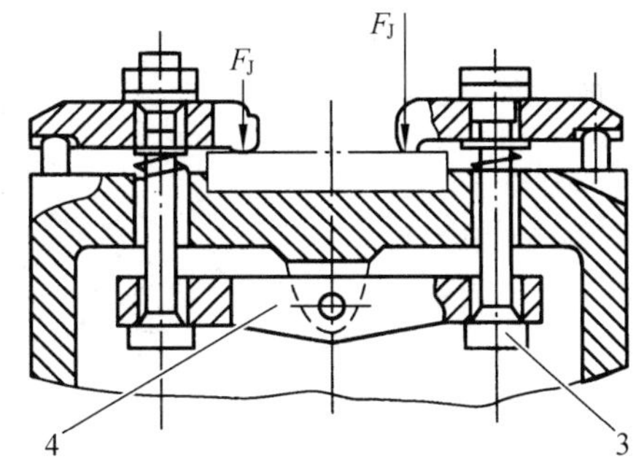

1，2—压板；3—螺栓；4—杠杆。

图 7-4-9　联动夹紧机构实现多点同时夹紧

如图 7-4-10 所示的联动夹紧机构可实现多件同时夹紧，图（a）利用浮动压块夹紧，一般每两个工件需要用一个浮动压块，当工件数多于两个时，浮动压块之间需要浮动件连接。图（b）所示为液性介质联动夹紧机构。密闭腔内的不可压缩液性介质既能传递力，还能起浮动环节作用。旋紧螺母时，液性介质推动各个柱塞，使它们与工件全部接触并夹紧。

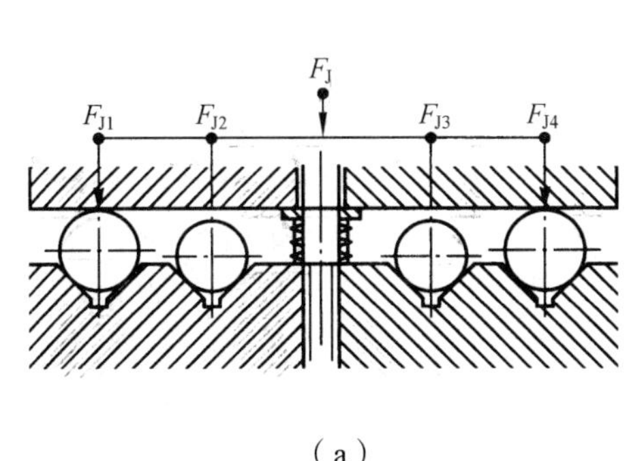

（a）

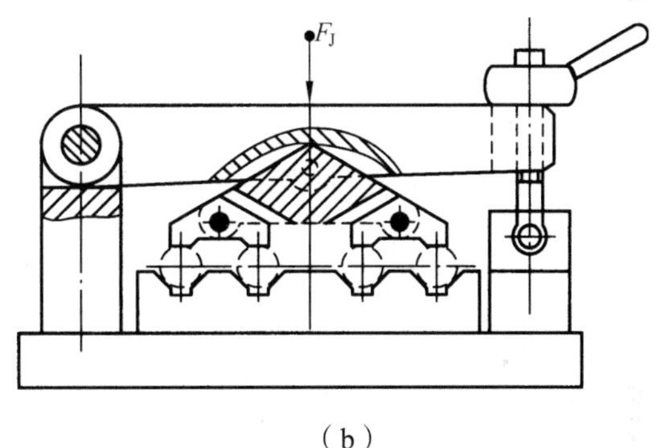

（b）

图 7-4-10　联动夹紧机构实现多件同时夹紧

7.5　数控机床夹具

在目前的生产中，数控机床应用得越来越广泛。与普通机床类似，数控机床的夹具系统也包括通用夹具、通用可调夹具、组合夹具、成组夹具、专用夹具等种类，其不同之处是数控机床夹具的精度和自动化程度更高，更有利于实现工序集中等。同时，为了便于数控编程，夹具上应根据需要设置夹具零点和工件零点。

7.5.1　数控车床夹具

数控车床上使用的通用夹具主要包括三爪自定心卡盘、四爪单动卡盘、花盘、自定心中心架等。三爪自定心卡盘可自动定心，装夹方便，应用较广，但夹紧力较小，且不便于夹持外形不规则的工件；四爪单动卡盘安装工件时需要找正，夹紧力大，适用于装夹毛坯及截面形状不规则和不对称，较重、较大的工件；花盘通常用于装夹不对称和形状复杂的工件，装夹工件时应反复校正和平衡。

与普通车床不同，数控车床的夹具要求尽量自动化和高效率。如对于卡盘，重新安装工件或改变加工对象时，能采用动力卡盘机动完成并尽量缩短更换卡爪时间，或者减少更换卡盘及卡盘改用顶尖的调整时间。

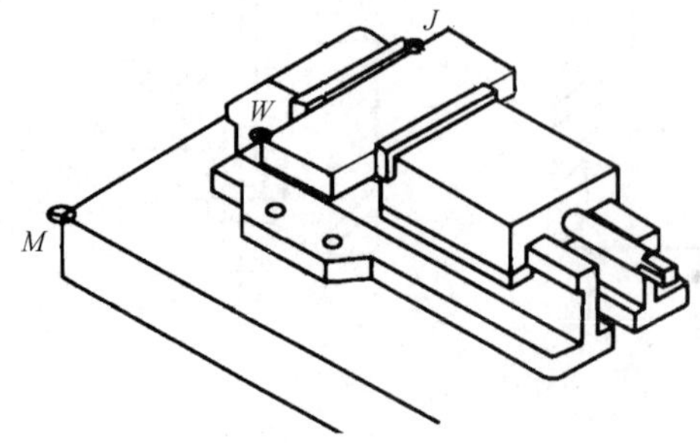

图 7-5-1　数控铣床上使用平口钳

7.5.2　数控铣床夹具

数控铣床上常用的通用夹具主要包括平口钳、分度头、三爪自定心卡盘等。此外，还常用到组合夹具、专用铣削夹具、多工位夹具、真空夹具等。图 7-5-1 所示为数控铣床上使用平口钳的情况。其中，点 *M*、*J* 和 *W* 分别为机床坐标系零点、夹具坐标零点及工件坐标零点。这些点的选择应便于编程和检测。

7.5.3　加工中心的夹具

使用加工中心加工的零件结构一般都比较复杂，通常零件在一次装夹中要完成多个表面的加工。在加工中心上，夹具的任务不仅是夹紧工件，同时还要以各个方向的定位面为参考基准，确定工件编程的零点。这就要求夹具既能承受大的切削力，又要满足定位精度要求。同时加工中心的高柔性要求其夹具要比普通机床夹具结构紧凑、简单，夹紧动作迅速、准确，尽量减少辅助时间，操作方便、省力、安全，而且要保证有足够的刚性，还要灵活多变。

因此，在加工中心上使用组合夹具的情况较为普遍。由于加工中心的生产批量一般不大，经常更换加工对象。为了避免机床平台磨损严重并提高更换效率，通常采用网格孔系固定基础板。在基础板上根据需要可安装其他的基础件，如四方立柱、角铁等，如图 7-5-2 所示。

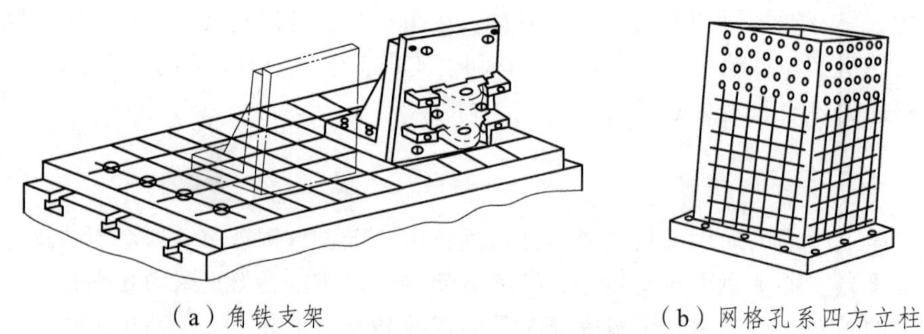

（a）角铁支架　　（b）网格孔系四方立柱

图 7-5-2　数控夹具中网格孔系固定基础板的使用

图 7-5-3 给出的是采用数控龙门加工中心对某型转向架的构架进行粗加工时所采用的专用夹具外形。加工时，构架反向安装，借助划线工序的加工线（基准线）进行找正、装夹，对轴

箱转臂定位座、电机及齿轮箱安装座、一系钢簧安装孔、制动吊座等相关部位加工。

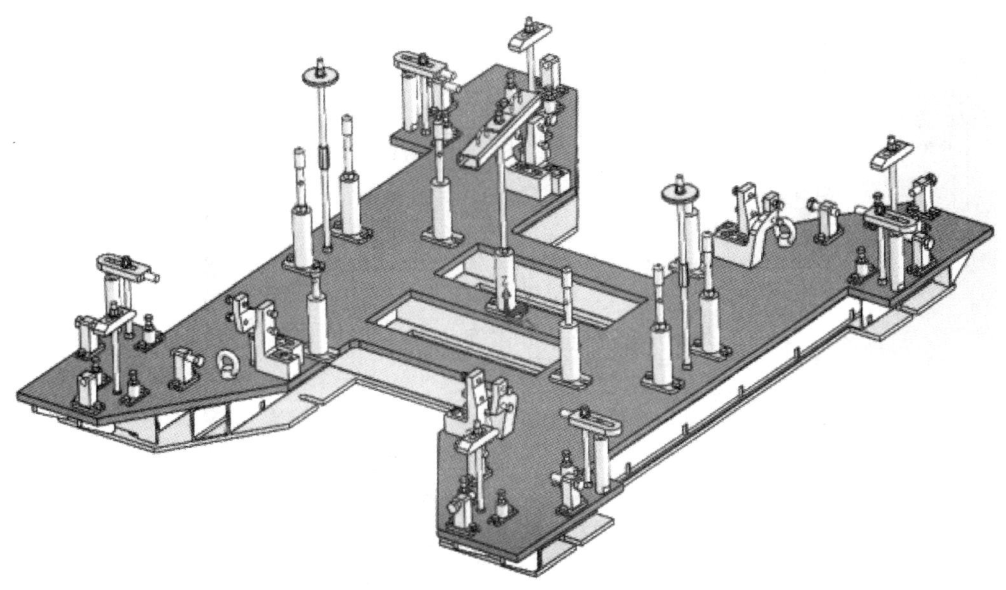

图 7-5-3　构架一步加工夹具

如图 7-5-4 所示，根据划线利用测头找正构架 XYZ 方向上相关尺寸，夹紧构架并用百分表检测预紧力。横梁支撑装置和侧梁支撑装置用于在 Z 轴方向支撑构架，并限制构架在 Z 轴方向的自由度。4 个侧梁定位装置 X 分别用于限制左、右侧梁在 X 轴方向的自由度，同时通过调节定位装置配合机床探针用于构架的找正。4 个侧梁定位装置 Y 分别用于限制左、右侧梁在 Y 轴方向的自由度，同时通过调节定位装置配合机床探针用于构架的找正。最后，通过横梁和侧梁的压紧装置施加预紧力，固定构架加工位置，防止颤刀。有时，需要多次反复的压紧和顶紧，调整适当的压紧力和顶紧力，保证构架不会因压紧而变形。

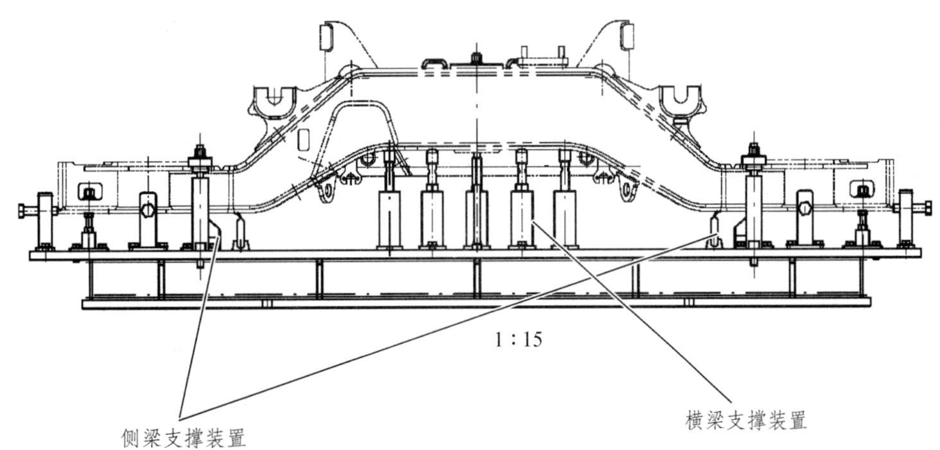

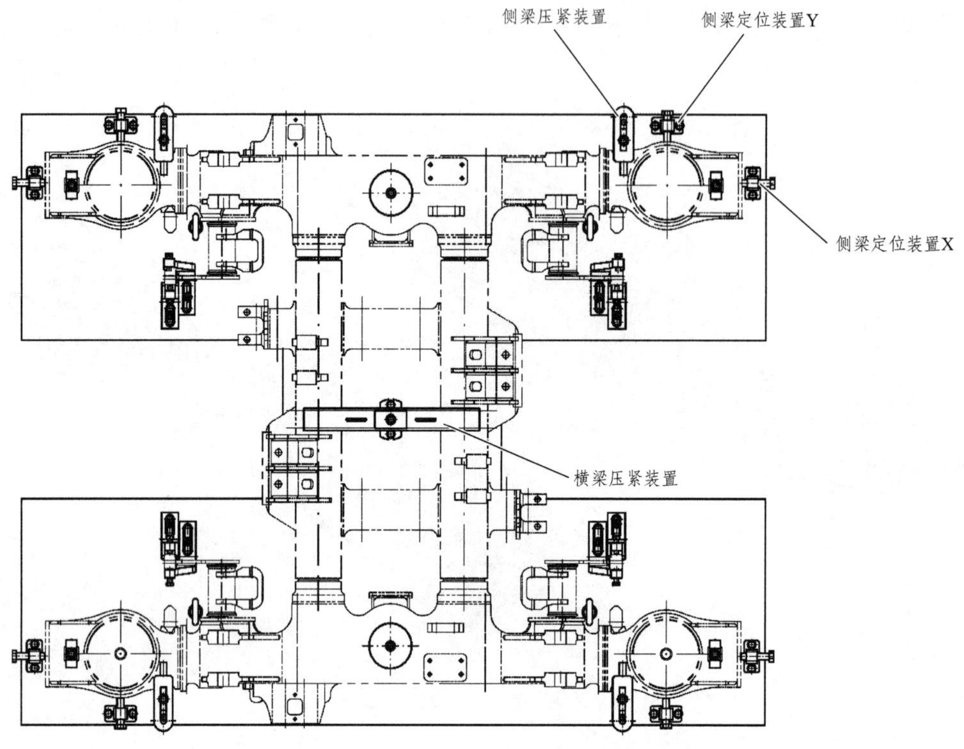

图 7-5-4　构架粗加工安装示意图

思考与习题

1. 机床夹具通常由哪些部分组成？各组成部分的功能如何？

2. 何谓六点定位原理？

3. 何谓完全定位、不完全定位、欠定位和过定位？试举例说明。

4. 举例说明过定位有可能产生哪些不良后果？可采取哪些措施？

5. 何谓自位支承、可调支承和辅助支承？三者的特点和区别何在？

6. 工件以外圆柱面定位时，常用哪些定位元件？

7. 工件以内孔定位时，常用哪几种心轴？

8. 试分析图 1 中的定位方案，指出各定位元件所限制的自由度，判断有无过定位和欠定位，并对不合理处提出改进方案。

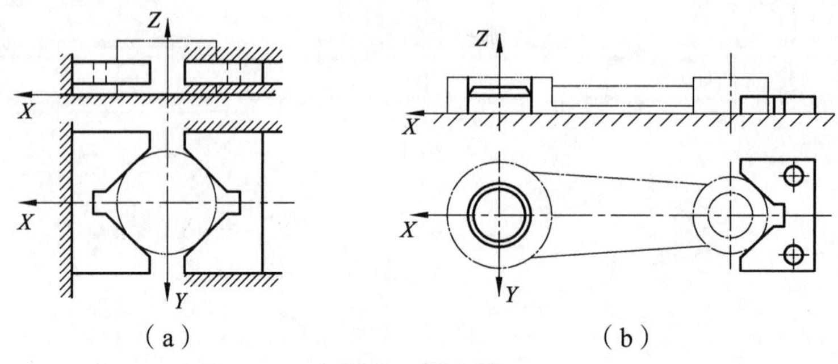

图 1　第 8 题

9. 根据六点定位原理，试分析图示各定位方案中定位元件所消除的自由度，有无欠定位或过定位现象，如何改正。

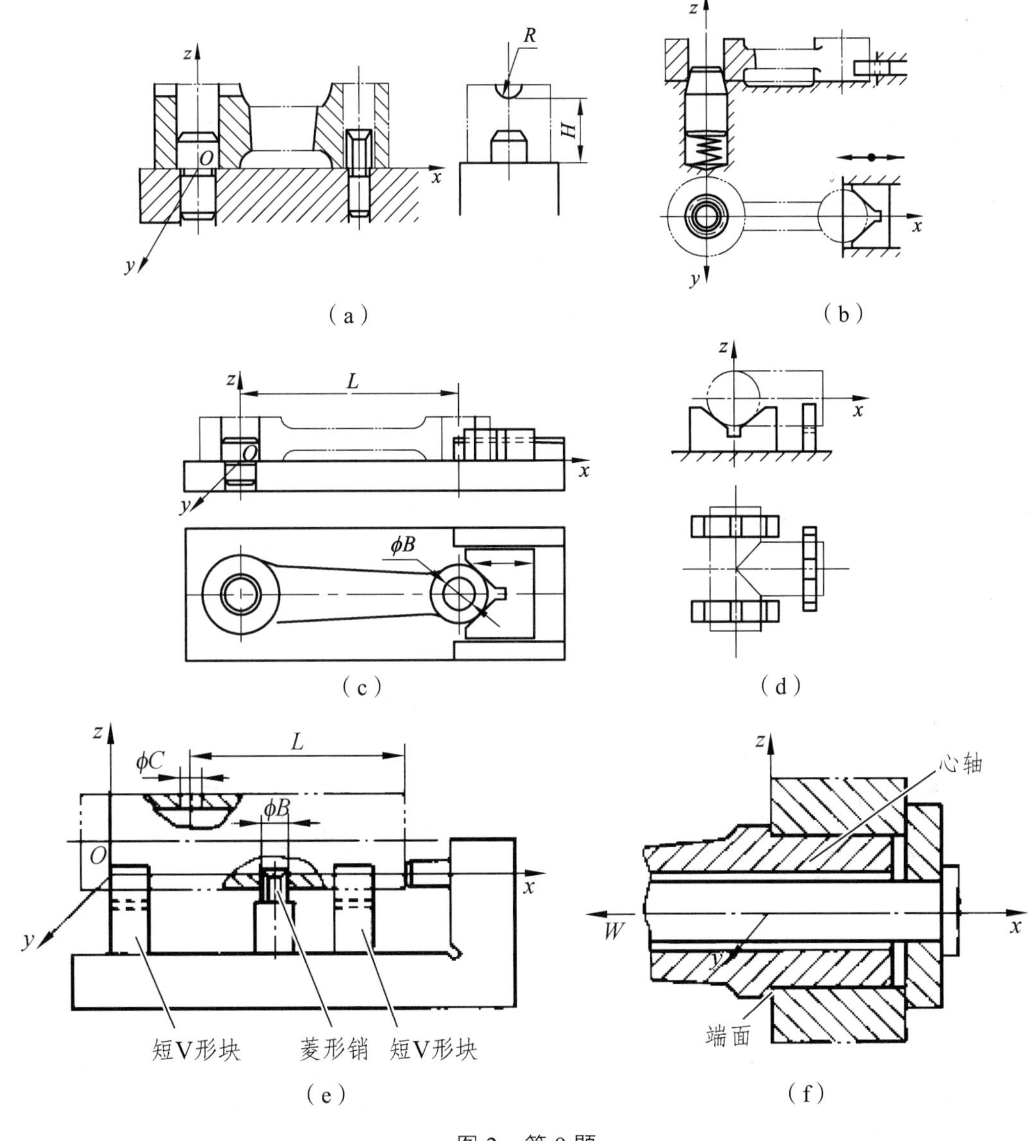

图 2　第 9 题

10. 什么是定位误差？定位误差是由哪些因素引起的？定位误差的数值一般应控制在零件加工公差的什么范围之内？

11. 对夹紧装置有哪些基本要求？

12. 有一批直径为 $\phi 50^{0}_{-0.25}$ mm 的轴类工件，铣工件上键槽的定位方案如图 3 所示。试计算各种定位方案下尺寸 A、B 的定位误差各为多少。

13. 图 4（a）所示为过球心钻孔；图 4（b）所示为加工齿坯两端面，并要求与孔垂直；图 4（c）所示为在小轴上铣槽，要求保证尺寸 H 和 L；图 4（d）所示为过轴心钻孔，要求保证尺 L；图 4（e）所示为在支座上加工两孔，要求保证尺寸 A 和 H。试分析加工各零件必须限制的自由度，选择定位基准和定位元件，确定夹紧力的作用点和方向。

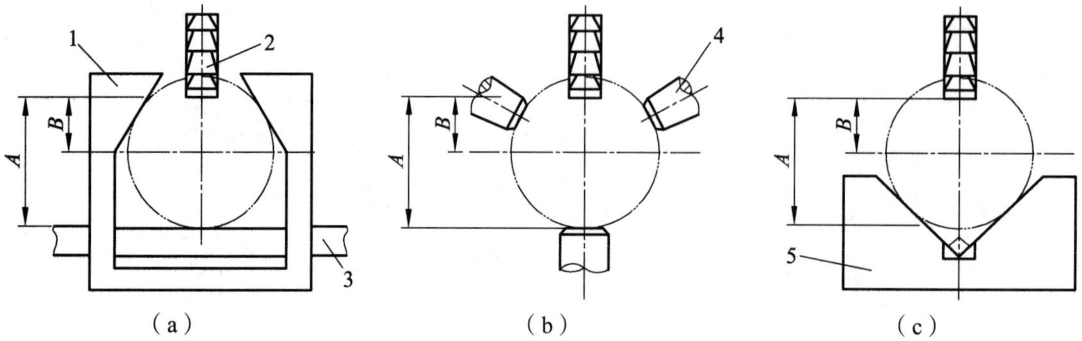

（a）　（b）　（c）

图 3　第 12 题

（a）　（b）　（c）

（d）　（e）

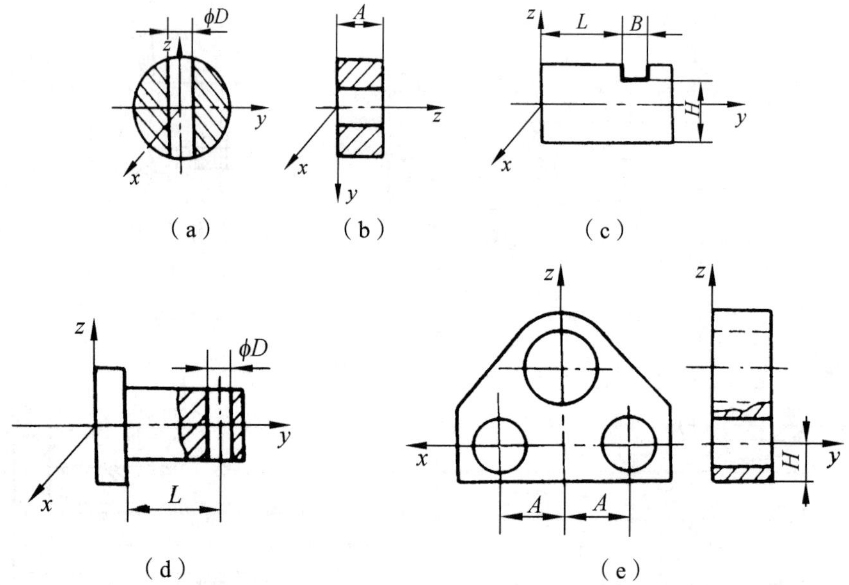

图 4　第 13 题

14. 图 5（a）、（b）所示的两种工件，欲钻孔 O_1 和 O_2，尺寸要求分别是距 A 面尺寸为 a_1 和距孔 O 中心尺寸为 a_2，且与 A 面平行。l 为自由尺寸，孔 O 及其他表面均已加工。试确定合理的定位夹紧方案，并分析定位元件所限制的自由度（绘制定位方案草图或用文字说明）。

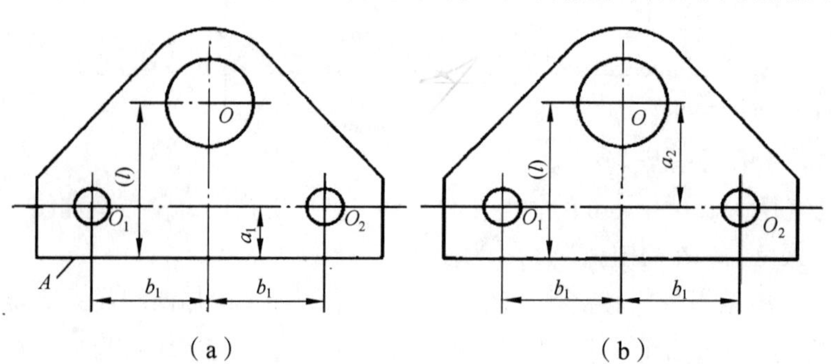

（a）　（b）

图 5　第 14 题

15. 图 6（a）所示零件需铣键槽，要求保证尺寸 $54_{-0.14}^{0}$ mm 及对称度，现有三种定位方案，如图 6（b）、（c）、（d）所示。已知内、外圆同轴度误差为 0.02 mm，其余参数见图示。试计算三种定位方案的定位误差，并从中选出最优方案。

16. 图 7 示齿轮坯的内孔、外圆已加工合格，$d=80_{-0.1}^{0}$ mm，$D=35_{0}^{+0.025}$ mm。现在插床上用调整法加工内键槽，要求保证尺寸 $H=38_{0}^{+0.2}$ mm。不计内、外圆同轴度，试分析该定位方案能否满足加工要求。若不能满足，应如何改进？

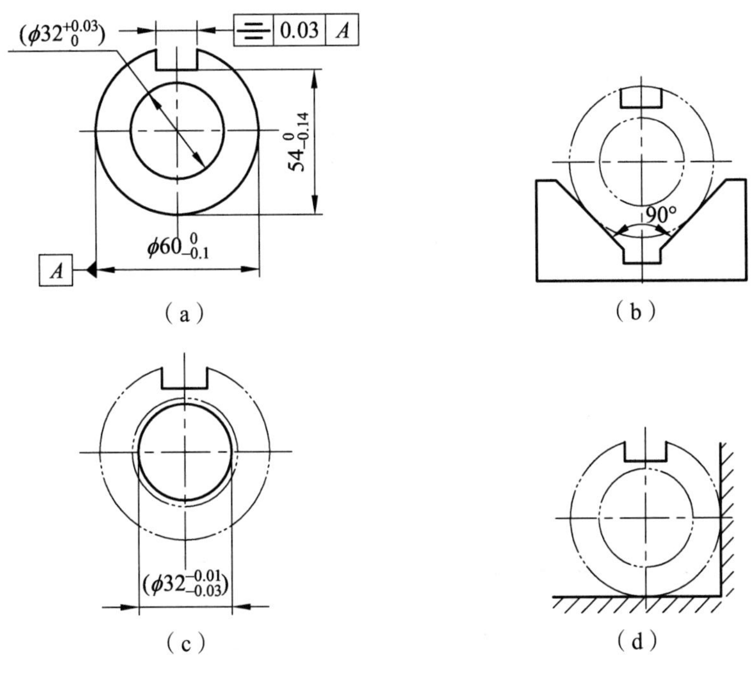

图 6　第 15 题

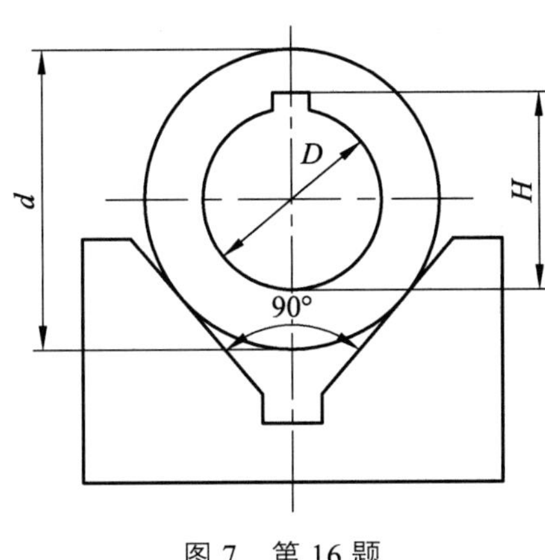

图 7　第 16 题

17. 试分析图示各方案夹紧力的作用点与方向是否合理，为什么？如何改进？

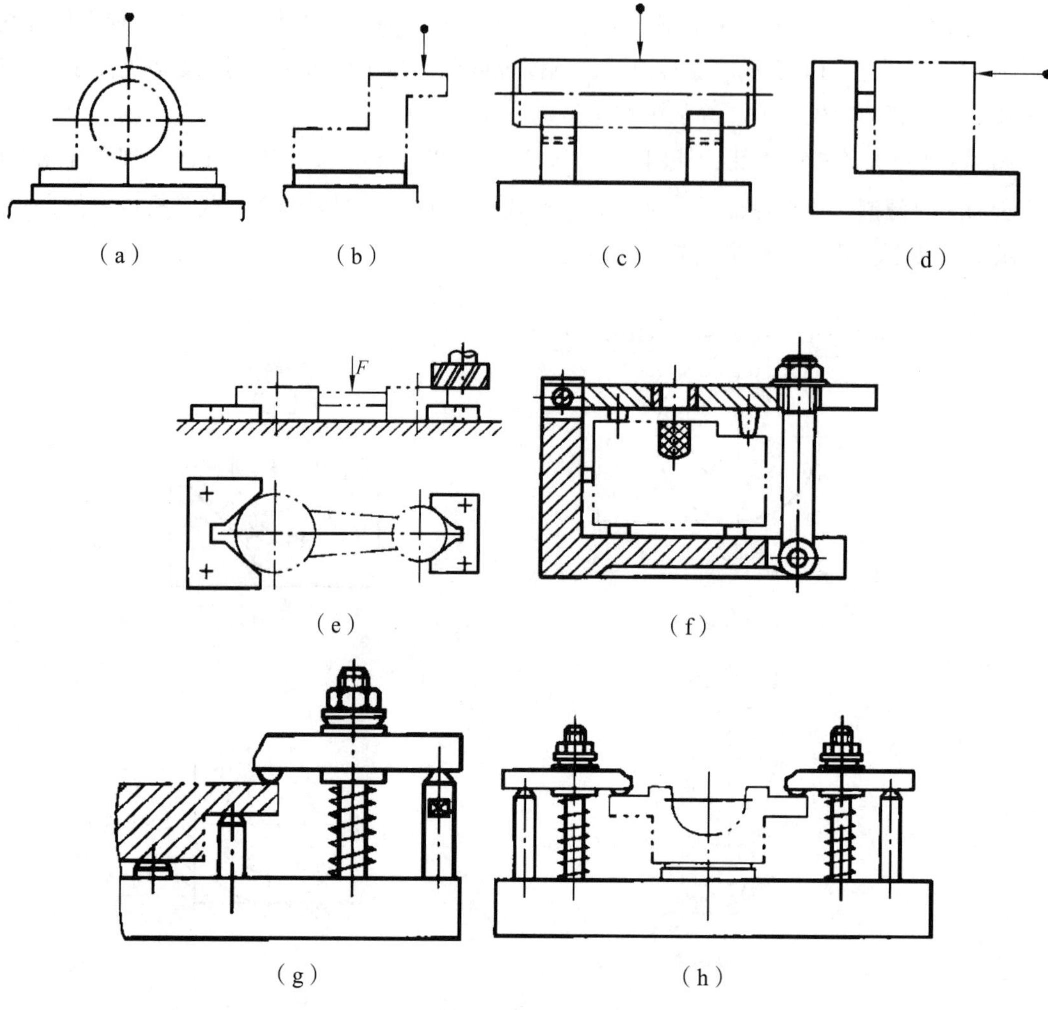

(a) (b) (c) (d)

(e) (f)

(g) (h)

图 8 第 17 题

18. 导向装置的作用是什么？包括哪些元件？适用于什么夹具？
19. 铣、钻床夹具各有什么特点？
20. 组合夹具有何特点？由哪些元件组成？
21. 简要说明数控机床夹具的特点。

第8章 机械加工工艺过程

【导 学】

机械加工工艺过程是通过采用机械加工的方法，改变毛坯件的尺寸、形状和性能，使其成为合格件的过程，它是生产过程的重要组成部分。本章主要介绍机械加工工艺过程的概念及组成、机械加工工艺过程的设计、工艺尺寸链，最后以转向架为实例，详细介绍了典型零件的机械加工工艺分析。通过本章节的知识学习，要求掌握典型零件的机械加工工艺过程的设计与加工工艺分析。

8.1 机械加工工艺过程的概念及组成

8.1.1 机械生产过程和工艺过程

1. 生产过程

制造机器时，将原材料或半成品转变为产品的各有关劳动过程的总和称为生产过程。它主要由以下几个方面构成。

（1）生产技术准备过程：包括在产品投产前进行的市场调研、市场预测、新产品的开发、新产品技术鉴定、产品设计、实验研究、标准化审查分析与论证、生产资料的准备及组织工作等。

（2）生产工艺过程：包括毛坯的锻造、铸造、焊接和冲压等制造过程，零件的机械加工、焊接和热处理等加工过程，部件和产品的装配、总装配、调试、油漆、检验和包装等生产活动。

（3）辅助生产过程：包括工艺装备的制造、能源供应、设备维修等保证基本生产过程正常进行所必需的辅助生产活动。

（4）生产服务过程：包括原材料和半成品的组织、供应、运输、保管、储存、发运，以及产品的包装和销售等过程。

在现代的生产过程中，为了便于组织生产、降低生产成本、提高劳动生产率、取得更好的经济效益，现代工业趋向于专业化协作。一个机械的生产过程往往是多个工厂联合协作的结果，一般是将一种产品的不同零部件分配到不同的厂家进行标准化和专业化生产，最终在总装厂进行主要零部件的调试及总装。

2. 工艺过程

在生产过程中生产对象的形状、尺寸、相对位置、性质发生变化，成为成品或半成品的过程称为工艺过程，例如毛坯制造、机械加工、热处理、表面处理及装配等。工艺过程是生产过程的主体，其他过程则称为辅助过程。

8.1.2 生产纲领、生产类型和工艺特点

虽然机械产品的结构和技术要求等差异较大，但不同机械产品在制造工艺方面有很多共

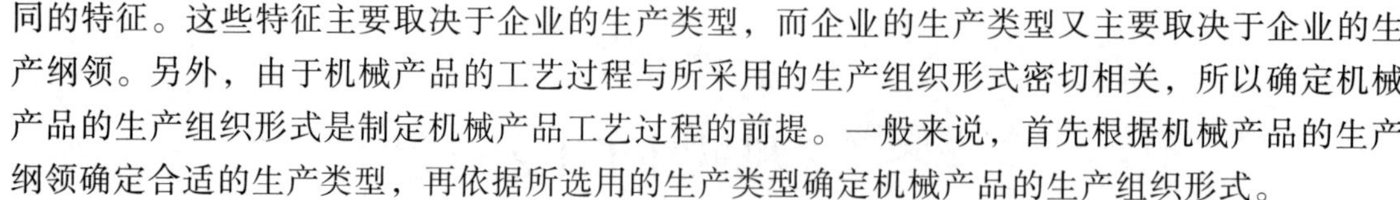

同的特征。这些特征主要取决于企业的生产类型，而企业的生产类型又主要取决于企业的生产纲领。另外，由于机械产品的工艺过程与所采用的生产组织形式密切相关，所以确定机械产品的生产组织形式是制定机械产品工艺过程的前提。一般来说，首先根据机械产品的生产纲领确定合适的生产类型，再依据所选用的生产类型确定机械产品的生产组织形式。

1. 生产纲领

生产纲领是企业在计划期内计划生产的产品产量和进度计划，一般来说计划期定为一年，因此生产纲领通常称为年产量。在生产纲领中，要将备品和废品包括在内，生产纲领的计算公式如下：

$$N = Q \cdot n \cdot (1+\alpha) \cdot (1+\beta) \tag{8-1-1}$$

式中 N——零件的生产纲领（年产量），件/年；

Q——产品的生产纲领（年产量），台/年；

n——每台产品中该零件的数量，件/台；

α——备品百分率；

β——废品百分率。

零件的加工过程和生产组织与生产纲领密切相关，生产纲领不仅决定了每道工序的专业化和自动化程度，同时也决定了在每道工序中使用的工艺方法和工艺装备。

2. 生产类型

生产类型指的是企业（或车间、工段、班组、工作地）生产专业化程度的分类。企业生产类型的相应规模由生产纲领决定，生产类型对工艺过程的规划与制定影响较大。一般来说，生产纲领和生产类型的关系还随着产品类型、零件大小和复杂程度的不同而发生变化，见表8-1-1。生产类型大致可分为三种基本类型，即单件生产、成批生产和大量生产，其中成批生产又可以分为小批生产、中批生产和大批生产，它们之间的大致关系见表 8-1-2。

表 8-1-1　产品类型

机械产品类型	零件的质量/kg		
	轻型零件	中型零件	重型零件
小型机械	≤4	>4~30	>30
中型机械	≤15	>15~50	>50
重型机械	≤100	>100~2 000	>2 000

表 8-1-2　生产类型和生产纲领的关系

生产类型	生产纲领/（台·年$^{-1}$）或（件·年$^{-1}$）			工作地每月担负的工作数/（工序数/月$^{-1}$）
	小型机械或轻型零件	中型机械或中型零件	重型机械或重型零件	
单件生产	≤100	≤10	≤5	不规定
小批生产	>100~500	>10~150	>5~100	不规定
中批生产	>500~5 000	>150~500	>100~300	>20~40
大批生产	>5 000~50 000	>500~5 000	>300~1 000	>10~20
大量生产	>50 000	>5 000	>1 000	

注：小型机械、中型机械和重型机械分别可以以缝纫机、机床和轧钢机为代表。

1）单件生产

单件生产指的是所生产的产品种类繁多，每一种产品的结构、尺寸有差异，产量较少，仅有一个或几个，很少再进行重复生产的生产类型。一般来说，新产品试制、重型机械产品制造、机修零件生产、专用工夹量具生产等均属于单件生产。在单件生产中，很少使用专用夹具，通常使用通用机床和标准附件，并靠划线等方法保证尺寸精度。因此，单件生产的加工质量和生产率主要取决于工人的技术水平和熟练程度。

2）成批生产

成批生产指的是在一年中分批轮流生产制造几种不同的产品，每一种产品均有一定的数量，且加工制造过程具有周期性重复的特点。每批生产相同零件的数量称为批量，批量是通过零件的生产纲领和一年中的批数计算得到，批数由生产条件决定。根据批量的大小，成批生产又可细分为小批生产、中批生产和大批生产三种生产类型。小批生产在产量上接近于单件生产，大批生产在产量上接近于大量生产。随着科学技术的发展和生产技术的进步，产品逐步向个性化、差异化方向发展，品种规格越来越多，更新换代周期越来越短，多品种小批量的生产类型将会越来越多。

3）大量生产

大量生产指的是产品数量巨大的生产类型，在大量生产中一般是长期按一定的规律进行某个零件某道工序的加工。轴承、齿轮等标准件的生产类型通常是大量生产。大量生产广泛利用自动机床、专用机床、自动生产线及专用工艺装备进行生产。由于大量生产中工艺过程的自动化程度很高，所以对生产操作工人的技术水平要求较低，但对机床调整、设备维护工人的技术水平要求较高。

3. 工艺特点

由于生产类型不同，产品和零件的制造工艺不同，所用设备及工艺装备采取的技术措施、达到的技术经济效果等也不尽相同。不同生产类型的工艺特点见表 8-1-3。

表 8-1-3 不同生产类型的工艺特点

工艺特征	生产类型		
	单件/小批生产	中批生产	大批生产
加工对象	经常互换	周期性变换	固定不变
零件的互换性	无互换性，钳工修配	普遍采用互换或选配	完全互换或分组互换
毛坯	木模手工造型或自由锻毛坯，精度低，加工余量大	金属模造型或模锻毛坯，精度中等，加工余量中等	金属模机器造型、模锻或其他高生产率毛坯制造方法，毛坯精度高，加工余量小
机床及布局	通用机床按“机群式”排列	通用机床或专用机床按工件类别分工段排列	广泛采用专用机床及自动机床，按流水线排列
工件的安装方法	划线找正	广泛采用夹具，部分划线找正	夹具
获得尺寸方法	试切法	调整法	调整法或自动加工
刀具和量具	通用刀具和量具	通用和专用刀具、量具	高效率专用刀具、量具

续表

工艺特征	生产类型		
	单件/小批生产	中批生产	大批生产
工人技术要求	高	中	低
生产率	低	中	高
成本	高	中	低
夹具	极少采用专用夹具和特种工具	广泛使用专用夹具和特种工具	广泛采用高效率的专用夹具和特种工具
工艺规程	机械加工工艺过程卡	较详细的工艺规程，对重要零件有详细的工艺规程	详细编制工艺规程和各种工艺文件

8.1.3　工艺规程

1. 工艺规程的概念

规定零件制造加工工艺过程和操作方法等的工艺文件称为机械加工工艺规程，简称工艺规程。工艺规程是在具体的生产条件下，将最合理或较合理的工艺过程和操作方法按照规定的形式制成文本，并经过审批后用来指导生产并严格贯彻执行的指导性文件。在制定工艺规程时，需要全面考虑生产纲领和生产类型，这样才能在保证产品质量的前提下，制定出技术先进、经济合理的工艺方案。通常来说，在生产产品时，若生产类型为大量生产则一般采用自动线，若生产类型为批量生产则一般采用流水线，若生产类型为单件生产则一般采用机群式工艺规程。

工艺规程一般包括工件加工工艺路线及经过的车间和工段、各工序的内容及采用的机床和工艺装备、工件的检验项目及检验方法、切削用量、工时定额及工人的技术等级等。

2. 工艺规程的作用

工艺规程是反映工艺过程合理性的技术文件。作为机械加工制造最主要的技术文件之一，它有如下几方面的作用。

1）指导生产的主要技术文件

合理的工艺规程是对广大工人和技术人员在生产实践经验总结的基础上，依据合理的工艺理论和必要的工艺实验制定而成的，它是一个企业或部门集体智慧的体现。一般来说，严格按照工艺规程组织生产可以保证产品质量、提高生产效率。实践表明，若生产工艺不科学，容易造成产品质量严重下降、生产效率显著降低，甚至使生产陷入混乱状态。随着科技的发展和经验的提升，工艺人员应总结经验、不断创新，对现有工艺规程进行优化、改进、完善，以便更好地指导生产。

2）生产组织、管理工作、计划工作的依据

由工艺规程所设计的内容可以看出，在产品的生产管理过程中，投产前原材料及毛坯的供应、通用工艺装备的准备、机械负荷的调整、专用工艺装备的设计与制造、作业计划的编排、劳动力的组织以及生产成本的核算等，都是以工艺规程作为基本依据的。

3）新建、扩建和改建工厂或车间的基本资料

在对工厂或车间进行新建、扩建和改建时，需要依据工艺规程和生产纲领确定生产所需要的机床和其他设备的种类、规格和数量，车间面积，机床布置，生产工人工种、等级和数量以及辅助部门的安排等。

3. 工艺规程的格式

一般来说，根据生产类型的不同，所使用的工艺规程的格式和内容也不尽相同。通常需要将工艺规程的内容填写到具有一定格式的卡片中，生成工艺文件以便作为生产准备和生产施工的依据。常用的工艺文件有下列几种格式。

1）机械加工工艺过程卡片

机械加工工艺过程卡片是制定其他工艺文件的基础，也是生产技术准备、编制作业计划和组织生产的依据。在这种卡片中，对机械加工工艺过程以工序为单位进行简单描述，主要列出了整个零件加工所经过的工艺路线，包括毛坯、机械加工和热处理等，但没有对各道工序做具体说明，一般不用于对工人操作的直接指导，而是用于生产管理。需要特别指出的是，在单件、小批生产中，一般不再编写其他更为详细的工艺文件，而是以机械加工工艺过程卡片来指导生产。机械加工工艺过程卡片的格式和内容见表 8-1-4。

表 8-1-4　机械加工工艺过程卡片

<table>
<tr><td colspan="3" rowspan="2">（工厂及企业名）</td><td colspan="2" rowspan="2">机械加工工艺过程卡片</td><td>产品型号</td><td></td><td>零件图号</td><td></td><td></td><td colspan="2"></td></tr>
<tr><td>产品名称</td><td></td><td>零件名称</td><td></td><td>共　页</td><td colspan="2">第　页</td></tr>
<tr><td>材料编号</td><td></td><td>毛坯种类</td><td></td><td>毛坯外形尺寸</td><td>每毛坯可制件数</td><td></td><td>每台件数</td><td>（5）</td><td>备注</td><td colspan="2"></td></tr>
<tr><td rowspan="2">工序号</td><td rowspan="2">工序名称</td><td colspan="2" rowspan="2">工序内容</td><td rowspan="2">车间</td><td rowspan="2">工段</td><td rowspan="2">设备</td><td colspan="3" rowspan="2"></td><td colspan="2">工时定额</td></tr>
<tr><td>准终</td><td>单件</td></tr>
<tr><td>（7）</td><td>（8）</td><td></td><td></td><td></td><td></td><td></td><td></td><td></td><td></td><td></td><td></td></tr>
<tr><td></td><td></td><td></td><td></td><td></td><td></td><td></td><td></td><td></td><td></td><td></td><td></td></tr>
<tr><td></td><td></td><td></td><td></td><td></td><td></td><td></td><td></td><td></td><td></td><td></td><td></td></tr>
<tr><td></td><td></td><td></td><td></td><td></td><td></td><td></td><td></td><td></td><td></td><td></td><td></td></tr>
<tr><td></td><td></td><td></td><td></td><td></td><td></td><td></td><td></td><td></td><td></td><td></td><td></td></tr>
<tr><td></td><td></td><td></td><td></td><td></td><td></td><td></td><td></td><td></td><td></td><td></td><td></td></tr>
<tr><td></td><td></td><td></td><td></td><td></td><td></td><td></td><td></td><td></td><td></td><td></td><td></td></tr>
<tr><td rowspan="4">更改内容</td><td></td><td></td><td colspan="9"></td></tr>
<tr><td></td><td></td><td colspan="9"></td></tr>
<tr><td></td><td></td><td colspan="9"></td></tr>
<tr><td></td><td></td><td colspan="9"></td></tr>
<tr><td></td><td colspan="2">编制（日期）</td><td></td><td>审核（日期）</td><td></td><td colspan="2">标准化（日期）</td><td></td><td>会签（日期）</td><td colspan="2"></td></tr>
</table>

2）机械加工工艺卡片

机械加工工艺卡片是对整个机械加工工艺过程以工序为单位进行详细说明的工艺文件。这种卡片是指导工程生产、帮助车间管理人员和技术人员掌握整个零件加工过程的一种主要

技术文件，它广泛运用于零件的成批生产和重要零件的小批生产。机械加工工艺卡片主要内容包括零件的材料、重量、毛坯种类与制造方法，各个工序的工序号、工序名称、工序内容、工艺参数、操作要求等具体内容，加工后要达到的精度和表面粗糙度以及采用的设备和工艺装备等。机械加工工艺卡片的格式和内容见表 8-1-5。

表 8-1-5　机械加工工艺卡片

<table>
<tr><td colspan="3" rowspan="2">厂名</td><td colspan="4" rowspan="2"></td><td colspan="2">产品型号</td><td></td><td colspan="2">零（部）件图号</td><td colspan="2"></td><td colspan="2">共　页</td></tr>
<tr><td colspan="2">产品名称</td><td></td><td colspan="2">零（部）件名称</td><td colspan="2"></td><td colspan="2">第　页</td></tr>
<tr><td colspan="3">材料牌号</td><td></td><td>毛坯种类</td><td></td><td colspan="2">毛坯外形尺寸</td><td></td><td>每台毛坯件数</td><td></td><td>每台件数</td><td></td><td>备注</td><td colspan="2"></td></tr>
<tr><td rowspan="2">工序</td><td rowspan="2">装夹</td><td rowspan="2">工步</td><td rowspan="2">工序内容</td><td rowspan="2">同时加工零件数</td><td colspan="4"></td><td rowspan="2">设备名称及编号</td><td colspan="3">工艺装备名称及编号</td><td rowspan="2">技术等级</td><td colspan="2">工时定额</td></tr>
<tr><td>背吃刀量/mm</td><td>切削速度/(m·min^{-1})</td><td>转速或往复次数/(r·min^{-1})</td><td>进给量/(mm·r^{-1})</td><td>夹具</td><td>刀具</td><td>量具</td><td>准终</td><td>单件</td></tr>
<tr><td></td><td></td><td></td><td></td><td></td><td></td><td></td><td></td><td></td><td></td><td></td><td></td><td></td><td></td><td></td><td></td></tr>
<tr><td></td><td></td><td></td><td></td><td></td><td></td><td></td><td></td><td></td><td colspan="3">编制（日期）</td><td>审核（日期）</td><td colspan="2">会签（日期）</td><td></td></tr>
<tr><td>标记</td><td>处记</td><td>更改文件号</td><td>签字</td><td>日期</td><td>标记</td><td>更改文件号</td><td>签字</td><td>日期</td><td colspan="3"></td><td></td><td colspan="2"></td><td></td></tr>
</table>

3）机械加工工序卡片

机械加工工序卡片是在工艺过程卡片的基础上，对零件加工过程中各道工序进行更详细的说明，按每道工序所编制的一种用于具体指导工人在加工过程中实际操作的工艺文件。机械加工工序卡片主要用于大批、大量生产中的所有零件，中批生产中复杂产品的关键零件，以及单件、小批生产中的关键工序。在这种卡片中，要画出工序简图，注明零件的加工表面需要达到的尺寸和公差，说明工件的装夹方式、刀具的类型和位置、进刀方向和切削用量等，该工序中每一工步的具体内容、工艺参数、操作要求以及所用的设备及工艺装备。机械加工工序卡片的格式和内容见表 8-1-6。

表 8-1-6　机械加工工序卡片

<table>
<tr><td rowspan="2">（工厂名）</td><td rowspan="2">机械加工工序卡片</td><td>产品名称及型号</td><td>零件名称</td><td>零件图号</td><td>工序名称</td><td>工序号</td><td>共　页</td></tr>
<tr><td></td><td></td><td></td><td></td><td></td><td>第　页</td></tr>
<tr><td colspan="3" rowspan="10">（画工序简图处）</td><td></td><td></td><td></td><td></td><td></td></tr>
<tr><td></td><td></td><td></td><td></td><td></td></tr>
<tr><td>同时加工工件数</td><td>每料件数</td><td>技术等级</td><td>单件时间/min</td><td>准终时间/min</td></tr>
<tr><td></td><td></td><td></td><td></td><td></td></tr>
<tr><td>设备名称</td><td>设备编号</td><td>夹具名称</td><td>夹具编号</td><td>工作液</td></tr>
<tr><td></td><td></td><td></td><td></td><td></td></tr>
<tr><td rowspan="4">更改内容</td><td colspan="4"></td></tr>
<tr><td colspan="4"></td></tr>
<tr><td colspan="4"></td></tr>
<tr><td colspan="4"></td></tr>
</table>

<table>
<tr><td rowspan="2">工步号</td><td rowspan="2">工步内容</td><td colspan="3">计算数据/min</td><td></td><td colspan="4">切削用量</td><td colspan="3">工时额定/min</td><td colspan="4">刀具量具及辅助工具</td></tr>
<tr><td>直径或长度</td><td>进始长度</td><td>单边余量</td><td>走刀次数</td><td>背吃刀量/mm</td><td>切削速度/(m·min^{-1})</td><td>转速或往复次数/(r·min^{-1})</td><td>进给量/(mm·r^{-1}或 mm·min^{-1})</td><td>基本时间</td><td>辅助时间</td><td>工作地点服务时间</td><td>名称</td><td>规格</td><td>编号</td><td>数量</td></tr>
<tr><td></td><td></td><td></td><td></td><td></td><td></td><td></td><td></td><td></td><td></td><td></td><td></td><td></td><td></td><td></td><td></td><td></td></tr>
<tr><td></td><td></td><td></td><td></td><td></td><td></td><td></td><td></td><td></td><td></td><td></td><td></td><td></td><td></td><td></td><td></td><td></td></tr>
<tr><td></td><td></td><td></td><td></td><td></td><td></td><td></td><td></td><td></td><td></td><td></td><td></td><td></td><td></td><td></td><td></td><td></td></tr>
<tr><td></td><td></td><td></td><td></td><td></td><td></td><td></td><td></td><td></td><td></td><td></td><td></td><td></td><td></td><td></td><td></td><td></td></tr>
</table>

<table>
<tr><td></td><td></td><td></td><td></td><td></td><td rowspan="2">编制（日期）</td><td rowspan="2">审核（日期）</td><td rowspan="2">标准化（日期）</td><td rowspan="2">会签（日期）</td></tr>
<tr><td></td><td></td><td></td><td></td><td></td></tr>
<tr><td>标记</td><td>处数</td><td>更改文件号</td><td>签字</td><td>日期</td><td></td><td></td><td></td><td></td></tr>
</table>

4. 制定工艺规程的原则、注意的问题、原始资料及步骤

1）制定工艺规程的原则

工艺规程是直接用于指导生产和操作的重要文件，因此工艺规程的编写需要完整、正确、清晰、统一，其中使用的符号、编号、计量单位、专业术语等需要符合相应的标准。制定工艺规程的原则是在一定的生产条件下，以保证产品质量为前提，尽可能以最少的劳动量和最低的成本，在规定的时间内可靠地完成符合图样及技术要求的产品生产。

2）制定工艺规程需要注意的问题

（1）要保证技术先进性：在充分利用企业现有生产条件的基础上，深入了解当下国内外

行业工艺技术的发展方向，根据企业现状积极引进适用的先进工艺技术和工艺装备，不断提高工艺水平，在对工艺规程进行修改完善时要进行必要的工艺试验，以便在生产中取得最大的经济效益。

（2）要保证经济合理性：由于在一定的生产条件下保证零件技术要求的工艺方案可能不唯一，此时需要以产品的能源、原材料消耗和成本最低为原则，对不同工艺方案进行核算对比分析，确定经济上最合理的方案。

（3）要保证劳动条件良好：在工艺方案的制定上要尽量采取机械化或自动化措施，避免工人进行笨重、繁杂、危险的体力劳动，保证工人在操作时具有良好、安全、舒适的劳动环境。

3）制定工艺规程的原始资料

在制定工艺规程前，通常应具备下列原始资料。

（1）产品装配图和零件图。

（2）产品验收质量标准。

（3）产品的生产纲领、投产批量及生产类型。

（4）毛坯和半成品的资料：包括毛坯品种、规格、供货状态、生产制造方法、生产能力、技术经济特征以及毛坯图等。若无毛坯图，则还需要实地了解毛坯的尺寸、形状以及机械性能等。

（5）现场生产条件：包括实际的生产能力与技术水平、工人的操作水平与熟练程度、加工设备与工艺装备的规格和性能、专用设备及工艺装备的制造能力等，以便保证所制定的工艺规程切实可行。

（6）国内外同类产品先进工艺技术资料。

（7）相关工艺手册及图册。

4）制定工艺规程的步骤

制定机械加工工艺规程的步骤大致如下：

（1）熟悉和分析制定工艺规程的主要依据，确定零件的生产纲领和生产类型。

（2）分析零件图和产品装配图，进行零件结构工艺性分析。

（3）确定毛坯，包括选择毛坯类型及其制造方法。

（4）选择定位基准或定位基面。

（5）拟定工艺路线。

（6）确定各工序需用的设备、工艺装备。

（7）确定工序余量、工序尺寸和公差。

（8）确定各主要工序的技术要求、检验方法。

（9）确定各工序的切削用量和时间定额，并进行技术经济分析，选择最佳工艺方案。

（10）填写工艺文件。

8.1.4 机械加工工艺过程

机械加工工艺过程指的是采用机械加工的方法，通过切削的方式按照一定的顺序直接改变毛坯的形状、尺寸、表面形貌和材料的物理机械性质，使之成为具有一定的精度、表面粗糙度等的零件产品的过程。

一般来说，机械加工工艺过程通常由一个或者若干个工序按照一定顺序排列组成，其中每一个工序又可细分为安装、工位、工步和走刀。

1. 工序

工序指的是一个或一组工人在一台机床、设备或工地上对同一个或同时对几个工件所连续完成的那部分工艺过程。工序不仅是组成工艺过程的基本单元，同时也是制定劳动定额、配备工人、安排作业计划和进行质量检验的基本单元。判定和划分是否属于一个工序的主要依据是工人、工件、工作地、设备是否发生变动以及工作是否连续。只要其中一个发生了变动，则构成另一个工序。例如，加工生产如图 8-1-1 所示的阶梯轴时，若为小批量加工生产，其加工工艺及工序如表 8-1-7 所示；若为中批量加工生产，其加工工艺及工序如表 8-1-8 所示。

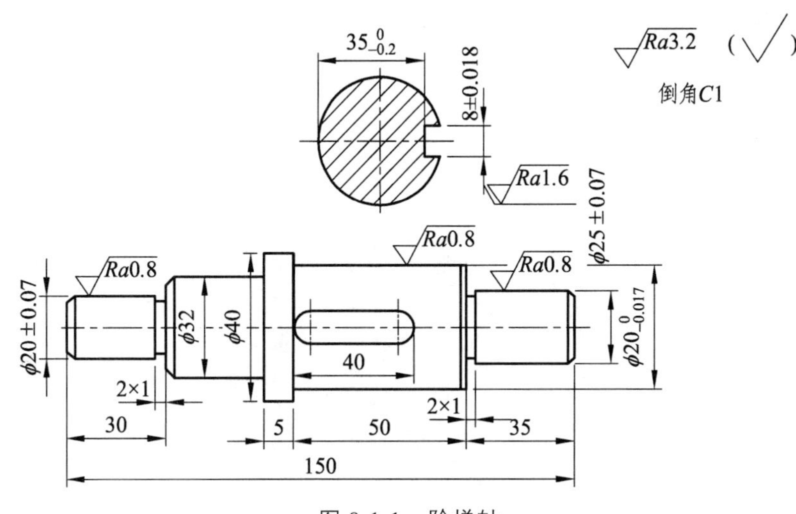

图 8-1-1　阶梯轴

表 8-1-7　阶梯轴小批量加工工艺

工序号	工序内容	设备
1	车端面、打顶尖孔、车全部外圆、切槽和倒角	车床
2	铣键槽、去毛刺	铣床
3	磨外圆	外圆磨床

表 8-1-8　阶梯轴中批量加工工艺

工序号	工序内容	设备
1	铣端面、打顶尖孔	铣端面、打中心孔机床
2	车外圆、切槽和倒角	车床
3	铣键槽	铣床
4	去毛刺	钳工台
5	磨外圆	外圆磨床

2. 安装

在对工件进行机械加工之前，需要使工件在机床或者夹具上位于正确的加工位置，这一过程称为定位。为了保证工件在切削过程中能够承受切削力而不改变定位时的正确位置，必须对工件进行夹牢、压紧，这一过程称为夹紧。定位和夹紧过程统称为工件的安装。在安装过程中，不可避免地会引入安装误差，因此在工件的机械加工过程中，应该尽量减少安装次数，以便尽可能减少误差，同时安装次数减少也会缩短工件机械加工所需要的辅助时间。在一道工序内，工件可能只需要被安装一次，也可能需要被安装多次。例如，在表 8-1-8 中的工序 3，在铣床上铣削加工出键槽需要一次安装即可，而其中的工序 2，则至少需要两次安装。

3. 工位

工位指的是工件相对于机床、设备或者刀具占据的每一个加工位置。一般来说，为了减少工件的安装次数，通常利用各种回转工作台、回转夹具或者移动夹具，在一次安装中使工件先后位于几个不同的位置进行加工。例如，图 8-1-2 所示为利用回转工作台在一次安装中在四个工位完成装卸工件、钻孔、扩孔和铰孔。

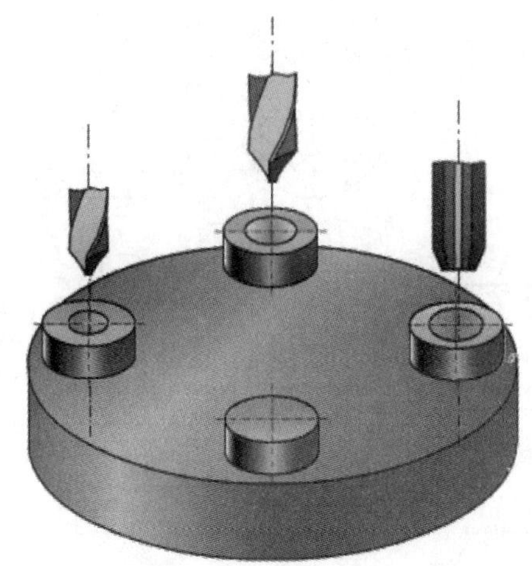

图 8-1-2　多工位加工

4. 工步

在一个工序中，常常需要选用不同的刀具和切削用量才能完成对工件表面的机械加工。这时，为了方便描述和分析一个工序中的所有内容，需要将一道工序进一步划分为不同的工步。所谓工步，就是在一次安装中，在被加工工件表面、切削刀具、切削速度和进给量都不变的情况下完成的那一部分机械加工工艺过程。因此，当其中有一个或者多个因素发生变化时，则变成另一个工步。在一个工序中可以包含一个或者多个工步，例如，对一个外圆表面进行粗车和精车加工。但在实际加工中，为了简化对一个工序中机械加工工艺过程的描述，通常把一次安装中连续进行的多个工步当作一个工步来处理。例如，对图 8-1-3 中钻削加工 4 个相同的孔，可看作一个工步。

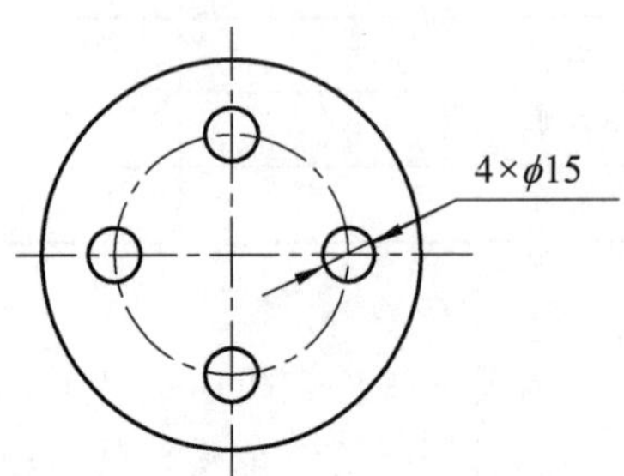

图 8-1-3　连续加工若干个相同的孔

另外，在对一个工件进行机械加工时，为了提高加工效率，有可能存在使用几把刀具同时对工件表面进行加工的情况，如图 8-1-4 所示，这种情况称为一个复合工步。一般来说，在机械加工工艺文件上，通常把复合工步当作一个工步处理。

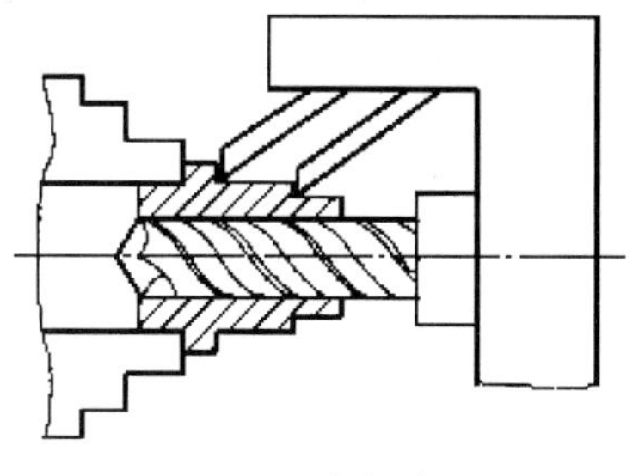

图 8-1-4　一个复合工步

5. 走刀

在对一个工件进行机械加工时，有时由于被加工的工件加工余量较大、需要被切削掉的部分较多或其他一些客观原因，无法通过一次切削完成加工。同一工步中，若需切去的金属层较厚，可分为多次切削，每一次切削被称为一次走刀。可以看到，走刀是构成机械加工工艺过程的最小单元，一个工步可以由一次走刀或者多次走刀构成。

8.2　机械加工工艺过程的设计

8.2.1　零件结构工艺性分析

在设计零件的机械加工工艺过程时，首先应分析产品的装配图和零件图，熟悉产品的用途、性能及工作条件，明确被加工零件在产品中的作用和相关各项技术要求，并对零件工艺性进行分析，必要时对产品零件图提出改进意见。

零件工艺性分析应审查图纸的完整性和正确性，例如，图纸是否有足够的视图，尺寸公差是否标注完整合理，零件的材料、热处理要求及其他技术要求是否完整合理。同时还要审查零件的结构工艺性。

零件的结构工艺性是指零件结构在具体工艺条件下，以满足零件使用要求为前提，在零件的毛坯制造、机械加工、热处理和产品装配等方面所具备的可行性和经济性。因此，不同结构的两个零件尽管都能满足使用要求，但相对于特定加工工艺，其制造效率、成本和质量却可能有很大的差别。零件的结构工艺性包括的内容较为广泛，这里仅讨论零件机械加工的结构工艺性。

1. 零件结构应尽量统一化和规格化

零件中所具有的类似结构应尽量做到统一化与规格化。统一化可减少刀具种类与换刀次数，降低成本、提高效率；规格化有利于采用标准刀具。如图 8-2-1 所示的轴类零件，其圆角半径、越程槽宽度和键槽宽度均应统一。

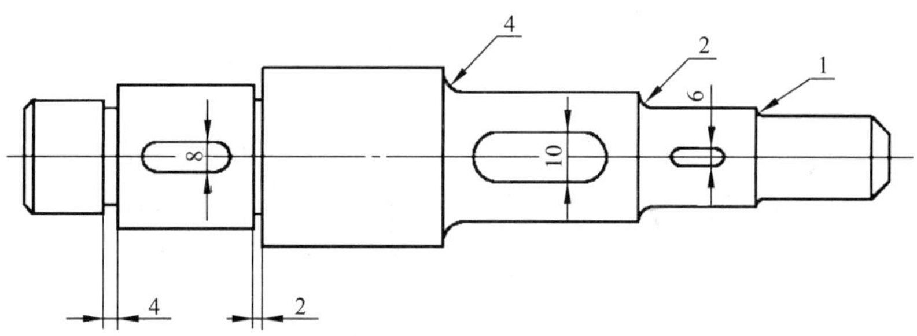

图 8-2-1　轴类零件的结构特征应统一化和规格化

再如图 8-2-2（a）所示，三联齿轮的模数如果不一致，加工时则会用到多种模数的齿轮刀具，使刀具种类和换刀次数增加。因此，应改成图 8-2-2（b）所示模数一致的结构。

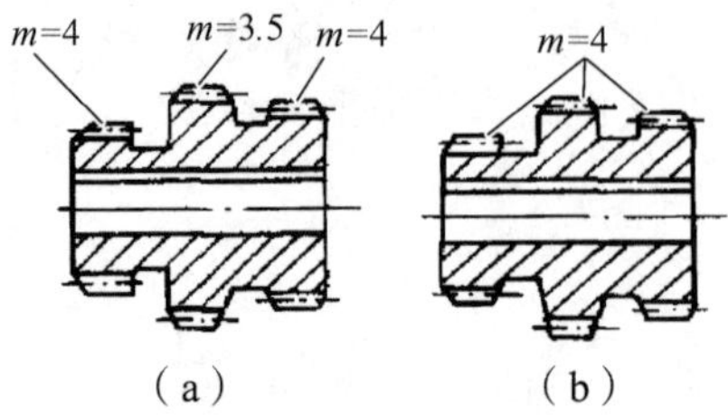

图 8-2-2 多联齿轮模数应尽量一致

2. 零件结构应保证定位可靠和夹紧方便

零件结构应考虑定位的可靠性和夹紧的方便性。如图 8-2-3（a）所示的零件，只有锥面结构，不便于零件夹紧，可考虑增加圆柱面的结构，便于定位夹紧，如图 8-2-3（b）所示。

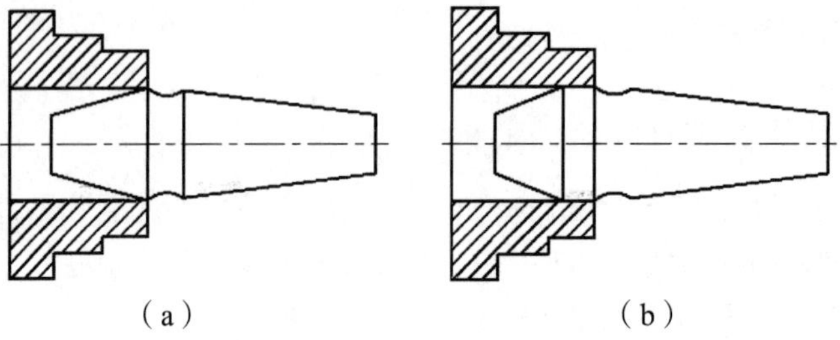

图 8-2-3 锥面结构不便于装夹

如图 8-2-4（a）所示的箱体结构，当需要对上表面进行加工时，零件结构不便于夹紧。因此，可考虑增加如图 8-2-4（b）所示的工艺孔或工艺凸缘。

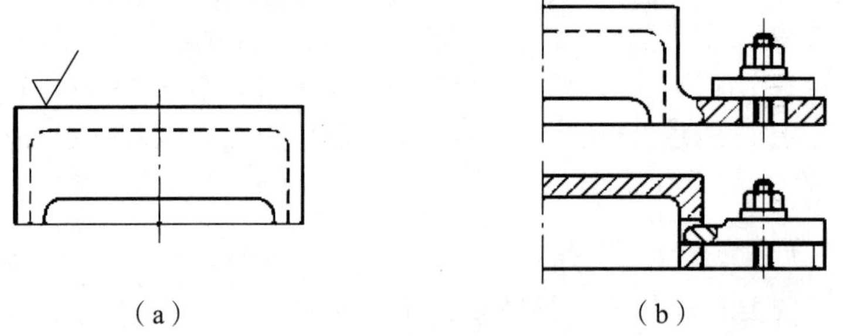

图 8-2-4 箱体零件增加便于夹紧的工艺孔或凸缘

3. 零件结构应尽量减少工件装夹和机床调整次数

零件的待加工表面应尽量分布在同一方向上，如图 8-2-5 和图 8-2-6 所示，键槽方向和孔的轴线方向应一致，这样可减少装夹次数。

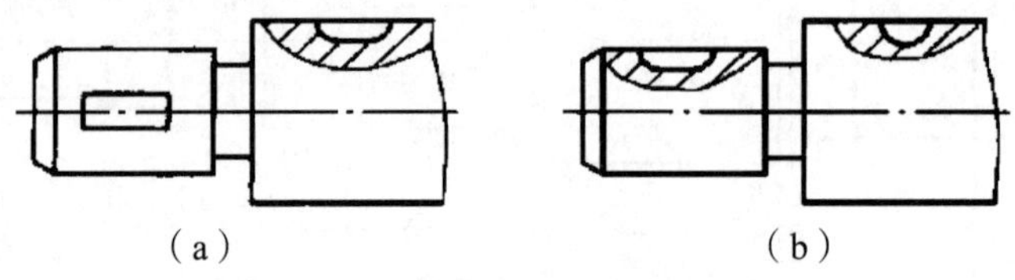

图 8-2-5 键槽方向一致

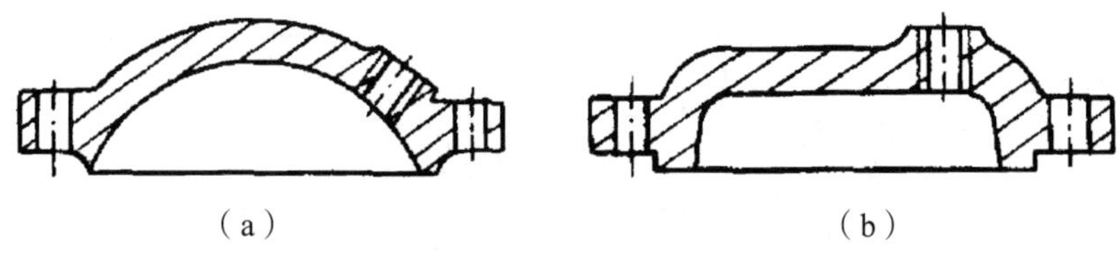

（a）　　　　　（b）

图 8-2-6　孔轴线方向一致

零件具有多个结构需要采用相同切削方法进行加工时，结构之间应尽量消除进刀路线上的阻碍，以便一次装夹完成，保证较高的位置精度。如图 8-2-7 所示，原来的结构需要从两端进行孔的加工，改进后，一次安装就可以完成。

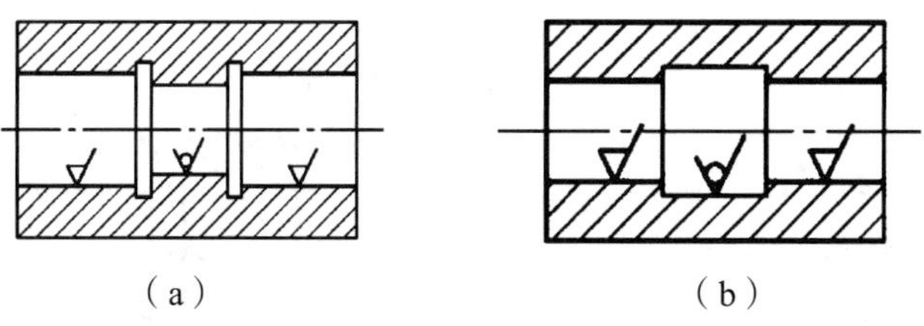

（a）　　　　　（b）

图 8-2-7　对称孔之间消除进刀阻碍

零件具有多个类似特征需要采用相同切削方法进行加工时，应尽量减少机床调整次数。如图 8-2-8 所示，凸台高度改成一致，可一次走刀完成加工。如图 8-2-9 所示，将两端锥面的锥度改成一致，磨床只需要调整一次即可完成加工。

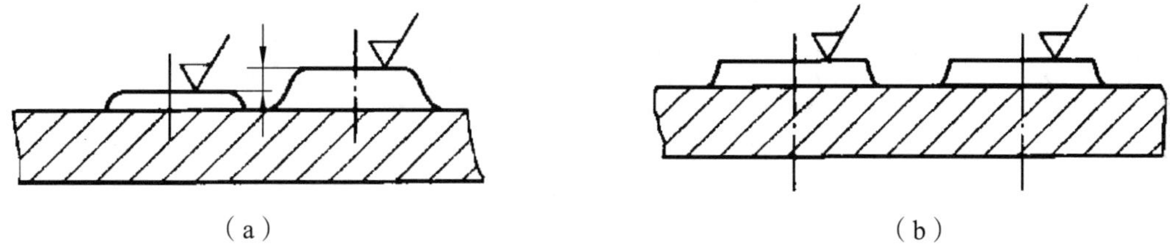

（a）　　　　　（b）

图 8-2-8　凸台高度尽量一致

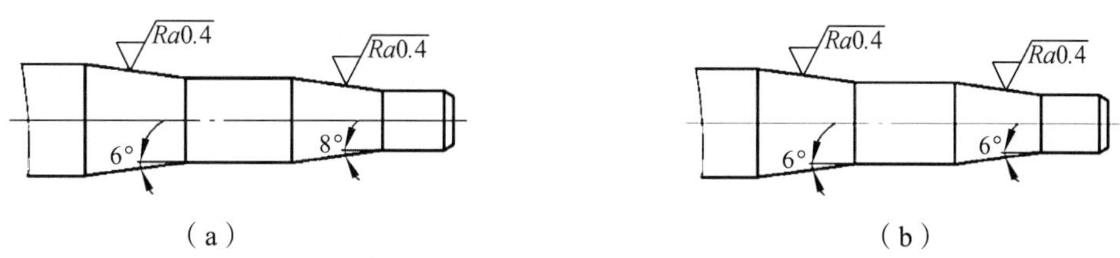

（a）　　　　　（b）

图 8-2-9　锥面的锥度尽量一致

4. 零件结构应便于进退刀

如图 8-2-10（a）所示的工件，由于孔轴线太靠近邻近的侧壁，致使采用标准麻花钻加工时无法进刀，可按图 8-2-10（b）进行改进。

如图 8-2-11（a）和图 8-2-12（a）所示的工件，均未考虑退刀要求，这将使加工终点位置的精度无法保证，或无法顺利地完成加工，应按图 8-2-11（b）和图 8-2-12（b）所示改进零件结构。

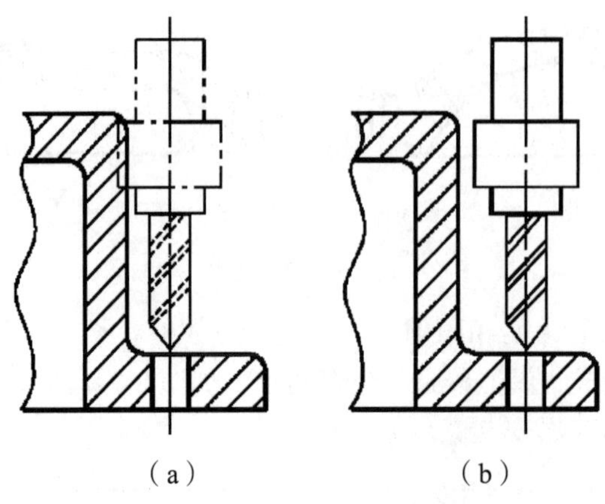

（a）　　（b）

图 8-2-10　孔位不应紧靠侧壁

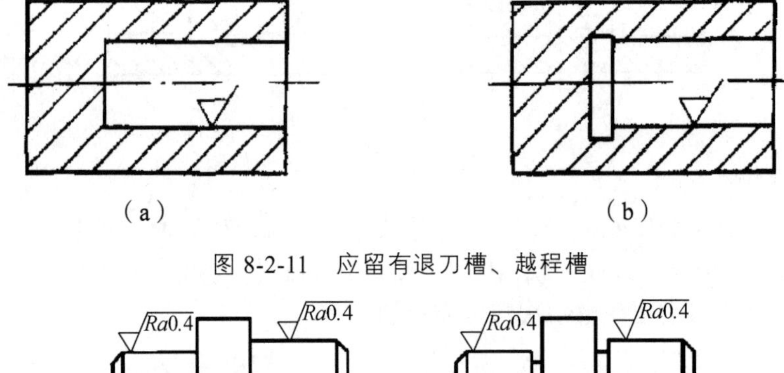

（a）　　（b）

图 8-2-11　应留有退刀槽、越程槽

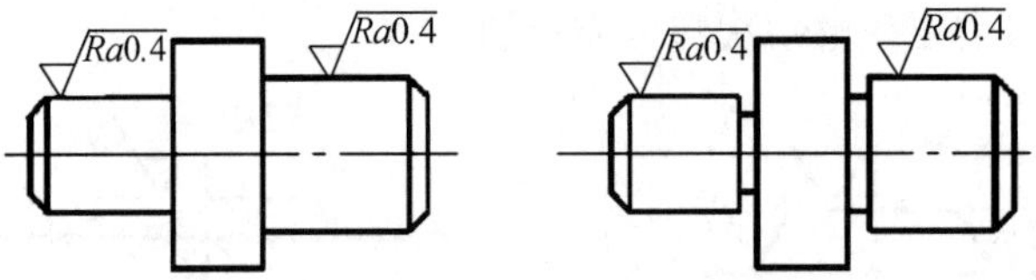

（a）　　（b）

图 8-2-12　应留有越程槽

5. 零件结构应尽量避免或减少内表面的加工

对于常见机械零件，外表面的加工比内表面更为容易且便于测量。因此，零件结构应尽量避免或减少对内表面的加工。如图 8-2-13（a）所示，环槽设计在零件 2 的内表面上，将使加工相对比较困难。如果环槽按图 8-2-13（b）所示设计在零件 1 的外圆柱面上，同样能满足工作性能的要求，且加工相对比较容易。

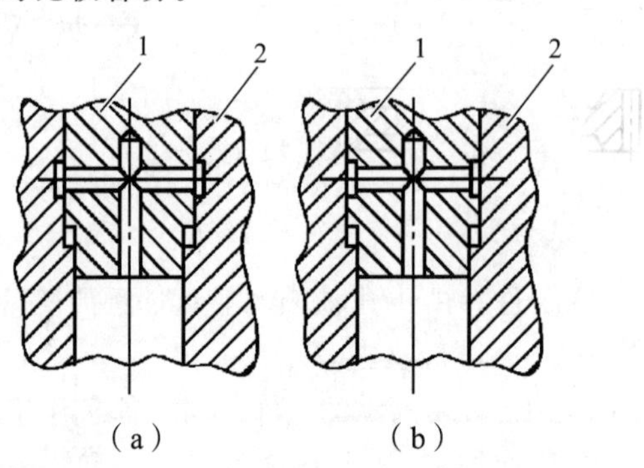

（a）　　（b）

图 8-2-13　内环槽转化为外环槽

6. 钻削时应尽量避免斜面上钻孔

钻削时，钻入钻出的表面应与孔轴线垂直。否则，钻头径向受力不均匀将使钻头引偏，甚至折断钻头。图 8-2-14（a）和（c）存在单侧切削的情况，可按图（b）和（d）进行结构改进。

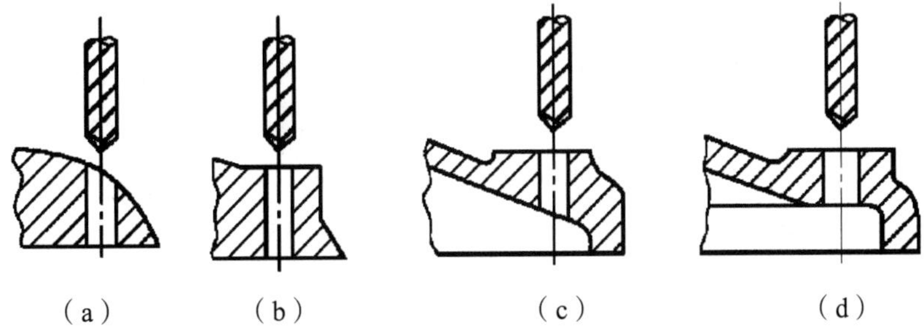

图 8-2-14　钻削时应尽量避免单侧切削

7. 零件结构应尽量减少不必要的加工切除量

尽量减少加工切除量不仅可以减少切削时间和刀具的磨损，也可节省工件材料的消耗，提高装配质量。如图 8-2-15（b）所示，无须对轴承座整个底面进行加工，减少加工切除量，降低修配的工作量。

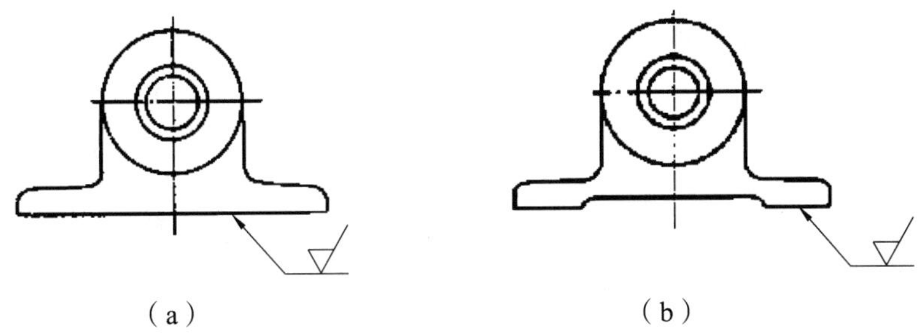

图 8-2-15　减少轴承座加工面积

8. 零件结构应便于多件同时加工

多件同时加工，可大大提高劳动生产率。如图 8-2-16（a）所示的齿轮结构，多件滚齿时刚性不好，且行程较长。可按图 8-2-16（b）所示的两种方案进行改进，便于多件同时加工。

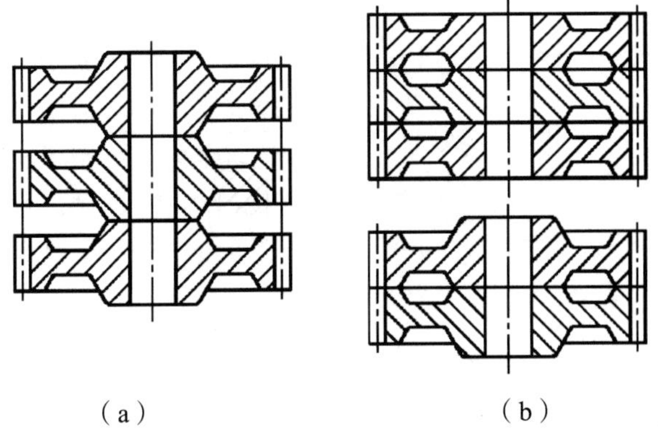

图 8-2-16　零件结构应便于多件同时加工

8.2.2 毛坯的选择与制造

在产品制造生产过程中，零件毛坯及其制造工艺对零件加工质量、工件材料消耗、加工切除量、加工效率和生产成本等都有很大的影响，因此在制定工艺规程之前，还应该完成对毛坯的选择与确定。一般而言，毛坯的尺寸精度和几何精度越高，机械加工的切除量就越小，而机械的切除量越小，则意味着其加工效率的提高和加工成本的压缩。在实际加工生产过程中，需要根据具体的情况和加工需求进行分析，以保证最后能够获得良好的经济效益。选择零件毛坯主要是确定所用毛坯的种类和毛坯的形状及尺寸。

1. 选择毛坯的种类

机械加工过程中常用的零件毛坯主要包含铸件、锻件、型材、焊接件和其他毛坯件。其中对于形状复杂的毛坯一般采用铸造的方式制造，如砂型铸造和特种铸造；对于力学性能要求较高且受力复杂的零件则一般选用锻件作为主要的制造方式，如自由锻和模型锻造；对于截面形状为圆形、方形、六角形等比较规则且加工精度要求较高的零件，一般采用型材作为主要的毛坯，如板材、棒材和线材等；而针对单件小批量生产、大型零件或样机试制等应用场景，则需要利用焊接件作为毛坯，其具有制造简单、生产周期短且节省材料等优点。

2. 选择毛坯的原则

选择毛坯时应综合考虑零件的生产纲领、零件的材料及力学性能要求、零件的结构与尺寸、生产类型、生产条件，以及利用新工艺、新技术、新材料可能性等几个方面的因素，各个因素的描述见表 8-2-1。另外，为保证零件加工过程的经济性，在选择毛坯时还应保证以下要求：①被加工面必须保证合理的加工余量和公差；②非加工面必须光滑，以减少不必要的加工；③毛坯表面作为加工的基准面必须平整，避免缺陷情况出现；④毛坯加工面去除不必要的杂质和氧化层，避免不必要的加工工时及刀具的磨损；⑤消除毛坯内部内应力，并使其具有良好的切削性能。

表 8-2-1 影响因素

序号	影响因素	描 述
1	零件的生产纲领	生产纲领即企业在计划期内应当生产的产品产量和进度计划。针对大量生产的零件应选择精度和生产率高的毛坯制造方法，用于毛坯制造的昂贵费用可由材料消耗的减少和机械加工费用的降低来补偿，如铸件采用金属模机器造型或精密铸造；单件小批生产时应选择精度和生产率较低的毛坯制造方法
2	零件的材料及力学性能要求	很多情况下，当零件的材料和力学性能要求确定后，毛坯的制备方法也就随之而定了。例如，当零件材料选择为铸铁，毛坯制备方法就只能采用铸造，而不能是锻造。当零件材料选择钢材，力学性能要求较高时，应选择锻造毛坯
3	零件的结构与尺寸	对于形状复杂、特别是内腔形状复杂的零件，可选择铸造；对于一般用途的阶梯轴，如果各段外圆面的直径相差不大，可选择棒料；若直径相差大，则宜用锻件，以减少材料消耗和切削工作量。对于大型零件，可选择焊接，但应注意内应力的消除

续表

序号	影响因素	描　述
4	生产类型	当零件的生产批量较大时，应选毛坯精度和生产率都较高的毛坯制备方法，以节约材料，减少切削工作量，获得较好的经济效益。反之，单件小批生产时，应选毛坯精度和生产率均比较低的毛坯制备方法，降低占比更大的毛坯制备成本
5	生产条件	选择毛坯制备方法时，应考虑企业现有生产条件，如现有的毛坯制造工艺水平、外协的可能性等
6	利用新工艺、新技术和新材料可能性	为了节省材料、降低能耗，目前毛坯制造方面的新工艺、新技术和新材料的应用日益广泛，如精密铸造、精密锻造、冷挤压、粉末冶金和工程塑料等，这些方法可大大减少切削加工量，实现“少无切削”加工，在选择毛坯制备方法时应尽量采用

3. 毛坯的制造

零件毛坯的制造方法主要取决于零件的材料、形状特征和生产批量等因素。目前，企业常用毛坯的制造方法主要有铸造、锻造、焊接、型材、冷挤压、粉末冶金和冲压，此外还有半固态金属成形技术和快速成形法等。其中对于复杂工件多采用铸造或者锻造的方法来完成。

8.2.3　拟定工艺路线

拟定工艺路线时，首先应选择定位基准，还应确定各加工表面的加工方法，划分加工阶段，安排工序的先后顺序，确定工序的集中和分散程度。一般应提出几种方案，通过分析对比，从中选择最佳方案。

1. 定位基准的选择

定位基准的选择是拟定工艺路线的一个重要的内容。定位基准可分为粗基准和精基准。对于最初的工序，只能采用未经加工的表面作为定位基准，称之为粗基准；在之后的工序中，采用已加工表面作为定位基准，则称为精基准。选择定位基准时，通常是从保证加工精度的要求出发，先考虑精基准的选择，再考虑粗基准的选择。

1）精基准的选择原则

选择精基准时，主要考虑如何保证零件的尺寸精度和位置精度，并使工件装夹方便可靠，夹具结构简单。一般应遵循以下原则。

（1）基准重合原则。

选择设计基准或工序基准作为定位基准，称之为基准重合。其中，对于加工工序是最终工序的情况，所选择的定位基准应与设计基准重合；若加工工序是中间工序，所选择的定位基准应与工序基准重合。

如图 8-2-17 所示的铣键槽，尺寸 t 的设计基准是下母线，加工时，以两端面中心孔为定位基准，按尺寸 L 调整铣刀位置，设计基准和定位基准不重合。此时，尺寸 t 由尺寸 L 和 r 间接保证。设本工序公差为 Δ_l，尺寸 ϕd 的公差为 T_d，则尺寸 t 的公差 $T_t = \Delta_l + T_d/2$。因此，由于设计基准和定位基准不重合，带来了基准不重合误差。对于同样的精度要求，会增加工艺难度。如果以下母线定位加工键槽，则可消除基准不重合误差。

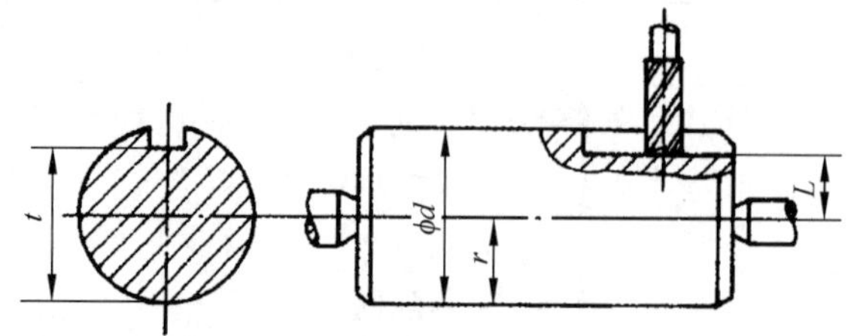

图 8-2-17　定位基准与设计基准不重合

以上分析了设计基准与定位基准不重合时，带来尺寸误差的情况。当设计基准与测量基准、工序基准与测量基准不重合时，也会带来基准不重合误差。基准不重合不但会带来尺寸误差，也会带来位置误差。当工件有多个表面需要加工时，会有多个设计基准，遵循基准重合原则，定位基准较多，夹具种类也较多。

（2）基准统一原则。

工件上通常有多个表面需要加工，在加工过程中尽可能采用统一的定位基准，称为基准统一原则。采用统一基准，便于保证零件各加工表面间的位置精度，避免基准转换所产生的误差，并可减少夹具的种类。因此，可设法在工件上找到一组统一基准面，或者在工件上专门加工出一组定位面，用它们来定位以加工工件上多个表面，满足定位基准的统一。这种为了满足加工工艺需要而专门设置的定位基准称为辅助基准。比如，轴类零件常采用两端面中心孔作为统一基准，加工各段轴的外圆面和端面，可很好地保证各段外圆面的同轴度公差，以及端面跳动公差。又如盘类零件常用一端面和短圆孔为统一基准；套类零件常采用一长孔和止推面作为统一基准；一般的箱体零件常用一个大平面和面上两个距离较远的孔作为统一基准。

如图 8-2-18 所示，加工发动机机体的多个轴承座孔、气缸孔及座孔端面时，采用底面 A 及底面上相距较远的两个工艺孔作为统一基准，这样就能较好地保证上述加工表面间的位置精度。

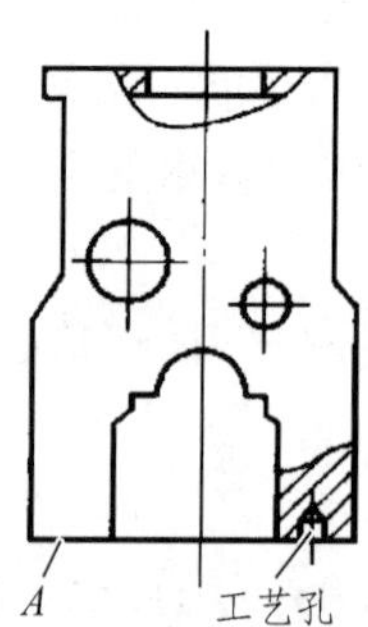

图 8-2-18　加工机体采用的统一基准

（3）自为基准原则。

某些加工表面要求加工余量小且均匀时，选择加工表面本身作为定位基准，这称为自为基准。采用自为基准加工时，不能纠正被加工表面的位置误差，其位置精度应由先行工序予以保证。用浮动镗刀镗孔、浮动铰刀铰孔、无心磨床磨外圆、珩磨头磨孔等，都是采用自为基准的定位方式进行加工。

如图 8-2-19 所示，采用导轨磨床磨削床身导轨面时，要求保证导轨面磨削余量非常均匀，且磨削余量也很小，可采用可调支承配合百分表找正床身导轨面本身，这符合自为基准原则。

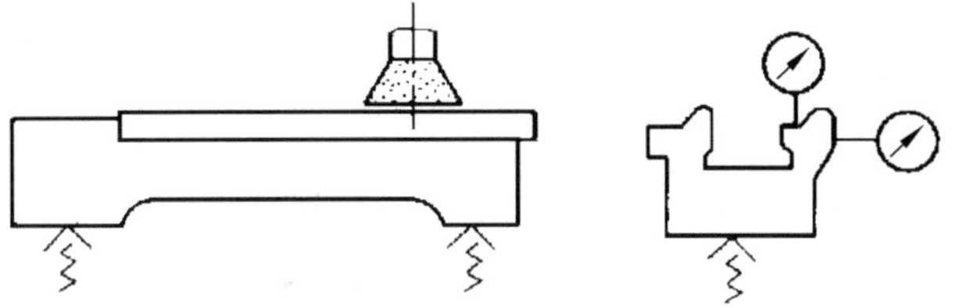

图 8-2-19　加工床身导轨面的自为基准

（4）互为基准原则。

当零件上两个（组）表面相互位置精度要求很高时，可以采取互为定位精基准的原则，反复多次加工，来保证加工表面的技术要求。例如，为保证导套零件内、外圆柱面之间较高的同轴度要求，可先以外圆为定位基准磨削内圆，再以内圆为定位基准加工外圆，这样反复多次，就可使两者同轴度达到很高的要求。

（5）准确可靠原则。

选择精基准时，要保证工件定位准确、夹紧可靠，夹具结构简单、操作方便。

2）粗基准的选择原则

选择粗基准时，根据零件的不同加工要求，主要应考虑两个方面：一是如何合理分配各加工表面的余量；二是要考虑如何保证非加工表面与加工表面之间的位置精度。一般应遵循以下原则。

（1）根据加工要求，为了保证加工面与非加工面之间的位置要求，应选非加工面为粗基准。如图 8-2-20 所示，铸件的孔和外圆有偏心，其外圆面是非加工表面。若采用非加工面为粗基准加工孔，则加工后的壁厚是均匀的，可保证外圆面与孔之间的同轴度，而孔的加工余量不均匀。当零件上同时有多个非加工面时，则应选择与加工面位置精度要求最高的不加工表面作为粗基准。

（2）为了保证各加工面都有足够的加工余量，应选择加工余量最小的面为粗基准。如图 8-2-21 所示的阶梯轴，大端外圆的加工余量为 8 mm，小端加工余量为 5 mm，毛坯两段外圆面的偏心量为 3 mm。因此，应选择小端外圆为粗基准。若选择大端外圆作为粗基准，加工小端时会出现余量不足而使工件报废。

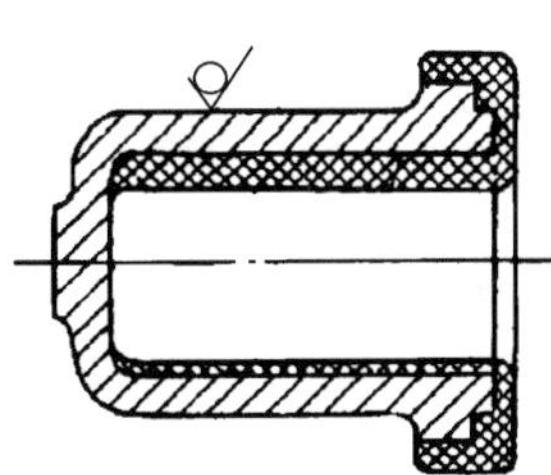

图 8-2-20　选择非加工面作为粗基准

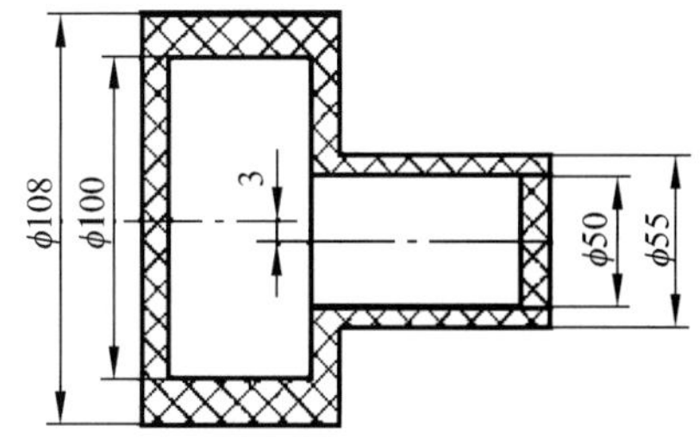

图 8-2-21　选择加工余量最小的面作为粗基准

（3）根据加工要求，为保证重要表面加工余量均匀，则应选择该表面为粗基准。如图 8-2-22（a）所示，机床床身的导轨面是工作表面，要求表面组织致密均匀而耐磨，因此要求其加工余量小而均匀。选择粗基准时，应以导轨面为粗基准来加工床身底座平面，然后再以床身底座平面为精基准来加工导轨面，可保证在加工导轨面时余量小而均匀。否则，如图 8-2-22（a）所示，选用底座平面为粗基准，必将导致导轨面的加工余量大而不均匀，无法满足加工要求。

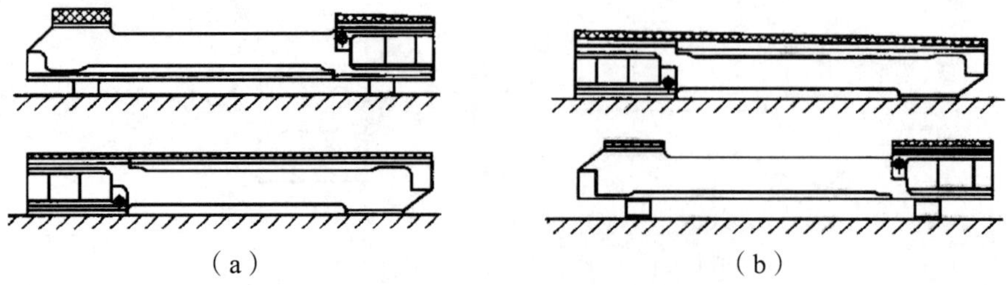

图 8-2-22　选择重要表面作为粗基准

（4）毛坯表面作为粗基准一般只使用一次，通常不允许重复使用。这主要是因为毛坯表面的尺寸误差、几何误差大，表面较粗糙，作为基准使用时定位误差较大。

（5）选作粗基准的表面应尽量平整光洁，不能有飞边、浇口、冒口及其他缺陷，以减小定位误差、夹紧可靠。

2. 表面加工方法的选择

对于具有一定技术要求的零件表面，其最终加工方法和加工路线可能有多种方案，而每种方案所能达到的精度和效率也不尽相同。选择加工方法的基本原则是，在保证零件表面技术要求的条件下，满足效率和成本方面的要求。

1）加工方法的经济精度

统计资料表明，任何一种加工方法的加工精度和加工成本之间存在反比例关系，如图 8-2-23 所示，图中横坐标是加工误差 δ，纵坐标为成本 C，任何加工方法，可通过增加成本的方式来提高加工精度；反之，也可通过降低加工精度的方式减少成本。但上述关系只是在一定范围内，即曲线的 AB 段才比较明显。在 A 点以左，即使增加很高的成本，精度的提高也十分有限，且存在不可逾越的极限值 δ_L，这表明了该加工方法内在的不确定性；在 B 点以右侧，也很难通过降低加工精度的方式降低成本，也存在极限值 C_L，这表明只要用该加工方法组织生产，就会产生一定的成本。所以，只有当加工精度要求的误差范围在 AB 段之间，采用该方法加工才是经济的。

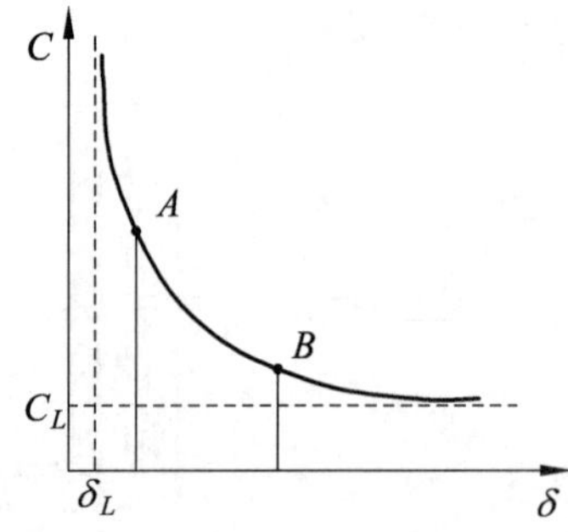

图 8-2-23　加工精度与加工成本之间的关系

加工经济精度是指在正常加工条件下（采用符合质量标准的设备、工艺装备和标准技术等级的工人，不延长加工时间）所能保证的加工精度。各种加工方法所能达到的经济尺寸精度、表面粗糙度和几何精度，可查阅有关机械加工工艺手册。当然，各种加工方法的经济精度不是一成不变的，随着工艺水平的提高，同一种加工方法所能达到的经济精度也会提高。

2）零件表面的加工方法选择原则

一般应根据主要表面的技术要求，确定其最终加工方法，然后再确定之前一系列预备工序的加工方法和顺序。可提出几个可行方案进行对比，选择最优的方案。

（1）所选加工方法的经济加工精度应能满足零件技术要求。

各种加工方法的经济加工精度、表面粗糙度和几何精度都可在有关机械加工工艺手册查到。表 8-2-2~表 8-2-4 给出了主要加工方法的经济精度和表面粗糙度。

（2）所选加工方法应与工件的结构和尺寸相适应。

比如，箱体零件的平面通常用铣削加工，而轴类零件的端平面用车削加工；箱体上的孔一般不宜采用拉削或磨削；大孔宜选择镗削，小孔则宜选择铰削。

（3）所选加工方法应与工件材料和热处理要求相适应。

比如，淬火钢零件的精加工应采用磨削；有色金属磨削时易堵塞砂轮，则应采用金刚镗或高速精细车削等。

（4）所选加工方法要与生产类型相适应。

大批量生产时，应采用生产率高、质量稳定的专用设备、专用工艺装备和方法；单件小批生产时，则应采用通用设备、工艺装备，以及一般的加工方法。比如，对于孔和平面加工，大批量时采用拉削加工；单件小批生产则采用刨削、铣削平面和钻、扩、铰孔。同时由于大批量生产能选用精密毛坯，因而可简化机械加工，毛坯制造后，直接进行精加工。

（5）所选加工方法要与现有生产条件相适应。

选择加工方法时，既要充分利用现有设备，也要注意不断地对原有设备和工艺技术进行改造，逐步提高工艺水平。

3）典型表面的加工方法

机械零件的表面大多属于外圆、孔和平面这三种情况，因此，熟悉这三种典型表面的加工方案十分关键。表 8-2-2~表 8-2-4 列出了三种典型表面的典型加工路线，供选择加工方法时参考。

表 8-2-2　外圆面的典型加工方法

序号	加工方法	经济精度	粗糙度 Ra/μm	适用范围
1	粗车	IT12 ~ IT11	50 ~ 12.5	适用于淬火钢以外的各种金属
2	粗车→半精车	IT10 ~ IT8	6.3 ~ 3.2	
3	粗车→半精车→精车	IT8 ~ IT7	1.6 ~ 0.8	
4	粗车→半精车→精车→滚压（抛光）	IT6 ~ IT5	0.2 ~ 0.025	
5	粗车→半精车→磨削	IT7 ~ IT6	0.8 ~ 0.4	主要用于加工淬火钢，也用于加工未淬火钢，但不宜加工有色金属
6	粗车→半精车→粗磨→精磨	IT6 ~ IT5	0.4 ~ 0.1	
7	粗车→半精车→粗磨→精磨→超精加工	IT6 ~ IT5	0.1 ~ 0.012	
8	粗车→半精车→粗磨→精磨→研磨	IT5 以上	0.1 ~ 0.006	
9	粗车→半精车→粗磨→精磨→超精磨（镜面磨削）	IT5 以上	0.025 ~ 0.006	
10	粗车→半精车→精车→金刚石车削	IT6 ~ IT5	0.4 ~ 0.025	适用于有色金属加工精度高的情况

表 8-2-3　孔的典型加工方法

序号	加工方法	经济精度	粗糙度 Ra/μm	适用范围
1	钻	IT13 ~ IT11	12.5	适用于淬火钢以外的材料，孔径小于 15 ~ 20 mm 的情况
2	钻→铰	IT10 ~ IT8	6.3 ~ 1.6	
3	钻→粗铰→精铰	IT8 ~ IT7	1.6 ~ 0.8	
4	钻→扩	IT10 ~ IT9	12.5 ~ 6.3	适用于淬火钢以外的材料，孔径大于 15 ~ 20 mm 但小于 50 mm 的情况
5	钻→扩→铰	IT9 ~ IT8	3.2 ~ 1.6	
6	钻→扩→粗铰→精铰	IT8 ~ IT7	1.6 ~ 0.8	
7	钻→扩→机铰→手铰	IT7 ~ IT6	0.4 ~ 0.1	
8	钻→扩→拉	IT9 ~ IT7	1.6 ~ 0.1	大批量生产，结构应适合拉削
9	粗镗（扩孔）	IT12 ~ IT11	12.5 ~ 6.3	适用于淬火钢外的各种材料，毛坯有铸出孔或锻出孔
10	粗镗（粗扩）→半精镗（精扩）	IT10 ~ IT9	3.2 ~ 1.6	
11	粗镗（粗扩）→半精镗（精扩）→精镗（铰）	IT8 ~ IT7	1.6 ~ 0.8	
12	粗镗（扩）→半精镗（精扩）→精镗→浮动镗	IT7 ~ IT6	0.8 ~ 0.4	
13	粗镗（扩）→半精镗→磨孔	IT8 ~ IT7	0.8 ~ 0.2	主要用于加工淬火钢，也用于加工未淬火钢，但不宜加工有色金属
14	粗镗（扩）→半精镗→粗磨→精磨	IT7 ~ IT6	0.2 ~ 0.1	
15	粗镗→半精镗→精镗→金刚镗	IT7 ~ IT6	0.4 ~ 0.05	加工有色金属材料精度要求高的孔
16	钻→（扩）→粗铰→精铰→珩磨	IT7 ~ IT6	0.2 ~ 0.025	适合加工黑色金属材料精度要求很高的孔
17	钻→（扩）→拉→珩磨			
18	粗镗→半精镗→精镗→珩磨			
19	用研磨代替上述方案中的珩磨	IT6 ~ IT5	<0.1	

表 8-2-4　平面的典型加工方法

序号	加工方法	经济精度	粗糙度 Ra/μm	适用范围
1	粗车	IT12 ~ IT10	12.5 ~ 6.3	淬火钢以外材料的端面
2	粗车→半精车	IT9 ~ IT8	6.3 ~ 3.2	
3	粗车→半精车→精车	IT7 ~ IT7	1.6 ~ 0.8	
4	粗车→半精车→磨削	IT8 ~ IT6	0.8 ~ 0.2	有色金属以外材料的端面
5	粗刨（粗铣）	IT14 ~ IT12	12.5 ~ 6.3	非淬硬的平面
6	粗刨（粗铣）→精刨（精铣）	IT10 ~ IT8	6.3 ~ 1.6	
7	粗刨（粗铣）→精刨（精铣）→刮研	IT7 ~ IT6	0.8 ~ 0.1	淬火钢以外材料，批量较大时宜采用宽刃精刨方案
8	粗刨（粗铣）→精刨（精铣）→宽刃刀精刨	IT7	0.8 ~ 0.2	
9	粗刨（粗铣）→精刨（精铣）→磨削	IT7 ~ IT6	0.8 ~ 0.2	有色金属以外材料
10	粗刨（粗铣）→精刨（精铣）→磨削→精磨	IT7 ~ IT6	0.4 ~ 0.2	
11	粗铣→精铣→磨削→研磨	IT5 以上	<0.1	
12	粗铣→拉	IT9 ~ IT6	0.8 ~ 0.2	大批量生产中未淬硬的小平面加工

在各表面的加工方法选定以后，需要进一步确定这些加工方法在零件加工工艺路线中的顺序及位置，这与加工阶段的划分有关。

3. 加工阶段的划分

一般而言，主要表面的技术要求最高，其工艺路线也最长，其工艺过程通常不能在一道工序内完成。可按照粗精加工分开的原则，将主要表面的工艺过程划分为多个阶段完成，并将其他表面的工序内容，安排到上述各个阶段。一个零件的加工工艺过程通常可划分为以下几个阶段。

1）粗加工阶段

此阶段的主要任务是高效地切除各加工表面上的大部分余量，并加工出精加工阶段所需的定位基准。因此，粗加工阶段主要考虑获得较高的生产率。

2）半精加工阶段

此阶段的主要目的是消除粗加工后引起的主要表面的误差，为精加工做好准备，并完成一些次要表面的加工（如钻孔、螺纹加工等）。

3）精加工阶段

此阶段的任务是保证各主要加工表面达到图纸所规定的技术要求。精加工切除的余量很少。表面经精加工后可以达到较高的尺寸精度和较小的表面粗糙度。

4）光整加工阶段

对于精度要求很高、表面粗糙度要求很小的零件，必须有光整加工阶段。光整加工的典型方法有珩磨、研磨、超精加工及超精磨削等。这些加工方法不但能降低表面粗糙度值，而且能提高尺寸精度和形状精度，但多数都不能提高位置精度。

划分加工阶段的意义在于：

（1）有利于保证加工质量。

粗加工阶段加工余量大，采用较大的切削用量，因此产生的切削力和切削热也较大，同时需要较大的夹紧力，工件会产生较大的变形。如果对要求较高的主要表面，一开始就精加工到所要求的精度，那么，其他表面粗加工所产生的变形就可能破坏已获得的加工精度。因此，划分加工阶段，通过半精加工和精加工可使粗加工造成的误差得到纠正。

（2）有利于合理地使用机床设备。

划分加工阶段后，粗加工使用大功率、低精度机床保证效率，精加工使用精密机床保证零件的精度要求，有利于长期保持精密机床的精度，充分发挥各种机床设备的不同作用。

（3）便于及时发现毛坯的缺陷，避免浪费。

划分加工阶段后，在粗加工就可以及时发现毛坯的缺陷（如气孔、砂眼等），及时修补或报废，避免继续加工而造成的浪费。

（4）避免损伤已加工表面。

表面精加工安排在最后，可避免或减少在夹紧和运输过程中损伤已精加工过的表面。

（5）便于安排热处理。

通常热处理会导致较大变形，并使得表面粗糙度值增大，可通过划分加工阶段，在适当的时机安排热处理，使得冷、热工序配合得更好，避免因热处理带来的变形。

需要指出的是，上述加工阶段的划分是针对主要加工表面而言的，而其他表面加工阶段的安排，须服从于主要表面的加工需要。例如加工件的定位基准，通常在半精加工阶段（甚至在粗加工阶段）中就需要准确加工，而某些小孔、螺纹之类的粗加工工序，则可安排在精加工阶段进行。值得指出的是，上述加工阶段的划分并不是绝对的。当零件加工质量要求不高、工件刚性足够、毛坯质量高且加工余量小时，也可不划分加工阶段。

4. 加工顺序的安排

机械零件的加工工艺过程一般包括切削加工工序、热处理工序和辅助工序，在拟订工艺路线时必须将三者统筹考虑，合理安排顺序。

1）切削加工顺序安排原则

（1）基准先行。

切削加工一般先加工精基准，然后再采用精基准定位，加工其他表面。例如，对于箱体零件，一般是以主要孔为粗基准加工平面，再以平面为精基准加工孔和其他表面；对于轴类零件，一般是以外圆为基准加工出两端面中心孔，再以中心孔为精基准加工外圆、端面等。

（2）先主后次。

先加工零件上的装配基面和工作表面等主要表面，后加工如键槽、紧固孔和螺纹孔等次要表面。这是因为次要表面的加工面积较小，而且它们又往往和主要表面有位置精度的要求，所以一般可穿插在主要表面加工之中或加工之后进行。

（3）先粗后精。

零件上主要表面的加工过程应该是粗加工工序在前，中间根据需要依次安排半精加工，最后安排精加工和光整加工。对于精度要求较高的工件，为了减少粗加工阶段引起的变形对精加工的影响，通常粗、精加工不应该连续进行，而是应该分阶段、间隔适当的时间后再进行。

（4）先面后孔。

对于箱体、支架、连杆等工件，由于平面的轮廓尺寸较大，用来定位比较稳定可靠，故一般是以平面为精基准来加工孔。这样既能保证加工时孔有稳定可靠的定位基准，又可以保证孔与平面间的位置精度要求。

2）热处理工序安排

在拟订工艺路线时，应根据零件的技术要求和材料的性质，合理地安排热处理工序。热处理的目的在于提高工件材料的机械性能，改善材料的切削加工性和消除内应力。常用的热处理方法及其安排原则如下：

（1）退火和正火。

对于很多重要的钢质零件，为了消除组织的不均匀性，需要退火或正火处理；对低碳钢和低碳合金钢，应安排正火处理以提高硬度，而对高碳钢和高合金钢，应安排退火处理，这两者都是为了提高其切削加工性；同时，可减少工件的内应力。

退火和正火可安排在粗加工之前或之后进行，其中安排在粗加工之前的好处是可以改善切削加工性，消除毛坯制造的内应力，缺点是不能消除粗加工之后的内应力。

（2）调质。

调质就是淬火后高温回火。经调质处理后的钢材可获得组织均匀细致的回火索氏体，不仅有较好的强度和硬度，而且具有较高的耐冲击韧性。调质处理通常安排在粗加工之后。

（3）时效处理。

时效处理的目的是消除内应力。时效处理分自然时效和人工时效两种。时效处理一般安排在粗加工之后、精加工之前；对于精度要求较高的零件可在半精加工之后再安排一次时效处理。

（4）淬火。

钢质零件可通过淬火提高硬度和耐磨性。由于零件淬火后会产生变形，所以淬火工序应安排在半精加工后、精加工前进行。

（5）渗碳淬火。

对于低碳钢和低碳合金零件，为使零件表面获得较高的硬度及良好的耐磨性，而中心部分仍然保持着低碳钢的韧性和塑性。常用渗碳淬火的方法提高表面硬度。渗碳淬火容易发生零件变形，应安排在半精加工和精加工之间进行。

（6）渗氮。

渗氮的主要目的是提高零件表面的硬度和耐磨性，同时可提高疲劳强度和耐蚀性。由于渗氮层很薄，故渗氮热处理的安排应尽量靠后，渗氮之前应安排去应力处理，渗氮后可安排精磨或研磨。

（7）表面处理。

表面处理的目的是提高零件表面的耐蚀性和耐磨性，并使表面美观。机械零件常用表面处理方法有镀铬、镀锌、镀铜、钢材的发蓝及铝合金的阳极氧化处理等，通常安排在工艺路线最后。

3）辅助工序的安排

辅助工序包括检验、去毛刺、平衡、清洗、防锈、去磁等。其中检验工序是主要的辅助工序，是保证产品质量的重要措施。除了各工序操作者自检外，下列场合中还应考虑单独安排检验工序。

（1）零件从一个车间送往另一个车间的前后；

（2）零件粗加工阶段结束之后；

（3）重要工序加工的前后；

（4）零件全部加工结束之后。

此外，对于某些零件还需要进行特种检验，如用于检验工件内部质量的 X 射线检验、超声波探伤等，一般安排在工艺过程的开始时进行；荧光检验和磁力探伤主要用来检验工件表面质量，通常安排在精加工前后。密封性检验、工件的平衡等一般都安排在工艺过程的最后进行。

5. 工序的集中和分散

拟定工艺路线时，确定了零件各表面的加工方法、划分了加工阶段和确定加工顺序以后，接下来就要考虑如何将相同加工阶段的加工内容按顺序组织成若干工序。确定工序数目或工序内容的多少有两种不同的原则，即工序集中原则和工序分散原则。

工序集中原则是使每道工序的加工内容尽可能多，则一个零件的加工将集中在少数几道工序里完成。工序集中时工艺路线短、工序少。工序集中包括机械集中和组织集中两种情况。采用技术上的措施来实现工序集中称为机械集中，如多刀、多刃、多轴机床或数控机床加工等；采用人为组织措施来实现工序集中称为组织集中，如普通车床的顺序加工。

工序分散原则是使每道工序的加工内容尽可能少，则一个零件的加工就分散在很多工序里完成，这时工艺路线长、工序多。

对于机械集中而言，工序集中具有如下特点。

（1）采用高效的设备和工艺装备，特别是数控机床和加工中心，生产质量和生产率提高。

（2）减少了装夹次数，易于保证各表面间的相互位置精度，缩短输送、调整等辅助时间。

（3）工序数目少，机床数量、操作工人数量、生产占地面积都相应减少，节省人力、物力，简化生产组织工作。

（4）设备投资大，设备和工艺装备的调整、维修较难，生产准备工作量较大。

工序分散具有以下特点。

（1）设备和工艺装备简单、调整方便、工人便于掌握，生产准备工作量小。

（2）采用合理的切削用量，减少基本时间。

（3）设备和工艺装备数量多、操作工人多，生产占地面积大。

工序集中与工序分散各有特点，工序集中的程度应根据生产纲领、零件结构特点和技术要求、现场的生产条件、工序节拍等因素综合来决定。

一般来说，单件小批生产采用组织集中，以便简化生产组织工作；传统流水线、自动生产线进行大批量生产时，除个别工序外，多采用工序分散；对于重型零件，为了减少装卸运输工作量，工序应适当集中；随着数控机床、加工中心和柔性制造系统的广泛应用，工序集中逐渐成为生产的主要方式。

8.2.4 加工余量、工序尺寸及公差的确定

工艺路线拟订以后，需要进行工序设计，提出各个工序的技术要求，如工序尺寸和公差。

要确定工序尺寸，首先要确定加工余量。加工余量的大小及其均匀性对工艺过程有较大的影响。若加工余量过小，会增加毛坯制造成本，且可能不足以切除零件上已有的误差和缺陷层，达不到加工要求；加工余量过大，不但会增加切削工作量，还会增加材料和能源的消耗，从而增加了加工成本。因此，应合理地规定加工余量。

1. 加工余量的概念

在加工过程中，工件表面被切除的金属层厚度称为加工余量。

在由毛坯加工成成品零件的过程中，从某工件表面上切除的金属层总厚度，称为该表面的加工总余量，即某一表面的毛坯公称尺寸与零件公称尺寸之差。

该表面的每道工序切除的金属层厚度称为该表面的工序余量，它等于相邻工序的工序公称尺寸之差。

因此，工件表面的加工总余量为该表面各工序的工序余量总和，可表示为

$$Z_{\mathrm{o}}=\sum_{i=1}^{n}Z_i \tag{8-2-1}$$

式中，Z_{o}为加工总余量；Z_i为第i道工序的工序余量；n为该表面的工序数量。

如图 8-2-24 所示，设某加工表面上一道工序（工序 a）尺寸为l_{a}，本道工序尺寸（工序 b）

为 l_b，则本工序加工余量 Z_b 可表示为

对于被包容面　　$Z_b = l_a - l_b$　　（8-2-2）

或者

对于包容面　　$Z_b = l_b - l_a$　　（8-2-3）

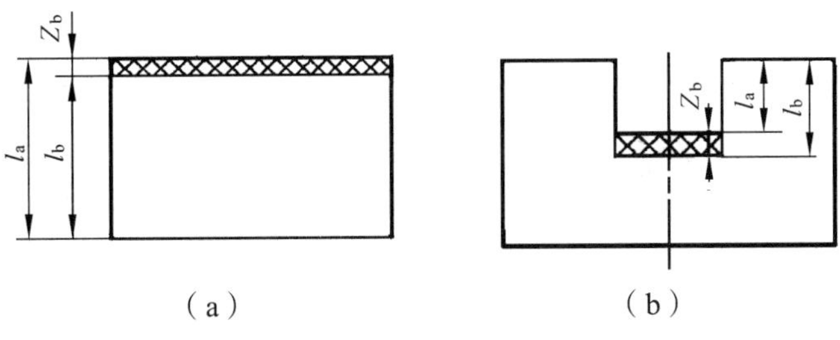

图 8-2-24　单边工序余量

对于上述平面加工，所标注的工序尺寸只在单侧发生变化。而对于车内外圆、铣键槽等加工，所标注的工序尺寸会在双侧发生变化。为了区分，将前者的工序余量称为单边工序余量，而后者的称为双边工序余量，用 $2Z_b$ 表示，如图 8-2-25 所示。

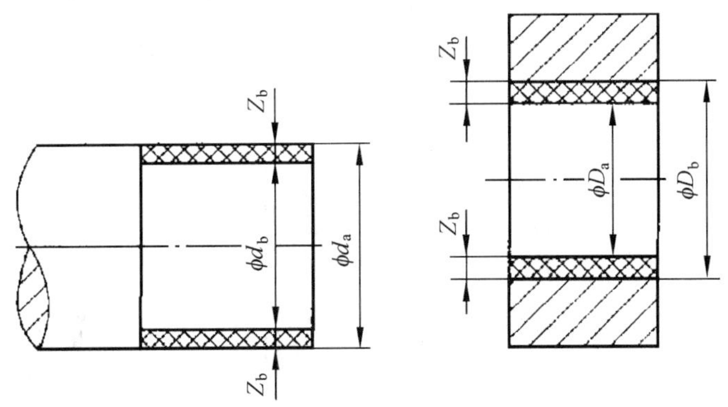

图 8-2-25　双边工序余量

由于工序尺寸存在公差，各工序实际切除的余量是变化的，且须不超过某一公差范围。该公差大小等于本道工序尺寸公差与上一道工序尺寸公差之和。因此，工序余量有公称余量（余量的公称尺寸，简称余量）、最大余量和最小余量之分。

如图 8-2-26 所示，一般工序尺寸公差按“入体原则”标注，对于被包容尺寸，其最大极限尺寸就是公称尺寸，上偏差等于零；对于包容尺寸，其最小极限尺寸就是公称尺寸，下偏差等于零。毛坯尺寸公差按双向对称偏差形式标注。由图中可知，工序余量包含上一道工序尺寸的公差。余量公差可表示为

$$T_{Z_b} = Z_{b\max} - Z_{b\min} = T_a + T_b \tag{8-2-4}$$

式中，T_{Z_b} 为工序 b 的余量公差；$Z_{b\max}$ 和 $Z_{b\min}$ 分别为工序 b 的最大余量和最小余量；T_a 和 T_b 分别为上一道工序 a 和本道工序 b 的工序尺寸公差。

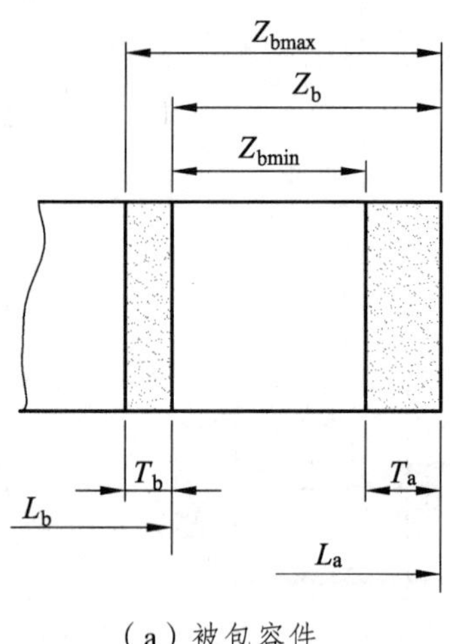

（a）被包容件

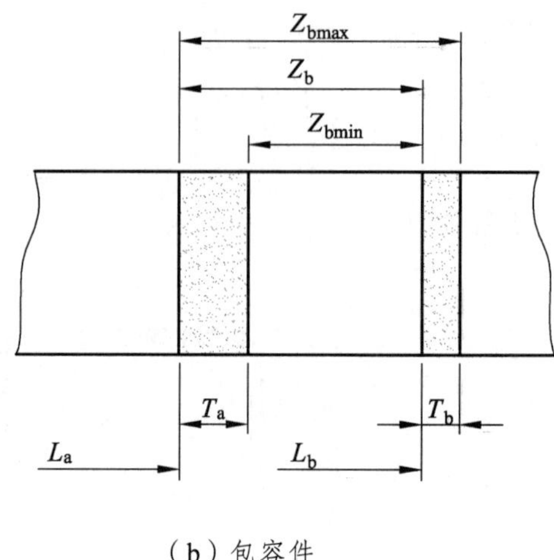

（b）包容件

图 8-2-26　工序尺寸、工序余量和公差的关系

2. 影响工序余量的因素

为了合理确定加工余量，需要了解加工余量的影响因素，主要考虑以下几个方面。

（1）上一道工序完成后，加工表面的表面粗糙度 Rz 值以及表面缺陷层的深度 H_a。

本工序必须切除上一道工序留下的表面粗糙度 Rz 值和上道工序造成的金属组织缺陷层 H_a，其大小主要跟加工方法有关，可从有关工艺手册中查得。如图 8-2-27 所示，缺陷层主要指的是铸件的冷硬层、气孔夹渣层，锻件和热处理件的氧化皮或其他破坏层，切削后的塑性变形层等。

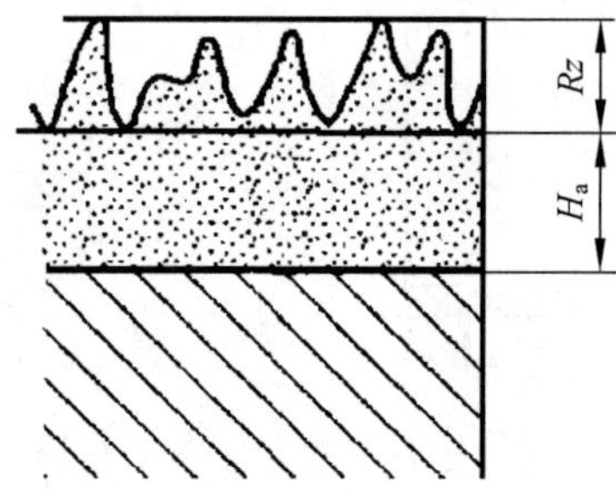

图 8-2-27　加工表面的粗糙度和缺陷层

（2）上一道工序的工序尺寸公差 T_a。

上一道工序完成后，存在工序尺寸误差和各种形状误差，如平面度、圆度、圆柱度误差等。如图 8-2-28 所示，对于一批零件而言，工序尺寸误差和部分形状误差可包含在工序尺寸公差 T_a 之内。为了消除上一道工序的误差，应在工序余量中考虑上一道工序的工序尺寸公差。

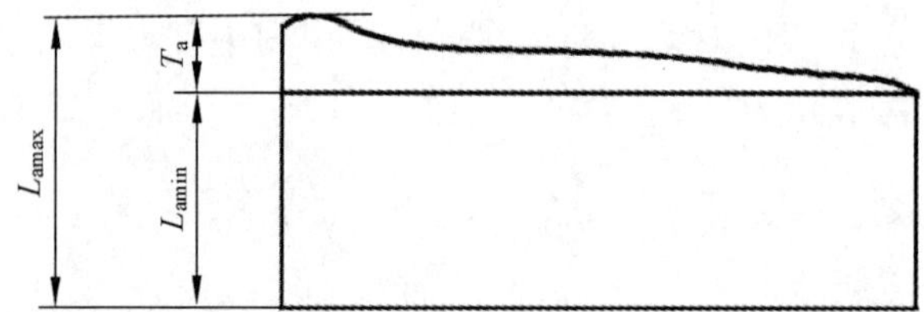

图 8-2-28　上一道工序尺寸误差、形状误差和公差的关系

（3）上一道工序留下的未包含在 T_a 中的几何误差 ρ_a。

上一道工序完成后，工件的部分几何误差没有包含在工序尺寸公差 T_a 之内。本道工序也需要将这部分误差予以消除。如图 8-2-29 所示的轴，其轴线的直线度误差 δ 没有包含在 T_a 之内，为了纠正该误差，直径方向上的加工余量应增加 2δ。

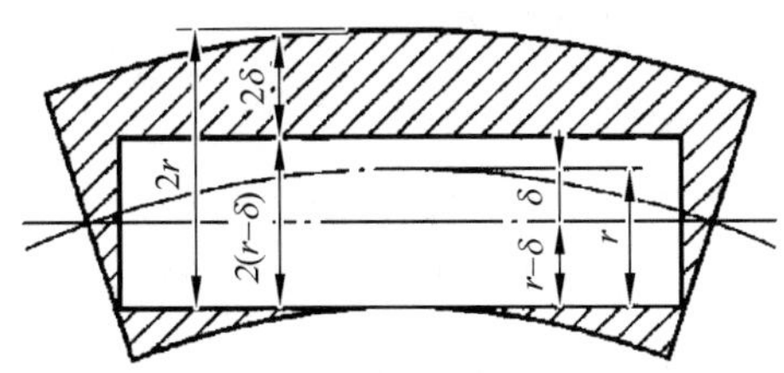

图 8-2-29　轴线直线度误差对加工余量的影响

（4）本工序的装夹误差 ε_b。

装夹误差包括定位误差和夹紧误差。如图 8-2-30 所示，采用自定心三爪卡盘装夹工件，进行内孔磨削，由于定心误差，造成夹具回转中心线与工件几何中心线存在偏心量 e，即装夹误差为 e，为了消除此误差，则本工序的磨削余量应增加 $2e$。

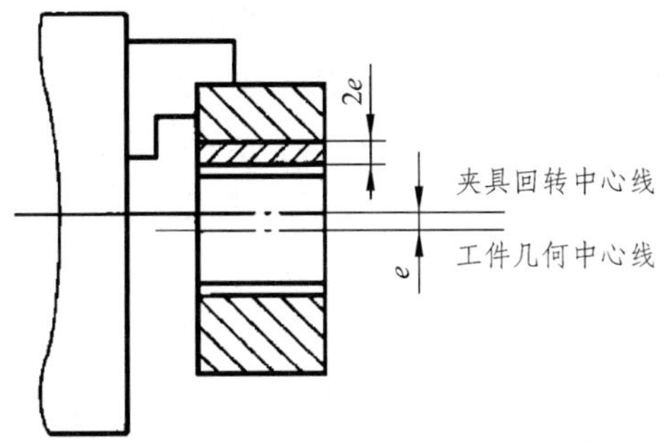

图 8-2-30　装夹误差对加工余量的影响

上述各项影响因素中，ρ_a 和 ε_b 是具有不同方向的，因此应计算其向量和，并投影至工序尺寸方向上。

因此，本工序的加工余量应满足：

$$Z_b \geqslant T_a + Rz + H_a + |\vec{\rho}_a + \vec{\varepsilon}_b|\cos\theta \quad （单边余量） \tag{8-2-5}$$

$$2Z_b \geqslant T_a + 2(Rz + H_a) + 2|\vec{\rho}_a + \vec{\varepsilon}_b|\cos\theta \quad （双边余量） \tag{8-2-6}$$

式中，θ 是 ρ_a、ε_b 的和向量与工序尺寸方向的夹角。

3. 加工余量的确定方法

加工余量的确定原则是在保证加工质量前提下，余量越小越好。加工余量的确定方法主要有以下三种。

1）分析计算法

根据理论公式，基于一定的实验资料，对加工余量的影响因素进行分析，采用式（8-2-5）和式（8-2-6）来计算加工余量。该方法计算得到的结果是最经济合理的，但需要全面可靠的统计资料，故仅在大批大量生产时对一些贵重材料的表面使用。

2）查表法

根据有关工艺手册查询加工余量数据，再结合加工具体情况予以修正。这是使用较为广泛的一种方法。

3）经验法

工艺人员根据自身经验确定加工余量。一般为了防止余量过小而造成零件报废，估计的余量一般都偏大，常用于单件、小批量生产。

4. 工序尺寸及其公差的确定

机械加工工艺过程设计的一个重要内容就是确定每道工序的工序尺寸及其公差，对于基准不重合的情况，需要计算工艺尺寸链才能确定。这将在第 8.3 节进行讨论。这里仅举例说明基准重合情况下，采用查表法确定工序尺寸及其公差的具体过程。

基准重合时工序尺寸及其公差的计算。当工序基准、定位基准、测量基准与设计基准重合，表面多次加工时，工序尺寸及其公差的计算相对来说比较简单。其计算顺序是先确定各工序的加工方法；然后确定该加工方法所要求的加工余量及所能达到的精度；再由最后一道工序逐个向前推算，即由零件图上的设计尺寸开始，一直推算到毛坯图上的尺寸。工序尺寸的公差按各工序的经济精度确定，并按入体原则确定上、下偏差。

【例 8-2-1】 某主轴箱的主轴孔的设计要求为 $\phi 100_{0}^{+0.035}$，粗糙度为 $Ra0.8$。其加工过程：毛坯→粗镗→半精镗→精镗→浮动镗。试确定其工序尺寸及公差。

解 由机械加工工艺手册查到各个工序的加工余量和所能达到的精度等级，见表 8-2-5。然后，采用倒推法，由最后一道工序往前，计算工序尺寸。由于毛坯的总余量及毛坯公差可根据毛坯的生产类型、结构特点、制造方法和生产厂的具体条件，参照有关毛坯制造工艺手册选用。故第 1 工序（粗镗）的余量（5 mm）由计算确定。

表 8-2-5 主轴孔工序尺寸及其公差的计算

工序名称	加工余量	工序基本尺寸	加工经济精度（IT）	工序尺寸及公差	表面粗糙度
浮动镗	0.1	100	7	$\phi 100_{0}^{+0.035}$	Ra 0.8
精镗	0.5	100−0.1=99.9	8	$\phi 99.9_{0}^{+0.054}$	Ra 1.6
半精镗	2.4	99.9−0.5=99.4	10	$\phi 99.4_{0}^{+0.14}$	Ra 3.2
粗镗	5	99.4−2.4=97	12	$\phi 97_{0}^{+0.35}$	Ra 6.3
毛坯孔	8	100−8=92	+1 −2	$\phi 92_{-2}^{+1}$	

8.2.5 机床及工艺装备的选择

机床及工艺装备对零件加工质量、生产率和成本有较大影响，机床及工艺装备的选择跟工序划分有紧密联系。

1. 机床的选择

机床的选择应遵循 4 个原则。

（1）机床的加工尺寸范围应与被加工零件的外形尺寸相适应。

（2）机床精度应与零件工序的加工精度相适应。

（3）机床的生产率应与零件的生产类型相适应。

（4）机床的选择应结合现场的实际情况。

2. 工艺装备的选择

工艺装备是指加工过程中所需的刀具、夹具、量具及辅具等的总称，一般应结合零件的生产类型、加工条件、加工技术要求和结构特点等合理选用。

1）夹具的选择

单件小批生产应尽量选择通用夹具，例如各种卡盘、平口钳和回转台等。大批量生产时，应选择生产率高和自动化程度高的专用夹具。多品种中小批量生产可选用可调整夹具或成组夹具。

2）刀具的选择

一般优先选用标准刀具，以缩短刀具制造周期和降低成本。对于组合机床和专用机床可选择各种高生产率的复合刀具及其他一些专用刀具。刀具的类型、规格及精度应与工件的加工要求相适应。

3）量具的选择

单件、小批量生产应尽量选用通用量具，如游标卡尺、百分表、千分尺和千分表等。大批量生产应尽量选用效率较高的各种量规、专用量具和测量仪器等检验工具。选用量具精度必须与零件的加工精度相适应。

8.2.6　时间定额和生产率

时间定额是指在一定生产条件下，规定生产一件产品或完成一道工序所需消耗的时间。时间定额是衡量生产率高低的重要指标，也是安排生产计划、计算生产成本的重要依据。时间定额主要根据经过实践而累积的统计资料并结合计算来确定。合理的时间定额能促进工人生产技术水平的提高。因此，制定的时间定额要防止过紧或过松，并随着生产水平的发展而及时修订。

为了正确地确定时间定额，通常把工序消耗的单件时间 T_p 分为基本时间 T_b、辅助时间 T_a、布置工作地时间 T_s、休息和生理需要时间 T_r 等。

1. 时间定额的组成

1）基本时间 T_b

基本时间是直接改变生产对象，使其成为合格产品或达到工序要求所需时间。对机械加工而言，就是切除加工余量所消耗的时间（包括刀具的切入和切出时间）。车削外圆的基本时间 T_b（min）为

$$T_b = \frac{l_{计} Z_b}{n f a_p} \tag{8-2-7}$$

式中，T_b 为基本时间，min；$l_{计}$为工作行程的计算长度，包括加工表长度及刀具的切入、切出长度，mm；Z_b 为工序余量，mm；n 为工件的旋转速度，r/min；f 为刀具的进给量，mm/r；a_p 为背吃刀量，mm。

2）辅助时间 T_a

辅助时间是为实现工艺过程必须进行的各种辅助动作时间，如装卸工件、启停机床、改

变切削用量、测量工件及进退刀等。辅助时间的确定方法随生产类型不同而异。例如大批大量生产时，为使辅助时间规定合理，需将辅助动作进行分解，再分别确定各分解动作的时间，最后予以综合；中批生产可根据以往的统计资料来确定；单件小批生产则常用基本时间的百分比进行估算。辅助时间和基本时间之和，称为作业时间 T_B，它是直接用于制造产品或零、部件所消耗的时间。

3）布置工作地时间 T_s

布置工作地时间是为使加工正常进行，工人照管工作地（如调整和更换刀具、润滑和擦拭机床、清理切屑、收拾工具等）所消耗的时间。T_s 不是直接消耗在每个工件上的，而是消耗在一个工作班内的时间，再折算到每个工件上的。一般按作业时间的 2%~7%计算。

4）休息与生理需要时间 T_r

休息与生理需要时间是工人在工作班内为恢复体力和满足生理上的需要所消耗的时间。T_r 也是按一个工作班为计算单位，再折算到每个工件上的。一般按作业时间的 2%~4%计算。以上四部分时间的总和称为单件时间 T_p。

$$T_p=T_b+T_a+T_s+T_r=T_B+T_s+T_r \tag{8-2-8}$$

5）准备和终结时间（简称准终时间）T_e

准备和终结时间是工人为了生产一批产品或零部件，进行准备和结束工作所消耗的时间。例如，在单件或成批生产中，每当开始加工一批工件时，工人需要熟悉工艺文件，领取毛坯、材料、工艺装备，安装刀具和夹具，调整机床和其他工艺装备等；一批工件加工结束后，需拆下和归还工艺装备，送交成品等。

T_e 既不是直接消耗在每个工件上，也不是消耗在一个工件班内的时间，而是消耗在一批工件上的时间。因而分摊到每个工件上的时间为 T_e/n，其中 n 为批量。

因此，单件和成批生产的单件时间 T_c 可表示为

$$T_c=T_p+T_e/n=T_b+T_a+T_s+T_r+T_e/n \tag{8-2-9}$$

对于大批大量生产，n 的数量很大，因此最后一项的值很小，可忽略不计，即

$$T_c=T_p=T_b+T_a+T_s+T_r$$

2. 提高生产率的措施

从机械加工工艺角度而言，提高生产率就是要缩短单件时间定额，即缩短基本时间、辅助时间、布置工作地时间和准终时间。

1）缩短基本时间

（1）提高切削用量。

从式（8-2-7）可以看出，当提高工件转速（切削速度）、进给量和背吃刀量时，会缩短基本时间。因此，通过提高切削用量来缩短基本时间是广泛采用的提高生产率的方法。如采用聚晶金刚石和聚晶立方氮化硼刀具，可显著提高切削速度；高速磨削和强力磨削可极大提高磨削效率。

（2）减少或重合切削行程长度。

利用多刀或复合刀具对工件的同一表面或多个表面同时进行加工，或者用成形刀具做横

向进给，同时加工多个表面，实现复合工步，都能减少刀具的切削行程长度，或使切削行程长度部分或全部重合，减少基本时间。

（3）多件同时加工。

如图 8-2-31 所示，多件同时加工有三种形式：顺序多件加工、平行多件加工和平行顺序多件加工。

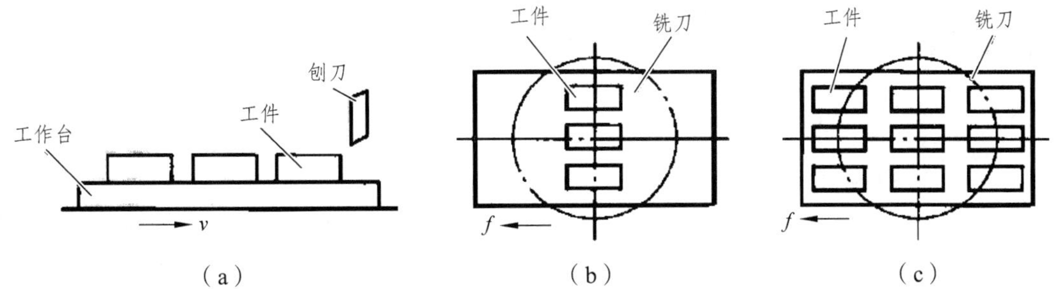

图 8-2-31　顺序多件、平行多件和平行顺序多件加工

（4）减小切削加工余量。

采用粉末冶金、压力铸造、精密铸造、精锻、冷挤压等毛坯制备的新工艺，提高毛坯精度，采用少无切削代替常规切削加工方法，以提高生产率。

2）缩短辅助时间

（1）尽量使辅助动作高效自动化。

采用高效率夹具可缩减工件的装卸时间。大批量生产中采用气动、液压驱动夹具，不仅减轻了工人的劳动强度，而且可大大缩减装卸工件时间。在单件小批量生产中采用成组夹具或通用夹具，能节省工件的装卸找正时间。

（2）尽量使辅助时间与基本时间重合。

采用在线主动测量法可使辅助时间（测量时间）与基本时间重合。主动测量装置能在加工过程中测量工件加工表面的实际尺寸，并可根据测量结果，对加工过程进行主动控制。该方法在内外圆磨床上应用较为广泛。

批量生产时，采用转位夹具、转位工作台或回转工作台实现多工位连续加工，在切削的同时完成工件的装卸，使辅助时间与基本时间重合。如图 8-2-32 所示，在铣床上使用转位夹具，当对其中一个工件加工时，夹具的另一个位置可同时进行装卸，该工件加工完毕后，夹具转位，可立即对另一个工件切削，使辅助时间与基本时间重合。

3）缩短布置工作地时间

布置工作地时间大部分消耗在更换刀具和调整刀具上。因此，提高刀具或砂轮的耐用度，采用机外对刀、机夹不重磨刀具、自动换刀或快速换刀装置，可以大大减少刀具调整、对刀和换刀时间。

4）缩短准备和终结时间

缩短准终时间的主要方法是增大生产批量，减少机床、刀具和夹具的调整时间。

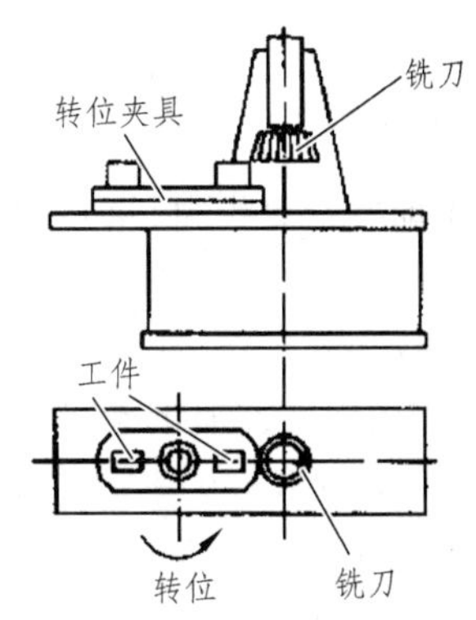

图 8-2-32　辅助时间与基本时间重合

中小批生产中，准终时间在单件时间中占有较大比重，使生产率提高受到限制。因此，应采用成组技术增加零件批量，缩短准终时间。

8.3 工艺尺寸链

在零件设计、加工工艺分析和装配工艺分析时，通常涉及相关尺寸、公差和技术要求的确定，这需要采用尺寸链的分析和计算方法来解决。

8.3.1 尺寸链的基本概念

1. 尺寸链的定义

由若干相互关联并按一定顺序首尾相接的尺寸所构成的封闭尺寸组合，称为尺寸链。在零件加工过程中，由该零件的相关工序尺寸所组成的尺寸链，称为工艺尺寸链。在机器设计和装配过程中，由相关零件的有关设计尺寸组成的尺寸链，称为装配尺寸链。如图 8-3-1 所示，零件图中标注的设计尺寸为 A_0 和 A_1，现在尺寸 A_1 已经加工好，需采用调整法加工台阶面 B，以底面 A 作为定位基准，直接保证尺寸 A_2，间接保证 A_0。这样，尺寸 A_0、A_1 和 A_2 就构成了一个封闭尺寸组合，即工艺尺寸链。

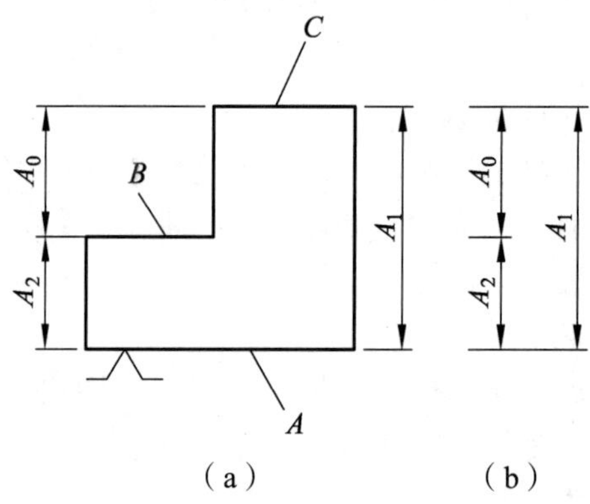

图 8-3-1 工艺尺寸链

2. 尺寸链的组成

组成尺寸链的每个尺寸称为尺寸链的环。根据环的性质不同，可划分为封闭环和组成环两类。

1）封闭环

加工或装配过程中，间接保证或最终自然形成的环，称为封闭环。如图 8-3-1 中的尺寸 A_0，就是封闭环。一个尺寸链有且只有一个封闭环。

2）组成环

尺寸链中，除封闭环外的其他环都是组成环。如图 8-3-1 中的尺寸 A_1 和 A_2，就是组成环。组成环按其对封闭环的影响又可分为增环和减环。尺寸链中至少有一个增环，但减环可以没有。

某组成环变化（增大或减小）时，会引起封闭环产生同方向的变化（增大或减小），则该组成环称为增环。

某组成环变化（增大或减小）时，会引起封闭环产生反方向的变化（减小或增大），则该组成环称为减环。

尺寸链分析时，封闭环必须判断正确，若封闭环判断错误，则整个分析计算也必然是错误的。封闭环是尺寸链中最后自然形成的一个环，所以在加工或装配未完成以前，它是不存在的。在工艺尺寸链中，封闭环必须在加工顺序确定后才能判断，当加工顺序改变时，封闭环也随之改变。在装配尺寸链中，封闭环就是装配技术要求，比较容易确定。

对于增环和减环的判断，除了按上述定义的方法之外，还可以按箭头方向判断：在封闭环符号 A_0 上面按任意方向画一个箭头，沿一定箭头方向在每个组成环符号 A_1 和 A_2 上个画一个箭头，与封闭环箭头相异者为增环，相同者为减环。

对于图 8-3-2 所示的尺寸链，已经确定 A_0 为封闭环，在封闭环符号的上方按任意方向标注箭头方向，然后按各环首尾相接的原则，沿该方向（按顺时针或逆时针方向）标注各个组成环符号上方的箭头，凡是和封闭环的箭头方向相同的组成环就是减环，反之，和封闭环箭头方向相反的组成环就是增环。

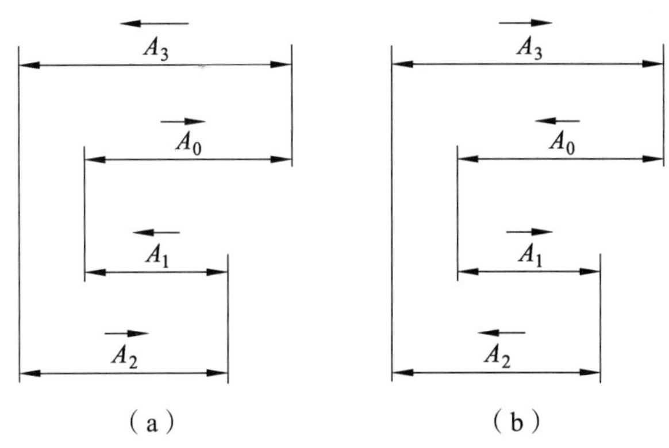

图 8-3-2　按箭头方向判断增环和减环

3. 尺寸链的分类

按照尺寸链各环的几何特征和所处的空间位置，将尺寸链分为以下几类。

（1）直线尺寸链。

直线尺寸链的各尺寸环皆为位于同一平面的直线长度量，且相互平行。图 8-3-1 和图 8-3-2 中的尺寸链都属于这种情况。本节主要讨论这类尺寸链。

（2）角度尺寸链。

角度尺寸链各尺寸环皆为角度量（或平行度、垂直度等），图 8-3-3 所示为一种最简单的角度尺寸链。

（3）平面尺寸链。

平面尺寸链由直线尺寸环和角度尺寸环组成，且全部尺寸环位于同一平面或几个平行平面内。

（4）空间尺寸链。

空间尺寸链的各尺寸环位于几个不平行的平面内。空间尺寸链分析和计算可用于空间机构的运动精度分析，以及具有空间角度关系的零部件设计和加工。

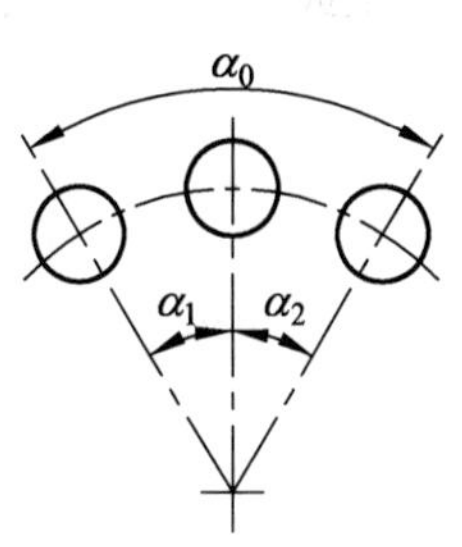

图 8-3-3　角度尺寸链

按应用场合分类，可分为工艺尺寸链、装配尺寸链和工艺系统尺寸链。

（1）工艺尺寸链。

在加工过程中的各有关工艺尺寸所组成的尺寸链，称为工艺尺寸链，它的组成环为同一零件的工艺尺寸。

（2）装配尺寸链。

在装配过程中，各有关装配尺寸所组成的尺寸链，称为装配尺寸链，它的组成环为不同零件的设计尺寸。

（3）工艺系统尺寸链。

在零件加工的某一工序中，由机床、夹具、刀具、工件和加工误差等有关尺寸所组成的尺寸链，称为工艺系统尺寸链。

8.3.2　尺寸链的计算方法及其应用

1. 尺寸链的计算方法

计算尺寸链的方法有概率法和极值法两种。

概率法是应用概率论原理来进行尺寸链计算的，计算科学、复杂，但经济效果好，主要用于尺寸链的环数较多，以及大批大量自动化生产中。

极值法是按误差综合的两种最不利情况来确定各组成环极限尺寸与封闭环极限尺寸的关系，即各增环均为最大极限尺寸而各减环均为最小极限尺寸的情况，以及各增环均为最小极限尺寸而各减环均为最大极限尺寸的情况。

2. 尺寸链计算的三种应用情况

在不同的应用场景下，尺寸链的各尺寸环的已知和未知状态也各不相同，一般有如下三种情况。

（1）正计算（已知组成环，求封闭环）。

根据已知的各组成环基本尺寸及公差，来计算封闭环的基本尺寸及公差，称为尺寸链的正计算。正计算一般用于验证设计的正确性，以及校核加工工艺方案能否满足零件工序的技术要求。正计算的结果是唯一的。

（2）反计算（已知封闭环，求组成环）。

根据设计所要求的封闭环的基本尺寸及公差以及各组成环的基本尺寸，计算各组成环公差，称为尺寸链的反计算。反计算一般用于产品设计、加工工艺和装配工艺的设计等方面。反计算的解不是唯一的，是一个优化问题。分配公差的方法包括等公差值分配、等精度等级分配和按实际可行性分配三种。

（3）中间计算（已知封闭环及部分组成环，求其余组成环）。

根据封闭环和部分组成环的基本尺寸及公差，来计算尺寸链中其余的一个或几个组成环的基本尺寸及公差，称为尺寸链的中间计算。中间计算一般用于工艺设计，如基准的换算、工序尺寸的确定等。其解可能是唯一的，也可能是不唯一的。

8.3.3　工艺尺寸链的计算公式

由于工艺尺寸链环数较少，其计算多采用极值法，该方法的优点是简便、可靠，缺点是当封闭环公差较小、组成环数目较多时，将使组成环的公差过于严格。

1. 基本尺寸关系式

根据尺寸链的封闭性可知，封闭环的基本尺寸等于增环的基本尺寸之和减去减环的基本尺寸之和。

$$A_0 = \sum_{i=1}^{m} A_i - \sum_{j=m+1}^{n-1} A_j \tag{8-3-1}$$

式中，A_0 为封闭环的基本尺寸；A_i 为增环的基本尺寸；A_j 为减环的基本尺寸；m 为增环的环数；n 为总环数（包括封闭环）。

2. 极限尺寸关系式

若所有增环都取最大极限尺寸，减环都取最小极限尺寸，则此时的封闭环必然是最大极限尺寸。

$$A_{0\max} = \sum_{i=1}^{m} A_{i\max} - \sum_{j=m+1}^{n-1} A_{j\min} \tag{8-3-2}$$

反之，当所有增环都取最小极限尺寸，减环都取最大极限尺寸时，此时封闭环的尺寸将为最小极限尺寸。

$$A_{0\min} = \sum_{i=1}^{m} A_{i\min} - \sum_{j=m+1}^{n-1} A_{j\max} \tag{8-3-3}$$

3. 极限偏差关系式

分别用式（8-3-2）和式（8-3-3）减去式（8-3-1），可分别得到封闭环的上偏差和下偏差表达式：

$$\mathrm{ES}(A_0) = \sum_{i=1}^{m} \mathrm{ES}(A_i) - \sum_{j=m+1}^{n-1} \mathrm{EI}(A_j) \tag{8-3-4}$$

$$\mathrm{EI}(A_0) = \sum_{i=1}^{m} \mathrm{EI}(A_i) - \sum_{j=m+1}^{n-1} \mathrm{ES}(A_j) \tag{8-3-5}$$

4. 公差关系式

用式（8-3-2）或式（8-3-4）减去式（8-3-3）或式（8-3-5），可得到公差关系式：

$$T_0 = A_{0\max} - A_{0\min} = \sum_{k=1}^{n-1} T_k \tag{8-3-6}$$

式（8-3-6）表明，尺寸链封闭环的公差等于各组成环公差之和。因此，零件设计人员应尽量选择最不重要的设计尺寸作为封闭环。对于装配尺寸链和工艺尺寸链，封闭环由装配最终要求或是工艺方案决定，不能任意选择。为了减小封闭环的公差，就应尽量减少尺寸链中组成环的环数。

8.3.4　工艺尺寸链的应用实例

1. 正计算

在加工工艺过程设计中，正计算主要用于校核工艺方案能否满足加工要求。现举例说明如下：

【例 8-3-1】 图 8-3-4（a）和（b）是某轴承套零件的部分加工工序简图，其加工顺序为：先加工轴承套的左右侧端面，保证尺寸 $26_{-0.1}^{0}$ mm，其次加工台阶面，保证尺寸 $3.4_{-0.2}^{0}$ mm；最后磨削台阶面，保证尺寸 $23_{0}^{+0.1}$ mm。需校核磨削余量 Z。

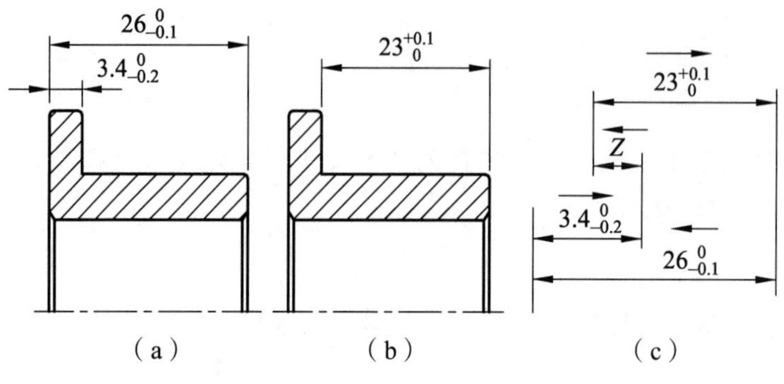

图 8-3-4 轴承套加工工序简图

首先，按照加工顺序画出工艺尺寸链，如图 8-3-5（c）所示。然后确定封闭环，因为磨削余量是由其他各尺寸环确定之后自然形成的，故为封闭环。确定增环和减环时，可按一定方向（这里按顺时针）画出各环的箭头方向。因此，可判定 $26_{-0.1}^{0}$ mm 为减环，其他两个组成环为增环。

由式（8-3-1）得到磨削余量 Z 的基本尺寸为

$$Z = 23 + 3.4 - 26 = 0.4 \text{（mm）}$$

由式（8-3-4）和式（8-3-5）分别得到磨削余量 Z 的上下偏差为

$$\text{ES}(Z) = +0.1 + 0 - (-0.1) = +0.2 \text{（mm）}$$

$$\text{EI}(Z) = 0 + (-0.2) - 0 = -0.2 \text{（mm）}$$

所以磨削余量 $Z = 0.4_{-0.2}^{+0.2}$ mm。这说明该工艺方案是可行的。

【例 8-3-2】 如图 8-3-5 所示，一轴套零件的加工工序为：先车外圆面，保证尺寸 $A_1 = \phi 70_{-0.08}^{-0.04}$ mm，然后镗孔，保证尺寸 $A_2 = \phi 60_{0}^{+0.06}$ mm，同时保证内外圆的同轴度公差 $A_3 = \phi 0.02$ mm，求该轴套的壁厚 A_0。

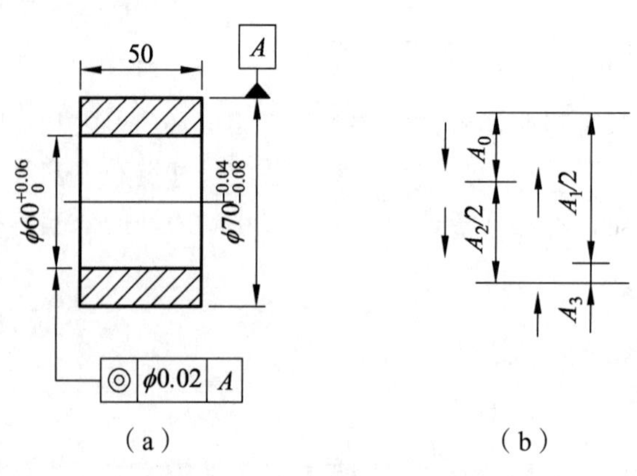

图 8-3-5 轴套工序校核

首先按照工艺顺序画出尺寸链，由于该零件为回转体零件，保证尺寸 A_1 、 A_2 以及同轴度公差 A_3 时，皆以各自的轴线为基准。因此，取尺寸的半径值画尺寸链，并将同轴度公差 A_3 看作一个线性尺寸。根据同轴度公差带的分布情况，取 $A_3 = 0 \pm 0.01$ mm。画出工艺尺寸链，如图 8-3-5（b）所示。

因为壁厚 A_0 是最终自然形成的，所以为封闭环。确定增环和减环时，可按一定方向（这里按逆时针）画出各环的箭头方向。因此，可判定 $A_1/2 = 35_{-0.04}^{-0.02}$ mm 和 A_3 为增环，$A_2/2 = 30_{0}^{+0.03}$ mm 为增环。

由式（8-3-1）得到壁厚的基本尺寸为

$$A_0 = 35 + 0 - 30 = 5 \text{（mm）}$$

由式（8-3-4）和式（8-3-5）分别得到壁厚的上下偏差为

$$\mathrm{ES}(A_0) = [(-0.02) + 0.01] - 0 = -0.01 \text{（mm）}$$

$$\mathrm{EI}(A_0) = [(-0.04) + (-0.01)] - 0.03 = -0.08 \text{（mm）}$$

所以，壁厚为 $A_0 = 5_{-0.08}^{-0.01}$ mm，可据此校核工艺是否合理。

需要说明的是，如果将同轴度公差 A_3 作为减环画尺寸链，计算结果仍相同。

2. 反计算和中间计算

在加工工艺过程设计中，反计算和中间计算主要用于工序尺寸的确定。现举例说明如下：

1）定位基准与设计基准不重合

确定工序尺寸时，若定位基准与设计基准重合，则可直接以设计尺寸作为工序尺寸。否则，应进行工序尺寸换算。

【例 8-3-3】　如图 8-3-1（a）所示，若零件图中标注的设计尺寸为 $A_0 = 30_{0}^{+0.2}$ mm 和 $A_1 = 50_{-0.1}^{0}$ mm。假设 A 面已经加工好，现以 A 面定位加工 C 面和 B 面，求工序尺寸 A_1 和 A_2 。

由于加工 C 面时定位基准与设计基准重合，工序尺寸 A_1 需要按设计尺寸保证，$A_1 = 50_{-0.1}^{0}$ mm；加工 B 面时，定位基准与设计基准不重合，采用调整法加工时，只能直接保证工序尺寸 A_2 ，而无法直接保证尺寸 $A_0 = 30_{0}^{+0.2}$ mm，因此需要画出尺寸链进行计算，如图 8-3-1（b）所示。

由于 $A_0 = 30_{0}^{+0.2}$ mm 是最终自然形成的，是封闭环。A_1 为增环，A_2 为减环。

由式（8-3-1）得到 A_2 的基本尺寸为

$$30 = 50 - A_2 \Rightarrow A_2 = 20 \text{（mm）}$$

由式（8-3-4）和式（8-3-5）分别得到 A_2 的下、上偏差为

$$+0.2 = 0 - \mathrm{EI}(A_2) \Rightarrow \mathrm{EI}(A_2) = -0.2 \text{（mm）}$$

$$0 = -0.1 - \mathrm{ES}(A_2) \Rightarrow \mathrm{ES}(A_2) = -0.1 \text{（mm）}$$

因此，$A_2 = 20_{-0.2}^{-0.1}$ mm。

2）测量基准与设计基准不重合

零件加工过程中，若零件图样上给出的设计尺寸直接测量有困难，这时应选择其他较易测量的尺寸进行测量，因此需进行测量尺寸换算。

【例 8-3-4】 如图 8-3-6 所示，套筒的零件图上标注的轴向尺寸分别为 $50_{-0.17}^{0}$ mm 和 $10_{-0.36}^{0}$ mm，加工测量时，由于尺寸 $10_{-0.36}^{0}$ mm 很难测量，需改为直接测量大孔深度 A_1。求测量尺寸 A_1，并比较该尺寸的测量要求与设计要求的差异。

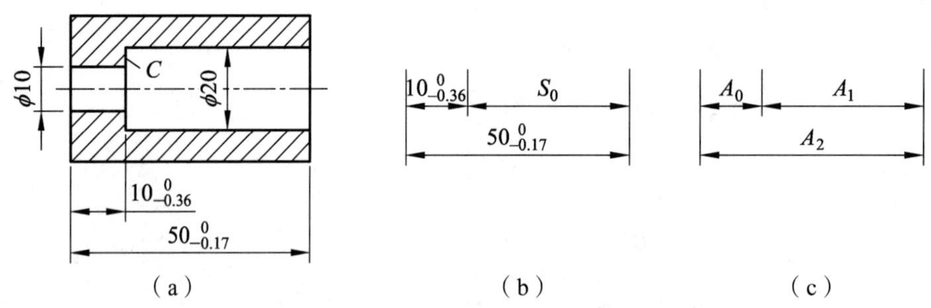

图 8-3-6 套筒零件的测量尺寸换算

如图 8-3-7（b）所示，首先画出设计尺寸链，零件图中标注的轴向尺寸 $50_{-0.17}^{0}$ mm、$10_{-0.36}^{0}$ mm 和大孔深度设计尺寸 S_0 构成了设计尺寸链。很显然，大孔深度设计尺寸 S_0 是自然形成的封闭环，通过计算可得 $S_0=40_{-0.17}^{+0.36}$。

如图 8-3-7（c）所示，加工测量时，直接测量大孔深度 A_1，间接保证尺寸 $A_0=10_{-0.36}^{0}$ mm。因此，A_0 是封闭环，计算可得 $A_1=40_{0}^{+0.19}$。

可见，由于测量基准与设计基准不重合，进行测量尺寸换算以后，明显提高了测量尺寸的公差要求（由原来的 0.53 mm 提高至 0.19 mm）。

采用 $A_1=40_{0}^{+0.19}$ 测量尺寸判断零件是否合格，会出现“假废品”现象，例如，测得 $A_1=40.36$，不满足测量要求（仅满足本身的设计要求 $S_0=40_{-0.17}^{+0.36}$），但当零件总长的设计尺寸加工成 $A_2=50$ mm，则自然形成的尺寸 $A_0=9.64$ mm，满足设计要求。因此，如果换算后的测量尺寸超差，但只要它满足本身的设计要求，则有可能是假废品，应对该零件尺寸进行复验核算。

3）中间工序的工序尺寸换算

在零件加工工艺过程中，有些工序尺寸的基准是一些尚待加工的表面。当加工这些表面时，不仅要保证本工序对该加工表面的尺寸要求，同时还要间接保证从该加工表面标注的工序尺寸要求。此时就需进行工序尺寸的换算。

【例 8-3-5】 如图 8-3-7 所示，某齿轮内孔和键槽的加工顺序为：镗孔至 $\phi59.5_{0}^{+0.2}$ mm，然后插键槽，保证工序尺寸 L，淬火热处理，磨孔至 $\phi60_{0}^{+0.046}$ mm，求工序尺寸 L。

首先画出工艺尺寸链，由于镗孔和磨孔时，皆以孔的轴线为基准，因此采用孔尺寸的半径值画尺寸链，如图 8-3-7（b）所示。其中，尺寸 $65.6_{0}^{+0.2}$ 是磨孔时自然形成的尺寸，因此为封闭环。尺寸 L 和 $30_{0}^{+0.023}$ 为增环，尺寸 $29.75_{0}^{+0.1}$ 为减环。

由式（8-3-1）得到 L 的基本尺寸为

$$65.6=30+L-29.75 \Rightarrow L=65.35\text{（mm）}$$

由式（8-3-4）和式（8-3-5）分别得到 L 的下、上偏差为

$$+0.2 = \mathrm{ES}(L) + 0.023 - 0 \Rightarrow \mathrm{ES}(L) = +0.177 \text{（mm）}$$

$$0 = \mathrm{EI}(L) + 0 - 0.1 \Rightarrow \mathrm{EI}(L) = +0.1 \text{（mm）}$$

因此，$L = 65.35_{+0.1}^{+0.177}$ mm，或按入体原则标注为 $L = 65.45_{0}^{+0.077}$ mm。

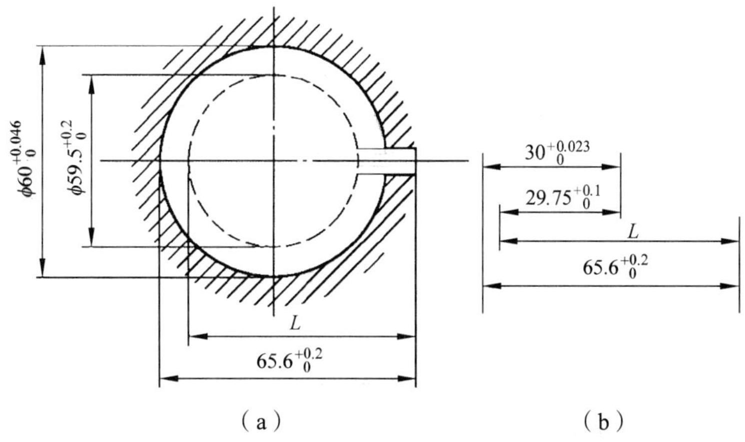

图 8-3-7　齿轮键槽加工的工序尺寸计算

4）表面处理的工序尺寸换算

表面处理包括零件表面渗碳、渗氮等渗入处理以及镀铬、镀锌等镀覆处理。一般渗入处理在精加工之前进行，为了保证精加工之后的最终渗入层厚度和最终尺寸，需要控制渗入处理的深度。同样，为了保证镀层厚度和最终零件尺寸，也需要计算电镀前的工序尺寸。

【例 8-3-6】　如图 8-3-8 所示，某轴套零件的内孔直径为 $\phi120_{0}^{+0.04}$ mm，在该表面上要求渗氮，在渗氮后要进行磨孔，达到设计尺寸同时保证规定的渗层深度。

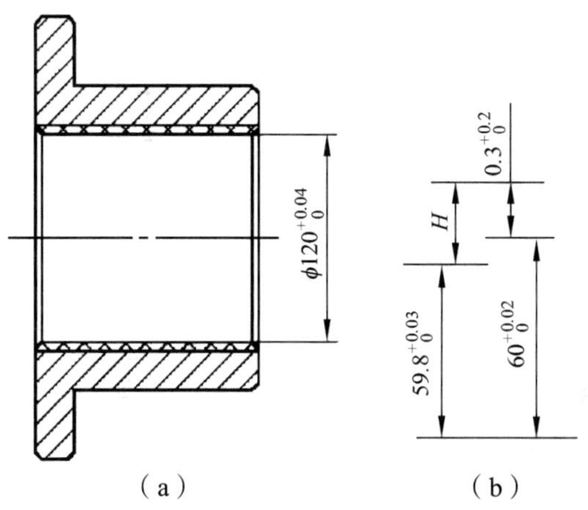

图 8-3-8　表面渗氮的工序尺寸计算

该孔的工艺过程是：首先精车孔至 $\phi119.6_{0}^{+0.06}$ mm；然后进行渗氮处理，预渗层深度 H；最后按设计尺寸要求磨孔，同时应保证渗氮层深度为 0.3~0.5 mm。要求计算热处理时的预渗氮层深度 H。

如前所述，按照孔的半径尺寸和偏差，画出工艺尺寸链，如图 8-3-8（b）所示。由于磨孔时，直接测量并保证的是内孔直径 $\phi 60_{0}^{+0.02}$，最终渗氮层深度 $0.3_{0}^{+0.2}$ mm 是封闭环。$59.8_{0}^{+0.03}$ 和 H 为增环，$60_{0}^{+0.02}$ 为减环。

由式（8-3-1）得到 H 的基本尺寸为

$$0.3 = 59.8 + H - 60 \Rightarrow H = 0.5 \text{（mm）}$$

由式（8-3-4）和式（8-3-5）分别得到 H 的下、上偏差为

$$+0.2 = \mathrm{ES}(H) + 0.03 - 0 \Rightarrow \mathrm{ES}(H) = +0.17 \text{（mm）}$$

$$0 = \mathrm{EI}(H) + 0 - (+0.02) \Rightarrow \mathrm{EI}(L) = +0.02 \text{（mm）}$$

因此，$H = 0.5_{+0.02}^{+0.17}$ mm，即要求预渗氮层深度为 0.52~0.67 mm。

【例 8-3-7】 如图 8-3-9 所示，某套筒零件的外圆表面要求镀铬，镀铬时直接通过电镀工艺参数控制镀层厚度在 0.025~0.03 mm，同时应保证直径尺寸为 $\phi 28_{-0.021}^{0}$ mm，求电镀之前的外径加工尺寸 D。

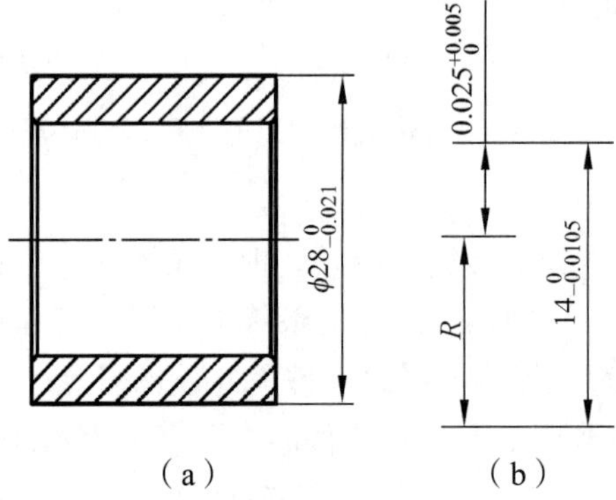

图 8-3-9 表面镀铬的工序尺寸计算

如前所述，按照外圆面的半径尺寸和偏差，画出工艺尺寸链，如图 8-3-9（b）所示。由于直接保证的是镀层厚度，因此尺寸 $14_{-0.0105}^{0}$ 是封闭环，其他两个尺寸为增环，没有减环。通过计算可得 $R = 13.975_{-0.0105}^{-0.005}$ mm，即 $D = 27.95_{-0.021}^{-0.01}$ mm。

8.4 典型零件的机械加工工艺分析

8.4.1 轴类零件机械加工工艺

1. 轴类零件的作用、结构特点及分类

轴类零件是机器常见零件之一，其主要的功用为支承传动零件（如齿轮、蜗轮和皮带轮等）传递扭矩或运动，承受载荷，并保证轴上零件（或刀具）具有一定的回转精度。

轴类零件的组成表面一般包括内外圆柱面、圆锥面、端面、沟槽、连接圆弧等，有时带有螺纹、键槽、花键和其他表面等。

按轴类零件的结构形状特点不同，一般可分为光轴、阶梯轴、空心轴和异形轴（如曲轴、凸轮轴、偏心轴和花键轴等）四大类，如图 8-4-1 所示。

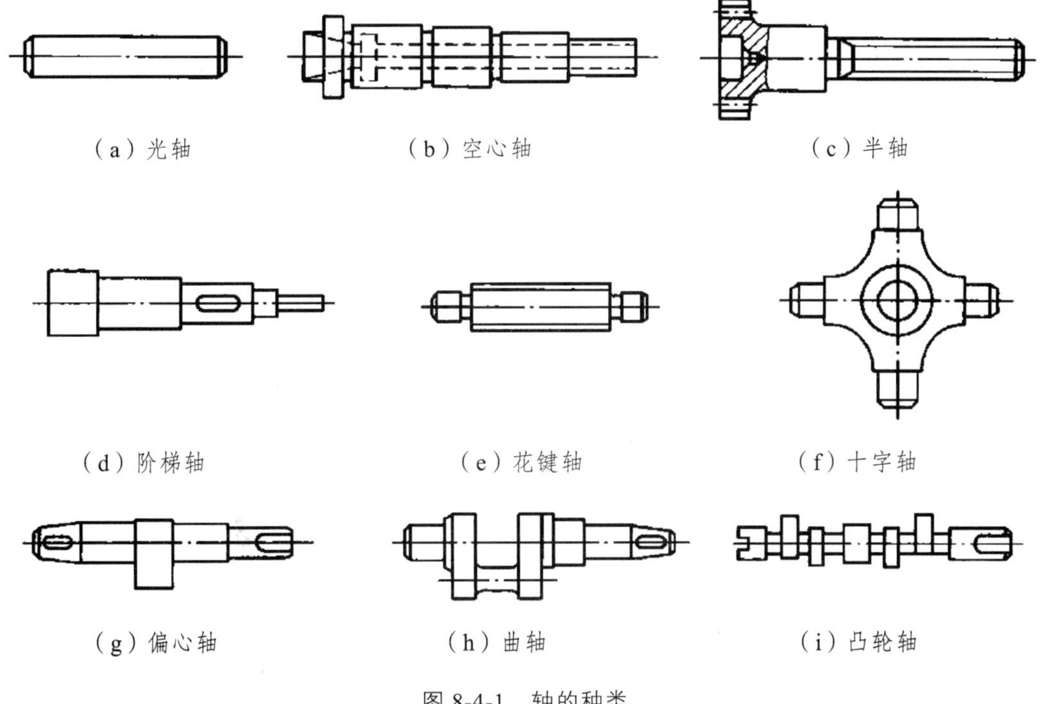

图 8-4-1　轴的种类

2. 轴类零件的技术要求

轴类零件的技术要求取决于其具体功用和工作条件。一般对轴类零件回转精度等工作要求影响最大的主要表面包括：与轴承内圈配合的支承轴颈；与传动件配合的配合轴颈；轴类零件的工作表面（内外圆面、锥面、凸轮面或齿轮面等）。

（1）尺寸精度和形状精度。轴类零件的主要表面常为两类：一类是与轴承内圈配合的外圆轴颈，即支承轴颈，用于确定轴的位置并支承轴，尺寸精度要求较高，通常为 IT7 ~ IT5；另一类为与各类传动件配合的轴颈（即配合轴颈），其精度稍低，常为 IT9 ~ IT6。形状精度主要指轴颈表面、外圆锥面、锥孔等重要表面的圆度、圆柱度。其误差一般应限制在尺寸公差。

（2）位置精度。保证配合轴径相对于支承轴颈的同轴度是轴类零件位置精度的普遍要求。普通精度轴的配合轴径对支承轴颈的径向圆跳动，一般为 0.01 ~ 0.03 mm，高精度轴为 0.001 ~ 0.005 mm。

（3）表面粗糙度。轴的加工表面都有粗糙度的要求，一般根据加工的可能性和经济性来确定。支承轴颈常为 *Ra*0.63 ~ 0.16 μm，传动件配合轴颈为 *Ra*2.5 ~ 0.63 μm。

根据轴的工作条件，轴的支承轴颈、配合轴颈以及工作表面还有热处理（调质、表面淬火、渗碳淬火等）方面的要求；有些高转速的轴类零件有动平衡试验要求；有些特殊用途的轴类零件须经探伤检查等；一些轴类零件为了提高强度、避免或减少应力集中，在轴肩处还有过渡圆角要求。

3. 轴类零件的常用材料及毛坯制备方法

轴类零件的材料应满足其力学性能要求（强度、刚度、韧性和耐磨性等），同时，选择合理的热处理方法，使其达到良好的强度、刚度、韧性和表面硬度。

一般轴类零件常选用 45 钢，根据工作条件采用正火、调质、淬火等不同的热处理工艺，获得一定的强度、韧性和耐磨性；对于中等精度和转速较高的轴，可选用 40Cr 等合金结构钢，通过调质和表面淬火获得较好的综合力学性能；对于高精度的轴，可选用轴承钢 GCr15 和弹簧钢 65Mn 等材料，通过调质和表面淬火获得更好的耐磨性和耐疲劳性；对于高速重载荷的轴，可选用 20CrMnTi、20Cr 等低碳钢或 38CrMoAl 氮化钢，经过渗碳淬火或氮化处理获得高的表面硬度、耐磨性和心部强度和韧性。结构复杂的轴类零件（如曲轴等）也可用球墨铸铁（如 QT450、QT600）来制造。

轴类零件最常用的毛坯是棒料和锻件。对于光轴或直径相差不大的轴，一般选用棒料；重要的轴大都采用锻件，以保证金属内部纤维组织的均匀连续分布，从而获得较高的强度；某些大型的或结构复杂的轴可采用铸件毛坯。应根据生产规模的大小来决定毛坯的锻造方式。单件小批生产，一般宜采用自由锻造；模锻适用于成批大量生产。

4. 典型轴类零件机械加工工艺分析

轴类零件的加工工艺因其用途、结构、技术要求、材料、生产类型等不同而差异较大。车轴是轨道车辆行走部分的核心元件，是影响轨道车辆承载重量和安全运行的关键零件。同时车轴也是具有代表性的轴类零件之一，这里对某型拖车车轴的机械加工工艺进行分析。

1）零件结构及技术要求分析

图 8-4-2 所示为某型车轴的零件图。由于轨道车辆运行过程中，轴表面极易产生疲劳裂纹，导致车轴疲劳失效。因此，机械加工工艺应首先考虑提高车轴表面性能，增加抗疲劳强度，延长使用寿命。

在车轴加工过程中，最关键且最难保证的部分是轴颈和防尘板座，因为该部位用于安装轴承、防尘挡圈和轴箱，轴端组装质量的好坏将直接影响车辆的运行品质和安全，保证该部分的尺寸公差和形位公差是车轴加工工艺的关键。

由零件图可知，车轴结构从总体上属于阶梯轴，总长 2 250 mm，两端轴颈和防尘板座的尺寸精度等级皆为 IT6，圆柱度公差 0.015 mm，表面粗糙度 *Ra* 0.8 μm；此外，各段轴面还有相对于公共基准 *A*–*B* 的圆跳动公差要求。为了提高车轴疲劳强度，各段轴面之间采用大圆角过渡，避免应力过于集中。

该车轴材料采用 LZ50，生产类型为大批量，因此可采用钢坯模锻的方法制备毛坯。并根据 TB/T 2945—1999《铁道车辆用 LZ50 钢车轴及钢坯技术条件》，对车轴进行两次正火以及一次回火的热处理。

2）加工工艺路线的确定

根据前面的内容可知，车轴零件可采用“车削—磨削（成形磨）”的轴类零件加工路线来达到上述技术要求。但车轴表面经过车削、磨削等加工后，通常会在车轴表面产生残余拉应力，降低车轴抗疲劳和耐腐蚀的性能。因此，为了改善车轴表面应力状态，降低表面粗糙度，提高表面硬度，对于工作要求较高的车轴，通常还需对车轴表面（或关键的局部表面）进行滚压强化。由于该车轴运行速度较低，没有采用滚压强化措施。而对于运行速度较高的车轴，一般需要对过渡圆弧乃至轴面进行滚压强化。

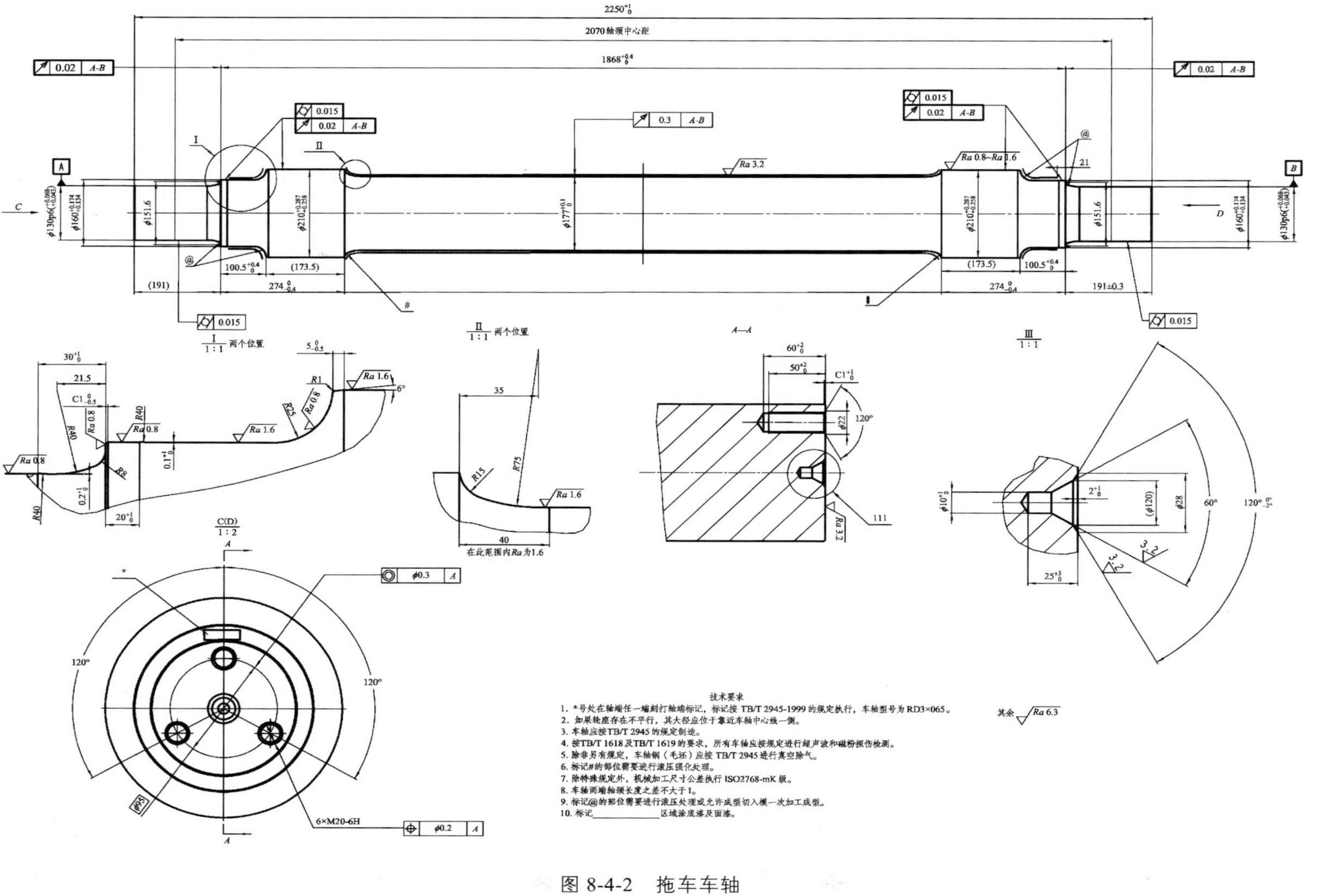
2250$^{+1}_{0}$
2070轴颈中心距
1868$^{+0.4}_{0}$
I　1:1　两个位置
II　1:1　两个位置
A—A
III　1:1
C(D)　1:2
在此范围内Ra为1.6
6×M20-6H
技术要求
1. *号处在轴端任一端刻打轴端标记，标记按 TB/T 2945-1999 的规定执行，车轴型号为 RD3×065。
2. 如果轮座存在不平行，其大径应位于靠近车轴中心线一侧。
3. 车轴应按TB/T 2945 的规定制造。
4. 按TB/T 1618 及TB/T 1619 的要求，所有车轴应按规定进行超声波和磁粉探伤检测。
5. 除非另有规定，车轴钢（毛坯）应按 TB/T 2945 进行真空除气。
6. 标记#的部位需要进行滚压强化处理。
7. 除特殊规定外，机械加工尺寸公差执行 ISO2768-mK 级。
8. 车轴两端轴颈长度之差不大于 1。
9. 标记@的部位需要进行滚压处理或允许成型切入模一次加工成型。
10. 标记________区域涂底漆及面漆。
其余 Ra 6.3

图 8-4-2　拖车车轴

3）定位基准的选择

为了便于保证轴类零件的技术要求，最常用的定位基准是两端面中心孔。因为一般轴的设计基准都是其中心线，用中心孔定位，可实现基准重合，且能最大限度地在一次安装中加工尽可能多的外圆和端面，符合基准统一的原则。对于空心轴，在通孔加工后，不能用中心孔来定位，可采用带有中心孔的锥堵或锥堵心轴来定位。

在车轴的加工中，由于车轴零件较重且较长，安装调整较为困难，一般选择首先在专用铣床上加工两端面中心孔；此后，粗车、精车、磨削、滚压等加工都采用统一的两端面中心孔进行定位。在定位前，将车轴吊放在中心架上，检查、清理两端中心孔，并在中心孔内涂专用润滑脂，并且在精车后，磨削前修中心孔。

综上所述，该车轴的机械加工工艺过程见表 8-4-1。

表 8-4-1 车轴加工工艺过程

序号	工序名称	工序内容	定位基准	加工设备
1	备料	检验		
2	锻造	模锻		8MN 快锻液压机
3	热处理	一次正火+二次正火+回火		车轴热处理线
4	铣端面打中心孔	铣两端面、钻中心孔	毛坯外圆	专用机床
5	轴向超声波探伤			超声波探伤仪
6	车	粗车各段外圆，留余量 2~3 mm	中心孔	拉荒车床
7	精铣端面、中心孔	保证总长	两端支承轴颈	精铣端面、中心孔专用机床
8	刻打标记			轴端标记刻打机
9	半精车三径	半精车三径及过渡圆弧，留余量 0.8~1.1 mm	中心孔	卧式车床
10	精车轴身	精车轴身及过渡圆弧，保证加工要求	中心孔	卧式车床
11	精车三径	精车三径及过渡圆弧，留余量 0.3~0.6 mm	中心孔	卧式车床
12	修中心孔	修钻中心孔	车床主轴侧使用三爪卡盘夹持轴径，尾座侧采用中心架支撑轴径	修中心孔专用机床
13	磨外圆	粗、精磨轮座	中心孔	外圆磨床
14	成形磨	粗、精磨轴颈、防尘板座及过渡圆弧	中心孔	数控成形磨床
15	荧光磁粉探伤			荧光磁粉探伤机
16	车轴涂装	清洗、涂底漆、烘干、涂面漆、烘干		车轴油漆线

8.4.2　套类零件机械加工工艺

1. 套类零件的作用和结构特点

套类零件在各种机器及装备中应用广泛，主要起支承、导向及定位的作用。常见的套类零件包括支承传动轴的滑动轴承、引导刀具的钻套和镗套、内燃机气缸套、液压油缸以及一般用途的套筒等，如图 8-4-3 所示。由于作用不同，其结构和尺寸差别较大，但一般具有如下共同特点：零件的主要表面为内外回转面；壁厚较薄易变形；长度一般大于直径等。

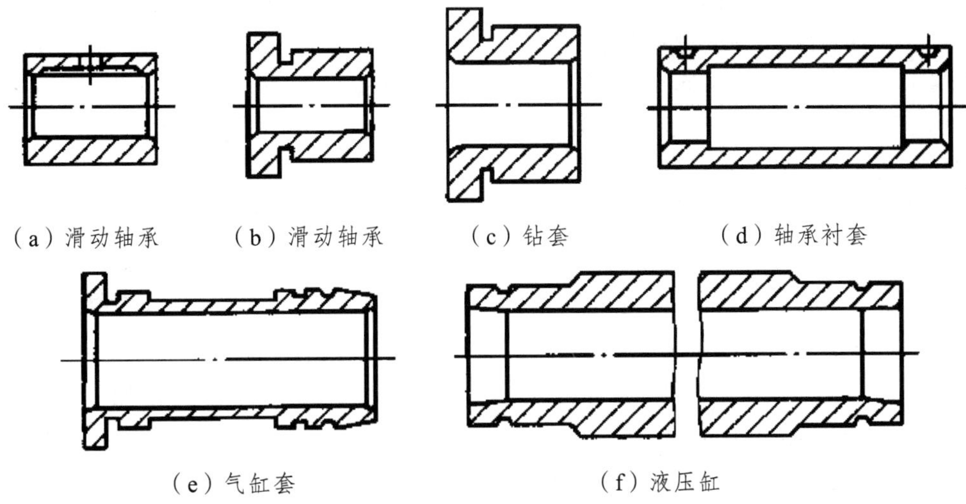

图 8-4-3 常见的套类零件

2. 套类零件的技术要求

套类零件的主要表面一般是具有同轴度要求的内外回转面。

内孔是套类零件起支承和导向作用的最主要表面，通常与旋转轴、刀具和活塞等相配合。孔径尺寸精度一般为 IT7 级，精密轴套一般为 IT6 级，由于与气缸和液压缸相配合的活塞上有密封圈，其内孔尺寸精度要求较低，一般取 IT9 级。孔的圆柱度公差一般取尺寸公差的 1/2~1/3，表面粗糙度为 *Ra*1.6~0.2 μm，甚至更高。

外圆面是套类零件的支承面，常以过盈配合或过渡配合安装于箱体或机架上的座孔。外径尺寸精度通常为 IT7~IT6 级，表面粗糙度为 *Ra*3.2~0.8 μm。

内孔与外圆的同轴度公差要求一般为 0.01~0.05 mm，此外，如果套筒端面或凸缘承受轴向载荷或起定位作用，还会提出端面与轴线垂直度公差要求，一般为 0.01~0.05 mm。

3. 套类零件的常用材料及毛坯制备方法

套类零件所用的材料取决于工作条件，一般有钢、铸铁、粉末冶金、铜及其合金等。有些滑动轴承采用双金属结构，采用离心铸造法，在钢或铸铁套的内壁上浇铸巴氏合金等轴承合金材料，既可节省贵重金属，又能提高轴承的寿命。

套类零件的毛坯制备方法跟材料、结构、尺寸及生产批量等因素有关。孔径较小的套筒，一般可选择热轧或冷拉棒料，也可采用实心铸件。孔径较大时，可采用无缝钢管、带孔的铸件或锻件。大量生产时则可采用冷挤压和粉末冶金等先进的毛坯制造工艺，既提高生产效率，又节约材料。

根据工作条件，套类零件常用的热处理方法有渗碳淬火、表面淬火、调质、渗氮、时效处理等。

4. 典型套类零件机械加工工艺分析

套类零件由于其作用、结构、材料以及尺寸的不同，其机械加工工艺差别也很大。下面将结合某液压缸零件的加工来说明套类零件机械加工工艺分析过程。套类零件工艺分析的重点是要保证以下几个方面的技术要求：内外圆面之间的同轴度要求；端面与轴线的垂直度；内外圆面形状精度及粗糙度要求；薄壁套的变形控制。下面重点结合这 4 个方面进行说明。

1）零件结构特点及技术要求分析

图 8-4-4 所示为某液压缸的零件图。该零件较长，为薄壁件，且内外径较大。其主要的技术要求为：内外圆同轴度公差 0.04 mm；内孔面圆柱度 0.04 mm，表面粗糙度 *Ra*0.32 μm，要求较高；孔与端面垂直度要求 0.03 mm。

根据零件结构特点，毛坯选用无缝钢管。这样，便于采用滚压的方法来达到内孔粗糙度要求，内孔经滚压之后，可提高耐磨性，满足零件工作要求，表面粗糙度最高可达到 *Ra*0.16 μm。目前对铸件尚无法采用滚压工艺，原因在于铸件表面存在疏松、气孔、砂眼等缺陷，会导致滚压产生不良效果。

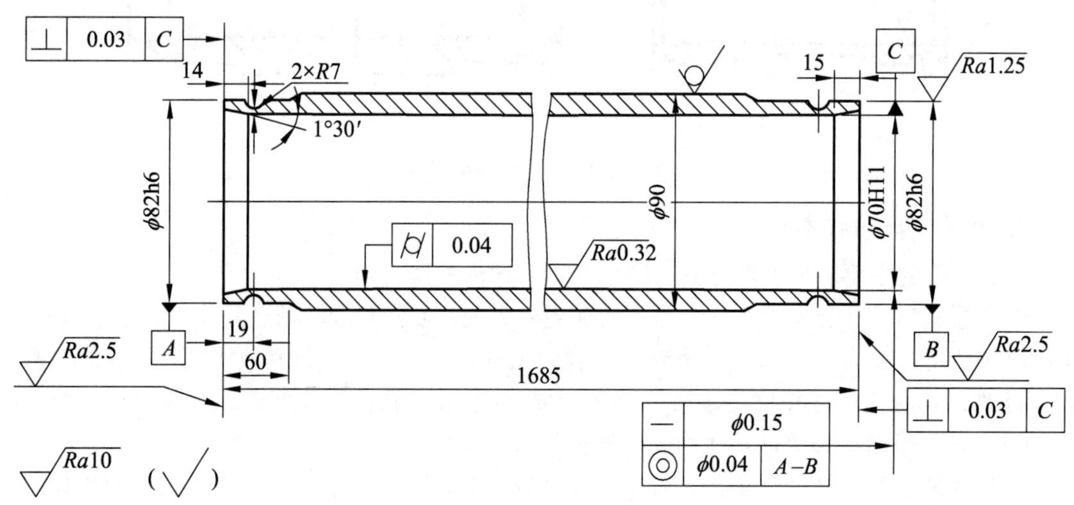

图 8-4-4　液压缸零件图

2）保证内外圆面的同轴度的方法

保证套类零件内外圆面同轴度的方法一般包括：一次装夹中完成所有内外圆表面及端面的加工，该方法适合小尺寸套筒；分多次装夹，先以外圆定位加工孔，然后以孔为基准最终加工外圆；分多次装夹，先以内孔定位加工外圆，然后以外圆为基准最终加工孔。

该零件尺寸较大较长，且难以找到统一基准对内外圆面同时加工保证其同轴度。因此，只能考虑后两种方法，且由于零件属于薄壁件，不便于径向夹紧，需要在外圆上加工出工艺用螺纹，实现轴向拧紧。因此，采用第二种方式来保证同轴度。

3）薄壁套的变形控制

套筒类零件孔壁多较薄，加工中常因夹紧力、切削力、残余应力和切削热等因素的影响而产生变形。为防止变形，应采取以下的工艺措施：为减少切削力和切削热的影响，粗精加工应分阶段进行，使变形可以在精加工阶段中得到纠正；为减少夹紧力的影响，应将径向夹紧改为轴向夹紧；若必须径向夹紧时，应尽量采取措施使径向夹紧力均匀分布，如使用过渡套、液性塑料定心夹具、弹性薄膜卡盘等夹具夹紧工件；可在工件上加工出辅助工艺凸边以提高其径向刚度，减少夹紧变形，待工件加工完成后再将辅助工艺凸边切除。

该液压缸采用工艺螺纹将径向夹紧改为轴向夹紧，减小变形。

4）工艺路线的选择

决定液压缸工艺路线的主要因素就是内孔的加工方法选择。

当套筒内径较小，可采用钻（扩）、铰的工艺路线，大批量生产时，可采用拉孔代替铰孔；当孔径较大时，大多采用镗孔后进一步精加工的方案，箱体孔多采用精镗、浮动镗加工，缸套类零件上的孔多采用精镗、珩磨/滚压加工。

因此，该液压缸采用精镗之后进行滚压的方法来满足上述技术要求。

综上所述，该液压缸的机械加工工艺过程见表 8-4-2。

表 8-4-2　液压缸加工工艺过程

<table>
<tr><th>序号</th><th>工序名</th><th>工序内容</th><th>定位基准</th><th>加工设备</th></tr>
<tr><td>1</td><td>下料</td><td>切断无缝钢管</td><td></td><td>锯床</td></tr>
<tr><td rowspan="4">2</td><td rowspan="4">车</td><td>车 ϕ82 mm 外圆至 ϕ88 mm；
车 M88×1.5 mm 工艺螺纹</td><td>外圆面（三爪卡盘夹一端，
顶另一端）</td><td rowspan="4">卧式车床</td></tr>
<tr><td>车端面及倒角</td><td>外圆面（三爪卡盘夹一端，
ϕ88 mm 处搭中心架）</td></tr>
<tr><td>调头车 ϕ82mm 外圆至 ϕ85mm</td><td>外圆面（三爪卡盘夹一端，
顶另一端）</td></tr>
<tr><td>车端面总长留 1 mm 余量，倒角</td><td>外圆面（三爪卡盘夹一端，
ϕ88 mm 处搭中心架）</td></tr>
<tr><td rowspan="4">3</td><td rowspan="4">深孔推镗及滚压内孔</td><td>半精镗孔至 ϕ68 mm</td><td rowspan="4">外圆面（一端用 M88 螺纹锁紧，
另一端搭中心架）</td><td rowspan="4">卧式深孔镗床</td></tr>
<tr><td>精镗孔至 ϕ69.85 mm</td></tr>
<tr><td>浮动镗（精铰）至 ϕ70±0.02 mm，表面粗糙度 Ra2.5 μm</td></tr>
<tr><td>滚压孔至要求</td></tr>
<tr><td rowspan="4">4</td><td rowspan="4">车</td><td>车外圆 ϕ82mm 至要求，车圆槽 R7</td><td>内孔面（软爪夹一端，顶另一端）</td><td rowspan="4">卧式车床</td></tr>
<tr><td>镗内锥孔，车端面留 0.5 mm 总长余量</td><td>外圆面（软爪夹一端，
另一端搭中心架）</td></tr>
<tr><td>调头车外圆 ϕ82 mm 至要求，车圆槽 R7</td><td>内孔面（软爪夹一端，顶另一端）</td></tr>
<tr><td>镗内锥孔，车端面保证总长</td><td>外圆面（软爪夹一端，
另一端搭中心架）</td></tr>
</table>

8.4.3 圆柱齿轮机械加工工艺

1. 圆柱齿轮的作用和结构特点

齿轮是机械传动中的重要的传动元件之一，其作用是按一定的传动比传递运动和动力。随使用要求的不同，圆柱齿轮的结构形式也各不相同。从总体上看，圆柱齿轮一般由齿圈和轮体两部分组成。齿圈上的齿形包括直齿、斜齿或人字齿等；而齿轮轮体的结构又可分为盘类、套筒、扇形、轴类和齿条等，如图 8-4-5 所示。

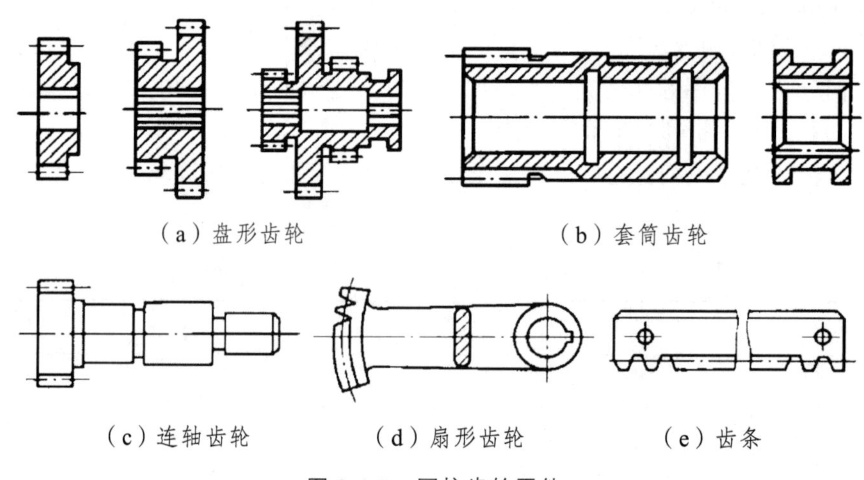

图 8-4-5 圆柱齿轮零件

2. 圆柱齿轮的技术要求

圆柱齿轮的技术要求一般包括两个方面：一是圆柱齿轮传动精度要求；二是齿坯精度要求。

1）圆柱齿轮传动精度要求

齿轮传动精度直接影响到整个机器的工作性能和使用寿命。根据齿轮的使用条件，一般从以下几个方面提出传动精度要求：传递运动的准确性；传递运动的平稳性；载荷分布的均匀性；传动侧隙的合理性。

国家标准 GB/T 10095.1—2001《渐开线圆柱齿轮　精度　第 1 部分：轮齿同侧齿面偏差的定义和允许值》对齿轮及齿轮副的精度等级、公差和极限偏差作了详细规定。

2）圆柱齿轮的齿坯精度要求

齿轮的内孔（或轴颈）、端面或者顶圆常被用作齿轮加工定位、测量及装配的基准，所以齿坯加工精度对齿轮加工和传动的精度均有很大的影响。齿坯主要技术要求包括基准孔（或轴）或顶圆的直径公差、圆柱度公差和径向圆跳动，以及基准端面的端面圆跳动。标准规定了对应于不同精度等级的齿坯公差等级和公差值。

3. 圆柱齿轮的常用材料和毛坯制备方法

应根据齿轮的使用要求和工作条件选择齿轮材料。一般中等精度的普通齿轮，可选用中碳钢或中碳合金钢，如 40、45、40Cr、42SiMn 等进行调质或表面淬火处理；对于低速重载、有冲击载荷的齿轮，应选用低碳合金钢，如 20Cr、18CrMnTi、20CrMnTi 等，进行渗碳淬火或液体碳氮共渗，保证其齿面具有良好硬度且芯部具有良好的韧性；低速轻载的齿轮可采用非淬火钢、铸钢和灰铸铁；非传力齿轮可以用工程塑料等材料。

常用的齿轮毛坯包括棒料、锻件和铸件。其中棒料用于尺寸较小、结构简单的普通齿轮；锻件常用于高速重载齿轮；铸铁件常用于受力小、无冲击、结构较复杂的低速齿轮；铸钢件常用于结构复杂、尺寸较大、不宜锻造的齿轮。

4. 典型圆柱齿轮机械加工工艺分析

圆柱齿轮加工工艺过程是根据齿轮的技术要求、结构与尺寸大小、材料与热处理、生产批量等条件而制定的。一般可归纳为以下过程：毛坯制备—齿坯热处理—齿坯加工—齿形加工—齿圈热处理—定位表面精加工—齿圈精加工。

在上述工艺过程中，保证齿轮零件精度要求的关键在于定位表面的选择。定位基准的选择方式因齿轮结构而定。对于带轴齿轮，主要采用两端面中心孔定位（空心轴可采用锥堵），其定位精度较高，且实现了基准统一。对于带孔齿轮，可根据情况采用两种不同定位方式：一是以内孔和端面定位，符合基准重合原则，定位精度高；二是以外圆和端面定位，工件和夹具配合间隙大，以外圆面为基准找正，效率较低，适合单件小批生产。这两种方式下，一般夹紧力朝向定位端面。

1）零件结构特点及技术要求分析

图 8-4-6 所示为车床主轴箱的双联齿轮，两个齿轮技术要求基本相当，大批量生产。图中给出了左侧齿轮的具体技术要求。该零件属于带孔齿轮，结构总体上属于回转体，右端带有开口套，且有 4 个均布、宽度为 21 mm 的结合槽。总体上看，精度要求不是很高，采用车床、铣床、磨床及齿轮机床等设备即可完成零件的加工。

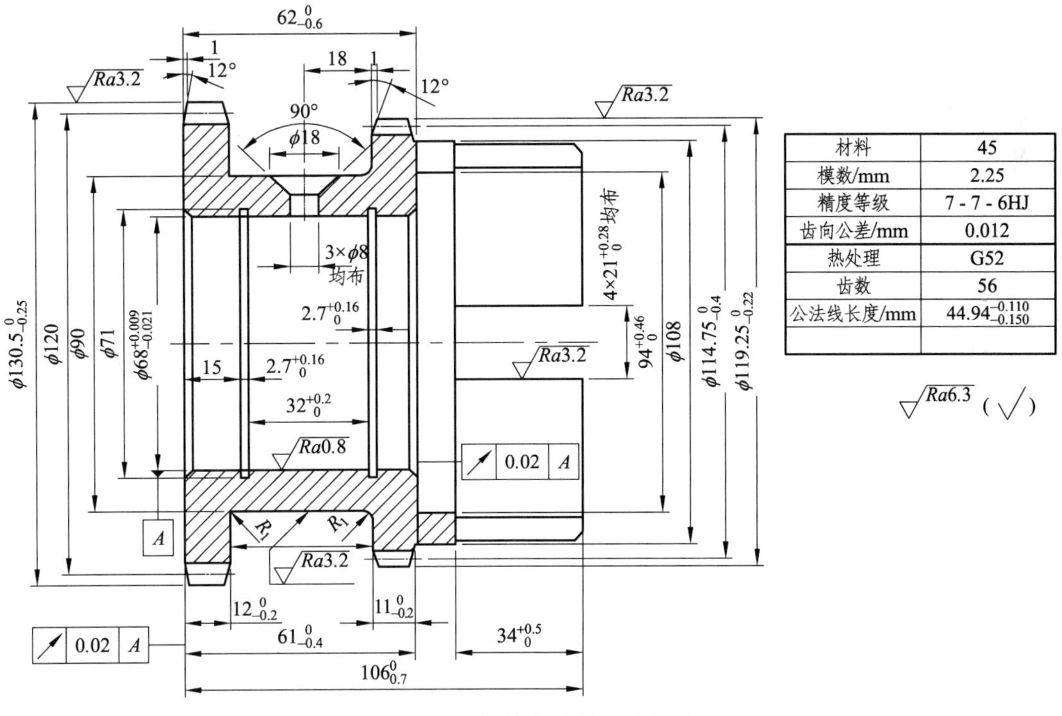

图 8-4-6　车床主轴箱双联齿轮

2）保证零件技术要求的方法

由零件图可知，该零件以内孔和两个端面作为主要设计和测量基准，顶圆未作为基准使用。在大批量生产条件下，应考虑符合基准重合原则，采用专用心轴，定位精度高，满足零件的相关精度要求。对于精基准（内孔和其中一个端面）的加工，尽量一次安装完成。

此外，齿轮热处理后基准孔常会发生变形，为了保证齿轮精度，在齿形最终精加工前必须先对基准孔进行修正。对于以大径定心的花键孔，通常用花键推刀予以修正；对于圆柱形内孔，可采用拉孔、推孔或磨孔。其中拉孔和推孔生产率高，用于孔未淬硬的齿轮；磨孔生产率较低，但加工精度高，特别适用于整体淬火的齿轮，或孔径较大、齿厚较薄的齿轮。

3）工艺路线的确定

对于齿坯的加工，大批量生产时，可采用高效的机床和专用夹具，采用“多刀车削”和“拉削”结合的加工方案。比如：在多刀车床上粗车外圆、端面和内孔；以内孔定位，端面支承，拉花键孔或圆柱孔；以内孔在专用心轴上定位，在多刀半自动车床上精车外圆、端面等。小批量则考虑采用普通车床，采用“粗车”和“精车”的加工方案。比如：先粗车齿坯；再一次安装精车定位表面内孔和一个端面；再以内孔和端面定位加工其他结构。

对于齿形的加工，主要从精度等级、生产批量和热处理要求方面决定，对于 6~7 级精度的齿轮，一般有两种加工方案：一是“剃—珩”方案，即滚（插）齿—齿端加工—剃齿—表面淬火—修正基准—珩齿，这种加工方案生产率高，设备简单，成本低，广泛用于成批或大批大量生产中；二是“磨齿”方案，即滚（插）齿—齿端加工—渗碳淬火—修正基准—磨齿，这种加工方案生产率低，适用于单件小批生产或淬火后变形较大的齿轮。除此之外，在大批量生产时，也有采用冷挤压精整齿形提高效率的情况。由于该零件为大批量生产，要求对齿部采用表面高频淬火，可考虑选择“剃—珩”的方案。

综上所述，该齿轮零件的机械加工工艺过程见表 8-4-3。

表 8-4-3　车床主轴箱齿轮加工工艺过程

序号	工序名称	工序内容	定位基准	加工设备
1	锻造	模锻		锻锤
2	正火			
3	粗车	粗车外圆及左端面，留余量 1.5 mm 左右，粗镗内孔，留拉削余量 1.1 mm 左右	外圆和端面	专用车床
4	拉削	拉内孔	内孔	拉床
5	精车	精车外圆、端面、槽及右侧结合套内孔面	内孔	专用车床
6	铣	铣均布的 4 个结合槽。去毛刺，钻 3 个 ϕ8mm 的油孔	内孔及左端面	铣床
7	检验	清洗后检验		
8	插齿	插两个齿轮，留 0.1 mm 左右的剃齿余量	内孔及左端面	插齿机
9	倒角	倒角，钳工去毛刺	内孔及左端面	倒角机
10	剃齿	对两个齿轮进行剃齿，公法线长度达到上限值	内孔及左端面	剃齿机
11	热处理	齿部高频淬火		
12	车槽	车内孔的两个环形槽	内孔及左端面	车床
13	拉孔	修正内孔至要求	内孔及左端面	拉床
14	珩齿	对两个齿轮进行珩齿至技术要求	内孔及左端面	珩齿机

8.4.4　转向架构架机械加工工艺

1. 转向架构架的作用和结构特点

转向架构架一般为 H 形对称结构，是转向架的重要组成部件，主要作用是为牵引电机、齿轮箱、轮对装置、制动装置、一系悬挂装置、二系悬挂装置等零部件提供支承并保持安装的相对位置。其主要结构包括侧梁和横梁组合件，如图 8-4-7 所示。

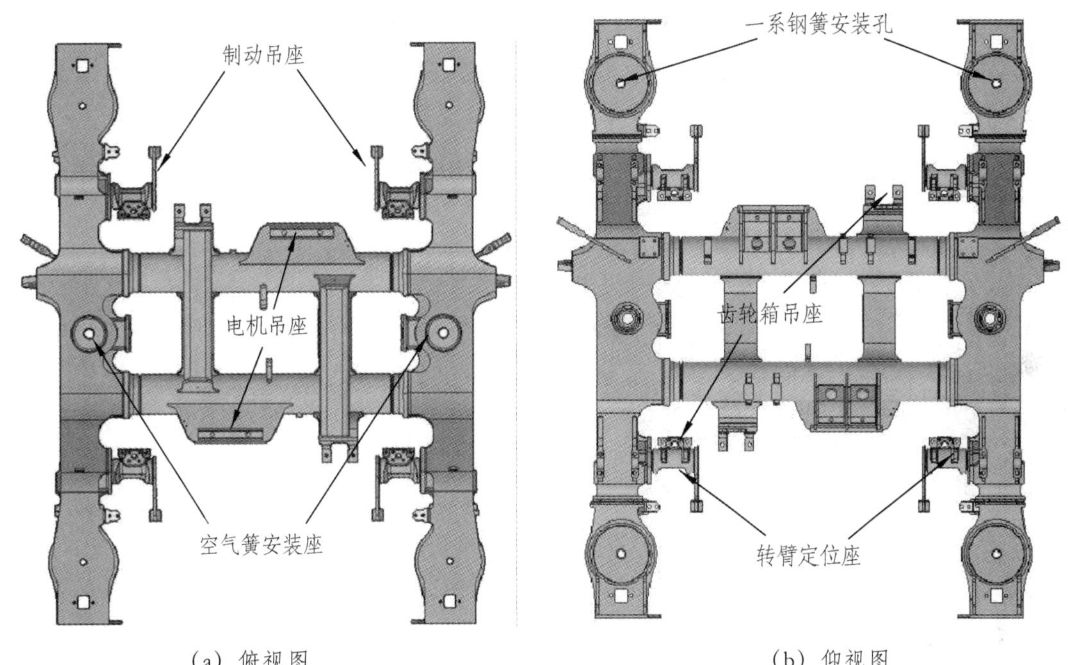

（a）俯视图　　（b）仰视图

图 8-4-7　某转向架构架结构示意图

2. 转向架构架加工工艺分析

根据该型转向架构架的结构特点，采用较为集中的工序安排，对于粗、精加工的大部分加工任务，尤其是有位置要求的部位，分别采用龙门加工中心一次安装加工；为了提高设备利用率，部分钻削加工，采用摇臂钻床灵活安排加工。对于手工检测无法测量的空间尺寸，采用三坐标测量机检测。

构架加工的第一道工序只能用毛坯上未经加工的表面作为定位基准，这种定位基准成为粗基准。在以后的工序中，则应使用经过加工的表面作为定位基准，这种基准称为精基准。

在制定构架加工工艺规程时，总是首先考虑选择怎样的精基准把各个主要表面加工出来，然后再考虑选择怎样的粗基准把作为精基准的表面先加工出来。

总体工艺路线安排如下：

开工前准备→构架划线→构架一步加工→构架二步加工→构架钻孔攻丝→构架打磨清理→构架三坐标检测。

3. 转向架构架加工的工序内容

开工前，准备开工需要的设备、工装、刀具、量具、技术文件、料件等。

1）构架划线

以构架焊接工序划出的中心线为基准，将构架 X、Y、Z 方向找正，按照图纸要求，对所有加工位置划线检查，划出加工线，加工的位置必须保证留有大于或等于 1 mm 的加工余量。

为便于划线操作，确保划线准确，构架需要翻转两面并配合划线盘、拐尺进行划线，确保所有划线靠正的位置均能方便、准确划到。

2）构架一步加工

构架一步加工为构架底部向上进行装夹加工，属于粗基准加工，必须借助划线工序的加工线（基准线）进行找正、装夹。对轴箱转臂定位座、电机及齿轮箱安装座、一系钢簧安装孔、制动吊座等相关部位进行加工，具体工艺过程见表 8-4-4~表 8-4-7。

表 8-4-4　转臂定位座加工

序号	转臂定位座示意图	加工内容	使用刀具
1	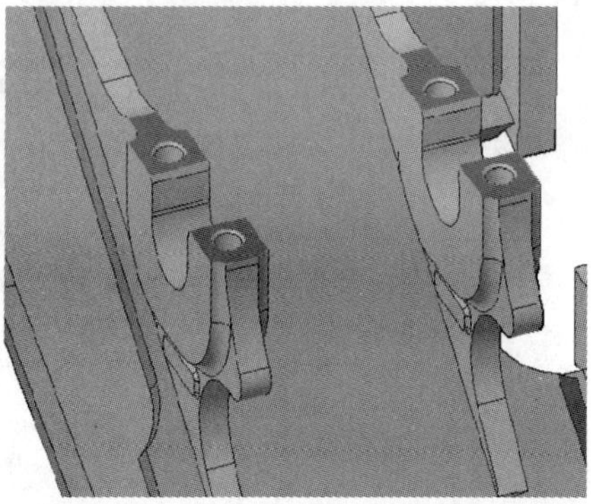	铣削转臂定位座上平面	φ80 飞碟铣刀、φ63 方肩铣刀
2	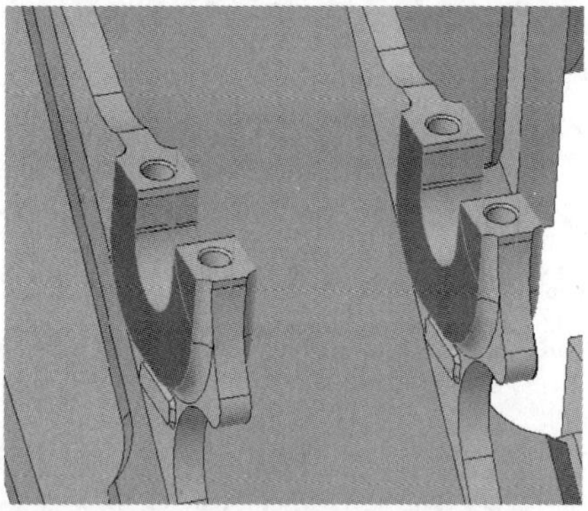	铣削转臂定位座内、外侧面	φ80 飞碟铣刀、φ200 面铣刀、φ200 三面刃铣刀
3	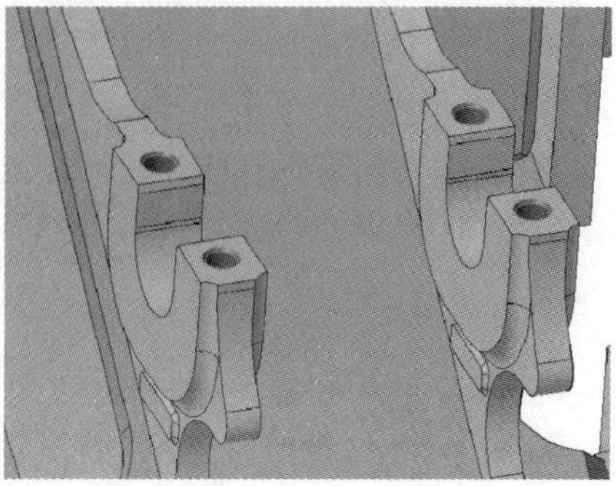	钻削转臂定位座上平面 M20（φ18.8 底孔）→底孔孔口倒角→M20 挤压丝锥挤丝	φ18.8 钻头、45°倒角刀、M20 挤压丝锥

续表

序号	转臂定位座示意图	加工内容	使用刀具
4	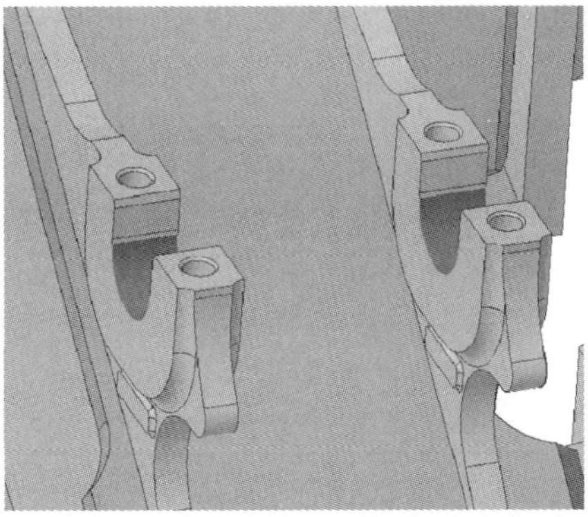	粗镗转臂定位座上 ϕ60 孔至 ϕ55→半精镗转臂定位座上 ϕ60 孔至 ϕ59.6→精镗转臂定位座上 ϕ60 孔至 $\phi60_{0}^{+0.03}$。	ϕ55 粗镗刀、ϕ59.6 半精镗刀、ϕ60 精镗刀
5	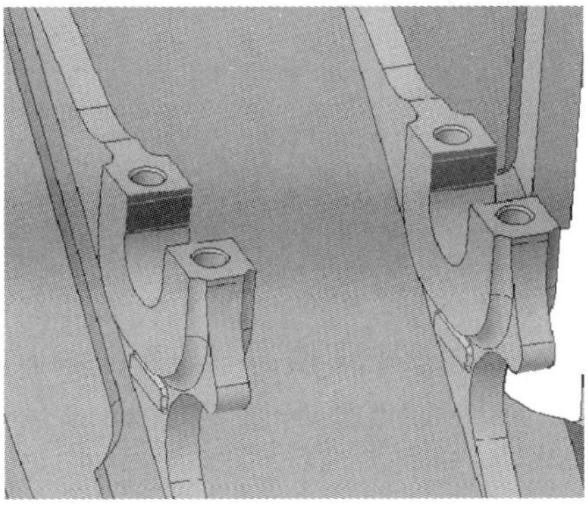	铣削转臂定位座槽宽及倒角	ϕ40 立铣刀

表 8-4-5　电机及齿轮箱吊座加工

序号	电机及齿轮箱吊座示意图	加工内容	使用刀具
1		铣削电机吊座下平面→钻削电机吊座 ϕ26 孔	ϕ100 面铣刀、ϕ26U 钻
2	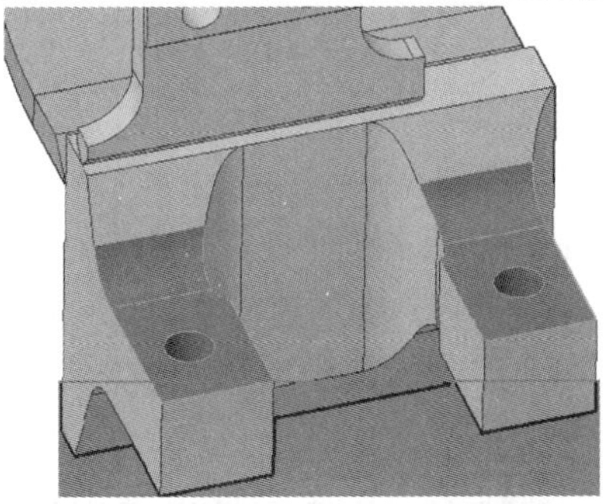	铣削齿轮箱吊座上平面及 R25 圆弧→钻削齿轮箱吊座 ϕ22 孔	ϕ100 R10 圆刀片面铣刀、ϕ22U 钻

表 8-4-6　一系钢簧安装孔加工

序号	一系钢簧安装孔示意图	加工内容	使用刀具
1		钻削帽筒上 ϕ40 孔至 ϕ35→粗镗帽筒上 ϕ40 孔至 ϕ39.7→精镗帽筒上 ϕ40 孔至 $\phi 40_{0}^{+0.025}$	ϕ35 钻头、ϕ39.7 粗镗刀、ϕ40 精镗刀

表 8-4-7　制动吊座加工

序号	制动吊座示意图	加工内容	使用刀具
1		铣削制动吊座前后立面→钻削制动吊座 ϕ28 孔至 ϕ26→粗镗制动吊座 ϕ28 孔至 ϕ27.6 孔→精铰制动吊座 $\phi 28_{0}^{+0.033}$ 孔	ϕ40 立铣刀、ϕ26U 钻、ϕ27.6 粗镗刀、ϕ28 精铰刀

3）构架二步加工

构架二步加工为构架正面向上进行装夹加工，属于精基准加工，以一步加工过后的转臂定位座定位。对空气簧安装座、电机及齿轮箱安装座、制动吊座等相关部位进行加工，具体工艺过程见表 8-4-8~表 8-4-10。

表 8-4-8　空气簧安装座加工

序号	空气簧安装座示意图	加工内容	使用刀具
1		钻削空气簧安装孔至 ϕ48→扩钻空气簧安装孔至 ϕ52→粗镗空气簧安装孔至 ϕ57.6→精镗空气簧导柱安装孔至 $\phi 58_{0}^{+0.03}$ →铣削空气簧安装孔 C3 倒角	ϕ48 钻头、ϕ52 钻头、ϕ57.6 粗镗刀、ϕ58 精镗刀、45°倒角刀

表 8-4-9　电机吊座加工

序号	电机吊座示意图	加工内容	使用刀具
1		铣削电机吊座上平面	ϕ100 面铣刀
2		粗铣电机卡条立面→精铣电机卡条立面→铣削电机卡条 C3 倒角	ϕ32 合金立铣刀、ϕ32 白钢立铣刀、45 度倒角刀
3		电机卡条 M24 螺纹孔底孔预钻	ϕ17 钻头

表 8-4-10　制动座加工

序号	制动座示意图	加工内容	使用刀具
1	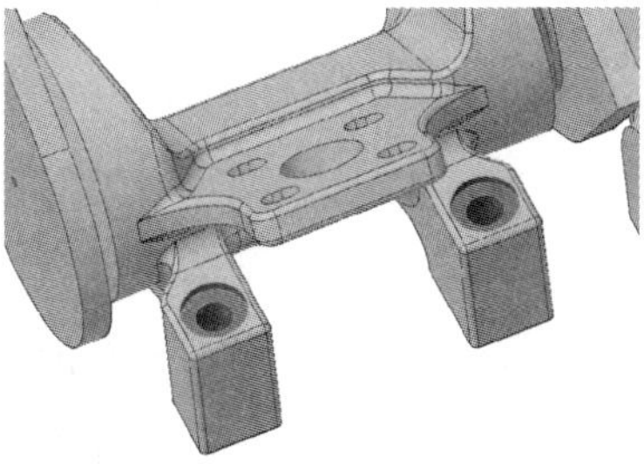	铣削制动座沉孔→钻削制动座 ϕ18 孔	ϕ32 立铣刀、ϕ18 钻头

4）构架钻孔攻丝

钻孔攻丝主要是为了分担数控龙门加工中心的工序内容，提高设备的利用率。钻孔的主要设备是摇臂钻，攻丝分为手工攻丝与摇臂钻攻丝。攻丝施工标准是使用螺纹塞规检测，塞规通端通，止端 2 扣以内止住。

5）构架打磨清理

用锉刀、去毛刺刮刀、风动角磨机等工具打磨各部位加工形成的飞边毛刺和锐棱。将构架上的铁屑清理干净，清理冷却液和油脂。

6）构架三坐标检测

对手工量具无法测量的空间尺寸、形位公差进行 3D 检测，输出检测报告。

思考与习题

1. 机械生产的过程主要包括哪几方面？
2. 工艺规程的概念及作用是什么？
3. 常用的工艺文件有哪些格式？简述这些格式的主要用途。
4. 制定工艺规程的原始资料有哪些？需要注意哪些问题？
5. 什么是机械加工工艺过程？
6. 简述工序、安装、工位、工步、走刀的定义。
7. 零件机械加工的结构工艺性主要包括哪些？
8. 零件结构为什么需尽量做到统一化与规格化？
9. 什么是精基准？什么是粗基准？精基准和粗基准的选择原则分别是什么？
10. 试述零件加工方法的选择原则。
11. 说明工艺加工路线需要划分加工阶段的原因。
12. 机械零件的加工工艺过程主要包括哪些工序？如何安排各工序的加工顺序？
13. 如何确定加工余量？
14. 简述时间定额的定义和组成。
15. 机床的选择应遵循哪些原则？
16. 何为工艺尺寸链？尺寸链的分类包括哪些？如何判断？
17. 尺寸链的计算方法是什么？
18. 简述轴类零件的作用、结构特点及技术要求。
19. 常见的套类零件有哪些？
20. 如何对套类零件进行机械加工？
21. 如何确定圆柱齿轮的机械加工方案？
22. 简述圆柱齿轮的技术要求。
23. 简述转向架构架加工总体工艺路线和工序内容。
24. 试制定图示台阶轴的加工工艺，并用查表法确定毛坯尺寸和各段外圆的车、磨工序中的工序尺寸（大批生产）。

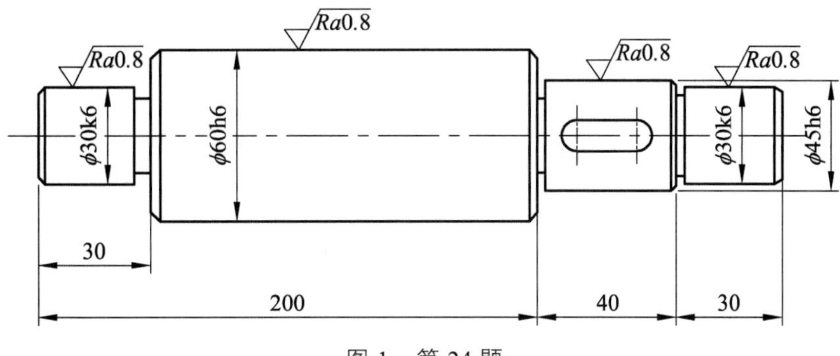

图 1　第 24 题

25. 图 2 所示为齿轮内孔的局部简图，设计要求为：孔径 $\phi 400^{+0.05}_{0}$ mm，键槽深度尺寸为 $\phi 43.6^{+0.34}_{0}$ mm，镗内孔至 $\phi 39.6^{+0.1}_{0}$ mm；插键槽至尺寸 A；热处理，淬火；磨内孔至 $\phi 400^{+0.05}_{0}$ mm。试确定插件槽的工序尺寸 A。

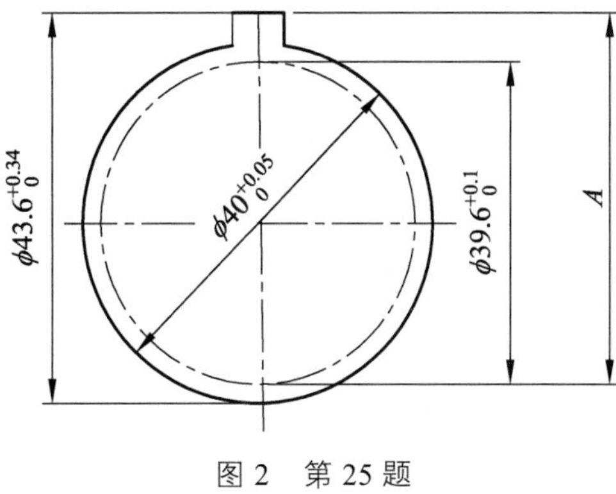

图 2　第 25 题

第9章 机械制造技术新发展

【导　学】

现代特种加工技术主要是伴着高硬度、高强度、高韧性、高脆性等难切削材料的出现，以及制造精密细小、形状复杂和结构特殊的零件的需要而产生的，具有其他常规加工技术无法比拟的优点。绿色制造是综合考虑资源的有效利用和对环境影响的现代制造模式。本章主要介绍各种特种加工方法、绿色制造及其发展趋势与应用。通过本章内容了解当代机械制造技术的发展方向，理解发展绿色制造技术的重要意义。

9.1 特种加工技术

特种加工是指利用电能、热能、光能、电化学能、化学能、声能及特殊机械能等能量达到去除或增加材料的加工方法，从而实现材料被去除、变形、改变性能或被镀覆等；它与传统加工方法的不同之处在于并非使用刀具、磨具等直接利用机械能切除多余材料。特种加工的特点有：与加工对象的机械性能无关；非接触加工，不一定需要工具；细微加工，工件表面加工质量高；加工过程中没有机械应变或大面积的热应变；简化加工工艺，变革新产品的设计及零件结构工艺性等。

9.1.1 电火花加工

电火花加工又称为放电加工或电脉冲加工，它是一种利用电能和热能进行加工的工艺。不同于金属切削加工，加工过程中工件与工具不接触，而是靠工具和工件之间的脉冲性火花放电，产生局部、瞬时的高温把金属材料逐步蚀除掉，以达到对零件的尺寸、形状和表面质量预定的加工要求。

1. 电火花加工的必要条件

必须使工具电极和工件被加工表面之间经常保持一定的放电间隙，通常为几微米至几百微米。若间隙过大，电极电压不能击穿极间介质，因而无法产生火花放电；若间隙过小，极容易形成短路接触，也无法放电。

火花放电必须是瞬时的脉冲性放电，放电延续一段时间后，需停歇一段时间，放电延续时间一般为 1~1 000 μs，且必须采用脉冲电源，如图 9-1-1 所示。

火花放电必须在有一定绝缘性能的液体介质中进行，如煤油或离子水等。其中液体介质也被称为工作液，具有高绝缘性，能有效从间隙中排除加工过程中产生的金属材料颗粒和冷却作用，如图 9-1-2 所示。

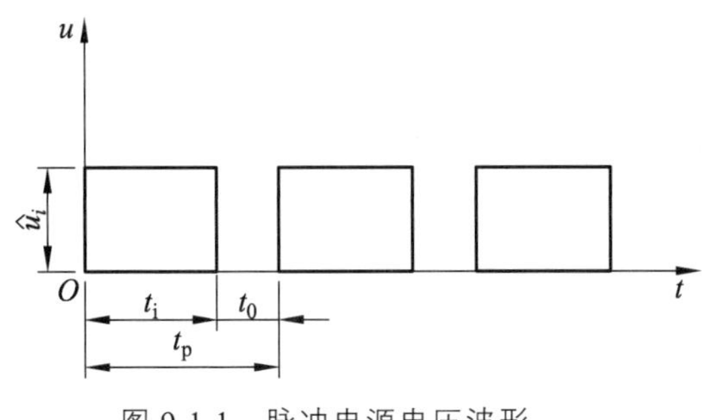

图 9-1-1　脉冲电源电压波形

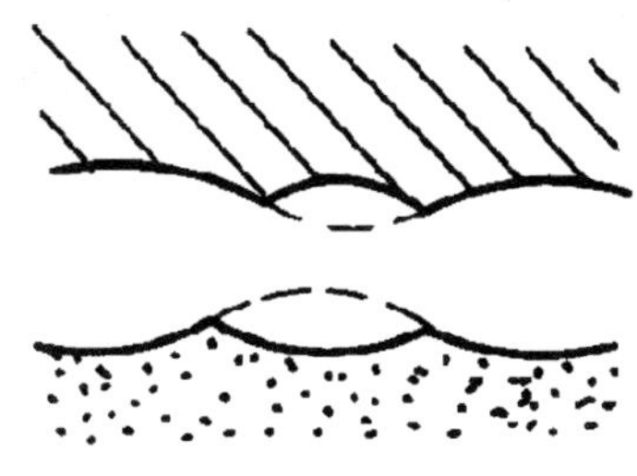

图 9-1-2　电火花加工表面局部放大情况

2. 电火花加工的机理

电火花加工基于电火花腐蚀原理，是在工具电极和工件电极相互靠近时，电极之间形成脉冲火花放电，在电火花通道中产生瞬时高温，使金属局部熔化，甚至气化，从而将金属蚀除，如图 9-1-3 所示。那么两电极表面的金属材料是如何被蚀除下来的呢？过程有如下几个阶段：

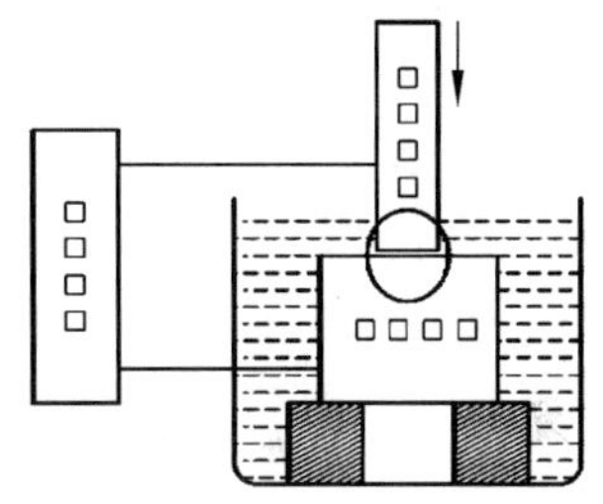

图 9-1-3　电火花加工原理简图

（1）极间介质的电离、击穿，形成放电通道，如图 9-1-4（a）所示。工具电极与工件电极缓慢靠近，电极间的电场强度增大，由于两电极的微观表面是凹凸不平的，在电极间距离最近的 A、B 处电场强度最大。工具电极与工件电极之间充满着液体介质，液体介质中不可避免地含有杂质及自由电子，它们在强大的电场作用下形成了带负电的粒子和带正电的粒子。电场强度越大，带电粒子就越多，最终导致液体介质电离、击穿，形成放电通道。放电通道是由大量高速运动的带正电和带负电的粒子以及中性粒子组成的。由于通道截面很小，通道内因高温热膨胀形成的压力高达几万帕，高温高压的放电通道急速扩展，产生一个强烈的冲击波向四周传播。在放电的同时还伴随着光效应和声效应，这就形成了肉眼所能看到的电火花。

（2）电极材料的熔化、气化。热膨胀液体介质被电离、击穿，形成放电通道后，通道间带负电的粒子奔向正极，带正电的粒子奔向负极，粒子间相互撞击，产生大量的热能，使通道瞬间达到很高的温度，如图 9-1-4（b）所示。通道高温首先使工作液汽化，进而气化，然后高温向四周扩散，使两电极表面的金属材料开始熔化直至沸腾气化。气化后的工作液和金属蒸气瞬间体积猛增，形成了爆炸的特性。所以在观察电火花加工时，可以看到工件与工具电极间有冒烟现象，并听到轻微的爆炸声。

（3）电极材料的抛出。正负电极间产生的电火花现象，使放电通道产生高温高压。通道中心的压力最高，工作液和金属气化后不断向外膨胀，形成内外瞬间压力差，高压力处的熔融金属液体和蒸汽被排挤，抛出放电通道，大部分被抛入工作液中，如图 9-1-4（c）所示。仔细观察电火花加工，可以看到橘红色的火花四溅，这就是被抛出的高温金属熔滴和碎屑。

（4）极间介质的消电离。加工液流入放电间隙，将电蚀产物及残余的热量带走，并恢复绝缘状态。若电火花放电过程中产生的电蚀产物来不及排除和扩散，产生的热量将不能及时传出，使该处介质局部过热，局部过热的工作液高温分解、积炭，使加工无法继续进行，并烧坏电极。因此，为了保证电火花加工过程的正常进行，在两次放电之间必须有足够的时间间隔让电蚀产物充分排出，恢复放电通道的绝缘性，使工作液介质消电离，如图 9-1-4（d）、（e）所示。

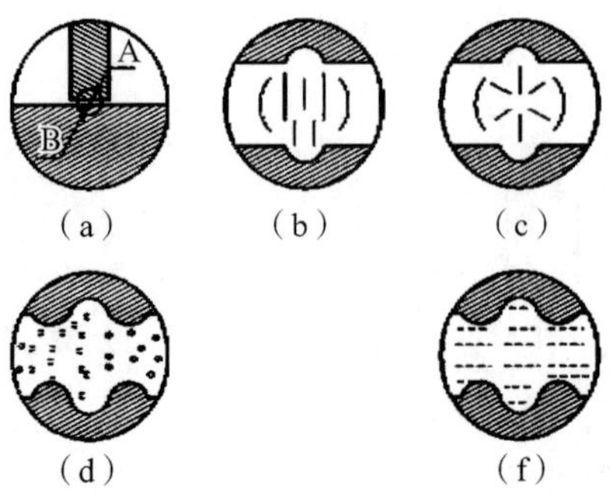

图 9-1-4　电火花加工微观阶段简图

上述步骤（1）~（4）在一秒内约数千次甚至数万次地往复式进行，即单个脉冲放电结束，经过一段时间间隔（即脉冲间隔）使工作液恢复绝缘后，第二个脉冲又作用到工具电极和工件上，又会在当时极间距离相对最近或绝缘强度最弱处击穿放电，蚀出另一个小凹坑。这样以相当高的频率连续不断地放电，工件不断地被蚀除，故工件加工表面将由无数个相互重叠的小凹坑组成，所以电火花加工是大量的微小放电痕迹逐渐累积而成的去除金属的加工方式。

3. 电火花加工的应用——冲模的电火花加工

穿孔加工具体包括冲模、粉末冶金模、挤压模，型孔零件等；成型加工主要包括型腔模（锻模、压铸模、塑料膜和胶木模等）和型腔零件。下面以冲模的电火花加工为例进行介绍。

4. 冲模的电火花加工工艺方法

凹模的尺寸精度主要靠工具电极来保证，因此对工具电极的精度和表面粗糙度都应有一定的要求。如凹模的尺寸为 L_2，工具电极对应的尺寸为 L_1，如图 9-1-5 所示，单边火花间隙值为 S_L，则 $L_2=L_1+2S_L$，如图 9-1-5 所示。

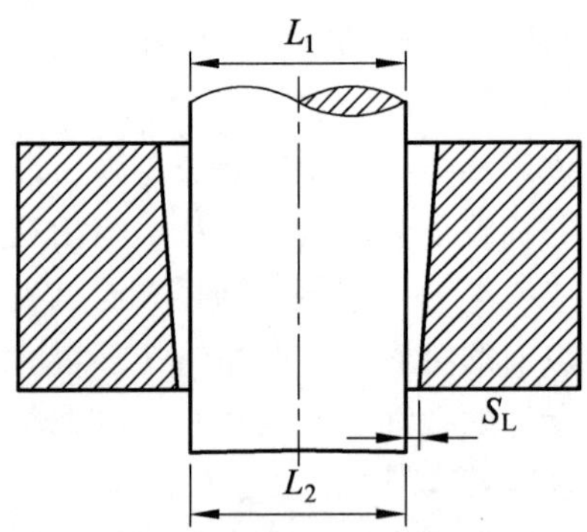

图 9-1-5　凹模的电火花加工

其中，火花间隙值 S_L 主要取决于脉冲参数与机床的精度。只要加工规准选择恰当，加工稳定，火花间隙值 S_L 的波动范围会很小。因此，只要工具电极的尺寸精确，用它加工出的凹模的尺寸也是比较精确的。用电火花穿孔加工凹模有较多的工艺方法，在实际中应根据加工对象、技术要求等因素灵活地选择。穿孔加工的具体方法简介如下：

（1）间接法：是指在模具电火花加工中，凸模与加工凹模用的电极分开制造，首先根据凹模尺寸设计电极，然后制造电极，进行凹模加工，再根据间隙要求来配制凸模。间接法的优点是：可以自由选择电极材料，电加工性能好；因为凸模是根据凹模另外进行配制，所以凸模和凹模的配合间隙与放电间隙无关。间接法的缺点是：电极与凸模分开制造，配合间隙难以保证均匀。

（2）直接法：适合于加工冲模，是指将凸模长度适当增加，先作为电极加工凹模，然后将端部损耗的部分去除直接成为凸模。直接法加工的凹模与凸模的配合间隙靠调节脉冲参数、控制火花放电间隙来保证。直接法的优点是：可以获得均匀的配合间隙，模具质量高；无须另外制作电极；无须修配工作，生产率较高。直接法的缺点是：电极材料不能自由选择，工具电极和工件都是磁性材料，易产生磁性，电蚀下来的金属屑可能被吸附在电极放电间隙的磁场中而形成不稳定的二次放电，使加工过程很不稳定，故电火花加工性能较差；电极和冲头连在一起，尺寸较长，磨削时较困难。

（3）混合法：也适用于加工冲模，是指将电火花加工性能良好的电极材料与冲头材料黏结在一起，共同用线切割或磨削成型，然后用电火花性能好的一端作为加工端，将工件反置固定，用“反打正用”的方法进行加工。这种方法不仅可以充分发挥加工端材料好的电火花加工工艺性能，还可以达到与直接法相同的加工效果。混合法的特点是：可以自由选择电极材料，电加工性能好；无须另外制作电极；无须修配工作，生产率较高；电极一定要黏结在冲头的非刃口端。

9.1.2　半固态成型工艺

金属半固态加工就是在金属凝固过程中，对其施以剧烈的搅拌作用，充分破碎树枝状的初生固相，得到一种液态金属母液中均匀地悬浮着一定球状初生固相的固-液浆料（固相组分一般为 50%左右），即流变浆料，利用这种流变浆料直接进行成形加工的方法称之为半固态金属的流变成型。如果将流变浆料凝固成锭，按需要将此金属锭切成一定大小，然后重新加热（即坯料的二次加热）至金属的半固态区，这时的金属锭一般称为半固态金属坯料。利用金属的半固态坯料进行成形加工，称之为触变成型。半固态金属的上述两种成形方法合称为金属的半固态成型或半固态加工。

1. 半固态成型工艺的机理

1）枝晶断裂机制

在合金的凝固过程中，当结晶开始时晶核是以枝晶方式生长的。在较低温度下结晶时，经搅拌的作用，晶粒之间将产生相互碰撞，由于剪切作用致使枝晶臂被打断，这些被打断的枝晶臂将促进形核，形成许多细小的晶粒。随着温度的降低，这些小晶粒从蔷薇形结构将逐渐演化成更简单的球形结构。

2）枝晶熔断机制

在剧烈的搅拌下，晶粒被卷入高温区后，较长的枝晶臂容易被热流熔断，这是由于枝晶臂根部的直径要比其他部分小一些，而且二次枝晶臂根部的溶质含量要比它表面稍微高一些，因此枝晶臂根部的熔点要低一些，所以搅拌引起的热扰动容易使枝晶臂根部发生熔断。枝晶碎片在对流作用下，被带入熔体内部，作为新的长大核心而保存下来，晶粒逐渐转变为近球形。

3）晶粒漂移、混合-抑制机制

在搅拌的作用下，熔体内将产生强烈的混合对流，凝固过程是就在激烈运动的条件下进行，因而是一种动态的凝固过程。结晶过程是晶体的形核与长大的过程，强烈的对流使熔体温度均匀，在较短的时间内大部分熔体温度都降到凝固温度，再由于成分过冷，熔体中存有大量的有效形核质点，在适宜条件下能以非均匀形核的方式形成大量晶核，而混合对流引起的晶粒漂移又极大地增大了形核率。然而在长大过程中，强烈的混合对流则极大地改善了熔体中的传热和传质过程，对晶体的生长起到了强烈的抑制作用。由于混合对流作用，使得熔体的温度和成分相对均匀。所谓的混合-抑制机制正是指这种环境不利于择优生长，或者说这种生长方式受到了强烈的抑制，而只能选择各个方向长大，于是获得了球状的非枝晶组织。

4）枝晶弯曲机制

Vogel 和 Doherty 等人认为枝晶臂在流动应力作用下会发生弯曲，并且位错的产生将导致塑性变形的产生。在固相线以上温度时，位错间发生攀移并且互相结合形成晶界，当相邻晶粒的取相差超过 20°，晶粒晶界能超过固液界面能的两倍，液体就将润湿晶界并沿着晶界迅速渗透，从而使枝晶臂与主干分离。

5）半固态成型的基本方法

经加热熔炼的合金原料通过机械搅拌、电磁搅拌或其他复合搅拌，在结晶凝固过程中形成半固态浆料，如图 9-1-6 所示。

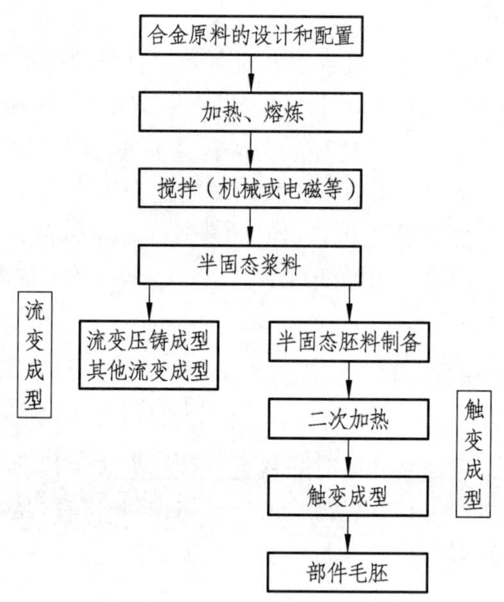

图 9-1-6　半固态成型加工过程

2. 金属半固态的制备方法及应用

金属半固态浆料或坯料的制备是半固态成型加工的基础，目前半固态浆料或坯料的制备方法很多，但常用的方法主要是电磁搅拌法和机械搅拌法，其中电磁搅拌法占主导地位。

1）电磁搅拌法

利用感应线圈产生的平行于或者垂直于铸形方向的强磁场对处于液-固相线之间的金属液形成强烈的搅拌作用，产生剧烈的流动，使金属凝固析出的枝晶充分破碎并球化，进行半固态浆料或坯料的制备，如图 9-1-7 所示。

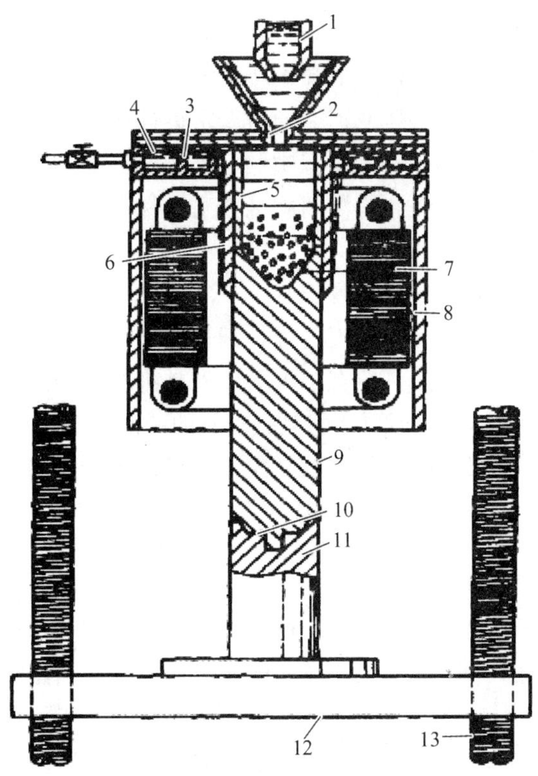

1—中间包底口；2—结晶器引流口；3—水室隔墙；4—冷却水室；5—结晶器陶瓷内衬；6—结晶器外壁；7—坏料的固液前沿；8—搅拌器；9—坏料；10—引锭底托；11—引锭杆；12—引锭机；13—引锭丝杠。

图 9-1-7　电磁搅拌垂直半连续铸造结构

2）机械搅拌法

机械旋转的叶片或搅拌棒改变凝固中的金属初晶的生长与演化，以获得球状或类球状的初生固相的半固金属流变浆料，如图 9-1-8 所示。

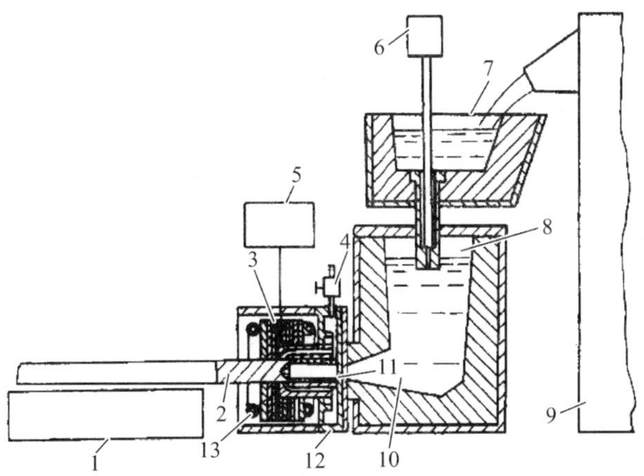

1—拉拔机构；2—坏料；3—搅拌绕组；4—冷却水阀；5—搅拌控制器；6—流量控制器；7—浇口盆；8—中间包；9—熔化炉；10—导流管；11—陶瓷环；12—冷却水箱；13—结晶器。

图 9-1-8　水平电磁搅拌连续铸造结构

3）应变诱导熔化激活法

利用传统连铸方法预先连续铸造出晶粒细小的金属锭坯，将该金属锭坯在回复再结晶的温度范围内进行大变形量的热态挤压变形，通过变形破碎铸态组织，然后再对热态挤压变形过的坯料加以少量的冷变形，在坯料的组织中储存部分变形能量，最后按需要将经过变形的金属锭坯切成一定大小，迅速加热到固液两相区并适当保温，即可获得具有触变性的球状半固态坯料。

4）超声振动法

利用超声机械振动波扰动金属的凝固过程，细化金属晶粒，获得球状初晶的金属浆料。超声振动波作用于金属熔体的方法一般有两种，一种是将振动器的一面作用在模具上，模具再将振动直接作用在金属熔体上，但更多的是振动器的一面直接作用于金属熔体。试验证明，对合金液施加超声振动，不仅可以获得球状晶粒，还可以使合金的晶粒直径减小，获得非枝晶坯料。

9.1.3 激光加工

激光加工是激光系统最常用的应用。根据激光束与材料相互作用的机理，大体可将激光加工分为激光热加工和光化学反应加工两类。激光热加工是指利用激光束投射到材料表面产生的热效应来完成加工过程，包括激光焊接、激光雕刻切割、表面改性、激光镭射打标、激光钻孔和微加工等；光化学反应加工是指激光束照射到物体，借助高密度激光高能光子引发或控制光化学反应的加工过程，包括光化学沉积、立体光刻、激光雕刻刻蚀等。

1. 激光加工原理及特点

激光加工是利用光的能量经过透镜聚焦后在焦点上达到很高的能量密度，靠光热效应来加工的。激光加工不需要刀具、加工速度快、表面变形小，可加工各种材料。用激光束对材料进行各种加工，如打孔、切割、划片、焊接、热处理等。某些具有亚稳态能级的物质，在外来光子的激发下会吸收光能，使处于高能级原子的数目大于低能级原子的数目——粒子数反转，若有一束光照射，光子的能量等于这两个能相对应的差，这时就会产生受激辐射，输出大量的光能。

与传统加工技术相比，激光加工技术具有材料浪费少、在规模化生产中成本效应明显、对加工对象具有很强的适应性等优点。在欧洲，对高档汽车车壳与底座、飞机机翼以及航天器机身等特种材料的焊接，基本采用的是激光技术。

（1）激光功率密度大，工件吸收激光后温度迅速升高而熔化或汽化，即使熔点高、硬度大和质脆的材料（如陶瓷、金刚石等）也可用激光加工；

（2）激光头与工件不接触，不存在加工工具磨损问题；

（3）工件不受应力，不易污染；

（4）可以对运动的工件或密封在玻璃壳内的材料加工；

（5）激光束的发散角可小于 1 毫弧，光斑直径可小到微米量级，作用时间可以短到纳秒和皮秒，同时，大功率激光器的连续输出功率又可达千瓦至十千瓦量级，因而激光既适于精密微细加工，又适于大型材料加工；

（6）激光束容易控制，易于与精密机械、精密测量技术和电子计算机相结合，实现加工的高度自动化和达到很高的加工精度；

（7）在恶劣环境或其他人难以接近的地方，可用机器人进行激光加工。

2. 激光加工主要设备组成

1）固体激光器

固体激光器由工作物质、光泵、玻璃套管和滤光液、冷却水、聚光器以及谐振腔组成。其常用的工作物质为红宝石、钕玻璃和掺钕钇铝石三种。其特点是采用光激励，能量转换环节多导致效率低，如图 9-1-9 所示。

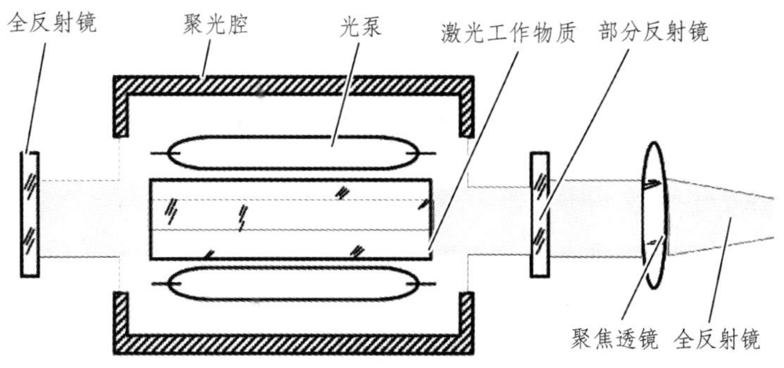

图 9-1-9　固体激光器加工原理

2）气体激光器

气体激光器采用电激励的方式，具有效率高、寿命长、连续输出功率大等特点；它常用于切割、焊接和热处理等加工，如图 9-1-10 所示。

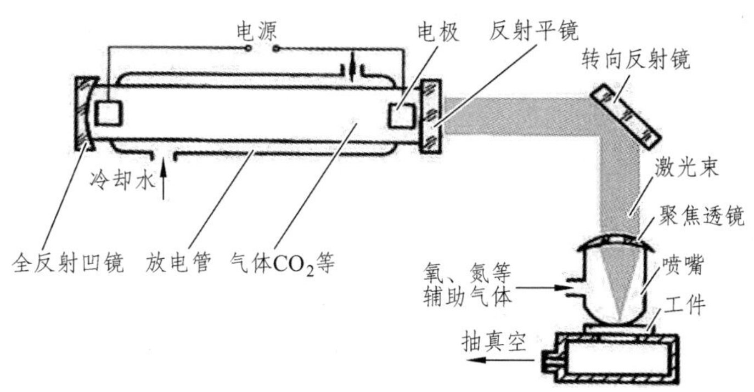

图 9-1-10　气体激光器加工原理

3. 激光加工技术的应用

1）激光快速成型技术

通过三维模型和体积单元叠加的方法生产制造模型或者零件的工艺，也定义为加成技术。其制造原理是在计算机上生成零件的 CAD 模型，通过特殊的软件对 CAD 模型进行切片处理，使一个复杂的三维零件转变成一系列的二维平面图形，计算机由此获得扫描轨迹指令。根据 CAD 给出的路线，数控系统控制激光束来回扫描，便可形成逐层堆积而形成的任意形状的实体模型。其类型主要有液体材料的固化（光敏树脂固化，如 SLA）的点-线-面、实体叠层制造（LOM）和区域选择激光烧结（SLS)。

2）热传导热焊接

采用的激光光斑功率密度小于 105 W/cm^2 时，激光将金属表面加热到熔点和沸点之间焊接时，金属材料表面将所吸收的激光能转变为热能，使金属表面温度升高而熔化，然后通过热传导方式把热能传向金属内部，使熔化区逐渐扩大，凝固后形成焊点或焊缝，这种焊接机理称为热传导热焊。

3）激光深熔焊接

当激光光斑上的功率密度大于 106 W/cm^2 时，金属在激光的照射下被迅速加热，其表面温度在极短的时间内升高到沸点，使金属熔化或汽化，产生的金属蒸气以一定速度离开熔池，逸出的蒸气对熔化液态金属产生一个附加压力，使熔池金属表面向下凹陷，在激光光斑下产生一个小凹坑。当光束在小孔底部继续加热时，所产生的金属蒸气一方面压迫坑底的液态金属使小坑进一步加深，另一方面，坑外飞出的蒸气将熔化的金属挤向熔池四周，此过程连续进行下去，便在液态金属中形成一个细长的孔洞而进行焊接，因此称之为激光深熔焊。

4）激光打标技术

激光加工最大的应用领域之一激光打标，是利用高能量密度的激光对工件进行局部照射，使表层材料汽化或发生颜色变化的化学反应，从而留下永久性标记的一种打标方法。激光打标可以打出各种文字、符号和图案等，字符大小可以从毫米量到微米量级，这对产品的防伪有特殊的意义。

9.2 绿色加工技术

环境、资源、人口是当今社会面临的三大问题。依靠科技进步，实现节资增效，减少废物排放，建立生产、消费与环境、资源相互协调的发展模式已成为人类社会可持续发展的必由之路。进入 21 世纪，在制造业实施绿色制造已势在必行。切削加工作为制造业重要而应用广泛的加工方法正面临新的挑战，在此背景下，绿色切削加工技术应运而生。

绿色加工是指在不牺牲产品的质量、成本、可靠性、功能和能量利用率的前提下，充分利用资源，尽量减轻加工过程对环境产生有害影响的加工过程，其内涵是指在加工过程中实现优质、低耗、高效及清洁化。

9.2.1 绿色加工技术

1. 绿色加工的基本特征

（1）技术先进性（提前实施）；

（2）加工绿色性（最显著特征）；

（3）加工经济性（必不可少的条件）；

（4）最终特征：实现加工整体最优化。

2. 绿色加工的关键技术

绿色机械加工技术主要从选材、生产加工方法、加工设备三方面来实现。

1）材料的选择

材料选择包括产品材料和辅助材料的选择，应立足于减少不可再生资源和短缺资源的使用量，且应符合易加工、低耗能、少污染、可回收的原则。

2）绿色生产

相对于真正的绿色生产技术而言，这里提到的绿色生产仅仅指生产加工过程。在这一环节，要想为绿色制造做出贡献，需从绿色制造工艺技术、绿色制造工艺设备与装备等入手。在实质性的机械加工中，在铸造、锻造冲压、焊接、热处理、表面保护等过程中都可以实行绿色制造工艺。具体可以从以下几方面入手：改进工艺，提高产品合格率；采用合理工艺，简化产品加工流程，减少加工工序，谋求生产过程的废料最少化，避免不安全因素；减少产品生产过程中的污染物排放，如减少切削液的使用等。目前多通过干式切削技术来实现这一目标。

3）加工设备

（1）刀具技术。干式加工对刀具材料要求很高，它要求材料要具有很高的红硬性和热韧性，良好的耐磨性、耐热冲击和抗黏结性，在对刀具的几何参数和结构设计时，要满足干切削对断屑和排屑的要求。对韧性材料的加工来说，断屑是很关键的，目前车刀三维曲面断屑槽方面的设计制造技术已经比较成熟，可针对不同的工件材料和切削用量很快设计出相应的断屑槽结构与尺寸，并能大大提高切屑折断能力和对切屑流动方向的控制能力。刀具材料的发展使刀片可承受更高的温度，减少了对润滑的要求；真空或喷气系统可以改善排屑条件；复杂刀具的制造可解决封闭空间的排屑问题等。

（2）机床技术。干式加工在切削区域会产生大量的切削热，如果不及时散热，会使机床受热不均而产生热变形，这个热变形就成为影响工件加工精度的一个重要因素，因此机床应配置循环冷却系统，带走切削热量，并在结构上有良好的隔热措施。实验表明，干式切削理想的条件应该是在高速切削条件下进行，这样可以减少传到工件、刀具和机床上的热量。干切削时产生的切屑是干燥的，这样可以尽可能地将干切削机床设计成立轴和倾斜式床身。工作台上的倾斜盖板用绝热材料制成，在机床上配置过滤系统排出灰尘，对机床主要部位进行隔离。

（3）辅助设备技术。辅助设备作为制造系统中不可或缺的一环，它的绿色化程度，对整个制造过程的绿色化水平有着极为重要的影响，甚至是关键性的影响。因此，人类在实现制造技术绿色化的征途上，辅助设备的绿色化是无法回避的。辅助设备包括工装夹具、量具等，夹具又分为通用夹具和专用夹具，其绿色技术主要体现在选用时尽量满足低成本、低能耗、少污染、可回收的原则。

3. 绿色加工的评价体系

绿色加工在追求 TQC（Total Quality Control）的基础上，强调尽可能少地消耗资源 R（这里的 R 主要指物料、设备资源和能源）和尽可能少地影响环境 E，即形成绿色加工规划的 T、Q、C、R、E 的评价目标，如图 9-2-1 所示。

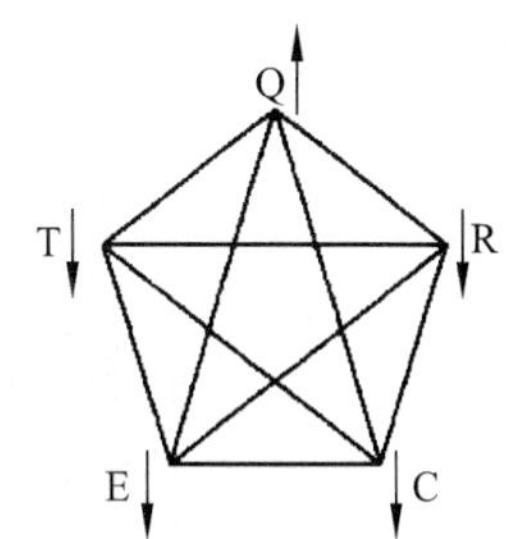

图 9-2-1　绿色加工的评价目标

人们在回顾已走过的历程的同时，都在认真思考应该把一个什么样的地球留给子孙后代。绿色制造/绿色加工是实现生态工业和社会可持续发展战略的决定性因素与必由之路，它对经济、社会和环境的协调发展具有重要作用。采用绿色制造，使得在产品的整个生命周期过程中，能最大限度地减少对环境的负面影响，真正做到解决环境污染、节约原材料和能源、缩短生产周期、降低生产成本，提高企业的经济效益，实现经济、社会和环境三者之间的协调、优化的持续发展。

9.2.2 绿色加工技术的应用——精密成形制造技术

精密成形制造技术是利用熔化、结晶、塑性变形、扩散、他变等物理化学变化，按预定的设计要求成形的一种技术。精密成形制造技术是生产高技术产品（如计算机、电子、通信、宇航、仪表等产品）的关键技术。

1. 粉末冶金技术

粉末冶金是制取金属或用金属粉末（或金属粉末与非金属粉末的混合物）作为原料，经过成形和烧结，制造金属材料、复合以及各种类型制品的工艺技术。粉末冶金常用材料为多孔材料、减磨材料、模具材料、粉末冶金零件、电磁材料和高温材料等，主要生产含油轴承、齿轮、凸轮导杆和刀具等，如图 9-2-2 所示。

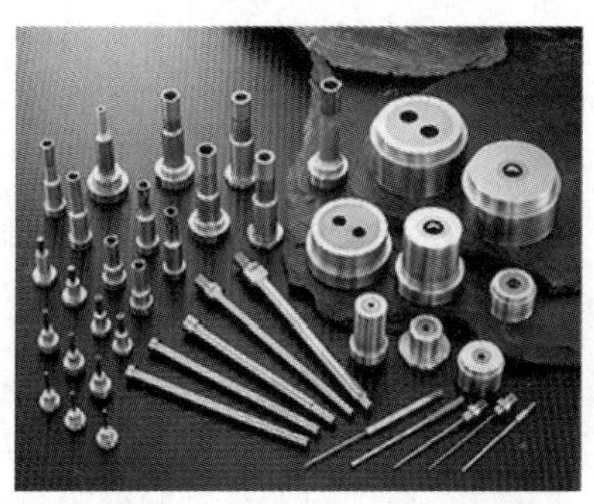

图 9-2-2　粉末冶金生产的零部件

1）粉末冶金技术的特点

粉末冶金技术可以最大限度地减少合金成分偏聚，消除粗大、不均匀的铸造组织；可以制备非晶、微晶、准晶、纳米晶和超饱和固溶体等一系列高性能非平衡材料；可以容易地实现多种类型的复合，充分发挥各组元材料各自的特性；可以制备特殊结构和性能的材料及制品，如新型多孔生物材料、多孔分离膜材；可以充分利用矿石、尾矿、回收废旧金属作为原料；可以实现近净形成形和自动化批量生产，从而可以有效地降低生产的资源和能源消耗。

2）粉末冶金技术的应用

粉末冶金技术的应用如图 9-2-3 所示。

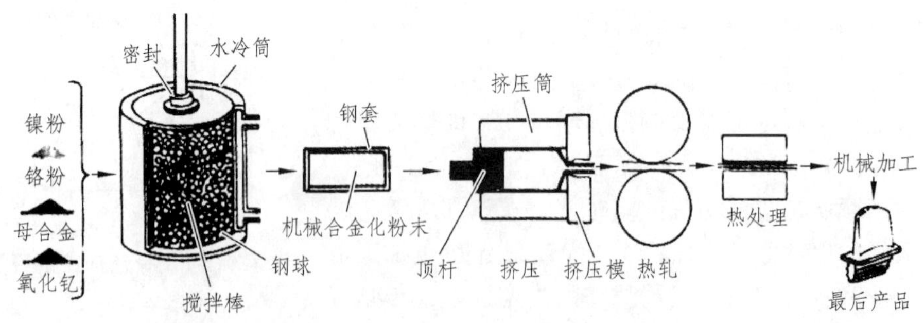

图 9-2-3　机械合金化法工艺流程

2. 精密塑性成形

精密塑性成形是指采用塑性变形的方式来形成零件的方法，且形成的零件达到或接近成品零件的形状或尺寸。工艺过程包括弯曲、冲裁、拉伸、锻造和模压。

1）精密塑性成形的分类及特点

根据加工温度可分为热成形、冷成形和温成形，见表 9-2-1。

表 9-2-1　精密塑性成形分类及优缺点

	优　点	缺　点
热成形	变形抗力低；流动性好 材料塑性好；成形容易 所需设备吨位小	产品的尺寸精度低 表面质量差 模具寿命低
冷成形	产品尺寸精度高 表面质量好 材料利用率高	变形抗力大 材料塑性低 流动性差
温成形	优缺点介于上述两种方法之间，视材料取舍	

2）精密塑性成形加工的注意事项

在设计精锻件图时，不应当要求所有部位尺寸都精确，而只需保证主要部位、尺寸精确，其余部位尺寸精度要求可低些。这是因为现行的备料工艺不可能准确保证坯料的尺寸和质量，而塑性变形是遵守体积不变条件的。因此，必须利用某些部位来调节坯料的质量误差。

对某些精锻件，适当地选用成形工序，不仅可以使坯料容易成形和保证成形质量，而且可以有效地减小变形力和提高模具寿命。

适当地采用精整工序，可以有效地保证精度要求。例如，叶片（尤其是型面扭曲的叶片）精锻后，应当增加一道精整工序。有时对锻件的不同部位需采用不同的精整工序。

坯料良好的表面质量（指氧化、脱碳、合金元素贫化和表面粗糙度等）是实现精密成形的前提。另外，坯料形状和尺寸的正确与否以及制坯的质量等，对锻件的成形质量也有重要影响。在材料塑性、设备吨位和模具强度允许的条件下，尽可能采用冷成形或温成形。

设备的精度和刚度对锻件的精度有重要影响，但是模具精度的影响比设备更直接、更重要些。有了高精度的模具，在一般设备上也可以成形精度较高的锻件。

3）精密塑性成形的应用

大批量生产零件：汽车和摩托车上的部分零件和其他复杂结构的零部件，如图 9-2-4 所示。

图 9-2-4　精密塑性成形零件加工展示

复杂零件：航空、航天等工业的一些复杂形状的零件，特别是一些难切削的复杂形状的零件；难切削的高价材料（如钛、锆、钼、银等合金）的零件；要求性能高、使结构质量轻化的零件等。

思考与习题

1. 什么是特种加工？特种加工的特点有哪些？
2. 简述电火花加工的原理。
3. 穿孔加工的方法有哪几种？各自的特点是什么？
4. 金属半固态的制备方法有哪些？各自的特点是什么？
5. 简述固体激光器和气体激光器的工作原理。
6. 列举绿色加工技术在现实生活中的应用。

参考文献

[1] 运新兵. 金属塑性成形原理[M]. 北京：冶金工业出版社，2012.
[2] 赵建中. 机械制造基础[M]. 北京：北京理工大学出版社，2017.
[3] 京玉海. 机械制造基础[M]. 2 版. 重庆：重庆大学出版社，2018.
[4] 李生智. 金属压力加工概论[M]. 北京：冶金工业出版社，1984.
[5] 大专院校《锻造工艺》教材编写组. 锻造工艺[M]. 上海：上海交通大学出版社，1976.
[6] 田锡唐. 焊接结构[M]. 北京：机械工业出版社，1982.
[7] 中国机械工程学会焊接学会. 焊接手册：第 3 卷焊接结构[M]. 北京：机械工业出版社，2015.
[8] 机械工程手册、电机工程手册编辑委员会. 机械工程手册：第 26 篇焊接结构[M]. 北京：机械工业出版社，1979.
[9] 焦馥杰. 焊接结构分析基础[M]. 上海：上海科学技术文献出版社，1991.
[10] 熊腊森. 焊接工程基础[M]. 北京：机械工业出版社，2002.
[11] 宋天民. 焊接残余应力的产生与消除[M]. 北京：中国石化出版社，2005.
[12] 张文钺. 金属熔焊原理及工艺：上册[M]. 北京：机械工业出版社，1980.
[13] 方洪渊. 焊接结构学[M]. 2 版. 北京：机械工业出版社，2017.
[14] 宗培言. 焊接结构制造技术手册[M]. 上海：上海科学技术出版社，2012.
[15] 朱艳. 钎焊[M]. 黑龙江：哈尔滨工业大学出版社，2012.
[16] 李亚江，王娟，等. 特种焊接技术及应用[M]. 北京：化学工业出版社，2014.
[17] 师建国，冷岳峰，程瑞. 机械制造技术基础[M]. 北京：北京理工大学出版社，2017.
[18] 杜运普，黄志东. 机械制造技术基础[M]. 北京：北京理工大学出版社，2018.
[19] 朱仁盛，董宏伟. 机械制造技术基础[M]. 北京：北京理工大学出版社，2019.